현대 반도체 소자 공학 수정판

Modern Semiconductor Devices for Integrated Circuits

PEARSON
Prentice Hall

한빛아카데미
Hanbit Academy, Inc.

현대 반도체 소자 공학 수정판

초판 발행 2013년 8월 13일
수정판 발행 2023년 11월 16일
수정판 4쇄 발행 2026년 1월 26일

지은이 Chenming Calvin Hu / **옮긴이** 권기영, 신형철, 이종호 / **펴낸이** 전태호
펴낸곳 한빛아카데미(주) / **주소** 서울시 서대문구 연희로2길 62 한빛아카데미(주) 2층
전화 02-336-7112 / **팩스** 02-336-7199
등록 2013년 1월 14일 제 2017-000063호 / **ISBN** 979-11-5664-678-5 93560

총괄 박현진 / **책임편집** 김평화 / **기획** 김평화 / **편집** 임여울 / **진행** 임여울
디자인 표지 이아란 내지 박정우, 최연희 / **전산편집** 임희남 / **제작** 박성우, 김정우
영업 김성삼, 이정훈, 임현기, 이성훈, 김주성, 심지연

이 책에 대한 의견이나 오탈자 및 잘못된 내용은 출판사 홈페이지나 아래 이메일로 알려주십시오.
파본은 구매처에서 교환하실 수 있습니다. 책값은 뒤표지에 표시되어 있습니다.

홈페이지 www.hanbit.co.kr / 이메일 question@hanbit.co.kr

Published by HANBIT Academy, Inc. Printed in Korea

현대 반도체 소자 공학

수정판

Modern Semiconductor Devices for Integrated Circuits

PEARSON
Prentice Hall

한빛아카데미
Hanbit Academy, Inc.

저자 소개

첸밍 후 Chenming Calvin Hu

저자는 미국 캘리포니아대학교(University of California) 버클리(Berkeley) 캠퍼스의 마이크로전자공학 TSMC 우수 교수(TSMC Distinguished Professor Chair of Microelectronics)이다. 그는 미국국립과학아카데미(U.S. Academy of Engineering)의 회원이고 중국과학자협회(Chinese Academy of Sciences)의 재외 회원이다. 2001년부터 2004년까지, 세계에서 가장 큰 IC 파운드리 회사인 TSMC의 최고기술경영자(Chief Technology Officer)로 재직했으며, 미국 전기전자기술자협회(Institute of Electrical and Electronics Engineers, IEEE)의 회원이기도 하다. 1997년에는 트랜지스터 신뢰성에 대한 연구로 잭 모톤 상(Jack Morton Award)을 받았고, 2002년에는 회로 시뮬레이션을 위한 세계적 표준 트랜지스터 모델을 최초로 공동 개발한 공로로 고체회로 상(Solid State Circuits Award)을 받았다. 그리고 2009년에는 소자 물리와 스케일링에 대해 탁월한 기여를 한 공로로 준이치 니시자와 메달(Jun-ichi Nishizawa Medal)의 영광을 안았다. 그는 60명이 넘는 박사 학위 학생의 논문을 지도했고 800편의 기술 논문을 게재했으며, 100건 이상의 U.S. 특허를 획득했다. 그의 다른 명예로운 표창으로는 시그마 사이(Sigma Xi)의 모니 퍼스트 상(Monie A. Ferst Award)이 있으며, 연구개발 100인 상(R&D 100 Award), 그리고 UC 버클리(UC Berkeley)의 최고 교수 상인 버클리 우수 교수 상(Berkeley Distinguished Teaching Award)이 있다.

역자 소개

권기영

공주대학교 전기전자제어공학부 명예교수로, 한국과학기술원(KAIST)에서 전기 및 전자공학 박사 학위를 취득했다. 삼성반도체 선임연구원으로 근무했으며, 텍사스 주에 있는 서던메소디스트대학교(Southern Methodist University)에서 객원교수를 역임했다. 저서로는 『핵심이 보이는 반도체 공학』(한빛아카데미, 2015)이 있으며, 역서(공역)로는 『전기전자공학개론(개정 6판)』(한빛아카데미, 2017)이 있다.

신형철

서울대학교 전기공학부 교수로, 서울대학교 전자공학과에서 학사 및 석사 학위를 취득하고 미국 캘리포니아대학교 버클리 캠퍼스에서 박사 학위를 취득했다. 모토롤라 및 퀄컴에서 연구원으로 근무했으며, KAIST에서 교수를 역임했다. 저서(공저)로는 『NANOCAD와 함께 하는 반도체 소자』(대영사, 2005)가 있다.

이종호

서울대학교 전기공학부 교수로, 서울대학교 전자공학과에서 박사 학위를 취득했다. 미국 MIT(Massachusetts Institute of Technology)에서 박사후 과정을 보냈고, 원광대학교와 경북대학교에서 교수로 재직했다. 저서(공저)로는 『MOSFETs : Performance』(Scientific)가 있다.

[번역 담당 부분] 1~4장 : 권기영 / 5~6장 : 신형철 / 7~8장 : 이종호

반도체 소자에 관한 핵심 지식을 빠른 시간에 습득하려는 독자에게

현대 지식 정보시대에서는 각종 전자 장치와 시스템들이 실생활 깊숙이 그리고 폭넓게 사용되고 있으며, 그 핵심에는 대부분 반도체를 이용한 소자들이 자리를 잡고 있다. 따라서 이 분야 종사자에게 반도체 물질 및 소자에 대한 기본적 이해는 매우 중요한 사항으로, 현재 반도체 소자뿐만 아니라 미래 반도체 소자의 개발과 이해에 있어서도 꼭 필요하다. 이러한 반도체 물질 및 각종 반도체 소자의 동작에 대한 기본 지식을 쉽게 습득하고자 하는 독자에게 이 책은 매우 적합한 교재가 될 것이다.

이 책은 저자가 캘리포니아대학교 버클리 캠퍼스에서 한 학기 과정의 교재로 사용해 오던 것으로, 일반 대학의 학부 과정에서 두 학기에 걸쳐 학습해도 무리가 없고, 기본 지식이 어느 정도 있으면서 빠른 기간에 학습하기를 희망한다면 한 학기에도 성공적으로 마칠 수 있다. 이 책은 반도체 분야의 전문가들도 빠르고 간결하게 반도체 소자 공학의 핵심 내용을 정리하고자 할 때 매우 유익하다.

이 책은 각종 반도체 소자에 공통적으로 활용되는 기본 반도체 구조를 이해하는 것에 역점을 두어 몇몇 기본 소자, PN 접합, 금속-반도체 접합, 바이폴라 트랜지스터를 다루며, 특히 MOSFET에 대해 중점적으로 설명했다. 이러한 기본 지식을 바탕으로 태양전지, LED, 다이오드 레이저, CCD, CMOS 영상기, HEMT, 메모리 소자와 같은 다양한 소자들을 이해할 수 있도록 구성되었다. 반도체 소자 제조 기술에 대해서도 3장 한 장을 할당하여 설명하고 있는데, 이론 과정을 속히 마치고 싶은 경우에는 이 장을 건너뛰어도 무방하다.

이 책의 저자는 다루는 내용을 보다 더 간결하고, 완전하게, 흥미로운 방법으로 설명하고자 많은 노력을 기울였다. 이론적인 식을 유도하는 과정의 긴 설명보다는 가능하면 간결하게 핵심을 잘 정리하여 설명하고 있다. 비교적 이해하기 쉽도록 내용을 잘 설명하고 있어서, 물리나 수학 등에 자신이 없는 독자도 큰 무리 없이 핵심 내용을 파악할 수 있을 것이다.

아무쪼록 이 책이 반도체 소자를 공부하는 독자들에게 소중한 참고도서가 되길 바라며, 이 책을 만드는 데 도움을 주신 주위의 모든 분들과 한빛아카데미(주) 관계자 여러분께 감사의 마음을 전한다.

역자 **권기영**

기존 도서와는 차별화하여 현대 반도체 소자를 이해한다

이 책의 저자인 첸밍 후 교수님은 본 역자의 버클리 대학 박사 과정의 지도교수님이시다. 그 분의 학부 과정 반도체 소자 수업에서 조교 역할을 했고, 또한 대학원 반도체 소자 강의를 수강하며 그 분의 반도체 소자에 대한 해박한 지식과 높은 강의 수준에 감탄을 했던 기억이 있다.

반도체 소자 분야에서는 참고도서로 활용하기 좋은 몇 가지 교재가 알려져 있다. 그러나 반도체 산업은 그 발전 속도가 매우 빠르기 때문에 아무리 좋은 교재라 하더라도 시간이 지나면 새로운 내용이 추가되어야 한다. KAIST 및 서울대학교에서 반도체 소자에 관한 강의를 계속하면서 항상 좋은 교재에 대한 아쉬움을 가지고 있었다. 박사 졸업을 하고 몇 년이 지난 후에 다시 첸밍 후 교수님을 만났을 때 혹시 학부생을 위한 반도체 소자 교재를 편찬하실 의향이 없느냐고 물었으나, 그 당시에는 너무 바빠서 엄두를 못 내고 있다는 답변을 들은 적이 있다. 그런데 이번에 첸밍 후 교수님에 의해 교재가 발간되었다는 말을 듣고 책을 한 권 사서 읽어 보니 참으로 훌륭한 교재가 만들어졌다는 생각을 하게 되었고, 이를 번역하여 가르치면 우리나라 학생들과 기업의 연구원들에게 매우 유익하겠다는 생각을 하게 되었다.

이 책은 반도체 소자의 각 개념을 군더더기 없이 깔끔하게 설명하려고 노력하고 있다. 또한 최근의 반도체 소자에 대한 설명 부분은 기존의 어느 교재보다 훌륭하고 차별성이 있다고 생각되며, 특히 예제와 연습문제 등은 현대 반도체 소자에 직접 관련된 부분이 많다.

이 책은 반도체 소자를 이해하기 위한 반도체 물리와 반도체 공정을 비롯하여, 다이오드, MOSFET, BJT 등의 중요한 반도체 소자의 동작 원리 및 설계 방법을 다루고 있다. 따라서 전자공학을 전공하는 학부 3~4학년 학생이나 석사 과정 대학원생들의 수업 교재로 적합하고, 또한 현장에서 근무하는 반도체 기업의 연구원들에게 참조용으로도 적합하다.

이 책으로 공부하면서 현대 산업사회의 기반을 이루는 반도체 공학에 대한 깊은 이해가 있기를 바라며, 국내 반도체 산업이 세계 정상의 자리를 계속 유지하기를 기원한다.

끝으로 이 책이 나오기까지 수고해주신 한빛아카데미(주) 관계자 여러분께 감사드린다.

역자 **신형철**

반도체 소자의 기초에서 최신 소자까지

반도체 소자의 기초를 잘 이해하고 소자 설계 및 분석에 활용하는 것은 쉽게 달성될 수 있는 것이 아니다. 물리에 대한 기초 지식이 기본적인 반도체 소자의 이해에 쉽게 적용될 수 있어야 하고, 다양한 소자에 대한 이해가 있어야 연구나 산업현장에서 제대로 그 역할을 할 수 있다. 특히 반도체 소자의 기술이 발전하면서 소자의 구조가 3차원으로 바뀌거나 응용 분야가 다양해지고 있는데, 이를 위해서는 반도체 소자에 대한 튼튼한 이해가 필요하다.

이 책은 첸밍 후 교수가 그 동안의 강의 경험을 바탕으로 교재의 페이지 수는 줄이면서, 학습에 필요한 핵심 내용을 모두 담았다. 또한 반도체 소자에 대한 기초적인 핵심 내용을 포함하면서 최근의 산업동향을 함께 반영하고 있다. 특히 각 장의 연습문제에서는 창의적인 문제를 많이 다루고 있으며, 대부분의 문제는 하나의 토픽에 대해 다양하게 질문하고 있어 독자의 이해를 분명하게 점검한다. MOS 소자에 대해서는 첸밍 후 교수의 오랜 경험에 근거하여 체계적으로 작성되었고, MOS 소자의 축소화나 3차원 소자에 대한 내용은 이 분야 최고 전문가로서의 해설을 포함하고 있어, 반도체 소자 분야에 대한 독자의 이해를 튼튼하게 해준다.

이 책은 크게 반도체 소자를 위한 물성, 제조 공정, 그리고 소자로 구성되어 있다. 1장과 2장에서는 소자 물성을 간명하게 정리했고, 이는 반도체 소자를 이해하는 데 기본 개념이 된다. 3장은 반도체 공정 기술 전반을 요약하여 정리했으며, 주요 공정을 다루고 있다. 4장부터 8장까지는 반도체 소자에 대한 내용을 다룬다. 4장에서는 PN 접합, 태양전지를 포함하는 광전 소자 및 금속–산화물 접합에 대한 개념이 잘 소개되어 있다. 5장에서는 MOS 커패시터의 개념이 심도 있게 논의되어 이후 MOSFET의 이해를 크게 돕고, MOS 구조를 이용한 최근의 이슈와 응용을 포함하고 있다. 6장에서는 MOS 트랜지스터의 개념을 깊이 있게 다루며, 뒷부분에는 고주파 특성, MOSFET 잡음, 그리고 여러 가지 최근의 메모리 소자를 다루고 있다. 7장에서는 집적 회로에서의 MOS 트랜지스터의 축소화에 따른 다양한 문제점과 이를 해결하는 3차원 소자 구조에 대한 소개 및 뛰어난 분석을 다루고 있다. 8장에서는 바이폴라 트랜지스터의 내용을 소개한다.

이 책은 반도체 소자에 대해 간결하고 명료하게 핵심적인 부분만 다루었으며, 최근 이 분야의 변화를 잘 반영하고 있어 연구와 실무를 다루는 일에 있어 부족함이 없을 것으로 사료된다. 어떤 항목은 이해하기에 다소 어려움이 있을 수 있으나, 본 교재는 미래를 준비하는 독자에게 유용한 지침서가 될 것으로 생각한다. 교재를 읽으면서 첸밍 후 교수의 전문가다운 설명에서 큰 즐거움을 발견하기를 바란다.

마지막으로 이 책이 나오기까지 수고해주신 한빛아카데미(주) 관계자 여러분께 깊은 감사를 드린다.

역자 **이종호**

반도체 소자의 기초 개념과 최신 동향을 빠르게 알고 싶다면

이 책은 학부 학생들을 대상으로 저술했지만, 대학원 학생과 현장의 엔지니어 및 과학자에게도 적합하다.

이 책의 원고는 캘리포니아대학교(University of California) 버클리(Berkeley) 캠퍼스에서 한 학기 과정의 교재로 매우 성공적으로 사용해 오던 것이다. 이 책은 반도체 기술, IC 설계, MEMS, 광 소자, 나노기술, 재료 과학 등과 같은 분야에 흥미를 갖고 있는 학생들에게 매우 환영받고 있다. 독자들은 기본적인 미분방정식, 현대 물리, 전자공학에 대한 기초 지식을 가지고 있어야 한다. 이러한 배경이 바탕이 되어야 이 책을 통해서 현대 소자 이론과 실습에 대해 깊이 이해할 수 있고, 나아가 더 진보된 연구 혹은 전문적 경력을 준비하는 데 도움을 받을 수 있을 것이다. 이 책은 이 분야에 관한 전형적인 다른 교재보다 현대 트랜지스터와 그것이 회로 설계에 끼친 영향에 대해서 더 많은 정보를 제공한다. 그렇게 함으로써, 학생들에게 소자와 설계에 대한 미래의 이슈를 이해하려고 할 때 꼭 필요한 기초를 제공할 것이다.

이 책은 전자공학 소자, 광학 소자, 마이크로웨이브 소자 등과 같이 획일화된 구성을 피하고 소자들 간의 공통성을 강조한다. 몇몇 기본 소자, PN 접합, 금속–반도체 접촉, 바이폴라 트랜지스터, 그리고 특히 MOSFET에 중점을 두고 설명하여 이 내용들을 깊이 이해할 수 있도록 한다. 이 소자들에 관한 지식은 추후 소개되는 태양전지, LED, 다이오드 레이저, CCD, CMOS 영상기, HEMT, 메모리 소자와 같은 다른 중요한 소자들을 잘 이해할 수 있게 해주는 이론적인 배경이 되고 각 장의 내용을 이해하는 데 필요한 본거지 역할을 할 것이다. 더 간결하고, 완전하고, 그리고 바라건대 흥미로운 방법으로 그 깊이와 넓이를 성취하는 것이 이 책의 목표다.

교사 매뉴얼과 강의 PPT 슬라이드는 교수에게만 제공된다. 강의 슬라이드는 강의실에서 사용할 용도로 수년에 걸쳐 개발됐다.

감사의 글

이 책이 결실을 맺을 수 있도록 도와준 많은 분들에게 감사드린다. Bingliang Yang, Hyuck Choo, Vivian Lin은 책을 타이핑하고 그림과 해답집을 준비하는 데 도움을 주었다. Jemin Park, Kanghoon Jeon, Chung-Hsun Lin, 그리고 특히 Babak Heydari는 실질적인 자료들을 제공해 주었다. Anupama Bowonder, Pratik Patal, Darsen Lu를 포함한 많은 학생들이 원고 교정보는 것을 도왔다.

다음의 평론가 패널에게도 깊은 감사를 드린다.

John Beresford(Brown University), Tim dallas(Texas Tech University), Todd J. Kaiser(Montana State University), Long Que(Louisiana Tech University), Pritpal Singh(Villanova University), Nina Telang(University of Texas at Austin), Pouya Valizadeh(Concordia University), Joshua M. O. Zide(University of Delaware).

Pearson Prentice Hall의 직원들에게도 감사하고, 특히 원활하게 제작할 수 있게 도와준 Jane Bonnel에게 감사하다. 나의 아내 Margaret과 아들들에게, 그리고 아름답게 책 표지를 디자인한 Jason과 Raymond에게도 감사의 말을 전하며 이 책을 집필하던 긴 시간들을 회상해 볼 때 그들의 이해와 격려에 대하여 각별한 감사를 드린다.

캘리포니아대학교 버클리 캠퍼스에서
저자 **첸밍 후**(Chenming Calvin Hu)

미리보기

장 도입글

해당 장의 내용을 왜 배우는지,
무엇을 배우는지 설명합니다.

본 장에서는 반도체를 이해하는 데 필요한 기본 개념과 전문용어를 살펴볼 것이다. 특히 에너지 밴드의 개념, 전자 및 정공이라고 불리는 두 종류의 전하 캐리어 개념, 그리고 도펀트를 첨가함으로써 캐리어 농도를 조절하는 방법에 대한 개념을 중요하게 다룰 것이다. 또 다른 그룹의 유용한 사실 및 도구로는 페르미(Fermi) 분포 함수와 페르미 준위의 개념이 있다. 전자와 정공의 농도는 페르미 준위와 밀접하게 연관되어 있다. 본 장에서 소개할 내용들은 다음에 이어지는 모든 장에서 개개의 새로운 소자들을 논제로 다룰 때 계속 반복적으로 활용될 것이다. 본 장을 공부할 때는 ① 개념, ② 용어, ③ 실리콘(Si)에 대한 전형적 값들, 그리고 ④ 식 (1.12)처럼 박스를 친 모든 수식들에 주의를 기울여야 한다.

NOTE

본문을 이해하는 데 도움이 되는
참고 내용과 심화 내용을 설명합니다.

NOTE 빛 검출기로서의 광전도체

[그림 1-11]과 같이 빛이 반도체 샘플에 흡수되어 전자-정공 쌍이 생성될 때, 전자와 정공의 수 (및 그에 따른 반도체의 전도도)는 빛의 세기에 비례하여 증가한다. 반도체에 두 전극을 내고 두 전극 간에 전압을 가한 후, 반도체의 컨덕턴스 변화를 측정함으로써 빛의 세기 변화를 검출할 수 있다. 이와 같이 간단하면서도 실용적인 광 검출기를 **광전도체**photoconductor라고 부른다.

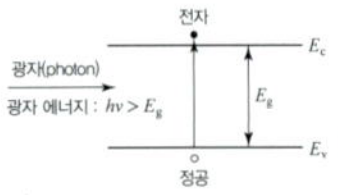

[그림 1-11] E_g는 반도체에 흡수되는 광자의 최소 에너지($h\nu$)로부터 결정될 수 있다.

반도체에 빛이 흡수되는 정도를 광자 에너지 $h\nu$의 함수로 측정함으로써 밴드 갭 에너지를 결정할 수 있다. $h\nu$가 E_g보다 큰 값일 때만 빛이 강하게 흡수된다. 흡수된 광자 에너지는 [그림 1-11]에서와 같이 전자-정공 쌍을 생성시키는 데 사용된다. $h\nu$가 E_g보다 작은 값으로 줄어들면, 시료는 빛에 대해 투명하게 된다. E_g는 이 임계치 $h\nu$ 값을 측정함으로써 결정할 수 있다. [표 1-1]에 열거된 E_g 값은 근본적으로 이러한 방법에 의해 얻어진 값들이다.

예제 / 풀이

본문에서 다룬 개념을 적용한 문제와
그에 대한 상세한 풀이를 제시합니다.

예제 1-1 밴드 갭 에너지 측정

만약 반도체가 0.87 μm보다 긴 파장의 빛에 투명하다면, 그것의 밴드 갭 에너지는 얼마인가?

풀이

0.87 μm 파장을 가진 빛의 광자 에너지는 빛의 속도 c를 이용하면 다음과 같다.

$$h\nu = h\frac{c}{\lambda} = \frac{6.63\times10^{-34}\,(\mathrm{J\cdot s})\times3\times10^{8}\,\mathrm{m/s}}{0.87\ \mu\mathrm{m}} = \frac{1.99\times10^{-19}\,(\mathrm{J\cdot\mu m})}{0.87\ \mu\mathrm{m}}$$

$$= \frac{1.99\times10^{-19}\,(\mathrm{eV\cdot\mu m})}{1.6\times10^{-19}\times0.87\ \mu\mathrm{m}} = \frac{1.24\ (\mathrm{eV\cdot\mu m})}{0.87\ \mu\mathrm{m}} = 1.42\ \mathrm{eV}$$

Question

본문에서 다룬 내용을 점검할 수 있도록
가벼운 질문을 제시합니다.

매우 큰 N_a 혹은 N_d 값의 극한에서 식 (2.11)과 식 (2.12)는 식 (2.9)에서 보인 도펀트 농도에 대한 반비례성을 따르지 않는다는 것을 알 수 있다. 그 이유는 **자유-캐리어 스크리닝**free-carrier screening 때문이다. 캐리어 농도가 커질 때, 캐리어들은 스스로를 분포시키되 도펀트 이온의 쿨롱 장coulombic field을 부분적으로 가려 스크리닝하도록 할 수 있다.

Question 상온에서 N형 실리콘 샘플의 전자 이동도는 600 cm^2/V·s로 측정되었다. 독립된 측정으로부터 전자 농도는 $n = 5\times10^{16}\mathrm{cm}^{-3}$임을 알았다. [그림 2-5]에 따르면, $N_d = 5\times10^{16}\mathrm{cm}^{-3}$이라고 할 때 μ_n은 600 cm^2/V·s보다 매우 커야만 한다. 무엇이 이 불일치의 원인이라고 생각하는가? 가능한 정량적으로 답하라.

HINT 도펀트 보상의 가능성을 고려해 보라(1.9절).

[그림 2-6]은 μ_n의 온도 의존성에 대한 도식적 그래프를 보여준다. 작은 도펀트 농도에서 μ는 온도 T가 증가하면서 감소하고, 이는 포논 산란이 우세하다는 것을 가리킨다(식 (2.8) 참조). 도펀트 농도가 매우

속성 과정 표시

속성 과정에서 생략 가능한 절을 기호(*)로 나타냅니다.

4.5 접합 항복*

앞서 역 바이어스된 PN 접합이 무시될 정도의 작은 전류를 흘린다고 배웠다. 이것은 [그림 4-10(a)]에서 보는 바와 같이 임계 역 바이어스에 도달되어 **접합 항복**junction breakdown이 일어나기 전까지 맞는 사실이다. 그러나 접합 항복이라고 해서 본질적으로 파괴되는 현상을 의미하는 것은 아니다. 만약 전류가 외부 회로에 의해 적절한 값으로 제한되어 PN 접합에서 열 소모가 과하게 일어나지 않는다면, PN 접합은 역방향 항복상태에서 안전하게 동작할 수 있다. **제너 다이오드**Zener diode는 제조자에 의해 엄격하게 조절된 항복전압을 갖고 항복 모드에서 동작하도록 설계된 PN 접합 다이오드이다. 제너 보호 회로Zener protection circuit는 [그림 4-10(b)]와 같다. 만약 제너 다이오드의 항복전압이 3.7 V라고 하면, 집적 회로IC 도선 C와 D 양단 간에 나타날 수 있는 최대 전압은 3.7 V이다(도선 A와 B 양단 간에 가령 50 V의 서지 전압이 존재한다고 할지라도). 제너 다이오드를 보호하기 위해 안전한 수준으로 전류를 제한하도록 저항 R을 선택한다.

핵심요약

해당 장이 끝날 때마다 본문에서 다룬 주요 내용을 다시 한번 정리합니다.

핵심요약

Part 1 PN 접합

PN 접합의 에너지 밴드 다이어그램을 어떻게 그리는지 아는 것은 중요하다. 제로 바이어스에서, 접합에서의 전위 장벽은 다음 식과 같은 **내부 전위**이다.

$$\phi_{bi} = \frac{kT}{q}\ln\frac{N_d N_a}{n_i^2} \tag{4.2}$$

만약 1 V 역 바이어스가 가해진다면 전위 장벽은 ϕ_{bi}보다 1 V만큼 증가하고 만약 0.1 V 정 바이어스가 가해진다면 0.1 V만큼 감소한다.

공핍층의 폭은 다음과 같다.

$$W_{dep} = \sqrt{\frac{2\varepsilon_s \times \text{전위 장벽}}{qN}} \tag{4.19}$$

N은 기본적으로 두 도핑 농도 중에서 상대적으로 더 작은 쪽 농도이다. W_{dep}의 주된 중요성은 그것이 다음 식의 **접합 커패시턴스**를 결정한다는 것이다.

$$C_{dep} = A\frac{\varepsilon_s}{W_{dep}} \tag{4.20}$$

일반적으로, C_{dep}은 그것이 회로를 느리게 동작하게 하는 용량성 부하에 기여하기 때문에 최소화되어야만 한다. C_{dep}을 줄이는 방법은 커패시터 면적 혹은 도핑 농도를 축소하는 것이다. 또한 역 바이어스를 가하면 W_{dep}이 증가하기 때문에 C_{dep}이 감소할 것이다.

연습문제

해당 장에서 학습한 내용을 점검할 수 있도록 문제를 제공합니다.

연습문제

Part 1 PN 접합

PN 접합의 정전기학

4.1 $N_d - N_a = ax$와 같이 선형으로 경사진 접합에 대하여 공핍 근사를 적용하여, 다음에 대한 표현식을 유도하라.

(a) 진계 분포

(b) 전위 분포

(c) 내부 전계

(d) 공핍층 폭

4.2 $N_d = 10^{16}\,\text{cm}^{-3}$, $N_a = 5 \times 10^{15}\,\text{cm}^{-3}$인 실리콘 PN 계단 접합 다이오드를 고려해 보자. T = 300 K를 가정한다.

(a) 내부 전위 ϕ_{bi}를 계산하라.

(b) 공핍층 폭(W_{dep})과 공핍층의 N쪽에서의 길이(x_n)와 P쪽에서의 길이(x_p)를 계산하라.

(c) 최대 전계를 계산하라.

(d) 에너지 밴드 다이어그램, 전위, 전계 분포, 공간-전하 분포를 스케치하라.

(e) 이제 $N_a = 10^{18}\,\text{cm}^{-3}$이라고 하자. (a), (b), (c)를 반복하라. 그것들을 이전의 결과와 비교하라. 공핍층 폭들은 얼마나 변화되었는가?

■ 강의 보조 자료

한빛아카데미 홈페이지에서 '교수회원'으로 가입하신 분은 인증 후 교수용 강의 보조 자료를 제공받을 수 있습니다. 한빛아카데미 홈페이지 상단의 〈교수전용공간〉 메뉴를 클릭하세요.

http://www.hanbit.co.kr/academy

■ 다루는 내용

❶ 1~2장_반도체에서의 전자와 정공

반도체를 이해하는 데 필요한 기본 개념과 용어를 살펴본다. 전자와 정공의 농도 및 운동과 전자-정공 쌍의 생성과 재결합을 통해 반도체의 특성을 설명한다.

❷ 3~4장_반도체 소자의 응용

반도체로 소자를 만드는 방법과 제조 기술에 대해 학습하고, 2개의 서로 다른 물질을 함께 결합하여 형성한 여러 가지 소자를 알아본다.

❸ 5~6장_MOS 커패시터 및 트랜지스터

MOS 커패시터의 C-V 특성, 문턱 조건 등을 살펴보며 MOS 구조에 대해 이해하고, 현대 MOSFET 소자들에 대해 학습한다.

❹ 7~8장_IC에서의 MOSFET/바이폴라 트랜지스터

MOSFET의 축소화에 대해 중점적으로 다루고, 향후 전망을 살펴본다. 마지막으로, BJT의 동작과 여러 가지 모델, 응용 분야에 대해 알아본다.

■ 표준 스케쥴 표

주	해당 장	주제
1	1장	반도체 내의 전자와 정공
2	1장	반도체 내의 전자와 정공
3	2장	전자 및 정공의 운동과 재결합
4	3장	소자 제조 기술
5	4장	PN 접합과 금속-반도체 접합(Part 1)
6	4장	PN 접합과 금속-반도체 접합(Part 1 / Part 2)
7	4장	PN 접합과 금속-반도체 접합(Part 3)
8	중간고사	
9	5장	MOS 커패시터
10	5장	MOS 커패시터
11	6장	MOS 트랜지스터
12	6장	MOS 트랜지스터
13	7장	집적 회로에서의 MOSFET(축소화, 누설전류)
14	7장, 8장	집적 회로에서의 MOSFET(기타 토픽)
15	8장	바이폴라 트랜지스터
16	기말고사	

■ 물리상수

종류	기호	값
최소단위 전하량	q	1.60218×10^{-19}C
일렉트론볼트	eV	1.60218×10^{-19}J
볼츠만 상수	k	1.38066×10^{-23}J/K
자유 전자 질량	m_0	9.1095×10^{-31}kg
진공의 유전율	ε_0	8.85418×10^{-12}F/m
플랑크 상수	h	6.62617×10^{-34}J·s
축소된 플랑크 상수($h/2\pi$)	$\hbar$	1.05458×10^{-34}J·s
진공 중에서 빛의 속도	c	2.99792×10^{8}m/s
$T = 300$K일 때의 열 전압	kT/q	0.0259V
1eV 광자의 파장	λ	1.23977μm

■ 단위 변환

측정 양	기호	값/차원
미터	m	$1\text{m} = 10^2\text{cm}$
밀리미터	mm	$1\text{mm} = 10^{-1}\text{cm} = 10^{-3}\text{m}$
마이크로미터, 마이크론	μm	$1\mu\text{m} = 10^4\text{Å} = 10^3\text{nm} = 10^{-4}\text{cm}$
나노미터	nm	$1\text{nm} = 10\text{Å} = 10^{-3}\mu\text{m} = 10^{-7}\text{cm}$
옹스트롬	Å	$1\text{Å} = 10^{-4}\mu\text{m} = 10^{-8}\text{cm} = 10^{-10}\text{m}$
일렉트론볼트	eV	$1\text{eV} = 1.60218 \times 10^{-19}\text{J}$
전기 전하(쿨롱)	C	A·s
전류(암페어)	A	C/s
주파수(헤르츠)	Hz	1/s
에너지(줄)	J	N·m
전력(와트)	W	J/s
전위(볼트)	V	J/C
컨덕턴스(지멘스)	S	A/V
저항(옴)	Ω	V/A
커패시턴스(패럿)	F	C/V

■ 대표적인 반도체 성질(Properties)

성질	Si	Ge	GaAs	GaP	InP	GaN	InAs
격자상수(Å)	5.43	5.65	5.65	5.45	5.87	3.19	6.05
전자 친화력(eV)	4.05	4.00	4.07	4.30	–	–	–
$T = 300$K에서 밴드 갭(eV)	1.12	0.67	1.42	2.25	1.35	2.26	0.36
유전상수	11.8	16.0	13.1	10.2	12.5	12.2	14.6
녹는점(℃)	1412	937	1237	1467	1070	2530	943
진성 캐리어 농도(cm^{-3})	1.0×10^{10}	2.4×10^{13}	9.0×10^{6}	–	1.2×10^{8}	–	–
전자 이동도(cm^2/V·s)	1417	3900	8800	300	4600	380	22600
정공 이동도(cm^2/V·s)	471	1900	400	100	150	–	200

목차

CHAPTER 03 소자 제조 기술

CHAPTER 04 PN 접합과 금속-반도체 접합

목차

CHAPTER 06

MOS 트랜지스터

CHAPTER 07

집적 회로에서의 MOSFET

CHAPTER 08 바이폴라 트랜지스터

CHAPTER 01

반도체 내의 전자와 정공

ELECTRONS AND HOLES IN SEMICONDUCTORS

본 장에서는 반도체를 이해하는 데 필요한 기본 개념과 전문용어를 살펴볼 것이다. 특히 에너지 밴드의 개념, 전자 및 정공이라고 불리는 두 종류의 전하 캐리어 개념, 그리고 도펀트를 첨가함으로써 캐리어 농도를 조절하는 방법에 대한 개념을 중요하게 다룰 것이다. 또 다른 그룹의 유용한 사실 및 도구로는 페르미(Fermi) 분포 함수와 페르미 준위의 개념이 있다. 전자와 정공의 농도는 페르미 준위와 밀접하게 연관되어 있다. 본 장에서 소개할 내용들은 다음에 이어지는 모든 장에서 개개의 새로운 소자들을 논제로 다룰 때 계속 활용될 것이다. 본 장을 공부할 때는 ① 개념, ② 용어, ③ 실리콘(Si)에 대한 전형적 값들, ④ 식 (1.12)처럼 박스를 친 모든 수식들에 주의를 기울여야 한다.

본 장의 제목을 비롯한 많은 아이디어는, 트랜지스터를 발명한 해로부터 2년 뒤인 1950년에 발간된 윌리엄 쇼클리William Shockley[1]의 선구적인 저서 『반도체 내의 전자와 정공(Electrons and Holes in Semiconductors)』에서 따온 것이다. 1956년 쇼클리는 브래튼Brattain과 바딘 Bardeen과 함께 트랜지스터를 발명한 공로로 노벨물리학상을 수상했다([그림 1-1]).

본 장과 다음 장에서 기술되는 내용들은 매우 다양한 종류의 반도체 소자들을 깊이 이해하는 데 유용하고 꼭 필요한 내용들로 다년간 알려진 것들이다. 여기에서 기술하는 용어와 개념, 모델에 정통하게 되면 현재 존재하는 많은 반도체 소자들뿐만 아니라 미래에 발명될 더 많은 소자들에 대해 더 쉽게 이해할 수 있을 것이다. 또한 반도체 소자 분야에 종사하는 다른 사람들과의 지식적인 소통도 가능해질 것이다.

NOTE 트랜지스터의 발명가들

브래튼과 바딘과 쇼클리는 3개의 서로 다른 대륙에서 태어났으나(브래튼 : 중국의 아모이, 바딘 : 미국의 위스콘신 주 매디슨, 쇼클리 : 영국의 런던), 그들은 모두 미국에서 성장하여 벨 전화연구소Bell Telephone Laboratories에서 1947~1948년에 트랜지스터를 발명했다. 바딘과 쇼클리는 개념과 이론에 더 기여한 반면에 브래튼은 실험주의자였다. 그 역사적 사건에 대하여 그들은 다음과 같이 회상했다.

"…14년간의 연구 끝에, 나는 포기하기 시작하고 있었다…" – 월터 브래튼(1902~1987)

"월터 브래튼과 내가 점-접촉 트랜지스터point-contact transistor 발명의 원인이 된 실험을 1947년 11월과 12월에 수행했고, 바로 이어서 쇼클리에 의해 접합 트랜지스터junction transistor가 발명되었다."

– 존 바딘(1908~1991)

"연구에 참여했던 우리 모두는 우리가 중요한 신기술로의 문호를 개방했다는 사실을 믿어 의심치 않았다."

– 윌리엄 쇼클리(1910~1988)

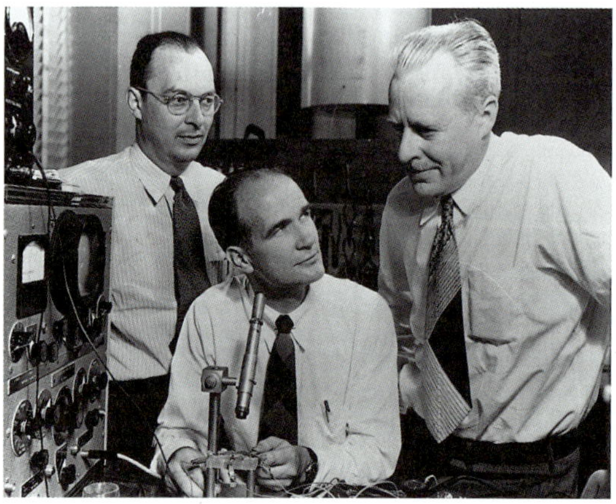

[그림 1-1] 벨 전화연구소의 트랜지스터 발명가들[1] (Corbis/Bettmann의 전재 허가)

1 왼쪽부터 존 바딘(John Bardeen), 윌리엄 쇼클리(William Shockley), 월터 브래튼(Walter Brattain)이다.

1.1 실리콘 결정 구조

고체 결정은 원자들이 반복적인 구조로 배열됨으로써 구성된다. 주기적인 구조는 X-선 회절과 전자현미경을 이용하여 측정할 수 있다. [그림 1-2]의 큰 입방체 단위는 실리콘 결정의 **단위 셀**unit cell이다. 각각의 구는 실리콘 원자를 나타낸다. 이 단위 셀은 모든 세 방향으로 여러 번 반복되면서 실리콘 결정을 형성하게 된다. [그림 1-2]에서 5.43Å으로 표시한 단위 셀의 길이를 **격자상수**lattice constant라 한다.

[그림 1-2]로부터 얻을 수 있는 가장 중요한 정보는 모든 **실리콘 원자는 각각 가장 가까운 이웃 원자로 4개의 다른 실리콘 원자들을 가지고 있다**는 간단한 사실이다. 이러한 사실을 [그림 1-2]에서 파란 색의 다발cluster로 묘사했는데, 이 다발에서 중심 원자 하나가 4개의 이웃 원자들을 갖고 있는 것을 볼 수 있다. 이 다발을 **기본 셀**primitive cell이라고 부른다. 실리콘Si은 주기율표에서 4족 원소이므로 4개의 원자가valence 전자를 가진다. 이 4개의 전자는 가장 가까운 이웃 원자들과 공유되며, 따라서 8개의 공유된 전자가 각 개별 원자와 결합된다. [그림 1-2]의 구조는 **다이아몬드 구조**diamond structure로 알려져 있는데, 그 이유는 이 구조에서 각 구가 탄소 원자를 표시한다고 하면 이 구조는 또한 다이아몬드 결정의 단위 셀이 되기 때문이다. 게르마늄은 트랜지스터가 처음 만들어졌을 때 사용된 반도체이며, 이 역시 다이아몬드 결정 구조를 가진다.

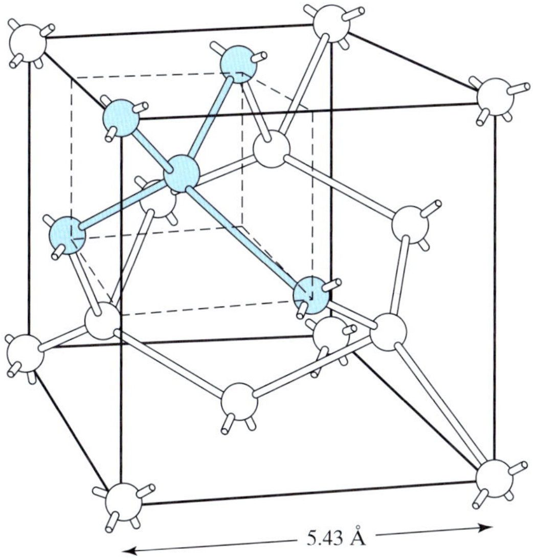

[그림 1-2] 실리콘 결정의 단위 셀. 각 구는 실리콘(Si) 원자이다. 각 Si 원자는 4개의 가장 가까운 이웃 원자를 가지는데, 이는 작은 입방체(점선) 안에 있는 파란색 원자들의 그림으로 설명된다(쇼클리[1] 발췌).

[그림 1-3]은 실리콘 결정 방향을 표시할 때 사용하는 유용한 체계를 소개하고 있다. [그림 1-3(a)]의 입방체는 [그림 1-2]에서 보여준 실리콘 단위 셀을 나타내고, 각각의 어둡게 표시한 표면은 결정면이다. 예를 들어, [그림 1-3(a)]의 맨 왼쪽 그림의 (100) 결정면은 [그림 1-2]에서 독자에게 가장 가깝게 위치한 평면이다. 그것은 x축과는 1 격자상수에서 교차하고, y축 및 z축과는 무한대에서 교차한다. 사람들은 이 면을 1 ∞ 면이라고 명명하려 할지 모르나, 그것은 표준적으로 (1/1 1/∞ 1/∞), 혹은 (100) 면이라고 표현한다. 일반적으로 (abc) 면은 x, y, z축을 각각 $1/a$, $1/b$, $1/c$ 격자상수에서 교차한다. 예를 들면 [그

림 1-3(a)]의 가운데 그림의 (011) 면은 x축과는 무한대에서 교차하고, y축 및 z축과는 1 격자상수에서 교차한다. 괄호 안에 있는 숫자는 **밀러 인덱스**Miller index라고 한다. 대괄호를 사용한 기호 [abc]는 (abc) 면에 수직한 결정 방향을 가리킨다.[2] 예를 들면 전자가 [100] 방향으로 운동한다고 하면, 전자는 (100) 면에 수직한 방향, 즉 x축을 따라 움직인다.

[그림 1-3(b)]와 같이 보통 실리콘 웨이퍼는 (100) 면을 따라 잘리는데, 이는 균일성과 좋은 소자 성능을 얻기 위함이다. 소자를 제작하는 동안 웨이퍼를 원하는 방향으로 정확하고 일관되게 위치시키기 위해, (011) 면을 따라 평탄면이나 새김눈notch을 낸다. 서로 다른 표면 결정 방향은 산화 비율이나 산화물/반도체 경계면에서의 전기적인 질과 같은 특성이 서로 다르다. 표면 결정 방향과 표면을 따라 흐르는 전류의 방향은 두 가지 모두 MOSFETMetal-Oxide-Semiconductor Field-Effect Transistor(금속-산화물-반도체 전계-효과 트랜지스터, 6.3.1절 참조)과 같은 표면-기반 소자의 속도 성능에 영향을 미친다. 마이크로 전자공학에서 사용되는 가장 중요한 반도체 재료는 결정체crystalline이다. 그러나 3.7절의 [NOTE]에서 언급한 바와 같이 가장 평범하게 접하는 고체는 단결정single crystal이 아니다.

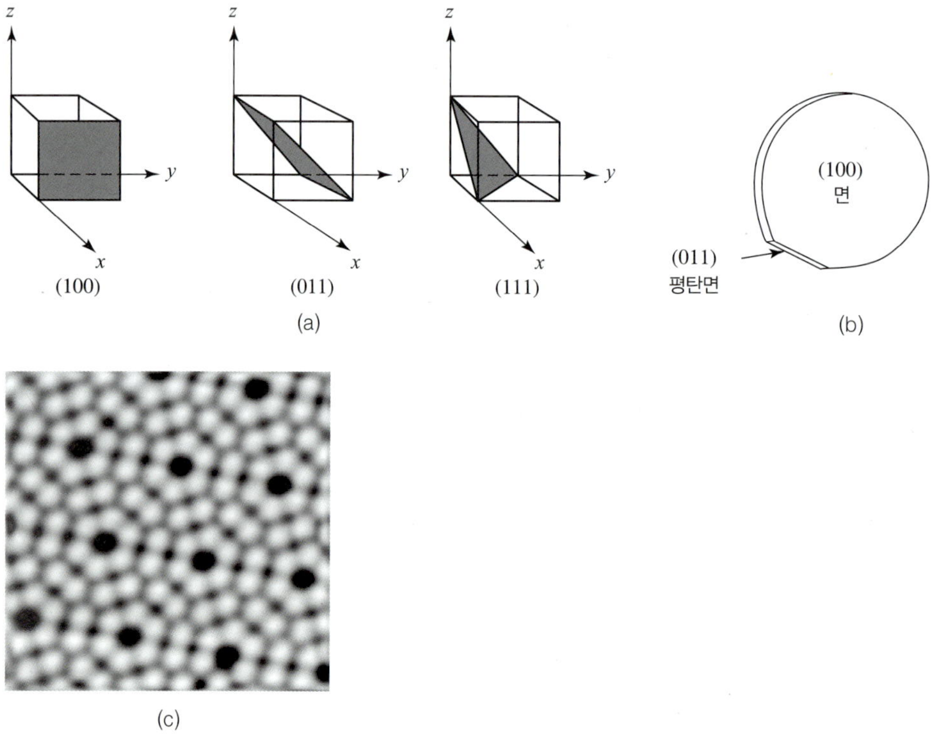

[그림 1-3] (a) 결정면을 표시하는 체계도. 각 입방체는 [그림 1-2]에서의 단위 셀을 나타낸다. (b) 보통 실리콘 웨이퍼는 (100) 면을 따라서 잘린다. 이 샘플은 소자 제작 과정에서 웨이퍼의 방향을 인식하기 위해 (011) 평탄면을 가진다. (c) 주사 터널링 현미경(STM, Scanning Tunneling Micro-scope)으로 실리콘 (111) 면의 각 원자들을 관찰한 모습

2 **(역자주)** [abc] 방향과 (abc) 면이 수직인 경우는 입방 구조일 때만 해당한다.

1.2 전자와 정공의 결합 모델

[그림 1-2]에서 파란색으로 표시된 부분을 보면 각 실리콘[Si] 원자는 4개의 가장 가까운 이웃 원자들에 의해 둘러싸여 있다. 우리는 실리콘 결정 구조를 [그림 1-4]와 같은 2차원 그림으로 묘사할 수 있다. 하나의 원자는 각 이웃 원자와 2개의 점으로 연결되는데, 이는 공유결합에 사용된 2개의 공유 전자를 나타낸다. [그림 1-4]를 보면 전류 전도에 기여하는 자유 전자가 하나도 없다는 것을 알 수 있다. 엄밀히 말하자면 자유 전자가 하나도 없다는 것은 절대온도가 0도일 경우에만 가능하다. 절대온도 0도가 아닌 다른 온도에서는 [그림 1-5(a)]에서처럼 열 에너지로 인해 공유 전자들의 일부분이 결합을 깨고 자유롭게 되어 **전도 전자**[conduction electron]가 되는 일이 발생한다.

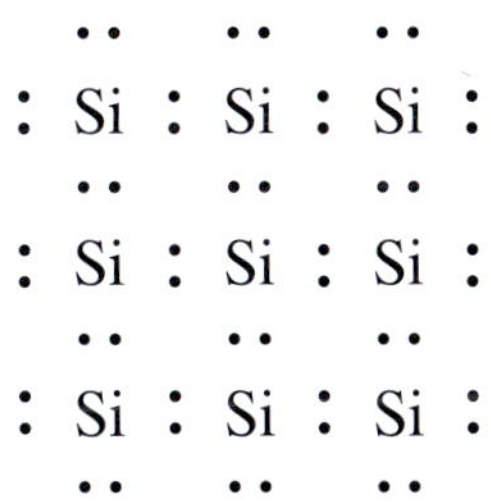

[그림 1-4] 2차원 그림으로 그린 실리콘 결정 구조

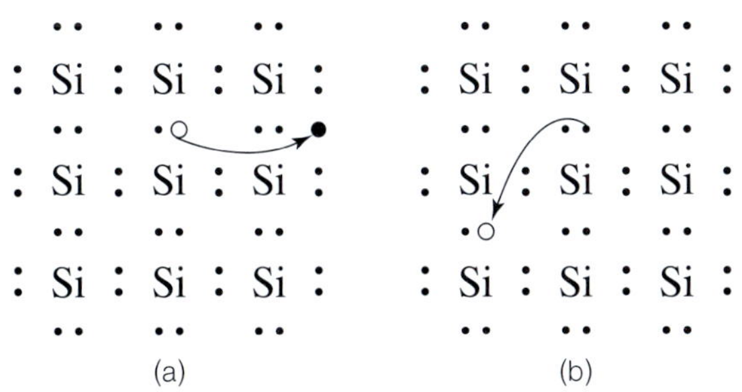

[그림 1-5] (a) 공유 전자가 결합을 깨고 방출될 때, 그 전자는 이동할 수 있으며 전류를 전도할 수 있게 된다. 또한 그 전자는 빈 원으로 표시된 빈자리 혹은 정공을 만들어낸다. 이 정공도 또한 (b)에서 화살표로 표시된 것과 같이 돌아다닐 수 있게 되고 따라서 전류를 전도할 수 있다.

전도 전자는 결정 내부를 자유롭게 돌아다닐 수 있어서 전류를 운반할 수 있다. 이러한 이유로 전도 전자들은 공유 전자들보다 소자의 동작에 있어 더욱 중요하다.

전자가 결합을 깨고 자유롭게 될 때 재미있는 현상이 발생한다. [그림 1-5(a)]에서 보는 바와 같이 그 전자는 비어있는 원으로 표시된 빈자리, 즉 **정공**[hole]을 뒤에 남기게 된다. 이 정공은 [그림 1-5(b)]에서와 같이 하나의 새로운 전자를 쉽게 받아들일 수 있다. 이는 전자들이 돌아다니면서 전류를 전도하는 또 하나의 방법을 제공한다. 이러한 과정을 달리 생각하면 정공이 새로운 장소로 이동한다고도 볼 수 있다. 이러한 두 번째 전류 전도 방법을 음전하를 갖고 반대 방향으로 움직이는 전자의 움직임으로 보는 것보다는 양전하를 가진 정공의 움직임으로 보는 것이 더 쉬운 데, 이는 액체 속 기포의 운동을 액체의 움직임이 만들어낸다고 생각하는 것보다 액체 속에 있는 기포가 움직이는 것이라고 생각하는 것이 더 쉬운 것과 같은 이치이다.

반도체 내에서 정공에 의한 전류 전도는 일반적으로 전자에 의한 전류 전도만큼 중요하다. **실제 전도 전자가 음전하를 운반하는 이동성 입자인 것과 마찬가지로, 정공을 양전하를 운반하는 이동성 입자로 생각하는 것에 익숙해져야 한다.** 1개의 공유 전자를 자유롭게 만듦으로써 전도 전자 1개와 정공 1개를 생성시키는 것은 약 1.1 eV의 에너지가 필요하다. 이 에너지는 예를 들면 광전도도 실험으로부터 측정할 수 있다. Si 샘플에 빛을 쪼이면 이동성 전자와 정공들이 생성되면서 전도도가 증가한다. 광전도도를 유발하기 위해 요구되는 최소한의 광자 에너지는 1.1 eV이다.

열 에너지 kT가 상온에서 26 meV라고 주어질 때, 반도체 내에서 열적으로 생성된 전자와 정공의 농도는 일반적으로 상온에서 매우 적다. 매우 큰 수의 전도 전자들이 필요하다면, 반도체를 **도핑**doping하는 과정을 통해 불순물impurity 원자를 적절하게 주입함으로써 이를 달성할 수 있다. 예를 들어 [그림 1-6(a)]에서 보는 것처럼, 비소As와 같은 5족 원소들은 각 원자가 5개의 원자가valence 전자를 갖는다. 이 중 4개의 전자는 이웃하는 Si 원자들과 공유되는 반면, 제5의 전자는 탈출할 수 있어 이동성 전자가 되고 그 자리에는 As 양이온이 남게 된다. 이러한 불순물은 전자를 **제공한다**donate하여 **도너**donor라고 부른다. 이 경우에 전도 전자를 생성하면서 어떠한 정공도 생성되지 않는다는 것에 주의하라. 전자는 음negative의 전하량을 운반하므로, 다수의 이동성 전자와 소수의 정공을 포함하는 반도체를 **N형 반도체**N-type semiconductor라고 부른다. As와 P는 Si에 가장 흔하게 사용되는 도너이다.

유사하게, [그림 1-6(b)]와 같이 3족 불순물인 붕소B가 실리콘에 주입된다면 각각의 B 원자는 공유결합을 충족시키기 위해 여분의 전자를 받아들일 수 있으며, 따라서 정공을 생성하게 된다. 이러한 도펀트를 **억셉터**acceptor라고 부르는데, 이는 전자를 **받아 들이기**accept 때문이다. 억셉터로 도핑된 반도체는 많은 정공과 매우 적은 이동성 전자를 가지며, 정공은 양positive의 전하를 운반하기 때문에 **P형**P-type이라 불린다. 붕소는 Si에서 가장 흔하게 사용되는 억셉터이다. In과 Al은 가끔 사용된다.

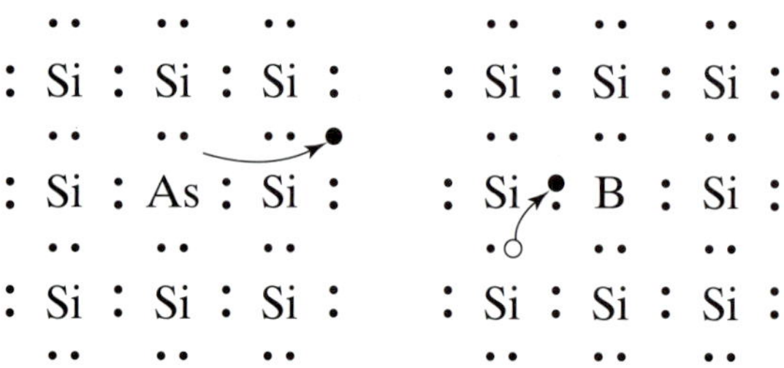

(a) As가 도너로 동작 (b) B가 억셉터로 동작

[그림 1-6] 반도체의 도핑은 결합 모델(bond model)로 묘사된다.

도너 원자를 이온화시키기 위해(즉, 여분의 전자를 자유롭게 만들고 양이온을 그 자리에 남기기 위해) 필요한 에너지는 수소 원자의 이온화 에너지 이론을 수정하여 추정할 수 있다.

$$E_{\text{ion}} = \frac{m_0 q^4}{8\varepsilon_0^2 h^2} = 13.6 \text{ eV} \tag{1.1}$$

여기에서 m_0는 자유 전자 질량이고, ε_0는 자유공간의 유전율이며, h는 플랑크 상수이다. 수정 사항은 ε_0를 $12\varepsilon_0$로 대치하고(여기서 12는 실리콘의 비유전율), m_0는 나중에 설명하겠지만 m_0보다 수 배 작은 값인 전자 유효질량 m_n으로 대치하는 것이다. 이 결과는 약 50 meV가 된다. 도너는 이런 작은 이온화 에너지를 갖기 때문에 보통 상온에서 완전히 이온화가 된다. 예를 들어, $10^{17}\,\mathrm{cm}^{-3}$의 도너 원자는 $10^{17}\,\mathrm{cm}^{-3}$의 전도 전자를 생성한다. 또한 억셉터에 대해서도 같은 결론이 적용된다.

NOTE GaAs와 Ⅲ-Ⅴ족 반도체의 도펀트

GaAs 그리고 이와 유사한 InP, GaN와 같은 **화합물 반도체**compound semiconductor는 발광 다이오드light-emitting diode나 반도체 레이저(4.13절 및 4.14절 참조)와 같은 광전 소자에 더 적합하다. 또한 GaAs는 고주파 전자공학(6.3.2절 및 6.3.3절 참조)에서 한 역할을 담당한다. GaAs의 결정 구조는 [그림 1-7]과 [그림 1-8]에 나타내었으며, Si 결정과 유사하다는 것을 분명히 알 수 있다.

[그림 1-7]에서 파란색으로 표시된 구들은 As 원자들을 나타내고 흰색으로 표시된 구들은 Ga 원자들을 나타낸다. 각 Ga 원자는 4개의 As 이웃 원자를 가지며, 각 As 원자는 4개의 Ga 이웃 원자를 가지고 있다. 격자상수는 5.65Å이다. Ga은 3족 원소이고, As는 5족 원소이다. GaAs는 GaP, AlAs와 같이 **Ⅲ-Ⅴ족 화합물 반도체**라 불리며, 이들은 모두 [그림 1-7]과 같은 결정 구조를 가지고 있다.

S와 Se 같은 6족 원소들은 5족 원소인 As 자리를 대치할 수 있어 GaAs에서 도너로 동작할 수 있다. 이와 유사하게, Zn와 같은 2족 원소들은 Ga을 대치할 수 있어 억셉터로 동작한다.

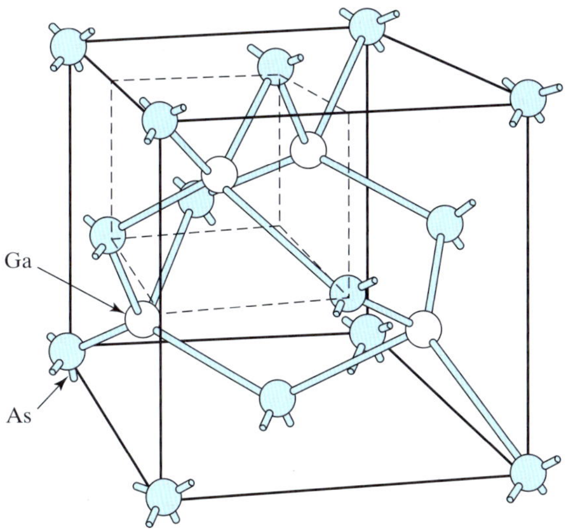

[그림 1-7] GaAs 결정 구조

그렇다면 Si과 Ge 같은 4족 원소들은 GaAs에서 도너일까 억셉터일까? 답은 도너로도 억셉터로도 동작할 수 있다이다. 이는 그들이 (3개의 원자가 전자를 가진) Ga 원자들을 대치하는지, 아니면 (5개의 원자가 전자를 가진) As 원자들을 대치하는지에 따라 달라진다. 이러한 불순물을 **앰포테릭 도펀트**amphoteric dopant(양쪽성 도펀트)라고 부른다. GaAs에서 Si는 도너이고 Ge은 억셉터임이 판명되었는데, 이는 작은 Si 원자는 작은 Ga 원자를 대치하고 큰 Ge 원자는 큰 As 원자를 대치하는 것이 에너지적으로 더 유리하기 때문이다.

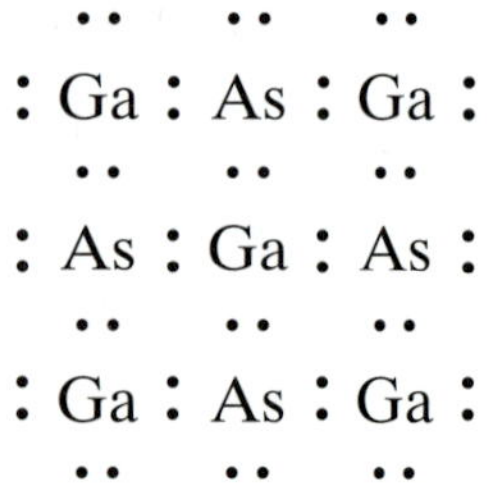

[그림 1-8] GaAs의 결합 모델

1.3 에너지 밴드 모델

이전 절에서 기술한 결합 모델은 개념적으로는 간단한 반면에 반도체 소자를 이해하기에는 충분히 완벽하지 못하다. 가장 유용한 모델은 **에너지 밴드**energy band의 개념을 필요로 한다.

[그림 1-9(a)]에서처럼 원자 내부의 전자는 불연속의 에너지 준위를 점유하고 있다는 것을 상기하라. 만약에 두 원자가 매우 근접하게 되면, 파울리의 배타 원리Pauli exclusion principle 때문에 각각의 에너지 준위는 2개의 준위로 분리될 것이다. 파울리의 배타 원리란 원자, 분자, 혹은 결정과 같은 전자 시스템에서 각각의 양자 상태는 (2개 이상의 전자에 의해 점유될 수 없고) 오직 1개의 전자에 의해서만 점유된다고 하는 것이다. 결정과 같이 매우 많은 원자들이 근접하게 위치한다면, 불연속의 에너지 준위들은 [그림 1-9(b)]에서와 같이 에너지 상태의 **밴드**band들로 대치되는데, 이 밴드들은 갭gap으로 분리되어 있다. 에너지 밴드를 매우 많은 수의 에너지 상태들이 반연속적으로 배열하고 있는 것으로 생각해도 된다.

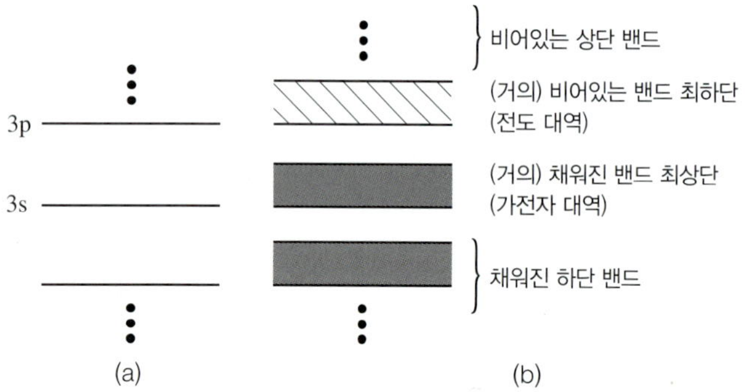

[그림 1-9] (a) Si 원자의 불연속한 에너지 상태는 (b) Si 결정에서 에너지 밴드로 대치된다.

자연스럽게, 전자들은 먼저 낮은 에너지 밴드를 채우려고 할 것이다. 에너지가 낮을수록 밴드는 보다 더 완벽하게 채워질 것이다. 반도체에서 대부분의 에너지 밴드들은 기본적으로 완전히 채워질 것이지만(절대온도 0도에서는 완벽하게 채워진다), 아주 높은 에너지 밴드들은 기본적으로 완전히 비어있을 것이다.

(기본적으로) 완전히 채워진 밴드와 완전히 비어있는 밴드 사이에는 [그림 1-9(b)]와 같이 거의 채워진 밴드와 거의 빈 밴드의 두 밴드가 위치한다. 그 두 밴드들이 우리에게는 가장 흥미롭다. 채워진 밴드들 중 맨 꼭대기에 있는 거의 채워진 밴드를 **가전자 대역** valence band 이라 하고, 비어있는 밴드들 중 최하단에 있는 거의 빈 밴드를 **전도 대역** conduction band 이라고 한다. 그들 사이의 갭을 **밴드 갭** band gap 이라고 부른다. 완전히 채워진 밴드 내의 전자는 순 net 속도를 갖지 않기 때문에 전류를 전도하지 못하는데, 이는 완전히 채워진 병 속의 물이 출렁이지 못하는 것과 동일하다. 유사하게, 완전히 비어있는 밴드는 전류 전도에 기여하지 못한다. 이것이 가전자 대역과 전도 대역만이 반도체에서 전류 흐름에 기여하는 유일한 에너지 밴드가 되는 이유이다.

1.3.1 에너지 밴드 다이어그램

[그림 1-10]은 반도체의 **에너지 밴드 다이어그램** energy band diagram 이며, [그림 1-9]의 일부를 나타낸다. 이는 E_v로 표시된 가전자 대역의 최고 에너지와 E_c로 표시된 전도 대역의 최저 에너지를 보여준다. E_c와 E_v 사이의 차이가 **밴드 갭 에너지** band gap energy 혹은 **에너지 갭** energy gap E_g이다. 명백히 $E_g = E_c - E_v$이다. 실리콘의 경우 에너지 갭은 약 1.1 eV이다. 가전자 대역의 전자들은 이전 절에서 설명한 결합 bond 모델에서의 공유결합과 연관된 전자들이고, 전도 대역의 전자들은 전도 전자 혹은 이동성 전자들이다. 몇 가지 반도체들의 밴드 갭 에너지를 [표 1-1]에 나열했는데, 이는 넓은 범위를 보여준다. 밴드 갭 에너지는 광전 소자의 특성과 성능에 강력한 영향을 미친다(4.12.4절 및 [표 4-1] 참조). 다수의 반도체를 섞음으로써, 밴드 갭 에너지는 원하는 값으로 정확하게 맞춰질 수 있다. 이 방법은 광 반도체 소자들을 만드는 데 널리 실행되고 있다(4.13절 참조).

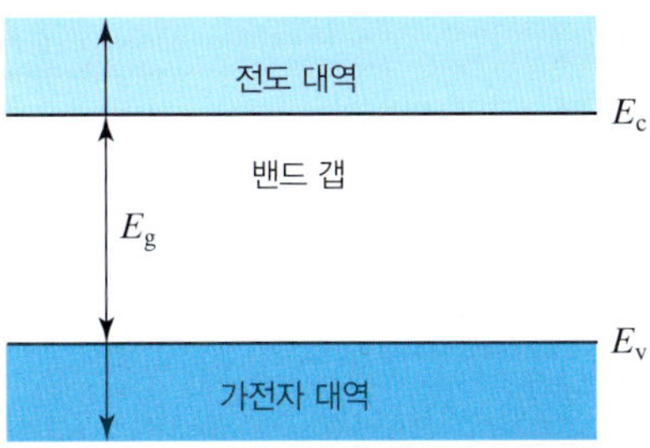

[그림 1-10] 반도체의 에너지 밴드 다이어그램

[표 1-1] 선택된 반도체들의 밴드 갭 에너지

반도체	InSb	Ge	Si	GaAs	GaP	ZnSe	다이아몬드
E_g(eV)	0.18	0.67	1.12	1.42	2.25	2.7	6.0

NOTE 빛 검출기로서의 광전도체

[그림 1–11]과 같이 빛이 반도체 샘플에 흡수되어 전자–정공 쌍이 생성될 때, 전자와 정공의 수(및 그에 따른 반도체의 전도도)는 빛의 세기에 비례하여 증가한다. 반도체에 두 전극을 내고 두 전극 간에 전압을 가한 후, 반도체의 컨덕턴스 변화를 측정함으로써 빛의 세기 변화를 검출할 수 있다. 이와 같이 간단하면서도 실용적인 광 검출기를 **광전도체**photoconductor라고 부른다.

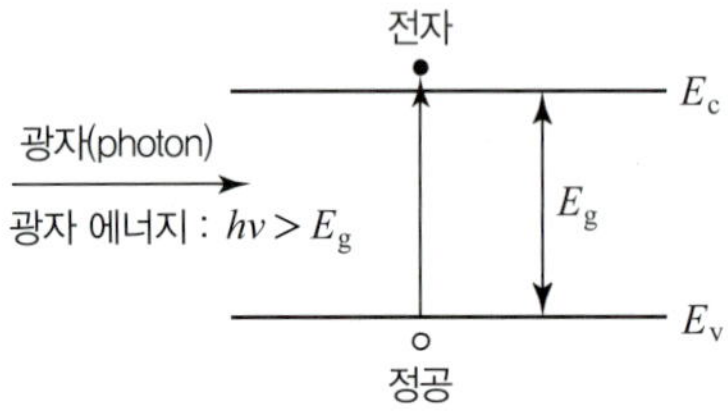

[그림 1–11] E_g는 반도체에 흡수되는 광자의 최소 에너지($h\nu$)로부터 결정될 수 있다.

반도체에 빛이 흡수되는 정도를 광자 에너지 $h\nu$의 함수로 측정함으로써 밴드 갭 에너지를 결정할 수 있다. $h\nu$가 E_g보다 큰 값일 때만 빛이 강하게 흡수된다. 흡수된 광자 에너지는 [그림 1–11]에서와 같이 전자–정공 쌍을 생성시키는 데 사용된다. $h\nu$가 E_g보다 작은 값으로 줄어들면, 시료는 빛에 대해 투명하게 된다. E_g는 이 임계치 $h\nu$ 값을 측정함으로써 결정할 수 있다. [표 1–1]에 열거된 E_g 값은 근본적으로 이러한 방법에 의해 얻어진 값들이다.

예제 1-1 밴드 갭 에너지 측정

만약 반도체가 0.87 μm보다 긴 파장의 빛에 투명하다면, 그것의 밴드 갭 에너지는 얼마인가?

풀이

0.87 μm 파장을 가진 빛의 광자 에너지는 빛의 속도 c를 이용하면 다음과 같다.

$$h\nu = h\frac{c}{\lambda} = \frac{6.63\times10^{-34}\,(\mathrm{J\cdot s})\times3\times10^{8}\,\mathrm{m/s}}{0.87\ \mu\mathrm{m}} = \frac{1.99\times10^{-19}(\mathrm{J}\cdot\mu\mathrm{m})}{0.87\ \mu\mathrm{m}}$$

$$= \frac{1.99\times10^{-19}(\mathrm{eV}\cdot\mu\mathrm{m})}{1.6\times10^{-19}\times0.87\ \mu\mathrm{m}} = \frac{1.24\ (\mathrm{eV}\cdot\mu\mathrm{m})}{0.87\ \mu\mathrm{m}} = 1.42\ \mathrm{eV}$$

따라서 반도체의 밴드 갭은 1.42 eV이다. 이 반도체는 아마 GaAs일 것이다([표 1–1] 참조).

$$\text{유용한 관계식} : h\nu\ (\mathrm{eV}) = \frac{1.24}{\lambda\ (\mu\mathrm{m})}$$

가시 스펙트럼은 0.5 μm에서 0.7 μm 사이에 있다. (실리콘과 GaAs는 적외선의 $h\nu$ 값에 해당하는 밴드 갭을 가진다. 따라서 그것들은 가시 광을 강하게 흡수하고 불투명하게 된다.) '인듐(In)과 주석(Sn) 산화물'과 같은 어떤 반도체들은 충분히 큰 값의 E_g를 가져 가시 광에 투명하며, LCDLiquid Crystal Display(액정 표시기)와 같은 평판 디스플레이에서 투명 전극으로 사용된다.

1.3.2 밴드 모델에서 도너와 억셉터

도너와 억셉터의 개념은 에너지 밴드 모델에서 다음과 같이 표현된다. E_c와 E_v보다는 덜 중요할지라도, 2개의 또 다른 에너지 준위가 에너지 밴드 다이어그램에 존재하는데, 바로 도너 에너지 준위donor energy level E_d와 억셉터 에너지 준위acceptor energy level E_a이다([그림 1-12] 참조). 도너 원자로부터 여분의 전자를 떼어내어 전도 전자로 자유롭게 만들기 위해서는 도너의 이온화 에너지(약 50 meV)가 필요하다는 것을 상기하라. 따라서 도너 전자는 자유롭게 되기 이전에 E_c보다 약 50 meV 아래의 에너지 상태를 점유하고 있어야만 한다. 이는 $E_c - E_d$가 도너 이온화 에너지라는 것을 말한다. 유사하게, $E_a - E_v$는 억셉터 이온화 에너지(즉, 억셉터 원자가 가전자 대역으로부터 여분의 전자를 받아들여 그 자리에 정공을 생성시키는 데 사용되는 에너지)이다. 실리콘에서 몇 개의 도너와 억셉터 이온화 에너지들을 [표 1-2]에 참고로 열거했다. As, P, Sb, B는 실리콘에서 가장 흔하게 사용되는 도펀트들이다. 이러한 4개의 불순물처럼, 이온화 에너지가 작은 억셉터와 도너 준위들을 **얕은 준위**shallow level라고 한다. **깊은 준위**deep level는 이들과는 다른 구리나 금과 같은 불순물을 첨가하면 생성되고, 이들은 매우 다른 방법으로 실리콘 특성에 영향을 준다(2.6절 참조).

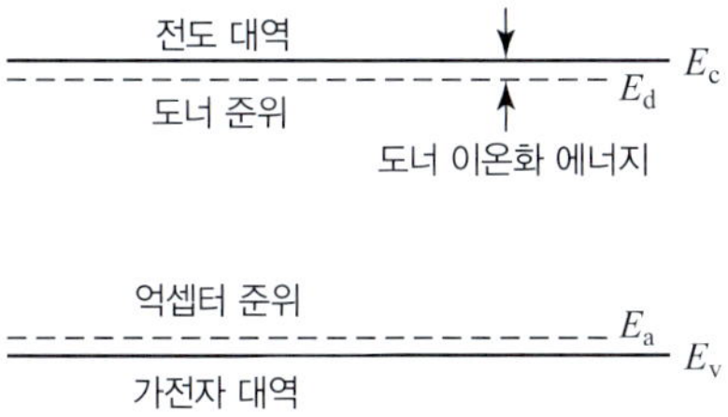

[그림 1-12] 도너와 억셉터의 에너지 준위

[표 1-2] 실리콘의 경우 선택된 도너와 억셉터들의 이온화 에너지

	도너			억셉터		
도펀트	Sb	P	As	B	Al	In
이온화 에너지 $E_c - E_d$ 또는 $E_a - E_v$ (meV)	39	45	54	45	57	160

1.4 반도체, 절연체, 도체

에너지 밴드 모델에 기초하여, 이제는 반도체, 절연체, 그리고 도체들 사이의 차이점을 이해할 수 있다. 반도체는 [그림 1-13(a)]에서 보는 바와 같이 거의 채워진 가전자 대역과 이로부터 밴드 갭만큼 떨어진 거의 빈 전도 대역을 가지고 있다. 절연체의 밴드 다이어그램은 반도체의 밴드 다이어그램과 유사하지만, 훨씬 큰 E_g를 갖는다는 차이점이 있다. E_g는 완전히 채워진 밴드와 완전히 빈 밴드를 분리시키는 에너지이다([그림 1-13(b)] 참조). 완전히 채워진 밴드와 완전히 빈 밴드는 전류 전도에 기여하지 않으며, 이는 완전히 빈 항아리와 완전히 채워진 항아리에 담긴 액체는 움직임이 없다는 것과 같은 이치이다. 도체는 아주 다른 에너지 밴드 다이어그램을 갖는다.

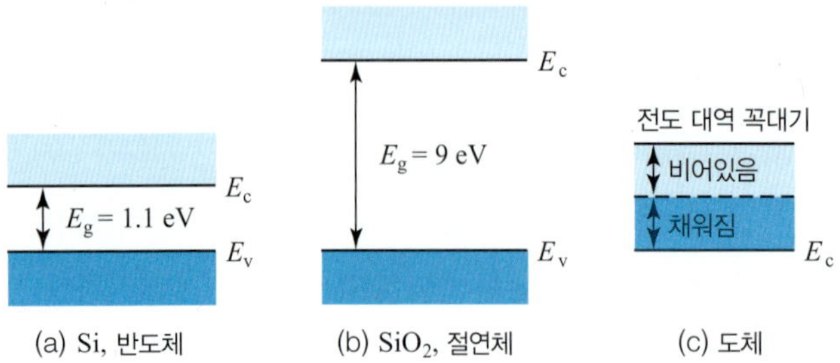

[그림 1-13] 반도체, 절연체, 도체에 대한 에너지 밴드 다이어그램

[그림 1-13(c)]와 같이 도체는 부분적으로 채워진 밴드를 갖는다. 이것은 도체의 전도 대역이며 전도 전자들을 보유하고 있다. 전형적인 도체의 저항률 값이 반도체나 절연체보다 매우 작은 값을 갖는 것은 바로 이러한 풍부한 전도 전자들의 존재 때문이다.

어떤 물질들은 왜 부분적으로 채워진 밴드를 가지며, 그로 인해 도체가 되는가? 각각의 에너지 밴드는 원자 하나당 2개의 전자를 가질 수 있다.[3] 이는 Au, Al, Ag와 같이 원자 번호(따라서 전자 수)가 홀수인 원소 고체가 왜 도체인지를 말해준다. 그러나 Zn이나 Pb와 같이 원자 번호가 짝수인 원소들도 채워진 밴드와 비어있는 밴드의 에너지 값이 서로 겹쳐질 수 있고, 따라서 합쳐져서 부분적으로 채워진 밴드를 만들어내는 것이 가능하기 때문에 여전히 도체가 될 수 있다. 이러한 원소를 준금속[semimetal]이라고 한다.

절연체는 채워진 가전자 대역과 비어있는 전도 대역을 가지고 있는데, 매우 큰 E_g 값으로 분리되어 있다. 물질이 절연체로 분류되기 위해서는 얼마나 큰 E_g 값을 가져야 충분히 크다고 할 수 있을까? 4 eV이면 수용할 만한 답이 된다고는 하지만, 명확한 경계는 없다. 그러나 ~6 eV(종종 교과서에서 절연체의 예로 인용되는 수치)의 E_g를 갖는 다이아몬드조차 반도체 특성을 보인다. 다이아몬드는 N형과 P형으로 도핑될 수 있으며, 정류기와 트랜지스터 같은 전자 소자들도 이 다이아몬드로 만들어진다.

반도체는 불순물 도핑을 함으로써 낮은 저항률을 갖는 N형 혹은 P형으로 제작될 수 있다는 점에서 절연체와 다르다고 말할 수 있다. 반도체의 이러한 특성은 소자 응용에 있어서 매우 중요하다.

1.5 전자 및 정공

전자[electron]라는 용어가 "가전자 대역에서 거의 모든 에너지 상태는 전자들로 채워져 있다"라는 말에서처럼 가전자 대역과 연관하여 사용될 수 있을지라도, 보통은 그 용어가 전도 대역 전자들을 의미한다고 가정한다. 정공은 가전자 대역에 있는 전자의 빈자리이다. 전자와 정공들은 각각 음전하 ($-q$)와 양전하 ($+q$)를 운반한다. [그림 1-14]에서 볼 수 있듯이, 에너지 밴드 다이어그램에서 높은 위치는 높은 전자 에너지를 의미한다. 전도 전자 에너지의 최솟값은 E_c이다. 전도 전자의 에너지 중 E_c보다 큰 모든 에너지는 전자의 운동 에너지가 된다. 전자는 전기장 내에서 가속됨으로써 에너지를 얻을 수 있고, 결정 내의 결함들과 충돌함으로써 에너지를 잃을 수도 있다.

3 이것은 간소화하여 설명한 것이다. 실제로 각 밴드는 기본 셀 하나당 2개의 전자를 보유할 수 있으며, 기본 셀은 여러 원자를 포함하기도 한다. 기본 셀은 결정을 만들기 위해 반복되는 최소의 구조이다. [그림 1-2]의 파란색 부분이 Si 결정의 기본 셀이다.

[그림 1-14]에서 보는 바와 같이 에너지 다이어그램에서 더 낮은 위치는 더 높은 정공 에너지를 의미한다. 정공을 "아래쪽"으로 이동시키기 위해서는 에너지가 필요한데 이는 전자를 위쪽으로 이동하는 것과 마찬가지이기 때문이다. 따라서 E_v는 최소 정공 에너지이다. 우리는 정공을 에너지 밴드에서 떠다니는 액체 내의 기포처럼 생각할 수 있다. 비슷하게, 전자를 에너지 밴드에서 최소 에너지 상태로 떨어지려는 경향이 있는 물방울처럼 생각할 수 있다.

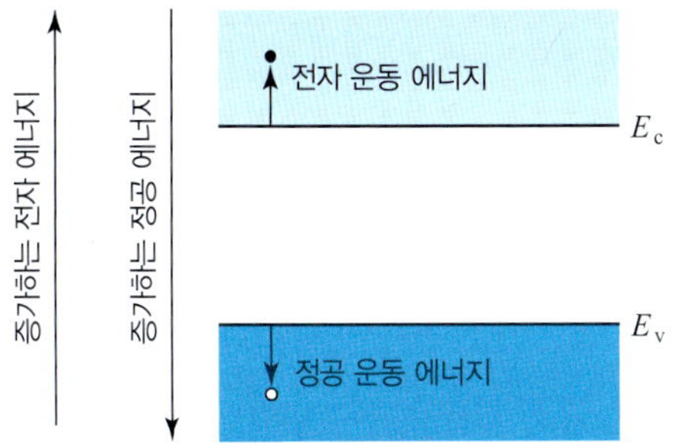

[그림 1-14] 전자와 정공은 모두 최소 에너지의 위치를 찾아가려는 경향이 있다. 전자는 에너지 밴드 다이어그램에서 아래로 떨어지려는 경향이 있다. 정공은 물속의 기포처럼 떠오른다.

1.5.1 유효질량

전기장 $\mathscr{E}$이 가해질 때, 전자 혹은 정공은 다음 식에 따라서 가속될 것이다.

$$\text{가속도} = \frac{-q\mathscr{E}}{m_n} \quad : \text{전자들} \tag{1.2}$$

$$\text{가속도} = \frac{q\mathscr{E}}{m_p} \quad : \text{정공들} \tag{1.3}$$

전자와 정공의 운동을 입자의 운동에 관한 고전적 법칙을 사용해서 묘사하기 위해서는, **유효질량**effective mass (m_n 및 m_p)을 적용해야 한다. 몇몇 반도체의 전자 및 정공에 대한 유효질량을 [표 1-3]에 열거했다.

[표 1-3] 자유 전자 질량으로 정규화한 전자 및 정공의 유효질량(m_n과 m_p)

	Si	Ge	GaAs	InAs	AlAs
m_n/m_0	0.26	0.12	0.068	0.023	2.0
m_p/m_0	0.39	0.30	0.50	0.30	0.3

주의 전자와 정공의 유효질량은 두 가지로, 위 표의 '운동에 관한 유효질량'과 '상태 밀도에 관한 유효 질량(식 (1.11))'이 서로 다르다.

결정 내의 전자와 정공은 결정 내부의 주기적인 쿨롱 전계와 상호작용을 한다. 그들은 결정 내의 주기적인 전위를 파도타기 하듯 넘나들 것이며, 따라서 m_n과 m_p는 자유 전자 질량과는 동일하지 않다.

결정 내의 전자에 대한 완벽한 기술은 반드시 그들의 입자 특성뿐만 아니라 파동 특성에 기초를 두어야만 한다. 전자의 파동 함수는 3차원 슈뢰딩거 Schrödinger 파동 방정식의 해이다[2].

$$-\frac{\hbar^2}{2m_0}\nabla^2\psi + V(\boldsymbol{r})\psi = E\psi \tag{1.4}$$

여기서 $\hbar = h/2\pi$는 축소된 플랑크 상수이고, m_0는 자유 전자 질량, $V(\boldsymbol{r})$은 3차원 공간에서 결정이 전자에 제공하는 위치 에너지 장이며, E는 전자의 에너지이다. 해는 $\exp(\pm i\boldsymbol{k}\cdot\boldsymbol{r})$ 형태가 되며, 이는 전자의 파동 $\boldsymbol{k}$를 의미한다. 여기서 $\boldsymbol{k}$는 **파동 벡터** wave vector 라 불리는데, "2π/전자의 파장"이며 E의 함수가 된다. 다시 말하면, 각각의 $\boldsymbol{k}$ 값에 대하여 상응하는 E 값이 있다($E-\boldsymbol{k}$ 다이어그램의 도식은 [그림 4-27] 참조). 더 나아가 참고문헌 [2]에서 $E-\boldsymbol{k}$ 관계가 구 대칭성을 가진다고 가정하면, 전기장 $\mathscr{E}$은 전자의 파동 패킷을 다음과 같이 가속시킨다고 볼 수 있다.

$$\text{가속도} = -\frac{q\mathscr{E}}{\hbar^2}\frac{\mathrm{d}^2E}{\mathrm{d}\boldsymbol{k}^2} \tag{1.5}$$

가속도를 F/m의 형태로 해석하기 위해 유효질량의 개념을 소개하는 것이 편리하다.

$$\text{유효질량} \equiv \frac{\hbar^2}{\mathrm{d}^2E/\mathrm{d}\boldsymbol{k}^2} \tag{1.6}$$

각각의 반도체 물질은 전도 대역에서 (유일한 $V(\boldsymbol{r})$에 대하여) 유일한 $E-\boldsymbol{k}$ 관계를 갖고, 또한 가전자 대역에서도 또 다른 유일한 $E-\boldsymbol{k}$ 관계를 갖는다. 따라서 각각의 반도체 물질은 유일한 m_n과 m_p를 갖는다.

[표 1-3]에 열거한 값은 실험적으로 측정된 값들이다. 이 값들은 컴퓨터를 사용하여 슈뢰딩거 파동 방정식을 해석하여 얻은 유효질량들과 잘 맞는다.

1.5.2 유효질량은 어떻게 측정하는가*

반도체 내의 전자 혹은 정공의 유효질량을 어떻게 측정하는지 궁금하다면, **사이클로트론 공명** cyclotron resonance 이라 하는 강력한 기법에 대하여 공부해 보자.

[그림 1-15]와 같이 자기장($\boldsymbol{B}$) 안에 위치한 N형 반도체 내의 전자를 생각해 보자. 운동하는 전자는 $\boldsymbol{B}$에 수직인 평면 내에서 원형의 경로로 궤적을 그릴 것이다(덧붙여서, $\boldsymbol{B}$에 평행인 전자의 운동이 있을 수 있다. 이 속도의 성분은 현 분석에서는 무시한다). 자기장은 $qv\boldsymbol{B}$에 해당하는 로렌츠의 힘 Lorentzian force 을 발휘하는데, 여기에서 v는 전자 속도이고 $\boldsymbol{B}$는 자속 밀도이다. 이 힘을 반지름 r의 원운동에 해당하는 구심력과 같다고 하면, 다음 값을 얻을 수 있다.

$$\frac{m_n v^2}{r} = qv\boldsymbol{B} \tag{1.7}$$

$$v = \frac{q\boldsymbol{B}r}{m_n} \tag{1.8}$$

원운동의 주파수는 다음과 같다.

$$f_{cr} = \frac{v}{2\pi r} = \frac{q\boldsymbol{B}}{2\pi m_n} \tag{1.9}$$

이것은 사이클로트론 공명 주파수이다. 공명 주파수는 r과 v에 독립적이라는 것에 주의하라. 지금 만약 원형으로 편광된 전계가 주파수 f_{cr}(전형적으로 기가헤르츠 범위)과 동일한 주파수로 이 반도체에 가해진다면, 전자들은 강하게 마이크로파 에너지를 흡수할 것이다. 그렇게 되면 전자들은 보다 고속으로 가속되고, 그들의 원운동 주파수를 바꾸지 않으면서(식 (1.9) 참조) 반경이 증가된 원 궤적을 그리고(식 (1.8) 참조), 충돌을 통해 에너지를 손실하며, 그리고는 또다시 가속 과정을 시작할 것이다. 만약 가해준 전계의 주파수가 f_{cr}과 같지 않다고 하면, 즉 가해준 전계가 전자의 운동과 동시성이 어긋날 때는 확실히 흡수는 많이 약화될 것이다.

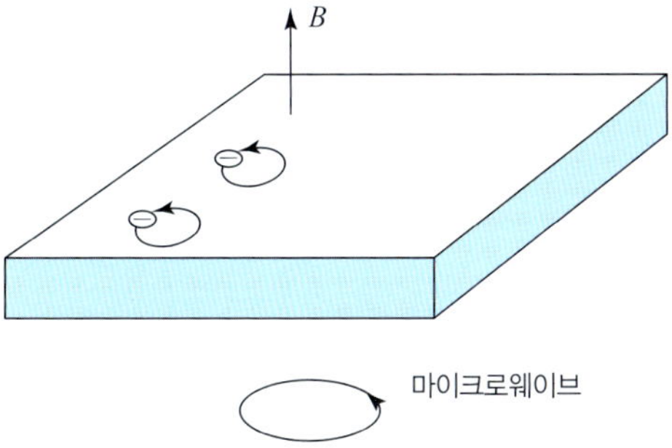

[그림 1-15] 자기장 $\boldsymbol{B}$와 회전하는 전기장을 갖는 마이크로웨이브(회전 방향은 화살표로 표시됨)가 존재할 때 N형 반도체 내에서 전자의 운동

전기장의 주파수 혹은 B를 변화시키다가 흡수 피크가 관측되면, 식 (1.9)을 이용해 m_n을 계산할 수 있다. 또한 정공의 유효질량을 측정하기 위해 P형 반도체 상에서 동일한 측정을 시행할 수 있다.

1.6 상태 밀도

에너지 밴드를 불연속인 에너지 상태들의 집합으로 생각하는 것은 유용하다. [그림 1-16(a)]는 이러한 내용을 역설하고 있다. 양자역학 용어로, 각 상태는 반도체의 주기적인 전위 함수에 대하여 슈뢰딩거 파동 방정식을 풀어서 구한 유일한 해와 유일한 스핀(업과 다운)을 의미한다[3]. 각 상태는 단 하나의 전자를 보유하거나 전혀 보유하고 있지 않다. 만약 우리가 전도 대역에서 작은 에너지 범위 ΔE 내에 있는 상태들의 수를 계산한다면, **상태 밀도**density of state를 알 수 있다.

$$D_c(E) \equiv \frac{\Delta E \text{ 내에 존재하는 상태들의 수}}{\Delta E \times \text{부피}} \tag{1.10}$$

이 전도 대역 상태 밀도는 E의 함수이다(즉, 여기에 ΔE가 위치한다). 유사하게, 가전자 대역 상태 밀도 $D_v(E)$도 존재한다. D_c와 D_v는 [그림 1-16(b)]에 그래프로 묘사되어 있으며, 이 그림에서 D_c와 D_v는 E의 범위에서 적어도 $\sqrt{E - E_c}$와 $\sqrt{E_v - E}$에 비례하는 것을 볼 수 있다. 유도 과정은 [부록 A]의 "상태 밀도의 유도"에 기술되어 있다.

$$D_c(E) = \frac{8\pi m_n \sqrt{2m_n(E - E_c)}}{h^3}, \quad E \geq E_c \tag{1.11a}$$

$$D_v(E) = \frac{8\pi m_p \sqrt{2m_p(E_v - E)}}{h^3}, \quad E \leq E_v \tag{1.11b}$$

$D_c(E)$와 $D_v(E)$는 입방 센티미터당 일렉트론볼트당 개수[개/cm^3/eV]의 차원을 갖는다.

식 (1.10)에 따르면, 곱한 항 $D_c(E)d_E$와 $D_v(E)d_E$는 반도체 체적의 cm^{3}당, 에너지 범위 E와 $E + dE$ 사이에 위치한 에너지 상태들의 개수이다. 우리는 이 개념을 1.8.1절에서 사용할 것이다.

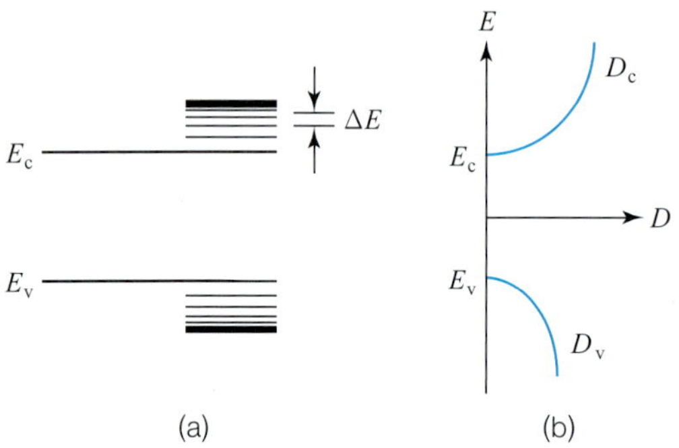

[그림 1-16] (a) 불연속 에너지 상태들의 집합으로 보는 에너지 밴드, (b) D는 에너지 상태 밀도이다.

1.7 열적 평형 상태와 페르미 함수

1.6절에서는 전도 대역 전자들 대부분이 전자 에너지가 가장 작은 E_c 근처에서 발견된다는 것을 설명했다. 대부분의 정공들은 정공 에너지가 가장 작은 E_v쪽으로 "떠오르게" 될 것이다. 본 절에서는 전자와 정공의 분포에 대해서 좀 더 자세히 살펴볼 것이다.

1.7.1 열적 평형 상태에 대한 유사 현상

다음과 같이 머릿속 실험을 해 보자. [그림 1-17]에서처럼 테이블 위에 놓인 얕은 접시의 바닥에 얇은 층의 모래를 깐다. 모래 입자들은 전도 대역의 전자들을 의미한다. 기계가 테이블을 흔들면 그에 따라 접시가 위아래로 움직인다. 접시의 진동은 절대온도 0도 이상의 어떤 온도에서 원자와 전자와 정공이 경험하게 되는 열적 선동thermal agitation을 의미한다. 모래는 계속 움직이거나 이동할 것이며 결국 거의 평탄한 표면이 만들어질 것이다. 이것이 평형 상태 조건이다.

평형 상태 조건equilibrium condition은 **열적 선동이 존재**할 때 최소 에너지를 갖는 배열이다. 만약 평평한 표면 위로 돌출물인 작은 모래 언덕이 존재한다면, 그것은 최소의 에너지 상태가 아니다. 왜냐하면 모래 언덕을 평탄하게 만든다면 그 시스템의 중력 에너지를 더 줄일 수 있기 때문이다. 이것은 전자가 전도 대역의 좀 더 낮은 에너지 상태를 차지하려고 하는 동향과 같다.

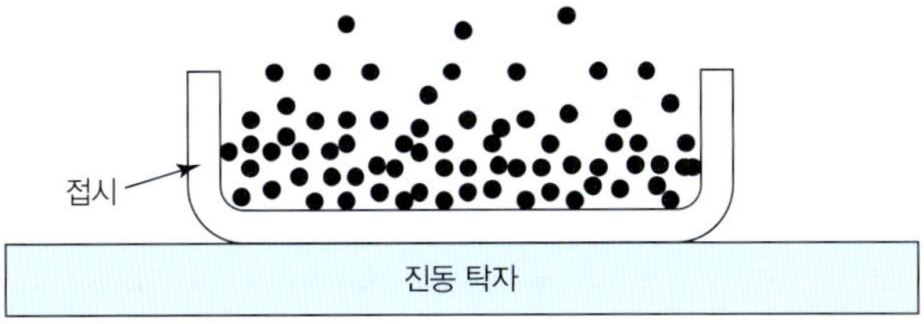

[그림 1-17] 진동 탁자 위 접시 안에 있는 모래 입자들의 높이는 열 에너지의 선동이 있을 때 전도 대역 내 전자들의 에너지를 표현한다.

그런데 열적 선동이 있는 경우 입자들은 가능한 최소 에너지의 위치만을 점유한 상태로 있을 수 없다. 접시를 좀 더 강력히 흔들어 봄으로써 이런 현상을 더 극적으로 만들 수 있다. 얼마간의 모래 입자들은 공중으로 튀어 오르기도 하고 다시 떨어지기도 할 것이다. 이 시스템은 "열적" 선동이 존재할 때 이와 조화를 이루면서 가능한 최소 에너지의 상태에 있게 된다. 이것이 **열적 평형 상태**thermal equilibrium이다.

모래 입자들이 튀어 오르고 떨어지고 하기 때문에, 공중에 더 높은 에너지 상태들을 점유하기도 한다. 모래 입자들이 공중에 좀 더 높이 튀어 오른 상태, 즉 좀 더 높은 에너지 상태를 점유할 확률은 상대적으로 더 낮은 확률(더 짧은 시간)로 존재한다. 유사하게, 반도체 내에서의 전자와 정공들은 결정으로부터 에너지를 받거나 혹은 결정과 에너지를 교환하면서, 그리고 서로 간에 에너지를 받거나 교환하는 가운데, **전도 대역과 가전자 대역의 모든 에너지 상태는 전자에 의해 점유될 일정한 확률을 갖게 된다.** 이 확률은 다음 소절에서 정량적으로 다룬다.

1.7.2 페르미 함수 – 에너지 상태가 전자에 의해 점유될 확률

임의의 에너지 값에서 한 전자를 발견할 확률을 표현하는 식을 유도할 수 있다. 입자들이 어떻게 원자들과 튕겨나가거나 혹은 서로 간에 튕기는지에 대해 상세하게 고려하지 않고, 오직 입자의 수와 총 시스템 에너지가 일정하게 유지된다는 가정만 하고 통계 열역학적 분석을 하면 다음 결과를 얻는다(유도 과정은 [부록 B] "페르미-디락 분포 함수의 유도"에 기술되어 있다.).

$$f(E) = \frac{1}{1 + e^{(E - E_F)/kT}} \tag{1.12}$$

식 (1.12)와 같이 박스로 강조된 수식은 특히 중요하고 자주 인용되는 것이다. 식 (1.12)는 **페르미 함수**Fermi function 혹은 **페르미-디락 분포 함수**Fermi-Dirac distribution function 혹은 **페르미-디락 통계**Fermi-Dirac statistics라고 부른다. E_F는 **페르미 에너지**Fermi energy 혹은 **페르미 준위**Fermi level라고 부른다. $f(E)$는 에너지 E의 상태가 전자에 의해 점유될 확률이다. [그림 1-18]은 페르미 함수를 묘사하고 있다. 큰 값의 E (즉, $E - E_F \gg kT$)에서, 그 상태가 전자에 의해 점유될 확률은 E 값이 증가할수록 지수함수적으로 감소한다. 이 에너지 영역에서 식 (1.12)는 다음과 같이 근사화할 수 있다.

$$f(E) \approx e^{-(E-E_F)/kT} \tag{1.13}$$

식 (1.13)은 볼츠만 근사Boltzmann approximation로 알려져 있다. 낮은 에너지 영역(즉, $E - E_F \ll -kT$)에서 점유 확률은 1에 가깝다. 다른 말로 하면, 낮은 에너지 상태들은 완전히 점유되는 경향이 있다. 여기서 식 (1.12)는 다음과 같이 근사시킬 수 있다.

$$f(E) \approx 1 - e^{-(E_F-E)/kT} \tag{1.14}$$

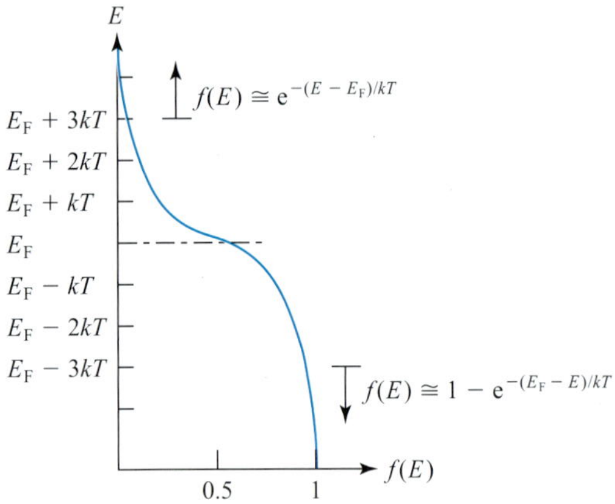

[그림 1-18] 페르미 함수 다이어그램

이 에너지 영역에서 한 상태가 점유되어 있지 않을 확률, 즉 **정공에 의해 점유될** 확률은 다음과 같다.

$$1 - f(E) \approx e^{-(E_F-E)/kT} \tag{1.15}$$

식 (1.12)와 [그림 1-18]로부터, E_F에서의 점유 확률은 1/2이 된다. 만약 E가 E_F보다 매우 낮다고 하면 점유 확률은 1에 가까워지고, E가 E_F보다 매우 높다고 하면 점유 확률은 0에 가까워진다. E_F에 대해 기억해야만 하는 매우 중요한 사실은 열적 평형 상태에 있는 시스템에 대하여 단 하나의 페르미 준위만 존재한다는 것이다. 이 사실은 이 책에서 자주 언급될 예정이다. 나중에 시스템 내에 존재하는 전자나 정공의 개수에 따라 E_F 값이 달라진다는 것을 알게 될 것이다.

NOTE 무엇이 E_F를 결정하는가?

이 예제는 시스템 내에 있는 이용 가능한 전자들과 상태들에 의해 페르미 준위 E_F가 결정된다는 것을 보이기 위한 것이다. [그림 1-19]는 상온에서 전자 시스템의 에너지 상태를 나타낸다. 각 에너지 상태는 하나의 전자를 보유하거나 혹은 단 하나도 보유하지 않거나(즉, 점유되었거나 혹은 비어있거나) 할 수 있다. 이 시스템에는 단 하나의 전자만 있다고 한다. 이 시스템에 전자 하나만 있으므로, 각 상태가 점유될 확률들의 합은 1이 되어야 한다. 시행착오에 의해, E_1 위에 그리고 E_2 아래 어딘가에 위치한 오직 하나의 특정 E_F가 이러한 조건을 만족시킬 수 있다는 것을 여러분 스스로 확인해 보라. 이 값을 계산하지는 말라.

HINT 만약 E_F가 E_3 위에 있다면, 그리고 만약 E_F가 E_1 아래에 있다면, 몇 개의 전자가 시스템 내에 있을 것인지 자신에게 질문해 보라.

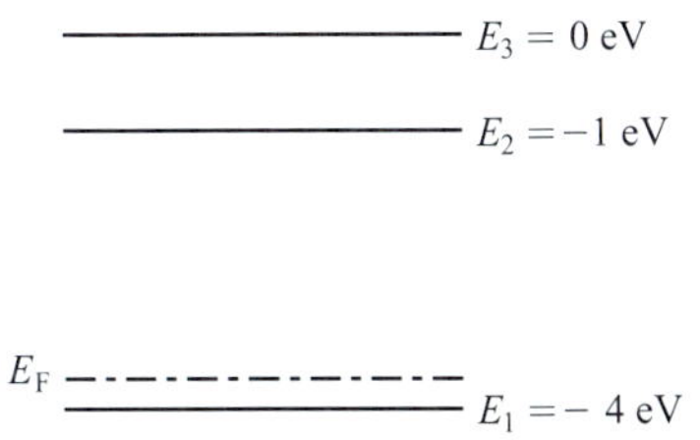

[그림 1-19] 무엇이 페르미 에너지 E_F를 결정하는지를 보여주는 상온에서의 간단한 전자 시스템

예제 1-2 산소 농도 대 고도

우리 모두는 보다 높은 고도일수록 공기 중에 산소가 희박하다는 사실을 알고 있다. 0℃의 일정한 온도를 가정할 때, 해발 10km에서의 산소 농도 N_h와 해수면에서의 산소 농도 N_0 간의 비율은 얼마인가?

풀이

보다 높은 고도에서 산소 분자의 중력 위치 에너지 E_h는 해수면에서의 중력 위치 에너지 E_0보다 크기 때문에 높은 고도일수록 산소 분자 수가 더 적다. 식 (1.13)에 따르면 다음과 같다.

$$\frac{N_h}{N_0} = \frac{e^{-E_h/kT}}{e^{-E_0/kT}} = e^{-(E_h - E_0)/kT}$$

$E_h - E_0$는 위치 에너지 차이, 즉 산소 분자를 해수면에서 해발 10km 지점까지 들어올리는 데 필요한 에너지이다.

$$\begin{aligned} E_h - E_0 &= \text{고도} \times O_2\ \text{분자의 무게} \times \text{중력가속도} \\ &= 10^4\text{m} \times O_2\ \text{분자량} \times \text{원자 질량 단위} \times 9.8\text{m}\cdot\text{s}^{-2} \\ &= 10^4\text{m} \times 32 \times 1.66 \times 10^{-27}\text{kg} \times 9.8\text{m}\cdot\text{s}^{-2} \\ &= 5.2 \times 10^{-21}\text{J} \end{aligned}$$

$$\therefore\ \frac{N_h}{N_0} = e^{-5.2\times10^{-21}\text{J}/(1.38\times10^{-10}\text{J}\cdot\text{K}^{-1}\times 273\text{K})}$$

$$= e^{-1.38} = 0.25$$

그러므로 10km 지점에서 산소의 농도는 해수면에서 농도의 25%이다.

이 예제와 열적 평형 상태에 대한 유사 현상으로 다루었던 '접시 안의 모래'를 설명한 이유는 평형 상태 개념의 수수께끼를 풀기 위하여, 그리고 각각의 전자 에너지 상태가 페르미 함수에 의해 지배되는 점유될 확률 값을 갖는다는 것을 강조하기 위함이다.

추가 질문 후속 질문으로 [연습문제 1.4]를 보라.

1.8 전자와 정공의 농도

우리는 만약 반도체가 입방 센티미터cubic centimeter, cc당 10^{16}개의 도너로 도핑된다면 전자 농도는 10^{16}cm^{-3}이 될 것이라고 말했다. 그러면 정공의 농도는 얼마일까? 도핑되지 않은 반도체에서 캐리어 농도는 얼마일까? 본 절에서 페르미 준위와 캐리어 농도 간의 중요한 관계들을 유도하고 나서야 이 질문들에 답을 할 수 있을 것이다.

1.8.1 $D(E)$와 $f(E)$로부터 n과 p의 유도

일단 우리는 **전자 농도**electron concentration라고 알려진 전도 대역 내 전자의 농도를 유도할 것이다. $D_c(E)\,dE$는 각 입방 센티미터당 E와 $E + dE$ 사이에 있는 에너지 상태의 개수이다. 따라서 $f(E)D_c(E)\,dE$의 곱은 반도체의 입방 센티미터당 E와 $E + dE$ 사이에 있는 전자의 개수가 된다. 그러므로 전체 전도 대역 내에 있는 입방 센티미터당 전자의 개수는 다음과 같다.

$$n = \int_{E_c}^{\text{전도 대역 꼭대기}} f(E)D_c(E)\,dE \tag{1.16}$$

도표로 보면, 이 적분은 [그림 1-20]에서 음영 부분의 면적으로 주어지며, 이는 전자의 농도를 산출한다. 이제 식 (1.11a)와 식 (1.13)을 식 (1.16)에 대입하고 적분의 상한을 무한대로 놓는다. 적분의 상한을 무한대 값으로 바꾸는 것은 [그림 1-20]에서 보는 바와 같이 E 값이 증가하면서 $f(E)$ 값이 빠르게 떨어지기 때문에 수용할 만하다. 이렇게 하면 우리는 n에 대한 닫힌 형태의 표현식을 얻을 수 있다.

$$n = \frac{8\pi m_n\sqrt{2m_n}}{h^3}\int_{E_c}^{\infty}\sqrt{E-E_c}\ e^{-(E-E_F)/kT}dE \tag{1.17}$$

$$= \frac{8\pi m_n\sqrt{2m_n}}{h^3}\ e^{-(E_c-E_F)/kT}\int_0^{\infty}\sqrt{E-E_c}\ e^{-(E-E_c)/kT}d(E-E_c) \tag{1.18}$$

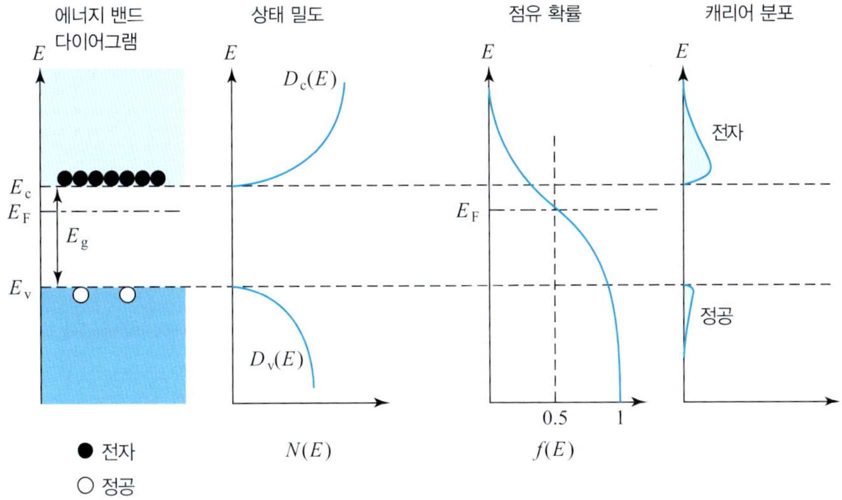

[그림 1-20] 도표화한 밴드 다이어그램 상태 밀도, 페르미-디락 분포, 캐리어 분포 대 에너지

다음과 같은 새로운 변수를 도입하면,

$$x = (E - E_c)/kT$$

식 (1.18) 안의 적분은 **감마함수**gamma function의 형태가 되고, 그 값은 $\sqrt{\pi}/2$와 같다.

$$\int_0^\infty \sqrt{x}\ e^{-x} dx = \sqrt{\pi}/2 \tag{1.19}$$

즉, 식 (1.19)를 식 (1.18)에 적용하면 다음 두 방정식을 얻을 수 있다.

$$n = N_c\, e^{-(E_c - E_F)/kT} \tag{1.20}$$

$$N_c \equiv 2\left[\frac{2\pi m_n kT}{h^2}\right]^{3/2} \tag{1.21}$$

N_c는 **유효 상태 밀도**effective density of states라고 부른다. 식 (1.20)은 중요한 방정식이고 암기해야만 한다. N_c를 왜 **유효**effective 상태 밀도라 하는지 그 이유를 이해한다면, 이 방정식을 기억하는 것은 쉽다. 그것은 마치 전도 대역 내의 모든 에너지 상태가 단 하나의 에너지 준위 E_c로 **유효하게**effectively 압착된다면 (입방 센티미터당) N_c개의 전자를 수용할 수 있는 상태가 되는 것과 같다. 그 결과, 식 (1.20)의 전자 농도는 단순히 N_c와 'E_c의 에너지 상태가 점유될 확률'을 곱한 값이 된다.

똑같은 방법으로 정공의 농도에 대한 표현식을 이끌어낼 수 있다. 에너지 상태가 정공에 의해 점유될 확률은 에너지 상태가 전자에 의해 점유되지 않을 확률, 즉 $1 - f(E)$이다.

$$p = \int_{\text{가전자 대역 바닥}}^{E_v} D_v(E)(1 - f(E))\, dE \tag{1.22}$$

따라서 식 (1.22)에 식 (1.11b)와 식 (1.15)를 대입하면 다음 값을 얻을 수 있다.

$$p = N_{\mathrm{v}}\, \mathrm{e}^{-(E_{\mathrm{F}} - E_{\mathrm{v}})/kT} \tag{1.23}$$

$$N_{\mathrm{v}} \equiv 2\left[\frac{2\pi m_p kT}{h^2}\right]^{3/2} \tag{1.24}$$

N_{v}는 **가전자 대역의 유효 상태 밀도**effective density of states of the valence band이다. (N_{c}의 정식 명칭은 전도 대역의 유효 상태 밀도이다.) N_{c}와 N_{v}의 값은 둘 다 약 $10^{19}\mathrm{cm}^{-3}$이고, 차이점이라면 m_n과 m_p가 다르다는 점이다. 반도체 종류마다 유효질량 또한 달라지기 때문에 반도체별로 N_{c}와 N_{v}가 약간 다르다. Ge, Si, 그리고 GaAs에 대한 N_{c} 및 N_{v}의 값을 [표 1-4]에 나타내었다.

[표 1-4] 300K에서 Ge, Si, GaAs에 대한 N_{c} 및 N_{v}의 값[4]

	Ge	Si	GaAs
$N_{\mathrm{c}}(\mathrm{cm}^{-3})$	1.04×10^{19}	2.8×10^{19}	4.7×10^{17}
$N_{\mathrm{v}}(\mathrm{cm}^{-3})$	6.0×10^{18}	1.04×10^{19}	7.0×10^{18}

1.8.2 페르미 준위와 캐리어 농도

앞으로 식 (1.20)과 식 (1.23)을 되풀이하여 사용할 것이다. 당장에 이 식들은 E_{F}를 전자와 정공의 농도에 연결함으로써 페르미 준위의 미스터리를 제거하도록 도와준다.

[그림 1-21]은 페르미 준위의 위치를 캐리어 농도의 함수로 보여준다.

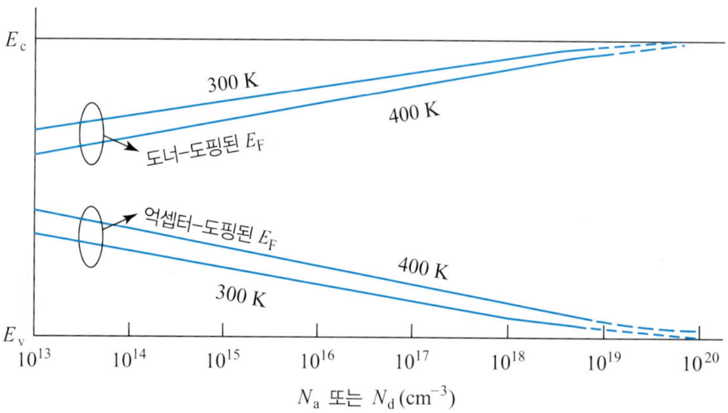

[그림 1-21] 300K와 400K에서 Si 내 페르미 준위의 위치 대 도펀트 농도

4 [표 1-3]의 유효질량을 **전도도 유효질량**(conductivity effective mass)이라고 하는데, 캐리어 운동의 묘사에 적합한 양자역학적 파동 벡터들에 대해 평균한 값이다[3]. 식 (1.11), 식 (1.21), 식 (1.24)의 유효질량은 **상태 밀도 유효질량**(density-of-states effective mass)이라고 하는데, 약간 다른 값을 가진다(이는 상태 밀도의 묘사에 적합한 다른 방법으로 평균을 취해 얻은 결과이기 때문이다).

E_F가 E_c 혹은 E_v로부터 약 20meV($\sim kT$) 떨어졌을 때 실선들이 멈추는 것을 살펴보라. 이 범위를 넘어서면, 식 (1.20)과 식 (1.23)을 유도할 때 적용한 볼츠만 근사는 정량적으로 타당하지 못하다. 이 수식들은 반도체가 고농도로 도핑되거나($>10^{19}\,\text{cm}^{-3}$) 혹은 **축퇴**degenerate 되면 정확하지 않게 된다. **E_F가 E_c 아래쪽으로 멀어지면 멀어질수록 n이 감소하고, 반대로 E_F가 E_v 위쪽으로 멀어지면 멀어질수록 p가 감소한다는 것을 기억하라.**

예제 1-3 Si에서 페르미 준위 찾기

300K에서 $n = 10^{17}\text{cm}^{-3}$일 때, 실리콘의 에너지 밴드에서 E_F는 어디에 위치하는가? 그리고 $p = 10^{14}\text{cm}^{-3}$일 때는?

풀이

식 (1.20)으로부터 다음과 같이 전개할 수 있다.

$$
\begin{aligned}
E_c - E_F &= kT \cdot \ln(N_c/n) \\
&= 0.026\ln(2.8\times10^{19}/10^{17}) \\
&= 0.146\ \text{eV}
\end{aligned}
$$

따라서 [그림 1-22(a)]에서 보는 바와 같이, E_F는 E_c 아래쪽으로 146meV 떨어진 지점에 위치한다. $p = 10^{14}\text{cm}^{-3}$일 경우에는 식 (1.23)으로부터 다음과 같이 전개할 수 있다.

$$
\begin{aligned}
E_F - E_v &= kT \cdot \ln(N_v/p) \\
&= 0.026\ln(1.04\times10^{19}/10^{14}) \\
&= 0.31\ \text{eV}
\end{aligned}
$$

따라서 E_F는 E_v 위쪽으로 0.31eV 떨어진 지점에 위치한다.

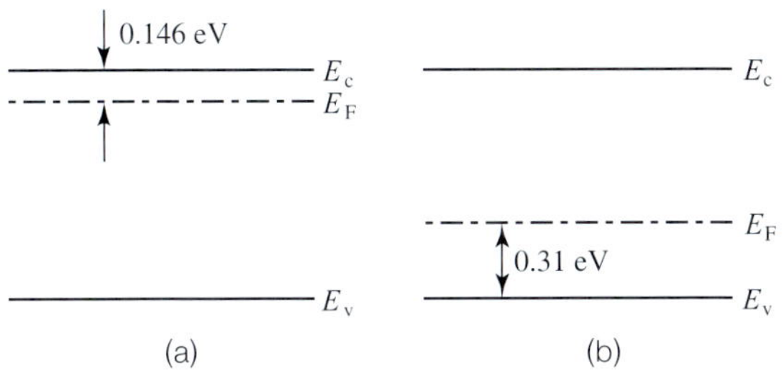

[그림 1-22] (a) $n = 10^{17}\text{cm}^{-3}$일 때, (b) $p = 10^{14}\text{cm}^{-3}$일 때 E_F의 위치

1.8.3 np 곱과 진성 캐리어 농도

E_F는 E_c와 E_v 모두에 가깝게 위치할 수 없기 때문에, n과 p는 모두 동시에 큰 숫자가 될 수 없다. 식 (1.20)과 식 (1.23)을 함께 곱하면, 다음 식을 얻는다.

$$np = N_c N_v e^{-(E_c - E_v)/kT} = N_c N_v e^{-E_g/kT} \tag{1.25}$$

식 (1.25)는 도펀트 농도에 관계없이, 주어진 반도체와 온도에 대하여 np 곱이 일정하다는 것을 보인다. 이는 중요한 관계식이고 보통 다음과 같은 형태로 표현된다.

$$np = n_i^2 \tag{1.26}$$

$$n_i = \sqrt{N_c N_v}\, e^{-E_g/2kT} \tag{1.27}$$

식 (1.26)에 따르면, 도펀트가 존재하든지 존재하지 않든지 관계없이 항상 얼마간의 전자와 정공들이 존재한다. 만약 도펀트가 존재하지 않는다고 하면, 그러한 반도체를 **진성**intrinsic이라고 한다. 진성 반도체에서 n과 p가 영이 되지 않는 것은, 열적 여기(勵起)excitation가 존재하여 약간의 전자를 가전자 대역으로부터 전도 대역으로 이동시킨 결과이다. 그러한 이동은 전자와 정공을 쌍으로 생성시키기 때문에, 진성 반도체에서 $n = p$이다. 이러한 사실과 식 (1.26)이 곧 바로 암시하는 것은 진성 반도체에서 다음 식이 성립한다는 것이다.

$$n = p = n_i \tag{1.28}$$

그러므로 n_i는 **진성 캐리어 농도**intrinsic carrier concentration라고 부른다. 식 (1.27)에 따르면 n_i는 E_g와 T에는 강하게 의존하는 함수이나, 도펀트 농도와는 무관하다. 상온에서 n_i는 Si에 대하여 약 $10^{10}\,\text{cm}^{-3}$이고, Si보다 큰 밴드 갭을 가지고 있는 GaAs에 대하여 약 $10^7\,\text{cm}^{-3}$이다. 따라서 실리콘에 대해서 np 곱은 전도도 형태(P형 혹은 N형) 및 도펀트 농도에 관계없이 $10^{20}\,\text{cm}^{-6}$이다.

np 곱이 일정한 이유를 이렇게 설명할 수 있다. 전자–정공의 재결합 비율은 np 곱에 비례한다. $np = n_i^2$일 때, 재결합 비율과 전자–정공 쌍을 열적으로 생성하는 비율이 같아지는 일이 발생한다. 이는 수용액에서 그것이 강한 산성이든지, 강한 알칼리든지, 혹은 중성이든지 관계없이 $[H^+]$와 $[OH^-]$ 농도의 곱을 일정하게 유지시키는 질량 작용의 법칙과 동일한 원리를 갖는다.

반도체에서 전자와 정공의 농도는 보통 매우 다르다. N형 반도체에서, 풍부한 양의 전자를 **다수 캐리어**majority carrier라 부르고 거의 존재하지 않는 정공을 **소수 캐리어**minority carrier라고 부른다. P형 반도체에서는, 정공이 다수 캐리어이고 전자는 소수 캐리어이다.

예제 1-4 캐리어 농도

다음 질문에 각각 답하라.

(a) 10^{15}cm^{-3}의 도너를 가진 N형 반도체에서 정공의 농도는 얼마인가?

(b) P형 실리콘 웨이퍼에서 $p = 10^{17}\text{cm}^{-3}$이라면, n은 얼마인가?

풀이

(a) 각각의 이온화된 도너마다 전자가 생성된다. 따라서 $n = 10^{15}\text{cm}^{-3}$이다.

$$p = \frac{n_i^2}{n} \approx \frac{10^{20}\ \text{cm}^{-6}}{10^{15}\ \text{cm}^{-3}} = 10^5\text{cm}^{-3}$$

60℃의 적정 온도 상승이 있을 때 n은 같은 10^{15}cm^{-3}에 머무르지만, n_i^2이 식 (1.27)에 따라서 증가하기 때문에 p는 약 2,300배 정도 증가한다.

(b) 식 (1.26)을 사용하여 계산하면 다음과 같다.

$$n = \frac{n_i^2}{p} = \frac{10^{20}}{10^{17}} = 10^3\text{cm}^{-3}$$

예제 1-5 진성 페르미 준위

진성 반도체에서 $n = p$이다. 따라서 $E_c - E_F \approx E_F - E_v$이고 페르미 준위는 거의 밴드 갭의 중앙에 있으며, $E_F \approx E_c - E_g/2$이다. 이 준위를 **진성 페르미 준위**intrinsic Fermi level라고 하고, E_i로 나타낸다. 여기서 E_i에 대한 보다 정확한 표현식을 유도해 보자. 식 (1.27)을 $\ln n_i$에 대하여 다시 쓰면 다음과 같다.

$$\ln n_i = \ln\sqrt{N_c N_v} - E_g/2kT$$

$n = n_i$인 진성 조건에 대하여 식 (1.20)을 다시 쓰면 다음과 같다.

$$n_i = N_c e^{-(E_c - E_i)/kT} \tag{1.29}$$

$$\therefore E_i = E_c - kT\ln\frac{N_c}{n_i} = E_c + kT\ln n_i - kT\ln N_c = E_c - \frac{E_g}{2} - kT\ln\sqrt{\frac{N_c}{N_v}} \tag{1.30}$$

$N_c = N_v$라고 하면 E_i가 $E_c - E_g/2$인 중간 갭에 위치한다는 것을 알 수 있다. 실리콘의 경우, E_i는 중간 갭에 매우 가깝게 위치하고 식 (1.30)의 마지막 항은 크기가 작아서 단지 학문적 흥미에 그치게 된다.

1.9 n과 p의 일반적 이론

[그림 1-12]에 있는 얕은 도너 및 억셉터 준위(E_d와 E_a)는 에너지 상태들이고, 그 에너지 상태가 전자에 의해 점유되는 것은 페르미 함수의 지배를 받는다. E_d는 보통 E_F 위쪽으로 수 kT 만큼 떨어져 있으므로 도너 준위에는 전자들이 거의 비어있다. 이러한 상황을 보고 대부분의 도너 원자들이 이온화가 되었다(여분의 전자들을 잃어버렸다)고 말할 수 있다. 유사하게, 모든 억셉터 원자들도 이온화된다. 간단히 정리하면, 우리는 모든 얕은 도너 및 억셉터들이 이온화가 되었다고 가정할 수 있다.

예제 1-6 도펀트 원자들의 완전 이온화

인(P) 원자가 $10^{17}\,cm^{-3}$으로 도핑된 실리콘 샘플에서 도너의 일부 중 얼마가 이온화되지 않는가? (즉, 도너의 일부 중 얼마가 "여분의" 전자에 의해 점유되는가?)

풀이

먼저 모든 도너가 이온화되어 각 도너마다 하나의 전자를 전도 대역에 제공한다고 가정하자.

$$n = N_d = 10^{17}\,cm^{-3}$$

[예제 1-3]의 [그림 1-22]으로부터, E_F는 E_c 아래 146 meV에 위치한다. 도너 준위 E_d는 인(P)의 경우 E_c 아래 45 meV에 위치한다([표 1-2] 및 [그림 1-23] 참조).

도너가 이온화되지 않을 확률, 즉 "여분의" 전자에 의해 점유될 확률은 식 (1.12)에 의해 다음과 같다.

$$\text{이온화되지 않을 확률} \approx \frac{1}{1+\frac{1}{2}e^{(E_d-E_F)/kT}}$$

$$\frac{1}{1+\frac{1}{2}e^{((146-45)\,meV)/26meV}} = 3.9\%$$

(분모에 있는 1/2 인자는 도너 원자가 업스핀 혹은 다운스핀의 두 전자를 보유할 수 있다는 복잡성으로부터 유래한다. 이것은 도너 상태가 전자에 의해 점유될 확률을 증가시킨다.)

따라서 완전한 이온화, 즉 $n = N_d$라고 가정하는 것이 타당하다.

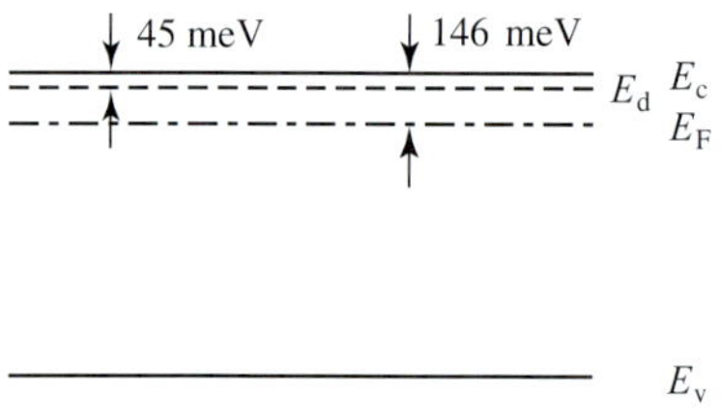

[그림 1-23] E_F와 E_d의 위치. 비율은 맞지 않다.

검토

N_d가 증가하면서, E_F는 E_d쪽으로 올라가고 이온화되지 않을 확률은 매우 커질 수 있게 된다는 사실을 알아챘을 것이다. 실제로는 고농도 도핑이 된(즉, 도너 혹은 억셉터들이 서로 가깝게 위치할 때) 반도체에서 불순물 준위는 **불순물 밴드** impurity band로 넓어져서 전도 대역과 합쳐진다. 이것은 원자들이 결정을 형성하기 위해 서로 가까워질 때에 에너지 준위가 에너지 밴드로 넓어지는 것과 동일한 이유로 발생하는 것이다([그림 1-9] 참조). 불순물 밴드 내 전자들은 마찬가지로 전도 대역 내에도 존재하게 된다. **따라서 $n = N_d$ (혹은 완전 이온화)라는 가정은 매우 높은 도핑 농도에서도 타당하게 적용할 수 있다. 동일한 결과가 P형 재료 내에서도 성립한다.**

반도체 내에는 전하를 띤 종류가 네 가지 형태로 존재한다. 이는 전자, 정공, 도너 양이온, 그리고 억셉터 음이온 형태이다. 이들 농도는 각각 기호 n, p, N_d, N_a로 나타낸다. 일반적으로 모든 샘플은 순 전하량을 갖지 않는다. **전하 중성** charge neutrality은 음전하 입자들과 양전하 입자들의 농도가 같을 때 성립한다.

$$n + N_a = p + N_d \qquad (1.31)$$

식 (1.26)과 식 (1.31)을 n과 p에 대하여 풀면 각각 다음과 같다.

$$n = \frac{N_d - N_a}{2} + \left[\left(\frac{N_d - N_a}{2}\right)^2 + n_i^2\right]^{1/2} \qquad (1.32a)$$

$$p = \frac{N_a - N_d}{2} + \left[\left(\frac{N_a - N_d}{2}\right)^2 + n_i^2\right]^{1/2} \qquad (1.32b)$$

임의의 N_a 및 N_d 값에 대하여 n과 p를 계산할 수 있다는 점은 흥미롭지만, 식 (1.32)는 복잡해서 거의 사용하지 않는다. 대신 다음 두 경우 중의 하나는 거의 항상 타당하게 사용된다.

❶ $N_d - N_a \gg n_i$(즉, N형)

$$n = N_d - N_a \qquad (1.33a)$$

$$p = n_i^2/n \qquad (1.33b)$$

특히 $N_d \gg N_a$일 때,

$$n = N_d, \quad p = n_i^2/N_d \qquad (1.34)$$

❷ $N_a - N_d \gg n_i$(즉, P형)

$$p = N_a - N_d \qquad (1.35a)$$

$$n = n_i^2/p \qquad (1.35b)$$

특히 $N_a \gg N_d$일 때,

$$p = N_a, \quad n = n_i^2/N_a \qquad (1.36)$$

우리는 직관적으로 이전 절에서 식 (1.34)와 식 (1.36)이 사실이라고 가정했다. 그러나 식 (1.33)과 식 (1.35)가 이보다 더 정확한 표현식이라는 것을 기억하는 것이 좋다. 식 (1.33a)로부터 억셉터가 효과적으로 도너의 효력을 무효화할 수 있다는 것과 식 (1.35a)에서는 그 역이 성립한다는 사실을 알 수 있다. 이러한 효과를 **도펀트 보상**dopant compensation 이라고 한다. P형 Si에서 출발한다 하더라도 일부분에 충분한 도너를 첨가함으로써 간단히 N형으로 변환시킬 수 있다. 이것은 복잡한 소자를 제작하기 위해 사용되는 기술 중 하나이다.

예제 1-7 도펀트 보상

$N_d = 6\times10^{16}\text{cm}^{-3}$이고 $N_a = 2\times10^{16}\text{cm}^{-3}$인 Si 샘플에서 n과 p는 얼마인가? 그리고 추가로 $6\times10^{16}\text{cm}^{-3}$의 억셉터가 주어진다면?

풀이

[그림 1-24(a)]에서 보는 바와 같이,

$$n = N_d - N_a = 4\times10^{16}\text{cm}^{-3}$$
$$p = n_i^2/n = 10^{20}/(4\times10^{16}) = 2.5\times10^{3}\text{cm}^{-3}$$

추가적으로 억셉터를 도핑한 경우, $N_a = 2\times10^{16} + 6\times10^{16} = 8\times10^{16}\text{cm}^{-3}$이고, 정공은 다수 캐리어가 된다.

$$p = N_a - N_d = 8\times10^{16} - 6\times10^{16} = 2\times10^{16}\text{cm}^{-3}$$
$$n = n_i^2/p = 10^{20}/(2\times10^{16}) = 5\times10^{3}\text{cm}^{-3}$$

[그림 1-24(b)]에서와 같이 억셉터를 추가한 것은 Si를 P형으로 변환시킨다.

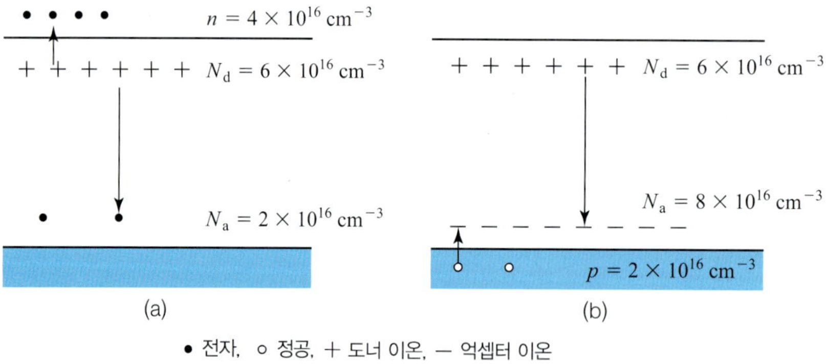

[그림 1-24] 도펀트 보상에 대한 그래프적인 도해

1.10 극고온과 극저온에서의 캐리어 농도

매우 높은 온도에서 n_i는 큰 값이 되고(식 (1.27) 참조), $n_i \gg |N_d - N_a|$를 얻을 수 있다. 그 경우에 식 (1.32)는 다음과 같이 된다.

$$n = p = n_i \tag{1.37}$$

다른 말로 하면, 반도체는 매우 높은 온도에서 "진성[intrinsic]"이 된다.

다른 극한인 매우 낮은 온도에서 E_F는 E_d 위로 올라가고, 그리고 대부분의 도너 원자들(혹은 P형 물질의 경우에는 억셉터 원자들)은 이온화가 되지 않은 상태로 남아있을 수 있다. 다섯 번째 전자는 도너에 머물러 있게 된다. 이 현상을 **동결**[freeze-out]이라고 부른다. 이 경우에, 도핑의 정도가 불순물 밴드를 형성할 만큼 충분히 높지 않으면(1.9절 참조), 도펀트는 전체적으로 이온화되지는 않는다. 캐리어 농도는 도펀트 농도보다 현저하게 작을 것이다. 정확하게 해석하기는 복잡하지만, 그 결과는 다음과 같다[4].

$$n = \left[\frac{N_c N_d}{2}\right]^{1/2} e^{-(E_c - E_d)/2kT} \tag{1.38}$$

동결은 저잡음과 고속 동작을 얻기 위해 반도체 소자를 가령 액체 질소 온도(77 K)에서 동작시킬 때 중대한 고려 사항이 된다.

[그림 1-25]는 다수 캐리어 농도의 온도 의존성을 요약하고 있다. 진성 영역에서 곡선의 기울기는 $E_g/2k$이고, 동결 영역에서 기울기는(식 (1.38)에 의해) $(E_c - E_d)/2k$이다. 이 사실은 E_g와 $E_c - E_d$를 결정하는 데 사용될 수 있다.

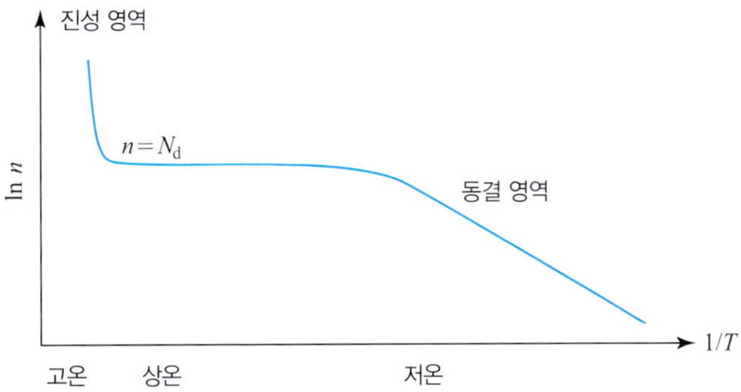

[그림 1-25] N형 반도체에서 넓은 범위의 온도 변화에 대한 캐리어 농도의 변화

NOTE 동결에 기초한 적외선 검출기

종종 따뜻한 물체에서 방사되는 흑체 복사를 검출하거나 이미지를 얻을 필요가 있다. 이는 예를 들어 (피의 흐름을 제한하고 냉점이 생기게 하는) 종양을 찾기 위해, 혹은 불충분하게 절연된 빌딩의 창문을 찾기 위해, 혹은 밤중에 사람과 자동차를 검출하기 위해 필요하다. 이것은 약 0.1eV 근방의 광자 에너지에 반응하는 광 검출기를 필요로 한다. 이러한 목적을 위해 [그림 1-11]의 모드로 동작하는 HgPbTe와 같은, 0.1eV보다 작은 E_g를 갖는 반도체 광전도체를 사용할 수 있다. 다른 방법으로는, [그림 1-26]의 동결 모드에서 동작하는 도핑된 Si과 같은 보다 일상적인 반도체를 사용할 수 있다. [그림 1-26]에서 광자가 없다면 동결되어 있겠지만, 적외선 광자들이 에너지를 제공하면 도너 원자들이 이온화되고 전도 전자들이 생성된다. 그 결과 검출기의 전기 저항이 낮아진다. 즉, 광전도 현상이 발생한다.

[그림 1-26]에서 보는 바와 같이 충분히 긴 파장이거나 혹은 충분히 낮은 광자 에너지 $h\nu$를 가질 때, 빛은 더 이상 시료에 흡수되지 않을 것이다. 이 임계값 $h\nu$는 $E_c - E_d$에 해당한다. 이것이 도펀트 이온화 에너지 $E_c - E_d$를 측정하는 방법이다.

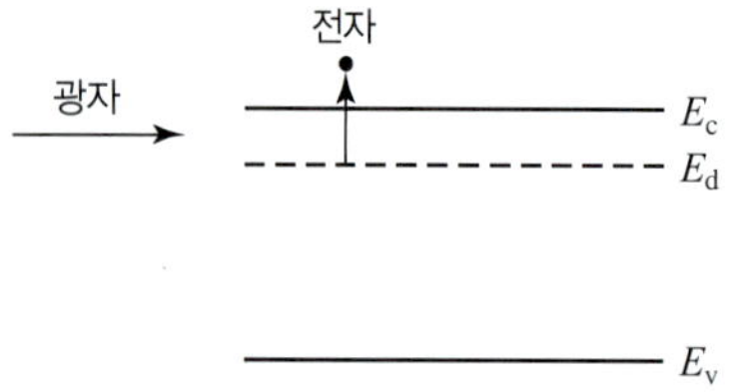

[그림 1-26] 적외선 광자는 동결된 도너들을 이온화시켜 전도 전자들을 생성시킬 수 있다.

핵심요약

실리콘 결정에서 각 Si 원자는 4개의 이웃 원자들과 공유결합을 형성한다. 진성 Si 결정에는 적은 수의 이동성 전자와 정공이 존재한다. 그 전자와 정공의 농도는 진성 캐리어 농도인 n_i(Si의 경우 $\sim10^{10}cm^{-3}$)와 같다. 결합(bond) 모델은 왜 5족 원자들이 전자를 생성하고 도너로서 역할을 할 수 있는지, 그리고 왜 3족 원자들은 정공을 생성하고 억셉터로 동작할 수 있는지를 설명한다. 전자와 정공들은 동일한 중요성을 가진 입자들로 생각해야 하나, 각각 음의 전하량과 양의 전하량을 운반하며, 자유 전자 질량의 일부분 값인 유효질량 m_n과 m_p를 갖는다는 것에 차이가 있다.

밴드(band) 모델은 반도체와 소자들을 정량적으로 해석하기 위해 필요하다. 가전자 대역과 전도 대역은 에너지 갭만큼 분리되어 있다. 이 밴드 갭은 Si의 경우 1.12 eV이다. 열적 선동은 각 에너지 상태가 전자에 의해 점유될 일정 확률을 제공한다. 그 확률은 페르미 함수로 표현되는데, 이는 페르미 준위 E_F보다 수 kT 이상 높은 E에 대하여 간단히 $(E - E_F)/kT$의 지수함수로 확률이 줄어드는 것을 나타낸다. E_F는 다음과 같이 전자와 정공의 농도와 연관된다.

$$n = N_c\, e^{-(E_c - E_F)/kT} \quad (1.20)$$

$$p = N_v\, e^{-(E_F - E_v)/kT} \quad (1.23)$$

유효 상태 밀도인 N_c와 N_v는 약 $10^{19}cm^{-3}$이다. 다수 캐리어 농도는 다음과 같다.

$$n = N_d - N_a \ :\ \text{N형 반도체} \quad (1.33a)$$

$$p = N_a - N_d \ :\ \text{P 형 반도체} \quad (1.35a)$$

여기서 N_d와 N_a는 도너와 억셉터의 농도이고, 이들은 보통 완전히 이온화된다고 가정한다. 소수 캐리어 농도는 다음 식으로부터 계산될 수 있다.

$$np = n_i^2 \quad (1.26)$$

n_i는 진성 캐리어 농도이고, 300 K에서 Si의 경우 약 $10^{10}cm^{-3}$이다. 그것은 E_g와 T의 함수이다.

자, 여러분은 이제 다음 장에서 어떻게 전자와 정공이 운동하고 전류를 생성하는지를 공부할 준비가 되었다.

연습문제

실리콘 결정의 시각화

1.1 (a) 각 단위 셀에는 얼마나 많은 실리콘 원자가 있는가?

(b) 1 입방 센티미터 내에 얼마나 많은 실리콘 원자가 있는가?

(c) 단위 셀의 한 변의 길이(실리콘 **격자상수**)가 5.43Å, Si 원자량은 28.1, 그리고 아보가드로의 수는 6.02×10^{23}원자/mole이라고 할 때, 실리콘 밀도를 g/cm^3로 계산하라.

페르미 함수

1.2 (a) 열적 평형 조건 하에서, 만일 전자 상태가 페르미 준위에 위치한다면 그것이 점유될 확률은 얼마인가?

(b) E_F가 E_c에 위치한다면, $E_c + kT$에 위치한 상태에서 전자를 발견할 확률을 숫자로 답하라.

(c) $E_c + kT$에 위치한 상태가 채워질 확률이 $E_c + 3kT$에 위치한 상태가 비어있을 확률과 같다면, 페르미 준위는 어디에 위치하는가?

1.3 (a) 만약 전자 상태가 페르미 준위에 위치한다면, 그것이 채워질 확률은 얼마인가?

(b) 전도 대역 가장자리(E_c)에 있는 상태가 채워질 확률이 가전자 대역 가장자리(E_v)에 있는 상태가 비어있을 확률과 정확히 일치한다면, 페르미 준위는 어디에 위치하는가?

(c) 맥스웰–볼츠만 분포는 종종 페르미–디랙 분포 함수를 근사화해서 사용할 때 이용된다. 동일한 좌표축을 사용하여 $(E - E_F)/kT$의 함수로 이 두 가지 분포를 스케치하라. 이때 오직 양positive의 $E - E_F$ 값만을 고려한다. $(E - E_F)/kT$ 값이 어떤 범위일 때 맥스웰–볼츠만 근사가 10% 내에서 정확한가?

1.4 1.7.2절의 산소 농도 예제([예제 1–2])를 참조하여, 다음 질문에 답하라.

(a) 질소가 산소보다 중량이 가볍다고 할 때, 해발 10km에서의 N_2 농도가 해수면에서 N_2 농도의 대략 25% 정도가 되는가?

(b) 해발 10km에서 O_2 농도에 대한 N_2 농도 비율은 얼마인가? 해수면에서 그 비율은 질소 대 산소가 4대 1이다.

1.5 페르미 준위보다 ΔE만큼 위에 있는 에너지 상태가 점유될 확률이 페르미 준위보다 ΔE만큼 아래에 있는 에너지 상태가 비어있을 확률과 같다는 것을 보여라.

$$f(E_F + \Delta E) = 1 - f(E_F - \Delta E)$$

1.6 (a) 상온(300 K)에서의 페르미-디락 분포 $f(E)$를 스케치하라. 또한 더 낮은 온도인 150 K에서의 $f(E)$도 스케치하라(정성(定性)적으로 직접 손으로 그려라).

(b) 한 시스템에서의 상태 분포가 [그림 1-27]과 같이 주어졌다. 여기서 각 원은 2개의 전자 상태(하나는 스핀업, 다른 하나는 스핀다운)를 표시한다. 각 전자 상태는 1개의 전자에 의해 점유될 수 있다. E_{min} 아래에는 상태가 존재하지 않는다. 0 K에서의 페르미 준위가 [그림 1-27]에 주어져 있다. 이 시스템에는 얼마나 많은 전자가 존재하는가?

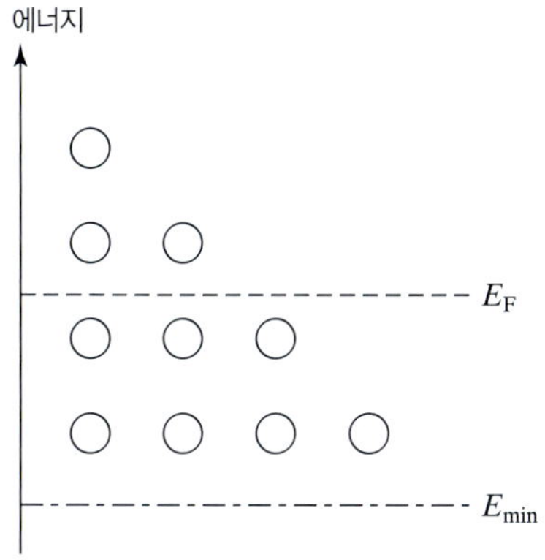

[그림 1-27]

에너지 : 상태의 밀도

1.7 전도 대역과 가전자 대역에서 캐리어 분포는 밴드 가장자리에 가까운 에너지에서 최고치가 되는 것을 주목하자([그림 1-20]의 캐리어 분포를 참조하라). 볼츠만 근사를 사용해서 캐리어 분포가 최고치가 되는 에너지가 전도 대역과 가전자 대역 각각에 대해 $E_c + kT/2$와 $E_v + kT/2$인 것을 보여라.

1.8 어떤 반도체에 대하여 전도 대역과 가전자 대역에서 상태의 밀도는 각각 상수 A와 B이다. 비축퇴non-degeneracy라고 가정하자(즉, E_F가 E_c 또는 E_v의 근처에 있지 않다).

(a) 전자와 정공들의 농도에 대한 표현식을 유도하라.

(b) A = 2B라고 할 때, 300 K에서 반도체의 중앙-밴드 갭에 관하여 진성 페르미 준위(E_i)의 상대적인 위치를 결정하라.

HINT 다음 관계식이 유용할 것이다.

$$\int_0^\infty x^{n-1} e^{-x} dx = \Gamma(n) \text{ (감마함수)}$$

$$\Gamma(2) = \Gamma(1) = 1, \Gamma(3) = 2, \Gamma(4) = 6$$

$$\Gamma(1/2) = \sqrt{\pi},\ \Gamma(3/2) = 1/2\sqrt{\pi},\ \Gamma(5/2) = 3/4\sqrt{\pi}$$

연습문제

1.9 어떤 반도체에 대하여 전도 대역과 가전자 대역에서 상태의 밀도는 각각 다음과 같다.

$$D_c(E) = A \cdot (E - E_c) \cdot u(E - E_c)$$
$$D_v(E) = B \cdot (E_v - E) \cdot u(E_v - E)$$

단위 계단함수 u(x)는 $x < 0$일 때 $u(x) = 0$이고, $x > 0$일 때 $u(x) = 1$인 것으로 정의된다. 비축퇴라고 가정하자(즉, 너무 고농도로 도핑이 되어 있지 않다). 이때 다음 식이 유용하게 사용될 것이다.

$$\int_0^\infty x e^{-x} dx = 1$$

(a) 페르미 에너지 E_F의 함수로 전자와 정공들의 농도에 대한 표현식을 유도하라.

(b) A = 2B라고 할 때, 300 K에서 진성 페르미 에너지를 계산하라.

1.10 맥스웰–볼츠만 분포 함수 $f(E) = e^{-(E-E_F)/kT}$는 페르미–디락 함수의 근사식으로 종종 사용된다. 이 근사와 전도 대역에서 상태 밀도가 $D_c(E) = A(E - E_c)^{1/2}$임을 이용하여 다음을 구하라.

(a) 전자를 가장 많이 발견하는 에너지($1/cm^3 \cdot eV$).

(b) 전도 대역 전자 농도(어떤 근사라도 적용된 것이 있으면 기술하라).

(c) $E = E_c + 40kT$(300 K에서 E_c 위 대략 1 eV)에서의 전자 농도에 대한 (a)의 에너지에서 갖는 최고 전자 농도의 비율. 이 결과는 (b)에서 사용된 근사 중 하나를 정당화하는가?

(d) 전자들의 평균 운동 에너지, $E - E_c$.

HINT 다음 관계식이 유용할 것이다.

$$\int_0^\infty x^{n-1} e^{-x} dx = \Gamma(n) \text{ (감마함수)}$$
$$\Gamma(2) = \Gamma(1) = 1,\ \Gamma(3) = 2,\ \Gamma(4) = 6$$
$$\Gamma(1/2) = \sqrt{\pi},\ \Gamma(3/2) = \frac{\sqrt{\pi}}{2},\ \Gamma(5/2) = \frac{3\sqrt{\pi}}{4}$$

전자와 정공의 농도

1.11 (a) 300 K에서 Si 한 조각의 전자 농도가 $10^5 cm^{-3}$이다. 정공 농도는 얼마인가?

(b) 불순물 농도 N_d와 N_a로 도핑된 반도체가 $N_d - N_a \gg n_i$이고, 모든 불순물이 이온화되었다. n과 p를 계산하라.

(c) $T = 300$ K의 실리콘 샘플에서, 페르미 준위가 진성 페르미 준위보다 0.26 eV($10kT$) 위에 위치하고 있다. 전자와 정공의 농도는 얼마인가?

(d) (c)의 실리콘 샘플에 대하여 $T = 800$ K에서 전자와 정공의 농도는 얼마인가? 그리고 E_F는 근사적으로 어디에 위치하는가? 여러분이 얻은 결과에 대해 의견을 말하라.

진성에 가까운 반도체

1.12 상온에서 게르마늄 샘플은 $n_i = 10^{13}\,\text{cm}^{-3}$, $n = 2p$, $N_a = 0$이다. n과 N_d를 계산하라.

1.13 Si 필름에 붕소 원자를 첨가하여 불순물 농도가 $4 \times 10^{16}\,\text{cm}^{-3}$이 되었다.

(a) 이 필름의 전도도형(N형 혹은 P형)은 무엇인가?

(b) 300 K와 600 K에서 열적 평형일 때, 전자와 정공의 농도는 얼마인가?

(c) 왜 이동성 캐리어의 농도는 고온에서 증가하는가?

(d) $T = 600\,\text{K}$라면, 페르미 준위는 어디에 위치하는가?

도펀트의 불완전한 이온화와 동결

1.14 $T = 300\,\text{K}$에서 $N_d^+ - N_a^- = 3 \times 10^{15}\,\text{cm}^{-3}$의 동일한 도핑 농도를 갖는 Si, Ge, GaAs의 샘플을 가지고 있다고 하자. 모든 도펀트는 이온화되었고, 물질은 온도에 대하여 가장 민감한 p를 가진다고 가정하자(p의 민감도는 $\delta p/\delta T$로 정의된다). E_g와 소수 캐리어 농도 간의 관계에 관한 결론은 무엇인가? 민감도의 정의로서 $(\delta p/\delta T)/p$를 사용하여 이 문제를 반복하라.

1.15 N형 샘플 실리콘은 균일한 비소 농도($N_d = 10^{16}\,\text{cm}^{-3}$)를 갖고, P형 샘플 실리콘은 균일한 붕소 농도($N_a = 10^{15}\,\text{cm}^{-3}$)를 갖는다. 각각의 샘플에 대하여 다음을 계산하라.

(a) 진성 농도 n_i가 불순물 농도의 10배를 초과하는 온도

(b) 300 K에서 평형 상태일 때 소수 캐리어 농도. 불순물의 완전 이온화를 가정한다.

(c) 300 K에서 각각의 물질 내에서 가전자 대역 가장자리 E_v에 대해 상대적인 페르미 준위 위치

(d) N형과 P형의 두 불순물이 동일한 샘플에 존재한다고 할 때 전자와 정공의 농도 및 페르미 준위

1.16 실리콘 샘플이 $N_d = 10^{17}\,\text{cm}^{-3}$의 As 원자로 도핑되었다.

(a) 300 K에서 전자와 정공의 농도, 그리고 페르미 준위 위치(E_c 혹은 E_v에 상대적인)는 얼마인가? 불순물의 완전 이온화를 가정하라.

(b) 계산된 페르미 준위를 사용하여 완전 이온화 가정을 점검하라(즉, 도너 상태가 전자에 의해 점유되어 그 결과 이온화되지 않을 확률을 찾으라). 도너 준위는 전도 대역 아래 50meV 위치에 놓여있다고(즉, $E_c - E_D = 50\,\text{meV}$) 가정하라.

(c) $N_d = 10^{19}\,\text{cm}^{-3}$에 대해 (a)와 (b)를 반복하라.

HINT 도핑 농도가 높을 때 도너(혹은 억셉터) **밴드**가 형성되고, 이는 모든 도펀트 원자들이 전도에 기여하도록 해서 결국 "완전 이온화"는 훌륭한 근사가 된다.

연습문제

(d) $N_d = 10^{17}\,\text{cm}^{-3}$에 대해 (a)와 (b)를 반복하라. 그러나 $T = 30\,\text{K}$이다. (이러한 상황을 도펀트 동결이라고 한다.)

1.17 도너로 균일하게 도핑된 (a) $N_d = 10^{18}\,\text{cm}^3$, (b) $N_d = 10^{19}\,\text{cm}^3$, (c) $N_d = 10^{6}\,\text{cm}^3$의 N형 실리콘이 주어졌다고 할 때, 세 경우 모두 완전 이온화를 가정하여 상온에서 페르미 준위를 계산하라. 각각의 경우 계산된 페르미 준위와 연관해 볼 때 상기 완전 이온화 가정이 올바른 것인지 점검하라. 이것이 올바르지 않을 때, E_F와 E_D의 상대적 위치는 얼마인가? $E_c - E_D = 0.05\,\text{eV}$를 가정하라.

CHAPTER 02

전자 및 정공의 운동과 재결합

MOTION AND RECOMBINATION OF ELECTRONS AND HOLES

첫 번째 장에서는 평형 상태에서의 반도체를 이해하는 데 필요한 모델을 구축했다. 본 장에서는 전자와 정공들이 어떻게 전계에 반응하는지, 그리고 어떻게 캐리어 농도의 기울기에 반응하는지를 고찰할 것이다. 무수히 많은 반도체 소자들에 생명을 불어넣은 것은 바로 이 교란들에 대한 전하량 캐리어의 반응이다. 또한 본 장에서는 재결합 및 재결합과 반대인 생성에 대해 소개할 것이다. 이들은 전자-정공 쌍을 생성 및 소멸시킴으로써 캐리어 농도를 평형 상태의 값으로 회복시키기 위한 자연계의 방법이다.

2.1 열 운동

전계를 가하지 않았을 때에도 캐리어는 멈추어 있지 않고 유한한 운동 에너지를 가지고 있다. 전자의 평균 **운동 에너지**kinetic energy $E - E_c$는 다음 방식으로 계산될 수 있다.

$$\text{전자의 평균 운동 에너지} = \frac{\text{총 운동 에너지}}{\text{전자 수}} = \frac{\int f(E)D(E)(E-E_c)\mathrm{d}E}{\int f(E)D(E)\mathrm{d}E} \tag{2.1}$$

식 (2.1)의 적분은 전도 대역 전체에 대하여 계산되고, 식 (1.20)을 유도하면서 사용된 동일한 근사가 여기에도 적용될 수 있다. 그 결과는 다음과 같다.

$$\text{평균 운동 에너지} = \frac{3}{2}kT \tag{2.2}$$

식 (2.2)는 전자와 정공 모두에게 맞는 식이라는 것을 보일 수 있다.[1] 식 (2.2)의 운동 에너지가 $m_n v_{\mathrm{th}}^2/2$ 혹은 $m_p v_{\mathrm{th}}^2/2$와 같다고 놓음으로써 전자와 정공의 **열 속도**thermal velocity v_{th}를 추정할 수 있다.

$$v_{\mathrm{th}} = \sqrt{\frac{3kT}{m}} \tag{2.3}$$

예제 2-1 열 속도

상온에서 실리콘 내의 전자와 정공의 열 속도는 근사적으로 얼마인가?

풀이

$T = 300\,\mathrm{K}$를 가정하고, $m_n = 0.26m_0$임을 상기하라.

$$\text{운동 에너지} = \frac{1}{2}m_n v_{\mathrm{th}}^2 = \frac{3}{2}kT$$

$$\begin{aligned} v_{\mathrm{th}} &= \sqrt{\frac{3kT}{m}} \\ &= (3\times 1.38\times 10^{-23}\,\mathrm{J/K}\times 300\ \mathrm{K}/(0.26\times 9.1\times 10^{-31}\,\mathrm{kg}))^{1/2} \\ &= 2.3\times 10^{5}\,\mathrm{m/s} = 2.3\times 10^{7}\,\mathrm{cm/s} \end{aligned}$$

참고로 $1\,\mathrm{J} = 1\,\mathrm{kg}\cdot\mathrm{m^2/s^2}$이다. m_n 대신에 $m_p = 0.39m_0$를 사용하면 정공의 열 속도가 $1.9\times 10^7\,\mathrm{cm/s}$임을 알 수 있다. 그래서 전형적인 전자와 정공의 열 속도는 $2.5\times 10^7\,\mathrm{cm/s}$이다. 이는 광속보다 약 1,000배 느리고, 음속보다 100배 빠르다.

1 사실 식 (2.2)는 많은 종류의 입자에 적용되며, 등분배 법칙(equal-partition principle)으로 알려져 있다. 왜냐하면 움직임의 운동 에너지가 3차원 (x, y, z) 사이에 각 방향으로 $kT/2$씩 균등하게 분배되기 때문이다.

전자와 정공은 열 속도로 움직이기는 하지만 단순히 직선 형태로 운동하지는 않는다. 그들은 결정 내의 결함들과 **충돌**collision 하거나 **산란**scattering 되기 때문에 그 운동 방향이 빈번하게 바뀌는데, 더 자세한 것은 2.2절에서 다룰 것이다. 캐리어들은 [그림 2-1]에서 보는 바와 같이 지그재그 형태로 움직인다. 충돌 사이의 **평균 자유 시간**mean free time 은 전형적으로 10^{-13}s 혹은 0.1 ps picosecond 이고, 충돌 간의 거리는 수십 나노미터 혹은 수백 옹스트롬이다. (시간에 대해 평균한 혹은 어느 특정 시간에 수많은 캐리어에 대해 평균한) 순net 열 속도는 0이다. 따라서 열 운동은 일정한 전류를 생성시키지는 않고, 그 대신 열 잡음을 만들어낸다.

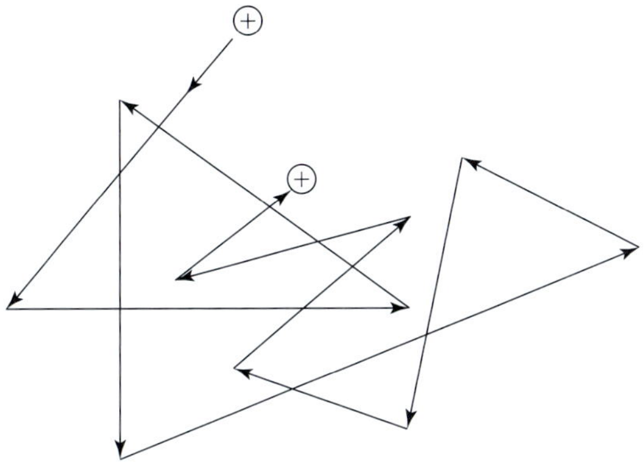

[그림 2-1] 전자 혹은 정공의 열 운동은 반도체 결정 내 결함들에 의해 산란됨으로써 빈번하게 그 방향을 바꾼다.

NOTE 열-점 탐침, 열전 발전기와 냉각기

온도 차가 있을 때 열 운동은 순 전류 흐름을 일으킬 수 있다. [그림 2-2(a)]는 N형 반도체 샘플을 보여준다. 샘플 위에 차가운 (상온) 금속 탐침이 납땜인두 같은 뜨거운 탐침 가까이에 위치해 있다. 고온 탐침 주위의 전자들이 더 높은 열 속도를 가질 것이며 따라서 저온 쪽에서 고온 쪽으로 전자들이 이동하는 것보다는 평균적으로 더 높은 비율로 고온 쪽에서 저온 쪽을 향하여 전자들이 이동할 것이다. 이러한 불균형은 전자들이 저온 쪽에 축적되게끔 할 것이며, 이를 전압 측정기로 측정하면 음의 전압이 측정될 것이다. [그림 2-2(b)]는 만약 샘플이 P형이면 저온 쪽에 양의 전압이 기록될 것이라는 것을 보여준다. 이것은 반도체 샘플의 도핑 형태를 테스트하는 실질적이고 간단한 기법이다. 이것을 **열-점 탐침 테스트**hot-point probe test 라고 부른다.

공학적으로 최적화하여, P형과 N형 반도체 성분 간에 온도 차이를 줌으로써 전압뿐 아니라 중대한 전력을 생성시킬 수 있다. [그림 2-2(c)]는 **열전 발전기**thermoelectric generator 의 도식적인 그림이다. 초기 우주 위성에서는 열 소스로 방사성 물질의 방사성 붕괴를 이용하여 이와 같은 방법으로 전력을 공급했다. 소자로부터 전력을 추출하는 대신 만약 전류가 소자에 공급된다면, 한 세트의 접합은 다른 쪽 접합보다 차가워진다. 그때 이 소자는 **열전 냉각기**thermoelectric cooler 가 된다. 이 방법은 회로 보드 내에 뜨거워진 IC를 냉각하는 데 사용되거나 혹은 전지를 사용하는 휴대용 냉각기 내에서 음료를 냉각하는 데 사용될 수 있다.

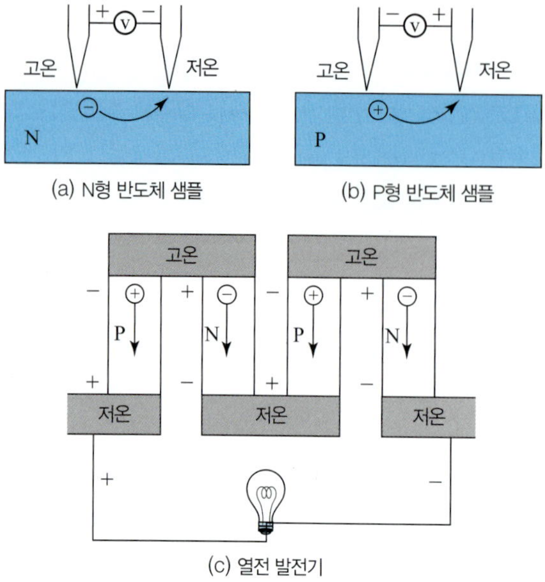

[그림 2-2] (a) ~ (b) 열-점 탐침 테스트로 샘플의 도핑 형태를 결정할 수 있다. (c) 열전 발전기는 열을 전력으로 변환시킨다.

2.2 드리프트

드리프트drift는 전계가 원인이 되어 발생된 전하 캐리어들의 움직임이다. 반도체 소자에 전압을 가할 때 보통 드리프트 현상이 발생한다.

2.2.1 전자와 정공의 이동도

전기장 $\mathscr{E}$이 반도체에 가해졌을 때 캐리어의 평균 속도는 더 이상 0이 아니다. 이처럼 0이 아닌 속도를 **드리프트 속도**drift velocity라고 부른다. [그림 2-3]에서 보는 바와 같이 이 드리프트 속도는 열 운동 위에 덧붙여진다. 드리프트 속도는 반도체 소자에서 열 속도보다 훨씬 더 중요하므로 보통 속도라는 용어는 **드리프트** 속도를 의미한다. 캐리어 속도는 빠를수록 바람직한데, 이는 캐리어 속도가 빠르면 반도체 소자 혹은 회로가 더 빠르게 동작하기 때문이다. [그림 2-3]을 이용하여 드리프트 속도에 대한 모델을 개발할 수 있으며, 그림과 같이 우선 정공을 캐리어로 고려해 보자. 충돌 사이의 평균 자유 시간이 τ_{mp}라고 하고, 매 충돌 때마다 캐리어는 전체 드리프트 운동량 $m_p v$를 잃어버린다고 가정하자.[2] 충돌 사이에 얻는 드리프트 운동량은 힘 $q\mathscr{E}$ 곱하기 평균 자유 시간이다. 이 손실과 이득이 같다고 하면, 우리는 정상 상태 드리프트 속도 v를 구할 수 있다.

2 사실상, 캐리어가 드리프트 운동량을 잃어버리기 위해서는 한 번 이상의 충돌이 필요할지 모른다. 따라서 τ_{mp}에 대한 다른 이름, 즉 평균 운동량 이완 시간이 더 정확하다. 우리는 단순하게 분석한 것을 공부하지만, 완전한 분석도 여기에 기술된 것과 동일한 결과를 나타낸다.

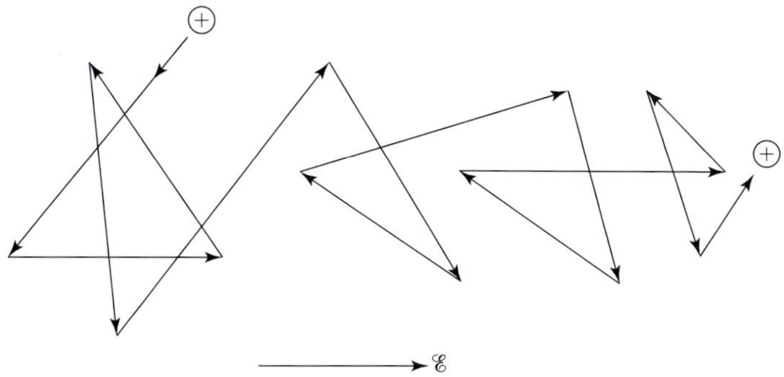

[그림 2-3] 전기장은 열 속도 위에 덧붙여진 드리프트 속도를 발생시킨다.

$$m_p v = q\mathscr{E}\tau_{mp} \tag{2.4}$$

$$v = \frac{q\mathscr{E}\tau_{mp}}{m_p} \tag{2.5}$$

식 (2.5)는 보통 다음과 같이 쓸 수 있다.

$$v = \mu_p \mathscr{E} \tag{2.6a}$$

$$\mu_p = \frac{q\tau_{mp}}{m_p} \tag{2.7a}$$

식 (2.6a)는 단순히 드리프트 속도가 $\mathscr{E}$에 비례한다는 것을 말해준다. 비례상수 μ_p는 정공이 얼마나 이동성이 있는지를 나타내는 **정공 이동도**hole mobility 이다. 유사하게 전자 드리프트 속도와 **전자 이동도**electron mobility 는 다음과 같다.

$$v = -\mu_n \mathscr{E} \tag{2.6b}$$

$$\mu_n = \frac{q\tau_{mn}}{m_n} \tag{2.7b}$$

식 (2.6b)에서 음의 부호는 전자가 전계 $\mathscr{E}$의 반대 방향으로 드리프트한다는 것을 의미한다. 이는 전자가 음의 전하량을 갖고 있기 때문이다. 우리는 음의 부호보다는 이 의미를 기억해야 한다.

캐리어 이동도는 $v/\mathscr{E}$, 즉 $\text{cm}^2/\text{V}\cdot\text{s}$와 같은 차원을 가진다. [표 2-1]은 몇 가지 이동도 값을 보여준다. 여기서 GaAs는 Si보다 m_n 값이 더 작기 때문에 μ_n은 더 크다는 것을 알 수 있다. 따라서 GaAs로 고속의 트랜지스터를 만들 수 있고, 이들은 전형적으로 통신 장치에 사용된다. InAs는 GaAs보다도 더 큰 μ_n을 갖지만, InAs 소자를 제조하는 기술이 아직 충분히 개발되지 못했다.

[표 2-1] 저농도로 도핑된 몇 개의 반도체에 대한 상온에서의 전자와 정공의 이동도

	Si	Ge	GaAs	InAs
$\mu_n(\mathrm{cm^2/V\cdot s})$	1,400	3,900	8,500	30,000
$\mu_p(\mathrm{cm^2/V\cdot s})$	470	1,900	400	500

예제 2-2 드리프트 속도, 평균 자유 시간, 평균 자유 행로

Si에 대해 $\mu_p = 470\,\mathrm{cm^2/V\cdot s}$라고 주어졌을 때, $\mathscr{E} = 10^3\ \mathrm{V/cm}$에서 정공의 드리프트 속도는 얼마인가? 또한 τ_{mp}는 얼마이고, 충돌 사이에 여행하는 평균 거리, 즉 **평균 자유 행로**mean free path는 얼마인가?

풀이

$$v = \mu_p \mathscr{E} = 470\ \mathrm{cm^2/V\cdot s} \times 10^3\ \mathrm{V/cm} = 4.7 \times 10^5 \mathrm{cm/s}$$

이것은 열 속도 $\sim 1.9 \times 10^7\ \mathrm{cm/s}$보다 매우 작다.

식 (2.7a)로부터, τ_{mp}와 평균 자유 행로를 계산하면 다음과 같다.

$$\begin{aligned}\tau_{mp} &= \mu_p m_p / q = 470\ \mathrm{cm^2} \times 0.39 \times 9.1 \times 10^{-31} \mathrm{kg}/1.6 \times 10^{-19}\mathrm{C} \\ &= 0.047\ \mathrm{m^2} \times 2.2 \times 10^{-12}\ \mathrm{kg/C} = 1 \times 10^{-13}\mathrm{s} = 0.1\ \mathrm{ps}\end{aligned}$$

$$\begin{aligned}\text{평균 자유 행로} &= \tau_{mp}\ v_{\mathrm{th}} \sim 1 \times 10^{-13}\mathrm{s} \times 2.2 \times 10^7 \mathrm{cm/s} \\ &= 2.2 \times 10^{-6}\mathrm{cm} = 220\ \text{Å} = 22\ \mathrm{nm}\end{aligned}$$

2.2.2 캐리어 산란의 메커니즘

본 절에서는 캐리어 충돌에 대하여 좀 더 상세하게 묘사할 것이고, 식 (2.7)에 있는 τ_{mn} 및 τ_{mp}는 온도와 도핑 농도에 따라서 매우 중대하게 변화할 수 있다는 것을 기술할 것이다.

캐리어 충돌 혹은 산란을 일으키는 결정 내의 결함은 무엇인가? 여기에는 **포논 산란**phonon scattering과 **이온화 불순물 산란**ionized impurity scattering이라는 두 가지 주요 원인이 있다. 포논phonon은 결정 내에 있는 원자의 진동(소리를 운반하는 진동과 같은 종류이므로 포논이라는 용어를 사용함)을 입자로 표현한 것이다. 결정 진동은 주기적인 결정 구조를 왜곡시키고, 따라서 전자 파동을 산란시킨다. 전자 파동이나 진동 파동 대신에, 포논 입자에 의해 산란되는 전자 입자를 생각하는 것이 더 직관적이다. 포논 산란 하나에만 기인한 이동도 $\mu_{\mathrm{phonon}} = q\tau_{\mathrm{ph}}/m$은 포논 산란의 평균 자유 시간 τ_{ph}에 비례한다. 그렇다면 포논 산란의 평균 자유 시간을 결정하는 것은 무엇인가? 유사 현상으로 핀볼 기계를 생각해 보자. 핀볼 기계에서 공과 핀들 간에 충돌하는 평균 시간은 핀들의 밀도와 공의 속도에 반비례한다. 유사하게, 포논 산란의 평균 자유 시간은 포논의 밀도와 전자의 속도에 반비례하는데, 여기서 전자의 속도는 기본적으로 열 속도이다. 또한 포논 밀도는 절대온도 T에 비례하는 것으로 알려져 있다.

$$\mu_{\text{phonon}} \propto \tau_{\text{ph}}$$

$$\propto \frac{1}{\text{포논 밀도} \times \text{캐리어 열 속도}} \propto \frac{1}{T \cdot T^{1/2}} \propto T^{-3/2} \tag{2.8}$$

따라서 포논 산란 이동도는 온도가 증가할 때 감소한다. 불순물 산란 이동도는 어떨까? 도펀트 이온은 반도체 결정 내에 고정된 전하이다. 그들은 쿨롱 힘을 통해서 전자와 정공이 운동 방향을 바꾸게끔 할 수 있다. [그림 2-4]에서와 같이 전자는 도너 이온(양이온) 혹은 억셉터 이온(음이온)에 의해 산란될 수 있다. 이는 정공에 대해서도 동일하게 적용된다.

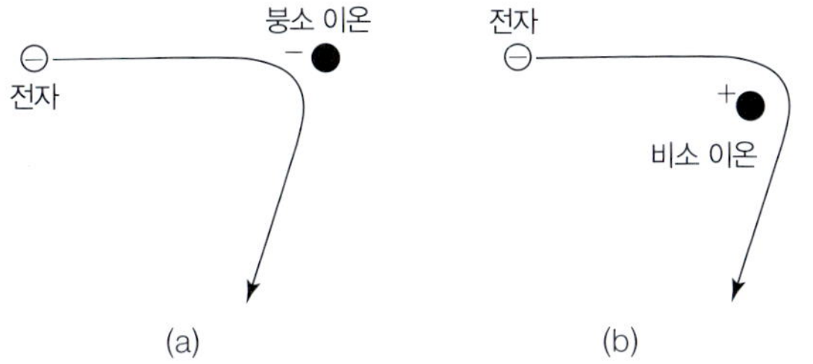

[그림 2-4] (a) 억셉터 이온과 (b) 도너 이온이 정 반대 부호의 전하량을 가지고 있을지라도, 전자는 이 이온들에 의해 아주 유사한 방식으로 산란될 수 있다. (보여 주지는 않지만) 이는 정공에 대해서도 동일하게 성립한다.

[그림 2-4(a)]에서 전자와 음이온 사이에 작용하는 배척하는 쿨롱의 힘은 전자의 움직임을 편향시킨다. [그림 2-4(b)]는 끌어당기는 쿨롱의 힘이 전자의 궤도에 동일한 영향을 줄 수 있다는 것을 보여준다.[3] 따라서 불순물 산란에 기인하는 이동도는 도너 이온 농도와 억셉터 이온 농도의 합에 반비례한다. 불순물 산란에 기인하는 이동도는 또한 $T^{3/2}$에 비례한다. 왜 온도 T가 높을수록 이동도는 더 커지고, 산란은 더 약해지는가? [그림 2-4]에서 전자는 온도 T가 높을수록 더 빠른 열 속도를 갖게 되고 더 짧은 시간 내에 이온 곁을 스쳐 지나 날아간다. 따라서 전자의 운동 방향은 이온에 의해 영향을 덜 받는다. 스포츠에서도 유사한 현상이 발생하곤 하는데, 공을 가지고 뛰는 선수가 빠른 속도로 블로커[blocker] 곁을 돌진하면 그 선수는 그만큼 블로커에게 그를 멈추게 할 기회를 더 적게 제공하게 된다.

$$\mu_{\text{impurity}} \propto \frac{T^{3/2}}{N_a + N_d} \tag{2.9}$$

하나 이상의 산란 메커니즘이 존재할 때, 총 산란 비율($1/\tau$) 및 총 이동도는 각 역수의 합으로 결정된다.

$$\frac{1}{\tau} = \frac{1}{\tau_{\text{phonon}}} + \frac{1}{\tau_{\text{impurity}}} \tag{2.10a}$$

$$\frac{1}{\mu} = \frac{1}{\mu_{\text{phonon}}} + \frac{1}{\mu_{\text{impurity}}} \tag{2.10b}$$

3 이 방식으로 우주 탐사기는 행성의 끌어당기는 중력을 활용하여 그 경로를 바꾼다.

[그림 2-5]는 실리콘에서 정공 이동도가 전자 이동도의 약 1/3임을 보여준다. 이동도에 있어서 이런 차이의 일부는 유효질량의 차이에 의해 설명될 수 있다(식 (2.7) 참조). 나머지는 산란 평균 자유 시간에서의 차이에 기인한다. 이동도는 (입방 센티미터당 존재하는 N_a와 N_d 값을 사용하여) 다음과 같이 표현된다[1]~[2].

$$\mu_p(\text{cm}^2/\text{V}\cdot\text{s}) = \frac{420}{1+[(N_a+N_d)/1.6\times10^{17}]^{0.7}}+50 \tag{2.11}$$

$$\mu_n(\text{cm}^2/\text{V}\cdot\text{s}) = \frac{1318}{1+[(N_a+N_d)/1\times10^{17}]^{0.85}}+92 \tag{2.12}$$

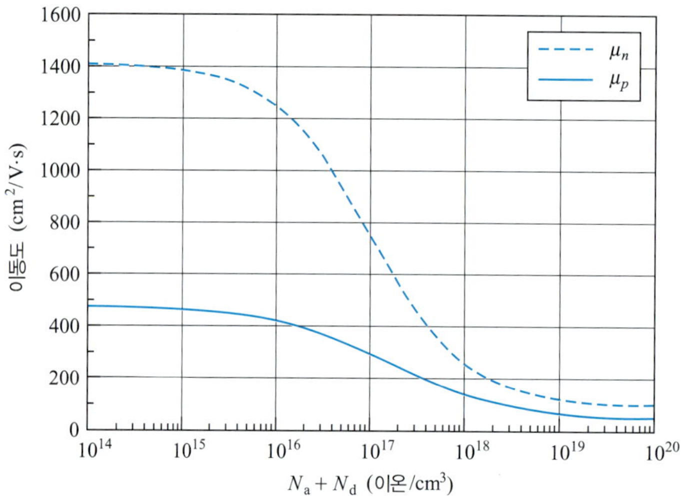

[그림 2-5] 300K에서 실리콘의 전자 및 정공의 이동도. 낮은 도펀트 농도에서 전자 이동도는 포논 산란에 의해 지배받게 되고, 높은 도펀트 농도에서는 불순물 이온 산란에 의해 지배받게 된다([3]에 따름).

매우 큰 N_a 혹은 N_d 값의 극한에서 식 (2.11)과 식 (2.12)는 식 (2.9)에서 보인 도펀트 농도에 대한 반비례성을 따르지 않는다는 것을 알 수 있다. 그 이유는 **자유-캐리어 스크리닝**free-carrier screening 때문이다. 캐리어 농도가 커질 때, 캐리어들은 스스로를 분포시키되 도펀트 이온의 쿨롱 장coulombic field을 부분적으로 가려 스크리닝하도록 할 수 있다.

Question 상온에서 N형 실리콘 샘플의 전자 이동도는 600cm^2/V·s로 측정되었다. 독립된 측정으로부터 전자 농도는 $n = 5\times10^{16}\text{cm}^{-3}$임을 알았다. [그림 2-5]에 따르면, $N_d = 5\times10^{16}\text{cm}^{-3}$이라고 할 때 μ_n은 600cm^2/V·s보다 매우 커야만 한다. 무엇이 이 불일치의 원인이라고 생각하는가? 가능한 정량적으로 답하라.

HINT 도펀트 보상의 가능성을 고려해 보라(1.9절).

[그림 2-6]은 μ_n의 온도 의존성에 대한 도식적 그래프를 보여준다. 작은 도펀트 농도에서 μ는 온도 T가 증가하면서 감소하고, 이는 포논 산란이 우세하다는 것을 가리킨다(식 (2.8) 참조). 도펀트 농도가 매우

높고 낮은 온도일 때는 불순물 산란이 우세할 것으로 기대가 되며, 실제로 μ는 T가 증가하면서 함께 증가한다(식 (2.9)). [그림 2-5]와 [그림 2-6](그리고 [그림 2-8])에 있는 이동도 데이터는 완벽하게 일치하지는 않는다. 이것은 이동도를 정확히 측정하는 것이 쉽지 않다는 것과 일반적으로 우리는 실험 데이터에서 불확정성의 존재를 추정해야만 한다는 것을 보여준다.

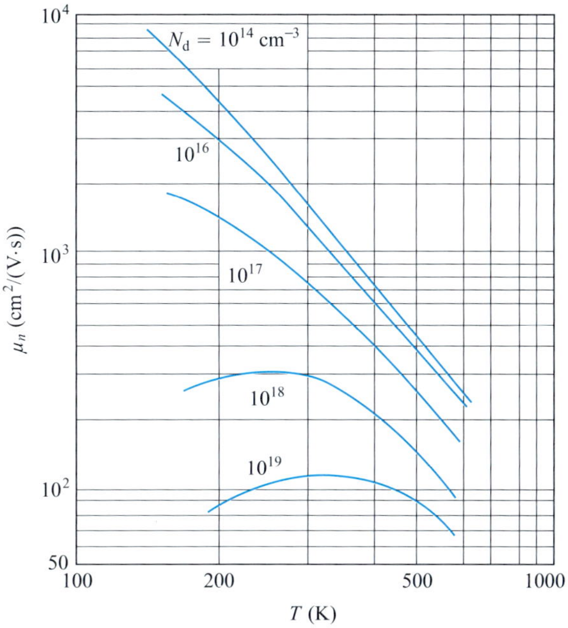

[그림 2-6] Si에서 전자 이동도의 온도 의존성(John Wiley & Sons, Inc의 승인에 따라 재판(再版)된 [4]에 따름)

NOTE 속도 포화와 탄도적 전송

소형 소자에서 전기장은 쉽게 10^5V/cm에 도달할 수 있다. 만약 전자 이동도가 10^3cm^2/V · s라 하면, 드리프트 속도는 $v = \mathscr{E}\mu$에 의해 10^8cm/s가 되어야 한다. 실제로 전자와 정공의 속도는 약 10^7cm/s에서 포화되어 아무리 큰 $\mathscr{E}$을 가하더라도 그 이상으로는 증가하지 못한다([그림 6-22]). 원인은 바로 **광학 포논 산란** optical phonon scattering 때문이다. 광학 포논은 전자 및 정공들과 강하게 상호작용을 하는 고 에너지의 포논이다. 캐리어의 운동 에너지가 광학 포논 에너지 E_{opt}을 초과할 때, 그것은 광학 포논을 생성하고 운동 에너지를 잃어버린다. 따라서 속도는 **포화 속도** saturationn velocity v_{sat}을 초과하지 못한다.

이동도뿐 아니라 속도 포화도(2.2.2절 참조) 모두 캐리어 운동을 많은 산란 과정에 대해 평균해서 묘사하는 개념들이다. 이 개념들은 평균 자유 행로보다 작은 크기의 소자들을 다룰 때 애매모호해진다. 거의 산란이 일어나지 않는 환경 속에서의 캐리어 움직임을 **탄도적 전송** ballistic transport 이라고 하며 6.12절은 이러한 상황의 예를 기술한다.

$$\frac{1}{2}mv_{sat}^2 \approx E_{opt}$$

$$v_{sat} \approx \sqrt{2E_{opt}/m}$$

E_{opt}은 약 40meV이고, 이는 v_{sat}을 약 10^7cm/s로 만든다. **속도 포화** velocity saturation 는 6장에서 보는 바와 같이 소자의 동작 속도에 해로운 영향을 끼친다.

2.2.3 드리프트 전류와 전도도

캐리어 드리프트의 결과로 인해 반도체 내에 전류가 흐르는 것에 대해 논의해 보자. 전류 밀도 J는 전류가 흐르는 방향에 수직인 단위면적 평면을 가로질러 흐르는 단위시간(초)당 전하량이다. [그림 2–7]에 보이는 단위면적을 갖는 P형 반도체 막대에서, 정공의 전류 밀도는 다음과 같다.

$$J_{p,\text{drift}} = qpv \tag{2.13}$$

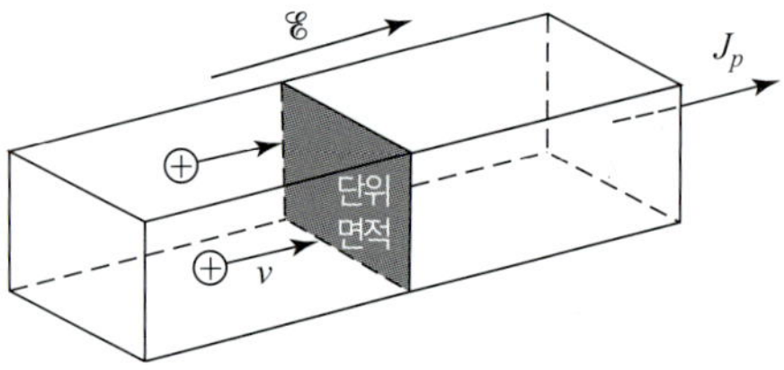

[그림 2–7] 단위면적을 갖는 P형 반도체 막대를 이용하여 전류 밀도의 개념을 설명한다.

예를 들어, 만약 $p = 10^{15}\text{cm}^{-3}$이고 $v = 10^4\text{cm/s}$라면, $J_{p,\text{drift}} = 1.6\times10^{-19}\text{C}\times10^{15}\text{cm}^{-3}\times10^4\text{cm/s} = 1.6\,\text{C/s}\cdot\text{cm}^2 = 1.6\,\text{A/cm}^2$이다.

식 (2.6a)를 사용하면, 식 (2.13)은 다음과 같이 쓸 수 있다.

$$J_{p,\text{drift}} = qp\mu_p\mathscr{E} \tag{2.14}$$

유사하게, 전자 전류 밀도를 다음과 같이 표현할 수 있다.

$$J_{n,\text{drift}} = -qnv = qn\mu_n\mathscr{E} \tag{2.15}$$

총 드리프트 전류 밀도는 전자 및 정공의 드리프트 전류 밀도 성분을 합한 것이다.

$$J_{\text{drift}} = J_{n,\text{drift}} + J_{p,\text{drift}} = (qn\mu_n + qp\mu_p)\mathscr{E} \tag{2.16}$$

괄호 안의 양은 반도체의 **전도도**conductivity σ이다.

$$\sigma = qn\mu_n + qp\mu_p \tag{2.17}$$

보통 식 (2.17)의 두 성분 중 한 가지만 고려하면 되는데, 이는 다수 캐리어 농도와 소수 캐리어 농도 간 비율이 워낙 큰 값을 가지기 때문이다. 저항률 ρ는 전도도의 역수이다. σ와 ρ의 표준 단위는 각각 A/V·cm(혹은 S/cm, S는 지멘스)와 Ω·cm이다. [그림 2–8]은 ρ를 도펀트 농도의 함수로 나타낸 것이다.

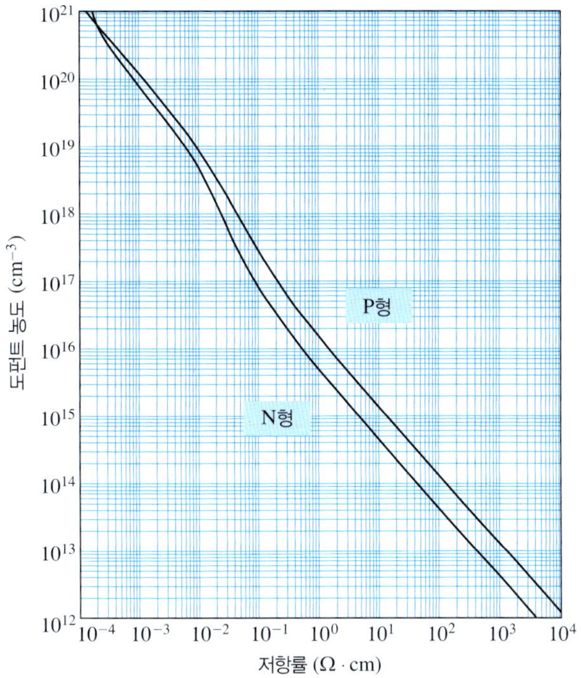

[그림 2-8] 상온에서 실리콘의 저항률과 도펀트 농도 간의 변환([3]에 따름)

예제 2-3 저항의 온도 의존성

다음 질문에 각각 답하라.

(a) 비소가 10^{17}cm^{-3}으로 도핑된 실리콘의 저항률 ρ는 얼마인가?

(b) 길이가 $1\mu\text{m}$이고 단면적이 $0.1\mu\text{m}^2$인 실리콘 물질 조각의 저항 R은 얼마인가?

(c) $T = 300\text{K}$부터 $T = 400\text{K}$까지 변할 때, R은 몇 배나 증가 혹은 감소하겠는가?

(d) (c)에서 그 변화를 최소화하기 원한다면 비소의 농도를 얼마로 선택해야만 하는가?

풀이

(a) [그림 2-8]에서 N형 곡선을 사용하면, $\rho = 0.084\,\Omega\cdot\text{cm}$임을 알 수 있다. 여러분은 또한 [그림 2-5]와 식 (2.17)을 사용하여 이 질문에 답할 수 있다.

(b) $R = \rho \times$ 길이/면적 $= 0.084\ \Omega\cdot\text{cm} \times 1\ \mu\text{m}\ /\ 0.1\ \mu\text{m}^2$

$= 0.084\ \Omega\cdot\text{cm} \times 10^{-4}\text{cm}\ /10^{-9}\text{cm}^{-2} = 8.4 \times 10^3\Omega$

(c) σ에서(그리고 그에 따라 ρ에서) 온도 종속 인자는 μ_n이다(식 (2.17)). [그림 2-6](10^{17}cm^{-3} 곡선)은 μ_n 값이 770(300K일 때)부터 400(400K일 때)에 이르기까지 감소하는 것을 보여준다. 따라서 R이 $770/400 = 1.93$배만큼 **증가**한다고 결론지을 수 있다.

(d) 10^{19}cm^{-3} 곡선은 300K와 400K에서 거의 같은 이동도를 가리키고 있다. 따라서 N_d는 10^{19}cm^{-3} 값이 적절하며 $1.1\times10^{19}\text{cm}^{-3}$ 값이 좀 더 나은 선택이 될 것이다.

2.3 확산 전류

드리프트 전류에 추가하여, **확산 전류**diffusion current라고 하는 두 번째 성분의 전류가 있다. 금속은 매우 높은 전도도를 갖기 때문에 일반적으로 확산 전류는 금속에서 중요한 고려 사항이 되지는 않는다. 낮은 전도도의 경우와 불균일한 캐리어 농도 분포를 만들기 쉬운 경우에는 확산이 반도체 내에서 중요한 한 과정이 된다.

확산diffusion은 [그림 2-1]에 묘사한 입자들의 열 운동으로 인해 발생하는 현상이다. 확산은 [그림 2-9]에서와 같이, 상대적으로 더 높은 입자 농도를 갖는 지점에서 상대적으로 더 낮은 농도의 지점을 향해서 입자들이 움직여 가는 친숙한 과정이다. 커피 한 잔의 향기는 향기 분자들이 공기 중으로 확산되는 방식으로 방 안에 서서히 퍼져나간다. 또한 맑은 수프가 담긴 접시 내에서 간장 한 방울이 퍼져나가는 것도 확산에 의한 것이다.

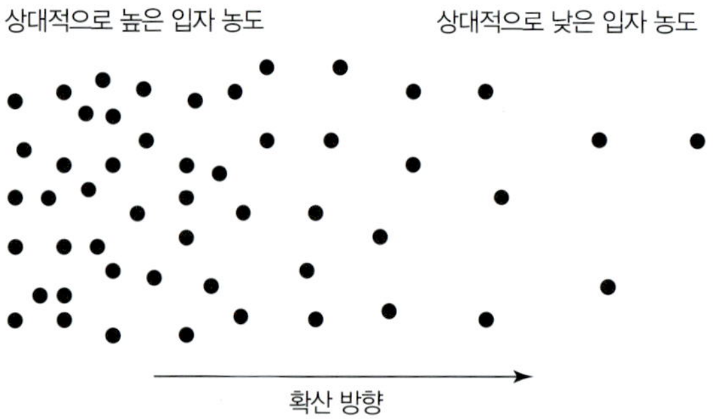

[그림 2-9] 입자들은 높은 농도 지점에서 낮은 농도 지점 쪽으로 확산한다.

확산에 의해 입자가 이동하는 비율은 농도 기울기에 비례한다고 알려져 있다. 만약 전자 농도가 균일하지 않다고 하면 전자 확산 전류가 존재하게 될 것이고, 이 전류는 전자 농도의 기울기에 비례한다.

$$J_{n,\mathrm{diffusion}} \propto \frac{\mathrm{d}n}{\mathrm{d}x} \tag{2.18}$$

$$J_{n,\mathrm{diffusion}} = qD_n\frac{\mathrm{d}n}{\mathrm{d}x} \tag{2.19}$$

여기서 비례상수 qD_n을 도입했다. q는 최소단위 전하량($+1.6\times10^{-19}$ C)이고, D_n은 전자 **확산상수**diffusion constant라고 부른다. D_n이 크면 클수록 전자의 확산은 그만큼 빠르다. 2.5절에서는 무엇이 D_n을 결정하는지를 설명할 예정이다.

정공의 경우,

$$J_{p,\mathrm{diffusion}} = -qD_p\frac{\mathrm{d}p}{\mathrm{d}x} \tag{2.20}$$

식 (2.19)는 양의 부호를 가진 반면, 식 (2.20)은 음의 부호를 가진다. 부호를 기억하는 대신, [그림 2-10]을 기억하라. [그림 2-10]에서 (a)는 양의 dn/dx를 보여주고(x가 증가하면서 n이 증가함), (b)는 양의 dp/dx를 보여준다. (a)에서 전자는 왼쪽으로(더 낮은 농도의 지점을 향하여) 확산한다. 전자는 음의 전하량을 운반하므로 확산 전류는 **오른쪽으로** 흐른다. (b)에서 정공은 마찬가지로 왼쪽으로 확산한다. 정공은 양의 전하량을 가지므로 확산 전류는 **왼쪽으로** 흐르고, 따라서 전류는 음의 부호를 갖는다.

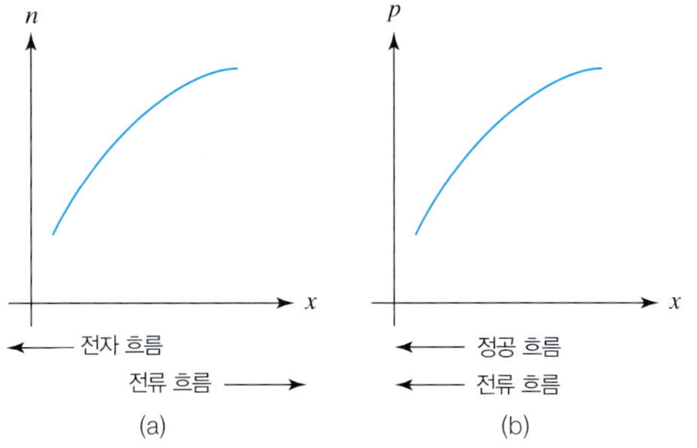

[그림 2-10] 양의 부호를 가진 캐리어 농도의 기울기는 (a) 양의 전자 확산 전류 및 (b) 음의 정공 확산 전류를 생성한다.

일반적으로, 드리프트와 확산은 모두 전류에 기여한다. 따라서 다음과 같다.

$$J_n = J_{n,\mathrm{drift}} + J_{n,\mathrm{diffusion}} = qn\mu_n\mathscr{E} + qD_n\frac{\mathrm{d}n}{\mathrm{d}x} \tag{2.21}$$

$$J_p = J_{p,\mathrm{drift}} + J_{p,\mathrm{diffusion}} = qp\mu_p\mathscr{E} - qD_p\frac{\mathrm{d}p}{\mathrm{d}x} \tag{2.22}$$

$$J = J_n + J_p \tag{2.23}$$

2.4 에너지 다이어그램과 V, $\mathscr{E}$ 간의 관계

[그림 2-11(a)]와 같이 반도체 조각을 가로질러 전압을 가하면 밴드 다이어그램이 변화된다. 정의에 의해, 양의 전압은 양 전하의 위치 에너지를 증가시키고 음 전하의 위치 에너지를 감소시킨다. 에너지 다이어그램은 전자(음전하)의 에너지를 그림으로 그린 것이기 때문에 따라서 양의 전압은 에너지 다이어그램의 그림을 아래쪽으로 낮춘다. [그림 2-11(c)]는 전압이 더 높은 지점 (왼쪽)에서 에너지 다이어그램이 낮게 내려와 있는 것을 보여준다. 전압이 낮은 지점일수록 밴드 다이어그램은 높이 올라간다(E_c와 E_v는 항상 일정하게 E_g만큼 분리되어 있다). **기억할 사항은 E_c와 E_v는 전압과 반대 방향으로 변화한다는 것이다. E_c와 E_v는 전압이 낮은 곳일수록 위로 올라간다.** 이는 다음을 말한다.

$$E_c(x) = \text{상수} - qV(x) \tag{2.24}$$

q는 두 단위 eV와 V 간의 차이점을 해결한다. 여기서 "상수"는, 명시되지 않았고 중요하지도 않은 E_c와 V에 대한 영 기준zero reference을 해결한다. 그 "상수"는 전기장을 고려할 때 사라진다.

$$\mathscr{E}(x) \equiv -\frac{\mathrm{d}V}{\mathrm{d}x} = \frac{1}{q}\frac{\mathrm{d}E_c}{\mathrm{d}x} = \frac{1}{q}\frac{\mathrm{d}E_v}{\mathrm{d}x} \tag{2.25}$$

다른 말로 하면, E_c와 E_v의 기울기는 전계를 가리킨다. [그림 2-11(c)]에서 $\mathscr{E}$의 방향은 식 (2.25)와 일치한다. [그림 2-11(c)]는 **에너지 밴드 다이어그램을 나타낸다. 전자는 마치 돌이 굴러가듯이 아래쪽으로 내려가고, 정공은 거품처럼 위쪽으로 올라온다.**

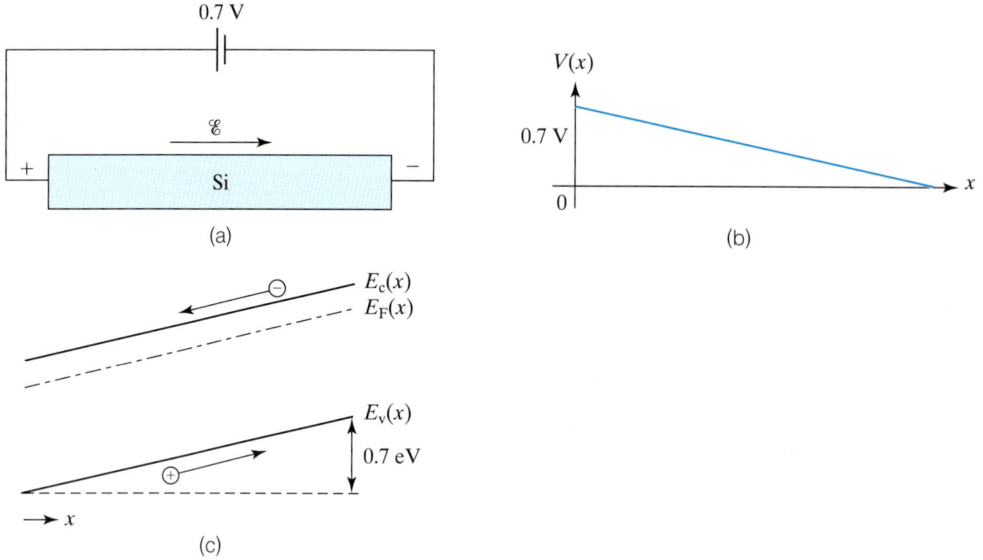

[그림 2-11] 반도체에 전압을 가했을 때의 에너지 밴드 다이어그램 (0.7eV는 임의의 값이다.)

2.5 D와 μ 간의 아인슈타인 관계식

[그림 2-12]와 같은 밴드 다이어그램을 갖는 반도체 막대를 고려해 보자. 반도체는 평형 상태에 있고, 따라서 페르미 준위 E_F는 일정하다(1.7절). 그림의 왼쪽이 오른쪽보다 더 많이 도핑되어 있고, 따라서 왼쪽에서 E_c는 E_F에 더 가깝다. E_c는 일정하지 않기 때문에, 식 (2.25)에 따라 $(1/q)\mathrm{d}E_c/\mathrm{d}x$로 주어지는 전계가 존재한다. 이 전계는 내부적으로 생성되고, 외부 전압에 의해 생성된 전계처럼 실존한다. 반도체는 평형 상태에 있기 때문에, 어떠한 J_n(혹은 J_p)도 존재할 수 없다.

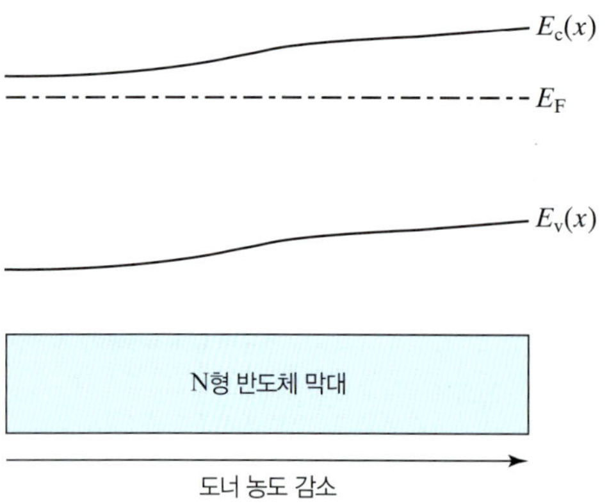

[그림 2-12] N형 반도체의 한 부분. 도펀트 밀도가 오른쪽 방향으로 감소하고 있다.

식 (2.21)로부터,

$$J_n = 0 = qn\mu_n\mathscr{E} + qD_n\frac{dn}{dx} \tag{2.26}$$

식 (1.20)을 상기하라.

$$n = N_c e^{-(E_c - E_F)/kT} \tag{1.20}$$

$$\frac{dn}{dx} = \frac{-N_c}{kT}e^{-(E_c - E_F)/kT}\frac{dE_c}{dx} \tag{2.27}$$

$$= \frac{-n}{kT}\frac{dE_c}{dx} \quad (\text{식 } (1.20) \text{ 이용}) \tag{2.28}$$

$$= \frac{-n}{kT}q\mathscr{E} \quad (\text{식 } (2.25) \text{ 이용}) \tag{2.29}$$

여기서 식 (2.26)의 $\frac{dn}{dx}$은 식 (2.29)로 대치될 것이다.

$$0 = qn\mu_n\mathscr{E} - qn\frac{qD_n}{kT}\mathscr{E} \tag{2.30}$$

$$\therefore \qquad D_n = \frac{kT}{q}\mu_n \tag{2.31a}$$

식 (2.31a)가 만족한다면, 임의의 도핑 분포에 대하여 전자의 드리프트 전류와 확산 전류는 서로 간에 완벽하게 상쇄될 것이다. 확산상수 D_n과 이동도 간의 이러한 간단한 관계는 알버트 아인슈타인Albert Einstein에 의해 유도되었다. 전자 드리프트를 방해하는 모든 산란 메커니즘(즉, 포논 산란과 불순물 산란)이 역시 전자 확산도 방해할 것이라는 것을 실감한다면, μ와 D 사이의 이러한 긴밀한 관계는 그럴듯해 보인다. 정공에 대한 대응식인 다음 식과 식 (2.31a)를 **아인슈타인 관계식**Einstein relationship이라고 한다.

$$D_p = \frac{kT}{q}\mu_p \tag{2.31b}$$

예제 2-4 확산상수

300 K에 있는 $3\times10^{15}\,cm^{-3}$의 도너와 $7\times10^{15}\,cm^{-3}$의 억셉터로 도핑된 실리콘 조각에서 정공의 확산상수는 얼마인가? 그리고 400 K에서는 얼마인가?

풀이

[그림 2-5]는 300 K에서 $N_d + N_a = 3\times10^{15} + 7\times10^{15} = 1\times10^{16}cm^{-3}$에 대해, μ_p는 약 410 cm^2/V·s임을 보여준다. $D_p = (kT/q)\mu_p = 26\,mV \times 410\,cm^2/V{\cdot}s = 11\,cm^2/s$. 여러분은 상온에서 $kT/q = 26\,mV$임을 기억하는가?

400 K인 경우, 다시 [그림 2–5]로 돌아가서 $N = 10^{16}\text{cm}^{-3}$ 및 $T = 127\,°\text{C}$에 대해 $\mu_p = 410\,\text{cm}^2/\text{V}\cdot\text{s}$임을 알 수 있다.

$$D_p = \mu_p(kT/q) = 410\,\text{cm}^2/\text{V}\cdot\text{s} \times 26\text{ mV} \times (400\text{ K}/300\text{ K}) = 14.2\,\text{cm}^2/\text{V}\cdot\text{s}$$

2.6 전자–정공 재결합

1장에서 소개한 전자와 정공의 농도(예를 들면, N형 샘플인 경우 $n = N_\text{d}$ 및 $p = n_\text{i}^2/N_\text{d}$는 **평형 상태 캐리어 농도**equilibrium carrier concentration이고, **지금부터 이들은 n_0와 p_0로 표시될 것이다.** 전자와 정공의 농도는 n_0및 p_0와 다를 수 있는데, ([그림 1–11]에서 보는 바와 같이) 가령 빛을 샘플에 비춰 전자와 정공을 생성시킨 경우이다. 빛을 비추기 전후의 농도 차이를 **과잉 캐리어 농도**excess carrier concentration라고 하는데, n'과 p'으로 표시한다.

$$n \equiv n_0 + n' \tag{2.32a}$$

$$p \equiv p_0 + p' \tag{2.32b}$$

만약 n'과 p'이 빛에 의해 생성된다면, 전자와 정공은 쌍으로 생성되기 때문에 n'과 p'은 같다. 만약 n'과 p'이 다른 방법에 의해 생긴 경우에도, 여전히 **전하 중성**charge neutrality(식 (1.31))으로 인해 농도 값이 서로 같을 것이다. $n' = p' = 0$인 평형 상태에서 전하 중성이 만족되기 때문에, 0이 아닌 n'이 존재하는 어느 순간에도 전하 중성을 유지하기 위해서 같은 양의 p'이 존재해야만 하고, 그 반대도 성립한다. 그렇지 않으면, 순 전하는 많은 양의 다수 캐리어들을 끌어당기거나 밀거나 하여 전하 중성을 복구할 것이다. 전하 중성 샘플에 대한 이러한 결론은 다음과 같이 쓸 수 있다.

$$n' \equiv p' \tag{2.33}$$

만약 빛이 갑자기 꺼지면 n'과 p'은 시간이 흐르면서 감소할 것이며, 결국 n'과 p' 값이 0이 되고, n과 p가 그들의 평형 상태 값인 n_0와 p_0로 돌아가게 된다. 이 감쇄 과정이 **재결합**recombination이며, 이 과정에 의해 전자와 정공은 재결합하여 서로 사라진다. 감쇄의 시간상수는 **재결합 시간**recombination time 또는 **캐리어 수명**carrier lifetime τ라고 한다.

$$\frac{\text{d}n'}{\text{d}t} = -\frac{n'}{\tau} = -\frac{p'}{\tau} \tag{2.34}$$

재결합 비율(입방 센티미터당 초당[$/\text{cm}^3/\text{s}$])은 n'과 p'에 비례한다.

$$\text{재결합 비율} = \frac{n'}{\tau} = \frac{p'}{\tau} \tag{2.35}$$

τ는 시간의 차원을 가지며 Si의 경우 전형적으로 약 1 μs이다. τ는 1 ns에서 1 ms의 범위에 있으며, 이는 금과 백금 같은 소량의 금속 불순물 농도에 의존하고, 이 금속들은 밴드 갭 깊숙한 곳에 여러 에너지 준위를 갖는 밴드 갭 내의 트랩들을 형성한다. 이 **깊은 트랩들**deep traps은 ([그림 2-13]에서 보는 바와 같이) 재결합을 촉진하기 위하여 전자 혹은 정공을 포획할 수 있고, 그에 따라 재결합 시간을 단축시킬 수도 있다(깊은 트랩들은 **재결합 센터**recombination center라고도 한다). 너무 작은 τ는 소자 누설전류에 좋지 않으므로, 따라서 반도체 제조 공장에서는 이 금속성 오염물을 피하기 위해 극도의 청결함이 유지되어야 한다. [그림 2-13]에 보이는 또 다른 재결합 과정인 **직접 재결합**direct recombination, 혹은 **방사 재결합**radiative recombination은 실리콘에서는 그다지 쓸모가 없고 중요하지 않은데, 이는 밴드 갭 가장자리에 있는 전자와 정공이 동일한 파동 벡터를 갖지 않기 때문이다(1.5.1절 및 [그림 4-27(b)] 참조). 이러한 반도체 유형을 **간접 갭 반도체**indirect gap semiconductor라고 부른다. 방사 재결합 과정은 GaAs 같은 **직접 갭 반도체**direct gap semiconductor에서 매우 효율적인데, 이는 전자와 정공이 동일한 파동 벡터를 갖기 때문이다([그림 4-27(a)] 참조). 그리고 방사 재결합 과정은 4장에서 기술하는 발광 다이오드 및 레이저에서 빛이 방사되는 원인이 된다.

협곡에서 메아리는 결국 사라진다. 던져진 돌에 의해 생성된 잔물결도 그러하다. 이렇듯 자연은 평형 상태를 복구하는 방법을 알려준다. 재결합은 n'과 p'을 0으로 복구시키는 자연계의 방법이다.

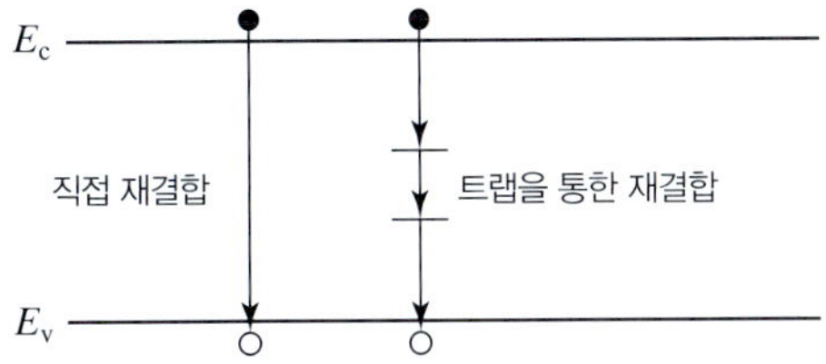

[그림 2-13] 전자가 전도 대역으로부터 가전자 대역으로 떨어질 때 전자-정공 쌍은 재결합한다. 실리콘에서 직접 재결합은 중요하지 않고, 수명은 매우 가변적이며 재결합 센터의 농도에 의해 결정된다.

예제 2-5 광전도체

Si 막대가 $10^{15}\,\text{cm}^{-3}$의 붕소로 도핑되었다. 이 막대가 빛에 노출되어 전자-정공 쌍이 $10^{20}/\text{s}\cdot\text{cm}^3$의 비율로 막대 전 체적에 생성되었다. 재결합 수명은 10 μs이다. (a) p_0, (b) n_0, (c) p', (d) n', (e) p, (f) n, (g) np 곱은 각각 얼마인가? (h) 빛이 $t = 0$인 순간에 갑자기 제거된다면, $t > 0$인 시간의 $n'(t)$를 계산하라.

풀이

(a) $p_0 = N_a = 10^{15}\text{cm}^{-3}$은 평형 상태의 정공 농도이다.

(b) $n_0 = n_i^2/p_0 \approx 10^5\text{cm}^{-3}$은 평형 상태의 전자 농도이다.

(c) 정상 상태에서 생성 비율은 재결합 비율과 같다(식 (2.35) 참조).

$$10^{20}/\text{s}\cdot\text{cm}^3 = p'/\tau$$

$$\therefore\ p' = 10^{20}/\text{s}\cdot\text{cm}^3\cdot\tau = 10^{20}/\text{s}\cdot\text{cm}^3\cdot 10^{-5}\text{s} = 10^{15}\text{cm}^{-3}$$

(d) $n' = p' = 10^{15}\text{cm}^{-3}$ (식 (2.33) 참조)

(e) $p = p_0 + p' = 10^{15}\text{cm}^{-3} + 10^{15}\text{cm}^{-3} = 2 \times 10^{15}\text{cm}^{-3}$

(f) $n = n_0 + n' = 10^5\text{cm}^{-3} + 10^{15}\text{cm}^{-3} \approx 10^{15}\text{cm}^{-3}$. 평형 상태에서의 작은 소수 캐리어 농도보다 비평형 상태의 소수 캐리어 농도가 종종 훨씬 크다.

(g) $np \approx 2 \times 10^{15}\text{cm}^{-3} \times 10^{15}\text{cm}^{-3} = 2 \times 10^{30}\text{cm}^{-6} >> n_i^2 = 10^{20}\text{cm}^{-6}$. np 곱은 n_i^2과 매우 달라질 수 있다.

(h) 식 (2.34)에 대한 답은 다음과 같다.

$$n'(t) = n'(0)\mathrm{e}^{-t/\tau} = 10^{15}\text{cm}^{-3}\mathrm{e}^{-t/\tau}$$

그러므로 n'은 평형 상태의 값인 0을 향하여 지수함수적으로 감소한다. 지수함수적 감소의 특성 시간은 캐리어 수명 τ 이다.

2.7 열 생성

재결합의 반대 과정은 **열 생성**thermal generation이라고 불린다. 0이 아닌 어떤 온도에서든지, 전자–정공 쌍은 계속적으로 생성되고 (재결합에 의해) 소멸된다. 만약 $n' = p' = 0$이면, 재결합 비율은 생성 비율과 같고 순 변화 비율은 0이다. 만약 n'이 양수이면, 식 (2.35)에서 보듯이 순 재결합 비율이 존재한다. 만약 n'이 음수이면, 즉 평형 상태 농도보다 적은 수의 전자가 존재한다면, 자연계는 재결합보다는 열 생성의 순 비율이 존재하도록 할 것이다. 식 (2.34)는 양 의 dn'/dt 값을 예견함으로써 이 사실을 확실히 해준다. 나중에 우리는 열 생성이 다이오드에서 누설전류의 원인이 되는 것을 알게 될 것이다.

np 곱이 n_i^2과 같을 때, 열 생성의 비율은 재결합의 비율과 같다. 이 조건 하에서는, n과 p는 열적 평형 상태에 있다고 말한다. $np > n_i^2$일 때 순 재결합이 존재하며, $np < n_i^2$일 때 순 생성이 존재한다. 일반적으로 재결합 비율과 생성 비율이라는 용어는 재결합과 생성의 순net 비율을 나타낸다.

2.8 유사 평형 상태와 의사 페르미 준위

$np \neq n_i^2$일 때 반도체는 평형 상태에 있지 않다. 보다 정확하게는, 전자와 정공은 서로 간에 평형 상태에 있지 않다. 그럼에도 불구하고, 우리는 매우 유용하다고 알려져 있는 평형 상태의 관계식(식 (1.20) 및 식 (1.23))을 가능한 한 자주 활용하기를 원한다.

$$n = N_c \mathrm{e}^{-(E_c - E_F)/kT} \tag{1.20}$$

$$p = N_v \mathrm{e}^{-(E_F - E_v)/kT} \tag{1.23}$$

문제는 상기 방정식이 함께 곱해질 때 $np = n_i^2$이 된다는 사실이다. [예제 2-5(g)]에서 우리는 과잉 캐리어의 존재가 np 곱을 n_i^2보다 매우 크게 만드는 일이 쉽게 일어날 수 있다는 것을 알았다. 이 문제는 2개의 **의사 페르미 준위**quasi-Fermi level E_{F_n}과 E_{F_p}를 다음 식과 같이 도입함으로써 다룰 수 있다.

$$n = N_c e^{-(E_c - E_{Fn})/kT} \tag{2.36}$$

$$p = N_v e^{-(E_{Fp} - E_v)/kT} \tag{2.37}$$

E_{F_n}과 E_{F_p}는 전자와 정공의 의사 페르미 준위이다. 전자와 정공이 평형 상태에 있을 때, 즉 $np = n_i^2$일 때 E_{F_n}과 E_{F_p}는 일치하고 이는 E_F로 알려져 있다. 평형 상태에 있지 않으면 $E_{F_n} \neq E_{F_p}$이다. 식 (2.36)과 식 (2.37)은 전자와 정공 두 그룹이 서로 간에 평형 상태에 있지 않을 때에도, 전자(및 정공)들은 그들 자신 간에는 여전히 평형 상태에 있을 수 있다는 것을 가리킨다. 전자와 정공은 두 그룹의 입자로서 쉽게 평형 상태를 벗어날 수 있는데, 이는 전자와 정공이 재결합/생성 메커니즘에 의해 단지 느슨하게 결합되어 있기 때문이며, 재결합/생성 메커니즘은 (약 1μs의 긴 시상수를 갖는) 느린 과정이다. 반면에, 전자(혹은 정공)들은 그들 간에 고속의 열 운동을 통하여 위치와 에너지를 교환함으로써, 그리고 0.1ps의 평균 자유 시간으로 산란됨으로써 그들 간에 강하게 결합되어 있다. 이러한 **유사 평형 상태**quasi-equilibrium 개념의 유용성은 추후 응용에서 명확해질 것이다.

예제 2-6 의사 페르미 준위와 저준위 주입

$N_d = 10^{17}\text{cm}^{-3}$인 Si 샘플을 고려해 보자.

(a) E_F의 위치를 구하라.

(b) 과잉 캐리어가 생성되어 $n' = p' = 10^{15}\text{cm}^{-3}$일 때, E_{F_n}과 E_{F_p}의 위치를 구하라.

n'과 p'은 다수 캐리어 농도보다 매우 적다는 사실에 주목하라. 일반적으로 이러한 조건이 가정되는데, 이를 저준위 주입low-level injection이라고 부른다. 반대의 조건인 고준위 주입high-level injection은 바이폴라 트랜지스터(8.4.4절)에서 종종 다루게 된다.

풀이

(a) 식 (1.20)을 사용하여,

$$n = N_d = 10^{17}\text{cm}^{-3} = N_c e^{-(E_c - E_F)/kT}$$

$$E_c - E_F = kT \ln\frac{N_c}{10^{17}\text{cm}^{-3}} = 26\text{ meV} \cdot \ln\frac{2.8\times10^{19}\text{cm}^{-3}}{10^{17}\text{cm}^{-3}} = 0.15\text{ eV}$$

E_F는 0.15 eV만큼 E_c 아래에 위치한다.

(b) $n = n_0 + n' = N_d + n' = 1.01 \times 10^{17} \text{cm}^{-3}$이므로 식 (2.36)을 사용하면,

$$1.01 \times 10^{17} \text{cm}^{-3} = N_c e^{-(E_c - E_{Fn})/kT}$$

$$E_c - E_{Fn} = kT \ln \frac{N_c}{1.01 \times 10^{17} \text{cm}^{-3}} = 26 \text{ meV} \cdot \ln \frac{2.8 \times 10^{19} \text{cm}^{-3}}{1.01 \times 10^{17} \text{cm}^{-3}} = 0.15 \text{ eV}$$

E_{F_n}은 기본적으로 [그림 2-14]와 같이 (a)의 E_F로부터 변화되지 않았다.

$$p = p_0 + p' = \frac{n_i^2}{N_d} + p' = 10^3 \text{cm}^{-3} + 10^{15} \text{cm}^{-3} = 10^{15} \text{cm}^{-3}$$

식 (2.37)을 사용하면,

$$10^{15} \text{cm}^{-3} = N_v e^{-(E_{Fp} - E_v)/kT}$$

$$E_{Fp} - E_v = kT \ln \frac{N_v}{10^{15} \text{cm}^{-3}} = 26 \text{ meV} \cdot \ln \frac{1.04 \times 10^{19} \text{cm}^{-3}}{10^{15} \text{cm}^{-3}} = 0.24 \text{ eV}$$

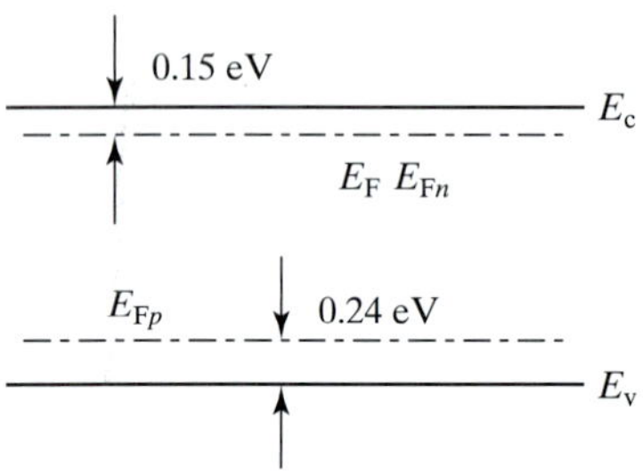

[그림 2-14] E_F, E_{F_n}, E_{F_p}의 위치

핵심요약

전기장이 존재할 때, 전하 캐리어는 **드리프트 속도**를 얻고 $\mathscr{E}$에 비례하는 **드리프트 전류 밀도**를 생성한다.

$$v_p = \mu_p \mathscr{E} \quad (2.6a)$$
$$v_n = -\mu_n \mathscr{E} \quad (2.6b)$$

$$J_{p,\text{drift}} = qp\mu_p \mathscr{E} \quad (2.14)$$
$$J_{n,\text{drift}} = qn\mu_n \mathscr{E} \quad (2.15)$$

μ_p와 μ_n은 **각각 정공 이동도와 전자 이동도라고 부른다.** 그것들은 캐리어가 얼마나 자주 포논 혹은 도펀트 이온과 충돌하고 드리프트 운동량을 잃어버리는가 하는 것에 의해 결정된다. 이동도는 온도와 총 도펀트 농도의 함수이다. 측정된 이동도 데이터는 일상적으로 그림으로 제공된다.

두 번째로 중요한 전송 메커니즘은 **확산**[diffusion]이다. **확산 전류 밀도**는 캐리어 농도의 기울기에 비례한다.

$$J_{n,\text{diffusion}} = qD_n \frac{dn}{dx} \quad (2.19)$$

$$J_{p,\text{diffusion}} = -qD_p \frac{dp}{dx} \quad (2.20)$$

D_n과 D_p는 **전자와 정공의 확산상수이다.** 드리프트와 확산은 모두 동일한 열 운동에 대한 섭동이고, 이 둘은 열 운동에서 지그재그 경로의 원인이 되는 동일한 충돌에 의해서 느려진다. 결과적으로, D와 μ는 **아인슈타인 관계식**[Einstein relationship]으로 연관된다.

$$D_n = \frac{kT}{q}\mu_n \quad (2.31a)$$

$$D_p = \frac{kT}{q}\mu_p \quad (2.31b)$$

J_{drift}와 $J_{diffusion}$의 합은 총 전류 밀도이다.

소수 캐리어 농도, 즉 N형 반도체 내의 p는 빛을 쪼이거나 혹은 4장에 기술되는 다른 방법들에 의해 **평형 상태 농도**[equilibrium concentration] p_0로부터 몇 차수 위의 크기로 쉽게 증가될 수 있고, 그 결과는 다음과 같다.

$$p \equiv p_0 + p' >> p_0 \quad (2.32b)$$

p'은 **과잉 정공 농도**이다. 전하 중성 영역에서는 다음이 성립한다.

$$n' \equiv p' \quad (2.33)$$

전하 중성이 안 되면 이는 전기장을 생성하여 전하 중성이 달성될 때까지 다수 캐리어들을 재배치하게 될 것이다.

핵심요약

전자–정공 **재결합 비율**은 $n'(=p')$에 비례한다.

$$\text{재결합 비율} = \frac{n'}{\tau} = \frac{p'}{\tau}$$

τ는 재결합 수명인데, Si의 경우 나노 초에서 밀리 초까지의 범위를 가진다. 이는 깊은 트랩을 형성하는 미량의 금속 불순물의 농도에 의존한다.

과잉 소수 캐리어들이 존재할 때, pn 곱은 n_i^2보다 몇 차수 위의 크기로 커질 수 있다. 명확히, 입자의 두 그룹으로서 전자와 정공들은 서로 간에 평형 상태에 있지 않다. 하지만 각 그룹 내에서 캐리어들은 그들 간에 여전히 평형 상태에 존재하고, 서로 다른 위치에서 하나의 공통된 (의사) 페르미 준위를 공유한다. 이 상황을 **유사 평형 상태**quasi–equilibrium라고 부르며, 다음 관계식들이 유용하게 쓰인다.

$$n = N_c e^{-(E_c - E_{Fn})/kT} \tag{2.36}$$

$$p = N_v e^{-(E_{Fp} - E_v)/kT} \tag{2.37}$$

E_{F_n}과 E_{F_p}는 전자와 정공의 의사 페르미 준위이다.

연습문제

이동도

2.1 (a) 전자의 이동도를 500 $cm^2/V \cdot s$라고 하고, 충돌 사이의 시간을 계산하라(이 계산에서 $m_n = m_0$라고 한다).

(b) 100 V/cm의 전기장에 대하여, 충돌과 충돌 사이에 드리프트에 의해 전자가 이동하는 거리를 계산하라.

2.2 매우 저농도로 도핑된 실리콘 조각 내에 전계를 가해주었더니 전자의 드리프트 속도가 열 속도의 10분의 1로 움직인다. 1 μm 길이의 영역을 드리프트에 의해서 가로지를 때 겪는 충돌의 평균 횟수를 계산하라. 이 영역을 가로질러 걸린 전압은 얼마인가?

2.3 전자 이동도는 다음 두 가지 충돌에 의해 결정된다.

❶ 포논(격자 진동)들에 의한 산란

❷ 이온화된 불순물들에 의한 산란

포논 상호작용 단독에 의한 이동도 μ_1 및 이온화된 불순물 단독에 의한 이동도 μ_2는 전자유효질량 m_n, 이온화된 불순물 농도 N_i, 그리고 온도에 다음과 같이 의존한다.

$$\mu_1 = \frac{2.2 \times 10^{-70}}{m_n^{5/2} T^{3/2}} \mathrm{kg}^{5/2} \mathrm{K}^{3/2} \mathrm{cm}^2 / (\mathrm{V} \cdot \mathrm{s})$$

$$\mu_2 = \frac{7.45 T^{3/2}}{m_n^{1/2} N_i} \mathrm{kg}^{1/2} / (\mathrm{cm} \cdot \mathrm{K}^{3/2} \cdot \mathrm{V} \cdot \mathrm{s})$$

$N_d = 10^{17} cm^{-3}$이고, $m_n = 0.27 m_0$인 균일 도핑의 N형 반도체를 고려하라.

(a) 100 K부터 700 K까지 $\log(\mu_1)$ 및 $\log(\mu_2)$ 대 온도의 그래프를 그려 보라.

(b) 300 K에서 총 전자 이동도는 얼마인가?

(c) [그림 2-15](T = 300 K)에서 보는 것 같이 샘플에 전계를 가할 때, 전자 드리프트 전류 밀도를 계산하라.

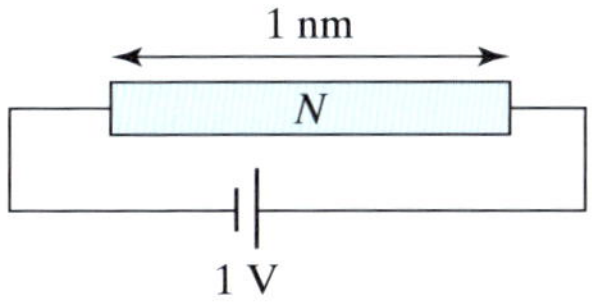

[그림 2-15]

연습문제

드리프트

2.4 농도 10^{16}cm^{-3}의 인(P) 도너 원자가 실리콘 샘플 전체에 걸쳐서 균일하게 분포되어 있다.

(a) 300 K에서 샘플 저항률은 얼마인가?

(b) 10^{17}cm^{-3}의 붕소(B)가 인(P)에 추가하여 포함된다면, 결과적으로 저항률은 얼마이고 전도도 형태(N형 혹은 P형 물질)는 무엇이겠는가?

(c) (a)와 (b)에 대하여 에너지 밴드 다이어그램을 스케치하고, 페르미 준위의 위치를 보여라.

2.5 N형 실리콘 샘플이 비소 농도 $N_d = 10^{17}$cm^{-3}으로 균일하게 도핑되었고, P형 실리콘 샘플이 $N_a = 10^{15}$cm^{-3}으로 도핑되었다. 세 번째 샘플은 이 두 가지 불순물량으로 동시에 도핑되었다.

(a) 300 K에서 각 샘플의 평형 상태 소수 캐리어 농도를 계산하라.

(b) 300 K에서 각 샘플의 전도도를 계산하라.

(c) 전도 대역 가장자리(E_c) 혹은 가전자 대역 가장자리(E_v)에 대한, 300 K에서의 각 물질의 페르미 준위를 계산하라.

2.6 (a) $T = 300$ K로 유지된 실리콘 샘플이 $N_d = 10^{16}$cm^{-3}의 도너로 균일하게 도핑되었다. 샘플의 저항률을 계산하라.

(b) (a)의 실리콘 샘플이 $N_a = 10^{16}$cm^{-3}의 억셉터를 첨가하여 "보상"되었다. 보상된 샘플의 저항률을 계산하라(이 문제에 사용될 이동도 값을 선택할 때 주의가 필요하다).

(c) 300 K에서 진성($N_a = 0$, $N_d = 0$) 실리콘의 저항률을 계산하라. 이것을 (b)에서의 결과와 비교하고 설명하라.

2.7 N형 실리콘 샘플이 상온에 존재한다. 이 샘플에 1,000 V/cm의 강도로 전계를 가할 때, 정공의 속도를 측정했더니 2×10^5cm/s였다.

(a) 열적 평형 상태의 전자와 정공의 농도를 추정하고, 어느 것이 소수 캐리어인지 말하라.

(b) E_c와 E_v에 대한 E_F의 위치를 계산하라.

(c) 이 샘플이 집적 회로의 저항을 만드는 데 사용되었다. 샘플의 폭, 높이, 그리고 길이가 각각 10μm, 1.5μm, 20μm일 때 샘플의 저항을 계산하라.

확산

2.8 전자 농도 n에 의해 운반되는 전류 밀도에 대한 일반적인 관계식은 $J = -qnv$이다. 여기서 q는 전자의 전하량이고, v는 전자 속도이다.

(a) $n(x) = n_0 \exp(-x/\lambda)$의 농도 분포를 갖고, 오직 확산에 의해서만 움직인다면, 전자의 속도 $v(x)$를 계산하라. 전계는 0이다.

(b) 전계에 의한 전자 드리프트 속도가 (a)에서의 전자 확산 속도와 같아지도록 하는 전계 $\mathscr{E}(x)$는 얼마인가?

(c) 300 K에서 (b)에서의 전계 값이 1,000 V/cm가 되도록 하는 λ의 값은 얼마인가?

2.9 [그림 2-16]은 평형 상태 조건(즉, E_F는 일정) 하에 있는 P형 반도체의 에너지 밴드 다이어그램의 일부이다. 가전자 대역 가장자리는 도핑이 막대를 따라 균일하지 않기 때문에 기울어져 있다. E_v가 Δ/L의 기울기로 상승한다고 가정하자.

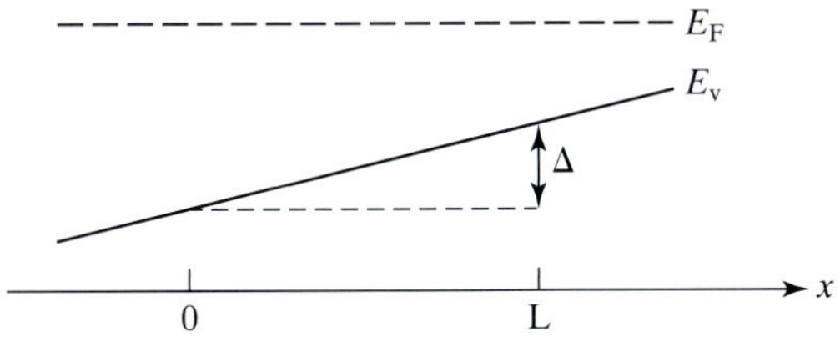

[그림 2-16]

(a) 반도체 막대 내부에서의 전계에 대한 표현식을 써 보라.

(b) 볼츠만 근사를 사용하여, 막대를 따라 분포한 전자 농도 $n(x)$를 구하면 무엇인가? $n(x=0)$ 은 n_0라고 가정하자. n_0, Δ, L을 사용하여 답을 표현하라.

(c) 반도체 막대가 평형 상태에 있다고 하면, 총 전자와 정공의 전류는 각각 0이다. 이 사실과 (a)와 (b)에서의 결과를 이용하여, 전자 이동도와 확산상수를 연관시키는 아인슈타인 관계식($D_n/\mu_n = kT/q$)을 유도하라.

CHAPTER 03

소자 제조 기술

DEVICE FABRICATION TECHNOLOGY

이전 장에서는 반도체의 성질을 설명한 반면, 본 장에서는 반도체를 가지고 소자들을 어떻게 만드는지 그 방법을 설명할 것이다. 이것은 리소그래피와 에칭에 의해 물리적 패턴을 정의하는 것, 이온 주입과 확산에 의한 도핑 농도의 변화, 그리고 반도체의 기판 위에 박막을 증착하는 것과 같은 기본 기술을 포함한다. 3.8절에서는 중요한 금속 상호 연결 구조의 제작 기술에 대하여 설명한다. 기술적인 논의를 할 때 자주 사용되는 핵심 기술의 명칭과 그 약어를 기억하면 유용하다.

제조 기술보다 소자에 더 관심이 있는 독자는 본 장의 서론과 3.1절을 읽은 후 4장으로 넘어가도 된다. 일부 장에서는 3장의 특정 부분을 참조하라고 할 것이며 그때 제조 기술에 대한 필요한 정보를 습득할 수 있을 것이다.

급속한 소형화와 효율적인 대량 생산 공정high-volume processing을 거쳐, 매년 10^{19}개 이상의 트랜지스터(혹은 전 세계 각 개인당 십억 개)가 생산되고 있다. 트랜지스터를 대규모로 집적함으로써, 복잡한 회로를 **집적 회로**IC, integrated circuit 형태로 저렴하게 공급하게 되었고 광범위한 전자 장치들에 이를 적용하는 것이 실용적이며 적정하게끔 되었다. 반도체 소자는 "컴퓨터 시대" 또는 "제2의 산업 혁명"이 도래하게끔 하는 원인이 되었다. 정보통신 기술의 핵심 위치에서 각종 IC들은 또한 소비자 전자제품, 자동차, 의료 장비, 그리고 산업 전자제품 등에 응용되고 있다. 결과적으로, 반도체 소자는 글로벌 경제의 구석구석과 인류가 노력하는 모든 분야에 공헌하고 있다.

많은 대형 반도체 회사들은 IC를 설계하기도 하고 제조하기도 한다. 그들은 **집적 반도체 회사**integrated semiconductor company라고 불린다. 훨씬 더 많은 회사들은 회로를 설계하기만 한다. 이러한 회사를 **팹리스 디자인 회사**fabless design company라고 한다. 그들은 제조를 전문으로 하는 **실리콘 공장**silicon foundry에 제조를 의뢰하며, IC 회사는 그들이 설계한 칩을 제조할 수도 있고 그렇지 않을 수도 있다.

NOTE VLSI! ULSI! GSI!

IC는 집적의 복잡성과 밀도에 따라 **LSI**Large-Scale Integration(칩 상에 10^4 트랜지스터 포함), **VLSI**Very Large-Scale Integration(칩 상에 10^6 트랜지스터 포함), **ULSI**Ultra-Large-Scale Integration, **GSI**Giga-Scale Integration라고 하는 이름을 가지기도 한다. 실제 이 모든 용어는 크기와 복잡성에 따라 구분한 각 범주에 해당하는 회로와 기술을 뜻하기도 하고, 단순히 "큰 IC"를 의미하기도 한다.

3.1 소자 제조에 대한 서론

세계에서 사용되는 실리콘 웨이퍼([그림 1-3(b)]의 대부분은 소수의 회사에서 생산된다. 실리콘 소자를 제조하는 수백의 제조 라인에서는 첫 출발 재료로 이 웨이퍼를 구매한다. 큰 **웨이퍼 공장**wafer fab은 매달 회로 제작 시 40,000개의 실리콘 웨이퍼를 처리할 수 있다.

[그림 3-1]은 소자 제조 공정의 간단한 예를 보여주는데, 이는 (a) SiO_2 층의 형성, (b) 산화물의 선택적 제거, (c) 웨이퍼 표면에 도펀트 원자 주입, (d) 실리콘 내부로의 도펀트 원자 확산을 포함한다. 이 공정들과 다른 제조 단계를 조합함으로써 복잡한 소자와 회로를 만들 수 있다. 웨이퍼 기판 위에 이렇게 단계적으로 층층이 회로를 만드는 방법을 **평면 기술**planar technology이라 한다.

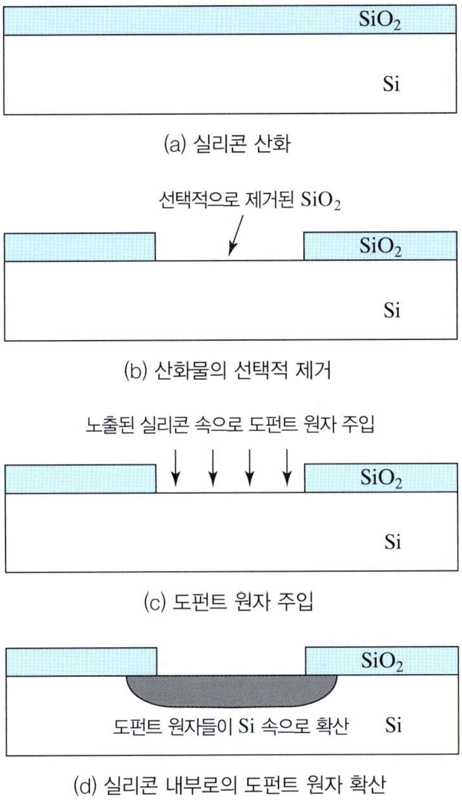

[그림 3-1] 실리콘 소자 제조 공정에서 몇 가지 기본 단계

평면 공정의 주요 이점은 각각의 제조 단계가 전체 실리콘 웨이퍼에 적용된다는 것이다. 그러므로 복잡한 IC를 만들기 위해 높은 정밀도로 많은 소자들을 만들어 서로 연결할 수 있다. 또한 하나의 웨이퍼 위에 많은 IC칩들을 한꺼번에 제조할 수도 있다. 예를 들어 큰 IC, 즉 중앙 처리 장치 혹은 CPU는 한 변이 1~2cm가 되므로, 한 웨이퍼(대략 30cm 직경)에는 이러한 칩 수백 개를 만들 수 있다. 각 IC의 면적을 줄이는 것, 즉 소자와 금속 연결선의 크기를 줄이는 것은 웨이퍼당 더 많은 칩과 칩당 더 낮은 비용을 가져오기 때문에 매우 경제적이다.

1960년 이래로, 세계는 평면 미세-제조 기술에 거대한 투자를 해왔다. 이 기술의 변화는 또한 평판 디스플레이와 미세-전자-기계 시스템^MEMS, Micro-Electro-Mechanical Systems^, 심지어 DNA 스크리닝^screening^용 DNA 칩을 제조하는 데에도 사용되고 있다. 앞으로는 현대식 소자 공정 기술을 소개할 예정이다. 아마도 가장 두드러진 진전을 이룩한 분야는 리소그래피^lithography^(3.3절) 분야와 상호 연결 기술(3.8절) 분야일 것이다. IC 제조비용 중 가장 큰 몫을 담당하는 것 또한 이 두 영역이다.

3.2 실리콘의 산화

IC에서 실리콘 산화물은 여러 목적으로 사용된다. 예를 들어 실리콘 안으로 도펀트를 주입시킬 때 마스크 역할을 하며, 5~7장에서 설명한 금속-산화물-반도체 트랜지스터metal-oxide-semiconductor transistor에서 가장 결정적 구성 요소로 기여하는 등 매우 다양한 역할을 한다.

IC 제조 과정에서 정밀한 두께로 제어해야 하는 SiO_2 층은 높은 온도 상태에서 Si를 산소 가스 혹은 수증기와 작용시켜 제조한다. 산소 가스이든 수증기이든 Si를 산화시키는 물질은 이미 형성된 산화물을 통과하여 확산된 후에 $Si-SiO_2$ 경계면에 도달해서 SiO_2를 더 형성한다. 이것과 연관된 전체 반응식은 다음과 같다.

$$Si + O_2 \rightarrow SiO_2 \tag{3.1a}$$

$$Si + 2H_2O \rightarrow SiO_2 + 2H_2 \tag{3.1b}$$

산소 및 수증기를 사용하여 SiO_2를 제조하는 과정을 각각 건식 산화dry oxidation 및 습식 산화wet oxidation라고 한다. 건식 산화는 얇은 산화물 막을 형성하기 위해 사용한다. 반면에 습식 산화는 보다 빠른 비율로 진행되고 따라서 보다 두꺼운 산화물을 형성할 때 선호한다. 수증기는 산소 보다 SiO_2를 더 빠르게 통과하여 확산한다.

[그림 3-2]의 (a)와 (b)는 수평로horizontal furnace를 보여준다. 산화는 [그림 3-2(c)]와 같은 수직로vertical furnace에서도 실행될 수 있다. 로furnace에 대한 간략한 스케치를 [그림 3-3]에 나타내었다. 700 ~ 1,200 °C의 산화 온도는 전기 저항 열선에 의해 만들어진다. 로의 중앙에 있는 관은 보통 투명한 석영유리fused quartz로 만드는데, SiC와 다결정 Si 관이 사용되기도 한다. 산화시키려는 실리콘 웨이퍼를 석영 보트 위에 올린 후 로의 가운데로 민다. 건식 산화 도중, 산소 가스는 관으로 공급된다. 습식 산화는 캐리어 가스(Ar 또는 N_2)를 가열된 플라스크 안의 물을 통과시켜 거품을 일으켜 보내거나([그림 3-3] 참조), 혹은 관의 입력에 H_2O를 형성하기 위해 O_2와 H_2를 연소시킴으로써 실행된다. 일반적으로 생산 시스템은, 웨이퍼를 장착loading하고, 로 속으로 집어넣고, 로의 온도를 올리고, 가스를 조절하는 모든 공정이 자동화되어 있다. 성장된 산화물의 두께는 로의 온도, 산화 시간, 분위기 가스ambient gas, 그리고 Si 표면의 결정 방향에 의존한다. 대표적인 건식 및 습식 산화의 성장 곡선을 [그림 3-4]에 나타내었다. IC 생산에 사용되는 웨이퍼는 주로 (100) 면으로 잘린 것이며 이는 다른 면에 비해 이 면에 불포화된 결합bond의 농도가 낮고 그에 따라 경계면에 있는 트랩 농도(5.7절 참조)가 낮기 때문이다. 또 한 전자의 표면 이동도(6.3.1절 참조)가 크다.

(a) 수평로

(b) 로에 밀어 넣기 전의 실리콘 웨이퍼

(c) 새 모델인 수직로

[그림 3-2] 산화 및 기타 공정에서 사용되는 로 시스템의 예(© Steed Technology, Inc. 전재 허가)(Copyright © ASM International N. V. 전재 허가). 수직로는 보다 작은 바닥 공간을 차지한다.

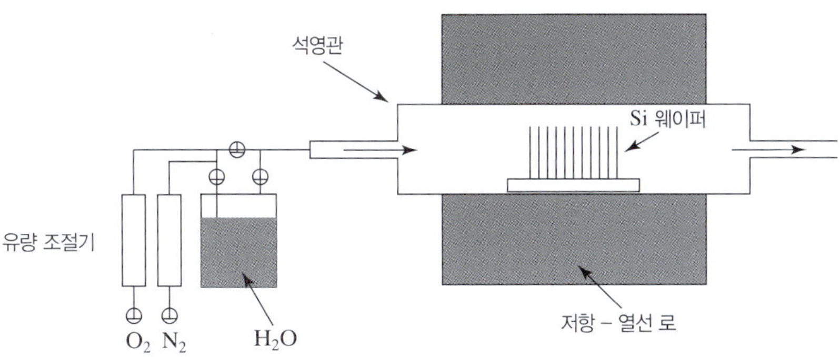

[그림 3-3] 산화 시스템의 도식적인 그림

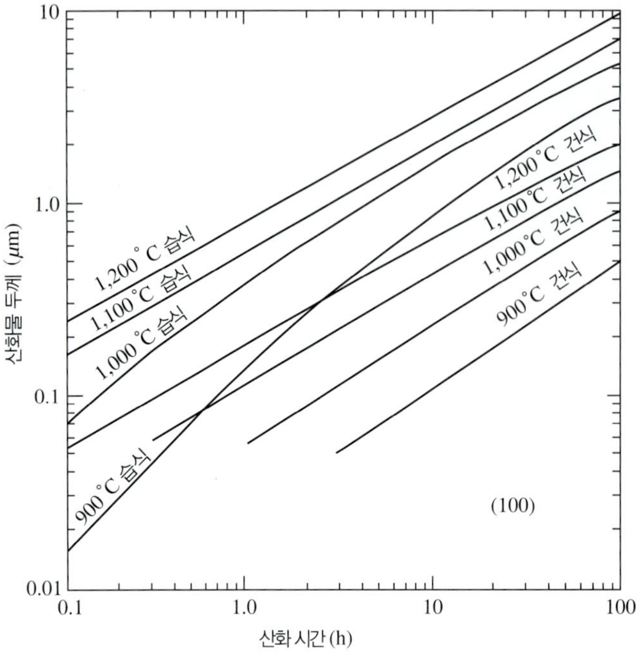

[그림 3-4] 시간의 함수로 (100) 실리콘 면에 형성되는 SiO_2의 두께
([2]에서 발췌. Pearson Education, Inc.(Upper Saddle River, NJ.)의 허가로 재인쇄)

예제 3-1 두 단계 산화

(a) 1,000 °C에서 건식으로 0.1 μm의 산화물을 성장시키는 데 시간이 얼마나 걸리는가?

(b) (a) 단계를 거친 후, 추가로 900 °C에서 습식으로 0.2 μm의 산화물을 성장시켜 총 산화물의 두께가 0.3 μm가 되게 하려면 시간이 얼마나 걸리는가?

풀이

(a) [그림 3-4] 곡선 중 "1,000 °C 건식"으로부터, 0.1 μm의 산화물을 성장시키는 데 2.5시간이 걸린다.

(b) 이 문제에서는 오직 "900 °C 습식" 곡선을 사용한다. 먼저 우리는 순수한 실리콘에 습식으로 900 °C에서 0.1 μm 산화물을 성장시키는 데 0.7시간이 걸리고, 산화물을 0.3 μm 성장시키는 데 2.4시간이 걸린다고 결정한다. 이것은 900 °C로에서 습식으로 산화물의 두께를 0.1 μm에서 0.3 μm로 증가시키는 데 $2.4 - 0.7 = 1.7$(시간)이 걸릴 것이라는 것을 의미한다. 이것은 처음의 0.1 μm 산화물이 어떻게 만들어졌는지(900 °C 습식 혹은 1,000 °C 건식 혹은 어떤 다른 조건에서든지)에 관계없이 옳은 답이다. 따라서 답은 1.7시간이다.

3.3 리소그래피

[그림 3-1(b)]에서 도펀트 원자가 주입될 영역에 있는 산화물을 어떻게 선택적으로 제거할 수 있을까? 공간적인 선택은 **포토리소그래피**photolithography 혹은 **광학 리소그래피**optical lithography라고 하는 공정을 사용하여 실시한다.

리소그래피 공정에서의 주요 단계는 [그림 3-5]에서 그림으로 설명되는데, 이 예는 산화막 필름의 패턴을 만드는 것이다. 맨 처음에 웨이퍼 윗면은 **포토레지스트**photoresist라 불리는 자외선(UV) 감광(노광) 재료로 코팅된다. 액체 포토레지스트가 웨이퍼 위에 떨어지고, 웨이퍼는 얇고 균일한 코팅을 만들기 위해 고속으로 회전된다. 그 후에는 레지스트에서 용매를 몰아내기 위해 약 90℃에서 짧은 시간 동안 굽는다.

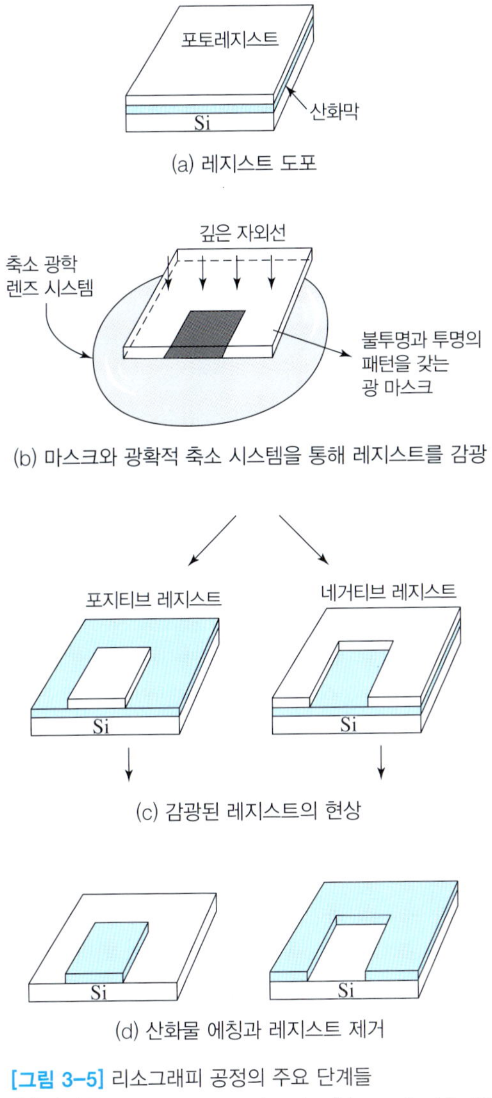

[그림 3-5] 리소그래피 공정의 주요 단계들
([2]에 따름. Pearson Education, Inc.(Upper Saddle River, NJ.)의 허가로 재인쇄)

그 다음 단계는 [그림 3-5(b)]에 나타낸 것과 같이 UV 광을 사용하여 광 마스크와 고정밀 축소(가령 5 대 1 축소) 렌즈 시스템을 통해 레지스트를 감광시킨다. **광 마스크**photomask는 생산될 패턴이 들어있는 석영 재질의 광 판유리이다. 빛에 감광된 포토레지스트 영역은 사용된 레지스트 타입에 따라 서로 다른 화학작용을 받게 된다. **네거티브 레지스트**negative resist에서 빛에 감광된 영역은 폴리머가 되어 용매에 녹이기가 더 어려워진다. 현상액(용매)에 넣으면 폴리머가 된 영역은 남고, 반면에 감광되지 않은 영역은 용해되어 씻겨 나간다. 현상한 뒤의 순 결과를 [그림 3-5(c)]의 우측에 나타내었다. **포지티브 레지스트**positive resist는 현상액 내에서 레지스트의 용해율을 늦추는 안정제를 포함하고 있다. 이 안정제는 빛에 노출되면 파괴되므로 [그림 3-5(c)]의 좌측과 같이 감광된 영역이 선택적으로 제거될 수 있도록 한다. (a)로부터 (c)의 단계를 거치면 리소그래피의 전 공정이 완성된다. 리소그래피의 목적에 대한 경위를 보이기 위해, 우리는 산화물을 제거하는 (d) 단계를 포함시켰다. 완충된 플루오르화수소산Buffered HF을 산화물 필름 중 보호되지 않은 영역을 용해시키기 위해 사용할 수 있다. 마지막으로, 포토레지스트는 **레지스트 스트립**resist strip이라 불리는 단계에서 제거된다. 이 단계는 화학적 용해에 의해서 이루어지거나, 또는 **애셔**asher라고 하는 산소 플라즈마나 UV 오존 시스템 속에서 레지스트를 산화하거나 "연소"시킴으로써 달성된다.

광학적 회절에 의해 최소 도형 단위minium feature size가 제한되며 이는 감광 시스템에 사용되는 빛의 파장에 k를 곱한 값까지 분해될 수 있다.

$$\text{리소그래피 해상도} = k\lambda \tag{3.2}$$

해상도 한계를 확장하는 간단한, (그러나 쉽지 않은) 방법은 점점 더 짧은 파장의 자외선 광을 사용해서 해상도 한계를 낮추는 것이다. 248 nm와 193 nm(깊은 UV)의 레이저 광원이 널리 사용된다. 파장을 더 짧게(가령 157 nm로) 하는 것은 매우 어려운데, 이는 이 파장에서는 렌즈와 마스크 판을 제작할 만한 적절한 투명 물질이 없기 때문이다. k 인자는 다음 단락에서 설명할 렌즈 시스템과 광 마스크 기술에 따라 결정된다.

최고의 광 해상도를 얻기 위해 약 10 cm^2에 해당하는 웨이퍼의 작은 영역만이 (b) 단계 때 노출된다. 이 영역을 **리소그래피 필드**lithography field라고 하는데, 수 개에서 수십 개의 IC 칩을 포함할 수도 있다. 이 감광 단계는 웨이퍼 상의 이웃하는 영역에 대해 반복되고, 전체 웨이퍼가 감광될 때까지 웨이퍼를 이동시키며 다른 영역들을 감광시킨다. 이러한 이유로 **스텝 앤 리피트**step-and-repeat 작동을 하는 리소그래피 장비를 **스테퍼**stepper라고 한다.

패턴의 왜곡은 광 마스크 상에서 그것을 둘러싸고 있는 이웃하는 패턴의 영향을 받아 발생할 수 있다. 예를 들어, 선 하나는 성공적으로 분해될 수 있으나 선 2개가 가깝게 위치하면 서로 연결될 수 있다. 이것은 광 마스크 상에서 약간 더 가는 선을 만들어줌으로써 고칠 수 있다. 이 중요한 기술을 **광 근접 보정**OPC, Optical Proximity Correction이라고 한다. OPC를 수행하기 위해, 즉 큰 IC에서 각 패턴별로 광 마스크를 정밀하게 조절하기 위해서는 많은 계산이 필요하다.

여러 다른 해상도 향상 기술에 의해 식 (3.2)의 *k* 값이 작아지고 해상도 한계도 더 작아질 수 있다. 예를 들어, **위상-변이 광 마스크**phase-shift photomask는 광 마스크 기판을 선택적으로 에칭함으로써 가늘고 어두운 선의 양쪽 두 투명 영역에 180°의 위상 차이를 만든다. 어두운 영역으로의 그들의 회절은 전기장이 반대 부호(180°의 위상 차이)를 갖게 되어 부분적으로 서로 상쇄된다. 결과적으로, 보다 가는 선이 분해될 수 있다. 해상도 향상 기술의 몇 가지 다른 예에는 균일 광원보다는 형에 맞추어 만든 광원을 사용하는 방법, 선-간격 피치의 어떤 범위를 제외한다거나 혹은 단지 어떤 범위만 허용하는 방법, 또는 한 마스크로는 오직 수직선 패턴들만 감광시키고 이어서 다른 마스크로는 수평선 패턴들만 감광시키는 방법이 있다.

작은 모양을 분해하는 것 외에, 리소그래피 기술은 최소 도형 단위minium feature size의 약 3분의 1의 정밀도를 갖고, 두 리소그래피 단계 간에 정렬alignment을 제공한다. **리소그래피는 모든 IC 제조 단계들 중에서 가장 어렵고 고가인 공정이다.** 전형적인 IC 제조 흐름에서는 각 단계마다 다른 광 마스크를 사용하여 리소그래피 기술을 20번 이상 시행한다.

3.3.1 습식 리소그래피

193nm보다 더 짧은 파장에서는 렌즈와 마스크를 제작할 적절한 물질을 찾기가 어렵다. 따라서 이런 짧은 파장을 사용하지 않으면서 더 나은 리소그래피 해상도를 얻기 위한 현명한 기술이 개발되었다.

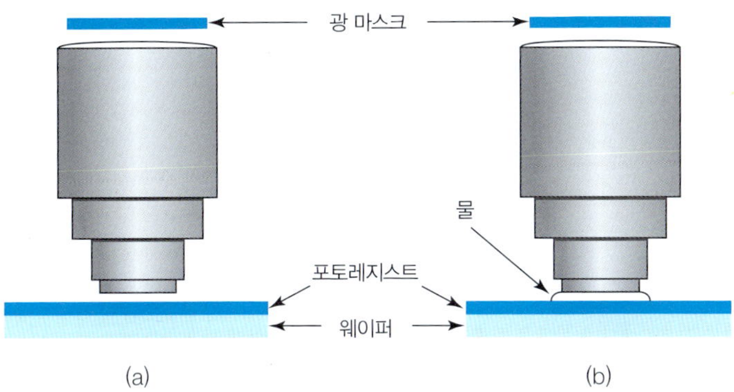

[그림 3-6] (a) 전통적인 건식 리소그래피, (b) 습식 혹은 침수 리소그래피의 개략도
(광원의 파장은 두 경우 모두 193 nm이지만 (b)에서의 유효 파장은 물의 굴절률인 1.43배만큼 축소된다.)

[그림 3-6(a)]는 광학 리소그래피 시스템의 대물렌즈objective lens와 그 아래 놓여있는 감광 대기 중인 웨이퍼를 보여준다. 렌즈와 웨이퍼 사이의 틈은 수 밀리미터이다. [그림 3-6(b)]와 같이 물속에 이 시스템을 담가 만약 이 틈이 물로 채워진다면, 우리는 습식 리소그래피wet lithography 혹은 침수 리소그래피immersion lithography의 근본 형태를 취한 것이 된다. 빛이 물로 들어가면 그 빛의 파장이 물의 굴절률인 1.43배만큼 축소되고 따라서 리소그래피 해상도는 식 (3.2)에 따라서 향상된다. 더욱이, 물보다 더 큰 굴절률을 갖는 적절한 액체를 사용한다면 해상도는 더욱 더 향상될 수 있다.

NOTE 극자외선 리소그래피

광학 리소그래프를 과감히 확장한 기술인 **극자외선 리소그래피**EUVL, Extreme UltraViolet Lithography는 13nm 파장을 사용한다. 이는 광원 파장의 축소와 이론적으로 획득 가능한 해상도를 크게 개선했다.

극자외선 광은 모든 물질에 강하게 흡수되기 때문에, 렌즈 대신 거울을 사용하는 전체-반사형 광 시스템이 사용되며 이는 [그림 3-7]과 같은 구조를 갖는다. 광 마스크도 투과보다는 반사에 기초를 둔다. 광학 표면은 0.25nm(원자의 크기)까지 평탄하고 매끄러울 필요가 있다. EUV 광은 레이저 펄스로 Xe 가스 흐름을 때려서 생성시킬 수 있다.

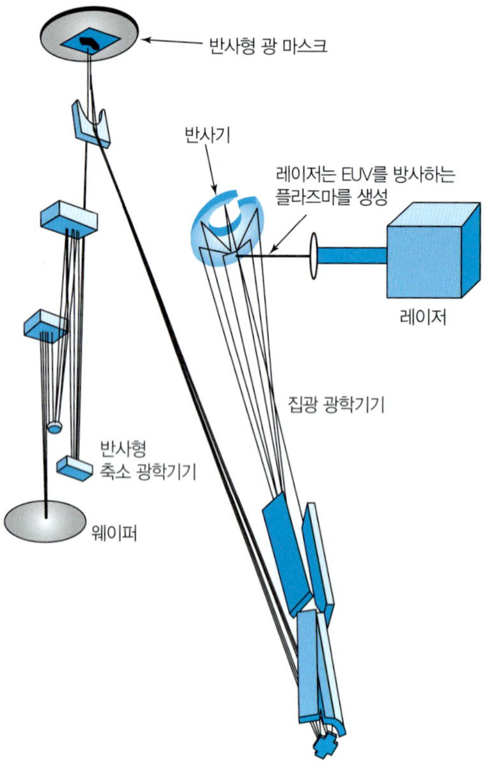

[그림 3-7] 극자외선 리소그래피 시스템의 도식적 설명(Scott Hector, Motorola에 따름)

3.3.2 전자 리소그래피

전자현미경이 광학현미경보다 더 좋은 해상도를 가진다는 것은 잘 알려진 사실이다. 유사하게, 전자 리소그래피는 광학 리소그래피보다 해상도가 더 좋기 때문에 광학 리소그래피의 대안이 될 수 있다. **전자-빔 리소그래피**electron-beam lithography에서 초점이 맞춰진 전자의 흐름이 전자 레지스트를 감광시키기 위한 에너지를 공급한다. 원하는 패턴을 기록하기 위해 전자 빔이 스캔된다. 전자 빔을 조정하기 위해 필요한 정보는 컴퓨터에 저장되고 마스크는 사용되지 않는다. 전자-빔 리소그래피는 광학 리소그래피와 EUVL에 사용되는 광 마스크를 제조하는 데 오랫동안 사용되어왔다. 웨이퍼 상에 직접 패턴을 프린트하기 때문에, 전자 리소그래피는 광학 리소그래피보다 느린 감광 비율(시간당 웨이퍼 수)을 갖는다. 감광 비율은 각 리소그래피 장치에 다수의 전자 빔을 사용함으로써 증가시킬 수 있다.

광학 리소그래피와 유사하게, 마스크와 축소 전자-렌즈 시스템(면밀히 설계된 자기장)을 동시에 사용하여 복잡한 패턴을 감광시키려는 시도가 있다. 이것은 감광 비율을 향상시킬 것이다.

3.3.3 나노임프린트

고해상도 리소그래피는 광학 리소그래프이든 전자 리소그래피이든 간에 매우 고가이다. 따라서 고가의 리소그래피를 실행하지 않고도 미세 패턴을 만든다는 것은 매력적인 일이다. **나노임프린트**nanoimprint가 바로 그러한 기술이다. 미세 패턴을 만드는 데 전자 리소그래피가 사용되고, 그 패턴은 "스탬프stamp"를 만들기 위해 적정 물질로 전사된다(즉, 에칭된다. 3.4절 참조). 이 스탬프는 미세 패턴의 **자국**imprint을 만들기 위해 웨이퍼 표면 위의 부드러운 코팅에 압착된다. 코팅이 단단해진 후, 원하는 미세 패턴이([그림 3-5(d)] 참조) 웨이퍼 상에 복제된다. 이 스탬프는 많은 웨이퍼를 생산하기 위해 반복적으로 사용될 수 있다. 이런 의미에서 스탬프는 광학 리소그래피의 광 마스크와 동일하다.

3.4 패턴 전사 — 에칭

패턴이 리소그래피에 의해 레지스트에 형성된 다음에, 레지스트 패턴은 종종 밑에 있는 필름, 예를 들어 [그림 3-5(d)]에서 SiO_2에 전사된다. 만약 SiO_2를 HF로 제거한다고 하면, 이러한 에칭 방법을 **습식 에칭**wet etching이라고 한다. 습식 에칭은 보통 **등방성**isotropic(방향에 선호성이 없다는 것을 의미하고, 실리콘 표면을 향해 수직적으로 진행되는 만큼 레지스트 아래에 측면으로도 진행되는 것)이기 때문에, [그림 3-8(a)]에서 보는 바와 같이 레지스트 패턴의 크기보다 에칭된 모양이 일반적으로 더 크다. **건식 에칭**dry etching 기술은 이러한 단점을 극복할 수 있어 우세한 에칭 기술이 된다.

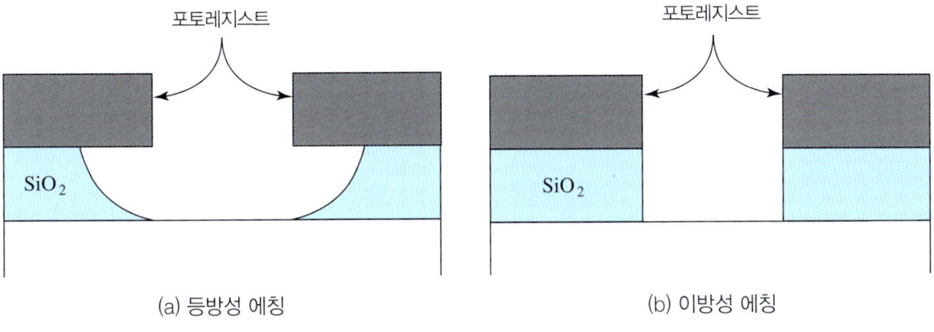

[그림 3-8] 등방성 에칭과 이방성 에칭 간의 비교

건식 에칭[1]에서 [그림 3-9(a)]와 같이 패턴이 형성된 레지스트를 가진 웨이퍼가 플라즈마에 노출되는데, 플라즈마는 보통 라디오 주파수RF 전기장에 의해 생성되며 에너지를 가진 분자와 이온, 전자들로 구성된 거의 중성인 혼합체이다. 에칭되어 노출된 재료의 영역과 에너지를 가진 입자들이 화학적으로 반응하고,

1 건식 에칭은 플라즈마 에칭(plasma etching) 혹은 반응성-이온 에칭(RIE, Reactive-Ion Etching)이라고 한다.

한편으로는 플라즈마 내 이온들은 표면에 수직으로 부딪혀서 웨이퍼 표면에 있는 반응 생성물의 필름을 벗겨낸다. 이 후반의 활동은 방향성이 있어서, 수직 표면이 반응 생성물의 필름으로 덮일 수 있기 때문에 에칭은 차별적으로 수직이 된다. 따라서 에칭 비율은 **이방성**anisotropic이 된다.

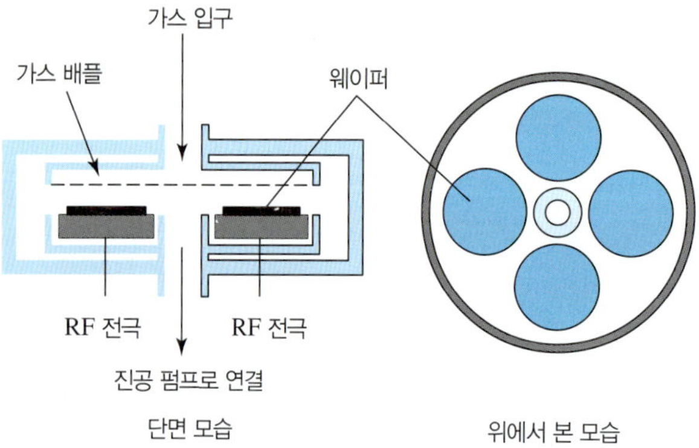

(a)

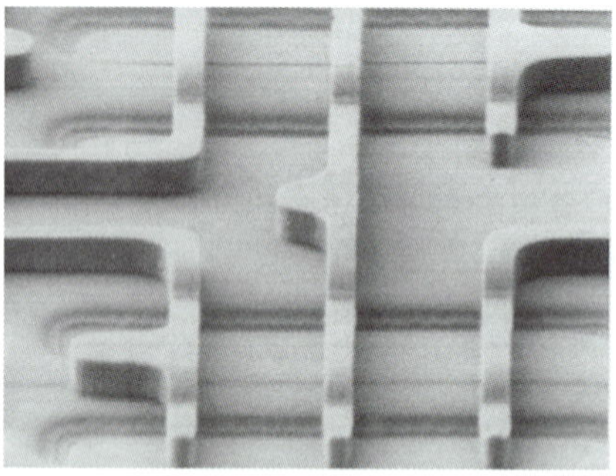

(b)

[그림 3-9] (a) 반응성-이온 에칭 챔버(chamber), (b) 다결정 실리콘 필름에 에칭된 0.16μm 패턴의 주사전자현미경 모습. 아래 면이 평평하지 않아도 선폭이 매우 훌륭하게 조절되었다[3].

반응기 설계와 에칭 화학을 적절하게 선택함으로써, [그림 3-9(b)]와 같은 거의 수직인 벽이 에칭된 재료 내에 만들어진다. 낮은 압력과 높은 단방향 전계는 에칭을 이방성이 되도록 만드는 경향이 있다. 건식 에칭은 또한 필요하다면 등방성이거나 혹은 부분적인 이방성이 되도록 설계할 수 있다.

에칭되는 물질에 근거하여 적절한 가스들이 에칭 챔버 속으로 주입된다. 알루미늄은 염소를 포함하는 플라즈마로 에칭되는 반면, 실리콘과 그것의 화합물은 플루오르(F)를 포함하는 플라즈마에 의해 에칭될 수 있다.

건식 에칭의 재료 **선택도**selectivity는 보통 습식 에칭의 재료 선택도만큼 높지 않다. 에칭될 물질과 그 밑에 있는 물질(예를 들어, SiO_2와 그 밑의 실리콘)은 모두 에칭 공정 중에 중대하게 공격받을 수 있다. 그러므로 건식 에칭 공정은 원하는 층이 제거되자마자 종료되어야 한다. 이것은 **종점 검출기**end-point detector로 실행될 수 있는데, 이는 다양한 에칭 생성물로부터 그 시점을 자동으로 알게 해주는 빛이 방사되는 것을 감지하는 것이다. 선택도와 이방성 사이에서 종종 타협을 위한 흥정을 하기도 한다. 예를 들어, 브롬(Br)은 Si와 SiO_2 사이에 좋은 선택도를 제공하지만 염소(Cl)보다 이방성은 약하다.

플라즈마를 사용하는 공정은 웨이퍼 상의 소자들에 잠재적으로 손상을 일으킬 수 있다. 이것은 **플라즈마 공정-유도 손상**plasma process-induced damage 혹은 **웨이퍼 차징 손상**wafer charging damage으로 알려져 있다. 주요 손상 메커니즘은 플라즈마 내 이온에 의해 전도체의 충전이 발생하고, 결국 얇은 산화물 양단 간에 과도하게 높은 전압이 생겨 산화물의 절연파괴가 야기되는 것이다. 최악의 상황은 작고 얇은 산화물이 큰 전도체에 연결되어 있는 경우인데, 이때 큰 전도체는 플라즈마로부터 대량의 전하량과 전류를 모아서 작은 산화물 영역으로 그것들을 쏟아 부어 넣는다. 전도체의 크기에 대한 손상의 민감도를 안테나 효과antenna effect라고 한다.

물론 패턴 전사pattern transfer는 레지스트 패턴을 다른 물질로 전사하는 것에 한정하지 않는다. 예를 들어, 산화물의 패턴이 Si로 전사될 수 있다.

3.5 도핑

실리콘에서 도펀트 원자들의 농도 분포도(**도펀트 분포도**)dopant profile는 일반적으로 두 단계로 결정된다. 첫째는, 도펀트 원자들이 **이온 주입**ion implantation, **가스-소오스 도핑**gas-source doping, 혹은 **고체-소오스 도핑**solid-source doping에 의해 웨이퍼 표면 혹은 근처에 위치하게 된다. 이 단계에 이어 그 도펀트 원자들을 실리콘 기판 속으로 더 깊숙이 이동시키는 의도적이거나 비의도적인 **드라이브-인 확산**drive-in diffusion 과정이 있다.

3.5.1 이온 주입

이온 주입은 정밀한 조절이 가능하기 때문에 가장 중요한 도핑 방법이다. 이온 주입에서 불순물을 반도체 속으로 주입하기 위해 먼저 불순물의 이온을 만들고, 그 이온을 킬로kilo eV 이하부터 메가mega eV에 걸쳐있는 높은 에너지로 가속시키고, 그 후 그 이온을 반도체 표면에 글자 그대로 발사함으로써 불순물이 반도체 속으로 주입된다([그림 3-10] 참조). 예상한 대로, 주입된 이온은 결정 속으로 들어가 그들의 진행경로를 따라 반도체 원자들을 기존 자리에서 추방시킨다. 더욱이 그 이온들 자신은 격자 자리 위치에 정확히 멈춰 서지만은 않는다. 따라서 후속의 웨이퍼 어닐anneal(가열) 공정은 손상을 제거하고 **도펀트 활성화**dopant activation([그림 1-6]과 같이 결정 자리에 도펀트 원자를 자리 잡게 하는 것)를 위해 필요하다. 그 결과로 주입된 불순물은 도너와 억셉터로 동작하게 된다.

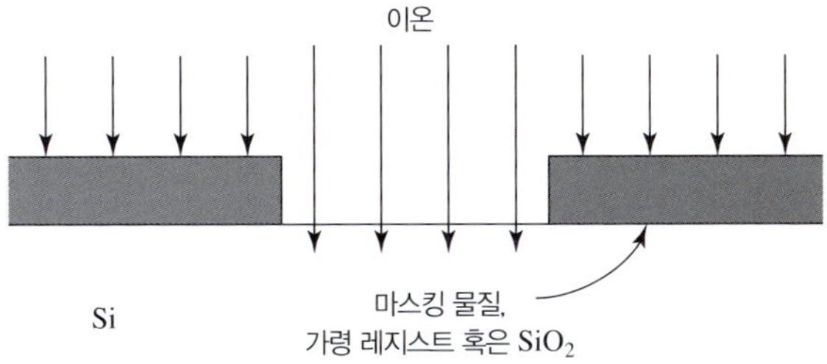

[그림 3-10] 이온 주입에서 고 에너지 이온 빔이 반도체의 보호되지 않은 영역 속으로 침투한다.

이온 주입 시스템의 개략도를 [그림 3-11]에 나타내었다.

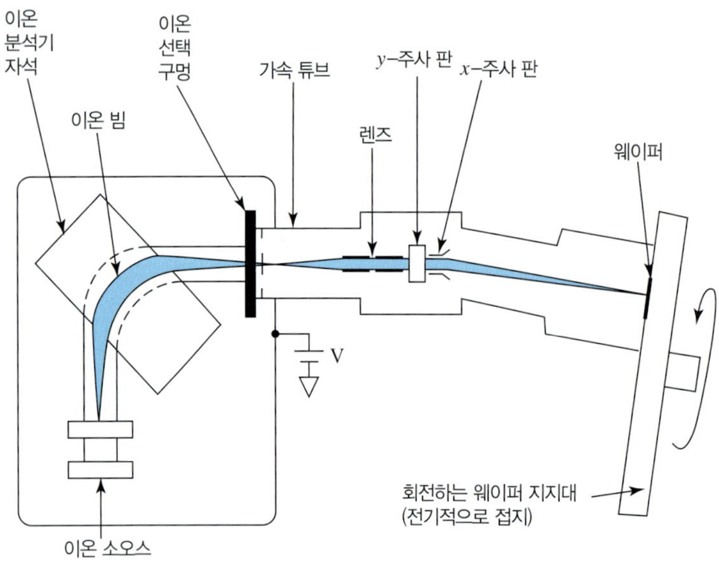

[그림 3-11] 이온 주입 시스템의 간략한 개략도([4]에 따름)

바람직한 불순물 이온은 맨 왼쪽에 보이는 이온 소오스에서 만들어진다. 그 다음 이온은 질량 분석기 속으로 가속되어 거기에서 원하는 이온들만 이온 선택 구멍의 틈새를 통해 통과된다. 그 결과로 나온 이온 빔은 그 다음 임플란테이션implantation 에너지로 가속되고, 마지막으로 인치-크기의 이온 빔은 큰 금속판에 붙박인 웨이퍼의 표면 위에 주사된다. 주사는 정전기적으로 이온빔을 주사하는 방법, 혹은 웨이퍼를 기계적으로 움직이는 방법, 혹은 두 방법을 조합하는 방법이 있다. 주입된 이온들은 웨이퍼에 전기적 접촉을 하여 전자들을 흘려보냄으로써 중성화시킬 수 있다. 주입 시간 동안의 빔 전류를 간단히 적분해서 제곱센티미터당 주입된 이온의 총수(**임플란테이션 도즈**implantation dose, N_{i})를 매우 정확하게 결정할 수 있다. 이온 주입에 의해 생성된 농도 분포도는 일반적인 가우스 함수 형태를 갖고, 표면 아래 최고치 위치(**임플란테이션 범위**implantation range, R)와 퍼짐(**임플란테이션 분포편차**implantation straggle, ΔR)로 표현된다.

$$N(x) = \frac{N_{\mathrm{i}}}{\sqrt{2\pi}(\Delta R)} \cdot \mathrm{e}^{-(x-R)^2/2\Delta R^2} \tag{3.3}$$

이 변수들은 주입 이온과 기판 물질에 따라 변하고, [그림 3-12]와 같이 이온 에너지에 개략적으로 비례한다. [그림 3-13]은 여러 에너지에서 Si 속으로 이온 주입된 인(P)의 분포를 나타낸 것이다. 이온 주입 공정은 때때로 웨이퍼 차징 손상을 야기한다. 이 문제를 해소하기 위해, 웨이퍼 상의 전하량을 중성화시키려고 전자를 웨이퍼 근처에 주입한다.

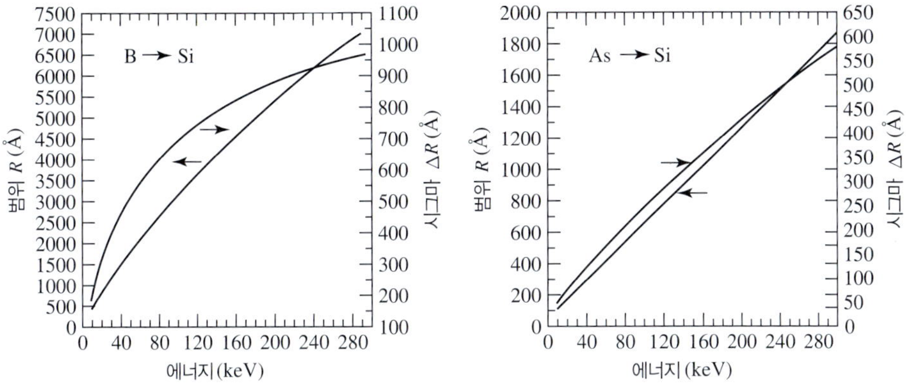

(a) B를 주입할 때

(b) As를 주입할 때

[그림 3-12] 실리콘에서 B와 As를 주입할 때 에너지에 따른 R과 ΔR [5]

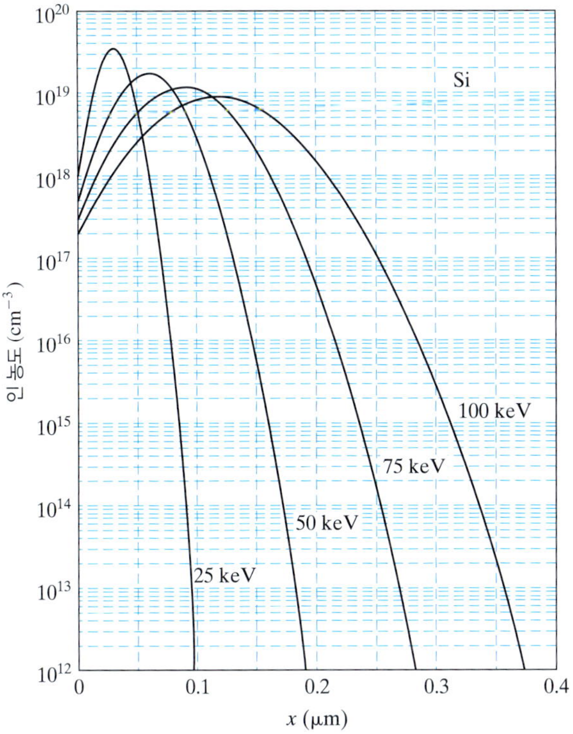

[그림 3-13] $10^{14}/\mathrm{cm}^2$의 일정한 도즈를 가정하고 계산된 인(P)의 주입 분포도 ([6]에서 발췌. Pearson Education, Inc.(Upper Saddle River, NJ.)의 허가로 재인쇄)

3.5.2 가스-소오스 도핑

실제로, 가스-소오스 도핑은 Si에 인(P)을 도핑할 때만 사용한다. As 또는 B를 위한 편리한 가스 소오스는 없다. 그것은 산화에 사용되는 로[furnace]와 유사한 로 내에서 수행된다([그림 3-2] 및 [그림 3-3] 참조). [그림 3-3]에서 N_2 운반 가스는 상온에서 액체인 인 산염화물($POCl_3$)[2]을 담고 있는 버블러[bubbler]를 통과한다. N_2는 소오스의 증기를 로의 관 내부로 운반한다. Si 혹은 다른 가스들과의 작용은 인(P) 원자들을 유리시키고 이인 원자는 실리콘 속으로 확산한다.

2 종종 포클(pockle)로 발음하기도 한다.

3.5.3 고체-소오스 확산

고체-소오스 확산에서 먼저 Si 표면은 증착될 때 도펀트를 포함하고 있는 얇은 필름(예를 들어, SiGe 합금)으로 코팅되거나, 혹은 증착에 이어서 이 필름 속으로 도펀트를 주입[implant](그리고 그것에 손상을 남긴다)함으로써 도펀트를 포함시킨다. 도펀트는 Si 속으로 확산된다. SiGe 필름은 습식 에칭으로 제거된다.

3.6 도펀트 확산

임플란테이션 혹은 기체 증착에 의해 도펀트가 주입되면 이 도펀트를 실리콘 속으로 더 깊숙이 밀어 넣을 필요가 생긴다. 이것은 **확산**[diffusion]에 의해서 이루어진다. 임플란트 후 어닐 공정 동안에 원하지 않는 확산이 발생할 수도 있다. 확산 공정은 [그림 3-14]에서 설명된다. 도펀트 불순물은 고온에서 시간이 흐르면 확산한다. 만약 확산 도펀트가 기판의 도핑 타입과 반대라면, [그림 3-14]와 같이 $N_a = N_d$인 경계를 표시하기 위해 선을 그릴 수 있다. 이러한 구조를 **PN 접합**[PN junction]이라고 하고, 확산 층의 두께를 **접합 깊이**[junction depth]라고 한다. 어떤 경우의 응용에 있어서는 매우 깊은 접합이 요구되고, 또는 다른 어떤 중요한 응용을 위해서는 가능하면 최고로 얕은 접합이 요구되기도 한다. 임플란트 후어닐 공정이 필요한데 이 공정 동안 발생하는 과잉 확산은 바람직하지 않은 부가 효과이다. 어느 경우이든, 확산을 엄격하게 조절하는 것이 중요하다.

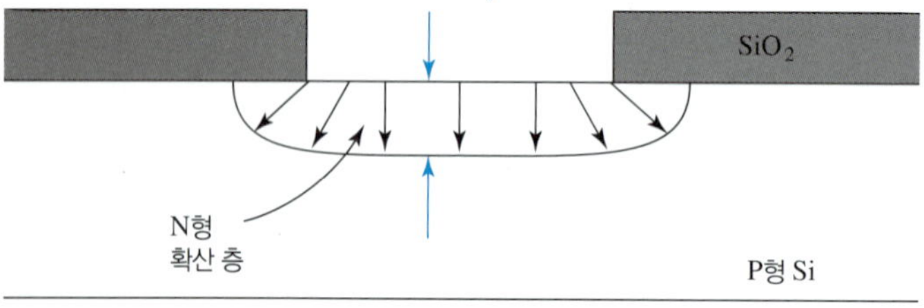

[그림 3-14] 기본 확산 공정

얕은 깊이의 도펀트 추가를 임플란테이션으로 실행하든 기체 증착에 의해 수행하든 관계없이, 충분한 확산이 이루어진 후 반도체 내부에서의 불순물 농도 대 위치는 가우시안[4]이 됨을 보일 수 있다.

$$N(x, t) = \frac{N_0}{\sqrt{\pi D t}} e^{-x^2/4Dt} \tag{3.4}$$

N_0는 제곱센티미터당 도펀트 수로서 도펀트 추가 단계에서 결정되며, x는 반도체 표면으로부터 측정된 반도체 속으로의 거리이고, $N(x, t)$는 주어진 시간 t가 흐른 뒤 깊이 x에서의 불순물 농도이다. 또한 D는 주어진 로[furnace] 온도에서의 불순물의 **확산도**[diffusivity]이고, t는 확산 단계의 시간이다. [그림 3-15]는 실리콘에서 여러 통상적 도펀트의 확산도를 보여준다. 확산 비율은 온도가 상승하면서 증가한다.

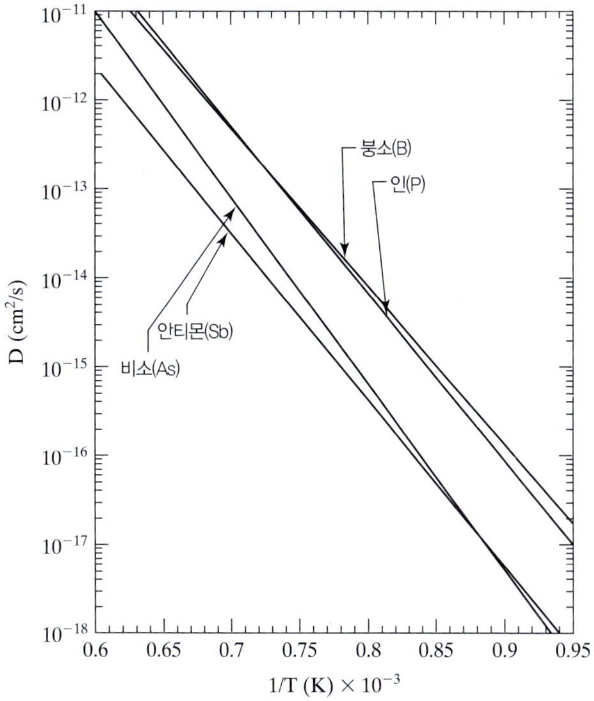

[그림 3-15] 실리콘에서 Sb, As, B, P의 확산도와 $1/T$의 그래프

[그림 3-2]와 [그림 3-3]을 보면, 확산은 통상적으로 산화를 위해 사용된 구조물과 유사한 열린 관 시스템에서 실행된다. 확산 온도는 대개 900°C부터 1,200°C 범위에 있다. 때때로 **확산**이라는 용어는 도펀트의 기체 증착과 확산의 결합된 공정을 의미한다. 첫 단계로 도펀트의 기체 증착 단계에 이어서 제2의 단계로 기체 도펀트 소오스가 차단되고 반도체 속으로 불순물을 더 깊숙이 밀어 넣는 단계가 실행된다. 소오스가 존재하는 동안의 공정 단계 부분을 **전증착**predeposition이라 부르고, 소오스가 차단된 뒤쪽 부분을 **드라이브-인**drive-in이라 부른다.

도펀트 확산도의 단위는 초당 제곱센티미터로, 전자와 정공의 확산상수와 같은 차원을 가진다. 그러나 그 값들은 매우 큰 인자만큼 서로 차이가 난다. 고온일지라도, 도펀트는 한 시간에 짧은 거리를 확산할 뿐이다. 다행스럽게도 도펀트 확산도는 상온에서 무시할 만큼 작다. 그렇지 않았더라면 제조가 완료된 후에 시간이 흐르면서 소자 구조는 변하게 될 것이다.

NOTE 도펀트 확산과 캐리어 확산

도펀트 확산도의 단위는 초당 제곱센티미터로, 전자와 정공의 확산상수와 같은 차원을 가진다. 그러나 그 값들은 매우 큰 인자만큼 서로 차이가 난다. 고온일지라도, 도펀트는 한 시간에 짧은 거리를 확산할 뿐이다. 다행스럽게도 도펀트 확산도는 상온에서 무시할 만큼 작다. 그렇지 않았더라면 제조가 완료된 후에 시간이 흐르면서 소자 구조는 변하게 될 것이다.

NOTE 얕은 접합과 급속 열 어닐링

고성능 소자는 종종 접합 깊이가([그림 3-14] 참조) 얕게 유지될 것을 요구한다. 이는 다시 식 (3.4)에서 Dt의 곱을 최소화할 것을 요구한다. 그러나 이온 주입 후 도펀트를 활성화하고 결정 결함을 고치기 위해서는 열 어닐링이 필요하다. 불행하게도, 로 어닐링[furnace annealing]은 900℃의 로 속에서 30분이 걸릴 수도 있다. 이 상황은 도펀트, 특히 붕소(B)를 너무 많이 확산하도록 만든다.

판명된 바와 같이, 어닐링은 1,050℃에서 20초의 짧은 순간에 완성될 수 있으며, 이러한 상황은 매우 적은 확산을 가져온다. 짧은 지속기간의 어닐링을 위해 실리콘을 급속하게 온도를 올리려면(그리고 냉각하려면) 특별한 가열 기술이 요구된다. 급속 열 어닐링[RTA, Rapid Thermal Annealing]에서 실리콘 웨이퍼는 많은 가열램프로 수초 내에 고온으로 가열된다. 냉각 역시 전체 시스템의 열적 질량이 작기 때문에 빠르다. 유사한 시스템을 급속 열 산화[rapid thermal oxidation]와 급속 열 화학 증기 증착[CVD, rapid thermal Chemical Vapor Deposition]을 위해 사용할 수 있다(3.7절 참조). 이것들을 모두 급속열 공정[RTP, Rapid Thermal Processing]이라고 부른다.

RTA를 0.1초 어닐링처럼 더 짧게 함으로써, 더욱 얕은 접합을 얻을 수 있다. 이처럼 짧은 어닐링을 플래시 어닐링[flash annealing]이라 한다. 더욱 짧은 지속기간(마이크로초 이하) 동안 가열하기 위해, 실리콘 웨이퍼를 매우 짧은 레이저 펄스로 가열할 수 있다. 이 공정을 레이저 어닐링[laser annealing]이라 부르는데, 이는 매우 얇은 층의 실리콘을 녹일 수도 있고 녹이지 않을 수도 있다.

증명이 되었듯이, 이온 주입에 의해 발생한 결정 손상은 낮은 온도에서의 도펀트 확산도를 [그림 3-15]에 보인 것보다 더 큰 값으로 증가시킨다. 이것을 과도적 촉진 확산[TED, Transient Enhanced Diffusion]라 한다. 결과적으로, 로 어닐링을 사용하여 매우 얕은 접합을 만드는 것은 어렵다. 과도적[transient]이란 표현은 결정 손상이 어닐링되는 짧은 순간이 지나면 확산의 촉진이 사라지는 것을 의미한다.

3.7 박막 증착

질화 실리콘[silicon nitride], 이산화 실리콘[silicon dioxide], Si, 그리고 많은 종류의 금속 박막 이 IC를 제조하는 동안 증착된다. 증착된 필름은 보통 단결정이 아니다.

NOTE 세 종류의 고체

고체 물질은 결정[crystalline], 다결정[polycrystalline], 혹은 비정질[amorphous]일 수 있다. 이는 [그림 3-16]에 설명되어 있다. 결정 구조는 1.1절에서 설명한 대로 거의 완벽한 주기적 구조를 가진다. 다이아몬드뿐 아니라 루비와 사파이어[3] 같은 높은 질의 보석용 원석이 그러하듯이 실리콘 웨이퍼와 에피 층으로 증착된 필름은(3.7.3절 참조) 결정 범주에 속한다.

보통 물질은 다결정인데 이는 단결정의 결정 알갱이 혹은 그레인[grain]들로 빽빽하게 쌓여 만들어진다는 것을 의미한다. 각각의 그레인은 대체로 랜덤한 방향성을 가진다. 결정 알갱이 간의 접촉면을 **그레인 경계**[grain boundary]라고 부른다. 각 그레인은 10~10,000nm의 크기일 수 있다. 매우 높은 온도에서 증착된 금속 필름과 Si 필름이 이 범주에 속하고, 일상에서 우리가 만나는 모든 금속 물체도 이 범주에 속한다.

3 루비와 사파이어는 특유의 색을 내기 위해 불순물이 함유된 Al_2O_3이다.

각 그레인은 많은 수의 원자들을 포함하고 있기 때문에, **다결정 물질은 기본적으로 단 결정 물질과 같은 특성을 가진다. 특히, 다결정과 단결정 실리콘은 정성적으로 유사한 전기적 특성을 가진다.**

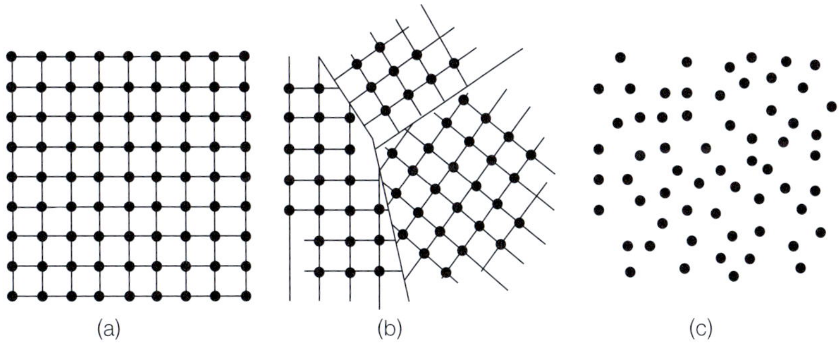

[그림 3-16] (a) 결정 물질은 완전하게 정렬되어 있다. (b) 다결정은 작은 결정 그레인들로 만들어진다. (c) 비정질 물질은 특별한 정렬을 가지지 않는다.

비정질 물질은 원자 혹은 분자가 정렬되어 있다고 말할 수 없다. 그것은 얼어있는 분자들을 공간에 함유하고 있는 액체처럼 생각될 수 있다. 낮은 온도에서 열적으로 성장된 혹은 증착된 SiO_2, 질화 실리콘, 그리고 Si는 이 범주에 속한다. 고온에서 Si 원자는 기판 상에서 이동하여 결정을 형성할 정도로 충분한 이동도를 가지고 있다.

캐리어 이동도는 비정질과 다결정 Si에서의 값이 단결정 Si에서의 값보다 작다. 그렇지만 저성능 수준의 트랜지스터는 비정질 혹은 다결정 Si로 만들 수 있고, 이렇게 만들어진 트랜지스터들은 평판 컴퓨터 모니터와 기타 다른 디스플레이에서 널리 사용된다. 이 트랜지스터들을 박막 트랜지스터[TFT, Thin-Film Transistor]라고 부른다. 또한 이것은 4장에서 설명될 태양전지에도 사용된다.

3.7.1 스퍼터링

스퍼터링[sputtering]은 진공 챔버에서 실행된다. **스퍼터링 타깃**[sputtering target]이라 불리는 소오스 물질과, 실리콘 웨이퍼를 잡고 있는 기판이 서로 마주보는 평행 판을 형성하고, 이 평행 판은 고전압 전원에 연결된다. 증착하는 동안, 챔버는 먼저 공기를 뽑아낸다. 그러고 나서 낮은 압력의 스퍼터링 가스(전형적으로 Ar)를 챔버로 넣는다. 전극 간 전압을 공급하면 Ar 가스가 이온화되고 판 사이에 플라즈마를 형성한다. 타깃은 기판에 비해 음 전위로 유지되고, Ar 이온은 스퍼터링 타깃을 향해 가속된다. Ar 이온을 충돌시키면 타깃 원자 혹은 분자가 타깃으로부터 분출된다. 분출된 원자 혹은 분자는 쉽게 기판을 향해 이동하고, 거기에서 그들은 원하는 얇은 필름을 형성한다. 스퍼터링 공정의 간략한 도해를 [그림 3-17]에 나타내었다. DC 전원은 금속을 증착할 때 사용되며, 절연 필름을 증착할 때는 RF 전원이 필요하다. **반응성 스퍼터링**[reactive sputtering]에서는 스퍼터링이 화학적 반응과 같이 결합될 수 있다. 예를 들어 Ti이 질소를 포함한 플라즈마 내에서 스퍼터될 때(이온을 스퍼터링 타깃에 충돌시켜 Ti 원자가 튀어나와 증착될 때), TiN(질화 티타늄) 필름이 실리콘 웨이퍼 위에 증착된다. 스퍼터링은 Al과 기타 금속들을 증착하는 데 사용하는 주요 방법이다. 때때로 스퍼터링을 **물리적 증기 증착**[PVD, Physical Vapor Deposition] 방법이라고 한다.

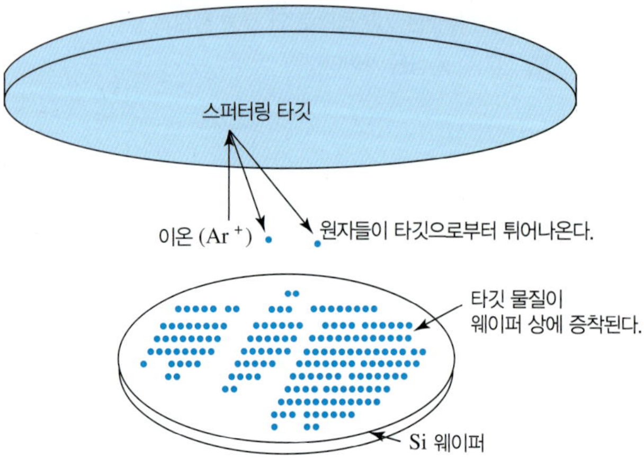

[그림 3-17] 스퍼터링 공정의 도식적 설명

3.7.2 화학 기상 증착(CVD)

스퍼터링은 평평한 표면 위에 박막을 증착하는 비교적 간단하고 만족할 만한 방법이지만, 방향성을 가지므로 표면 지형에 구멍이나 계단이 있을 때 그 수직벽 상에 균일한 막을 증착할 수 없다.

이것을 **계단 커버**step coverage 문제라 부른다. 반면에 CVDChemical Vapor Deposition는 수직 표면과 수평 표면을 커버하는 필름 두께의 차이가 기본적으로 없는, 보다 더 **공형**conformal인 필름을 증착한다.

CVD에서 박막은 기체 성분으로부터 형성된다. 박막을 형성하기 위해 화합물이 분해되거나 혹은 박막을 형성하기 위해 기체 성분 간에 반응이 발생한다. CVD 공정의 도식적 설명을 [그림 3-18]에 나타내었다. SiO_2, Si_3N_4(우수한 화학적 전기적 안정성을 가진 유전체), 그리고 다결정 실리콘 혹은 폴리실리콘(3.7절의 [NOTE]에서 "세 종류의 고체" 참조)의 필름을 증착하기 위해 CVD 공정이 일상적으로 사용된다.

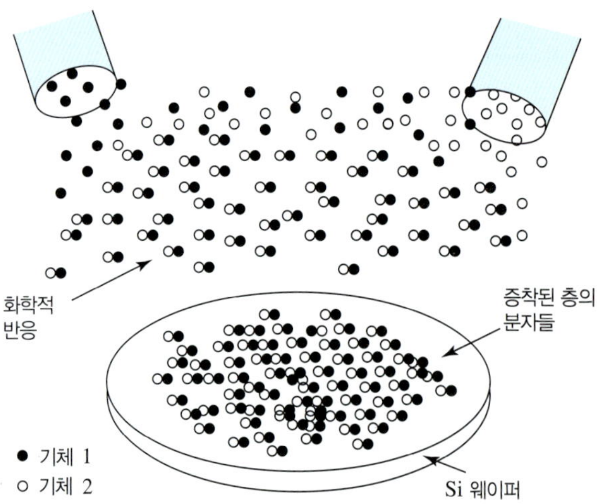

[그림 3-18] 화학 기상 증착 공정

CVD 증착 공정에서 일반적으로 사용되는 화학 반응기가 있다.

$$\text{폴리실리콘 : } SiH_4\text{(시레인)} \rightarrow Si + 2H_2$$
$$Si_3N_4 : 3SiH_2Cl_2\text{(디클로로시레인)} + 4NH_3 \rightarrow Si_3N_4 + 6HCl + 6H_2$$
$$SiO_2 : SiH_4 + O_2 \rightarrow SiO_2 + 2H_2$$
$$\text{고온 } SiO_2 : SiH_2Cl_2 + 2H_2O \rightarrow SiO_2 + 2HCl + 2H_2$$

고온 산화물HTO, High-Temperature Oxide은 특히 공형conformal인데, 이는 증착 온도가 높아 표면에서의 입자 운동이 증진되어 측벽 커버도 우수해지기 때문이다. 통상적으로 사용되는 CVD 공정은 **저압 화학 기상 증착**LPCVD, Low-Pressure Chemical Vapor Deposition과 **플라즈마-증진 화학 기상 증착**PECVD, Plasma-Enhanced Chemical Vapor Deposition을 포함한다. 낮은 압력은 양질의 두께 균일성과 낮은 가스 소모를 가져온다. 간단한 LPCVD 증착 시스템을 [그림 3-19(a)]에 나타내었다. PECVD에서 플라즈마 내의 전자는 반응 가스들에 에너지를 넘겨주고, 그것에 의해 반응을 증진시키고 보다 낮은 증착 온도를 가능케 한다. [그림 3-19(b)]는 PECVD 반응기의 도식을 보여준다.

도펀트 종류가 Si의 CVD 증착을 하는 동안 주입될 수 있다. 이 도핑 공정은 **원 장소 도핑**in situ doping이라 불리는데, 이것은 Si 필름을 고농도로 도핑하는 방법 중 하나이다.

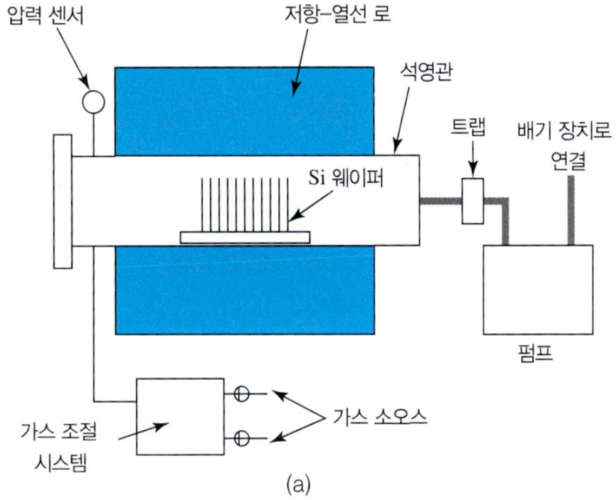

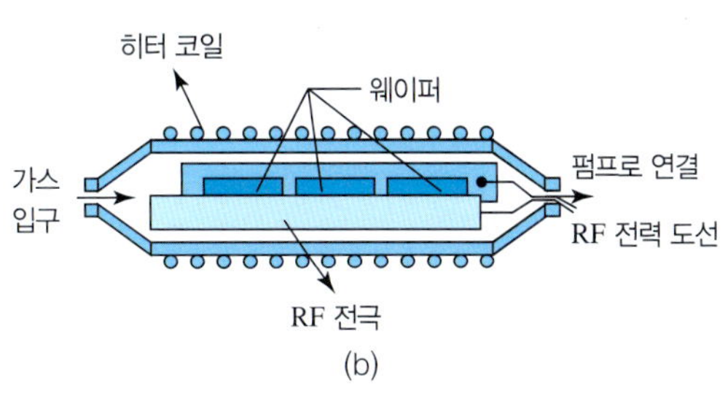

[그림 3-19] (a) LPCVD 시스템([1]에 따름), (b) 라디오 주파수 전력으로 생성된 플라즈마가 있는 PECVD 반응기 챔버의 도식적 설명

3.7.3 에피택시

에피택시epitaxy는 매우 특별한 형태의 박막 증착 기술이다[7]. 앞서 기술한 증착 방법들은 비정질이거나 다결정 필름을 생산하는 반면, 에피택시는 단결정 기판 위에 단결정 층을 생산한다. 그 필름은 밑에 있는 결정의 확장이다. CVD 반응기에서 특별히 주의를 기울여 기판 표면에 있는 산화물의 모든 흔적을 제거한 상태에서 그리고 충분히 높은 온도에서는, 표면에 도착 한 원자가 기판 결정의 격자 패턴을 완벽하게 확장하기 위해 올바른 위치에 멈춰 설 때까지 계속 표면 위를 움직여 다닐 수 있다. [그림 3-20(a)]는 에피택시 공정을 설명한다. [그림 3-20(b)])는 선택적 에피택시로, 기본 에피택시 기술의 변화이며 소자 제작에 흥미롭게 응용된다. 선택적 에피택시 증착에서 증착과 동시에 물질을 에칭해내기 위해 에칭 가스가 주입된다. 순 증착 비율은 양positive이다. 즉, 원자들이 오직 단결정 기판 위에만 증착된다. 산화물 위에서 증착 비율은 에칭 비율보다 낮기 때문에 산화물 마스크 위에서는 순 증착이 일어나지 않는다.

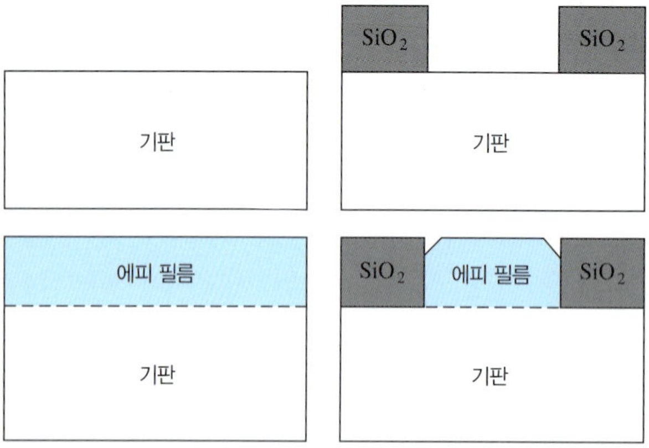

(a) 에피택셜　　(b) 선택적 에피택셜

[그림 3-20] 단결정 필름의 에피택셜 및 선택적 에피택셜 증착

고농도로 도핑된 기판 위에 저농도 도핑된 단결정 Si 층을 제작할 때 에피택시가 유용하다([그림 8-22] 참조). 또한 필름과 기판이 가깝게 일치된 격자상수를 갖는 한(1.1절 참조) 기판 물질 위에 다른 종류의 물질이 에피 층으로 증착될 수 있다. 다른 물질로 성장된 에피 층 물질은 발광 다이오드([그림 4-30] 참조)와 다이오드 레이저([그림 4-33] 참조)에 널리 사용된다. 두 가지 다른 반도체 간의 경계면을 **이종접합**heterojunction이라 한다. 선택적인 이종접합의 에피 성장(Si 위에 SiGe)에 대한 응용 예를 [그림 7-1]에서 찾을 수 있다.

3.8 상호 연결—후미(back-end) 공정

IC를 만들기 위해, 개별 소자는 금속선에 의해서 서로 연결되어야 한다. 때때로 이 과정은 **금속화 공정**metallization이라고 불린다.

[그림 3-21(a)]는 기본적인 **상호 연결**interconnect을 나타낸 것이다. 먼저 실리콘과 접촉되어야 하는 영역에서 SiO_2가 제거되어야 한다. 그다음 금속층이 전체 표면 위에 증착되는데, 전형적으로 스퍼터링이 사

용된다. 그리고 금속(아마도 알루미늄)의 원하지 않는 영역은 제거시킨다(리소그래피와 건식 에칭에 의해). [그림 3-21(a)]에서 금속 연결은 두 확산 영역을 연결하는 기능을 수행한다.

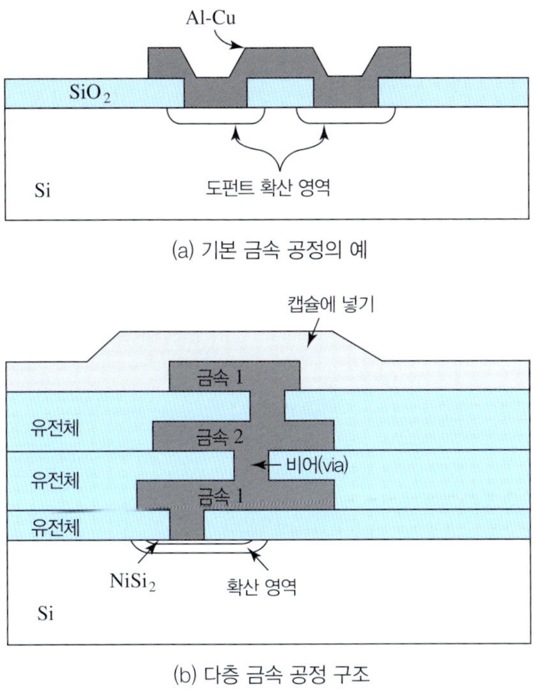

[그림 3-21] 소자 상호 연결의 도식적인 그림

복잡하고 조밀한 회로를 만들기 위해, 일반적으로 [그림 3-21(b)]와 같은 **다층 금속**multilevel metallization 구조를 사용한다. 약 10개의 금속층까지 사용된다. 금속 두께는 수분의 일 마이크론부터 수 마이크론까지의 범위에 걸쳐있다. 보다 두꺼운 층은 전력선으로 사용되는 반면, 얇은 연결선은 신호를 발송하는 데 사용된다. 인접한 금속층은 **금속 간 유전체**intermetal dielectric 층에 의해 분리되어 있다. 인접한 금속층 사이에 전기적 연결은 비어via를 통해 만들어진 다. 금속과 N^+ 혹은 P^+ 확산 영역 사이에 접촉 저항(4.21절 참조)을 줄이기 위해, $NiSi_2$ 같은 규소 화합물silicide이 더해진다. 모든 유전체가 식각(에칭)된 후의 상호 연결 구조 모양은 [그림 3-22]와 같다.

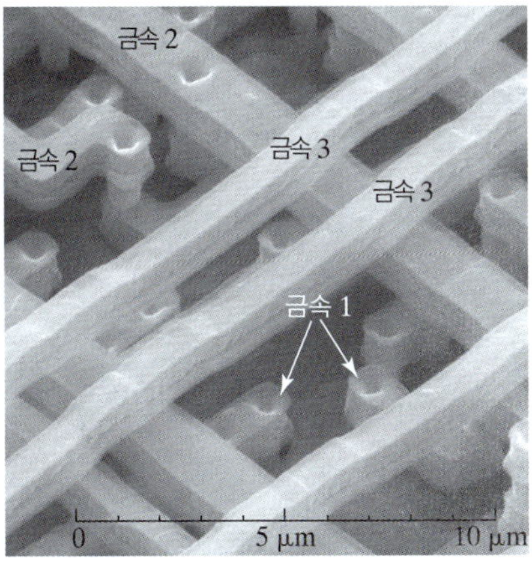

[그림 3-22] 금속 상호 연결 시스템의 예
(Analytical Laboratory Services, Inc.의 전재 허가)

초기 IC부터 연결 금속은 알루미늄(Al)이었다. Al 연결선은 **전기적 원자이동**electromigration이라 불리는 잠정적인 신뢰성 문제를 겪는다. 금속선에서 전자의 흐름은, 긴 시간에 걸쳐 금속 원자로 하여금 결정의 그레인 경계면 혹은 금속/유전체 경계면을 따라 준-랜덤 방식으로 이동하는 현상을 야기할 수 있다. 그 결과 빈자리가 금속 선 내에 만들어질 수 있어 선 저항을 증가시키거나 심지어는 끊어지게도 한다. 진보된 IC에서는 연결선 물질로 구리(Cu)가 Al을 대체했다. Cu는 Al보다 전기적 원자이동에 대한 신뢰성이 탁월하고 40% 더 낮은 저항을 가진다. Cu는 도금 혹은 CVD에 의해 증착될 수 있다. Cu의 건식 에칭은 어렵기 때문에, 구리 패턴은 통상적으로 [그림 3-23]에 기술된 상감damascene 공정에 의해 만들어진다.

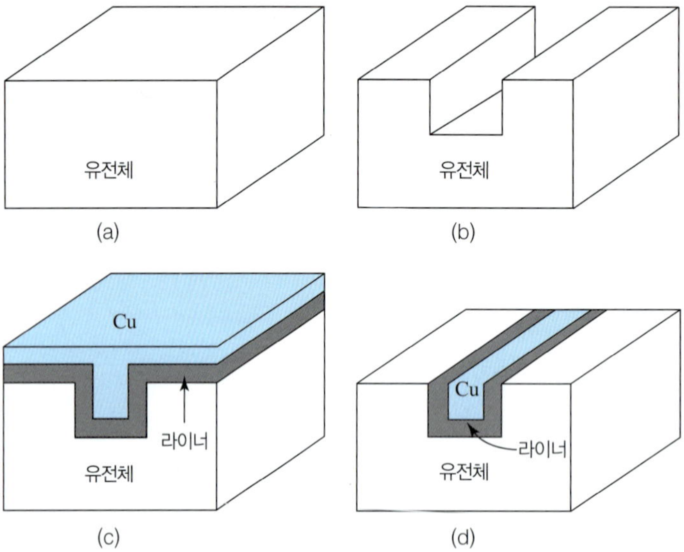

[그림 3-23] 상감 공정을 사용하여 구리 연결선을 형성하는 기본 단계

(a) SiO_2 같은 유전체로 웨이퍼를 덮는다. (b) 유전체에 도랑을 에칭한다. (c) 라이너 필름을 증착하고 그 다음 Cu를 증착한다. (d) CMP에 의해 잉여 금속을 연마해 버린다.

Cu는 유전체에서 빠르게 확산하기 때문에, [그림 3-23(c)]에서 Cu가 증착되기 전에 TiN과 같은 장벽 물질을 라이너liner로서 증착시킨다. 잉여 구리는 **화학-기계적 연마**CMP, Chemical-Mechanical Polishing에 의해 제거된다. CMP에서 물질을 연마하고 매우 평탄한 표면을 만들기 위해 연마 패드polishing pad와 슬러리slurry를 사용한다.

금속층 사이에 낀 유전체 물질로는 SiO_2가 사용되곤 한다. 종종 탄소 혹은 플루오르를 포함하는 **낮은-k 유전체**low-k dielectric로 보충되고 SiO_2보다 매우 작은 유전상수(k)를 갖도록 설계된다. k 값이 작을수록 연결선들 사이에 더 작은 커패시턴스를 가져온다. 작은 커패시턴스는 매우 바람직한데 이는 회로의 커패시턴스가 회로 속도를 느리게 하고, 전력 소모를 높이며(6.7.2절 및 6.7.3절 참조), 이웃하는 연결선들 사이에 **혼선**cross talk을 가져오기 때문이다.

많은 수의 금속층과 공정 단계가 포함되기 때문에, 연결선을 만드는 것은 **IC 제조 예산의 큰 부분을 소모한다.** 제조 공정의 이 부분을 **후미 공정**back-end process이라고 부른다. 이와 반대로 트랜지스터를 생산하는 데 사용되는 단계들을 **앞 공정**front-end process이라고 한다.

NOTE 평탄화

평평한 표면은 IC 공정에서 매우 바람직한데, 이는 후속의 광 리소그래피(전 표면이 초점이 맞음)와 에칭을 크게 향상시키기 때문이다. 이러한 이유로 또한 CMP **평탄화**planarization는 가령 얕은 트렌지 절연([그림 6-1] 참조)의 형성 단계와 같은 앞 공정 단계에서도 실행될 수 있다. 평탄화를 실행하는 방법에는 여러 가지가 있지만, CMP가 최고의 편평함flatness을 제공한다.

3.9 테스팅, 조립, 그리고 검정

웨이퍼 제조 공정이 완료된 다음에, IC 칩이 제 기능을 하는지 결정하기 위해 각 IC를 웨이퍼 상에서 전기적으로 탐침 조사한다. 동작하지 않는 것은 표시가 되어 조립되지 않을 것이다.

이러한 예비 기능 테스트를 한 뒤에, 톱질 혹은 레이저 커팅에 의해 웨이퍼는 개별 회로나 개별 칩들의 작은 조각으로 썰린다. 정상 기능의 칩들은 플라스틱 혹은 세라믹 패키지 용기에 넣거나 혹은 직접 회로 보드에 부착될 수 있다. 여러 칩들이 **멀티-칩 모듈**multi-chip module을 만들기 위해 하나의 패키지 안에 들어갈 수 있다. 칩과 패키지 사이의 전기적 연결은 자동화된 와이어 본딩에 의해 만들어지거나 혹은 **솔더 범프**solder bump를 통해서 만들어진다. 솔더 범프 공정에서 IC 칩 상의 금속 패드는 세라믹 패키지 상의 매칭 패드와 정렬된다. IC 패드 상에 형성된 솔더 범프를 녹임으로써 모든 연결은 동시에 만들어지는데, 이를 **플립-칩**flip-chip 본딩 공정이라 한다. 마지막으로, 패키지는 세라믹 혹은 금속 덮개로 밀봉된 후 최종적 고속 테스팅을 받는다. IC의 복잡도가 증가하면서 테스팅은 점점 더 어렵고 비싸지게 된다. 손쉬운 테스팅은 회로 설계에 있어 중요한 고려 사항이다.

제조의 질과 기술의 신뢰도는 일천 시간에 걸쳐 지속되는 **수명 테스트**operating life test를 포함하여 수백에서 수천의 생산된 샘플에 대해 실행하는 일상의 **검정**qualification 과정을 통해 입증된다. 이 공정은 시간이 오래 걸리고 성가신 일이지만, 신뢰할 수 없는 부품을 선별할 다른 대안이 있을 법하진 않다. 매우 높은 수준의 신뢰도를 보증하기 위해 모든 칩은 정상보다 높은 전압과 온도에서 **통전 테스트**burn-in를 거칠 수도 있다. 이 테스트의 목적은 신뢰할 수 없는 칩들을 제거하기 위해 파괴를 가속시키는 것이다.

핵심요약

[그림 3-24]는 간단한 PN 다이오드를 제조하기 위해 어떻게 각 제조 단계들이 결합되고 배열되는지를 설명한다. 전형적인 IC 제조 공정은 일백 개 이상의 단계를 포함한다.

출발점은 평평한 P형 단결정 실리콘 웨이퍼이다. 사전 세척을 하여 웨이퍼 표면으로부터 모든 입자들과 유기 필름, 흡착된 금속을 제거한다. 그리고 열적 산화물을 성장시킨다. 단계 2는 리소그래피 공정인데, 이는 최종적으로 PN 접합의 위치가 될 구멍을 산화물에 만들기 위해 실행한다.

웨이퍼는 적절한 에너지에서 적정량의 As 도즈로 이온 주입된다(단계 4). 어닐링과 확산을 한 후, 접합이 단계 5에서 형성된다. 접합 가장자리는 산화물에 의해 보호된다는 것에 주의하라. 산화물이 확산 공정에서 약간 형성될 수 있다. 이것은 단계 6 금속화 공정에 들어가기 전에 깨끗이 제거되어야만 한다.

Al을 스퍼터링하여 단계 6과 같이 웨이퍼의 전체 표면 위에 얇은 금속 필름을 증착한다. 그리고 리소그래피 공정(단계 7)이 금속을 패턴화하기 위해서 실행된다. 금속과 Si 사이에 저저항의 접촉을 만들기 위해 저온(≤450℃) 어닐이 실행된다.

단계 9에서는 습기와 다른 오염으로부터 소자를 보호하는 캡슐에 넣기 위해 SiO_2와 Si_3N_4 필름이 증착된다. 단계 10에서는 전선 본딩을 할 때 Al에 접촉할 수 있도록 열린 구멍이 만들어진다. 만약 전기적 접촉이 P형 기판에 만들어져야 한다면, 웨이퍼의 앞면은 단계 11에서 보인 것 같이 포토레지스트로 보호되는 반면 단계 1에서 웨이퍼의 뒷면에 성장된 산화물은 제거되어야만 한다. 단계 12에서 전기적 접촉을 위해 웨이퍼의 뒷면에 금(Au)이 증착된다.

마지막으로, 웨이퍼는 개별 다이오드 칩으로 썰리고, 각 칩은 패키지에 납땜되고, 본드 선으로 Al과 제2의 전기적 리드 선이 연결된다.

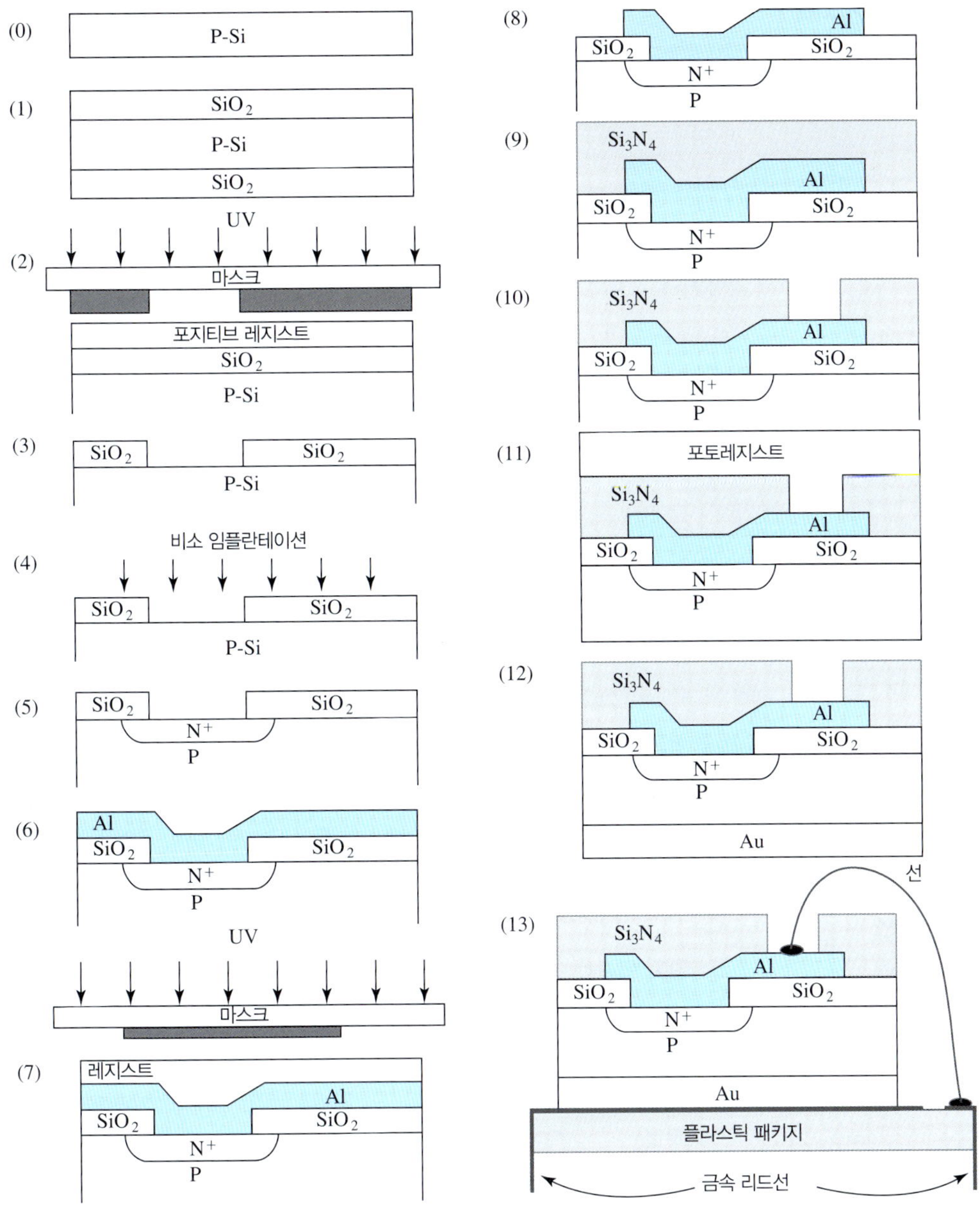

[그림 3-24] PN 접합 다이오드의 형성 과정에서 주요 공정 단계 요약

(0) 출발, (1) 산화, (2) 리소그래피, (3) 산화물 에칭, (4) As 이온 주입, (5) 어닐링과 확산, (6) Al 스퍼터링, (7) 리소그래피, (8) 금속 에칭, (9) CVD 질화물 증착, (10) 리소그래피 와 본딩 창 에칭, (11) 웨이퍼의 뒷면으로부터 산화물 제거, (12) 뒷면에 Au 증착, (13) 다이싱(dicing) 및 패키징([6]에 따름)

연습문제

용어와 일반 지식

3.1 3장 서론과 3.1~3.5절에 있는 모든 굵은 활자 용어를 적어라. 그리고 각각을 짧게 정의하거나 (한 단어 혹은 두 문장까지) 설명하되, 가능한 한 자신의 말로 표현하라.

3.2 3장의 나머지 절에 대해서 모든 굵은 활자 용어를 적고, [연습문제 3.1]을 반복하라.

3.3 다음 각 질문에 대해 하나 혹은 두 문장으로 답하라.

(a) 리소그래피 필드field는 무엇인가?

(b) 리소그래피에서 정렬불량misalignment은 무엇인가?

(c) 에칭 공정에서 선택도selectivity는 무엇인가?

(d) 에칭 공정에서 종점 검출은 무엇인가?

3.4 다음 질문에 각각 답하라.

(a) 예전 MOSFET 기술에서, 필드 옥사이드field oxide는 1μm 두께의 열적 산화물이다. 그것을 건식 혹은 습식 분위기에서 성장시킬 수 있는가? 그 이유는?

(b) 레지스트 패턴을 충실히 복제하면서 작은 모양의 구조를 에칭하고자 할 때, 건식 에칭 혹은 습식 에칭 기술 중 어느 것이 선호되는가? 그 이유는?

(c) 만약 접합 깊이가 가능한 한 작게 유지되어야 한다면, P-N 접합을 만들기 위해(P형 실리콘 기판 상에 이온 주입 공정을 위해) 어떤 이온 종류를 사용하는가? 본인 답에 대한 근거를 제시하라.

(d) 가능한 최저의 온도에서 산화물을 증착시켜야 한다면, 어떤 공정 기술을 사용하겠는가?

(e) 알루미늄을 증착시키기 위해서 어떤 공정 기술을 사용하겠는가? 미세한 알루미늄 선을 에칭하기 위해 사용할 공정 기술은 무엇인가? 무슨 화학물질이 포함되는가?

(f) 첨부된 N_a, N_d 대 Z축([그림 3-25]) 그림에서 전형적인 N_a와 N_d 분포도를 P-N 접합을 지나서 정량적으로 그리고, 접합의 위치를 표시하라. N^+ 도펀트는 Si-SiO_2 경계면에서 최고치를 갖는다고 가정한다.

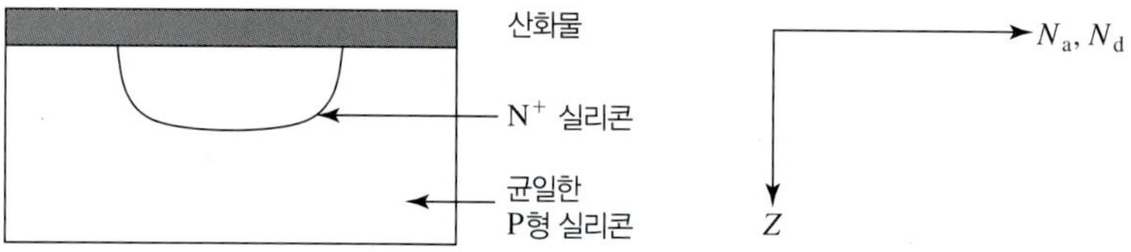

[그림 3-25]

산화

3.5 왜 습식 산화가 건식 산화보다 빠른가? 이 문제에 대해 깊이 생각해 보라. 하나 혹은 두 문장이면 충분할 것이다.

3.6 시간 0에서 산화물 두께는 T_{init}이고, 산화물 두께는 $T_{ox}^2 + AT_{ox} = B(t+\tau)$라고 가정하자. 여기서 $\tau \equiv \frac{T_{init}^2 + AT_{init}}{B}$이다. (예를 들어, [그림 3-4]의 900°C 습식 산화 곡선을 보라.)

(a) 초기에 $0.2\,\mu m$의 두께를 갖고, 추가하여 1,000°C 건식 산화로 3시간을 산화시킨 (1,000°C 건식 산화에서 $A = 0.165\,\mu m$, $B = 0.0117\,\mu m^2/h$) 경우, 웨이퍼 위에 최종적인 실리콘 다이옥사이드 두께를 계산하라.

(b) 이 방정식에 대한 두 가지 중요한 극한의 경우가 있다. 충분히 얇은 산화물에 대해서 2차 항은 무시된다. 다른 한편으로, 만약 산화물이 충분히 두꺼우면 선형 항이 무시될 수 있다. 만약 이 방정식을 선형 근사식으로 답한다면, 그리고 2차 근사식으로 답한다면 얼마나 많은 오차가 발생하는가?

증착

3.7 3.7.2절에서의 화학방정식은 평형을 이룬다는 것을 증명하라. 만약 평형이 안되면, 올바른 계수를 사용하여 수정하라.

확산

3.8 $x_j = C\sqrt{Dt}$, 여기서 C는 1이라고 가정하자.

(a) 증분 $\Delta(Dt)$의 추가적인 확산이 접합 깊이를 $\Delta(Dt)/2x_j$만큼 증가시킴을 보여라.

(b) 만약 붕소가 도핑된 접합이 깊이 $x_j = 0.1\,\mu m$를 가진다면, 500 K에서 10년 동안 x_j는 얼마나 증가하겠는가?

3.9 실리콘 표면에서 붕소의 확산상수가 $D = D_0 e^{-E_a/kT}$라고 가정하자. 여기서 $D_0 = 10.5\,cm^2/s$, $E_a = 3.7\,eV$이다. 기판은 $10^{15}\,cm^{-3}$으로 도핑된 N형 실리콘이다. 실리콘 표면 바로 아래 주입 된 붕소의 $N_0 = 10^{15}\,cm^{-2}$이다.

(a) 1,100°C에서 1시간 드라이브-인[drive-in] 뒤의 접합 깊이는 얼마인가?

(b) 100°C에서 10^6시간(~100년) 동작시키면, 접합 깊이의 변화가 얼마나 있겠는가?

연습문제

시각화

3.10 다음 공정 단계를 위해, 포지티브 포토레지스트를 사용하고 에치 선택도는 무한대라고 가정하라. 4개의 광 마스크 합성 도면이 [그림 3-26]에 주어져 있다. 마스크 정렬은 완전하다고 가정하라. 모든 접촉contact 크기는 $0.5 \times 0.5\mu m$이다. 마스크에서 폴리 1과 폴리 2 영역은 불투명하고, 접촉 1과 접촉 2 영역은 투명하다. 그림에서 보여주는 자르는 선을 따라서 각 공정 단계의 마지막에 형성된 단면을 그려 보라.

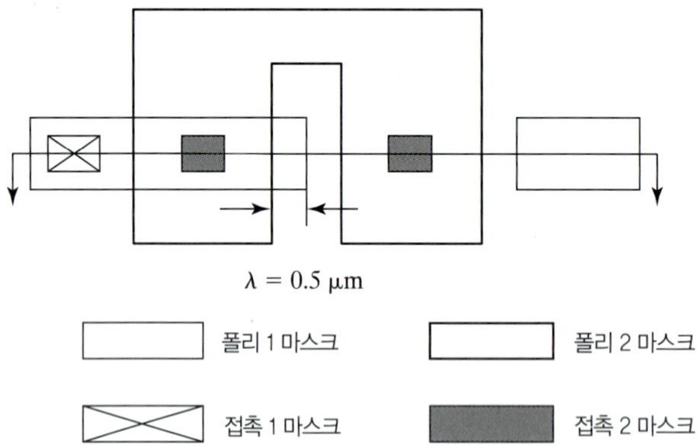

[그림 3-26]

(a) 〈100〉 순수 실리콘 웨이퍼 위에 $1\mu m$의 열적 산화물을 성장시키라.

(b) 접촉 1 마스크로 포토레지스트를 감광하고 현상하라. 레지스트 두께는 $1\mu m$를 가정한다.

(c) $1\mu m$의 열적 산화물을 이방성으로 에칭하라. 최종의 산화물 분포가 완전하게 수직이라고 가정한다.

(d) O_2 플라즈마로 포토레지스트를 제거하라.

(e) 인(P)을 이온 주입하고 어닐링을 실시하라. 마지막 접합 깊이는 $0.3\mu m$라고 가정한다.

(f) LPCVD에 의해 **원 장소**in situ에서 도핑된 폴리실리콘을 $1\mu m$ 증착하라. 측벽상에서 두께는 평평한 표면상에서의 두께와 같다.

(g) 폴리 1 마스크로 포토레지스트를 감광하고 현상하라.

(h) $1\mu m$의 폴리실리콘을 이방성으로 에칭하라.

(i) O_2 플라즈마로 포토레지스트를 제거하라.

(j) PECVD로 $1\mu m$의 산화물을 증착하라. 또, 측벽상에서 두께는 평평한 표면상에서의 두께와 같다.

(k) 접촉 2 마스크로 포토레지스트를 감광하고 현상하라.

(l) HF로 PECVD 산화물을 $0.2\mu m$ 에칭하라. 분포도는 [그림 3-8(a)]와 같이 원통 모양이라고 가정하라.

(m) 남아있는 1.8μm의 산화물을 이방성으로 에칭하라.

(n) O_2 플라즈마로 포토레지스트를 제거하라.

(o) 인(P)을 이온 주입하고 어닐링을 실시하라. 접합 깊이는 0.3μm이고 추가적인 도펀트 확산은 없다고 가정하라.

(p) LPCVD에 의해 **원 장소**in situ에서 도핑된 폴리실리콘을 1μm 증착하라. 측벽상에서 두께는 평평한 표면상에서의 두께와 같다.

(q) 폴리 2 마스크로 포토레지스트를 감광하고 현상하라.

(r) 1.0μm의 폴리실리콘을 이방성으로 에칭하라.

(s) O_2 플라즈마로 포토레지스트를 제거하라.(이것은 단지 하나의 연습일 뿐이다. 이 구조는 어떠한 유용성이 알려진 구조는 아니다.)

3.11 [연습문제 3.10]에서 동일한 접촉 1 마스크를 사용하되, 포지티브 레지스트를 대신하여 네거티브 레지스트를 사용한다고 가정하라. [연습문제 3.10]의 (a), (b), (c), (d)에 답하라. 네거티브 레지스트로 [연습문제 3.10]의 (d)에서와 동일한 단면을 얻기 위해서는 어떤 변화를 만들어주어야만 하는가?

CHAPTER 04

PN 접합과 금속-반도체 접합

PN AND METAL-SEMICONDUCTOR JUNCTIONS

본 장에서는 2개의 서로 다른 물질을 함께 결합하여 형성한 여러 가지 소자를 소개한다. PN 접합과 금속-반도체 접합을 정 바이어스 및 역 바이어스 조건에서 분석한다. 공핍층과 소수 캐리어 주입 개념은 특히 중요하게 다룰 것이다. 태양전지와 발광 다이오드도 다소 자세히 기술되는데, 이는 태양전지는 재생 가능한 에너지의 생성 때문에, 그리고 발광 다이오드는 고체 조명을 통한 에너지 보존을 위해 그 중요성이 커지고 있기 때문이다. 금속-반도체 접합은 정류성 접합 혹은 옴성 접촉이 될 수 있는데, 옴성 접촉은 고성능 트랜지스터를 설계 하는 데 있어 날로 그 중요성이 커지고 있다.

Part 1 PN 접합

[그림 4-1]에 나타낸 것과 같이 PN 접합은 P형 기판 속으로 도너[donor]를 주입하거나 확산시켜 반도체 층이 N형으로 반전되도록 하여 제조할 수 있다(3.5절 참조). 또한 N형 반도체 층을 억셉터를 이용해 P형으로 반전시킴으로써 PN 접합을 생성시킬 수도 있다.

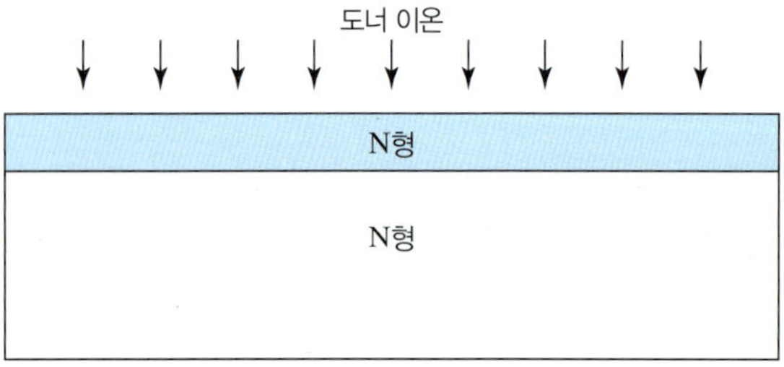

[그림 4-1] PN 접합은 도너 주입 혹은 확산을 통해 P형 반도체 층을 N형으로 반전시켜 제조할 수 있다.

PN 접합은 [그림 4-2]에서 보는 것과 같이 정류성의 전류-전압(I-V 혹은 IV) 특성을 갖는다. 이러한 소자를 **정류기**[rectifier] 혹은 **다이오드**[diode]라고 부른다. PN 접합은 태양전지, 발광 다이오드, 다이오드 레이저의 기본적인 구조이며, 모든 형태의 트랜지스터에 존재한다. **게다가 PN 접합은 트랜지스터를 이해하는 데 중요한 공핍층, 유사평형 경계 조건, 연속 방정식 등의 이론적인 학습을 위해 유용한 학습도구이다.**

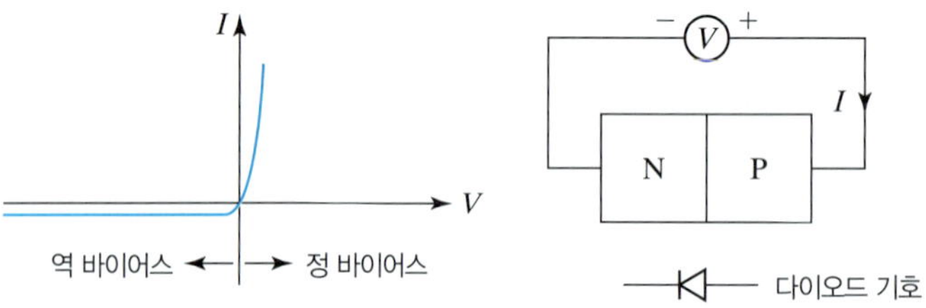

[그림 4-2] PN 접합의 정류성 IV 특성

4.1 PN 접합 이론의 기초적 요소

간단히 하기 위해, 보통 P층과 N층은 각각 억셉터 농도 N_a와 도너 농도 N_d로 균일하게 도핑되었다고 가정한다.[1] 이러한 이상적인 PN 접합을 **계단 접합**[step junction] 혹은 **가파른 접합**[abrupt junction]이라고 한다.

1 N_d와 N_a는 보통 **보상된**(compensated)(1.9절의 끝부분 참조), 즉 순수한(net) 도펀트 농도를 의미하는 것으로 이해되고 있다. 예를 들어, N형 층에 무시할 수 없을 정도의 도너 및 억셉터 농도가 동시에 존재할 수 있으며, 이때의 N_d는 도너 농도에서 억셉터 농도를 뺀 값이 된다.

4.1.1 PN 접합의 에너지 밴드 다이어그램과 공핍층

평형 상태 혹은 제로 바이어스 전압에서 PN 접합의 개략적 에너지 밴드 다이어그램을 구성해 보자. 평형 상태에서는 단 하나의 페르미 준위^Fermi level^만 존재하기 때문에(1.7.2절 참조), 먼저 [그림 4-3(a)]에서 E_F에 해당하는 수평선을 그린다. [그림 4-3(b)]는 접합으로부터 먼 곳에서는 단순하게, 한 쪽에는 N형 반도체를 갖고(E_F에 가까운 E_c를 갖고) 다른 한 쪽에는 P형 반도체를 갖는 것(E_F에 가까운 E_v를 갖는 것)을 보여준다. 마지막으로 [그림 4-3(c)]와 같이 N층부터 P층까지 E_c를 연결하는 임의의 부드러운 곡선을 그린다(지금은 개략적이나 자세한 것은 4.2절 참조). E_v는 물론 E_c 아래로 일정한 E_g만큼 간격을 유지하면서 E_c를 따라 부드러운 곡선을 그린다.

Question [그림 4-3]에서 어느 영역이(P 혹은 N) 더 많이 도핑되어 있는지 말할 수 있는가? (만약 복습이 필요하면 1.8.2절을 참조하라.)

[그림 4-3(d)]는 PN 접합이 세 층, 즉 중성 N층, 중성 P층, 그리고 중앙에 **공핍층**^depletion layer^으로 나누어지는 것을 보여준다. 가운데 층에서 E_F는 E_v에도 E_c에도 가깝지 않다. 그러므로 전자 농도와 정공 농도가 모두 매우 적다. 수학적인 간편성을 위해 다음을 가정한다. **공핍층이란 말은 그 층에 전자와 정공들이 공핍되어 있다는 것**을 의미한다.

$$\text{공핍층에서 } n \approx 0 \text{ 및 } p \approx 0 \tag{4.1}$$

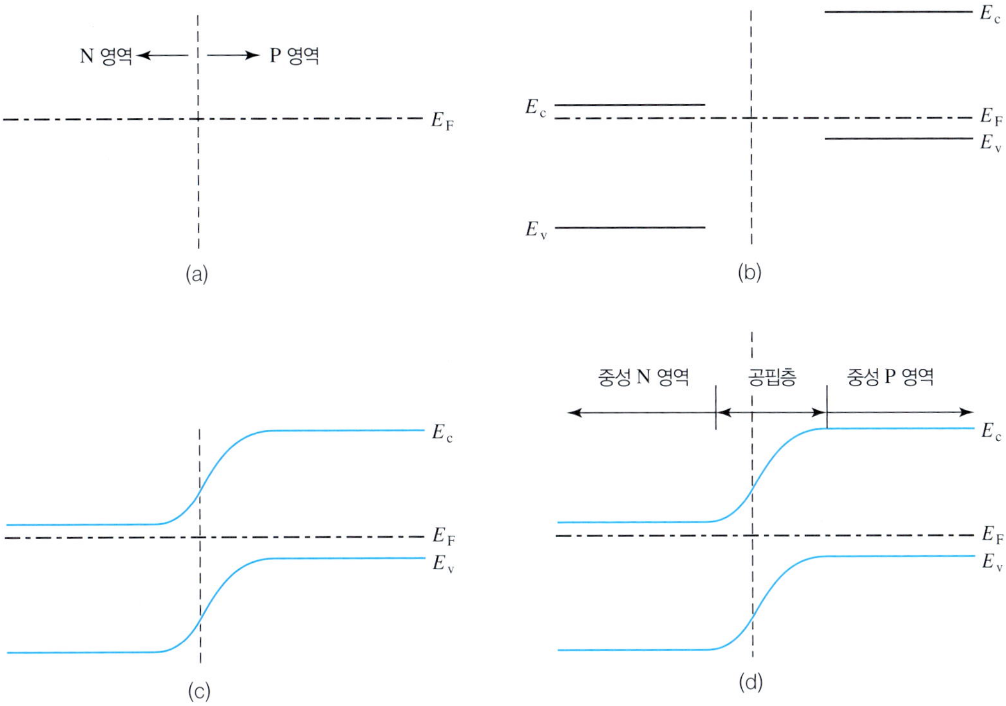

[그림 4-3] (a)~(b) PN 접합의 에너지 밴드 다이어그램을 구성하는 중간 단계, (c)~(d) 완성된 밴드 다이어그램

4.1.2 내부 전위

[그림 4-4]에 나타낸 PN 접합의 밴드 다이어그램을 더 자세히 고찰해 보자. [그림 4-4(b)]를 보면 E_c와 E_v가 평평하지 않은 것을 알 수 있는데, 이는 전압 차이가 존재한다는 것을 의미한다. 전압 차이 ϕ_{bi}를 **내부 전위**built-in potential라고 부른다. 내부 전위는 2개의 서로 다른 물질이 경계면을 이루면 언제나 존재하는데, 이것은 직접 측정하는 것이 어렵기 때문에 우리는 보통 눈치채지 못한다. 예를 들어, 만일 PN 접합에 전압계를 연결하여 내부 전위 ϕ_{bi}를 측정하려고 하면 전압계에는 아무런 전압도 기록되지 않는다. 그 이유는 어떤 폐루프일지라도 그 폐루프 내의 각종 PN 접합, 반도체-금속 접촉, 금속과 전선 접촉 등에서 발생하는 모든 내부 전위의 순 합계는 0이 되기 때문이다(2.1절의 [NOTE]에서 "열-점 탐침, 열전 발전기와 냉각기" 참조). 그러나 내부 전압과 내부 전계는 반도체 막대에 배터리를 연결해서 가하는 전압과 전계처럼 실존하는 것이다. 예를 들어, 전자와 정공은 내부 전계에 의해 정확하게 2장에서 논의된 것처럼 가속된다. 식 (1.20)을 N 영역과 P 영역에 적용하면 다음 식을 얻을 수 있다.

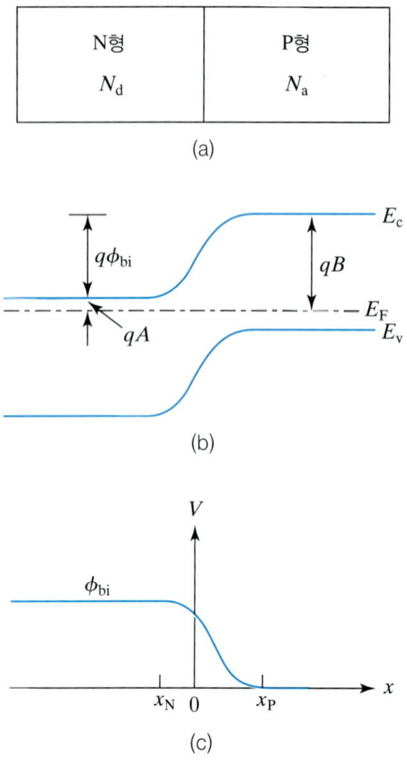

[그림 4-4] (a) PN 접합. 에너지 밴드 다이어그램 (b)의 내부 전위는 전위 그림 (c)의 위와 아래를 뒤집은 형태의 거울상을 보여준다.

$$\text{N 영역}: n = N_d = N_c e^{-qA/kT} \Rightarrow A = \frac{kT}{q} \ln \frac{N_c}{N_d}$$

$$\text{P 영역}: n = \frac{n_i^2}{N_a} = N_c e^{-qB/kT} \Rightarrow B = \frac{kT}{q} \ln \frac{N_c N_a}{n_i^2}$$

$$\phi_{bi} = B - A = \frac{kT}{q}\left(\ln \frac{N_c N_a}{n_i^2} - \ln \frac{N_c}{N_d} \right)$$

$$\phi_{bi} = \frac{kT}{q} \ln \frac{N_d N_a}{n_i^2} \tag{4.2}$$

내부 전위는 식 (4.2)를 통해 N_a와 N_d에 의해 결정된다. N_a 혹은 N_d가 커질수록 ϕ_{bi}도 커진다. 전형적으로, ϕ_{bi}는 실리콘 PN 접합의 경우 약 0.9V이다.

낮은 E_c는 높은 전압을 의미하므로(2.4절 참조), N쪽이 P쪽보다 높은 전압 혹은 전위에 있다. 이러한 내용은 중성 P 영역을 전압 기준으로 하여 임의적으로 그린 [그림 4-4(c)]에 설명되어 있다. 다음 절에서는 $V(x)$와 $E_c(x)$를 유도할 것이다.

4.1.3 포아송 방정식

포아송 방정식Poisson's equation은 전하량 밀도가 주어져 있을 경우 전위 분포를 찾는 데 유용하다. 이 방정식에 익숙하지 않다고 하면, 포아송 방정식을 지금과 같이 가우스 법칙으로부터 유도할 수 있다. 가우스 법칙을 [그림 4-5]의 체적에 적용하면 다음과 같다.

$$\varepsilon_s \mathscr{E}(x + \Delta x)A - \varepsilon_s \mathscr{E}(x)A = \rho \Delta x A \tag{4.3}$$

여기에서 ε_s는 반도체 유전율인데, 실리콘의 경우에는 자유 공간의 유전율보다 12배 크다. ρ는 전하 밀도(C/cm^3)이고 $\mathscr{E}$은 전계이다.

$$\frac{\mathscr{E}(x + \Delta x) - \mathscr{E}(x)}{\Delta x} = \frac{\rho}{\varepsilon_s} \tag{4.4}$$

$\Delta x \to 0$으로 하는 극한을 취하면,

$$\frac{d\mathscr{E}}{dx} = \frac{\rho}{\varepsilon_s} \tag{4.5}$$

$$\frac{d^2V}{dx^2} = -\frac{d\mathscr{E}}{dx} = -\frac{\rho}{\varepsilon_s} \tag{4.6}$$

식 (4.5) 혹은 등가 식 (4.6)이 포아송 방정식이다. 이것은 다음 절의 출발점이 될 것이다.

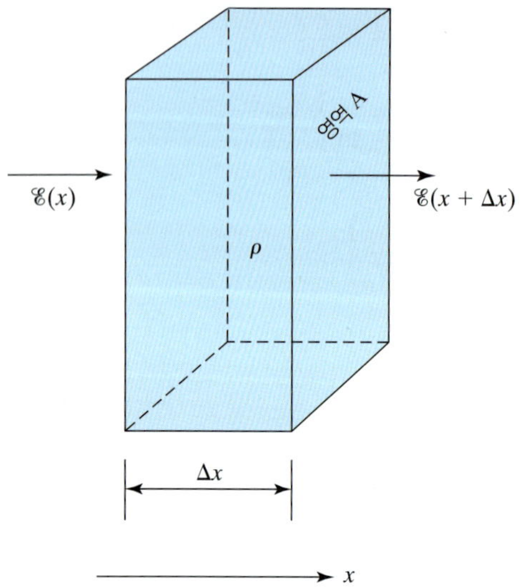

[그림 4-5] 포아송 방정식을 유도하기 위해 사용되는 반도체 내의 작은 체적

4.2 공핍층 모델

지금부터 [그림 4-6]에 나타낸 계단 접합에 대해서 식 (4.5)를 풀어 볼 것이다. PN 접합을 [그림 4-6(b)]와 같이 $x > x_P$의 중성 영역과 $x < x_N$의 중성 영역, 그리고 두 중성 영역 사이에 $p = n = 0$인 공핍층depletion layer(혹은 공핍 영역depletion region)의 3구역으로 나누어 보자. [그림 4-6(c)]와 같이 공핍층에서의 전하 밀도는 도펀트 이온의 전하 밀도 값을 가지며, 공핍층을 제외한 모든 곳의 전하 밀도는 0이다.

4.2.1 공핍층에서 전계와 전위

공핍층의 P쪽($0 \le x \le x_P$)에서,

$$\rho = -qN_a \tag{4.7}$$

식 (4.5)는 다음과 같이 나타낼 수 있다.

$$\frac{d\mathscr{E}}{dx} = -\frac{qN_a}{\varepsilon_s} \tag{4.8}$$

식 (4.8)을 한 번 적분하면 다음 결과를 얻는다.

$$\mathscr{E}(x) = -\frac{qN_a}{\varepsilon_s}x + C_1 = \frac{qN_a}{\varepsilon_s}(x_P - x), \quad 0 \le x \le x_P \tag{4.9}$$

C_1은 적분상수이고, 이는 $x = x_P$에서 $\mathscr{E} = 0$인 경계 조건에 의해 결정된다. 우리는 식 (4.9)가 이 경계 조건을 만족시킨다는 것을 증명할 수 있다. 전계는 x 값에 따라서 선형적으로 증가하다가 $x = 0$에서 최대 크기를 갖는다([그림 4-6(d)] 참조).

동일한 방법으로 공핍층의 N쪽에서, 전계는 다음과 같이 나타낼 수 있다.

$$\mathscr{E}(x) = \frac{qN_d}{\varepsilon_s}(x - x_N), \quad x_N \le x \le 0 \tag{4.10}$$

x_N은 음수이다. 전계는 연속이어야만 하고, $x = 0$에서 식 (4.9)와 식 (4.10)을 같다고 놓으면 다음 식을 얻을 수 있다.

$$N_a|x_P| = N_d|x_N| \tag{4.11}$$

$|x_N|$과 $|x_P|$는 각각 접합 양쪽에서 공핍층의 폭이 된다. 이들은 도펀트의 농도에 반비례한다. 즉, 도핑을 더 많이 하면 할수록 도핑을 많이 한 쪽의 공핍층 폭이 더 좁아진다. PN 접합은 보통 도핑 농도에 있어 매우 심하게 비대칭이다. 농도차가 매우 큰 비대칭인 접합을 **일방형 접합**one-sided junction이라 부르는데 N^+P 접합 또는 P^+N 접합이 여기에 해당하며, 여기서 N^+와 P^+는 도핑을 강하게 한 쪽이라는 것을 의미한다. **공핍층은 상대적으로 도핑을 적게 한 쪽으로 주로 침투하고, 따라서 강하게 도핑된 물질의 공핍층 폭은 종종 무시될 수 있다.** 이로부터 강하게 도핑된 반도체를 금속과 비슷하다고 생각하는 것이 유용하다(금속에는 공핍층이 없다).

식 (4.11)은 음 전하량의 면적 밀도 $N_a|x_P|$ ($\mathrm{C/cm^2}$)는 양 전하량의 면적 밀도 $N_d|x_N|$ ($\mathrm{C/cm^2}$)과 같다(즉, 공핍층에서 순 전하는 0이다)는 것을 알려준다. 바꾸어 말하면, [그림 4-6(c)]의 2개의 직사각형의 면적은 같다.

$\mathscr{E} = -dV/dx$를 이용하고, 식 (4.9)를 적분하면 다음과 같다.

$$V(x) = \frac{qN_a}{2\varepsilon_s}(x_P - x)^2, \quad 0 \le x \le x_P \tag{4.12}$$

이때 임의적으로 $x = x_P$에서의 전압을 $V = 0$인 기준점으로 선택한다. 유사하게, N쪽에서 식 (4.10)을 한 번 더 적분하면 다음 식을 얻을 수 있다.

$$\begin{aligned} V(x) &= D - \frac{qN_d}{2\varepsilon_s}(x - x_N)^2 \\ &= \phi_{bi} - \frac{qN_d}{2\varepsilon_s}(x - x_N)^2, \quad x_N \le x \le 0 \end{aligned} \tag{4.13}$$

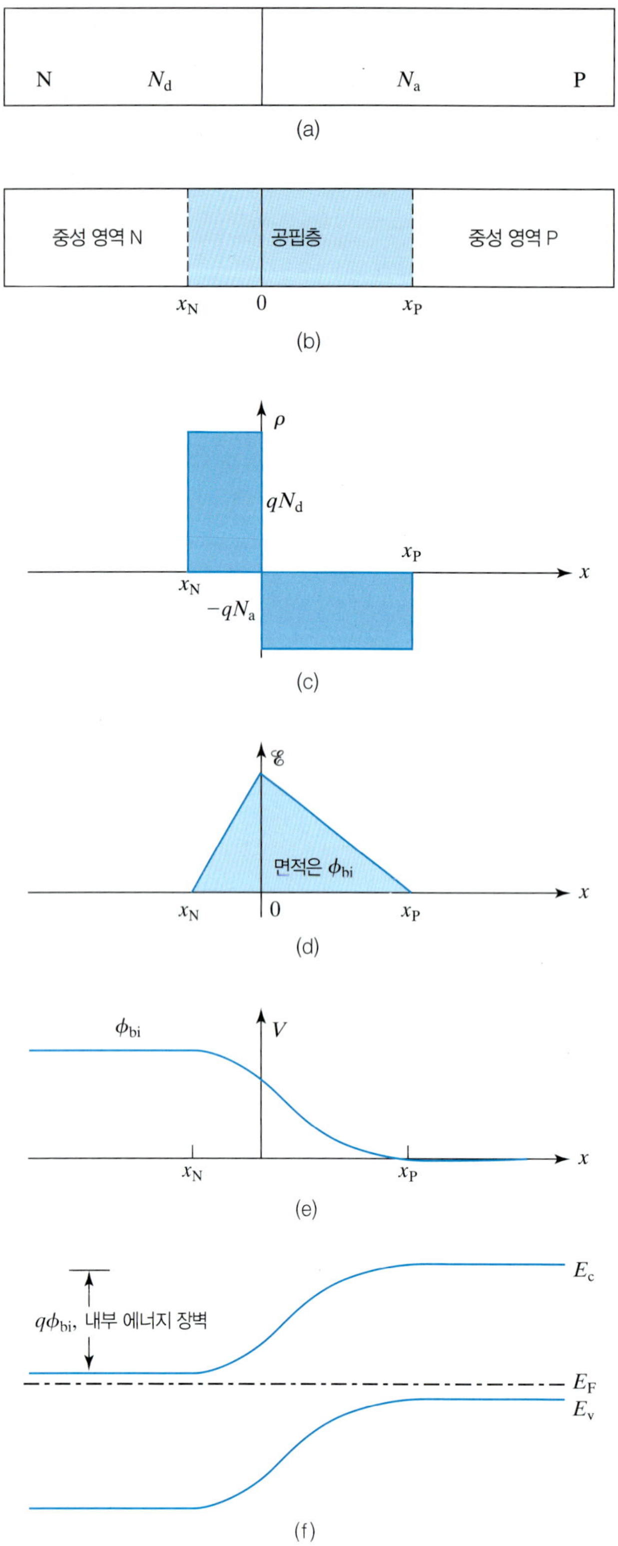

[그림 4-6] (a) 계단 PN 접합, (b) 공핍 근사, (c) 공간 전하 분포도, (d) ρ/ε_s의 적분으로 구한 전계(포아송 방정식), (e) $-\mathscr{E}$을 적분하여 구한 전위, (f) 에너지 밴드 다이어그램

식 (4.13)에서 D는 $V(x_N) = \phi_{bi}$ ([그림 4–6(e)] 및 식 (4.2) 참조)에 의해 결정된다. $V(x)$는 [그림 4–6(e)]와 같이 그려지며, 곡선은 2개의 포물선으로 구성된다(식 (4.12) 및 식 (4.13) 참조). 따라서 최종적으로 [그림 4–6(f)]와 같은 에너지 밴드 다이어그램을 정량적으로 그릴 수 있다. 여기서 $E_c(x)$와 $E_v(x)$는 $V(x)$와 동일하지만, 2.4절에서 설명한 대로 $E_c(x)$와 $E_v(x)$는 $V(x)$의 아래 위가 뒤집어진 형태가 된다.

4.2.2 공핍층의 폭

$x = 0$에서 식 (4.12)와 식 (4.13)을 같게 놓고($x = 0$에서 V는 연속이기 때문), 식 (4.11)을 사용하면 다음 식을 얻을 수 있다.

$$x_P - x_N = W_{dep} = \sqrt{\frac{2\varepsilon_s \phi_{bi}}{q}\left(\frac{1}{N_a} + \frac{1}{N_d}\right)} \tag{4.14}$$

$x_P - x_N$는 총 공핍층 폭 depletion–layer width 이고, W_{dep}으로 표시된다.[2]

만약 P^+N 접합에서처럼 $N_a \gg N_d$이면,

$$W_{dep} \approx \sqrt{\frac{2\varepsilon_s \phi_{bi}}{qN_d}} \approx |x_N| \tag{4.15}$$

만약 N^+P 접합에서처럼 $N_d \gg N_a$이면,

$$W_{dep} \approx \sqrt{\frac{2\varepsilon_s \phi_{bi}}{qN_a}} \approx |x_P| \tag{4.16}$$

$$|x_N| = |x_P| N_a / N_d \cong 0$$

예제 4-1

P^+N 접합에서 $N_a = 10^{20}\,\text{cm}^{-3}$이고 $N_d = 10^{17}\,\text{cm}^{-3}$이다. (a) 내부 전위, (b) W_{dep}, (c) x_N, (d) x_P를 구하라.

풀이

(a) 식 (4.2)를 사용하여 계산하면 다음과 같다.

$$\phi_{bi} = \frac{kT}{q}\ln\frac{N_d N_a}{n_i^2} \approx 0.026\ \text{V}\ln\frac{10^{20}\times 10^{17}\,\text{cm}^{-6}}{10^{20}\,\text{cm}^{-6}} \approx 1\ \text{V}$$

2 **(역자주)** x_N이 0보다 작음에 주의하기 바란다.

(b) 식 (4.15)를 사용하여 계산하면 다음과 같다.

$$W_{\text{dep}} \approx \sqrt{\frac{2\varepsilon_s \phi_{\text{bi}}}{qN_{\text{d}}}} = \left(\frac{2\times 12\times 8.85\times 10^{-14}\times 1}{1.6\times 10^{-19}\times 10^{17}}\right)^{1/2}$$

$$= 1.2\times 10^{-5}\text{cm} = 0.12\ \mu\text{m} = 120\ \text{nm} = 1200\ \text{Å}$$

(c) P^+N 접합에서 공핍층 전체는 거의 N쪽에 존재한다.

$$|x_{\text{N}}| \approx W_{\text{dep}} = 0.12\ \mu\text{m}$$

(d) 식 (4.11)을 사용하여 계산하면 다음과 같다.

$$|x_{\text{P}}| = |x_{\text{N}}|N_{\text{d}}/N_{\text{a}} = 0.12\ \mu\text{m}\times 10^{17}\text{cm}^{-3}/10^{20}\text{cm}^{-3} = 1.2\times 10^{-4}\ \mu\text{m}$$
$$= 1.2\ \text{Å} \approx 0$$

요점은 종종 고농도로 도핑된 쪽은 거의 공핍되지 않는다는 사실이다. $N = 10^{17}\text{cm}^{-3}$일 때 $W_{\text{dep}} \approx 0.1\mu\text{m}$인 것을 기억하면 도움이 된다.

식 (4.15)와 식 (4.16)으로부터, 우리는 **공핍층 폭이 상대적으로 더 적게 도핑된 쪽의 도핑 농도에 의해서 결정된다**는 것을 알았다. 그 두 방정식은 다음과 같이 결합시켜 나타낼 수 있다.

$$W_{\text{dep}} = \sqrt{2\varepsilon_s \phi_{\text{bi}}/qN} \tag{4.17}$$

$$1/N = 1/N_{\text{d}} + 1/N_{\text{a}} \approx 1/\text{상대적으로 더 적게 도핑된 쪽의 도펀트 농도} \tag{4.18}$$

4.3 역 바이어스된 PN 접합

P 영역과 비교하여 N 영역에 양의 전압이 가해질 때, PN 접합은 **역방향 바이어스**reverse-bias가 걸렸다고 말한다. 제로 바이스어스와 역 바이어스된 PN 접합의 에너지 다이어그램을 [그림 4-7]에 나타내었다. 역 바이어스 상태에서는 매우 작은 전류가 흐른다. 그 이유는 바이어스 극성으로 인해 P에서 N쪽 방향으로는 전자가 흘러야 하고 N에서 P쪽 방향으로는 정공이 흘러야 하는데, P쪽에는 전자(소수 캐리어)가 거의 없고 N쪽에는 정공이 거의 없기 때문이다. 그러므로 전류는 무시할 정도로 작고, 중성 영역에서 IR 강하 역시 무시할 수 있을 정도이다. 따라서 모든 역 바이어스 전압은 공핍층에 걸리게 된다. 전위 장벽은 [그림 4-7(b)]의 $q\phi_{\text{bi}}$에서부터 [그림 4-7(c)]의 $q\phi_{\text{bi}} + qV_r$로 증가한다.

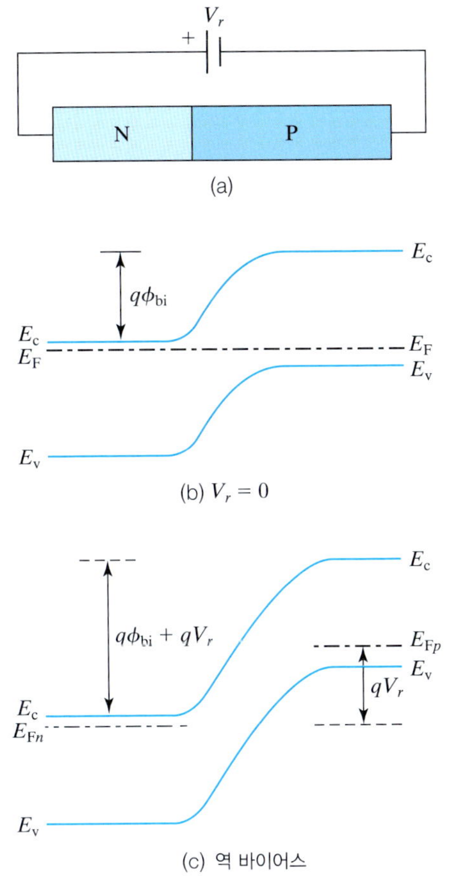

[그림 4-7] 역 바이어스된 PN 접합. (a) 역 바이어스의 극성, (b) 바이어스 없는 에너지 밴드 다이어그램, (c) 역 바이어스 상태에서의 에너지 밴드 다이어그램

$V_r = 0$에 대해 4.2절에서 유도한 방정식은, 만약 그 식에서 ϕ_{bi}항을 $\phi_{bi} + V_r$로 대치한다면 역 바이어스 상태에서도 타당하게 적용된다. 공핍층 폭은 다음과 같다.

$$W_{dep} = \sqrt{\frac{2\varepsilon_s(\phi_{bi} + V_r)}{qN}} = \sqrt{\frac{2\varepsilon_s \times \text{전위 장벽}}{qN}} \tag{4.19}$$

접합이 더 역 바이어스되면 공핍층은 더 넓어진다. 역 바이어스 상태에서 공핍층은 그것에 걸린 큰 전압 강하를 감당하기 위해 넓어질 필요가 있다.

4.4 커패시턴스-전압 특성

[그림 4-8]에서 공핍층과 중성 N 및 P 영역은 유전체와 2개의 도체로 볼 수 있다. 그러므로 PN 접합은 다음과 같은 커패시턴스 값을 갖는 평행판 커패시터로 모델링할 수 있다.

$$C_{\text{dep}} = A\frac{\varepsilon_s}{W_{\text{dep}}} \tag{4.20}$$

여기서 C_{dep}은 **공핍층 커패시턴스**depletion-layer capacitance이고 A는 면적이다. PN 접합은 반도체 소자에서 널리 사용되며 그것의 커패시턴스는 소자와 회로에 반갑지 않은 용량성 부하가 된다. C_{dep}은 접합의 면적을 줄이거나 W_{dep}을 증가시켜 낮출 수 있는데, W_{dep}은 도핑 농도를 줄이거나 역 바이어스를 가함으로써 혹은 두 가지를 모두 적용함으로써 증가시킬 수 있다. **수치로 쓰면, $W_{\text{dep}} = 0.1\,\mu\text{m}$일 때 $C \approx 1\,\text{fF}/\mu\text{m}^2$이다.**

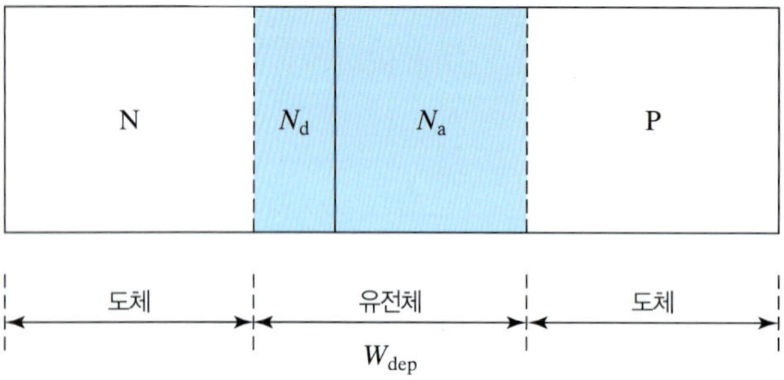

[그림 4-8] 평행-판 커패시터로서의 PN 접합

식 (4.19)와 함께 식 (4.20)을 사용하면 다음 식을 얻을 수 있다.

$$\frac{1}{C_{\text{dep}}^2} = \frac{W_{\text{dep}}^2}{A^2\varepsilon_s^2} = \frac{2(\phi_{\text{bi}} + V_r)}{qN\varepsilon_s A^2} \tag{4.21}$$

식 (4.21)은 $1/C_{\text{dep}}{}^2$과 V_r 사이의 선형 관계를 암시한다. [그림 4-9]는 PN 접합의 $C-V$ 데이터를 그림으로 그리는 가장 흔한 방법을 보여준다. 이 그림에서 선의 기울기를 통해 N(혹은 일방형 접합에서 적게 도핑된 쪽의 도펀트 농도, 식 (4.18) 참조)을 결정할 수 있으며, 수평축과의 교차점을 이용하면 내부 전위 ϕ_{bi}를 결정할 수 있다.

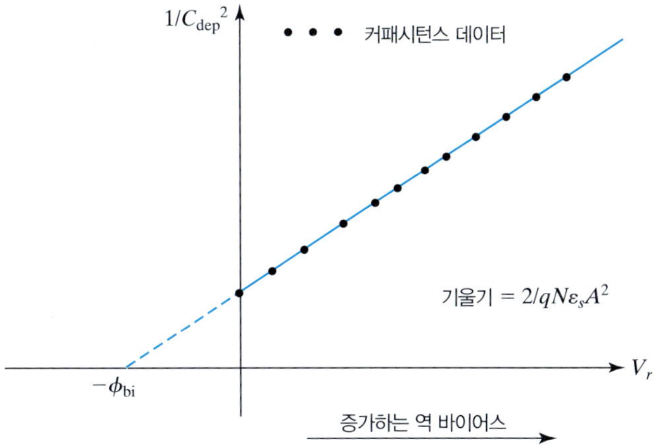

[그림 4-9] PN 접합의 C-V 데이터로부터 그림을 그리는 통상적 방법

예제 4-2

[그림 4-9]에서 선의 기울기가 $2\times10^{31}\,F^{-2}V^{-1}$이고, 교차점은 −0.84V, PN 접합의 면적은 $1\mu m^2$이다. 낮게 도핑된 쪽의 도핑 농도 N_l과 높게 도핑된 쪽의 도핑 농도 N_h를 구하라.

풀이

식 (4.21)을 사용하면, 낮게 도핑된 쪽의 도핑 농도는 다음과 같다.

$$\begin{aligned} N_l &= 2/(\text{기울기}\times q\varepsilon_s A^2) \\ &= 2/(2\times10^{31}\times1.6\times10^{-19}\times12\times8.85\times10^{-14}\times(10^{-8})^2)\ \text{cm}^{-3} \\ &= 6\times10^{15}\text{cm}^{-3} \end{aligned}$$

낮게 도핑된 쪽이 N쪽인지, P쪽인지를 결정할 방법은 없다. 이제 식 (4.2)를 사용하면 다음과 같다.

$$\phi_{bi} = \frac{kT}{q}\ln\frac{N_h N_l}{n_i^2}$$

$$N_h = \frac{n_i^2}{N_l}e^{q\phi_{bi}/kT} = \frac{10^{20}\text{cm}^{-6}}{6\times10^{15}\text{cm}^{-3}}e^{-0.84/0.026} = 1.8\times10^{18}\text{cm}^{-3}$$

이 예는 N_l을 결정하는 데는 정확한 방법을 제공하지만, N_h에 대해서는 그렇지 못하다. 만약 교차점 데이터가 60mV의 작은 실험적 오차를 가지고 있어 정확한 값이 0.78V라고 한다면, 식 (4.2)는 $N_h = 1.8\times10^{17}\text{cm}^{-3}$이 될 것이다. 이와 같이 **결론이 데이터의 조그만 오차에도 민감하다는 것에 유의해야 한다.**

4.5 접합 항복*

앞서 역 바이어스된 PN 접합이 무시될 정도의 작은 전류를 흘린다고 배웠다. 이것은 [그림 4-10(a)]에서 보는 바와 같이 임계 역 바이어스에 도달되어 **접합 항복**junction breakdown이 일어나기 전까지 맞는 사실이다. 그러나 접합 항복이라고 해서 본질적으로 파괴되는 현상을 의미하는 것은 아니다. 만약 전류가 외부 회로에 의해 적절한 값으로 제한되어 PN 접합에서 열 소모가 과하게 일어나지 않는다면, PN 접합은 역방향 항복상태에서 안전하게 동작할 수 있다. **제너 다이오드**Zener diode는 제조자에 의해 엄격하게 조절된 항복전압을 갖고 항복 모드에서 동작하도록 설계된 PN 접합 다이오드이다. 제너 보호 회로Zener protection circuit는 [그림 4-10(b)]와 같다. 만약 제너 다이오드의 항복전압이 3.7 V라고 하면, 집적 회로IC 도선 C와 D 양단 간에 나타날 수 있는 최대 전압은 3.7 V이다(도선 A와 B 양단 간에 가령 50 V의 서지 전압이 존재한다고 할지라도). 제너 다이오드를 보호하기 위해 안전한 수준으로 전류를 제한하도록 저항 R을 선택한다.

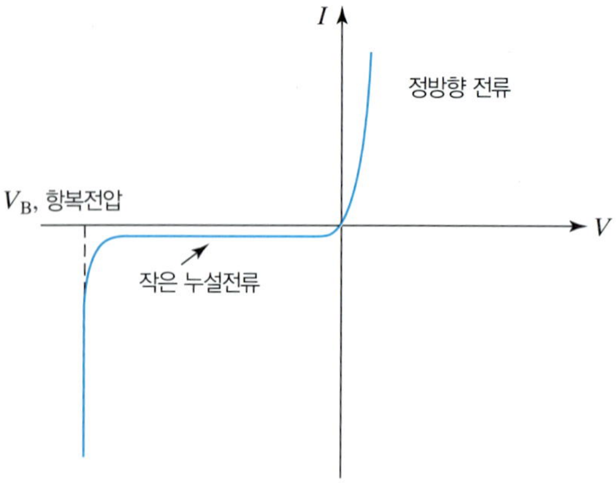

(a) IV 특성

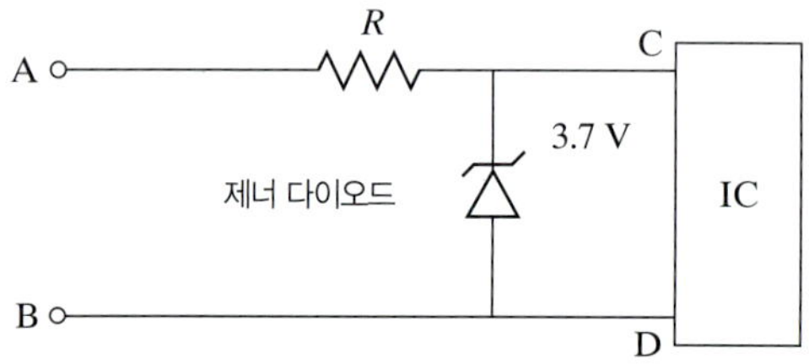

(b) 제너 보호 회로 혹은 정전압 회로

[그림 4-10] PN 접합에서 역방향 항복

또한 [그림 4-10(b)]는 기초적 정전압 회로를 나타낸다고 볼 수도 있다. 그 경우에, $V > 3.7$ V인 전압원(배터리)이 A와 B 사이에 연결된다. 배터리 전압이 취급 중에 변동되거나 온도에 의해 변동이 될지라도, C와 D 사이에 나타나는 전압은 제조자가 지정한 엄격한 범위 내에서 3.7 V로 유지될 것이다.

4.5.1 피크 전계

PN 접합에서 **피크 전계**peak electric field가 임계치에 도달할 때 접합 항복이 발생한다. [그림 4-11]에 나타낸 N^+P 접합을 고려해 보자. 식 (4.9)와 식 (4.19)를 이용해서, p형 반도체 쪽 공핍층인 $x = 0$에서 피크 전계를 계산하면 다음과 같다.

$$\mathscr{E}_p = \mathscr{E}(0) = \left[\frac{2qN}{\varepsilon_s}(\phi_{bi} + V_r)\right]^{1/2} \tag{4.22}$$

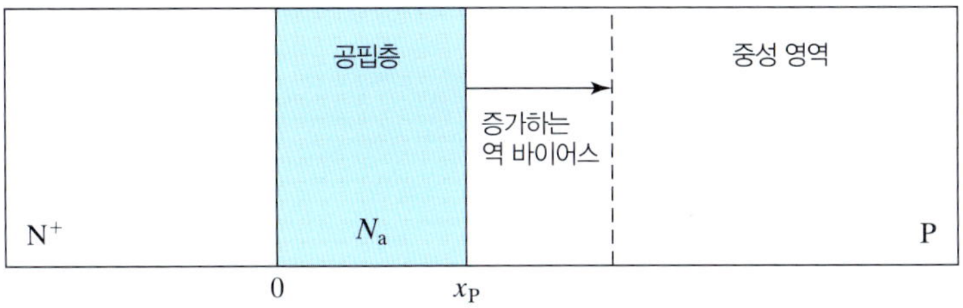

(a) $x_N = 0$인 N^+P 접합

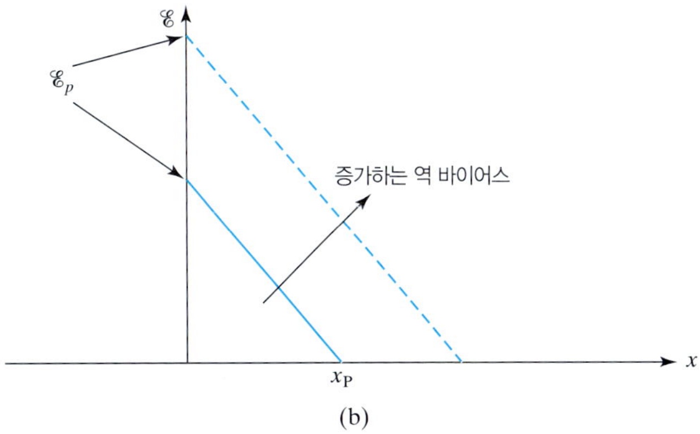

(b) 전계 분포

[그림 4-11] 일방형 PN 접합에서 전계 분포

[그림 4-11]에서 역 바이어스 전압 V가 증가할 때, $\mathscr{E}_p$도 함께 증가한다. $\mathscr{E}_p$가 어떤 임계값 $\mathscr{E}_{crit}$에 도달할 때 항복breakdown이 발생한다. 식 (4.22)의 $\mathscr{E}_p$를 $\mathscr{E}_{crit}$와 같다고 놓으면 항복전압을 도핑 농도로 표현할 수 있다. N은 일방형 접합에서 도핑이 낮은 쪽의 도핑 농도라는 것을 기억하라. 일반적으로 N은 N_a와 N_d의 평균이다(식 (4.18) 참조).

$$V_B = \frac{\varepsilon_s \mathscr{E}_{crit}^{\ 2}}{2qN} - \phi_{bi} \tag{4.23}$$

4.5.2 터널링 항복

[그림 4-12]에서 보는 바와 같이 고농도로 도핑된 접합이 역 바이어스될 때, P쪽 가전자 대역의 다량의 전자는 N쪽 전도 대역의 빈 상태와 매우 짧은 거리를 두고 분리된다.

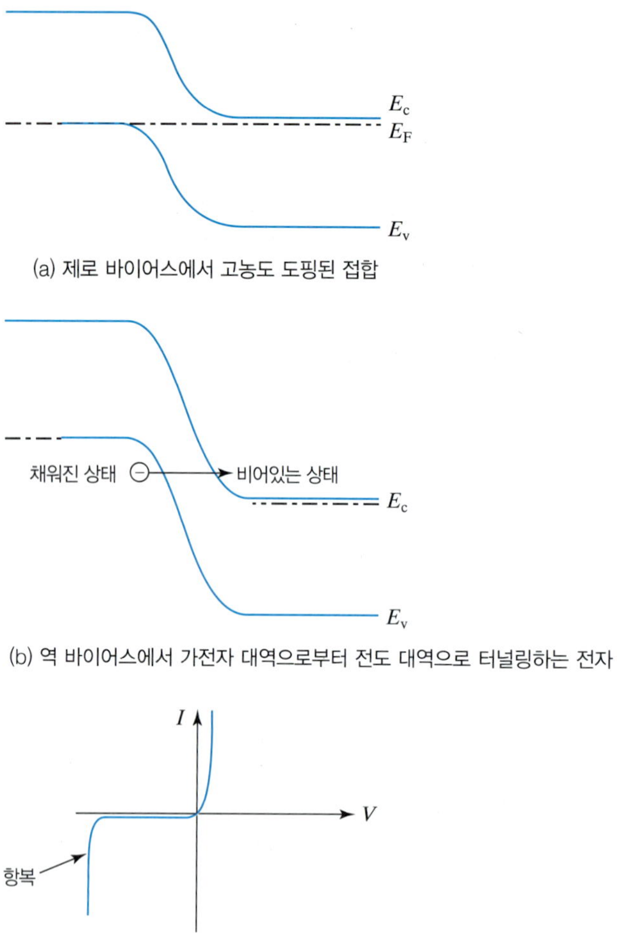

[그림 4-12] 터널링 항복

따라서 전자의 터널링이 발생할 수 있다([그림 4-12(b)] 참조). 터널링 전류 밀도는 $1/\mathscr{E}$ 승의 지수함수 의존성을 가진다[1].

$$J = Ge^{-H/\mathscr{E}_p} \tag{4.24}$$

여기서 G와 H는 주어진 반도체에 해당하는 상수이다. IV 특성은 [그림 4-12(c)]와 같이 나타난다. 이것은 **터널링 항복**tunneling breakdown으로 알려져 있다. 터널링 항복이 발생하는 임계 전계는 H에 비례하고, H는 E_g의 3/2 제곱에 비례하며 터널링 캐리어 유효질량의 1/2 제곱에 비례한다. Si의 경우 임계 전계는 약 10^6V/cm이다. V_B는 식 (4.23)에 주어졌다. 터널링은 N이 매우 크고 V_B가 (수 V 아래로) 아주 낮을 때 우세하게 발생하는 항복 메커니즘이다. 4.5.3절에서 설명될 애벌런치 항복은 이보다 더 높은 V_B 값에서 발생하는 다이오드 항복 메커니즘이다.

4.5.3 애벌런치 항복

전계가 점점 증가하면서, 공핍층을 가로지르는 전자는 점점 더 높은 운동 에너지를 얻는다. 그 중 일부는 전자를 가전자 대역으로부터 전도 대역으로 옮길 정도로 충분히 큰 에너지를 가질 것이고, 이 에너지는 [그림 4-13]과 같이 전자-정공 쌍을 생성시킨다. 이러한 현상을 **충돌 이온화**impact ionization라고 부른다. 충돌 이온화로 생성된 전자와 정공들 역시 전계에 의해 가속된다. 그 결과로 그들(충돌 이온화에 의해 생성된 전자와 정공)과 원래의 캐리어는 충돌 이온화에 의해 더욱 더 많은 캐리어를 생성시킨다. 이 현상은 산중턱에서 발생하는 눈사태와 비슷하다(게다가 정공은 왼쪽으로 가속되면서 전자를 위쪽으로 생성시켜 포지티브 피드백을 제공한다). $\mathscr{E}_p$가 $\mathscr{E}_{\text{crit}}$에 도달했을 때, 캐리어 생성율과 역방향 전류는 갑자기 증가하며, 이를 애벌런치 항복avalanche breakdown이라고 한다. 만약 식 (4.23)에서 ϕ_{bi} 항이 무시된다고 하면 다음과 같다.

$$V_{\text{B}} = \frac{\varepsilon_s \mathscr{E}_{\text{crit}}^{\ 2}}{2qN} \tag{4.25}$$

$N = 10^{17}\,\text{cm}^{-3}$에서 $\mathscr{E}_{\text{crit}}$는 약 5×10^5 V/cm이며, $\mathscr{E}_{\text{crit}}$는 대략 $N^{0.2}$에 비례한다[2]. 따라서 식 (4.23)은 다음과 같이 축소된다.

$$V_{\text{B}}(V) \approx 15\times\left(\frac{10^{17}}{N}\right)^{0.6} \propto 1/N^{0.6} \tag{4.26}$$

$N = 10^{17}\,\text{cm}^{-3}$에서 V_{B}는 약 15 V이다.

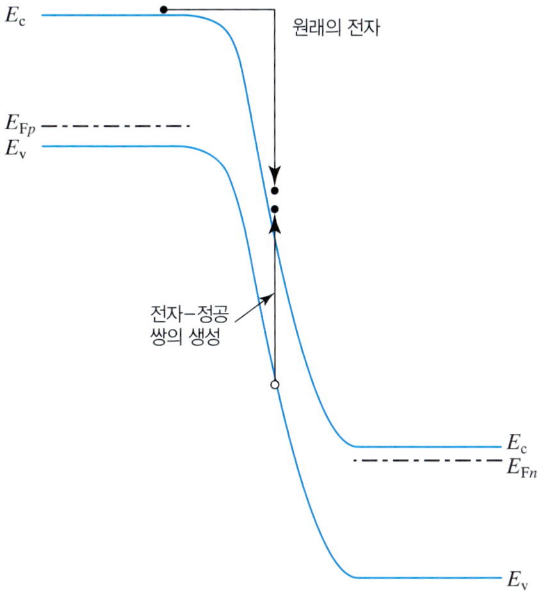

[그림 4-13] 충돌 이온화에 의한 전자-정공 쌍의 생성. 들어오는 전자는 전자-정공 쌍을 생성하기 위해 자신이 갖는 운동 에너지를 잃는다.

일반적으로, 큰 항복전압이 요구되면 접합의 도핑 농도를 낮추는 것이 효율적이다. 충돌 이온화를 유발하기 위해서 캐리어가 가져야만 하는 에너지는 밴드 갭 에너지 E_g에 따라 함께 증가한다(그에 따라 $\mathscr{E}_{crit}$도 증가한다). 따라서 N_a와 N_d가 주어졌을 때, Ge 다이오드에서 Si 다이오드로, 그리고 GaAs 다이오드로 가면서 E_g가 증가하기 때문에 항복전압은 점점 증가한다.

NOTE 고전압 소자의 응용

IC 소자의 접합 항복전압은 전형적으로 20V 이하인 반면, 실리콘 전력 소자[power device]는 접합 항복전압이 매우 높기 때문에 100~1,000V에서 동작할 수 있다. 그들은 가솔린-전기 하이브리드 자동차, 디젤-전기 기차, 전철, 그리고 산업 공정 등을 제어하는 데 사용된다. 실리콘 전력 소자는 **HVDC**, 즉 **고전압 DC**[high-voltage DC] 유틸리티 전력 전송 시스템에서도 사용되는데, 이 시스템에서는 기가-와트 전력이 발전기 끝단(예를 들어, 미북서쪽)에서 AC로부터 DC로 변환된 후 HVDC 전력으로 전송되고, 다시 소비자 시장 끝단(예를 들어, 남부 캘리포니아)에서 전압을 하강 변환하여 분배하기 위해 AC로 재변환된다. AC 전송과 비교하여, HVDC는 전력망 안정도를 향상시키고 전력 전송 손실을 감소시킨다.

[질문] 1,000V 접합 항복전압을 얻기 위해서 필요한 도핑 농도 N의 크기를 추정하라.
[답] 식 (4.26)을 사용하면, N은 10^{14}cm^{-3} 혹은 그보다 작게 된다.

4.6 정 바이어스 상태에서 캐리어 주입—유사평형 경계 조건

이제 정 바이어스 상태에서 PN 접합을 살펴보자. [그림 4-14]에서 보는 바와 같이, 정 바이어스 전압 V는 장벽 높이를 ϕ_{bi}에서 $\phi_{bi} - V$로 축소시킨다. 이는 드리프트 전계를 축소시키고 제로 바이어스에서 존재하던 확산과 드리프트 간의 평형을 깨뜨린다. 따라서 전자들은 N쪽에서 P쪽으로 확산할 수 있게 된다. 이를 **소수-캐리어 주입**[minority-carrier injection]이라고 한다. 유사하게, 정공은 **P쪽에서 N쪽으로 주입된다.** [그림 4-15]는 캐리어 주입을 시각화하는 방법을 보여준다. 장벽이 축소되면, N쪽에서 "볼츠만 꼬리[Boltzmann tail]"에 해당하는 부분의 많은 전자들이 P쪽으로 움직일 수 있다([그림 1-20] 참조). 따라서 장벽이 높았을 때보다 더 많은 수의 전자가 x_P에 존재하게 되고, 더 많은 수의 정공이 x_N에 존재하게 된다.

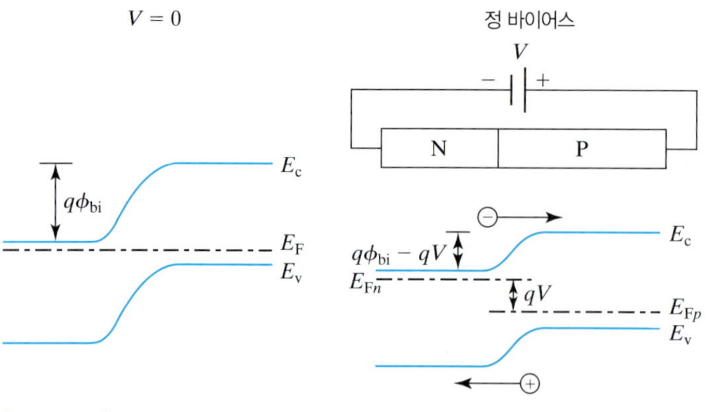

[그림 4-14] 정 바이어스는 접합 장벽을 $\phi_{bi} - V$로 축소시키며, 전자와 정공이 축소된 장벽을 넘어 주입되도록 한다.

N쪽에서 $E_c - E_{Fn}$은 당연히 N_d(식 (2.36))에 의해 결정된다. 공핍층이 좁기 때문에 E_{Fn}은 x_P까지 일정하게 유지된다고 가정하자.[3] 따라서 중성 P 영역의 끝에서 다음과 같이 전개된다.

$$\begin{aligned} n(x_P) &= N_c e^{-(E_c - E_{Fn})/kT} = N_c e^{-(E_c - E_{Fp})/kT} e^{(E_{Fn} - E_{Fp})/kT} \\ &= n_{P0} e^{(E_{Fn} - E_{Fp})/kT} = n_{P0} e^{qV/kT} \end{aligned} \tag{4.27}$$

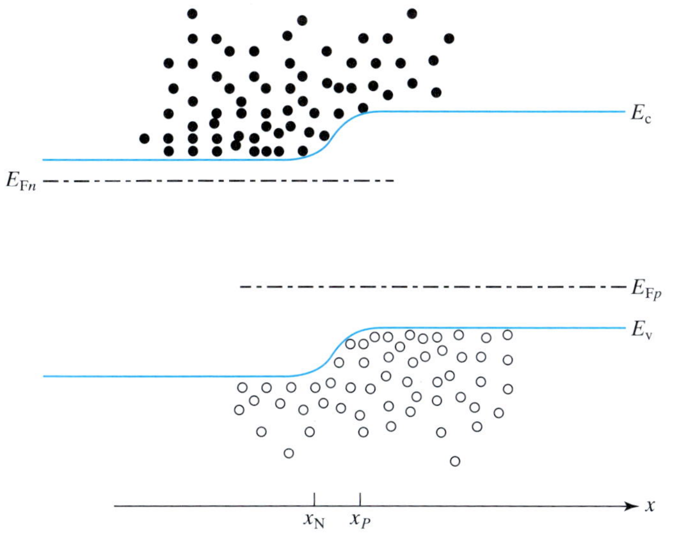

[그림 4-15] x_P에서의 n(중성 P 영역 가장자리에서의 전자 농도)은 $E_c - E_{Fn}$에 의해 결정된다. 마찬가지로, x_N에서의 p는 $E_v - E_{Fp}$에 의해 결정된다.

n_{P0}는 P 영역(첨자 P로 표시)의 평형(첨자 0으로 표시) 전자 농도이고, 이는 간단히 n_i^2/N_a로 나타낼 수 있다. **소수 캐리어 농도는 $e^{qV/kT}$ 배만큼 증가되었다.** 유사한 방정식을 $p(x_N)$에 대해서도 유도할 수 있다.

$$\begin{aligned} n(x_P) &= n_{P0} e^{qV/kT} = \frac{n_i^2}{N_a} e^{qV/kT} \\ p(x_N) &= p_{N0} e^{qV/kT} = \frac{n_i^2}{N_d} e^{qV/kT} \end{aligned} \tag{4.28}$$

식 (4.28)은 **유사평형 경계 조건**quasi-equilibrium boundary condition 또는 **쇼클리 경계 조건**Shockley boundary condition이라고 불린다. 그것은 **정 바이어스 전압 V가 공핍층 가장자리에서의 소수 캐리어 농도를 인자 $e^{qV/kT}$ 배만큼 증가시킨다**는 것을 나타낸다. 이 인자의 크기는 보통 0.6 V 정 바이어스일 때 10^{10}이다. 식 (4.28)과 같은 유도 식은 역 바이어스에도 그대로 적용할 수 있다. 즉, V는 양(정 바이어스)일 수도 있고 음(역 바이어스)일 수도 있다. V가 큰 음수일 때, $n(x_P)$와 $p(x_N)$은 본질적으로 0이 된다. 이러한 상황을 때로는 캐리어 주입에 대립된 의미로 **소수 캐리어 추출**minority carrier extraction이라고 한다.

3 또한 공핍층에서 dE_{Fn}/dx가 매우 작다는 것을 보일 수 있다[1].

유사평형 경계 조건을 다른 형태로 기술하여 **과잉 소수 캐리어**excess minority carrier 농도를 다음 식과 같이 쓸 수 있다.

$$n'(x_P) \equiv n(x_P) - n_{P0} = n_{P0}(e^{qV/kT} - 1)$$
$$p'(x_N) \equiv p(x_N) - p_{N0} = p_{N0}(e^{qV/kT} - 1) \tag{4.29}$$

식 (4.29)를 기억해두라. 다음 두 절에서는 중성 영역에서 무슨 일이 발생하는지를 분석할 것이다.

예제 4-3 캐리어 주입

PN 접합이 $N_a = 10^{19}\text{cm}^{-3}$이고 $N_d = 10^{16}\text{cm}^{-3}$이다. (a) $V = 0$일 때, 공핍 영역 가장자리에서 소수 캐리어 농도는 얼마인가? (b)~(d)에서는 $V = 0.6\text{V}$라고 가정하라. (b) 공핍 영역 가장자리에서 소수 캐리어 농도는 얼마인가? (c) 과잉 소수 캐리어 농도는 얼마인가? (d) 다수 캐리어 농도는 얼마인가? (e) 1.8V 역 바이어스 상태에서 공핍 영역 가장자리에서의 소수 캐리어 농도는 얼마인가?

풀이

(a) P쪽에서 : $n_{P0} = n_i^2/N_a = 10^{20}/10^{19} = 10\ \text{cm}^{-3}$

N쪽에서 : $p_{N0} = 10^{20}/10^{16} = 10^4\text{cm}^{-3}$

(b) $n(x_P) = n_{P0}e^{qV/kT} = 10 \times e^{0.6/0.026} = 10^{11}\text{cm}^{-3}$

$p(x_N) = p_{N0}e^{qV/kT} = 10^4 \times e^{0.6/0.026} = 10^{14}\text{cm}^{-3}$

이를 통해 보통의 정 바이어스가 소수 캐리어 농도를 현저하게 증가시킬 수 있다는 것을 알 수 있다.

(c) $n'(x_P) = n(x_P) - n_{P0} = 10^{11} - 10 = 10^{11}\text{cm}^{-3}$

$p'(x_N) = p(x_N) - p_{N0} = 10^{14} - 10^4 = 10^{14}\text{cm}^{-3}$

저농도 도핑된 쪽으로 주입되는 캐리어와 비교할 때 고농도 도핑된 쪽으로 주입되는 캐리어는 무시할 수 있다.

(d) 전하 중성(식 (2.32) 참조)에 기인하여 $n' = p'$

P쪽에서 : $p(x_P) = N_a + p' = N_a + n'(x_P) = 10^{19} + 10^{11} = 10^{19}\text{cm}^{-3}$

N쪽에서 : $n(x_N) = N_d + n' = N_d + p'(x_N) = 10^{16} + 10^{14} = 1.01 \times 10^{16}\text{cm}^{-3}$

(e) $n(x_P) = n_{P0}e^{qV/kT} = 10 \times e^{-1.8/0.026} = 10^{-29}\text{cm}^{-3}$

$p(x_N) = p_{N0}e^{qV/kT} = 10^4 \times e^{-1.8/0.026} = 10^{-26}\text{cm}^{-3}$

이들은 의미 없는 작은 농도이다. 그러므로 우리는 역 바이어스 상태에서 접합 가장자리의 농도는 $n = p = 0$이라고 결론 내릴 수 있다.

4.7 전류 연속 방정식

중성 N과 P 영역의 내부에서 소수 캐리어 농도는 이 영역 내 현상을 지배하는 방정식에 의해 결정된다. [그림 4-16]과 같은 상자를 고려해 보자. $A \cdot \Delta x \cdot p$는 상자 내의 정공 수이고 $A \cdot J_p/q$는 초당 이 상자 속으로 흘러들어 가는 정공 수이다. 정상 상태에서, (초당 이 상자 속으로 흘러 들어가는 정공 수) = (초당 이 상자 밖으로 흘러 나가는 정공 수) + (초당 이 상자 속에서 재결합하는 정공 수)가 된다.

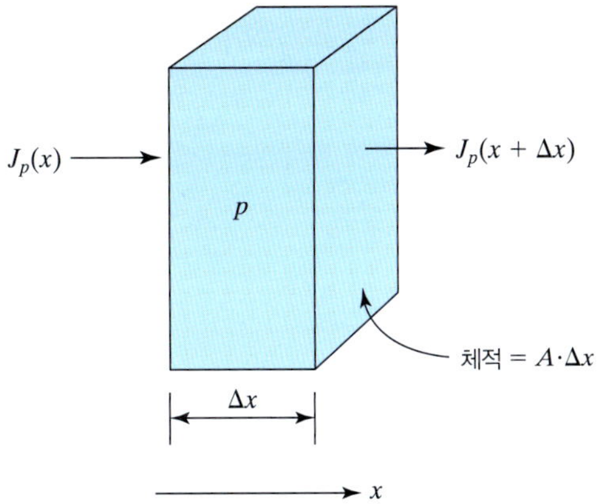

[그림 4-16] 정상 상태에서 초당 이 상자 속으로 흘러 들어가는 정공 수는 초당 상자 밖으로 흘러 나가는 정공 수와 초당 상자 속에서 재결합으로 손실되는 정공 수를 합한 양과 같다.

$$A \cdot \frac{J_p(x)}{q} = A \cdot \frac{J_p(x+\Delta x)}{q} + A \cdot \Delta x \cdot \frac{p'}{\tau} \tag{4.30}$$

$$-\frac{J_p(x+\Delta x) - J_p(x)}{\Delta x} = q\frac{p'}{\tau} \tag{4.31}$$

$\Delta x \to 0$의 극한을 취하면,

$$-\frac{dJ_p}{dx} = q\frac{p'}{\tau} \tag{4.32}$$

τ는 캐리어의 재결합 수명이다. 방정식 (4.32)는 재결합이 없을 때만 $\mathrm{d}J_p/\mathrm{d}x$가 0이 된다는 것을 말해준다. 상자 내에서 재결합으로 사라진 정공을 공급하기 위해서 $J_p(x)$는 $J_p(x+\Delta x)$보다 커야 한다.

식 (4.32)는 다수 캐리어와 소수 캐리어 모두에 적용될 수 있다. 그러나 이 식은 소수 캐리어에 적용하는 것이 특히 더 쉽다. (다수 캐리어 전류가 아닌) 소수 캐리어 전류는 확산에 의한 것이 우세하며 드리프트 성분은 무시될 수 있다. 이러한 내용은 이 책 뒤의 [부록 C]에서 증명한다. 식 (4.32)를 PN 접합의 N쪽에 적용하여, 소수 캐리어 전류 J_p를 확산 전류(식 (2.20) 참조)로 치환하자.

$$qD_p\frac{\mathrm{d}^2p}{\mathrm{d}x^2} = q\frac{p'}{\tau_p} \tag{4.33}$$

소수 캐리어가 정공인 N형 반도체에서 재결합 수명을 가리키기 위해 τ에 아래 첨자 p를 사용한다.

$$\frac{\mathrm{d}^2 p'}{\mathrm{d}x^2} = \frac{p'}{D_p \tau_p} = \frac{p'}{L_p^2} \tag{4.34}$$

$$L_p \equiv \sqrt{D_p \tau_p} \tag{4.35}$$

식 (4.34)에서 $\mathrm{d}^2p/\mathrm{d}x^2$을 $\mathrm{d}^2p'/\mathrm{d}x^2$로 대치했다. 이는 평형 정공 농도 p_0가 x의 함수가 아니라고 가정한 것이다. 다른 말로, N_a가 균일하다고 가정한 것이다. (만약 N_a가 균일하지 않으면 수학은 복잡하게 되지만, 그 결과는 여기에 기술된 것과 정성적으로 동일하다.) 마찬가지로 전자에 대해서는 다음과 같다.

$$\frac{\mathrm{d}^2 n'}{\mathrm{d}x^2} = \frac{n'}{L_n^2} \tag{4.36}$$

$$L_n \equiv \sqrt{D_n \tau_n} \tag{4.37}$$

L_n과 L_p는 길이의 차원을 가지며, 이것을 정공과 전자의 **확산 길이**diffusion length라고 부른다. 이들은 τ에 의존하여 수 μm에서 수백 μm까지 변한다. 식 (4.35)와 식 (4.37)은 소수 캐리어에만 적용할 수 있다. 다행스럽게도, 우리는 연속 방정식을 다수 캐리어에 대해 풀 필요는 없을 것이다.

4.8 정 바이어스된 PN 접합에서 과잉 캐리어

[그림 4-17]에서 P쪽(양으로 바이어스된 쪽)을 왼쪽에 위치시켰으므로 전류는 양의 x 방향으로 흐를 것이다. 본 절에서 길이의 척도가 보통 W_{dep}보다 두 차수order 크기 때문에 그림에서 x_P와 x_N이 $x = 0$에 가깝게 있는 것을 보여준다. PN 접합의 N쪽에서 소수 캐리어(정공)의 운동은 다음 식을 이용하여 분석할 수 있다.

$$\frac{\mathrm{d}^2 p'}{\mathrm{d}x^2} = \frac{p'}{L_p^2} \tag{4.34}$$

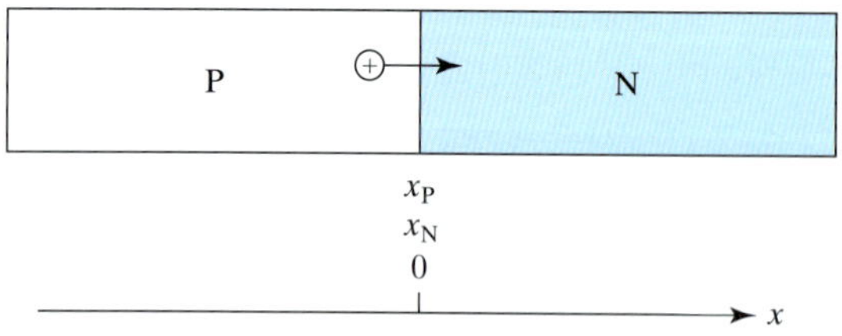

[그림 4-17] 정공이 N쪽으로 주입된 이후의 움직임을 분석하기 위한 PN 다이오드 구조

경계 조건은 식 (4.29)와 같고,

$$p'(\infty) = 0$$
$$p'(x_N) = p_{N0}(e^{qV/kT} - 1) \tag{4.29}$$

식 (4.34)의 일반해는 다음과 같이 나타낼 수 있다.

$$p'(x) = Ae^{x/L_p} + Be^{-x/L_p} \tag{4.38}$$

첫 번째 경계 조건으로 $A = 0$이 될 것을 요구한다. 두 번째 식인 식 (4.29)는 B를 결정하게 해주며 이를 통해 다음 식을 얻을 수 있다.

$$p'(x) = p_{N0}(e^{qV/kT} - 1)e^{-(x - x_N)/L_p}, \quad x > x_N \tag{4.39}$$

유사하게, P쪽에서는 다음과 같다.

$$n'(x) = n_{P0}(e^{qV/kT} - 1)e^{(x - x_P)/L_n}, \quad x < x_P \tag{4.40}$$

[그림 4-18]은 소수 캐리어 분포의 표본을 나타낸다. 이것은 간단히 x의 지수함수이다. 특성 길이 characteristic length는 확산 길이 L_n과 L_p이다. 공핍층 가장자리에서 캐리어 농도는 유사평형 경계 조건에 의해서(즉, N_a 혹은 N_d와 V에 의해서) 결정된다. 캐리어들은 주로 적게 도핑된 쪽으로 주입된다. 주입된 소수 캐리어들은 확산에 의해서 공핍층 가장자리로부터 바깥쪽으로 움직인다. 그들이 확산하면서 농도는 재결합으로 줄어들고, 그에 따라 지수함수적으로 감소하는 농도 분포가 만들어지게 된다. 접합으로부터의 거리가 확산 길이의 수 배를 넘어서게 되면, n'과 p'은 무시할 수 있는 값으로 줄어든다.

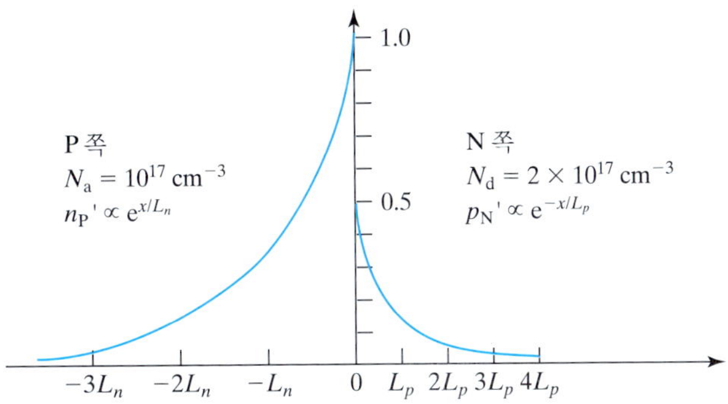

[그림 4-18] 정규화된 n'과 p'. $N_d = 2N_a$이므로 $n'(0) = 2p'(0)$이다. $L_n = 2L_p$를 가정한다.

예제 4-4 소수 및 다수 캐리어 분포와 의사-페르미 준위

N형	P형
$N_d = 5 \times 10^{17}\ \text{cm}^{-3}$ $D_p = 12\ \text{cm}^2/\text{s}$ $\tau_p = 1\ \mu\text{s}$	$N_a = 10^{17}\ \text{cm}^{-3}$ $D_n = 36.4\ \text{cm}^2/\text{s}$ $\tau_n = 2\ \mu\text{s}$

0.6V 정 바이어스가 다이오드에 가해졌다. (a) N쪽과 P쪽에서 확산 길이는 얼마인가? (b) 접합 가장자리에서 주입된 과잉 소수 캐리어의 농도는 얼마인가? (c) N쪽에서 다수 캐리어 분포는 얼마인가? (d) 과잉 캐리어 농도 $p'(x)$와 $n'(x)$를 스케치하라. (e) 의사-페르미 준위, $E_{Fp}(x)$와 $E_{Fn}(x)$를 포함하는 에너지 다이어그램을 스케치하라. 다이어그램에서 $W_{dep} < 0.1\,\mu\text{m}$는 0이라고 가정할 수 있다.

풀이

(a) N쪽에서 : $L_p \equiv \sqrt{D_p \tau_p} = \sqrt{12\text{cm}^2/\text{s} \times 10^{-6}\text{s}} = \sqrt{12 \times 10^{-6}\text{cm}^2} = 3.5 \times 10^{-3}\text{cm} = 35\,\mu\text{m}$

P쪽에서 : $L_n \equiv \sqrt{D_n \tau_n} = \sqrt{36.4 \times 2 \times 10^{-6}} = 8.5 \times 10^{-3}\text{cm} = 85\,\mu\text{m}$

IC 소자의 크기는 $1\mu\text{m}$보다 작은데, 이 확산 길이들이 그보다 훨씬 더 크다는 것에 주목하라.

(b) 식 (4.39)와 식 (4.40)을 사용하여,

N쪽에서 과잉 정공 밀도 : $p'(x_N) = p_{N0}(e^{qV/kT} - 1)$

$$= \frac{n_i^2}{N_d}(e^{qV/kT} - 1) = \frac{10^{20}}{5 \times 10^{17}} e^{0.6/0.026} = 2 \times 10^{12}\text{cm}^{-3}$$

P쪽에서 과잉 정공 밀도 : $n'(x_P) = n_{P0}(e^{qV/kT} - 1)$

$$= \frac{n_i^2}{N_a}(e^{qV/kT} - 1) = \frac{10^{20}}{10^{17}} e^{0.6/0.026} = 10^{13}\text{cm}^{-3}$$

(c) 전하 중성으로 $p'(x) = n'(x)$가 되어야 한다. 만약 전하 중성이 유지되지 않는다면 순 전하는 전계를 생성하고(식 (4.5) 참조), 이 전계는 전하 중성이 이루어질 때까지 소수 캐리어들을 (드리프트에 의해) 재배치시킨다. N쪽에서는 전자가 다수 캐리어이고, 다음과 같다.

$$\begin{aligned} n_N(x) &= n_{N0} + n'(x) = N_d + p'(x) = 5 \times 10^{17} + p'(x_N)e^{x/L_p} \\ &= 5 \times 10^{17}\text{cm}^{-3} + 2 \times 10^{12} e^{x/35\,\mu\text{m}} \end{aligned}$$

여기서 $x_N \approx 0$을 가정한다.

종종 과잉 캐리어 밀도는 이 경우의 도핑 밀도보다 매우 작다. 이것을 **저준위 주입**^low-level injection^이라고 부른다. 여러분은 $p_P(x)$에 대한 답을 써 보라.

(d) [그림 4-19(a)] 참고

(e) N쪽에서,

$$N_v e^{-(E_{Fp}-E_v)/kT} = p(x) = p_{N0} + p'(x)$$

$$E_{Fp}(x) = E_v + kT\ln\frac{N_v}{200 + 2\times 10^{12}\exp(x/35\ \mu m)}$$

P쪽에서,

$$E_{Fn}(x) = E_c - kT\ln\frac{N_c}{10^3 + 10^{13}\exp(-x/85\ \mu m)}$$

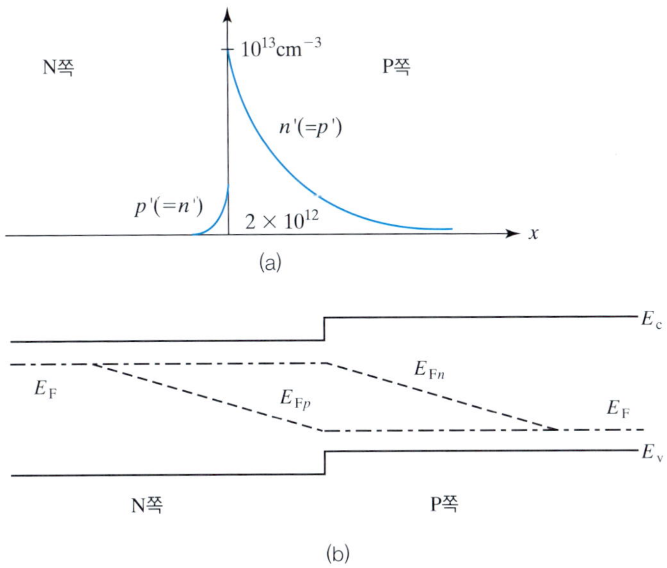

[그림 4-19] 고농도로 도핑된 쪽보다 저농도로 도핑된 쪽으로 더 많은 캐리어가 주입된 것을 명확히 알 수 있다. 그 비율 $p'(x_N)/n'(x_P)$은 N_a/N_d와 같다. 다수 캐리어들은 전하 중성을 유지하기 위해 $n' \approx p'$이 되도록 자체적으로 조절된다.

4.9 PN 다이오드 *IV* 특성

식 (4.39)와 식 (4.40)을 사용하면, N쪽에서 J_p와 P쪽에서 J_n은 다음과 같다.

$$J_{pN} = -qD_p\frac{dp'(x)}{dx} = q\frac{D_p}{L_p}p_{N0}(e^{qV/kT}-1)e^{-(x-x_N)/L_p} \tag{4.41}$$

$$J_{nP} = qD_n\frac{dn'(x)}{dx} = q\frac{D_n}{L_n}n_{P0}(e^{qV/kT}-1)e^{(x-x_P)/L_n} \tag{4.42}$$

두 전류 성분은 [그림 4-20(a)]와 같다. $x \approx 0$에서 J_n과 J_p가 알려져 있으므로, 총 전류 J는 이 지점에서 결정된다.

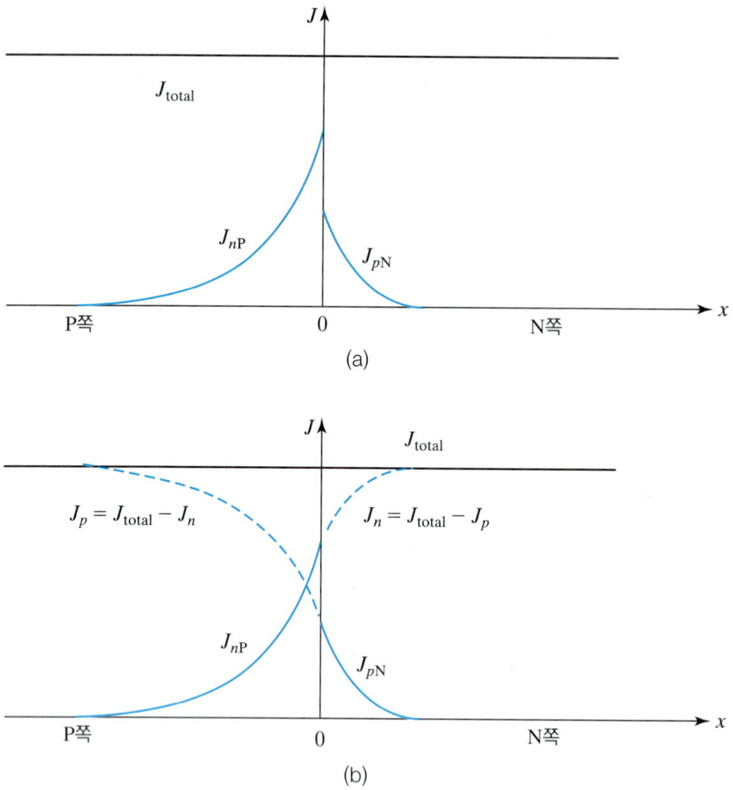

[그림 4-20] (a) 접합에서의 J_{nP}와 J_{pN} 값을 알고 있으며, 이 둘을 합하면 총 전류 J가 결정된다. (b) 나머지 다수 캐리어 전류 성분도 이제 계산될 수 있다.

$$\text{총 전류} = J_{pN}(x_N) + J_{nP}(x_P) = \left(q\frac{D_p}{L_p}p_{N0} + q\frac{D_n}{L_n}n_{P0}\right)(e^{qV/kT} - 1) \tag{4.43}$$
$$= \text{모든 } x\text{에서 총 전류}$$

다이오드의 한 쪽 끝으로 주입된 전류는 다른 쪽 끝에서 반드시 흘러나와야만 하므로 J가 x의 함수가 아니라는 것과, 전류는 그 사이에서 연속이라는 것을 알 수 있다. 이러한 사실로부터 [그림 4-20(a)]에서 J를 나타내는 선이 수평선으로 표현된다. 따라서 식 (4.43)의 표현식은 모든 x에 대해 적용된다. 일단 총 전류 J 값을 알았다면, [그림 4-20(b)]는 어떻게 나머지 (다수 캐리어의) 전류 성분이 결정될 수 있는지를 보여준다. 우리는 마지막 식을 다음과 같은 형태로 다시 쓸 수 있다.

$$I = I_0(e^{qV/kT} - 1) \tag{4.44}$$

$$I_0 = Aqn_i^2\left(\frac{D_p}{L_pN_d} + \frac{D_n}{L_nN_a}\right) \tag{4.45}$$

A는 다이오드의 면적이고, 다이오드 전류가 큰 역 바이어스(음의 V)에서 $-I_0$로 포화되기 때문에 I_0는 **역 포화 전류**^reverse saturation current^라고 한다.

몇몇 다이오드의 IV 특성을 [그림 4-21]에 나타내었다. 다이오드들은 비교적 날카로운 턴-온turn-on 특성을 지닌다. **Si PN 다이오드는 상온에서 약 0.6V의 턴-온 전압을 가진다**고 말할 수 있다. 턴-온 전압은 온도가 높아지면 낮아진다.

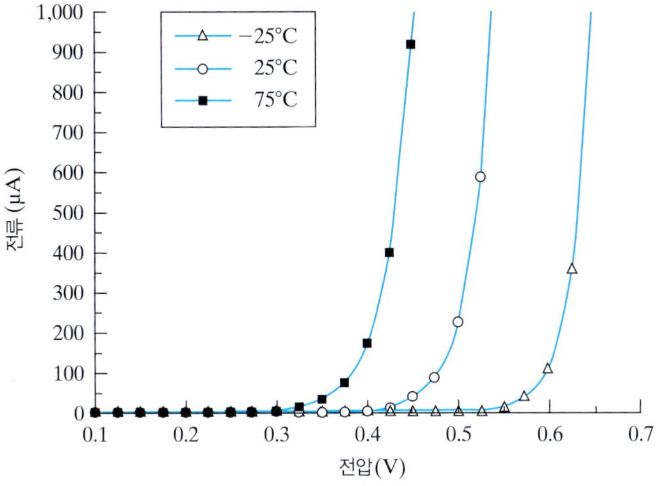

[그림 4-21] 온도가 증가하면 더 낮은 전압 쪽으로 실리콘 PN 다이오드의 IV 곡선이 이동한다.

다이오드 IV 모델과 측정 데이터는 [그림 4-22]와 같은 세미로그 도표에 그려보면 보다 넓은 전류 범위에서 정량적으로 잘 관찰할 수 있다. **정 바이어스**forward bias 상태에서 측정된 다이오드 전류와 비교할 때 다이오드 모델은 넓은 전류 범위에 걸쳐 매우 잘 들어맞는다. 이 모델은 직선의 기울기가 10배당(ln10) kT/q, 즉 상온에서 **10배당 60mV의 기울기**를 갖는 것을 예견한다. 식 (4.44)는 회로 시뮬레이터에서 다이오드를 묘사하는 용도로 사용된다. 그러나 이러한 목적으로 사용되는 I_0는 식 (4.45)를 사용하여 계산하는 것보다는 보통 정 바이어스 IV 데이터에 맞춤으로써 결정된다. 이는 N_a, N_d, τ_n, τ_p가 일반적으로 정확히 알려져 있지 않고 x에 따라 변화할 수 있기 때문이다.

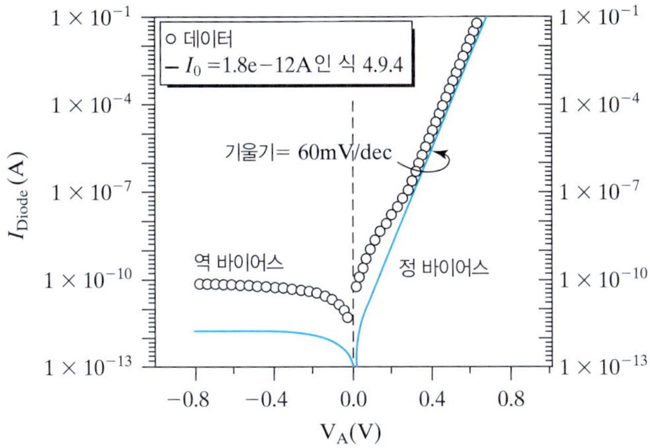

[그림 4-22] 다이오드 IV 측정 곡선의 세미로그 도표(1cm^{2}로 표준화). 색 곡선으로 표시된 식 (4.44)의 그래프는 매우 낮은 전류 영역을 제외하고는 정방향 전류에 대하여 정확하게 맞는다. 역방향 전류는 공핍층에서의 열 생성 때문에 증가한다.

NOTE 온도 센서로서의 PN 접합

식 (4.44)를 Si 다이오드의 경우에 대해 [그림 4-21]에 몇 가지 온도로 나타내었다. 이 그림은 고온이 되면 식 (4.45)에서 n_i가 커지기 때문에, 다이오드의 특정 전류 값 I를 흘리기 위해 가해주어야 하는 전압 V는 더 작아진다는 것을 보여준다. 이러한 특징은 간단한 IC 기반 온도계를 만드는 데 사용될 수 있다. 본 장의 후반부에 나오는 연습문제에서 dV/dT를 분석해 볼 것이다.

4.9.1 공핍 영역으로부터 전류 기여

식 (4.43)은 x_N과 x_P 사이에서 J_p와 J_n은 변화하지 않는다고 가정한다. 결과적으로, 식 (4.45)는 공핍 영역 내에서 전자와 정공들은 재결합하지도 않을 뿐더러 생성되지도 않는다는 것을 가정한다. 실제로는 공핍 영역 내에서 순 캐리어 재결합 혹은 순 캐리어 생성이 존재하고, 이들은 정방향 전류와 역방향 전류에 기여한다. 이러한 기여는 **공간-전하 영역 전류**space-charge region current라는 의미로 **SCR 전류**SCR current라고 부른다. **공간-전하 영역**은 공핍 영역 의 또 다른 이름이다. SCR에서 재결합(생성)의 비율은 다음과 같이 이해될 수 있다. 공핍 영역 내부에서, 식 (2.35)와 식 (2.36)을 곱해 다음과 같은 식을 만들 수 있다.

$$pn = N_c N_v e^{-(E_c - E_v)/kT} e^{(E_{Fn} - E_{Fp})/kT} = n_i^2 e^{\frac{qV}{kT}} \tag{4.46}$$

마지막 단계에서, 식 (1.25)와 $E_{Fn} - E_{Fp} = qV$([그림 4-14] 참조)를 사용했다. 식 (4.28)은 p를(N_a) 알거나 혹은 n을(N_d) 알 때의 식 (4.46)의 특별한 경우에 해당한다. p와 n 모두 SCR에서는 알려져 있지 않다. 사실상 n과 p는 공핍층 폭을 지나면서 변화한다. 그런데 재결합을 하기 위해서는 [그림 2-13]에서 보는 바와 같이 전자와 정공이 모두 존재해야 한다. $n \approx p$일 때 재결합 비율이 가장 큰 것은 당연하다. 이 추론과 식 (4.46)을 함께 고려하면 재결합 비율은 다음 조건에서 최대가 된다.

$$n \approx p \approx n_i e^{\frac{qV}{2kT}} \tag{4.47}$$

$$\text{단위 체적당 순 재결합(생성) 비율} = \frac{n_i}{\tau_{dep}}\left(e^{\frac{qV}{2kT}} - 1\right) \tag{4.48}$$

τ_{dep}은 공핍층에서의 생성/재결합 수명이다. -1항이 있어 $V = 0$(평형)일 때 재결합/생성 비율 값은 0이 된다. 비율이 음의 값일 때는 순 생성이 존재한다. 그렇게 생성된 캐리어들은 전계에 의해 N과 P 영역 쪽으로 각각 쓸려 지나가게 되고, 이 전류는 식 (4.44)에 추가적인 전류 성분이 된다.

$$I = I_0\left(e^{\frac{qV}{kT}} - 1\right) + A\frac{qn_i W_{dep}}{\tau_{dep}}\left(e^{\frac{qV}{2kT}} - 1\right) \tag{4.49}$$

두 번째 항은 SCR 전류로, 정 바이어스일 때 [그림 4-22]와 같이 10^{-7}A 이하에서 120mV/decade에 해당하는 기울기를 갖는 여분의 전류이다. 이처럼 비이상적 전류nonideal current는 바이폴라 트랜지스터가 저전류 영역에서 동작할 때 낮은 이득을 갖게 되는 원인이 된다(8.4절 참조). 역 바이어스일 때의 역방향 누설전류, 즉 식 (4.49)는 다음과 같이 된다.

$$I_{\text{leakage}} = I_0 + A\frac{qn_{\text{i}}W_{\text{dep}}}{\tau_{\text{dep}}} \tag{4.50}$$

접합 누설전류는 **DRAM**Dynamic Random Access Memory 기술에서 매우 중요한 이슈이고(6.15.2절 참조) 영상 소자에서 잡음을 생성시킨다(5.10절 참조). 이런 소자를 제조할 때는 재결합 트랩의 밀도를 최소화하기 위하여, 고도로 청결하면서도 거의 결정 결함이 없는 공정을 거치도록 함으로써 생성/재결합 수명을 길게 만들어 주기 위해 각별한 주의가 필요하다.

4.10 전하 축적*

[그림 4-19]는 정 바이어스되었을 때 과잉 전자와 정공들이 PN 다이오드 내에 존재한다는 것을 보여준다. 이 현상을 **전하 축적**charge storage이라고 부른다. **축적된 전하**stored charge는 $p_{\text{N}}'(0)$과 $n_{\text{P}}'(0)$에(즉, $e^{qV/kT-1}$에) 비례한다. I 또한 $e^{qV/kT-1}$에 비례하므로, **축적된 전하 Q [C]는 I에 비례한다.**

$$Q \propto I \tag{4.51}$$

비례 관계를 간단히 설명하자면 I는 다이오드에 주입하는 소수 전하 주입의 비율이다. 정상 상태에서, 이 비율은 전하 재결합 비율인 Q/τ_{s}와 같아야만 한다(2.6절 참조).

$$\begin{aligned} I &= Q/\tau_s \\ Q &= I\tau_s \end{aligned} \tag{4.52}$$

τ_{s}는 **전하-축적 시간**charge-storage time이라고 부른다. 일방형 접합에서, τ_{s}는 상대적으로 더 적게 도핑된 쪽에서의 재결합 수명이고, 그 쪽으로 전하가 주입되고 거기에서 재결합이 발생한다. 일반적으로 τ_{s}는 N쪽과 P쪽에서의 재결합 수명의 평균이다. **좌우간 I와 Q는 전하-축적 시간이라는 변수에 의해 간단히 연결된다.**

4.11 다이오드의 소신호 모델*

아날로그 회로analog circuit에서 다이오드는 DC 전류 I_{DC}에 바이어스되는데, 다이오드 전압 혹은 전류 값이 조금 변화할 때 다이오드가 이에 얼마나 반응하느냐 하는 것에 의해 회로 동작이 결정된다.

다이오드는 [그림 4-23]과 같은 병렬 RC 회로로 회로 상에 나타난다. 식 (4.44)를 사용하고 $qV/kT \gg 1$을 가정하면, 컨덕턴스는 다음과 같이 나타낼 수 있다. 상온에서 $G = I_{DC}/26\,\text{mV}$이다.

$$\begin{aligned} G \equiv \frac{1}{R} &= \frac{\mathrm{d}I}{\mathrm{d}V} = \frac{\mathrm{d}}{\mathrm{d}V} I_0(\mathrm{e}^{qV/kT} - 1) \approx \frac{\mathrm{d}}{\mathrm{d}V} I_0 \mathrm{e}^{qV/kT} \\ &= \frac{q}{kT} I_0 \mathrm{e}^{qV/kT} = I_{DC}/\frac{kT}{q} \end{aligned} \tag{4.53}$$

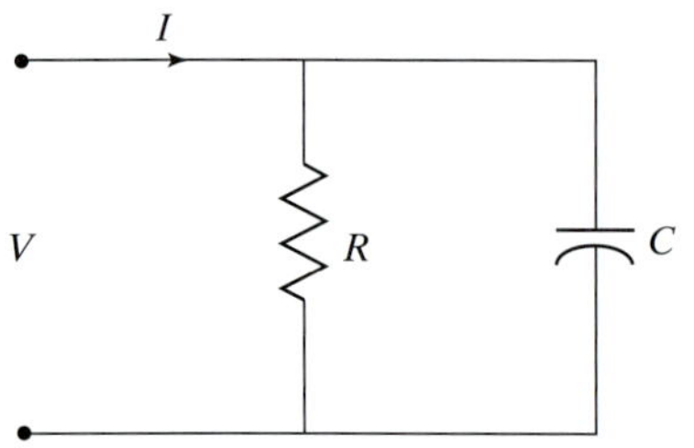

[그림 4-23] PN 다이오드의 소신호 등가 회로

소신호 컨덕턴스와 저항은 바이어스 전류 I_{DC}를 조절하여 변화시킬 수 있다. 식 (4.52)를 사용하면 소신호 커패시턴스는 다음과 같다.

$$C = \frac{\mathrm{d}Q}{\mathrm{d}V} = \tau_s \frac{\mathrm{d}I}{\mathrm{d}V} = \tau_s G = \tau_s I_{DC}/\frac{kT}{q} \tag{4.54}$$

따라서 다이오드 RC 지연은 바로 전하 축적 시간 τ_s가 된다. 다이오드 커패시턴스를 측정하면 τ_s 를 편리하게 결정할 수 있다. 이 커패시턴스를 종종 **확산 커패시턴스**diffusion capacitance 혹은 **전하-축적 커패시턴스**charge-storage capacitance라고 부르는데, 이는 전하 축적과 관련되어 있으며 전하 축적은 확산 과정과 관련되어 있기 때문이다. 보다 정확하게 하면, 식 (4.54)에 $A\varepsilon_s/W_{dep}$항을, 즉 공핍층 커패시턴스 C_{dep}(식 (4.20) 참조)을 묘사하는 항을 추가할 수 있다. 강한 정 바이어스 상태에서, 확산 커패시턴스는 보통 C_{dep}을 압도한다. 확산 커패시턴스와 공핍 커패시턴스 모두 소자와 회로의 동작을 느려지게 만들기 때문에 바람직하지 못하다.

Part 2 광전 소자에의 응용

4.12 태양전지

PN 정류기는, 예를 들자면 AC 유틸리티 전력을 DC 전력으로 변환시켜 전자 장비에 전력을 공급할 때 유용하다. 본 절에서는 동일하게 PN 접합에 그 기반을 두고 있으면서, 유용하고 더 흥미롭기까지 한 여러 다른 소자들을 소개한다. 이것들은 모두 **광전 소자**optoelectronic device이다. 그 첫 번째가 태양전지이다.

4.12.1 태양전지 기초

통상적으로 실리콘으로 만들어지는, **광기전성 전지**photovoltaic cell라고도 하는 **태양전지**solar cell는 15~30%의 에너지 효율을 갖고 태양광을 전기로 변환할 수 있다. 태양전지 패널은 전기를 생성시키기 위해 흔히 지붕 위나 훤히 트인 광장에 설치된다. 태양전지의 구조는 PN 접합 다이오드와 동일하지만 빛이 반도체에 잘 부딪칠 수 있도록 손가락 모양의 전극 혹은 투명한 전극을 가진다.

NOTE 지구의 에너지 매장량

"반도체 소자들이 지구를 구한다Semiconductor Devices Save the Earth." 이런 매우 대담한 제목의 과학 논문[3]이 전 세계의 에너지와 기후 온난화 문제에 대한 한 해결책으로 태양전지의 잠재성에 대한 주의를 불러 일으켰다.

에너지의 세계적 소비율이 시간에 따라 증가하지 않고 현재의 수준에 머무른다고 가정해 보자. 확인된 전 세계 오일 매장량은 약 35년간 지속될 것이다. 천연 가스는 60년 지속되고, 석탄은 170년 지속되며, 그리고 우라늄은 60년 지속된다. 그러나 만약 소비율이 일 년에 3%씩만 증가하더라도 예측된 에너지 소비는([그림 4-24] 참조) 화석 연료 매장량을 더 빨리 고갈시킬 것이다. 간혹 우리가 새로운 매장량을 발굴한다 할지라도, 화석 연료를 태울 때 이산화탄소가 방출됨으로써 야기되는 전 세계 온난화(온실 효과)라는 추가적인 문제가 존재하게 된다. 따라서 적극적으로 에너지를 보존하지 않거나 태양전지와 같은 재생 가능한 에너지 자원renewable energy sources을 개발하지 않는다는 것은 무모한 일이다. 태양 에너지는 광기전성 방법 이외에 다른 많은 수단을 통해 전기로 변환될 수 있다. 예를 들어, 태양 열전 시스템에서 태양 에너지는 열로 변환되어 열 엔진을 가동시키며 이 열 엔진은 발전기를 운전하게 된다. 풍력 발전은 태양이 지구를 가열함으로써 발생되는 바람의 에너지를 이용한다. 식물을 길러 그것을 태운 다음, 전기를 생성하는 것도 한 방법이다. 그들은 모두 이산화탄소의 순 방출 없이 전기를 생성한다.

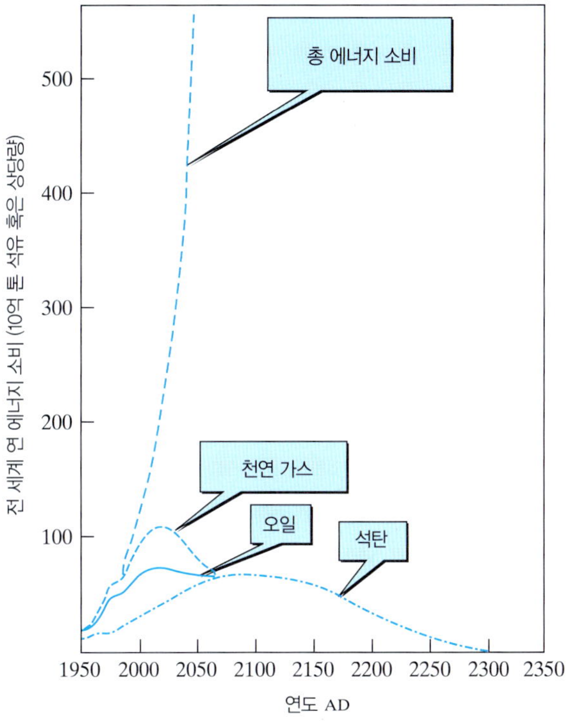

[그림 4-24] 화석 연료 매장물의 고갈 및 연 3% 성장을 가정했을 때 전 세계 에너지 소비의 최근 역사와 전망([3]에서 발췌. © 1992 IEEE.)

우리는 빛이 없을 때, 다이오드 전압은 다음 식과 같이 다이오드 전류를 생성한다는 것을 알았다.

$$I = I_0(e^{qV/kT} - 1) \tag{4.44}$$

빛은 또한 전압이 없이, 즉 두 다이오드 단자를 단락시켜 $V = 0$으로 한 경우에 다이오드 전류를 생산할 수 있는 가동력이 된다. [그림 4-25]는 PN 접합에 빛을 비출 때, 빛에 의해 접합으로부터 확산 거리(정도) 이내에 생성된 소수 캐리어들이 접합으로 확산하고, 내부 전계에 의해 접합을 가로질러 각각 양쪽으로 쓸려 나감으로써, P 단자 밖으로 흘러 나가 외부 단락 회로를 통과하여 다시 N 단자로 들어가는 전류를 발생시킨다는 것을 보여준다. 이 전류를 단락 회로 전류short-circuit current, I_{sc}라고 부른다. I_{sc}는 물론 빛의 세기와 전지 면적에 비례한다.

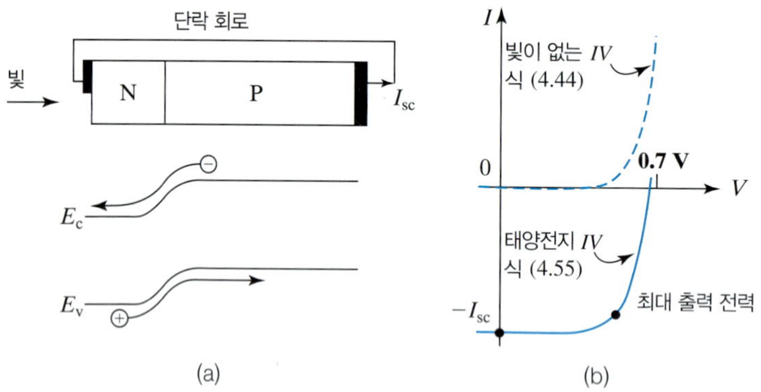

[그림 4-25] (a) $V = 0$일 때 빛이 PN 접합에서 전류를 생성할 수 있다. (b) 태양전지 IV 값은 음수이고, 이는 전력을 생성한다는 것을 의미한다([4]에 따름).

총 다이오드(태양전지) 전류는 전압에 의해 생성된 전류와 빛에 의해 생성된 전류의 합이다.

$$I = I_0(e^{qV/kT} - 1) - I_{sc} \tag{4.55}$$

음의 부호는 I_{sc}의 방향([그림 4-25(a)] 참조)이 가해진 전압에서 생성된 전류의 방향([그림 4-2] 참조)과 반대인 것을 가리킨다. 태양전지 IV 곡선은 [그림 4-25(b)]와 같다. 태양전지는 IV 도표의 4사분면에서 동작한다. I와 V는 서로 반대 부호를 가지기 때문에, 태양전지는 전력을 생성한다. 각 실리콘 태양전지는 약 0.6 V를 **생성한다**. 요구되는 전압을 얻기 위해서는 다수의 전지가 직렬 로 연결되며, 이러한 다수의 직렬 줄들이 태양전지 패널에 병렬로 연결된다. 출력 전력 $|I \times V|$를 최대화하는 IV 곡선([그림 4-25(b)] 참조) 상에 특정 동작점이 존재한다. 부하-정합 회로는 전지가 그 점에서 동작하도록 해준다.

불행하게도, 태양 에너지는 널리 흩어진다. 각 제곱미터 크기의 태양전지는 낮과 밤, 그리고 맑은 날과 흐린 날에 걸쳐 평균적으로 약 25 W의 연속 전력을 생산할 수 있다. 전 세계의 평균 전기 소비는 10^{12} W를 초과한다. 만약 모든 전기를 태양전지에 의해 공급하려 한다면, 전지는 200 km×200 km 크기의 거대한 면적을 가져야 한다. 따라서 비용을 낮추고 **에너지 변환 효율**energy conversion efficiency을 높이는 것이 중요한데, 에너지 변환 효율은 태양 에너지 입력에 대한 전기 에너지 출력의 비율이다. 태양전지는 단결정 반도체뿐 아니라 비정질 혹은 다결정(3.7절의 [NOTE]에서 "세 종류의 고체" 참조) 반도체로 만들 수 있다. 비정질 혹은 다결정 반도체는 제조비용은 저렴하지만 전기를 생성하는 데는 덜 효율적이다.

4.12.2 빛 침투 깊이—직접 갭 반도체와 간접 갭 반도체

태양 빛은 대부분 적외선부터 보라색까지의 파장 혹은 광자 에너지 범위를 가진다. 광자 에너지와 파장 λ의 관계는 다음과 같다.

$$\text{광자 에너지(eV)} = \frac{hc}{\lambda} = \frac{1.24}{\lambda\ (\mu\text{m})} \tag{4.56}$$

E_g보다 작은 에너지를 갖는 광자는 [그림 4-26]에서 보는 바와 같이 반도체에 의해 흡수되지 않는다. E_g보다 큰 에너지를 갖는 광자는 흡수되지만, 그 중 일부 광자는 흡수되기 전에 반도체 내에서 적지 않은 거리를 여행할 수 있다. 빛의 세기는 여행 거리 x에 따라서 지수함수적으로 감쇄한다.

$$\text{빛의 세기}(x) \propto e^{-\alpha x} \tag{4.57}$$

α는 **흡수 계수**absorption coefficient이고, $1/\alpha$은 빛의 **침투 깊이**penetration depth이다. 태양전지는 거의 모든 광자들을 포획하기 위해서 빛의 침투 깊이보다 충분히 큰 두께를 가져야만 한다. [그림 4-26]은 Si 태양전지가 E_g 이상의 에너지를 갖는 대부분의 광자를 흡수하기 위해서 50μm보다 얇지 않아야만 한다는 것을 보여준다. 반면에, GaAs 태양전지는 광자 에너지가 E_g를 초과할 때 그것의 흡수 계수가 가파르게 상승하기 때문에 단지 1μm의 두께만이 필요하다. Si와 Ge은 에너지 밴드 구조의 특성 때문에 낮은 흡수 계수를 갖는다.

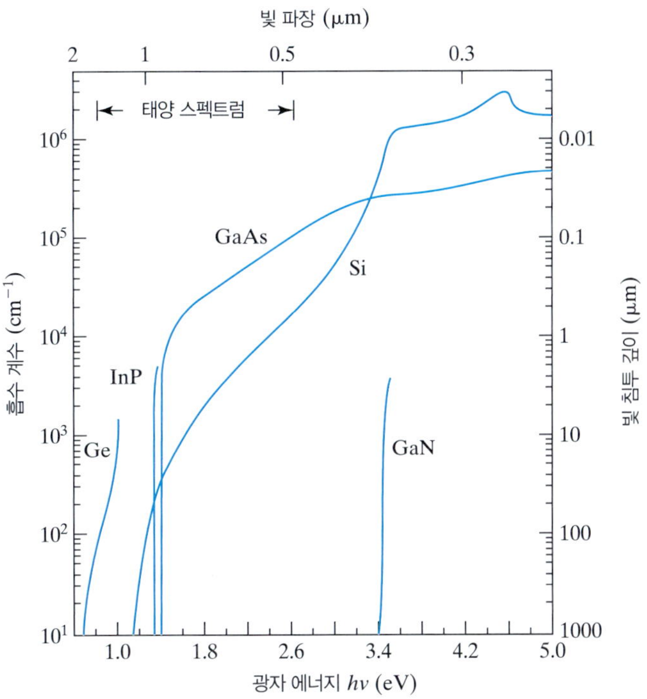

[그림 4-26] 광자 에너지의 함수인 빛 흡수 계수. Si와 Ge은 간접 갭 반도체이다. InAs, GaAs, GaN은 직접 갭 반도체로 가파르게 상승하는 흡수 계수를 보여준다.

전자는 입자와 파동의 특성을 모두 갖는다. 전자는 에너지 E와 파동 벡터 k를 가지며, k는 전자 파동의 방향과 파장을 묘사한다($k = 2\pi$/전자 파장). [그림 4-27(a)]의 위쪽 가지는 GaAs 전도 대역의 바닥 근처에서 전자의 에너지 대 k의 도식적인 그림을 보여준다. 아래 쪽 가지는 가전자 대역 꼭대기 근처에서 전자의 E 대 k의 도면을 보여준다. 이 $E-k$ 관계는 GaAs 결정에 대하여 양자역학의 슈뢰딩거 방정식(식 (1.4) 참조)을 푼 해이다. 전도 대역의 바닥과 가전자 대역의 꼭대기가 동일한 k 값에서 발생하기 때문에, 이런 특성을 동일하게 가지는 InP와 GaN을 포함해서 이들 모두를 **직접 갭 반도체**direct-gap semiconductor라고 부른다. 이때 "갭"은 에너지 밴드 갭을 의미한다. k 보존(운동량 보존과 등가)이 만족되기 때문에 광자는 가전자 대역의 전자를 전도 대역으로 효율적으로 움직일 수 있다. 따라서 흡수 계수는 크다.

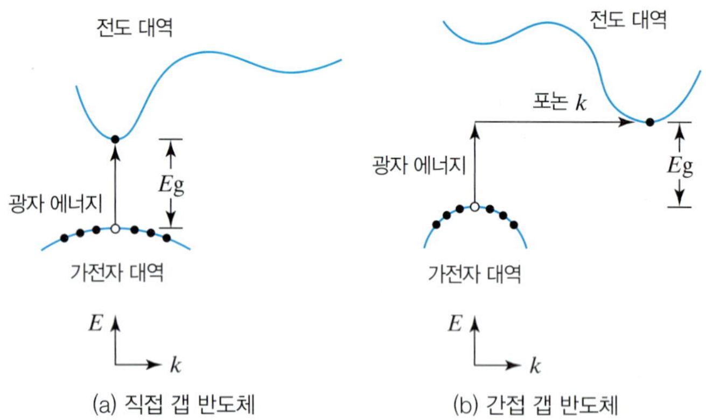

[그림 4-27] 직접 갭 반도체와 간접 갭 반도체의 $E-k$ 다이어그램

[그림 4-27(b)]는 Si와 Ge의 도식적인 $E-k$ 그림을 나타낸다. 이것을 **간접 갭 반도체**indirect-gap semiconductor라고 부른다. k 보존을 만족시키기 위해 포논의 도움이 필요하기 때문에 빛을 효율적으로 흡수하지 못한다.

태양전지의 응용에서 모든 조건이 동일하다는 가정 하에 직접 갭 반도체를 더 선호한다. 그 이유는 직접 갭 반도체들은 매우 얇은 필름이면 충분하고 따라서 적은 양의 반도체 물질만을 필요로 하기 때문이다. 이것은 단가 측면에서 긍정적인 의미를 갖는다. 실제로 실리콘은 비싸지 않기 때문에 지금까지 가장 널리 보급된 태양전지 재료이다. 그럼에도 불구하고, 패키징과 설치를 포함해서 전반적인 박막 태양전지 시스템의 단가를 실리콘 태양전지 시스템의 단가보다 낮추기 위하여, 비싸지 않은 무기물 혹은 **유기물 반도체**organic semiconductor를 찾기 위한 심도 있는 연구가 계속되고 있다.

LED와 다이오드 레이저(4.13절 및 4.14절 참조)를 만들기에 적합한 유일한 재료가 직접 갭 반도체라는 것을 직접 갭 반도체의 관련 특성으로부터 알 수 있다.

4.12.3 단락 회로 전류와 개방 회로 전압

만약 [그림 4-16]에서 빛이 반도체에 비쳐서 $G\mathrm{s}^{-1}\mathrm{cm}^{-3}$의 비율로 정공(및 전자)을 생성한다면, 추가로 $G \cdot A \cdot \Delta x$ 항이 식 (4.30)의 좌변에 더해져야 한다. 결과적으로, 식 (4.34)는 다음과 같이 수정된다.

$$\frac{\mathrm{d}^2 p'}{\mathrm{d}x^2} = \frac{p'}{L_p^2} - \frac{G}{D_p} \tag{4.58}$$

[그림 4-28(a)]에서 간편성을 위해 $\mathrm{P^+N}$ 태양전지가 매우 얇은 $\mathrm{P^+}$층을 가지며, G쌍 $\mathrm{s}^{-1}\mathrm{cm}^{-3}$의 균일한 비율로 N 영역에 전자-정공 쌍이 생성된다고 가정하자. 단락 회로 조건($V = 0$) 하에서, $x = 0$일 때 경계 조건은 다음과 같다(식 (4.29) 참조).

$$p'(0) = 0 \tag{4.59}$$

$x = \infty$에서 p'은 일정한 값에 도달해야 하고, 따라서 식 (4.58)의 좌변은 0이 되어야만 한다.

$$p'(\infty) = L_p^2 \frac{G}{D_p} = \tau_p G \tag{4.60}$$

식 (4.58)의 해는 다음과 같다.

$$p'(x) = \tau_p G(1 - \mathrm{e}^{-x/L_p}) \tag{4.61}$$

대입에 의해서 식 (4.61)이 식 (4.58)~(4.60)을 만족시킨다는 것을 쉽게 증명할 수 있다. $p'(x)$는 [그림 4-28(b)]에 나타내었다.

$$J_p = -qD_p \frac{\mathrm{d}p'(x)}{\mathrm{d}x} = q\frac{D_p}{L_p}\tau_p G\mathrm{e}^{-x/L_p} \tag{4.62}$$

$$I_{\mathrm{sc}} = AJ_p(0) = AqL_pG \tag{4.63}$$

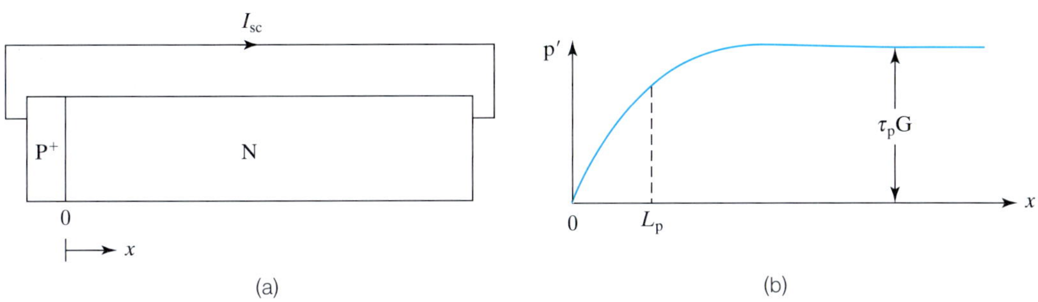

[그림 4-28] (a) 단락 회로 조건 하에서 $\mathrm{P^+N}$ 태양전지와 (b) 과잉 캐리어 농도 분포. $x < L_p$ 이내에서 생성된 캐리어들만이 효율적으로 접합 쪽으로 확산되어 단락 회로 전류 성분이 될 수 있다.

식 (4.63)을 좀 더 깊게 해석해 보자. 접합으로부터 거리 L_p 이내, 즉 체적 $A \cdot L_p$ 내에서 생성된 정공만이 PN 접합에 의해 수집되고 단락 회로 전류에 기여한다는 것을 알 수 있다. 접합으로부터 더 먼 곳에서 생성된 캐리어들은 재결합으로 인해 손실되고 만다. 결론은 소수 캐리어의 확산 길이가 큰 것이 태양전지 전류를 위해서는 좋다는 것이다. 식 (4.63)은 균일한 빛의 흡수라는 가정 하에서 유도되었으며 I_{sc}와 확산 길이 사이의 간단한 비례 관계를 보여주지만, 실제 태양전지 구조에서는 I_{sc}와 확산 길이 사이의 관계식이 식 (4.63)보다 더 복잡하다. 그렇지만 소수 캐리어의 확산 길이가 큰 것이 태양전지 전류를 위해서는 좋다는 사실은 변함없다.

태양전지 재료는 큰 캐리어 확산 거리, 즉 긴 캐리어 재결합 시간을 가져야만 한다. 다른 말로, 재료는 재결합 센터로 기여하는([그림 2-12] 참조) 결함과 불순물이 매우 적어야만 한다. 이것은 간접 갭 재료인 경우 특별히 중요하다. 직접 갭 반도체인 경우, 빛은 깊숙이 침투하지 않는다. 이 경우에 모든 캐리어들은 좁은 영역에 생성되고, 만약 접합이 캐리어들을 모으기 위해 이 좁은 영역에 적절하게 위치하고 있다면 캐리어 확산 길이는 클 필요가 없다.

P^+N 태양전지를 가정하여, 식 (4.63)과 식 (4.45)를 식 (4.55)에 대입하면 다음 식을 얻을 수 있다.

$$I = Aq\frac{n_i^2}{N_d}\frac{D_p}{L_p}(e^{qV/kT} - 1) - AqL_pG \tag{4.64}$$

$I = 0$으로 놓으면, 개방 회로 전압 V_{oc}를 (간편하게 $e^{qV_{oc}/kT} \gg 1$로 가정하여) 풀 수 있다.

$$0 = \frac{n_i^2}{N_d}\frac{D_p}{L_p}e^{qV_{oc}/kT} - L_pG \tag{4.65}$$

$$V_{oc} = \frac{KT}{q}\ln(\tau_p G N_d / n_i^2) \tag{4.66}$$

4.12.4 출력 전력

식 (4.64)를 스케치한 그림은 [그림 4-25(b)]와 같다. 태양전지 IV 곡선 상에 출력 전력 $|I \times V|$를 최대화시키는 특별한 동작점이 존재한다. 그 지점에서 전지가 동작하도록 하기 위해 보통 부하-정합 회로가 사용된다.

$$\text{출력 전력} = I_{sc} \times V_{oc} \times FF \tag{4.67}$$

여기에서 FF(**충진 인자**)fill factor는 간단히 $I_{sc} \times V_{oc}$에 대한 최대 $|I \times V|$ 값의 비율이다. FF는 대체로 약 0.75 정도이다. 단락 회로 전류 I_{sc}는 식 (4.63)에서 보는 바와 같이 빛의 세기에 비례한다.

식 (4.66)에 의하면 N_d를 증가시키면 V_{oc}를 증가시킬 수 있다. 그러므로 태양전지는 아주 높게 도핑되어야 한다. 캐리어 생성 비율 G가 크면 V_{oc}에 유익하다. 태양전지에 태양 빛을 집중시키기 위해 광 집속기를 사용하면 G를 증가시켜 V_{oc}를 향상시킬 수 있다. 태양전지 면적과 전지 단가를 낮추는 것 이외에도,

전지가 효과적으로 냉각될 수 있다면 빛의 집광은 이같이 전지 효율을 증가시킬 수 있다. 만약 전지가 뜨거워진다면, n_i^2은 증가하고 V_{oc}는 떨어진다. 밴드 갭 에너지 E_g가 크면 n_i^2을 지수함수적으로 감소시킨다(식 (1.27) 참조). 따라서 V_{oc}는 E_g에 따라 선형적으로 증가한다. 반면에 만약 E_g가 너무 크다면, 재료는 태양 스펙트럼([그림 4-26] 참조)의 장파장(빨간색과 적외선) 영역의 넓은 범주에 속하는 광자들을 흡수하지 못하고 I_{sc}는 떨어질 것이다. 가장 좋은 태양전지 효율은(~24%) E_g 값이 1.2 eV와 1.9 eV 사이에 있을 때 얻을 수 있다. 상용되고 있는 지붕형 실리콘 태양-전지 패널은 15~20% 사이의 변환 효율을 갖는다. **직렬식 태양전지**[tandem solar cell]는 둘 혹은 그 이상의 반도체 재료를 사용함으로써 매우 높은(30% 이상) 에너지 변환 효율을 달성할 수 있다. 한 재료는 큰 값의 E_g를 갖고 있어 태양 복사의 단파장 부분을 흡수하여 전기로 변환시키고, 이 첫 번째 재료의 뒤에 위치한 상대적으로 더 작은 E_g를 갖는 다른 재료는 첫 번째 재료에 의해 흡수되지 않은 태양 복사를 흡수하여 전기로 변환시킨다.

4.13 발광 다이오드와 고체 조명

많은 색깔의 LED 혹은 발광 다이오드[light-emitting diode]가 교통 신호등, 지시등, 영상 광고판 등에 응용되고 있다. 또한 LED는 백열등보다 매우 높은 에너지 효율을 제공하면서 공간 조명으로 활용될 수 있다. 전자와 정공은 재결합하여 $h\nu \approx E_g$를 갖는 광자(빛)를 방사한다. 반도체의 성분을 조절하여, E_g는 청색, 녹색, 노란색, 빨간색, 적외선, 그리고 UV LED가 가능하도록 변환될 수 있다. 그들은 In, Ga, Al, As, P, N을 포함하는 화합물 반도체로 만들어진다.

[그림 4-29]는 기본 LED를 보여준다. 적절한 반도체 재료를 사용해 PN 접합을 만들고 소수 캐리어를 주입하기 위해 정 바이어스시킨다. 주입된 소수 캐리어가 다수 캐리어들과 재결합할 때 광자가 방출된다. 그 빛은 모든 방향으로 방사된다. 반도체와 공기의 경계면에서 (반도체 속으로 되돌려) 빛이 반사되는 것을 줄이고, 그렇게 함으로써 정방향으로 더 많은 빛을 내보내기 위하여 반도체 표면에 무늬를 넣거나 혹은 돔 형태의 렌즈를 부착할 수 있다.

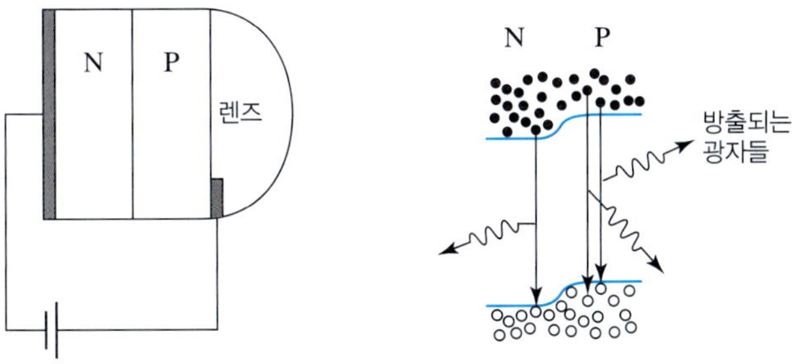

[그림 4-29] LED의 도식적인 그림. PN 접합에 주입된 전자와 정공들이 재결합할 때 광자가 생성된다.

4.13.1 LED 재료와 구조

GaN(갈륨 나이트라이드) 같은 직접 갭 반도체는 Si 같은 간접 갭 반도체보다 LED 응용에 훨씬 더 적합하다. 직접 갭 재료에서 전자와 정공들은 정합된 파동 벡터를 갖고(4.12.2절 참조) 쉽게 재결합할 수 있다. [그림 4-27]은 두 가지 다른 형태의 반도체 내에서 어떻게 광자가 전자-정공 쌍을 생성하는지를 보여준다. 만약 화살표 방향이 반대로 된다면, 이 그림은 또한 전자와 정공이 재결합할 때 광자가 어떻게 생성되는지를 설명하게 된다. 방사 재결합^radiative recombination^이라 불리는 광자 생성 과정은 직접 갭 반도체에서 나노 초(ns)의 수명을 갖고 빠르게 진행되는 간단한 과정이다. 따라서 방사 재결합 과정은 지배적인 재결합 과정이 되고 주입된 캐리어들이 높은 백분율로 광자를 생성하게 된다. 이 백분율을 **양자 효율**^quantum efficiency^이라고 한다. 간접 갭 반도체에서는 방사 재결합이 밀리 초(ms)의 수명으로 느리게 발생하기 때문에 광자 생성의 양자 효율이 매우 낮다. 그 결과, 광자보다는 포논을 생성하는 트랩-경유-재결합 과정([그림 2-13] 참조)이 빠르고 우세한 재결합 과정이 된다.

다음으로 고려할 사항은 밴드 갭 에너지이다. 식 (4.56)으로부터 다음 식을 얻는다.

$$\text{LED 파장}(\mu\text{m}) = \frac{1.24}{\text{광자 에너지}} \approx \frac{1.24}{E_g(eV)} \tag{4.68}$$

[표 4-1]은 LED에서 통상적으로 사용되는 반도체들을 보여준다. InP와 GaAs 같은 적외선 영역의 밴드 갭을 갖는 재료들은 광통신에 적용(4.14절 참조)되고 있는 LED 제작 용도로 널리 보급되어 있다. 가시광 영역에서 활용되는 몇 가지 반도체가 있는데, 예를 들어 GaP는 노란색 빛에 해당하는 밴드 갭 에너지를 갖는다. GaP와 GaAs를 섞는 비율을 변화시켜, 즉 $GaAs_{1-x}P_x$를 사용하여 노란색($x \approx 1$), 오렌지색, 빨간색, 그리고 적외선($x \approx 0$) 빛을 방출하는 LED를 만들 수 있다.

GaAs와 GaP는 두 가지 화학 원소로 만들어지므로 **2원소 반도체**^binary semiconductor^라 부른다. 세 원소를 포함하는 $GaAs_{1-x}P_x$는 **3원소 반도체**^ternary semiconductor^이다. 이러한 것들을 모두 화합물 반도체^compound semiconductor^라고 한다.

[표 4-1] 광전-소자 재료

	E_g(eV)	파장(μm)	색	격자상수(Å)
InAs	0.36	3.44	적외선 ↑	6.05
InN	0.65	1.91		3.45
InP	1.36	0.92		5.87
GaAs	1.42	0.87		5.66
GaP	2.26	0.55	빨강 노랑 파랑 보라	5.46
AlP	3.39	0.51		5.45
GaN	2.45	0.37	↓ UV	3.19
AlN	6.20	0.20		3.11

세 번째 고려할 사항은 기판 재료이다. 고효율 LED는 얇은 반도체 필름을 이 필름과 결정 격자상수가 가깝게 정합된 기판 웨이퍼 위에 에피 층으로 길러(3.7.3절 참조) 제작한다. 격자상수들을 [표 4-1]의 마지막 열에 나열했다. 양질의 InP, GaAs, GaP, Al_2O_3 웨이퍼를 적정한 가격으로 구입할 수 있다.

예를 들어, 노란색 LED를 생산하기 위해 GaAs 기판 위에 GaP 필름을 성장시켜 사용한다. 불행하게도, GaP는 GaAs 기판과 동일한 격자상수를 갖지 않는다. 이처럼 격자상수가 일치하지 않으면 GaP 에피 층 필름에 결정 결함들이 생기면서(3.7.3절 참조) LED 효율과 신뢰성을 떨어뜨린다. GaP는 GaAs 기판의 격자상수와 정합된 격자상수를 얻기 위해서 InP와 섞어 사용할 수 있다. 그러나 그 혼합물은 원하는 가시 광 방출을 얻기에는 너무 낮은 E_g를 갖는다. 다행스럽게도, GaP, InP, AlP를 섞는 비율을 변화시켜 가면 E_g와 격자상수를 모두 독립적으로 조정할 수 있다. 다른 말로, AlInGaP 같은 네 가지 화학 원소를 포함하는 **4원소 반도체**quaternary semiconductor는 기판 재료의 격자상수에 정합되어야 한다는 요구 조건을 만족시키면서 동시에 적절한 범위의 E_g(파장) 값을 제공할 수 있다.

[표 4-2]는 몇 가지 중요한 LED 재료 시스템을 요약한 것이다. GaAs 기판을 GaP 기판으로 대치하는 것은 빨간색과 노란색 LED의 효율을 향상시킨다. 왜냐하면 GaAs는 빨간색과 노란색 파장의 빛을 흡수하지만 GaP는 이 파장들의 빛을 흡수하지 않고 투명하게 통과시키기 때문이다. 기판 위에 에피 층으로 GaN을 기른 사파이어(Al_2O_3) 기판은 그것이 UV 빛에 투명하기 때문에 파란색과 UV LED 제작 용도로 우수한 기판이 된다.

[표 4-2] 여러 상용 LED

파장 범위	재료 시스템	기판	적용 예
적외선	InGaAsP	InP	광통신
적외선-빨간색	GaAsP	GaAs	지시등, 리모컨
빨간색-노란색	AlInGaP	GaP	광통신, 고휘도(high-brightness) 교통 신호등
녹색-파란색	InGaN	사파이어	고휘도 신호등, 영상 광고판
파란색-UV	AlInGaN	GaN 혹은 사파이어	고체 조명
빨간색-파란색	유기물 반도체	유리	디스플레이

재료를 잘 선택하면, LED는 1에 가까운 내부 양자 효율을 가질 수 있다. 즉, 주입된 캐리어의 대부분이 광자를 생성시킬 수 있다. 빛을 추출하기 위해서는 주의를 기울여야만 한다. [그림 4-30(a)]는 옆면에서는 전반사가 일어나고 뒷면에는 반사경을 가진, 끝이 잘린 피라미드 모양을 한 기판을 보유한 빨간색 LED를 보여준다. GaP 기판은 빨간색 빛에 투명하다.

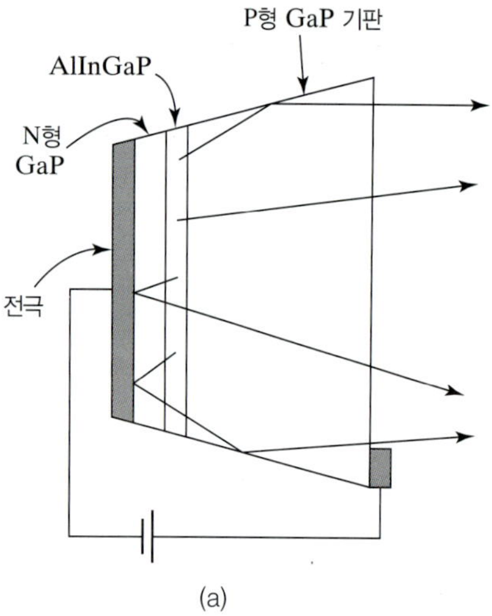

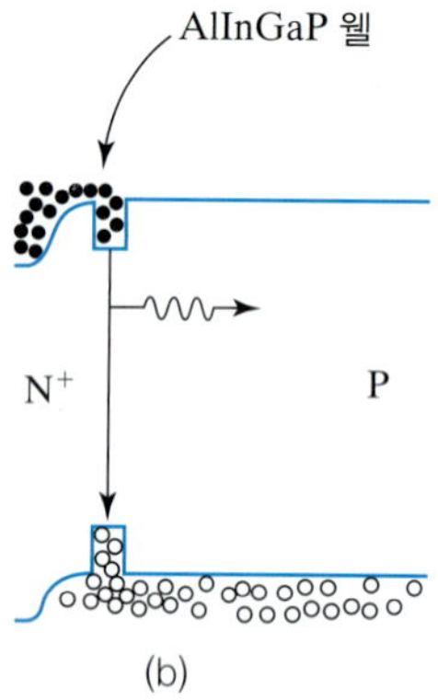

[그림 4-30] (a) 더 나은 광 추출을 위해 경사진 측면들을 가진 빨간색 LED, (b) 양자 웰을 보여주는 에너지 밴드 다이어그램

[그림 4-30(b)]는 에너지 웰energy well 혹은 **양자 웰**quantum well의 개념을 설명한다. AlInGaP 필름은 GaP보다 작은 밴드 갭을 갖고 있어, 양쪽에 GaP를 둔 경우 그 사이에 양자 웰이라고 하는 웰을 형성한다. 이 웰 내에서 전자와 정공의 농도가 모두 높은데, 이는 재결합 및 빛의 방출이라는 관점에서 매우 바람직한 조건이다. 종종 서로 다른 반도체를 번갈아 여러 층으로 반복하여 쌓은 다중 양자 웰multiple quantum well이 사용된다.

LED의 다른 종류로는 **유기 발광 다이오드**OLED, Organic Light-Emitting Diode가 있다. 어떤 유기 화합물은 반도체 특성을 가지며 PN 접합 다이오드, LED, 그리고 트랜지스터[5]를 만들 수 있다. 이때 유기물 분자를 수정하거나 짧은 파장의 빛에 의해 여기된 후 더 긴 파장의 빛을 방출하는 인광성 재료를 첨가한다면 여러 가지 색깔을 얻을 수 있다. 유리 기판 위에 제작된 한 가지 혹은 여러 가지 색깔을 갖는 OLED 디스플레이는 자동차 계기판 디스플레이 같은 몇몇 응용분야에서 LCD 디스플레이와 경쟁을 하고 있다.

4.13.2 고체 조명

고체 조명solid-state lighting은 진공 혹은 가스를 포함하고 있는 백열전구나 형광등 같은 전통적인 광원 대신 LED를 사용해서 공간 조명을 하는 것을 의미한다. 전 세계 전기 사용량의 약 25%가 조명에 의한 것이다(만약 등에 의해 발생된 열 때문에 생긴 에어컨 부하를 포함한다면 그 이상이 된다). 빛의 에너지 효율을 향상시키면 에너지 소비와 온실 가스 방출을 현저하게 줄일 수 있다.

루멘lumen, lm은(여러 다른 파장에서 인간 눈의 민감도에 규격화된) 가시 광 에너지의 척도이다. 100 W 백열전구는 약 1,700 lm을 생성하고, 따라서 전구의 **광속 효력**luminous efficacy은 17 lm/W가 된다. [표 4-3]에서 백색 LED의 효력efficacy을 다른 광원 및 이론적 한계와 비교했다. 그중 LED의 효력은 재료와 소자의 혁신을 통하여 계속 향상되고 있다.

[표 4-3] lm/W로 표시된 등의 광속 효력

	광속 효력
백열등	17
소형 형광등	60
튜브 형광등	50~100
백색 LED	90~?
눈 민감도의 피크에서 이론적 한계 ($\lambda = 555\,\text{nm}$)	683
이론적 한계 (백색광)	~340

백색광은 빨간색, 녹색, 파란색 LED를 한 램프 하우징 내에 조립하여 얻을 수 있다. 경제적인 면에서 볼 때 적합한 대안은 UV LED와 함께 UV 빛을 빨간색, 녹색, 파란색, 즉 백색광으로 변환시켜주는 형광체를 사용하는 것이다. 효율적인 UV LED는 사파이어 기판 위에 AlInGaN/ InGaN/AlInGaN 양자 웰을 성장시켜 제조할 수 있다([표 4-2] 참조). 빛은 UV에 투명한 사파이어 기판으로부터 추출된다.

백색 LED에서는 백열등에 비해 10배까지 높은 효력을 얻을 수 있다. 이때 기술적으로 극복해야 하는 문제는 기판, 에피 필름 성장, 패키징 등의 비용을 포함하여 단가를 낮추는 것이다. 단가를 절감하는 한 가지 방법은 OLED를 사용하는 것이다. 유기물 반도체는 폴리머polymer이며, 적은 비용으로 큰 판의 유리나 구부리기 쉬운 기판에도 프린트될 수 있다. 서로 다른 폴리머는 서로 다른 색의 빛을 생성할 수 있다. 예를 들어 여러 층의 서로 다른 재료를 사용하거나 혹은 형광 도펀트를 첨가함으로써 백색광을 생성시킬 수 있다. 그러나 OLED는 나이트라이드 기반이나 알루미나이드 기반의 LED보다 효력이 낮다. 고체 조명에 사용하려면 높은 효력과 낮은 단가가 모두 충족되어야 한다. 또한 백색 LED는 LCD 디스플레이 내의 배경 조명원으로도 사용된다.

4.14 다이오드 레이저

레이저laser는 가스에서부터 유리에 이르기까지 많은 재료들로 만들 수 있고, 에너지를 레이저에 공급하기 위해서는 가스 내에서 전기 방전을 일으키거나 섬광 등에서 나오는 강한 빛을 주사하는 등 다양한 방법이 사용된다. **다이오드 전류에 의해 전력이 공급되는 다이오드 레이저**diode laser는 가장 작고 저렴한 레이저이다. 이 레이저는 기본적으로 정 바이어스 상태에 있는 PN 접합 구조를 갖는다. 다이오드 레이저는 광통신에서부터 DVD와 CD-ROM 리더에 이르기까지 다양한 응용분야에서 활용되고 있다. 보통 레이저 빛이 가지는 다음 특성 중의 어느 한 가지 혹은 두 가지 특성 모두의 이점을 이용하는데, 이 중 하나는 단일 주파수 특성이고 다른 하나는 작은 점 크기로 초점이 모아지는 특성이다. LED와 마찬가지로 다이오드 레이저는 효율적인 광 방출을 얻기 위해서 직접 갭 반도체를 사용한다.

4.14.1 광 증폭

레이저 동작은 광 증폭light amplification을 필요로 한다. [그림 4-31]은 어떻게 광 증폭을 얻을 수 있는지를 설명하고 있다. (a)는 태양-전지 동작에서처럼 광자가 전자-정공 쌍을 생성하는 것을 보여준다. (b)는 전자가 전도 대역으로부터 가전자 대역으로 떨어질 때, LED 동작에서처럼 광자가 랜덤 방향으로 방출되는 것을 보여준다. 이것을 **자발적 방출**spontaneous emission이라 부른다. 만약 [그림 4-31(c)]에서 보는 것처럼 적절한 에너지를 갖는 광자가 입사하면, 입사한 광자는 전도 대역의 전자를 자극하여 이 전자가 가전자 대역으로 떨어지면서 두 번째 광자를 방출하게끔 할 수 있다. 이것을 **유도 방출**stimulated emission이라고 부른다. 광-파동 용어로, 전기적 신호 파형이 증폭될 수 있는 것과 꼭 같이 입사광 파동의 세기가 증폭된다. 증폭된 광 파형은 입사한 광과 비교할 때 주파수와 진행 방향에 있어서는 동일하지만 크기는 더 크다. 이러한 특성 때문에 레이저 광은 파장의 순도가 매우 높고 방향성이 매우 우수한 특성을 갖는다. 유도 방출은 레이저 동작의 기초가 된다.

일반적으로, 높은 에너지 준위와 낮은 에너지 준위 모두에 전자들이 존재한다. 만약 [그림 4-31(d)]에서 보는 바와 같이 낮은 에너지 상태에서 전자가 점유할 확률이 더 크다면(1.7절의 페르미 함수에 의하면 통상적인 경우에 해당), 유도 방출보다 흡수의 비율이 더 높고 빛은 반도체에 의해 흡수된다. 반면에 [그림 4-31(e)]와 같이 높은 에너지 상태에서 전자가 점유할 확률이 더 크다면, 즉 점유 반전population inversion이라 불리는 조건이 된다면 빛은 증폭된다. 점유 반전은 레이저 동작을 위해 필요한 조건이다.

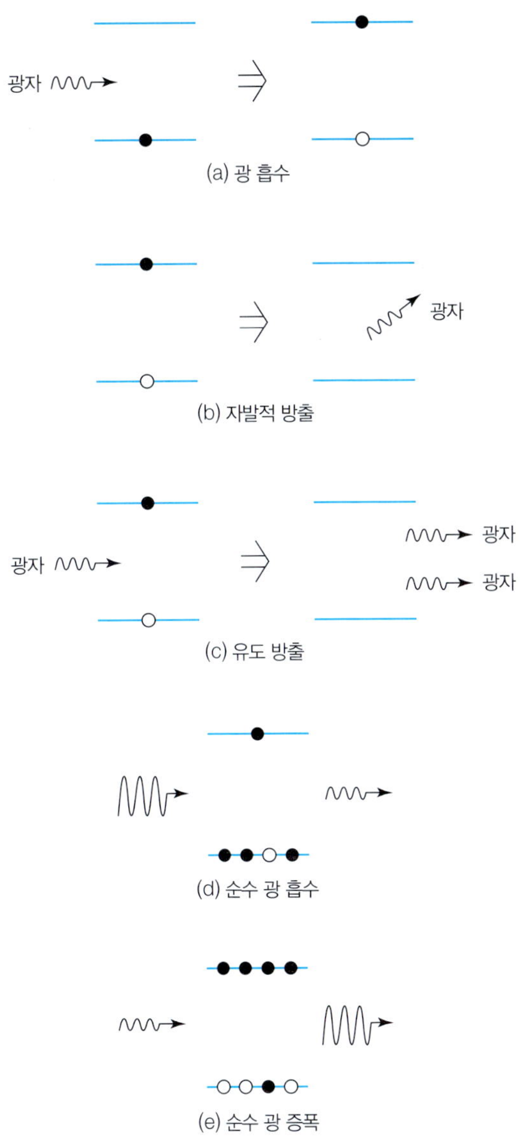

[그림 4-31] (a)~(c) 광과 전자의 상호작용에 대한 세 가지 형태. (d) 보통 빛이 반도체에 흡수된다. (e) 점유 반전 상태에서 빛(파동 크기)은 반도체에서 증폭된다.

[그림 4-32(a)]에서 보는 바와 같이 P^+N^+ 접합을 따라 전파하는 광선 빔을 고려해 보자. 제로 바이어스 전압에서는, [그림 4-32(b)]에서처럼 E_c보다 E_v 근처에서 전자가 점유할 확률이 더 높고 광선 빔은 흡수됨으로써 감쇄된다. 점유 반전은 [그림 4-32(c)]에서 보는 바와 같이 P^+N^+ 접합에 큰 정 바이어스 전압을 가함으로써 달성될 수 있다. E_v보다 E_c 근처에서 전자가 점유할 확률이 더 크게 존재하고 광선 빔은 증폭된다. 점유 반전은 다음의 경우에 달성된다.

$$E_{Fn} - E_{Fp} > E_g \tag{4.69}$$

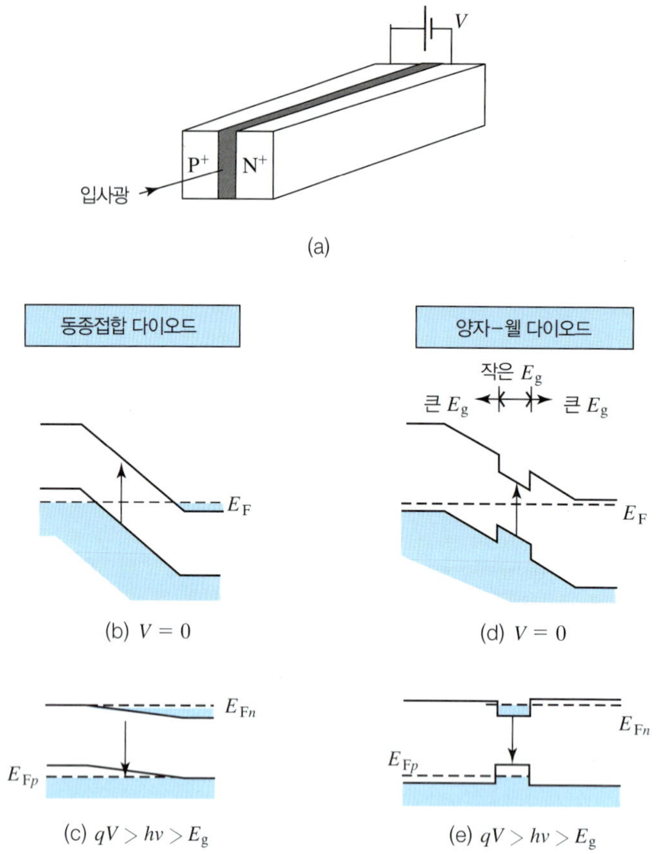

[그림 4-32] (a) 다이오드 구조를 통과하여 지나가는 빛의 도식적 그림, (b)와 (d) 만약 다이오드가 평형 상태에 존재한다면 빛이 흡수된다. E_F 아래의 에너지 상태는 기본적으로 전자로 채워져 있고, E_F 위의 에너지 상태는 비어있다. (c)와 (e) 점유 반전 하에서, 빛은 유도 방출에 의해 증폭된다. 화살표는 빛에 의해 야기된 전자의 천이를 가리킨다.

[그림 4-32]의 (d)와 (e)에서 보는 바와 같이 양자 웰이 PN 접합 내 혹은 그 근처에 삽입되면 더 쉽게 점유 반전이 달성되어 식 (4.69)가 만족될 수 있다. 양자 웰 혹은 에너지 웰은 넓은 갭을 갖는 2개의 반도체 사이에 상대적으로 좁은 갭을 갖는 하나의 얇은 반도체 층이 샌드위치 모양으로 끼어있을 때 만들어진다. [그림 4-32(e)]에 있는 양자 웰은 매우 좁은 영역에 한정하여 점유 반전을 일으킨다. 좁은 양자 웰은 작은 체적을 가지므로 점유 반전을 달성하기 위해 필요한 과잉 캐리어의 농도가 상대적으로 더 낮아지게 되고, 따라서 외부 회로를 통하여 높은 비율로 캐리어를 주입해줄 필요가 없게 된다. 즉, 레이징^lasing^을 위한 "**문턱 전류**^threshold current^"는 작다.

광섬유에서 발생하는 광의 흡수를 보상하기 위해서 장거리 광섬유 통신선에서는 유도 방출에 의한 광 증폭을 여러 번 수행한다. 레이저를 만들기 위해서는, 다음 절에서 설명하는 바와 같이 광 증폭과 광 피드백이 한 쌍으로 다루어져야만 한다.

4.14.2 광 피드백

전기적 발진기 회로는 신호의 증폭(이득)과 피드백에 의존하여 동작한다. 레이저는 광 발진기이다. 광 증폭 이외에, 레이저는 광 피드백을 필요로 한다. 광 피드백을 제공하는 간단한 한 가지 방법은 레이저 다이오드의 끝 면을 PN 접합에 수직이 되도록 쪼개거나(벽개) 연마하는 것이다([그림 4-33(a)] 참조). 반도체-공기 경계면에 입사한 광의 일부분은 반사되어, 레이저 다이오드를 통하여 되돌아 진행하는 동안 증폭되면서 다이오드의 다른 쪽 면에 도달하게 되고, 그 다른 쪽 면에서 일부는 다시 반사된다. 발진기의 조건은 순 왕복 이득이 1과 같거나 그보다 커야 한다는 것이다.

$$R_1 \times R_2 \times G \geq 1 \tag{4.70}$$

여기서 R_1과 R_2는 양쪽 끝의 반사율이고, G는 광이 한 끝에서 다른 끝으로 갔다가 다시 돌아 원래 자리로 되돌아오는, 즉 한 바퀴 왕복 이동을 하면서 얻는 광 증폭 인자(이득)이다. 식 (4.70)이 만족될 때, 레이저 내부의 광 세기는 증가하게 되며 외부 회로에서 주입된 캐리어들을 다 소비할 정도로 이 광에 의한 유도 방출이 충분한 비율로 발생될 수 있을 때까지 광 세기는 계속 증가하게 된다. 이로부터 정상 상태에서의 레이저 내부에 존재하는 광의 세기가 결정되고, 이 레이저 내부에 존재하는 광의 일부가 끝 반사경을 통해서 밖으로 방출된다.

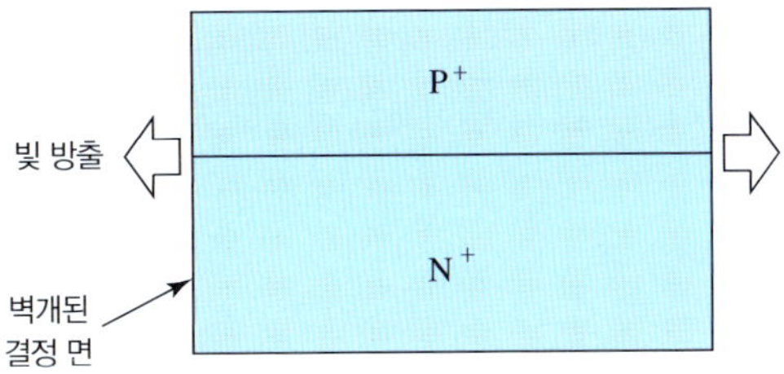

(a)

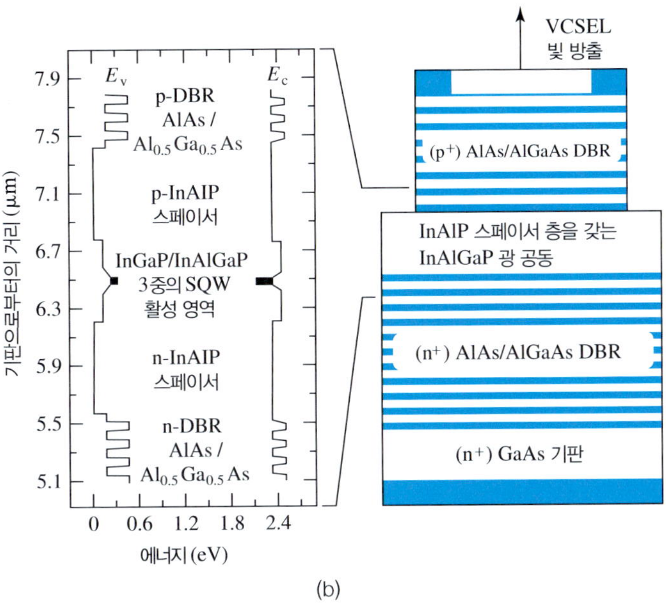

(b)

[그림 4-33] (a) 벽개된 거울 면을 갖는 간단한 측면 방사 다이오드 레이저, (b) 빨간색 빛 VCSEL의 복잡한 구조. 좌측에는 반도체의 여러 층에 대한 에너지 밴드 다이어그램을 보여준다. 에너지 축은 보통의 y축이 아니라 x축이다.([6]에서 발췌)

종종 다이오드 레이저는 보강 간섭을 일으키도록 그리고 특정 파장에 대하여 반사경 역할을 하도록, 적절한 두께로 2개의 서로 다른 반도체를 번갈아가며 일련의 층을 만들어 사용한다. 그 일련의 층은 **분산된 브래그 반사경**DBR, Distributed Bragg Reflector을 형성하고 **분산된 피드백**distributed feedback을 제공한다. 이에 대한 한 예를 [그림 4-33(b)]에 나타내었다. DBR의 장점은 향상된 파장 순도를 갖는다는 것이다. 이는 일련의 층이 갖고 있는 주기의 2배에 해당하는 파장의 빛만이 DBR에서 반사되기 때문이다. 또 다른 장점은 평면 공정 기술(거울 연마와 벽개는 아님)과의 호환성을 갖는 것으로, 하나의 웨이퍼 기판 상에 수천 개의 레이저를 생산할 수 있다. [그림 4-33(b)]에서 레이저 광은 꼭대기를 통하여 방출되는데, 이 구조를 **수직-공동 표면-방출 레이저**VCSEL, Vertical-Cavity Surface-Emitting Laser라고 부른다.

[그림 4-33(b)]의 좌측은 레이저 핵심 영역에서의 에너지 밴드 다이어그램이다. 광 이득은 오직 스케치 중앙에 위치한 얇은 양자 웰들에서 제공된다.

4.14.3 다이오드 레이저 응용

빨간색 다이오드 레이저는 CD와 DVD 리더에 사용된다. 플라스틱 디스크에 도드라진 형태로 새겨져 있는 데이터를 읽어내기 위해 작은 점에 레이저 빔의 초점을 맞춘다. 청색 다이오드 레이저 빔은 파장이 더 짧기 때문에 더 작은 점으로 초점이 맞춰질 수 있다. 청색 다이오드 레이저는 고밀도 혹은 **청색광**Blu-ray DVD 리더에 사용된다. **기록 가능한 광 저장매체**writable optical storage에서는 레이저광을 집속시켜 박막을 녹인 다음 광 반사율을 변화시킴으로써 나중에 이를 판독할 수 있다.

현재 매우 중요하게 활용되고 있는 **광섬유 통신**fiber-optic communication 시스템에 다이오드 레이저가 사용된다. **광섬유**optical fiber는 빛에 엄청나게 투명한 가늘게(~20μm) 녹여 뽑은 구부리기 쉬운 석영 섬유이다. 광섬유의 투명도는 1.55μm 파장에서 최대이다. 레이저 다이오드 전류를 변조시키면 특정 파장의 레이저 광 펄스들이 생성되고, 이 광 펄스는 흡수와 산란으로 인해 그 세기가 절반으로 줄어들 때까지 섬유를 통하여 10km 이상을 진행할 수 있다. 매 일정 거리마다 광 증폭을 하게 되면 광섬유를 사용하여 도시 간 그리고 국가 간에 데이터를 전송할 수 있다. 대륙들을 연결하기 위해 대양 바닥을 종횡으로 움직이는 수십만 km의 광섬유가 존재한다.

1.55μm 파장의 적외선 다이오드 레이저는 InP 기판 위에 InGaAsP 재료를 사용해서 제작한다. 단거리 통신 링크 용도로 InGaAsP LED가 사용될 수 있다([표 4-2] 참조). 유리 섬유에서 서로 다른 파장의 빛은 각기 다른 속도로 전파한다. LED는 많은 서로 다른 파장의 빛을 방출하는데, 이들은 각기 다른 전파 시간이 지난 뒤 동일 목적지에 도착한다. 결과적으로, 시작 지점에서는 짧았던 LED 펄스가 도착 지점에서는 길고 넓은 펄스가 된다. 이러한 이유 때문에, 파장 순도가 지극히 높은 레이저가 장거리의 고속 데이터 통신 링크용 광원으로 선택된다.

4.15 광 다이오드

[그림 4-25]는 빛이 조명될 때 다이오드를 통하여 역방향 전류가 흐르고 그 전류는 빛의 세기에 비례한다는 것을 보여준다. 따라서 역 바이어스된 PN 다이오드는 빛을 검출하는 데 사용될 수 있고, 이런 소자를 **광 다이오드**photodiode라고 부른다. 만약 광 다이오드가 애벌런치 항복전압 근처로 바이어스되면, 광이 생성한 캐리어들은 공핍층을 통과하여 여행하는 동안 충돌 이온화에 의해 증폭되고([그림 4-13] 참조), 그것에 의해 검출기의 민감도는 증가된다. 이 소자를 **애벌런치 광 다이오드**avalanche photodiode라고 부른다. 광 다이오드는 광통신, DVD 리더, 그리고 다른 광-탐지 응용 등에 사용된다.

Part 3 금속-반도체 접합

두 종류의 **금속-반도체 접합**metal-semiconductor junction이 존재한다. 금속과 저농도 도핑된 반도체 사이의 접합은 PN 접합과 유사하게 정류성 IV 특성을 나타낸다. 이것을 **쇼트키 다이오드**Schottky diode라고 부르는데, 이는 몇몇 흥미로운 사례에 활용된다. 금속과 고농도 도핑된 반도체 사이의 접합은 낮은 저항의 **옴성 접촉**ohmic contact(기본적으로 전기적인 단락)처럼 동작한다. 옴성 접촉은 반도체 소자의 중요한 부분이고 고속 트랜지스터의 성능에 중대한 영향을 미친다.

4.16 쇼트키 장벽

금속-반도체 접합의 에너지 다이어그램은 [그림 4-34]와 같다. 접합을 가로질러 전압을 가하지 않고 있기 때문에 페르미 준위 E_F는 평평하다. 접합의 오른쪽 멀리에서, 에너지 밴드 다이어그램은 단순히 N형 실리콘 샘플의 것과 동일하다. 접합의 왼쪽은 금속의 에너지 밴드 다이어그램이다. E_F 아래에 있는 에너지 상태들은 거의 전부 채워져 있고 E_F 위에 있는 상태들은 거의 비어 있다. 이 에너지 다이어그램에서 가장 인상적이고 중요한 형상은 금속-반도체 경계면의 에너지 장벽이다. 그것은 쇼트키 장벽 높이Schottky barrier height ϕ_B로 묘사된다. ϕ_B는 금속과 반도체의 함수이다. 실제로 두 가지 에너지 장벽이 존재한다. [그림 4-34(a)]에서, $q\phi_{Bn}$은 금속과 N형 반도체 사이에 전자의 흐름을 막는 장벽이다.[4] [그림 4-34(b)]에서, $q\phi_{Bp}$는 금속과 P형 반도체 사이에 정공의 흐름을 막는 장벽이다. 이 두 그림에서 반도체-금속 경계면 근처에 공핍층이 명확히 존재하고, 거기에서 E_F는 E_c에도 혹은 E_v에도 가깝지 않다(따라서 $n \approx 0$ 및 $p \approx 0$이 된다).

4 N형 반도체에서 정공은 매우 소수로 존재하기 때문에 [그림 4-34(a)]에서 정공의 흐름은 보통 중요하지 않다.

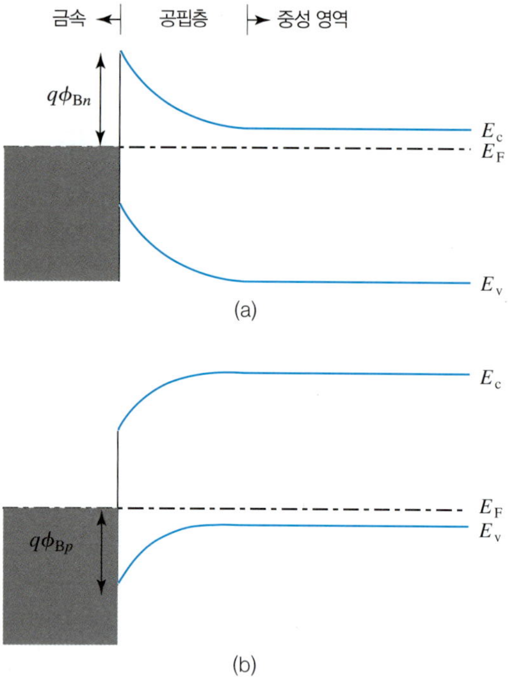

[그림 4-34] 금속-반도체 접촉의 에너지 밴드 다이어그램. 쇼트키 장벽 높이는 금속과 반도체 재료에 의존한다. (a) ϕ_{Bn}은 금속과 N형 반도체 사이에 전자의 흐름을 막는 장벽이다. (b) ϕ_{Bp}는 금속과 P형 반도체 사이에 정공의 흐름을 막는 장벽이다.

금속-반도체 접촉에서 유일하게 가장 중요한 변수가 ϕ_B라는 것은 추후 명확해질 것이다. [표 4-4]는 여러 금속-실리콘 접촉에 대한 ϕ_{Bn}과 ϕ_{Bp}의 근사치를 기술하고 있다. $q\phi_{Bn}$과 $q\phi_{Bp}$의 합은 [그림 4-35]에 의해 제안된 것과 같이, 근사적으로 E_g(1.12 eV)와 동일하다는 것에 주목하기 바란다.

$$q\phi_{Bn} + q\phi_{Bp} \approx E_g \tag{4.71}$$

[표 4-4] N형 실리콘 상에 전자의 쇼트키 장벽 높이(ϕ_{Bn})와 P형 실리콘 상에 정공의 쇼트키 장벽 높이(ϕ_{Bp})의 측정 데이터 ([7]에서 발췌)

금속	Mg	Ti	Cr	W	Mo	Pd	Au	Pt
ϕ_{Bn}(V)	0.4	0.5	0.61	0.67	0.68	0.77	0.8	0.9
ϕ_{Bp}(V)		0.61	0.50		0.42		0.3	
일함수 ψ_M(V)	3.7	4.3	4.5	4.6	4.6	5.1	5.1	5.7

왜 ϕ_{Bn}(및 ϕ_{Bp})는 금속의 선택에 따라 변화할까? [표 4-4]는 ϕ_{Bn}이 커지는 순서로 나열되어 있다는 것에 주목하라. ϕ_{Bn}은 금속의 일함수([표 4-4]의 마지막 줄)가 증가하면 명확하게 증가하는 경향을 보인다. 이 경향은 [그림 4-35(a)]에 의해 부분적으로 설명된다.

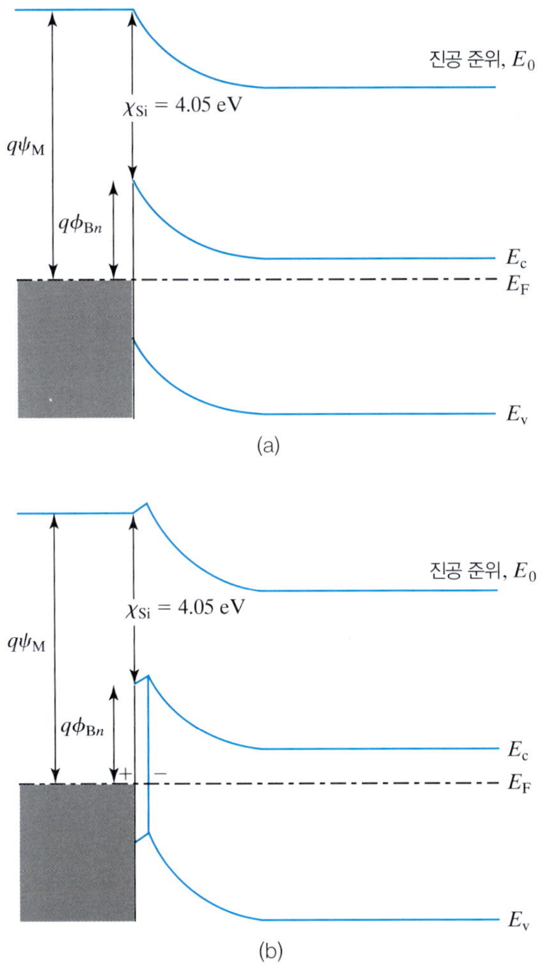

[그림 4-35] (a) 이상적인 금속-반도체 접촉, (b) 실제 금속-반도체 접촉에서는 경계면에 쌍극자가 존재한다.

$$q\phi_{Bn} = \psi_M - \chi_{Si} \tag{4.72}$$

ψ_M은 금속의 일함수work function이고 χ_{Si}은 실리콘의 전자 친화력electron affinity이다. 이 두 물질 상수에 대한 자세한 설명은 5.1절을 참조하라. 식 (4.72)에 의하면 ϕ_{Bn}은 ψ_M이 증가함에 따라 증가하며([표 4-4]와 **정성적으로** 일치), 정량적 증가량은 ψ_M이 1 V만큼 변화할 때마다 ϕ_{Bn}도 1 eV만큼 변화하는 것을 의미한다([표 4-4]와 **정량적으로** 일치하지는 않음). 이런 정량적인 불일치는 금속-반도체 경계면에서 밴드 갭 내에 높은 밀도의 에너지 상태가 존재한다는 것으로 설명된다.[5] 이 에너지 상태들의 일부는 억셉터처럼 행동하고 중성 혹은 음의 전하가 될 수 있다. 나머지 다른 에너지 상태들은 도너처럼 행동하고 중성 혹은 양의 전하가 될 수 있다. 경계면에서 페르미 준위가 실리콘 밴드 갭의 중앙 부근에 있을 때 순 전하는 0이다. 다른 말로, 식 (4.72)는 ψ_M이 4.6 V 근방일 때만 옳고, 이런 조건 하에서는 경계면 전하가 거의 없다.

5 3차원 결정에서, 밴드 갭에는 에너지 상태가 존재하지 않는다. 금속-반도체 경계면에서는 그렇지 않다.

다른 ψ_M 값에서는 [그림 4-35(b)]에서 보는 바와 같이 경계면에 쌍극자가 존재하고, 이것은 ϕ_{Bn}이 0.7 V 근방 값으로부터 크게 변화하지 못하도록 막는 역할을 한다. 이러한 현상을 페르미-준위 고정 Fermi-level pinning이라고 한다. [표 4-4]는 다음과 같이 근사화될 수 있다.

$$\phi_{Bn} = 0.7 \text{ V} + 0.2(\psi_M - 4.75) \tag{4.73}$$

위 식에서 인자 0.2는 Si의 분극률과 금속-실리콘 경계면에서의 에너지 상태 밀도에 의해 결정된다[8].

[표 4-5] Si 위에 금속 실리사이드의 쇼트키 장벽 높이 측정치

실리사이드	$ErSi_{1.7}$	HfSi	$MoSi_2$	$ZrSi_2$	$TiSi_2$	$CoSi_2$	WSi_2	$NiSi_2$	Pd_2Si	PtSi
ϕ_{Bn}(V)	0.28	0.45	0.55	0.55	0.61	0.65	0.67	0.67	0.75	0.87
ϕ_{Bp}(V)			0.55	0.55	0.49	0.45	0.43	0.43	0.35	0.23

NOTE ϕ_B를 결정하기 위해 C-V 데이터 사용하기

[그림 4-36(a)]에서 ϕ_{bi}는 공핍층을 가로지르는 내부 전위이다.

$$q\phi_{bi} = q\phi_{Bn} - (E_c - E_F) = q\phi_{Bn} - kT\ln\frac{N_c}{N_d} \tag{4.74}$$

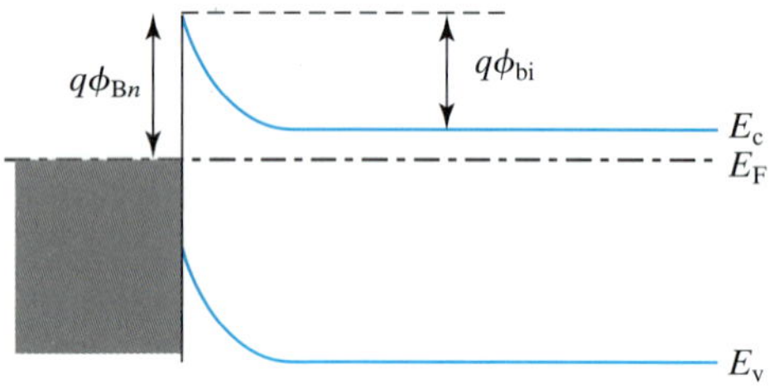

(a) 전압이 가해지지 않았을 때

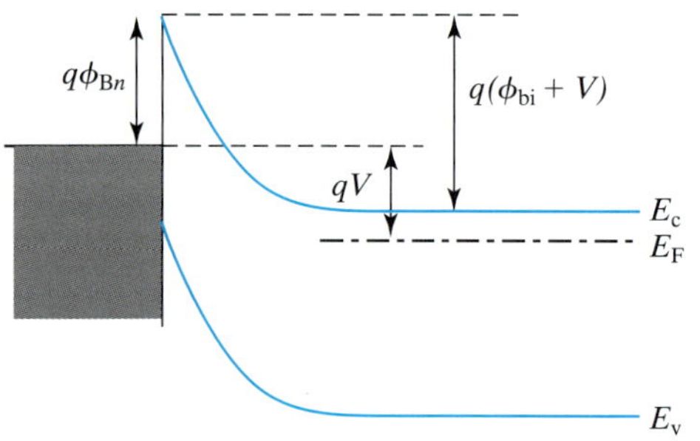

(b) 음의 전압이 (역 바이어스) 금속에 가해졌을 때

[그림 4-36] 쇼트키 접합에서 공핍층을 가로지르는 전위

공핍층의 두께는 다음과 같다(식 (4.19) 참조).

$$W_{dep} = \sqrt{\frac{2\varepsilon_s(\phi_{bi} + V)}{qN_d}} \tag{4.75}$$

$$C = A\frac{\varepsilon_s}{W_{\text{dep}}} \tag{4.76}$$

$$\frac{1}{C^2} = \frac{2(\phi_{bi} + V)}{qN_d\varepsilon_s A^2} \tag{4.77}$$

[그림 4-37]은 식 (4.77)에 근거하여, 측정된 $C-V$ 데이터를 사용하여 어떤 방식으로 ϕ_{bi}를 결정할 수 있는지를 보여준다. ϕ_{bi}를 알기만 하면, $\phi_{\text{B}n}$은 식 (4.74)를 사용하여 결정될 수 있다.

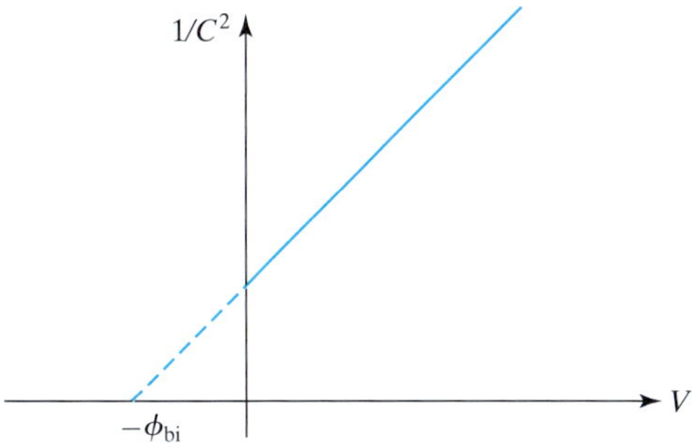

[그림 4-37] ϕ_{bi}(그리고 그에 따른 ϕ_{B})는 $C-V$ 데이터로부터 그림과 같이 추출될 수 있다.

IC 기술에서 금속-Si 접촉보다 더욱 널리 행해지고 있는 접촉은 실리사이드-Si 접촉이다. 금속은 적절한 온도에서 실리콘과 반응하여 실리사이드 같은 금속을 형성한다. 실리사이드-Si 경계면은 금속-Si 경계면보다 더욱 안정적이며, 자연적으로 생기는 이산화 실리콘이 존재하지 않는다. 스퍼터링 혹은 CVD[Chemical Vapor Deposition]에 의해(3장 참조) Si 위에 금속을 증착한 뒤에, 어닐링 단계를 적용하여 실리사이드-Si 접촉을 형성한다. **금속-Si 접촉이란 용어는 실리사이드-실리콘 접촉을 포함한다.** [표 4-5]는 몇 가지 실리사이드-실리콘 접촉에 대한 $\phi_{\text{B}n}$ 및 $\phi_{\text{B}p}$의 이용 가능한 데이터를 보여준다.

4.17 열전자 방출 이론

[그림 4-38]은 금속에 바이어스 전압 V를 가했을 때 쇼트키 접촉의 에너지 밴드 다이어그램을 나타낸다. Si로부터 에너지 장벽을 넘어 금속 쪽으로 흐르는 전자 흐름에 의해 발생하는 전류 $J_{\text{S}\to\text{M}}$을 분석해 보자. 이 전류는 열전자 방출 이론에 의해 아주 정확하게 예측될 수 있다.

열전자 방출[thermionic emission] 이론에서, $E_{\text{F}n}$이 장벽의 피크[peak]에서까지 내내 평평하다고 가정하면, 경계면에서 전자 농도(식 (1.20)과 식 (1.21) 사용)는 다음과 같다.

$$n = N_c e^{-q(\phi_B - V)/kT} = 2\left[\frac{2\pi m_n kT}{h^2}\right]^{3/2} e^{-q(\phi_B - V)/kT} \tag{4.78}$$

물론 평균 전자 속도의 x 성분은 **총** 열 속도 $\sqrt{3kT/m_n}$(식 (2.3))보다 작고, 전자의 절반만이 왼쪽 (금속)을 향해 움직인다. 왼쪽으로 움직이는 전자의 평균 속도는 다음과 같음을 알 수 있다.

$$v_{thx} = -\sqrt{2kT/\pi m_n} \tag{4.79}$$

따라서 다음과 같다.

$$J_{S\to M} = -\frac{1}{2}qnv_{thx} = \frac{4\pi qm_n k^2}{h^3}T^2 e^{-q\phi_B/kT} e^{qV/kT} \tag{4.80}$$

$$\equiv J_0 e^{qV/kT} \tag{4.81}$$

식 (4.81)은 주목할 만한 두 가지 메시지를 전한다. 첫째는, 만약 ϕ_B가 더 작아진다면 $J_0 \approx 100T^2 e^{-q\phi_B/kT}$ (A/cm^2)는 더 커진다는 것이다. 둘째는, $J_{S\to M}$은 단지 $\phi_B - V$의 함수([그림 4-38] 참조)라는 것이다. 장벽 폭이 캐리어의 평균 자유 행로와 비교하여 좁기만 하면 장벽의 모양은 중요하지 않다. $\phi_B - V$는 얼마나 많은 전자들이, 충분한 에너지를 소유하고 있어 에너지 장벽의 최고치를 넘어 금속으로 진입할 것인지, 그 크기를 결정짓는다.

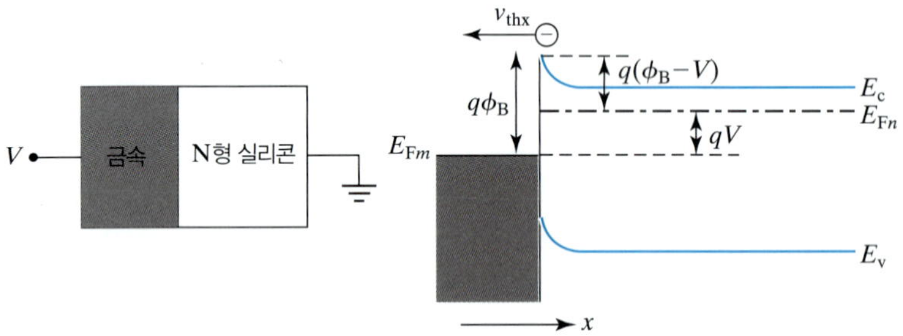

[그림 4-38] 금속과 반도체 사이에 정 바이어스 V를 가했을 때 쇼트키 접촉의 에너지 밴드 다이어그램

4.18 쇼트키 다이오드

제로 바이어스([그림 4-39(a)])에서, 전자들이 충분한 에너지를 갖고 에너지 장벽을 넘어서 서로 다른 쪽으로 움직이는데, 이 전자들의 수가 금속 쪽과 반도체 쪽에서 동일한 (그리고 적은) 수이기 때문에 순 전류는 0이 된다. 이런 높은 에너지 상태에서 전자를 발견할 확률은 [그림 4-39(a)]에서 보는 바와 같이 접합의 양쪽에서 $e^{-(E-E_F)/kT} = e^{-q\phi_B/kT}$이다. 따라서 순 전류는 0이다. 다른 말 로, $I_{S\to M} = I_0$이고 $I_{M\to S} = -I_0$이며, 여기에서 $I_{S\to M}$과 $I_{M\to S}$는([그림 4-39(a)] 참조) 각각 Si에서 금속으로, 그리고 금속에서 Si로 흐르는 전자 전류를 묘사한다.

열전자 방출 이론에 따라서 다음 식을 나타낼 수 있다.

$$I_0 = AKT^2 e^{-q\phi_B/kT} \tag{4.82}$$

여기서 A는 다이오드 면적이고, K는 다음과 같다.

$$K = \frac{4\pi q m_n k^2}{h^3} \tag{4.83}$$

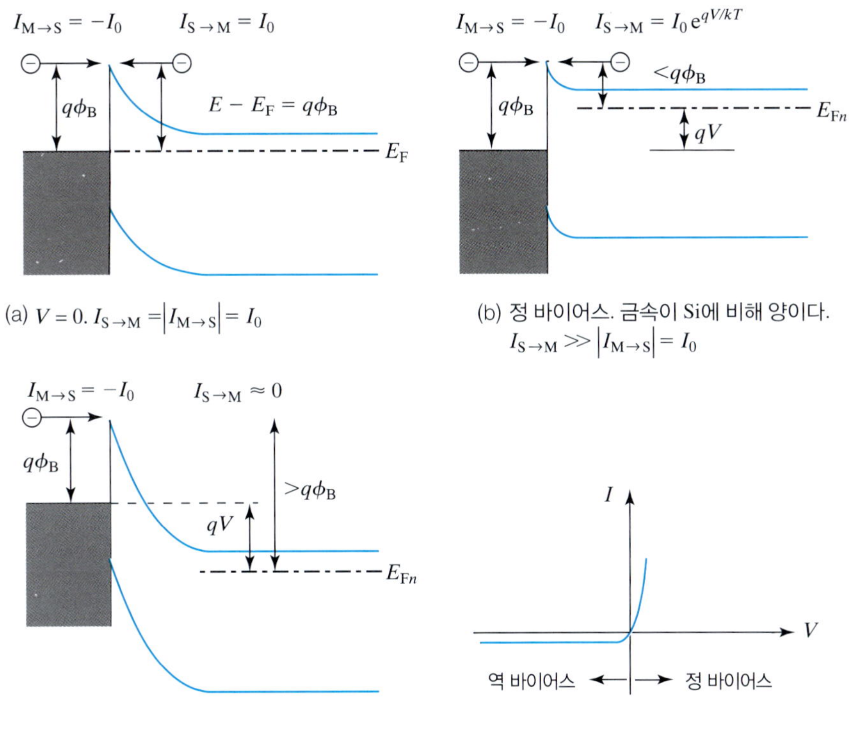

(a) $V = 0$. $I_{S\to M} = |I_{M\to S}| = I_0$

(b) 정 바이어스. 금속이 Si에 비해 양이다.
$I_{S\to M} \gg |I_{M\to S}| = I_0$

(c) 역 바이어스. 금속이 Si에 비해 음이다.
$I_{S\to M} \ll |I_{M\to S}| = I_0$

(d) 쇼트키 다이오드 IV

[그림 4-39] 쇼트키 다이오드의 정류성 IV 특성의 설명. 아래 첨자의 화살표는 전자가 흐르는 방향을 가리킨다.

$K \approx 100\,\text{A/cm}^2/\text{K}^2$는 **리차드슨 상수** Richardson constant 라고 한다. [그림 4-39(b)]에서 양의 바이어스가 금속에 가해진다. $I_{M\to S}$에 대항하는 장벽이 ϕ_B에서 변하지 않았으므로 $I_{M\to S}$는 $-I_0$에서 변하지 않는다. 반면에 $I_{S\to M}$은 현재 장벽이 qV 만큼 낮아지기 때문에 $e^{qV/kT}$배만큼 증가한다.

$$I_{S\to M} = AKT^2 e^{-(q\phi_B - qV)/kT} = AKT^2 e^{-q\phi_B/kT} e^{qV/kT} = I_0 e^{qV/kT} \tag{4.84}$$

$$I = I_{S\to M} + I_{M\to S} = I_0 e^{qV/kT} - I_0 = I_0(e^{qV/kT} - 1) \tag{4.85}$$

이를 요약하면 다음과 같다.

$$I = I_0(e^{qV/kT} - 1) \tag{4.86}$$

$$I_0 = AKT^2 e^{-q\phi_B/kT} \tag{4.87}$$

식 (4.86)은 $V<0$인 경우(역 바이어스, [그림 4-39(c)] 참조)에도 마찬가지로 적용된다. V가 큰 음의 값을 갖는 경우, 식 (4.86)은 $I = -I_0$임을 예견한다. [그림 4-39(c)]는 그 이유를 설명하는데, $I_{S \to M}$은 큰 장벽에 의해 억제되고, 반면에 $I_{M \to S}$는 $-I_0$에서 변화되지 않기 때문이다. 식 (4.86)을 개략적으로 스케치하면 [그림 4-39(d)]와 같다. I_0는 식 (4.86)과 IV 데이터를 사용하여 추출할 수 있다. I_0로부터, ϕ_B는 식 (4.87)을 사용하여 결정될 수 있다.

쇼트키 다이오드의 IV 특성과 PN 접합 다이오드의 IV 특성 사이에는 명확하게 유사성이 존재한다. 둘 사이의 차이점은 4.19절에서 다룰 것이다.

4.19 쇼트키 다이오드의 응용

쇼트키 다이오드와 PN 다이오드가 다음과 같은 동일한 IV 표현식을 따를지라도,

$$I = I_0(e^{qV/kT} - 1) \tag{4.88}$$

실리콘 쇼트키 다이오드의 I_0는 ϕ_B 값에(즉, 사용된 금속에) 따라 다르긴 하지만, 전형적인 PN 접합 다이오드의 I_0보다 $10^3 \sim 10^8$배 정도로 클 수 있다. ϕ_B가 작을수록 I_0는 큰 값을 갖게 된다. I_0 값이 크다는 것은, [그림 4-40]에서 알 수 있듯이 특정 값의 다이오드 전류를 생성하기 위해 상대적으로 더 작은 정바이어스 전압 V를 필요로 한다는 것을 의미한다.

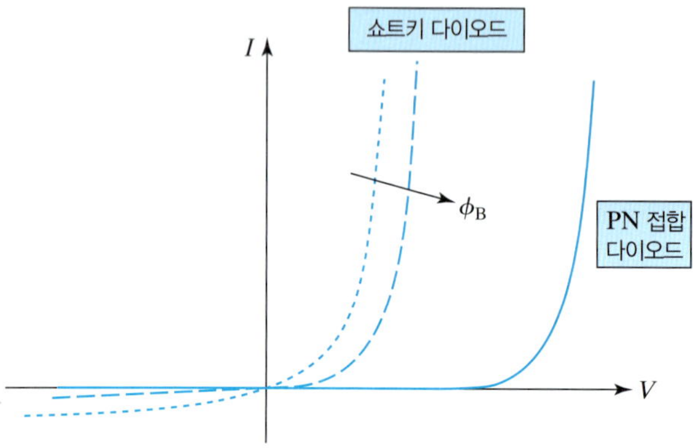

[그림 4-40] 같은 면적을 갖는 PN 접합 다이오드와 쇼트키 다이오드의 도식적인 IV 특성

이러한 특성 때문에 저전압이며 고전류인 용도로 활용하고자 할 때에는 PN 접합 다이오드보다 쇼트키 다이오드를 더 선호한다. 그 이유는 PN 접합 다이오드의 양단 간에 ~0.8 V 정도밖에 안 되는 작은 정방향 전압 강하가 있음에도 불구하고 저전압 및 고전류 용도에서는 원하지 않는 큰 전력 손실이 발생하기 때문이다. [그림 4-41]은 한 예로 스위칭 전원을 기술한다. 유틸리티 전력이 정류기를 거쳐 정류된 후, 100 kHz 펄스-폭 변조된(구형파square wave AC) 파형을 생성하고 이어서 작은(경량이고 저렴한) 고주파수 변압기를 통해 낮은 전압 값으로 변환된다. 이 저전압 AC 전력은 쇼트키 다이오드(~0.3 V 정방향 전압 강하)로 정류된 후 필터를 거쳐 50 A, 1 V, 50 W DC 출력을 생성한다.

만약 0.8 V의 정방향 전압 강하를 갖는 PN 다이오드가 사용된다면, 40 W(50 A×0.8 V)의 전력을 소비하게 되고 그런 장비를 식히기 위해서는 더 큰 팬이 필요할 것이다.

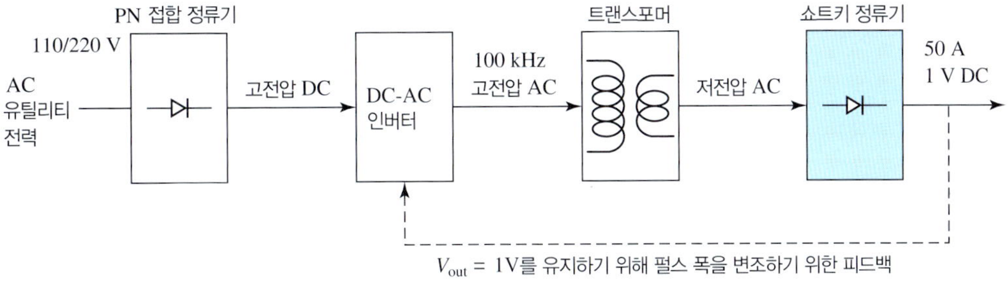

[그림 4-41] PC 같은 전자 장비를 위해 사용되는 스위칭 전원의 블록 다이어그램

이런 용도로는, 비교적 작은 ϕ_B를 갖는 쇼트키 접촉이 필요한데, 그 결과 I_0는 커지고 정방향 전압 강하는 작아지게 된다. 그러나 ϕ_B는 너무 작아질 수는 없으며, 만약 너무 작아진다면 그 결과 생긴 큰 I_0는 다이오드가 역 바이어스될 때 전력 손실을 증가시키고 과잉의 열 생성을 유발할 수 있다. 결과적으로 온도가 상승되면 I_0를 더욱 더 상승시키고(식 (4.82) 참조) 그 결과 **열 폭주**thermal runaway를 야기할 수 있다.

NOTE 낮은 전압 강하 정류기로서의 트랜지스터

전원의 출력 전압이 가령 1V라고 할 때, 쇼트키 다이오드의 정방향 전압조차도 너무 큰 값이 될 수 있다. 이에 대한 한 해법은 다이오드를 MOSFET 트랜지스터로 대치하는 것이다[9]. MOSFET은 [그림 6-2]에서와 같이 근본적으로 온-오프 스위치이다. 저전력 회로가 트랜지스터에 걸리는 전압 극성을 모니터해서 스위치(트랜지스터)를 온 혹은 오프하기 위한 신호를 생성한다. 이런 방식으로 동작하는 조절 회로와 함께 사용하면 트랜지스터가 정류기로 작용하게 되며, 이를 **동기식 정류기**synchronous rectifier라고 한다. 이런 용도로 사용될 때 MOSFET은 큰 전류를 흘리기 위해서 매우 큰 채널 폭을 가져야 할 것이다. 여기서 한 가지 주시해야 할 점은 MOSFET은 다이오드처럼(식 (4.86) 참조) 역방향 누설전류와 정방향 전압 강하 사이에 서로 타협해야 하는 일은 없다는 것이다.

쇼트키 다이오드와 PN 접합 다이오드 간의 두 번째 차이점은 기본 쇼트키 다이오드 동작은 오직 다수 캐리어들(예를 들어, [그림 4-39]에서 전자들)을 포함한다는 것이다. 쇼트키 접합에서 (장벽 높이에 의존하는) 소수 캐리어의 주입 양은 무시할 수 있을 정도이다. 소수 캐리어 주입 양이 무시될 정도라는 것은 또한 과잉 소수 캐리어의 축적 양도 무시된다는 것을 의미한다(4.10절 참조). 따라서 쇼트키 다이오드는 PN 접합 다이오드보다 높은 주파수에서 동작할 수 있다.

쇼트키 접합은 또한 6.3.2절에서 설명한 GaAs 트랜지스터 구조의 한 유형 내에서 일부 구조에 활용된다.

4.20 양자역학적 터널링

[그림 4-42]는 **양자역학적 터널링**quantum mechanical tunneling 현상을 설명한다. 양자역학에서 전자들은 진행하는 파동으로 묘사된다. 전자들이 전자 에너지(E)보다 더 높은 위치 에너지(V_H)를 갖는 전위 장벽에 도달하면, 장벽 내에서 전자 파동은 감쇠하는 함수가 된다. 장벽을 지나 다시 진행 파동으로 전자 파동은 빠져나가지만 그러나 그 크기는 축소된 형태가 될 것이다. 다른 말로, 전자가 전위 장벽을 뚫고 통과하는 유한한 확률이 존재한다. **터널링 확률**tunneling probability은 장벽 두께가 감소하면서 다음과 같이 지수함수적으로 증가한다[10].

$$P \approx \exp\left(-2T\sqrt{\frac{8\pi^2 m}{h^2}(V_H - E)}\right) \tag{4.89}$$

여기서 m은 유효질량이고 h는 플랑크 상수이다. 이 터널링 이론은 다음 절에서 옴성 접촉을 설명하기 위해 사용된다.

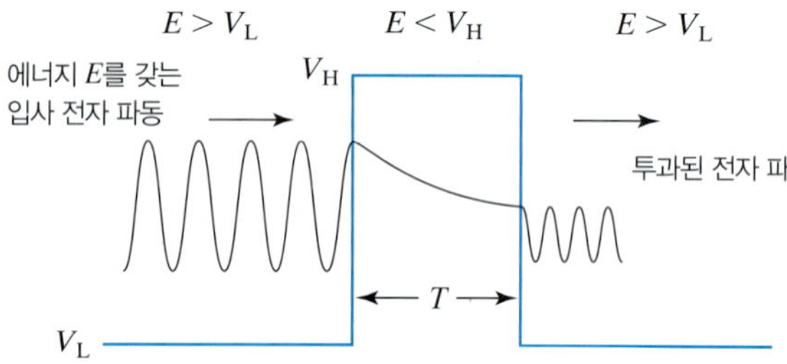

[그림 4-42] 양자역학적 터널링의 삽화

4.21 옴성 접촉

집적 회로에서 반도체 소자들은 금속을 통해서 서로 연결된다. 반도체와 금속 접촉은 충분히 낮은 저항을 가져서 그들이 소자의 성능을 지나치게 저하시키지 않아야만 한다. 이 목적을 달성하기 위해서는 주의 깊은 기술이 요구된다. 이 낮은 저항 접촉을 옴성 접촉ohmic contact이라고 부른다. [그림 4-43]은 옴성 접촉의 단면을 보여준다. 고농도로 도핑된 반도체 확산 영역의 표면층이 $TiSi_2$ 혹은 $NiSi_2$ 같은 실리사이드로 변환되고 유전체(보통 SiO_2) 필름이 증착된다. 리소그래피와 플라즈마 식각을 사용하여 유전물을 뚫고 실리사이드에 도달하는 콘택트 홀을 만든다. 티타늄 나이트라이드TiN의 얇은 도전층conducting layer을 증착함으로써 실리사이드와 텅스텐 사이에서 반응이 일어나거나 상호 확산되는 것을 방지한다. 콘택트 홀contact hole을 채우기 위해 CVD에 의해 텅스텐을 증착한다. 또한 [그림 4-43]은 W 플러그의 꼭대기에 다음 두 층(또 다른 TiN 층과 상호 연결 금속 재료로 AlCu 층)이 있음을 보여준다.

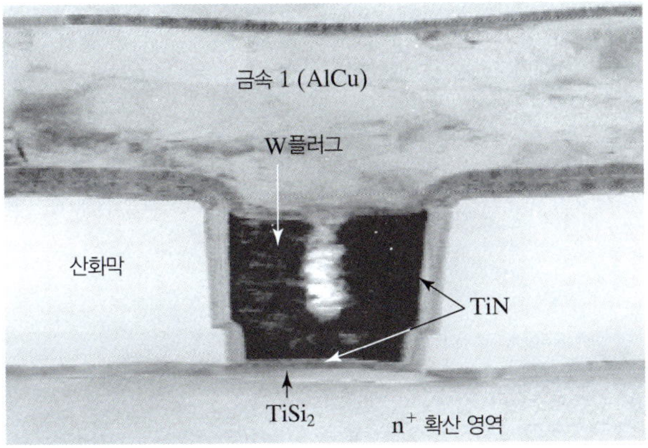

[그림 4-43] 옴성 접촉의 구조. 금속 실리사이드 필름이 유전체 층 증착과 콘택트-홀 식각을 하기 전에 형성된다. ([11]에서 발췌. © 1999 IEEE.)

모든 우수한 옴성 접촉이 갖는 중요한 특징은 반도체가 매우 높게 도핑되었다는 것이다. 고농도로 도핑된 Si의 공핍층 두께는 높은 도펀트 농도 때문에 단지 수십 Å 정도로 매우 얇다.

전위 장벽이 매우 얇을 때는, 전자들은 [그림 4-44]에서 보는 것과 같이큰 터널링 확률을 갖게 되어 터널링에 의해 장벽을 관통할 수 있다. 식 (4.89)에서 터널링 장벽 높이 $V_H - E$는 간단히 ϕ_{Bn}이다. 장벽 두께 T는 다음과 같이 주어질 수 있다.

$$T \approx W_{dep}/2 = \sqrt{\varepsilon_s \phi_{Bn}/(2qN_d)} \tag{4.90}$$

$$P \approx e^{-H\phi_{Bn}/\sqrt{N_d}} \tag{4.91}$$

$$H \equiv \frac{4\pi}{h}\sqrt{(\varepsilon_s m_n)/q} \tag{4.92}$$

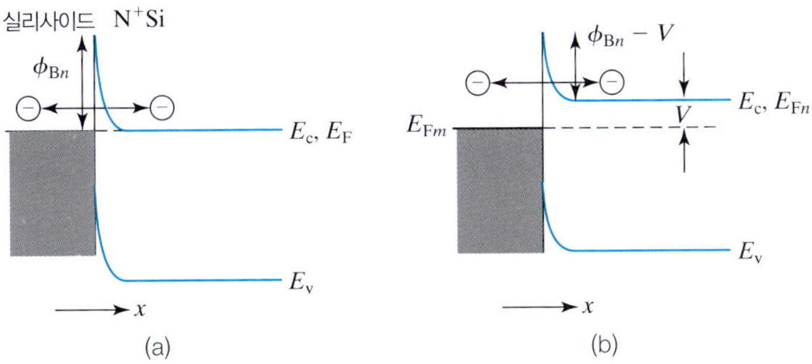

[그림 4-44] (a) 금속-N^+ Si 접촉에 전압을 가하지 않았을 때와 (b) 동일한 접촉에 전압 V를 가했을 때의 에너지 밴드 다이어그램

$V = 0$일 때, [그림 4-44(a)]에서 $J_{S\to M}$과 $J_{M\to S}$는 동일하지만 서로 반대 부호를 가지므로 순 전류는 0이다.

$$J_{S\to M}(= -J_{M\to S}) \approx \frac{1}{2}qN_d v_{thx}P \tag{4.93}$$

반도체에서 밀도 $N_d/2$에 해당하는, 즉 전자들의 절반만이 접합 쪽을 향해 열 운동을 하고 있다. 나머지 절반은 접합으로부터 멀어지는 쪽으로 운동하고 있다. v_{thx}는 식 (4.79)에서 찾을 수 있다. $N_d = 10^{20}\text{cm}^{-3}$을 가정하면, P는 약 0.1이 되고 $J_{S\to M} \approx 10^8 \text{A/cm}^2$이 된다(이것은 매우 큰 전류 밀도이다). 만약 [그림 4-44(b)]에서와 같이 접촉의 양단 간에 작은 전압을 가한다면, $J_{S\to M}$과 $J_{M\to S}$ 간의 균형이 깨진다. $J_{S\to M}$에 대한 장벽은 ϕ_{Bn}에서 $(\phi_{Bn} - V)$로 줄어든다.

$$J_{S\to M} = \frac{1}{2} q N_d v_{thx}\, e^{-H(\phi_{Bn} - V)/\sqrt{N_d}} \tag{4.94}$$

작은 V에서, 순 전류 밀도는 다음과 같다.

$$J \approx \left.\frac{dJ_{S\to M}}{dV}\right|_{V=0} \cdot V = V \cdot \frac{1}{2} q v_{thx} H \sqrt{N_d} e^{-H\phi_{Bn}/\sqrt{N_d}} \tag{4.95}$$

$$R_c \equiv \frac{V}{J} = \frac{2 \cdot e^{H\phi_{Bn}/\sqrt{N_d}}}{q v_{thx} H \sqrt{N_d}} \tag{4.96}$$

$$\propto e^{H\phi_{Bn}/\sqrt{N_d}} \tag{4.97}$$

R_c는 면적 $1\,\text{cm}^2$인 접촉의 저항, 즉 **비접촉 저항**specific contact resistance(단위 : Ωcm^2)이다. 물론 만약 ϕ_{Bn}, m_n, N_d를 ϕ_{Bp}, m_p, N_a로 대치한다면 식 (4.97)은 P^+ 반도체 접촉에 적용할 수 있다.

[그림 4-45]는 실리사이드-Si 접촉의 IV 특성을 보여준다. 이 IV 관계는 근사적으로 선형이거나 식 (4.95)와 일치하는 옴성을 갖는다. 온도가 증가할 때, 열 속도 v_{thx}가 증가하는 것 때문에 저항은 감소하며 이는 식 (4.96)과 정성적으로 일치한다. 접촉 저항은 140Ω이고 $R_c \approx 10^{-7}\Omega\text{cm}^2$이다. 식 (4.96)에 구체화된 R_c 모델은 정성적으로 정확하지만, P와 H는 보통 실험적으로 결정된다[11].[6] 좀 더 복잡한 모델로부터 계산된 R_c는 [그림 4-46]에 나타내었다. 만약 30 nm 직경을 갖는 접촉의 저항을 1kΩ 이하로 유지해야 한다면 R_c는 $7\times10^{-9}\Omega\text{cm}^2$ 보다 작아야 한다. 그러기 위해서는 매우 높은 도핑 농도와 낮은 ϕ_B를 필요로 한다. 단 하나의 금속으로는 동시에 낮은 ϕ_{Bn}과 낮은 ϕ_{Bp}를 제공할 수 없기 때문에, 아마도 두 가지 다른 실리사이드를 N^+ 와 P^+ 접촉을 위해 사용해야 할 것이다.

NOTE 옴성 접촉에서 경계 조건

이상적인 옴성 접촉의 양단 간에 걸리는 전압은 0이다. 이것은 페르미 준위가 평형 상태 위치로부터 벗어날 수 없다는 것을 의미하고, 따라서 이상적인 옴성 접촉에서 $n' = p' = 0$인 것을 의미한다.

6 (밴드 갭 내에) 장벽을 관통할 때 발생하는 터널링에 대한 식 (4.92)에서의 전자 유효질량은 m_n(전도 대역에서 전자의 유효질량)과 일치하지 않는다. 또한 볼츠만 근사가 타당하지 않은, 고농도로 도핑된 반도체에 있어서 식 (4.79)는 v_{thx}를 과대평가한 식이 된다.

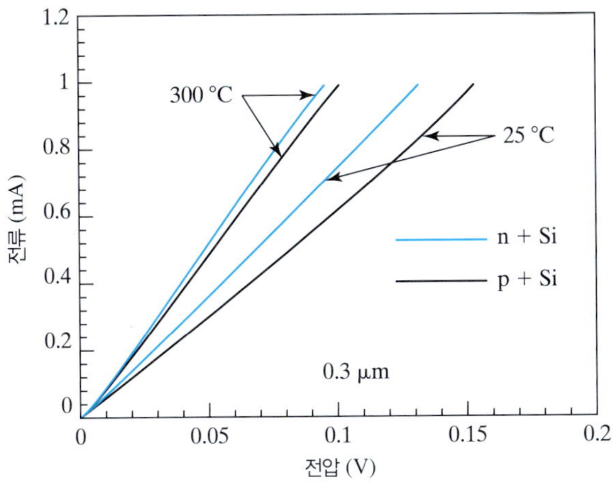

[그림 4-45] N^+–Si와 P^+–Si 상에 형성한 $0.3\mu m$(직경) $TiSi_2$ 접촉의 IV 특성([11]에서 발췌. © 1999 IEEE.)

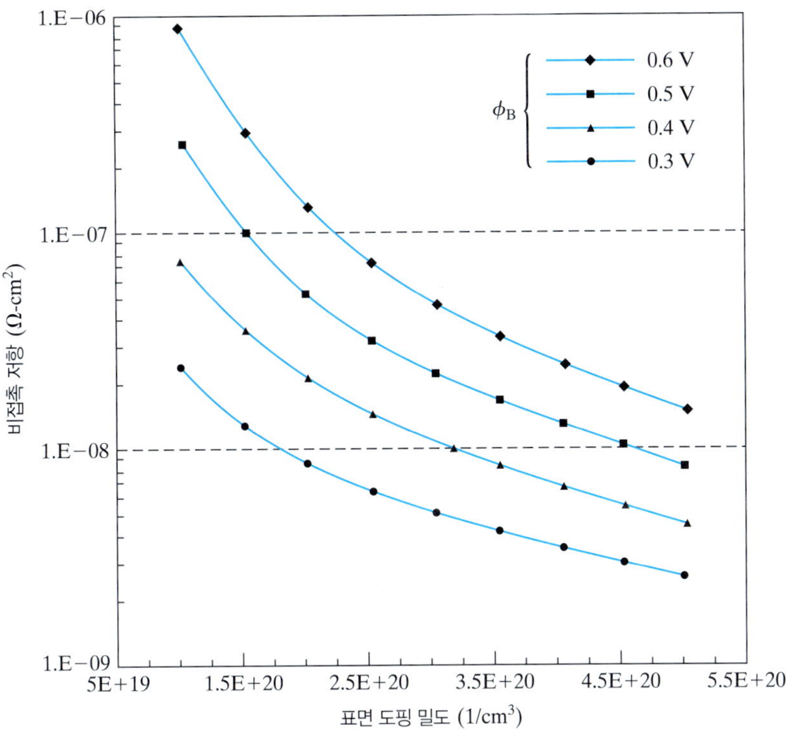

[그림 4-46] 이론적인 비접촉 저항([12]에 따름)

핵심요약

Part 1 PN 접합

PN 접합의 에너지 밴드 다이어그램을 어떻게 그리는지 아는 것은 중요하다. 제로 바이어스에서, 접합에서의 전위 장벽은 다음 식과 같은 **내부 전위**이다.

$$\phi_{bi} = \frac{kT}{q}\ln\frac{N_d N_a}{n_i^2} \tag{4.2}$$

만약 1 V 역 바이어스가 가해진다면 전위 장벽은 ϕ_{bi}보다 1 V만큼 증가하고 만약 0.1 V 정 바이어스가 가해진다면 0.1 V만큼 감소한다.

공핍층의 폭은 다음과 같다.

$$W_{dep} = \sqrt{\frac{2\varepsilon_s \times \text{전위 장벽}}{qN}} \tag{4.19}$$

N은 기본적으로 두 도핑 농도 중에서 상대적으로 더 작은 쪽 농도이다. W_{dep}의 주된 중요성은 그것이 다음 식의 **접합 커패시턴스**를 결정한다는 것이다.

$$C_{dep} = A\frac{\varepsilon_s}{W_{dep}} \tag{4.20}$$

일반적으로, C_{dep}은 그것이 회로를 느리게 동작하게 하는 용량성 부하에 기여하기 때문에 최소화되어야만 한다. C_{dep}을 줄이는 방법은 커패시터 면적 혹은 도핑 농도를 축소하는 것이다. 또한 역 바이어스를 가하면 W_{dep}이 증가하기 때문에 C_{dep}이 감소할 것이다.

정 바이어스 하에서, 전자들이 N쪽에서 P쪽으로 주입되고 정공들은 P쪽에서 N쪽으로 주입된다. 이것을 **소수 캐리어 주입**이라고 부른다. E_{Fn}은 N 영역으로부터 공핍층을 통과하여 중성 P 영역의 시작점까지 내내 평평하다. E_{Fn}에 대한 이러한 결과와 그리고 E_{Fp}의 경우에도 동일하게 유도한 결과를 함께 고려하면, 다음과 같은 소수 캐리어 밀도에 대한 유사평형 경계 조건을 얻는다.

$$n(x_P) = n_{P0}e^{qV/kT}$$
$$p(x_N) = p_{N0}e^{qV/kT} \tag{4.28}$$

"유사평형"이란 E_{Fn}과 EF_p가 공핍층을 가로질러 평평해서 전자와 정공들이 각 종류별로 평형 상태로 분리되어 있다는 사실을 반영한다. 식 (4.28)은 **상대적으로 더 적게 도핑된 쪽으로 더 많은 소수 캐리어가 주입된다**는 것을 나타낸다.

소수 캐리어에 대한 정상 상태 연속 방정식은 다음과 같다.

$$\frac{d^2p'}{dx^2} = \frac{p'}{L_p^2}, \qquad L_p \equiv \sqrt{D_p\tau_p} \tag{4.34}$$

$$\frac{d^2n'}{dx^2} = \frac{n'}{L_n^2}, \qquad L_n \equiv \sqrt{D_n\tau_n} \tag{4.36}$$

주입된 소수 캐리어들은 공핍층의 끝으로부터 바깥쪽 멀어지는 방향으로 확산해가면서, 재결합으로 인해 $e^{-|x|/L_p}$ 그리고 $e^{-|x|/L_n}$과 같이 거리에 따라 지수함수적으로 감소한다. L_n과 L_p는 확산 거리이다.

$$I = I_0(e^{qV/kT} - 1) \tag{4.44}$$

$$I_0 = Aqn_i^2\left(\frac{D_p}{L_pN_d} + \frac{D_n}{L_nN_a}\right) \tag{4.45}$$

전하 축적 개념은 다음과 같이 표현될 수 있다.

$$Q = I\tau_s \tag{4.52}$$

정방향 전류 I_{DC} 상태에서 전하 축적으로 인해 다음 식과 같은 확산 커패시턴스가 생성된다.

$$C = \tau_s G \tag{4.54}$$

여기에서 소신호 컨덕턴스 G는 다음과 같다.

$$G = I_{DC}/\frac{kT}{q} \tag{4.53}$$

Part 2 광전 소자에의 응용

태양전지는 간단한 PN 접합을 이용하여 빛을 전기로 변환한다. 화석-연료 기반의 기술 및 다른 재생 에너지 기술들과 비교해서 광기전 기술을 더 경쟁력 있게 만들기 위해서는, 그것의 에너지 변환 효율과 가격을 더 향상시켜야만 한다.

큰 E_g를 갖는 반도체는 큰 전압을 생산할 수 있는 반면, 낮은 E_g 반도체는 태양 스펙트럼의 넓은 파장 영역에 걸쳐 빛을 수집할 수 있어 보다 큰 전류를 생산한다. 이론적인 에너지 변환 효율의 최고치는 약 24%인데 여기서 E_g는 1.2 eV~1.9 eV의 범위에서 얻어진다. 직렬식 태양전지[Tandem solar cell]는 서로 다른 E_g를 갖는 다중 전지들을 쌓아올려서 더 높은 효율을 얻을 수 있다.

실리콘은 가격이 저렴하기 때문에 태양전지 재료로 선호된다. 실리콘은 간접 갭 반도체이다. 직접 갭 반도체는 얇은 층의 재료로도 충분히 빛을 수집할 수 있어 다음과 같은 두 가지 잠재적 가격 이점을 제공한다. 첫째는 더 적은 양(더 얇은 층)의 반도체가 소요된다는 것이다. 둘째는 재료 순도에 대한 요구 조건이 더 낮춰질 수 있다는 것이다. 그 이유는 빛에 의해 PN 접합에서 멀리 떨어진 지점에서 생성된 캐리어들을 수집하기 위해서는 긴 확산 길이가 필요한데, 이런 긴 확산 길이가 필요 없기 때문이다.

핵심요약

저렴한 유기물 혹은 무기물 태양전지는 높은 변환 효율과 낮은 설치 가격의 특징을 가지며, 재생 가능하고 탄소 방출이 없는 이상적인 전기 공급원이 될 것이다.

LED는 대략 밴드 갭 에너지와 동일한 광자 에너지를 갖는 빛을 방출하는데, 이는 PN 접합 다이오드가 정 바이어스될 때 캐리어들이 주입되고 이들이 재결합하면서 일어난다. LED는 신호등, 광 데이터 링크, 그리고 LCD 디스플레이용 배경 조명에 사용된다. LED의 응용분야 중에서 잠재적으로 가장 중요한 분야는 LED를 공간 조명에 사용하는 것인데, 그렇게 되면 LED에 비해 10배 정도 덜 효율적인 백열등 및 수은을 함유한 형광등을 LED로 대치할 수 있다.

가장 진보한 형태의 LED 내부에서, 전자–정공 쌍의 재결합은 거의 모든 경우에 있어서 광자를 생성한다. 즉, 내부 양자 효율은 100%이다. 이것은 직접 갭 반도체를 사용하여 이룰 수 있는데, 직접 갭 반도체에서는 방사 재결합의 수명이 비방사 재결합의 수명보다 매우 짧기 때문이다. 외부 양자 효율은 투명 기판을 사용하고 LED의 뒷면과 측면에 반사경을 만들어주면 증가된다. 밴드 갭은 방사 파장과 색을 결정짓는데, 반도체의 박막 내에 파장에 맞는 밴드 갭을 가진 PN 접합을 만들어준다. 이 박막은 저렴하면서 되도록이면 투명한 기판 위에 에피 층 형태로 성장된다. 적절한 기판 재료는 적은 편이다. 낮은 결함을 갖도록 에피 층을 성장하려면 기판과 박막의 결정 격자상수가 정합되어야만 한다. 박막은 흔히 4원소 화합물 반도체로 구성된다. 화합물 반도체의 성분을 변화시킴으로써 밴드 갭을 조절하려는 것과 격자상수를 맞추려는 목표를 동시에 모두 달성할 수 있다.

레이저는 광 발진기이다. 그들은 광 증폭과 광 피드백에 기반을 두고 있다. 광 증폭과 광 피드백은 모두 간단한 PN 다이오드 구조에서 달성될 수 있다. E_g/q를 초과하는 정도의 큰 정 바이어스 전압은 PN 접합 내에 **점유 반전**을 일으킨다. 이러한 점유 반전된 상태 하에 있는 다이오드를 관통하여 지나가는 광 파동은 **유도 방출**로 인해 증폭된다. 증폭된 빛은 원래의 광 파동과 파장 및 방향을 동일하게 유지한다. 2개의 큰 밴드 갭 재료 사이에 낮은 밴드 갭 반도체가 샌드위치 모양으로 삽입된 **양자 웰** 구조를 사용하면 작은 정방향 전류를 흘려주어도 점유 반전이 달성될 수 있다. 광 피드백은 다중–층의 **브래그 반사경**에 의해 제공될 수 있다. 다이오드 레이저는 CD 및 DVD 리더와 라이터, 그리고 광섬유 통신 시스템에 폭넓게 사용되고 있다.

Part 3 금속–반도체 접합

금속–실리콘 경계면에서 페르미 준위는 금속 재료에 따라 달라지며, E_c 아래 0.3~0.9 eV 지점에 위치한다. 낮은 일함수를 갖는 금속 혹은 실리사이드는 전자에 대해서는 낮은 쇼트키 장벽 높이 ϕ_{Bn}을, 그리고 정공에 대해서는 높은 장벽 높이 ϕ_{Bp}를 제공한다.

금속과 저농도로 도핑된 실리콘 사이의 접합은 보통 정류성 IV 특성을 가지며, 이는 쇼트키 다이오드 Schottky diode 라 불린다. 금속/N형 Si 다이오드의 정/역 바이어스의 의미는 P^+N 접합 다이오드의 그것과 동일하다. 금속/P–실리콘 접촉은 N^+P 접합 다이오드와 정/역 방향의 의미가 동일하다. PN 접촉 다이오드와 비교하면, 전형적인 쇼트키 다이오드는 더 큰 역방향 포화 전류를 가지며, 이는 쇼트키 장벽 높이에 의해서 결정된다.

$$I_0 = AKT^2 e^{-q\phi_B/kT} \tag{4.87}$$

여기서 $K = 100\,\mathrm{A/cm^2/K^2}$이다. PN 접합 다이오드보다 큰 I_0를 갖기 때문에, 쇼트키 다이오드는 특정 값의 전류를 흘려주기 위해서 상대적으로 더 낮은 정방향 전압을 가해도 된다. 그들은 종종 저전압 전원에서 정류기로 사용된다.

저저항 옴성 접촉은 고전류 소자의 성능에 결정적 역할을 한다. 옴성 접촉의 핵심 요인은 반도체의 고농도 도핑이다. 또한 쇼트키 장벽의 높이는 낮은 것이 바람직하다. 캐리어 전송 메커니즘은 양자–역학적 터널링이다. 금속/N–Si 옴성 접촉의 접촉 저항은 다음과 같다.

$$R_c \propto e^{\frac{4\pi}{h}\phi_B\sqrt{(\varepsilon_s m_n)/(qN_d)}} \tag{4.97}$$

연습문제

Part 1 PN 접합

PN 접합의 정전기학

4.1 $N_d - N_a = ax$와 같이 선형으로 경사진 접합에 대하여 공핍 근사를 적용하여, 다음에 대한 표현식을 유도하라.

(a) 전계 분포

(b) 전위 분포

(c) 내부 전계

(d) 공핍층 폭

4.2 $N_d = 10^{16} \text{cm}^{-3}$, $N_a = 5 \times 10^{15} \text{cm}^{-3}$인 실리콘 PN 계단 접합 다이오드를 고려해 보자. $T = 300\,\text{K}$를 가정한다.

(a) 내부 전위 ϕ_{bi}를 계산하라.

(b) 공핍층 폭(W_{dep})과 공핍층의 N쪽에서의 길이(x_N)와 P쪽에서의 길이(x_P)를 계산하라.

(c) 최대 전계를 계산하라.

(d) 에너지 밴드 다이어그램, 전위, 전계 분포, 공간-전하 분포를 스케치하라.

(e) 이제 $N_a = 10^{18} \text{cm}^{-3}$이라고 하자. (a), (b), (c)를 반복하라. 그것들을 이전의 결과와 비교하라. 공핍층 폭들은 얼마나 변화되었는가?

4.3 [그림 4-47]의 Si PN 접합을 고려해 보자.

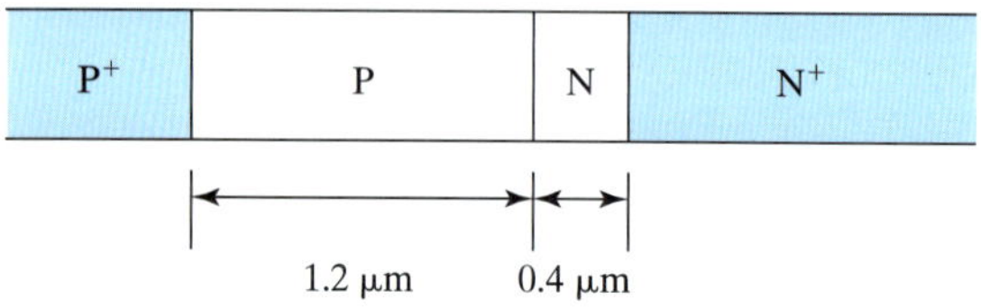

[그림 4-47]

(a) 만약 P 영역에서 $N_a = 5 \times 10^{16} \text{cm}^{-3}$이고 N 영역에서 $N_d = 1 \times 10^{17} \text{cm}^{-3}$이라면, 증가하는 역 바이어스 상태에서 어떤 영역이(N 혹은 P) 먼저 완전히 공핍되겠는가? 이 조건에서 역 바이어스는 얼마인가?

HINT $N_a x_P = N_d x_N$을 사용하라. P^+와 N^+의 도핑 밀도는 중요하지 않다.

(b) $N_a = 1 \times 10^{16} \text{cm}^{-3}$이고 $N_d = 1 \times 10^{17} \text{cm}^{-3}$으로 하여 (a)를 반복하라.

(c) (a)와 (b)의 바이어스 조건에서 소신호 커패시턴스(F/cm^2)는 얼마인가?

4.4 300 K에서 유지되는 실리콘 샘플의 특성을 [그림 4-48]의 에너지 밴드 다이어그램으로 나타내었다.

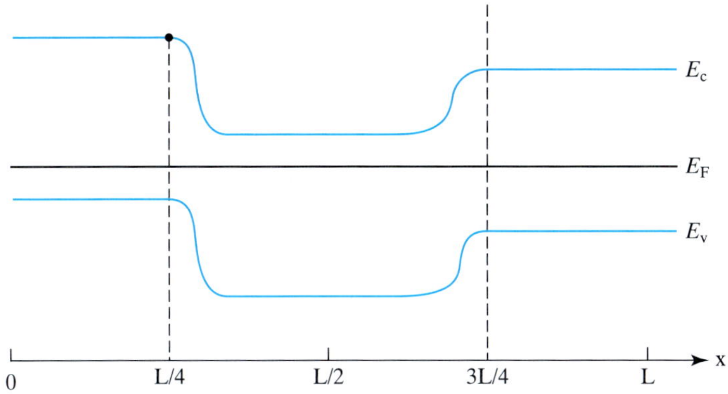

[그림 4-48]

(a) 평형 조건이 우세한가? 어떻게 알 수 있는가?

(b) n 및 p 대 x의 그림을 대략적으로 스케치하라.

(c) 정전기적 전위(Φ)를 x의 함수로 스케치하라.

(d) [그림 4-48] 상에 작은 점으로 표시된 캐리어가 총 에너지를 바꾸지 않고 움직인다고 가정하자. 위치 x의 함수로 캐리어의 운동 에너지와 위치 에너지를 스케치하라.

4.5 [그림 4-49]에 보이는 P-I-N 구조를 고려해 보자. I 영역은 진성이다. (a)와 (c)에서 수량을 결정하라. 바이어스는 가하지 않는다고 가정한다.

HINT I 영역을 P 혹은 N으로 생각하고 도핑 농도를 0으로 접근시키는 것이 유용하다. 즉, $N_d \cong N_a \cong 0$.

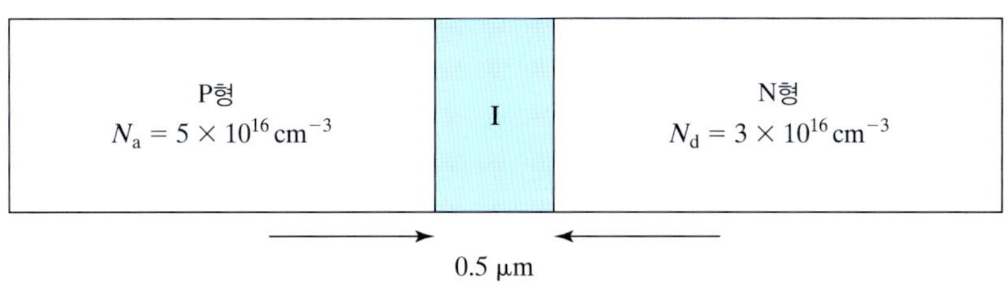

[그림 4-49]

(a) 공핍층 폭(W_{dep})과 공핍층의 N쪽에서의 폭(x_N)과 P쪽에서의 폭(x_P)을 계산하라.

(b) 최대 전계를 계산하라.

(c) 내부 전위 ϕ_{bi}를 구하라.

(d) 이제 역 바이어스가 가해진다고 가정하자. 만약 실리콘에서 항복이 일어나는 결정적 전계가 2×10^5 V/cm라고 하면, 위와 도핑 수준은 동일하다고 하고 P–I–N 구조와 P–N 구조(I 영역이 없는) 간에 항복전압을 서로 비교하라.

확산 방정식

4.6 [그림 4–50]과 같이 무한히 긴 반도체 샘플의 한 조각을 고려해 보자.

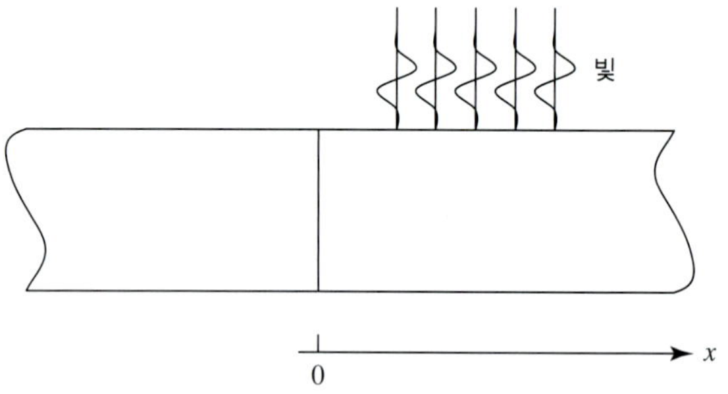

[그림 4–50]

$x>0$인 지점에 빛이 조명된다. 빛은 $x>0$인 영역에서 막대기 전체를 통틀어 균일하게 cm^2당 초당 $G_L = 10^{15}$ 전자–정공 쌍을 생성한다. $x<0$에 대해서는 $G_L = 0$이다. 정상 상태 조건이며, 반도체는 실리콘으로 만들어졌고, $N_d = 10^{18}\text{cm}^{-3}$, $\tau = 10^{-6}$s, $T = 300$K라고 가정한다.

(a) $x = -\infty$에서 정공 농도는 얼마인가? 본인 답에 대해 설명하라.

(b) $x = +\infty$에서 정공 농도는 얼마인가? 본인 답에 대해 설명하라.

(c) 저준위 주입 조건이 우세한가? 본인 답에 대해 설명하라.

(d) 모든 x에 대하여 $p'(x)$를 결정하라. 여기서 $p'(x)$는 과잉 소수 캐리어 농도이다.

HINT 연속 방정식을 풀어 보라.

4.7 길이가 $2L$이면서 균일하게 도핑된 N형 실리콘 막대의 양 끝에 동시에 빛을 비추어 $x = -L$과 $x = L$ 모두에서 과잉 정공 농도가 $p' = \gamma N_d$를 유지하도록 한다([그림 4–51]). 조명의 파장과 세기는 막대의 내부($-L < x < L$)로 빛이 침투되지 않는 정도이고, $\gamma = 10^{-3}$이다. 정상 상태 조건이라 하고, $T = 300$K, $N_d \gg n_i$이며, 소수 캐리어 수명은 τ라고 가정한다.

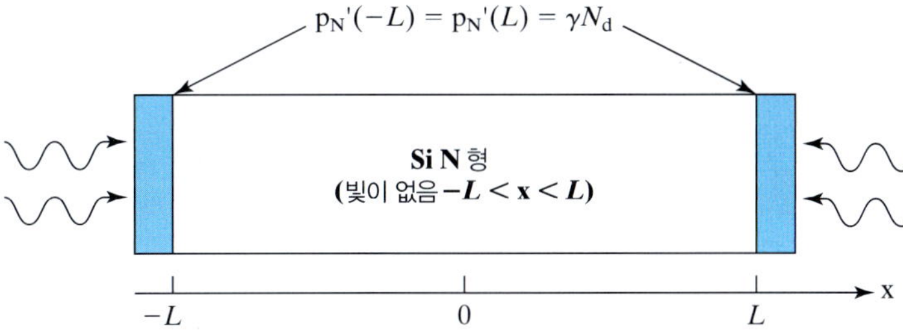

[그림 4-51]

(a) $x = 0$ 근처에서 실리콘 막대는 열적 평형 상태에 있는가? 그에 대한 이유를 설명하라.

(b) $x = -L$에서 정공의 과잉 농도(p_N')와 전자의 과잉 농도(n_N')는 얼마인가? 그리고 $x = -L$에서 총 전자와 정공의 농도는 얼마인가?

(c) 저준위 주입 조건이 막대 내에서 우세한가? 본인 답에 대해 설명하라.

(d) 막대 내에서 $p_N'(x)$를 결정하기 위해 풀어야 하는 미분 방정식을 써 보라.

(e) $p_N'(x)$ 해의 일반적 형태와 본 특정 문제에 적합한 경계 조건(들)을 써 보라.

4.8 N 영역에서 $N_d = 10^{16}\,\text{cm}^{-3}$인 P^+N 접합 다이오드를 고려해 보자.

(a) N형 쪽에서 확산 길이 L을 결정하라.

(b) (i) 평형 상태와 (ii) 정 바이어스 $V = 0.4\,\text{V}$ 하에서 N형 쪽 공핍층 가장자리에서의 과잉 정공 농도와 과잉 전자 농도는 얼마인가?

4.9 접합의 양쪽에서 일정한 도핑과 균일한 단면을 가진 이상적인 실리콘 PN 접합 다이오드를 고려해 보자. 다이오드는 $1\,\Omega\text{cm}$ P형과 $0.2\,\Omega\text{cm}$ N형 재료로 만들어지고, 재결합 수명은 각각 $\tau_n = 10^{-6}\,\text{s}$와 $\tau_p = 10^{-8}\,\text{s}$이다.

(a) 내부 전압의 값은 얼마인가?

(b) 가한 전압이 0.589 V(이는 $23 \times kT/q$)일 때 공핍층의 가장자리에서 소수 캐리어의 농도를 계산하라.

(c) (b)의 바이어스 전압 하에서, 접합의 양쪽에서 접합으로부터의 거리의 함수로 다수 캐리어 전류와 소수 캐리어 전류를 스케치하라.

(d) 소수 캐리어 전류와 다수 캐리어 전류가 동일한 값을 갖는 판(혹은 판들)의 위치(들)를 계산하라.

연습문제

4.10 [그림 4-52]에 그려진 실리콘 P^+N 접합 다이오드를 고려해 보자. $0 \le x \le x_b$에서 $\tau_p = \infty$이고 $x_b \le x \le x_c$에서 $\tau_p = 0$이다. 고준위 주입 혹은 항복을 야기하는 바이어스를 배제하고, 다이오드의 IV 특성을 위한 표현식을 개발하라. 공핍층 폭(W_{dep})은 모든 관심 있는 바이어스 범위에서 x_b를 절대 초과하지 않는다고 가정하라. 색칠한 영역은 단순히 금속 접촉면이다.

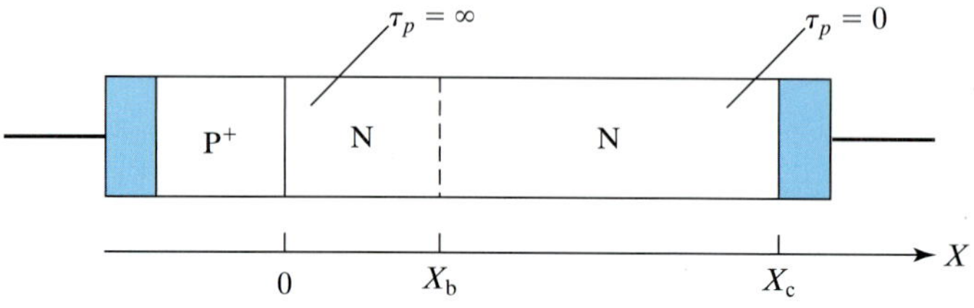

[그림 4-52]

무시되는 소수 캐리어 드리프트 전류의 증명

4.11 접합의 양쪽 모두 일정한 도핑과 균일한 단면을 가진, 실리콘으로 만든 이상적이고 긴-베이스의 가파른 P^+N 접합 다이오드를 고려하자. 다이오드는 고농도로 도핑된 P형과 소수 캐리어 수명이 $\tau_p = 10^{-8}$s인 0.5Ωcm N형 재료로 만들어졌다. 오직 접합의 N쪽 상에서 다음 질문에 답하라.

(a) 가한 전압이 0.589 V(이는 $23 \times kT/q$)일 때 x(접합으로부터의 거리)의 함수로 소수 캐리어의 농도를 계산하라.

(b) (a)에서 가한 바이어스 전압 하에서, x(접합으로부터의 거리)의 함수로 다수 캐리어 전류와 소수 캐리어 전류를 찾고 스케치하라.

(c) x의 함수로 다수 캐리어 확산 전류는 얼마인가?

(d) (b)와 (c)의 결과를 사용하여 다수 캐리어 드리프트 전류 J_{ndrift}를 찾으라. 또한 전계 $\mathscr{E}(x)$를 찾으라. 그리고 마지막으로 소수 드리프트 전류 J_{pdrift}를 찾으라. $J_{pdrift} \ll J_{pdiff}$인가? 동 일한 그래프 상에 J_{pdrift}와 J_{pdiff}를 스케치하라.

(e) $n' = p'$으로 가정한 것이 정당함을 증명하라.

IV 상에 온도 영향

4.12 PN 다이오드 전류(I)를 유지하기 위해서 필요한 정 바이어스 전압(V)은 온도(T)의 함수이다.

(a) $\delta V/\delta T$에 대한 표현식을 유도하라.

(b) 실리콘 다이오드에 대한 전형적인 값은 얼마인가?

(c) (b)의 결과와 [그림 4-21]로부터 이끌어낸 수치 값을 비교하라.

4.13 식 (4.45)는 다음처럼 해석될 수 있다: 역 바이어스된 접합으로부터 확산 거리 이내에서 열적으로 생성된 소수 캐리어는 접합에 의해 수집되고 역방향-포화 전류의 원인이 된다. 이러한 해석이 정당화되도록 식 (4.45)를 다시 써 보라.

4.14 PN 다이오드의 중성 영역이 직렬 저항 R을 제공함으로써 PN 접합을 가로질러 걸리는 전압이 V가 아니라 $V-RI$가 된다고 가정하자.

(a) 식 (4.44)가 어떻게 수정되어야만 하는가?

(b) I의 함수로 주어지는 V에 대한 표현식을 찾아보라.

(c) I가 0에서 100 mA까지 변화할 때 R이 없는 경우에 해당하는 전형적인 $I-V$ 곡선을 스케치하라. 계산기를 사용하지 말고 이 그림에 $R = 200\,\Omega$에 해당하는 두 번째 $I-V$ 곡선을 스케치하라.

전하 축적

4.15 [그림 4-18]과 같이 캐리어 확산 거리보다 훨씬 큰 길이를 가진 PN 다이오드를 긴-베이스 다이오드라 부른다. 짧은-베이스 다이오드는 확산 거리보다 훨씬 짧은 길이를 가지고 있고, 과잉 캐리어 농도는 [그림 8-6]에 보이는 것과 유사하다. 균일하게 도핑된 짧은-베이스 Si 다이오드가 $N_d = 10^{17}\,\text{cm}^{-3}$이고 $N_a = 10^{16}\,\text{cm}^{-3}$, $\tau_p = \tau_n = 1\,\mu\text{s}$, $D_p = 10\,\text{cm}^2/\text{s}$, $D_n = 30\,\text{cm}^2/\text{s}$, 그리고 단면적 $= 10^{-5}\,\text{cm}^{-2}$을 갖는다. 유사-중성인 N형과 P형 영역의 길이는 $W_E' = W_B' = 1\,\mu\text{m}$이다. 상온에서 다이오드에 0.5 V의 정 바이어스를 가한 상태이다. 다음 물음에 답하라.

(a) 총 전류와 접합의 N쪽과 P쪽 양쪽에 축적된 전하량의 합이 서로 비례함을, 즉 $Q_t = I_t\tau_s$임을 보여라.

HINT τ_s에 대한 표현식을 찾으라. 짧은-베이스 근사를 사용하라. 즉, 공핍층의 가장자리에서 갖는 최댓값에서부터 다이오드의 양쪽 끝 옴성 접촉면에서 갖는 0의 값까지, 과잉 소수 캐리어 농도가 선형적 감소를 한다고 가정하라.

(b) τ_s를 전하-축적 시간이라 한다. 그것은 현저하게 τ_p 및 τ_n보다 작다는 것을 보여라.

(c) 짧은-베이스 혹은 긴-베이스 다이오드 중 어느 것이 높은 주파수에서 동작할 수 있는가?

연습문제

Part 2 광전 소자에의 응용

광 다이오드/태양전지

4.16 광 다이오드와 태양전지는 모두 특별히 설계된 PN 접합 다이오드로 빛이 접합의 근처에 도달할 수 있도록 조립되어 있다. 입사한 광이 소자의 N 영역 전체에 균일하게 흡수되어 G_L 전자–정공 쌍/cm^3s의 생성비율로 전자와 정공 쌍을 만들어내는 P^+N 계단 접합 다이오드를 고려하자. 저준위 주입이 우세해서 소수 드리프트 전류는 무시된다고 가정하라.

(a) N쪽에서 접합으로부터 먼 거리($x \to \infty$)에서의 과잉 소수 캐리어 농도는 얼마인가?

주의 $p'(x \to \infty) \neq 0$. 접합으로부터 먼 곳에서, 재결합 비율은 광 캐리어 생성 비율과 같다.

(b) 공핍층의 가장자리에서 보통의 유사평형 경계 조건이 여전히 유지된다. 이것과 (a)에서 확립된 경계 조건을 사용하여, 진술된 조명 조건 하에서 P^+N 다이오드의 IV 특성의 표현식을 고안하라. 광 생성을 비롯한 공핍층 내에서 발생하는 모든 재결합/생성은 무시하라.

(c) $G_L = 0$일 때와, $G_L = G_{L0}$인 경우에 대하여 IV 특성의 일반적 형태를 스케치하라. 다이오드가 개방 회로일 때, 즉 $I = 0$일 때 다이오드 양단 간에 발생된 전압을 표시하라. 다이오드가 단락 회로일 때, 즉 $V = 0$일 때 흐르는 전류는 얼마인가?

Part 3 금속–반도체 접합

옴성 접촉과 쇼트키 다이오드

4.17 다음 접촉에 대하여 에너지 밴드 다이어그램을 스케치하고, 고농도의 도핑이 중요한지, 중요하지 않은지, 혹은 용납하기 어려운지를 논평하라.

(a) 평형 상태에 있는 P^+형 실리콘과 $TiSi_2$ 사이의 옴성 접촉

(b) N^+형 실리콘과 $TiSi_2$ 사이의 옴성 접촉

(c) 2V 역 바이어스 하에서 P형 실리콘과 $TiSi_2$ 사이의 정류성 접촉

4.18 (a) 0.4 V의 정 바이어스를 가했을 때 금속–반도체 접촉에 대한 에너지 밴드다이어그램을 그려 보라(진공 준위 포함). 금속은 4.8 eV의 일함수 ψ_M을 가지며, 그리고 반도체는 $10^{16}cm^{-3}$의 균일한 도핑 농도를 갖는 N형 Si이다. 자신의 스케치 상에 $q\psi_M$, $q\phi_{Bn}$, $q(\phi_{bi} + V)$, χ_{Si}를 명확하게 표시하라. 표면 상태는 없다고 가정하라. $q\psi_M$, $q\phi_{Bn}$, $q(\phi_{bi} + V)$에 대한 수치 값을 찾으라.

(b) (a)의 소자에 대하여, 전하 밀도 ρ, 전계 $\mathscr{E}$, 그리고 전위 ϕ를 스케치하라. 각 다이어그램을 두 가지 곡선으로(하나는 평형 상태의 경우로, 다른 하나는 $V = 0.4$ V로) 그려 보라. 숫자나 계산은 필요하지 않다.

4.19 [그림 4-53]과 같은 도핑 분포를 가진 쇼트키 다이오드를 고려하자. 내부 전위 ϕ_{bi}는 0.8 V 라고 가정하라.

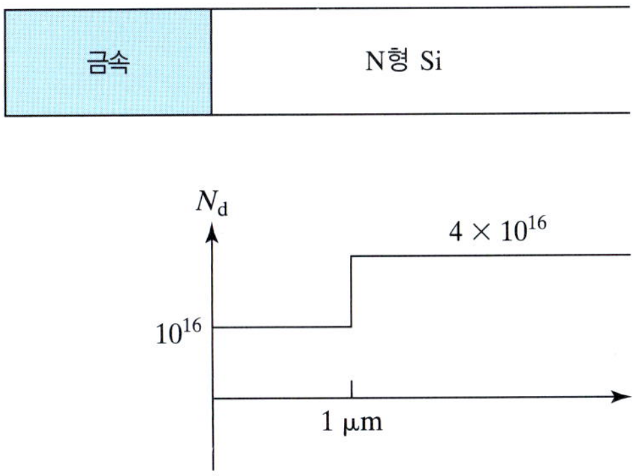

[그림 4-53]

(a) $1/C^2$ 대 V(역 바이어스 전압)를 정성적으로 스케치하라. C에 대한 수치 값을 찾지는 말라.

(b) $W_{dep} = 2\,\mu\text{m}$일 때, 바이어스 조건에 대한 전계 분포를 스케치하라. 마찬가지로, 전계에 대한 수치 값을 찾지는 말라.

(c) (b)에서 접합을 가로질러 발생하는 전위 강하는 얼마인가?

(d) $W_{dep} > 1\,\mu\text{m}$인 경우에 대하여 V의 함수로 C의 표현식을 유도하라.

쇼트키 다이오드의 공핍층 해석

4.20 (a) 백금(일함수 5.3eV)과 $N_d = 10^{16}\,\text{cm}^{-3}$으로 도핑된 실리콘 사이에 형성된 이상적인 쇼트키 장벽(식 (4.72) 참조)에 대해, 제로 바이어스와 300 K에서 소신호 커패시턴스를 계산하라. 쇼트키 다이오드의 면적은 $10^{-5}\,\text{cm}^2$이다.

(b) 제로 바이어스 때의 값과 비교하여 커패시턴스를 25%만큼 감소되게 만드는 역 바이어스 값을 계산하라.

4.21 쇼트키 다이오드의 반도체 내부에서 도핑 분포는 선형으로 경사져 있다. 즉, $N_d(x) = ax$이다. 이때 다음 질문에 답하라.

(a) 반도체 내부에서 ρ, $\mathscr{E}$, V, W_{dep}에 대한 표현식을 유도하라.

(b) 어떻게 ϕ_{bi}가 결정되고 계산되는지 보여라.

(c) 접합(공핍층) 커패시턴스에 대한 표현식을 수립하라.

연습문제

4.22 금속/N형 반도체 쇼트키 다이오드는 [그림 4-54]에 주어진 CV 특성을 갖는다.

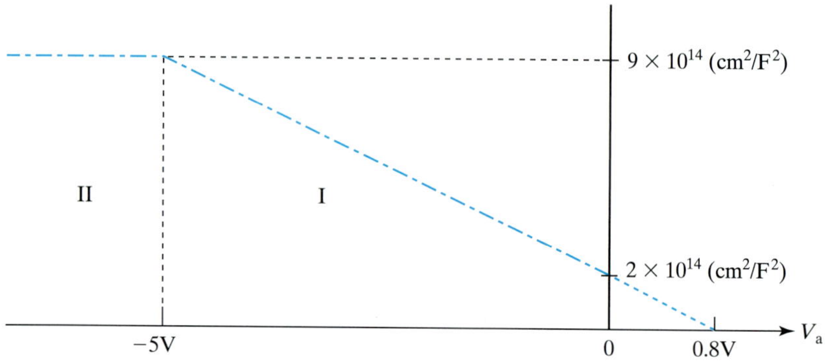

[그림 4-54]

(a) (영역 I의 데이터로부터) 다이오드의 내부 전압은 얼마인가?

(b) N형 반도체의 도핑 분포를 찾아보라.

쇼트키 다이오드와 PN 접합 다이오드 사이의 관계

4.23 (a) 쇼트키 다이오드와 PN 다이오드에 대한 $\log(I)$ 대 V의 도식을 직접 손으로 그려 같은 그림 상에 정성적으로 나타내라. 유사성과 차이점에 대해 논평하라.

(b) $1\,\text{mm}^2$ $MoSi_2$ 금속을 N형 Si 상에 형성한 쇼트키 다이오드의 I_0를 계산하라. 이것과 $N_d = 10^{18}\,\text{cm}^{-3}$이고 $\tau_p = 1\,\mu\text{s}$인 $1\,\text{mm}^2$ P^+N 다이오드의 I_0와 비교하라.

(c) 50 A의 정방향 전류 값에서 동작할 때, (b)에 있는 두 다이오드의 정방향 전압을 서로 비교하라.

(d) 다이오드 면적(비용)을 증가시키지 않으면서, 쇼트키 다이오드의 정방향 전압 강하수치를 감소시키기 위해서는 무엇을 할 수 있는가?

(e) 매우 작은 $q\phi_B$를 갖는 쇼트키 다이오드를 사용하고자 할 때 장애 요소는 무엇인가?

옴성 접촉

4.24 일정한 도너 밀도 N_d를 갖는 실리콘 상에 형성된 알루미늄 쇼트키 장벽을 고려하자. 장벽 높이 $q\phi_B$는 0.65 eV이다. 전자에 대한 에너지 장벽이 충분히 얇다고 하면 접합은 낮은 저항의 옴성 접촉이 되고 터널링에 의해 높은 전류를 흘릴 수 있을 것이다. 금속으로부터 페르미 준위를 외삽하여 이 페르미 준위와 전도 대역의 가장자리(E_c)가 만나는 지점을 구하였을 때, 이 지점이 접합 경계로부터 10 nm 이내의 거리에 있으면 효율적으로 터널링이 시작된다고 가정한다.

(a) 이 조건이 평형 상태에서 만족되도록 하는 최소 N_d의 값은 얼마인가?

(b) (a)의 조건 하에서 에너지 밴드 다이어그램을 스케치하라.

(c) N_d가 (a)에서 구한 결과로부터 4배로 증가된다고 가정하자. 터널링 거리(W_{dep})는 얼마나 축소되는가? 그리고 R_c는 얼마나 축소되는가?

4.25 1 mA의 전류를 흘리는 PN 다이오드가 0.08 μm^2의 옴성 접촉 면적을 갖고 $1\times10^{20}\,cm^{-3}$의 표면 밀도를 갖는다.

(a) 만약 옴성 접촉에서 발생하는 전압 강하가 50 mV까지로 제한된다면, 비접촉 저항은 얼마까지 허용되는가?

(b) 식 (4.96)을 사용하여, 허용되는 ϕ_{Bn}을 산정하라. 그것은 최대 허용되는 ϕ_{Bn}인가 혹은 최소 허용되는 ϕ_{Bn}인가?

(c) (b)를 반복하는데, 이번에는 [그림 4-46]을 사용하여 ϕ_{Bn}을 산정하라. ([그림 4-46]은 식 (4.96)보다 더 자세한 모델에 근거한다.)

4.26 본 문제도, N^+ 실리콘과 P^+ 실리콘 모두의 옴성 접촉에 적용 가능한 [그림 4-46]을 사용하여 구하라. 도핑 농도는 $1.5\times10^{20}\,cm^{-3}$이라고 가정한다.

(a) N^+ 실리콘과 P^+ 실리콘 상에 형성된 NiSi 접촉의 R_c를 산정하라.

(b) P^+ 실리콘 상에 형성된 PtSi 접촉의 R_c를 산정하라.

(c) N^+ 실리콘 상에 형성된 $ErSi_{1.7}$ 접촉의 R_c를 산정하라.

(d) 만약 N^+ 실리콘과 P^+ 실리콘 모두에 대하여 $R_c \le 4\times10^{-9}\,\Omega cm^2$인 옴성 접촉이 요구된다면, 어떤 실리사이드(들)와 도핑 농도(들)를 사용해야 하는가?

CHAPTER 05

MOS 커패시터

MOS CAPACITOR

본 장은 현대 전자공학의 근간이 되는 MOS(metal–oxide–semiconductor) 구조에 대해 충분히 이해하는 것을 목표로 한다. 핵심 내용으로는 표면 공핍, 문턱전압, 반전층 등을 들 수 있고, MOS 커패시터의 $C-V$ 특성, 게이트 공핍, 반전층 두께 등의 내용을 살펴볼 것이다. 더불어 대표적인 두 가지 이미지 소자인 전하결합소자(CCD)와 CMOS 화상기에 대해 공부한다. 이 장을 통해 MOSFET, 즉 MOS 전계 효과 트랜지스터를 이해하기 위한 기초를 다질 것이다.

MOS는 Metal-Oxide-Semiconductor의 약자이다. [그림 5-1]의 MOS 커패시터는 반도체 바디semiconductor body라고도 하는 기판과 실리콘 산화막(SiO_2)과 같은 절연막, **게이트**gate라고 부르는 금속 단자로 구성된다. 얇은 산화막의 두께는 약 1.5 nm 정도이다. 1 nm는 10 Å인데 이것은 산화막을 이루는 산화물 분자 몇 개에 지나지 않는 두께에 해당한다.

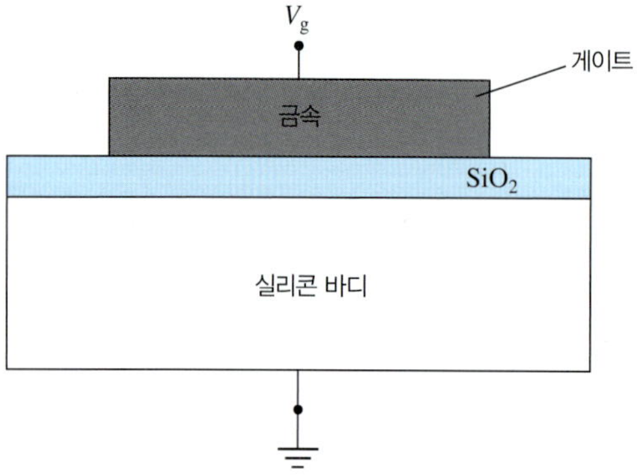

[그림 5-1] MOS 커패시터

1970년 이전에는 게이트가 알루미늄과 같은 금속 물질로 만들어지는 것이 일반적이었다(MOS의 M은 금속metal을 의미한다). 1970년 이후에는 고농도로 이온 주입된 다결정 실리콘(3.7절의 [NOTE]에서 '세 종류의 고체' 참조)이 표준적인 게이트 물질로 사용되고 있다. 다결정 실리콘은 고온에서 SiO_2와 반응하지 않으면서도 열적 안정성을 유지하기 때문이다. 이처럼 게이트 물질은 변했지만 명칭은 여전히 MOS로 사용되고 있다. 별도로 명시되지 않았다면 일반적인 MOS의 게이트는 고농도로 이온이 주입되어 높은 전도도를 갖는 다결정 실리콘polycrystalline silicon, 줄여서는 폴리실리콘poly-Si으로 만들어졌다고 생각해도 무방하다. 2008년 이후에는 가장 발전된 트랜지스터를 위해 다시 금속 물질의 게이트를 도입하고 실리콘 산화막 대신 보다 향상된 특성의 유전물질로 바꾸는 추세이다(7.4절 참조).

MOS 커패시터는 단일 소자 자체로 널리 쓰이지는 않고 MOS 트랜지스터의 일부를 형성하여 기능하게 되는데, 보다 자세한 내용은 5.1절~5.2절에서 공부할 것이다. MOS 트랜지스터는 현재까지 가장 널리 사용되는 반도체 소자이다. [그림 5-2]의 MOS 트랜지스터는 양측에 PN 접합이 연결된 MOS 커패시터의 구조를 갖는다.

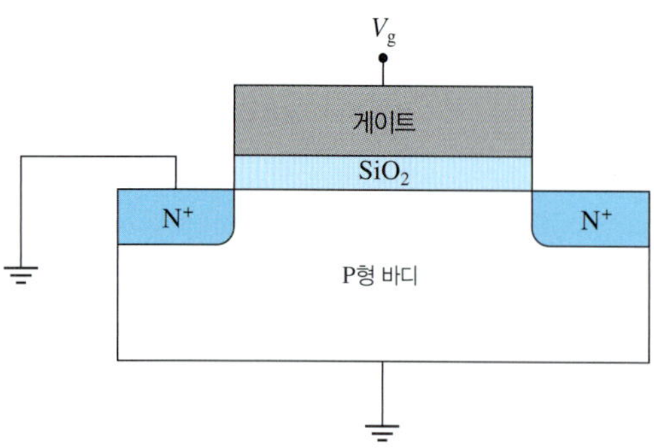

[그림 5-2] 양단에 PN 접합을 갖는 MOS 커패시터로서의 MOS 트랜지스터

앞으로 5.5절에서 자세히 설명하겠지만, MOS 커패시터의 특성을 이해하는 데 있어 MOS 트랜지스터 구조가 단일 MOS 커패시터 구조보다 더 유용한 경우도 많다.

5.1 평탄 밴드 조건과 평탄 밴드 전압

에너지 밴드 다이어그램을 그릴 때에는 [그림 5-3]과 같이 실리콘 산화막을 중간에 두고 게이트와 바디를 각각 왼쪽과 오른쪽에 그리는 것이 일반적이다. [그림 5-3(b)]에서 보는 바와 같이 $V_g = 0$일 때의 밴드 다이어그램은 다소 복잡하다.

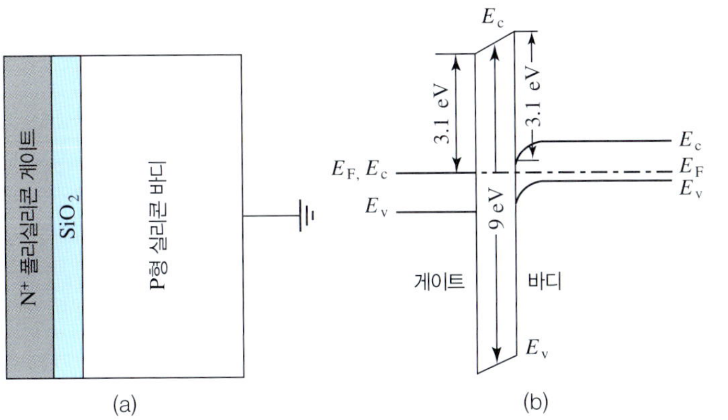

[그림 5-3] (a) 폴리실리콘 게이트/산화막/반도체 커패시터, (b) 전압이 가해지지 않은 상태에서의 에너지 밴드 다이어그램

에너지 밴드 다이어그램을 그리는 법을 공부하는 데 있어 우선적으로 **평탄 밴드 조건**flat-band condition이라는 특수한 전압 조건 하에서의 밴드 다이어그램을 그리는 법을 알면 도움이 된다. 평탄 밴드 조건은 [그림 5-4]에서 보는 바와 같이 실리콘-실리콘 산화막 계면에서 실리콘 기판의 에너지 밴드(E_c와 E_v)가 수평인 상태를 의미한다. 이러한 조건은 [그림 5-3(b)]의 게이트에 음의 전압을 가하여 왼편의 밴드 다이어그램을 상승시킴으로써 형성할 수 있다(전압과 밴드 다이어그램의 관계에 대해서는 2.4절 참조). [그림 5-4]와 같이 기판 내에서의 에너지 밴드가 수평일 때에는 기판의 표면 전기장의 크기가 0이다. 따라서 산화막 내의 전기장의 크기도 0이며[1] 이것은 SiO_2의 E_c와 E_v가 수평으로 그려짐을 의미한다. SiO_2의 E_c와 E_v 사이의 간격은 9 eV인데 이것을 SiO_2의 E_g라고 표기한다. E_0는 진공 레벨vacuum level을 의미하며 해당 물질의 외부에서 전자가 갖는 에너지 상태를 나타낸다. SiO_2의 E_0는 E_c보다 0.95 eV 높다. E_0와 E_c의 차이를 전자 친화력electron affinity이라고 하는데, E_g가 특정 물질의 고유한 특성을 나타내는 상수인 것처럼 전자 친화력 역시 물질의 고유 특성을 나타낸다. 실리콘의 경우 전자 친화력은 4.05 eV이다.

1 가우스의 법칙에 따르면 계면 전하가 없는 상황에서 $\varepsilon_s \mathscr{E}_s = \varepsilon_{ox} \mathscr{E}_{ox}$의 관계식이 성립한다. $\mathscr{E}_s$와 $\mathscr{E}_{ox}$는 각각 실리콘 기판 표면에서의 전기장, 산화막 표면에서의 전기장을 의미한다.

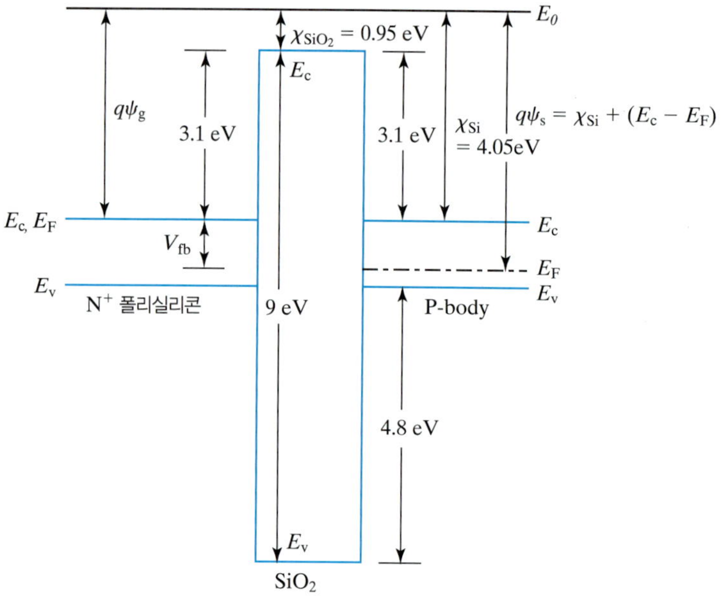

[그림 5-4] 평탄 밴드 상태에 있는 MOS 구조의 에너지 밴드 다이어그램. 이러한 조건을 만족시키기 위해 P형 실리콘 기판과 N^+ 폴리실리콘 게이트 간에 인가되어야 하는 전압은 V_{fb}이다. ψ_g는 게이트 물질의 일함수, ψ_s는 실리콘의 일함수이다. E_0는 진공 레벨을 의미한다.

[그림 5-4]에서 보는 바와 같이 E_0는 Si-SiO_2 계면에서 연속적으로 그려진다(그렇지 않으면 전기장의 크기가 무한대가 된다). 따라서 SiO_2의 E_c는 실리콘의 E_c보다 3.1 eV 높다. 이 값은 Si-SiO_2 계면에서 **전자에 대한 에너지 장벽**electron energy barrier으로 작용한다. [그림 5-4] 에서 보는 것처럼 **정공에 대한 에너지 장벽**hole energy barrier은 4.8 eV이다. 이러한 높은 에너지 장벽으로 인해 폴리실리콘 게이트의 E_c도 SiO_2의 E_c보다 3.1 eV만큼 낮아지게 된다(Si-SiO_2 간의 에너지 장벽에 해당된다).

최종적으로 N^+ 폴리실리콘의 E_F는 편의상 E_c와 동일하다고 가정한다. SiO_2 내에서 E_F의 정확한 위치는 크게 중요하지 않다. SiO_2 에너지 밴드 갭의 중간 부분에 E_F가 있다고 두면 $n = N_c\exp[-(E_c - E_F)/kT]$는 $10^{-60}\,\text{cm}^{-3}$과 같이 무시할 수 있을 정도로 작은 값이 되기 때문이다. 따라서 SiO_2 안에서의 E_F의 위치는 중요하지 않다.

평탄 밴드 조건에서 인가되는 전압 $\boldsymbol{V_{fb}}$를 **평탄 밴드 전압**flat-band voltage이라고 하며 두 단자 간의 페르미 준위 차이로 정의된다.

$$V_{fb} = \psi_g - \psi_s \tag{5.1}$$

ψ_g와 ψ_s는 각각 게이트 일함수와 실리콘 일함수를 나타내며 단위는 볼트(V)이다. 여기서 일함수는 E_0와 E_F의 차이로 정의된다. N^+ 폴리실리콘 게이트의 경우 ψ_g = 4.05V이다.[2] P형 기판의 경우 ψ_s = 4.05V + $(E_c - E_F)/q$로 정의된다. [그림 5-4]에서 식 (5.1)을 적용하면 V_{fb}가 음의 값을 나타내며, 그 값은 약 −0.7V이다.

2 이 경우는 ψ_g가 χ_{Si}와 일치하는 특수한 경우이다. 일반적으로 ψ_g는 E_0와 E_F의 차이로 정의된다.

5.2 표면 축적

V_{fb}보다 더 낮은 음의 값을 갖는 V_g를 인가하게 되면 [그림 5-4]는 어떻게 변화할까? 게이트 쪽의 밴드 다이어그램은 위쪽으로 밀려 올라간다(2.4절 참조). 그 결과로 나타나는 에너지 밴드 다이어그램은 [그림 5-5]와 같다. [그림 5-5]는 지면의 한계상 정확한 스케일로 나타낸 것은 아니라는 점에 유념하기 바란다(가령, 실리콘 에너지 밴드 갭의 3배에 해당하는 3.1 eV를 그림에서는 3배로 나타내지 않았다). 에너지 밴드 다이어그램을 그릴 때, 이처럼 정확한 스케일을 따르지 않고 정성적으로 그리는 것이 일반적이다. $V_g \neq V_{fb}$일 때 ϕ_s(표면 전위)와 V_{ox}(산화막에 걸리는 전압)는 일반적으로 0이 아니다. $q\phi_s$는 기판 내에서 밴드가 휜 정도를 나타낸다. 기판의 전위가 기준 전위이므로 [그림 5-5]와 같이 E_c가 표면을 향해 위쪽으로 휜다면 ϕ_s는 음의 값을 가지고 E_c가 아래로 휜다면 양의 값을 가진다. ϕ_s의 부호에 대해 이해하기 어렵다면 2.4절을 복습하기 바란다. V_{ox}는 산화막을 가로질러 형성되는 전위차이다. 마찬가지로 [그림 5-5]에서와 같이 SiO_2의 에너지 밴드가 게이트를 향해 위로 올라가는 기울기를 가지게 되면 V_{ox}는 음의 값을 가지며 게이트 쪽으로 봤을 때 내려가는 기울기를 갖는다면 V_{ox}는 양의 값이다.

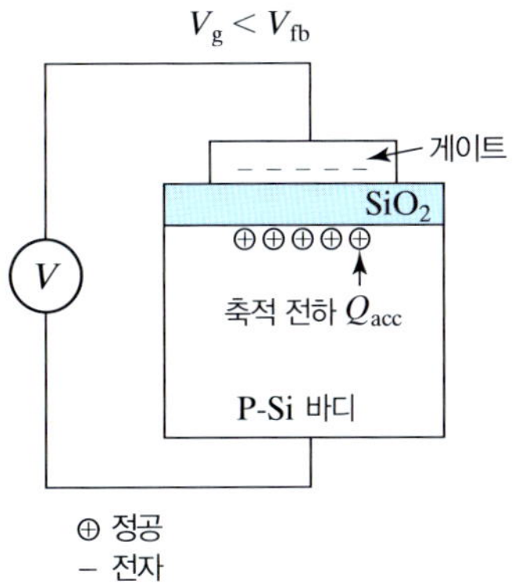

(a) 형성된 전하의 종류

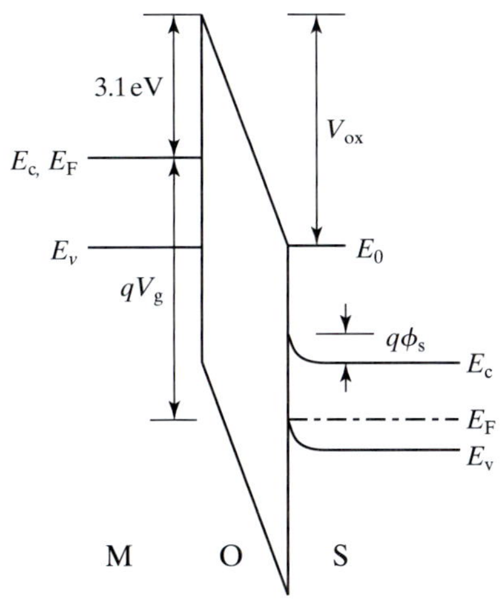

(b) 에너지 밴드 다이어그램

[그림 5-5] 그림의 MOS 커패시터는 표면이 축적 상태에 있도록 전압 인가되어 있다($p_s > p_0 = N_a$).

E_v의 값이 실리콘 벌크에서보다는 표면에서 E_F에 가깝기 때문에 표면에서의 정공 농도 p_s는 벌크에서의 정공 농도 $p_0 = N_a$보다 높다. 이를 수식으로 나타내면 다음과 같다.

$$p_s = N_a e^{-q\phi_s/kT} \tag{5.2}$$

ϕ_s는 −100 mV이나 −200 mV 정도의 값이므로 $p_s \gg N_a$임을 알 수 있다. 이는 실리콘 표면 근처에 매우 많은 수의 정공이 존재함을 의미한다. 이 정공들은 **축적층**accumulation layer을 형성하며 **축적층 정공**accumulation-layer hole이라고 하며, 정공들을 전하로 환산한 양을 **축적 전하**accumulation charge Q_{acc}라고 한다. 그리고 이러한 현상을 **표면 축적**surface accumulation이라고 한다. 만약 기판이 N형이라면, 축적층을 형성하는 반송자들은 전자가 된다.

앞으로 다음과 같은 관계식을 계속 사용할 것이다.

$$V_g = V_{fb} + \phi_s + V_{ox} \tag{5.3}$$

평탄 밴드 조건에서는, $V_g = V_{fb}$, $\phi_s = V_{ox} = 0$이며 식 (5.3)이 성립한다. 만약 $V_g \neq V_{fb}$라면 둘 사이의 차이는 ϕ_s와 V_{ox}의 값으로 나타난다. 표면 축적이 발생하는 경우, ϕ_s는 매우 작은 값이므로 일차 근사 모델에서 무시될 수 있고 식 (5.3)은 다음과 같이 축약된다.

$$V_{ox} = V_g - V_{fb} \tag{5.4}$$

가우스의 법칙을 사용하면 $\mathscr{E}_{ox} = -\dfrac{Q_{acc}}{\varepsilon_{ox}}$이고,

$$V_{ox} = \mathscr{E}_{ox} T_{ox} = -\frac{Q_{acc}}{C_{ox}} \tag{5.5}$$

이때 C_{ox}는 산화막의 단위면적당 정전용량(F/cm^2)이며 Q_{acc}는 단위면적당 축적 전하량(C/cm^2)이다. 식 (5.5)는 부호 차이만 있을 뿐 일반적인 커패시턴스 관계식 $V = Q/C$(또는 $Q = CV$)와 동일하다. $V = Q/C$의 식에서 커패시터 전압과 전하는 모두 동일한 단자에서 얻게 된다. 반면, MOS 커패시터 이론에서는 전압이 게이트 전압을 의미하지만, 의미 있는 전하량의 변동은 기판에서 이루어지기 때문에 게이트가 아닌 기판의 전하량을 고려한다. 본래의 식과 이러한 차이가 있기 때문에 식 (5.5)에 음의 부호가 생기게 된다. 식 (5.5)와 (5.4)로부터 다음 식을 얻을 수 있다.

$$Q_{acc} = -C_{ox}(V_g - V_{fb}) \tag{5.6}$$

따라서 축적 상태에 있는 MOS 커패시터는 $Q = CV$(또는 앞서 기술한 바와 같이 $-CV$만큼의 전하량을 가지나 V에서 V_{fb}만큼 이동한 전압이 인가된 커패시터와 같이 동작한다. $V_g = V_{fb}$일 때 $Q_{acc} = 0$이므로 이 이동분을 쉽게 이해할 수 있다. 일반적으로 식 (5.5)는 다음과 같이 표현할 수도 있다.

$$V_{ox} = -Q_{sub}/C_{ox} \tag{5.7}$$

여기서 Q_{sub}는 Q_{acc}를 포함하여 기판 내에 존재하는 총 전하량이다.

5.3 표면 공핍

V_g가 V_{fb}보다 큰 양의 값을 가지면 [그림 5-4]는 어떻게 변할까? [그림 5-6(b)]에서와 같이 게이트 쪽의 밴드 다이어그램은 아래로 밀려 내려갈 것이다. 또한 E_F가 E_c와 E_v로부터 멀기 때문에 전자나 정공의 밀도가 매우 작아 **표면에는 공핍 영역이 형성된다.** 이러한 상황을 **표면 공핍**[sur-face depletion]이라고 한다. 공핍 영역은 W_{dep}만큼의 폭을 갖는다. 식 (5.7)은 다음과 같이 변한다.

$$V_{ox} = -\frac{Q_{sub}}{C_{ox}} = -\frac{Q_{dep}}{C_{ox}} = \frac{qN_a W_{dep}}{C_{ox}} = \frac{\sqrt{qN_a 2\varepsilon_s \phi_s}}{C_{ox}} \tag{5.8}$$

$$\phi_s = \frac{qN_a W_{dep}^2}{2\varepsilon_s} \tag{5.9}$$

억셉터 이온(억셉터가 자유 전자를 받아들인 상태)은 음성 대전되었으므로 Q_{dep}은 음의 부호를 갖게 된다. 식 (5.8)과 (5.9)에서, $W_{dep} = \sqrt{(2\varepsilon_s\phi_s)/(qN_a)}$(식 (4.16))의 관계식이 사용되었다. 식 (5.8), (5.9)와 (5.3)의 식들을 결합하면 다음과 같은 관계식을 얻을 수 있다.

$$V_g = V_{fb} + \phi_s + V_{ox} = V_{fb} + \frac{qN_a W_{dep}^2}{2\varepsilon_s} + \frac{qN_a W_{dep}}{C_{ox}} \tag{5.10}$$

위 방정식으로부터 W_{dep}을 V_g에 대한 함수로 표현할 수 있다. W_{dep}의 값이 결정되면, V_{ox}(식 (5.8))과 ϕ_s(식 (5.9))의 값을 계산할 수 있다.

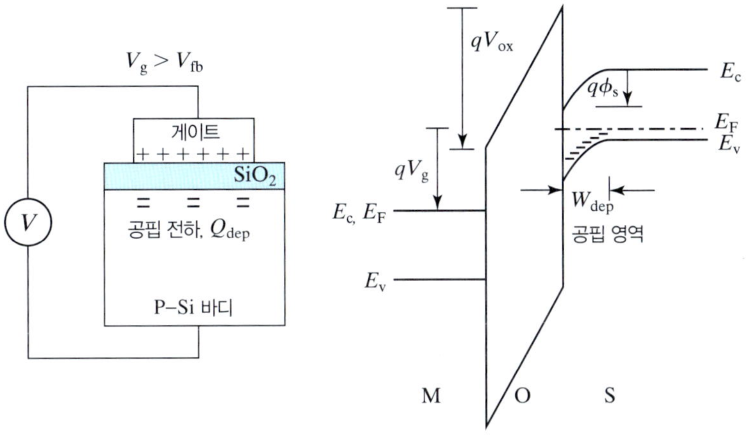

(a) 존재하는 전하의 종류　　(b) 에너지 밴드 다이어그램

[그림 5-6] 표면 공핍 상태가 되도록 전압이 인가된 MOS 커패시터

5.4 문턱 조건 및 문턱전압

[그림 5-6]에서 V_g의 값을 더 큰 양의 값으로 증가시켜 보자. 그 결과 에너지 밴드 다이어그램은 아래쪽으로 더욱 많이 휘게 된다. 특정한 V_g의 값에 도달하면 Si-SiO_2 계면에서 E_F가 E_c와 충분히 가까워져 표면은 더 이상 공핍 상태에 있지 않고 **반전 문턱** 조건에 도달하게 된다. 여기서 '반전inversion'은 실리콘 표면이 P형에서 N형으로, 즉 전자들의 수가 매우 많은 상태로 뒤집힘을 의미한다. 그리고 '문턱threshold'은 흔히 표면에서의 전자 농도 n_s가 실리콘 벌크 영역의 도핑 농도 N_a와 같아지는 조건을 의미한다. 즉, $(E_c - E_F)_{surface} = (E_F - E_V)_{bulk}$의 관계식이 성립하거나 [그림 5-7]에서 $A = B$인 상태[3]를 의미한다. 역으로 그것은 $C = D$가 성립함을 의미한다. E_i는 **밴드 갭 중간**midgap, 즉 E_c와 E_v의 중간 부근에 그려진다. 문턱 조건에서의 표면 전위(밴드가 휘는 양)를 ϕ_{st}라고 하자. 그 값은 $(C + D)/q = 2C/q = 2\phi_B$에 해당한다.

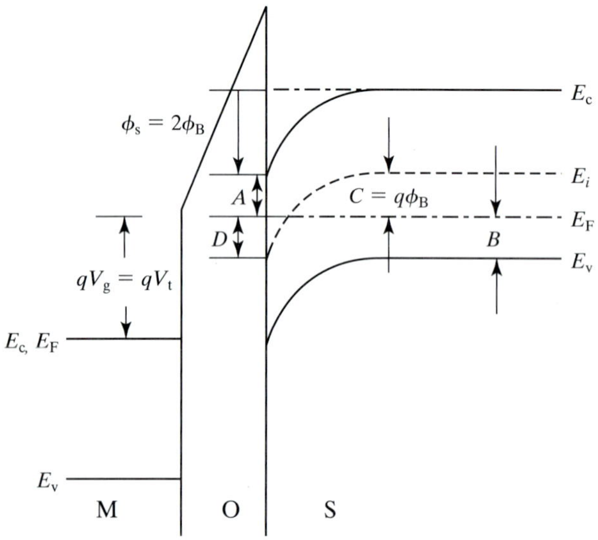

[그림 5-7] $n_s = N_a$일 때, 혹은 등가적으로 $A = B$이거나 $\phi_s = \phi_{st} = 2\phi_B$일 때 문턱 조건이 형성된다. 양의 값인 ϕ_{st}는 아래쪽으로 밴드가 휜 양에 해당된다.

$N_c = N_v$라고 가정하면 식 (1.27)과 (1.23)으로부터 다음 관계식이 성립한다.

$$q\phi_B \equiv \frac{E_g}{2} - (E_F - E_v)\big|_{bulk} = kT\ln\frac{N_v}{n_i} - kT\ln\frac{N_v}{N_a} = kT\ln\frac{N_a}{n_i} \tag{5.11}$$

3 $N_c = N_v$가 성립한다고 가정하면 $n_s = N_a$일 때, $A = B$가 성립한다.

문턱 조건에서의 ϕ_{st}는 다음 식을 만족한다.

$$\phi_{st} = 2\phi_B = 2\frac{kT}{q}\ln\frac{N_a}{n_i} \tag{5.12}$$

문턱 조건에서의 V_g는 **문턱전압**threshold voltage V_t라고 한다. 식 (5.12)와 (5.8)을 식 (5.3)에 대입하면 다음과 같은 관계식을 얻는다.

$$V_t = V_{fb} + 2\phi_B + \frac{\sqrt{qN_a 2\varepsilon_s 2\phi_B}}{C_{ox}} \tag{5.13}$$

[그림 5-8]은 식 (5.13)을 이용하여 문턱전압을 T_{ox}와 기판 도핑 농도의 함수로 표현한 결과이다. 이 그림에서 게이트 유전체는 $\varepsilon_{ox} = 3.9$인 비유전율을 갖는 SiO_2로 가정하고 있다.

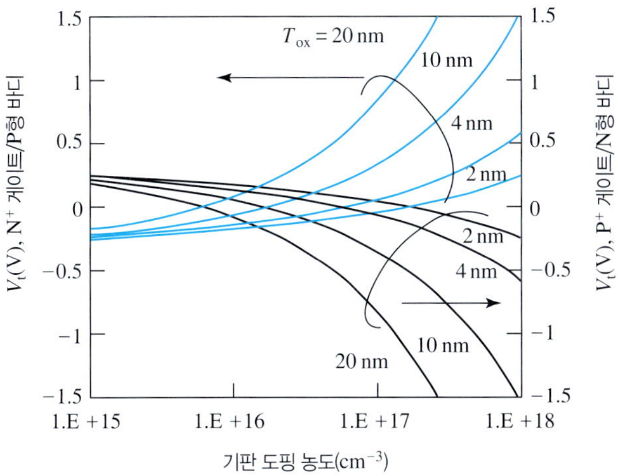

[그림 5-8] 식 (5.13)으로부터 유도된 기판 도핑 농도에 대한 이론적인 문턱전압

NOTE **N형 바디**

N형 기판의 경우, 식 (5.13)은 다음과 같이 변한다.

$$V_t = V_{fb} + \phi_{st} - \frac{\sqrt{2qN_d\varepsilon_s|\phi_{st}|}}{C_{ox}} \tag{5.14}$$

$$\phi_{st} = -2\phi_B \tag{5.15}$$

$$\phi_B = \frac{kT}{q}\ln\frac{N_d}{n_i} \tag{5.16}$$

[연습] 문턱 조건에서 N형 기판을 갖는 MOS 커패시터의 에너지 밴드 다이어그램을 그리고, 식 (5.14)의 두 번째 항(ϕ_{st})과 세 번째 항(V_{ox})은 음의 값을 가짐을 보여라.

5.5 문턱 조건 이후의 강반전

[그림 5-9(b)]는 강반전 조건, 즉 $V_g > V_t$일 때의 에너지 밴드 다이어그램을 나타내고 있다. [그림 5-9(a)]에서와 같이 **반전 상태로 만드는 전자**inversion electron들로 찬 **반전층**inversion layer이 형성된다. **반전층의 전하 농도**는 Q_{inv}(C/cm^2)으로 표현된다. ϕ_s는 $2\phi_B$ 이상으로는 거의 증가하지 않는데, ϕ_s가 0.1 V만 증가하더라도 훨씬 높은 표면 전자 농도를 유도하게 되고 그로 인해 식 (5.3)에서 높아진 V_{ox}가 V_g 증가분의 대부분을 포함하게 되기 때문이다. ϕ_s가 크게 증가하지 않으면 공핍층의 폭도 거의 변동하지 않는다. 대략적인 W_{dep}의 최댓값은 다음과 같다.

$$W_{dmax} = \sqrt{\frac{2\varepsilon_s 2\phi_B}{qN_a}} \tag{5.17}$$

$$\begin{aligned} V_g &= V_{fb} + 2\phi_B - \frac{Q_{dep}}{C_{ox}} - \frac{Q_{inv}}{C_{ox}} = V_{fb} + 2\phi_B + \frac{\sqrt{qN_a 2\varepsilon_s 2\phi_B}}{C_{ox}} - \frac{Q_{inv}}{C_{ox}} \\ &= V_t - \frac{Q_{inv}}{C_{ox}} \end{aligned} \tag{5.18}$$

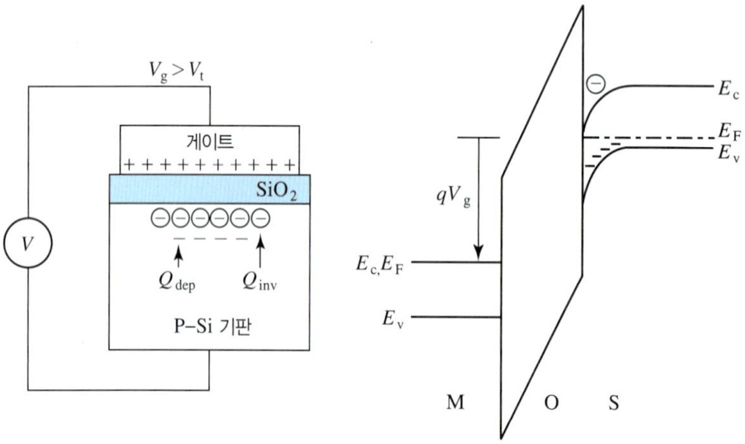

(a) 커패시터 내에 존재하는 전하들의 종류 (b) 에너지 밴드 다이어그램

[그림 5-9] 바이어스를 가하여 반전 상태로 만든 MOS 커패시터. 화살표 방향은 V_g의 양의 방향을 나타낸다.

식 (5.3)과 (5.7)을 이용하여 식 (5.19)를 유도할 수 있다.

$$\therefore \quad Q_{inv} = -C_{ox}(V_g - V_t) \tag{5.19}$$

식 (5.19)를 통해 강반전 상태의 MOS 커패시터는 V_t만큼의 오프셋이 존재한다는 점을 제외하고 일반적인 커패시터와 동일하게 동작하는 것을 확인할 수 있다. $V_g = V_t$일 때, $Q_{inv} = 0$이 성립한다.

이 장에서는, E_c와 E_F가 가까운 상황에서는 전자가 지체되지 않고 생성되어 반전층을 형성한다고 가정했다. 그러나 실제로는 P형 기판 내에 존재하는 전자 수가 매우 적기 때문에 열적으로 생성되는 전자들이 반전층을 형성하기까지는 수 분이 걸릴 수도 있다. [그림 5-2]에 나타낸 MOS 트랜지스터는 이러한 문제를 해결할 수 있다. [그림 5-10(a)]에서와 같이 N^+ 접합에서 공급되는 전자들을 통해 반전층을 형성할 수 있다. 반전층은 [그림 5-10(b)]와 같이 N형의 매우 얇은 층으로 표현할 수 있다(P형 기판의 표면 전도 유형이 N형으로 바뀌기 때문에 반전이라는 용어를 사용한다). [그림 5-2]와 [그림 5-10]에 나타난 바와 같이 MOS 트랜지스터는 MOS 커패시터 자체보다 MOS 시스템을 공부하는 데 여러 가지 측면에서 더욱 유용한 구조이다.

5.5.1 V_t와 게이트 도핑 유형의 선택

[그림 5-10]에 나타난 P형 기판의 트랜지스터는 집적 회로(IC) 내에서 0V부터 양의 전원 공급 전압 사이의 값을 범위로 하는 V_g를 인가하여 동작시킨다. 회로 설계의 편의상 $V_g = 0$일 때에는 트랜지스터에 반전층이 형성되지 않아 2개의 N^+ 영역 간에 전류가 흐르지 않게끔 V_t의 값을 작은 양의 값으로 정한다. $V_g = 0$일 때 전류가 흐르지 않는 트랜지스터를 **증가형**enhancement-type **소자**라고 한다. 이러한 V_t의 값은 [그림 5-8]에서와 같이 N^+ 게이트를 채택하고 기판 도핑 농도를 적절히 조절함으로써 얻을 수 있다. 만약 P형 기판 소자가 P^+ 게이트를 갖는다면 V_t의 값이 지나치게 커져(1V 이상), 높은 전원공급전압이 필요하게 된다. 그 결과 전력 소모가 커지고 열이 많이 발생하는 문제가 생긴다(6.7.3절 참조).

비슷한 방식으로 N형 기판은 일반적으로 P^+ 게이트와 짝을 이룬다. 요약하면, P형 기판은 대부분의 경우 N^+ 게이트와 짝을 이루어 작은 크기의 양의 문턱전압 특성을 갖게 되고 N형 기판은 일반적으로 게이트를 P^+로 도핑하여 작은 크기의 음의 문턱전압을 갖게 된다. 그 외의 기판-게이트 유형이 짝을 이루는 경우는 거의 없다.

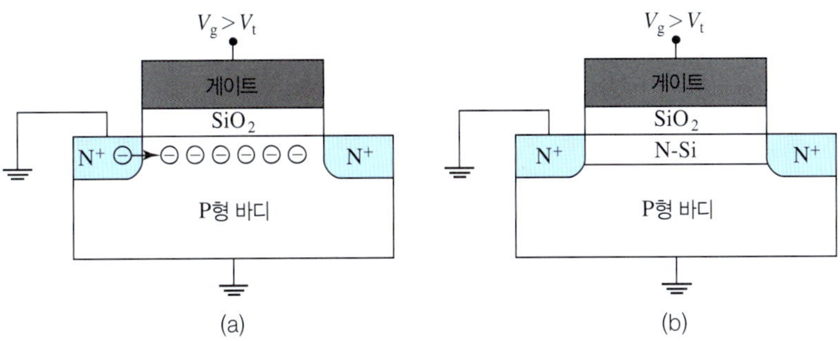

[그림 5-10] (a) MOS 커패시터의 양쪽 하단에 위치하여 반전층 전하를 공급할 수 있는 PN 접합 구조를 통해 실리콘 표면에서의 반전 동작을 가장 용이하게 이해할 수 있다. (b) 반전층은 N형의 얇은 층으로 이해할 수 있다.

NOTE 복습 : MOS 커패시터의 기본 이론

MOS 커패시터 이론과 관련하여 개념, 명칭, 흔히 사용되는 근사 및 간단한 관계식 등을 복습해 보자. [그림 5-11]에서 시작하여 일련의 그림들을 통해 살펴볼 수 있다. 표면 전위 ϕ_s는 V_{fb}에서 0이며 축적 상태에서도 거의 0이라고 가정한다. V_g가 증가하여 V_{fb}를 넘어서면서 표면이 공핍 상태가 되면 ϕ_s는 0에서부터 점차 증가하여 $2\phi_B$에 접근한다. ϕ_s가 $2\phi_B$에 도달하면 표면 전자 농도가 매우 높아져 표면이 반전되었다고 이해한다. 이 시점에서의 V_g의 값을 V_t, 즉 **문턱전압**threshold voltage이라고 말한다.

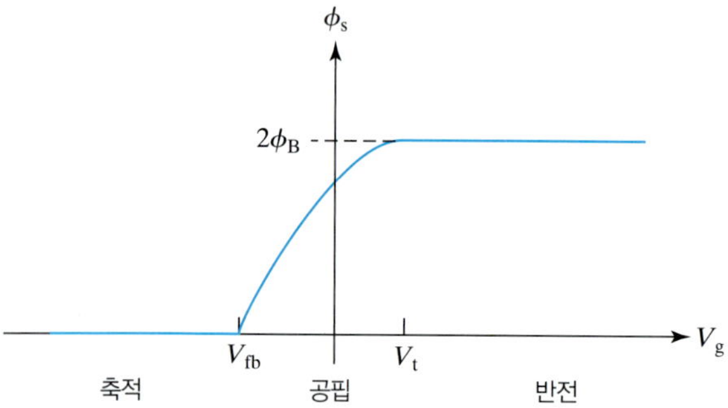

[그림 5-11] V_g가 V_t보다 클 때 표면 전위는 $2\phi_B$로 포화된다.

MOS 커패시터를 복습하기 위해 [그림 5-12]에서 W_{dep}의 변화를 살펴본다. MOS 표면이 축적 상태에 있을 때에는 공핍층이 존재하지 않는다. PN 접합 혹은 MOS 커패시터 내의 W_{dep}의 값은 밴드가 휘어진 정도(MOS의 경우 ϕ_s)의 제곱근에 비례한다. ϕ_s의 값이 $2\phi_B$에 포화되므로 $V_g \geq V_t$일 때 W_{dep}의 값은 W_{dmax}에 포화된다.

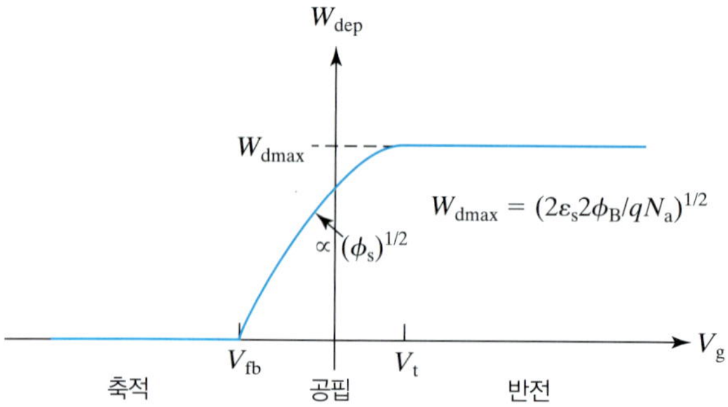

[그림 5-12] MOS 커패시터의 기판 내 공핍 영역 폭

[그림 5-13]에서는 기판 내에 존재하는 세 가지 전하 성분을 살펴본다. 반전 영역에서는 W_{dep}이 고정되어 있으므로 공핍층 전하 Q_{dep}의 값도 고정되어 있다. 반전 상태에서는 $Q_{inv} = C_{ox}(V_g - V_t)$가 나타나며, 축적 상태에서는 Q_{acc}가 나타난다. (b)와 (c)에서 직선의 기울기는 모두 $-C_{ox}$이다.

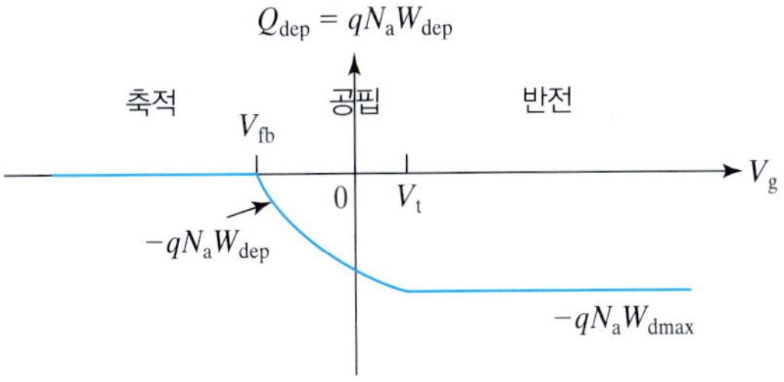

(a) 공핍층 전하

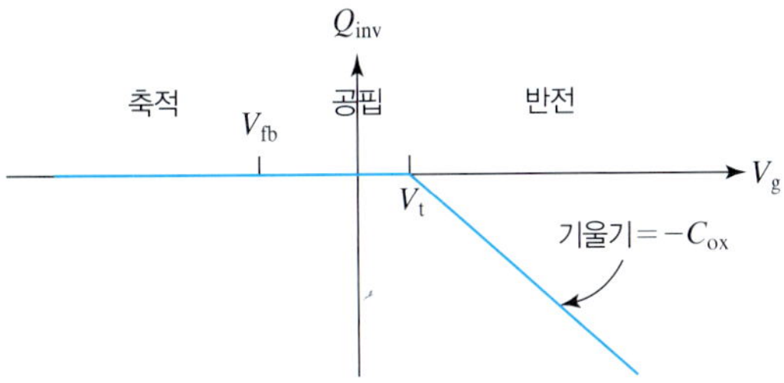

(b) 반전층 전하

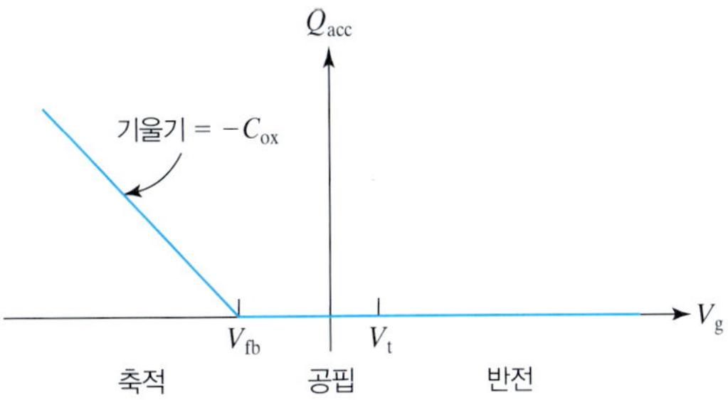

(c) 축적층 전하

[그림 5-13] MOS 커패시터 기판 내의 전하 성분들(C/cm^2).

[그림 5-14]는 전체 기판 전하 Q_{sub}를 나타내고 있다. 축적 영역의 Q_{sub}는 축적 전하로 이루어지며 공핍 영역의 Q_{sub}는 Q_{dep}으로 구성된다. 반전 상태에서는 고정된 Q_{dep}과, 그리고 $-C_{ox}(V_g - V_t)$에 해당하는 Q_{inv}의 두 가지 성분으로 구성된다.

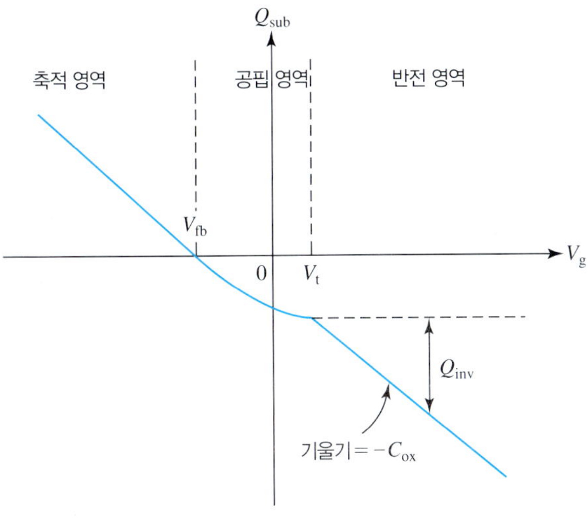

[그림 5-14] 전체 기판 전하 $Q_{sub}(C/cm^2)$는 Q_{acc}, Q_{dep} 및 Q_{inv}의 합이다.

5.6 MOS 커패시터의 $C-V$ 특성

커패시턴스–전압($C-V$)의 측정은 게이트 산화막의 두께, 기판의 도핑 농도, 문턱전압 및 평탄 밴드 전압 등을 구하는 데 있어 빈번하게 사용되는 매우 유용한 방법이다. $C-V$ 곡선은 일반적으로 $C-V$ 미터([그림 5-15])로 측정되는데, DC 바이어스 전압 V_g와 정현파 소신호(1kHz~10MHz)를 MOS 커패시터에 인가하여 AC 전류계로 용량성 전류를 측정한다. 커패시턴스는 $i_{cap}/v_{ac} = \omega C$의 식으로부터 계산할 수 있다.

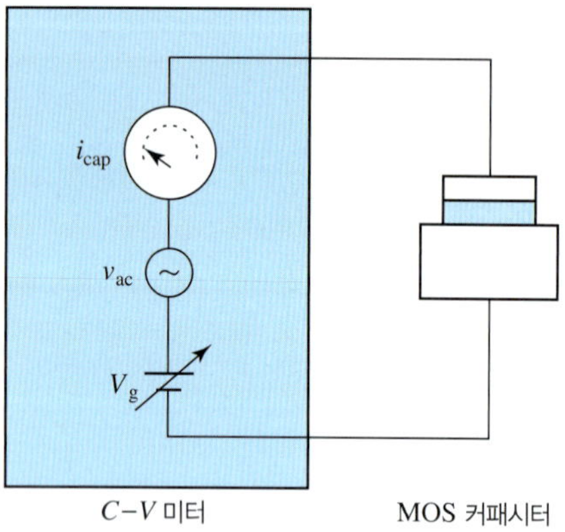

[그림 5-15] $C-V$ 측정을 위한 구조

MOS 이론에서의 커패시턴스는 항상 **소신호 커패시턴스**를 의미하며 다음과 같다.

$$C \equiv \frac{dQ_g}{dV_g} = -\frac{dQ_{sub}}{dV_g} \tag{5.20}$$

식 (5.20)에서 V_g는 커패시터의 상단부 단자에서 인가되지만 Q_{sub}는 커패시터의 하단부 단자(바디)에서 측정을 하기 때문에 음의 부호를 갖는다. Q_{sub}는 [그림 5-14]와 같이 주어지며 그것의 미분 값은 [그림 5-16]과 같다.

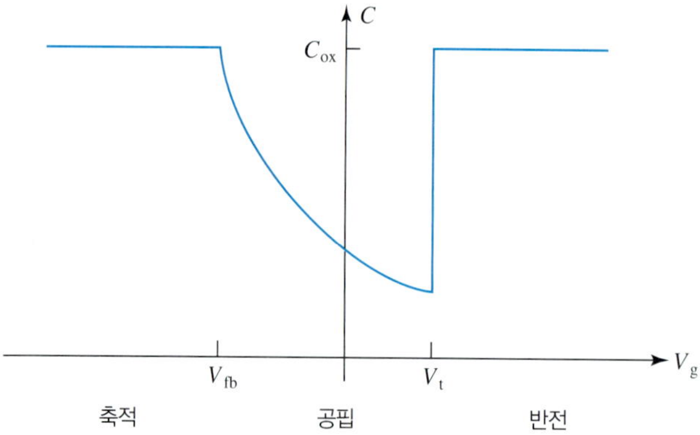

[그림 5-16] 준 정적(quasi-static) MOS $C-V$ 특성

축적 영역에서 MOS 커패시터는 [그림 5-17(a)]와 같이 단순히 C_{ox}의 값을 갖는 커패시터이다. [그림 5-17(b)]는 공핍 영역에서의 구조를 나타내는데 이 상황에서 MOS 커패시터는 직렬로 연결된 두 개의 커패시터, 즉 산화막 커패시터(C_{ox})와 공핍층 커패시터(C_{dep})로 나타낼 수 있다. AC 소신호 전압이 인가되면 W_{dep}의 값은 해당 주파수에서 약간의 증가와 감소를 반복하게 된다. 이에 따라 AC 전하는 [그림 5-17(b)]에서 보는 바와 같이 공핍층의 하단부에서 나타난다.

$$C_{dep} = \frac{\varepsilon_s}{W_{dep}} \tag{5.21}$$

$$\frac{1}{C} = \frac{1}{C_{ox}} + \frac{1}{C_{dep}} \tag{5.22}$$

$$\frac{1}{C} = \sqrt{\frac{1}{{C_{ox}}^2} + \frac{2(V_g - V_{fb})}{qN_a\varepsilon_s}} \tag{5.23}$$

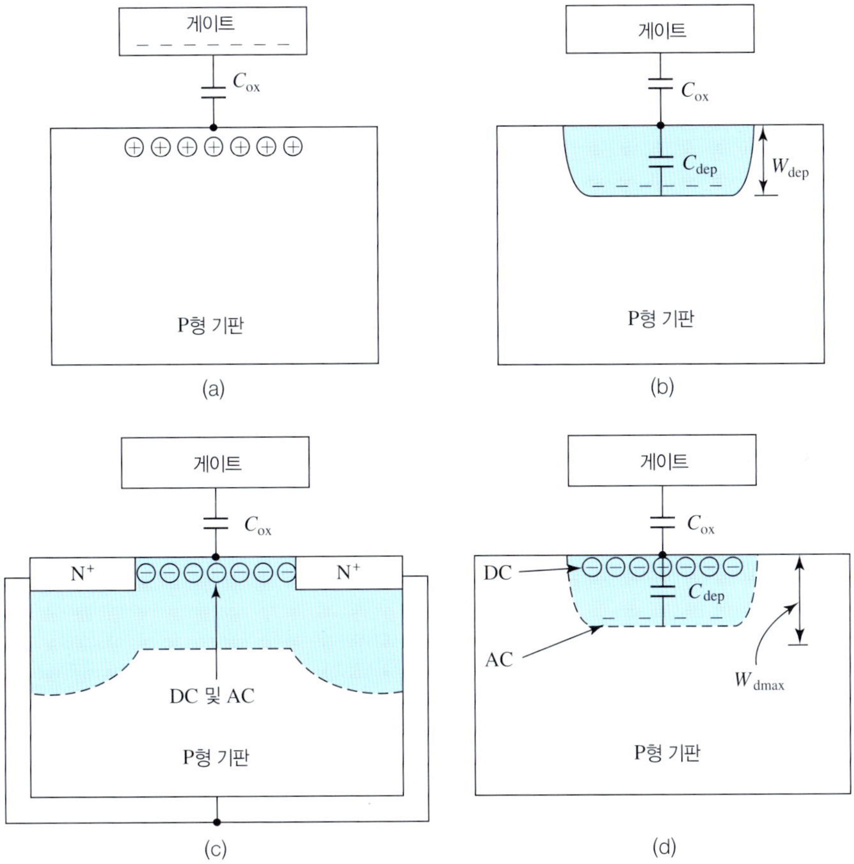

[그림 5-17] 가능한 모든 전압 조건에서의 MOS 커패시터. 음영 부분은 공핍층을 나타낸다. (a) 축적 영역, (b) 공핍 영역, (c) 반전 영역. 이 경우 N 영역으로부터 충분한 전자를 공급받아 트랜지스터 $C-V$ 혹은 준 정적 상태의 $C-V$ 곡선을 나타낸다. (d) 반전 전하의 공급이 없는 경우(혹은 적은 공급만 이루어지거나 열전자만이 존재하는 경우)의 반전 영역. 이때 $C-V$ 곡선은 고주파 특성 곡선의 형태를 나타낸다.

식 (5.23)을 유도하기 위해서는 V_g의 함수로서 표현되는 W_{dep}에 대한 방정식 (5.10)을 풀어야 한다. 실제 식을 유도하는 과정은 본 장의 연습문제를 풀면서 스스로 학습하기 바란다. V_g가 V_{fb} 이상으로 증가하면서 W_{dep}도 확장을 하고 그에 따라 [그림 5-16]과 같이 C는 감소하게 된다.

[그림 5-17(c)]는 Si-SiO_2 계면 부근에 반전층이 존재하는 것을 보여준다. 해당 주파수에서 Q_{inv}의 값은 AC 신호에 대해 반응하여 증가와 감소를 반복한다. 이때 반전층은 커패시터의 하부 전극으로서 기능하게 된다. 따라서 C의 값은 [그림 5-16]에서 나타난 바와 같이 반전 영역에서 다시 C_{ox}의 값으로 돌아간다. 이러한 $C-V$ 곡선을 **준 정적**quasi-static, QS **$C-V$**라고 하는데, 그것은 Q_{inv}이 AC 신호에 마치 주파수가 무한히 낮은 것처럼(정적 상태) 반응하기 때문이다.

이러한 조건을 만들기 위해서는 [그림 5-17(c)]에서 볼 수 있듯이 별도의 N형 영역과 같은 준비된 전자 공급원이 항상 존재해야 한다. PN 접합은 MOS 트랜지스터에 항상 존재한다. 결과적으로 모든 주파수 영역에 대한 MOS **트랜지스터** $C-V$ 특성은 [그림 5-16]과 같이 나타나며, [그림 5-18]의 상단부 곡선과 같다.

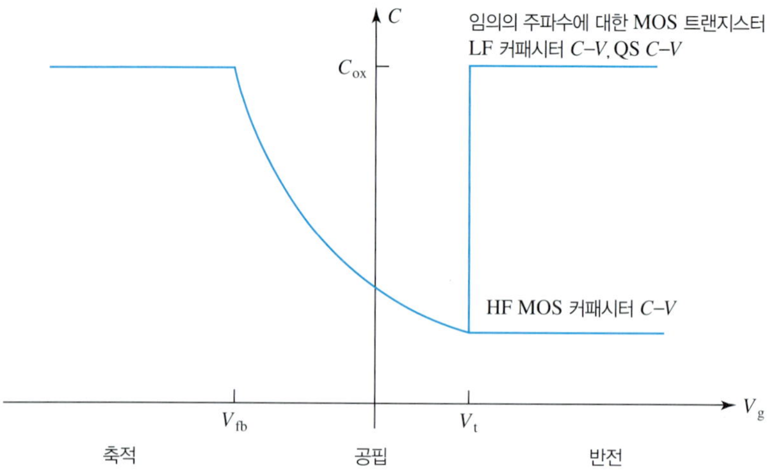

[그림 5-18] 두 가지 가능한 MOS $C-V$ 특성 곡선. 반전 영역에서의 차이점은 [그림 5-17]의 (c)와 (d)에서 설명하고 있다.

만일 [그림 5-17(d)]와 같이 PN 접합 구조가 존재하지 않는 상황이라면 어떤 일이 발생할까? P형 기판은 충분한 전자 공급원이 되지 못하고 매우 느리게 열 에너지로 인해 발생하는 자유 전자, 즉 열전자들을 생성할 뿐이다(다이오드의 역방향 전류의 크기가 매우 작은 것도 이러한 이유에서이다). Q_{inv}은 AC 신호 변화에 반응하지 못하여 DC 상태에서의 양에 머물게 된다. 그 대신, AC 신호로 인해 ϕ_s의 값이 $2\phi_B$ 근방에서 변동하며 W_{dep} 값 역시 W_{dmax}의 값을 중심으로 약간 변동한다. 충분히 많은 다수 반송자의 움직임에만 관여되기 때문에 이러한 W_{dep}의 변화는 고주파 신호에 대해서도 반응할 수 있다. 이로 인해 AC 전하는 공핍층 하부에 존재하게 되고, 결과적으로 [그림 5-18]의 아래 곡선과 같이 C의 값은 V_t 이후의 게이트 전압에 대하여 포화되게 된다. 이러한 곡선을 커패시터 $C-V$ 또는 **고주파 MOS 커패시터 $C-V$**HF C–V라고 한다. 이러한 명칭은, 충분히 낮은 주파수에서는 MOS 커패시터의 $C-V$는 기본적으로 [그림 5-18]의 상단부 곡선을 따라갈 것이라는 걸 암시한다. 이러한 이유로 상단부의 곡선은 **저주파**

$C-V$ (LF $C-V$)라고 한다. 그러나 실제로는 1kHz 정도의 매우 낮은 주파수에서도 현대의 고급 MOS 커패시터 구조의 $C-V$ 특성이 LF $C-V$ 곡선의 형태를 따르지 않는다. 더욱 낮은 주파수에서는 $C-V$ 미터가 MOS 커패시터를 연구하기에 효과적이지 못하다(용량성 전류가 매우 낮음). 곧 **저주파** $C-V$라는 용어는 전자공학에서 역사적인 의미가 있고 여전히 사용되는 말이지만, 실질적인 의미는 더 이상 가지지 못한다.

NOTE **MOS 커패시터를 사용한 준 정적 $C-V$의 측정**

PN 접합 구조가 없는 MOS 커패시터를 사용하여 "저주파" 혹은 준 정적 $C-V$([그림 5–18]의 상단 곡선) 특성을 얻는 실제적인 방법이 있다. 게이트에 매우 느리게 선형 상승하는 전압(<0.1 V/s)을 인가하여 전압 상승 과정 동안 민감도가 매우 좋은 DC 전류계로 게이트 전류를 측정하는 것이다. C는 $I_g = C \cdot dV_g/dt$의 식으로부터 계산한다. 이 방법을 사용하면 Q_{inv}이 느리게 변하는 V_g에 반응할 수 있는 충분한 시간을 확보할 수 있다. V_g에 대한 $I_g/(dV_g/dt)$를 그리면 [그림 5–18]에 나타난 QS $C-V$ 곡선을 얻게 된다. 대신 이 방법은 게이트 절연 물질의 누설전류가 너무 큰 경우에는 실효성을 잃는다.

예제 5-1 **MOS 커패시터와 트랜지스터의 $C-V$**

다음 각 경우에서 QS $C-V$ 혹은 HF 커패시터 $C-V$ 중 어떤 것이 적용되는가?

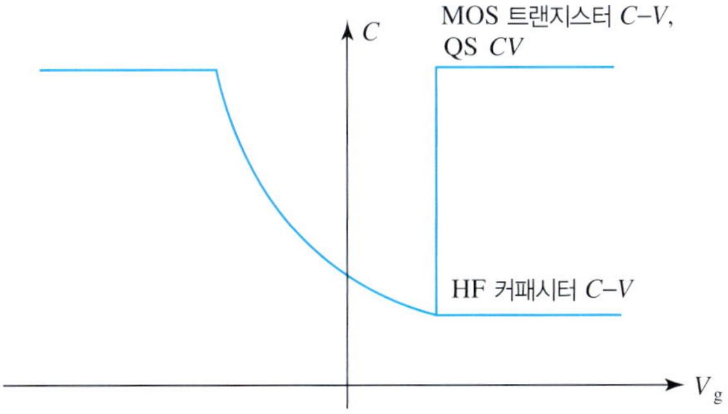

[그림 5–19] MOS 커패시터와 트랜지스터의 $C-V$ 곡선

(a) MOS 트랜지스터, 10kHz. (답 : QS $C-V$)
(b) MOS 트랜지스터, 100MHz. (답 : QS $C-V$)
(c) MOS 커패시터, 100MHz. (답 : HF 커패시터 $C-V$)
(d) MOS 커패시터, 10kHz. (답 : HF 커패시터 $C-V$)
(e) MOS 커패시터, 느린 V_g 선형 상승. (답 : QS $C-V$)
(f) MOS 트랜지스터, 느린 V_g 선형 상승. (답 : QS $C-V$)

5.7 산화막 전하—V_{fb}와 V_t의 변경*

기본적인 MOS 이론에서는 게이트 절면막 내에 존재할 수 있는 전하들을 무시했다. 표면 전하 Q_{ox} (C/cm^2)가 SiO_2−Si 계면에 존재한다고 가정하면, 평탄 밴드 상태에서의 에너지 밴드 다이어그램은 [그림 5−20(a)]에서 [그림 5−20(b)]로 변하게 될 것이다.

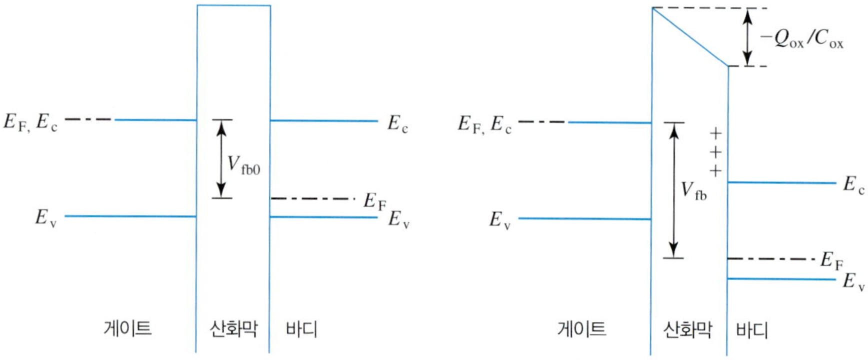

(a) 산화막 전하가 없는 경우 (b) 산화막−기판 계면에 Q_{ox}가 존재하는 경우

[그림 5−20] 평탄 밴드 조건(기판 표면에서 밴드의 휨이 없을 때)

[그림 5−20(a)]에서 평탄 밴드 전압은 $\psi_g - \psi_s$이다(5.1절 참조). [그림 5−20(b)]에서 산화막 전하는(편의를 위해 산화막−기판의 경계면에 존재한다고 가정) 산화막 내에 전기장을 유도하며 $-Q_{ox}/C_{ox}$만큼의 전위차를 발생시킨다. (b)에서 V_{fb}는 (a)의 V_{fb0}와 차이가 난다는 것을 명확히 알 수 있다. 보다 구체적으로는 다음과 같은 수식으로 나타낼 수 있다.

$$V_{fb} = V_{fb0} - Q_{ox}/C_{ox} = \psi_g - \psi_s - Q_{ox}/C_{ox} \tag{5.24}$$

Q_{ox}의 값은 V_{fb}의 값을 변화시키므로 결과적으로 식 (5.13)을 통해 V_t에도 변화를 주게 된다는 것을 알 수 있다.

산화막 전하oxide charge에는 몇 가지 종류가 있다. 양전하를 띠는 **고정 산화막 전하**fixed oxide charge의 생성 요인은 Si−SiO_2 계면에 존재하는 실리콘 이온이다. **이동 산화막 전하**mobile oxide charge는 대부분의 경우 나트륨 이온으로 인한 것으로 이해한다. 이동 전하들은 온도를 높인 상황(예를 들어 200℃의 온도 조건)에서 게이트 바이어스를 인가했을 때 V_{fb}와 V_t가 변화하는 현상을 통해 확인할 수 있다. 고온 조건이 되면 산화막 내의 이온들이 이동하기 때문이다. 따라서 불안정한 V_{fb} 혹은 V_t의 변동을 방지하기 위해서는 제조 라인에서 사용되는 증류수, 약품, 용기 등으로부터의 **나트륨 오염원**을 제거해야 한다. 또한, 상당량의 **계면 트랩**이나 **계면에너지 상태**가 존재할 수 있는데 이들은 전자를 포획하거나 방출하고 노이즈를 만들며(6.15.3절 참조) MOSFET의 문턱전압 이하 전류 특성을 열화시킬 수 있다(7.2절 참조).

NOTE **신뢰성**

산화막 영역이 높은 전기장의 영향을 받게 되면 화학 결합이 끊어지거나 재배열되어 더 많은 계면 상태나 고정 산화막 전하가 형성된다. 이러한 현상이 발생하면 사용을 거듭할수록 문턱전압과 트랜지스터의 구동 전류에 변동이 생기기 때문에 신뢰성 문제를 야기하며 민감도가 높은 회로의 경우 오작동을 일으키게 하는 잠재적 원인이 된다. 엔지니어들은 동작 시 가해지는 전기장의 크기를 조절하거나 MOSFET 계면 특성을 향상시키고 장기간의 면밀한 테스트를 거친 신뢰성 예측을 통해 신뢰성을 확보하고 있다.

예제 5-2

식 (5.24)를 활용하여 [그림 5-21]과 같이 측정된 산화막 두께에 대한 V_{fb}의 의존성을 해석하라. 게이트 전극은 N^+ 폴리실리콘이라고 가정한다. 이 커패시터에 대해 추론할 수 있는 것들은 무엇인가?

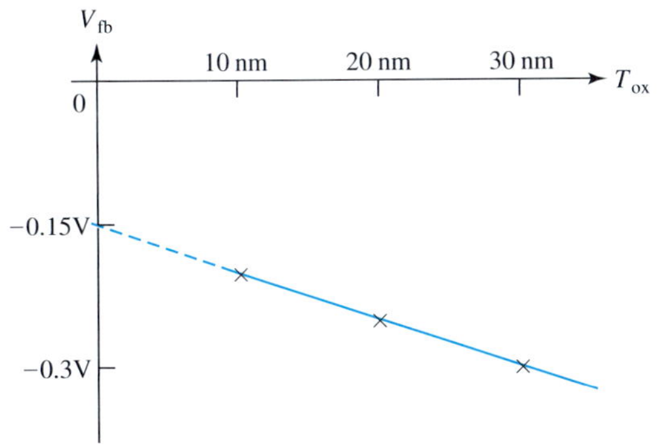

[그림 5-21] 서로 다른 산화막 두께를 갖는 세 가지 커패시터의 V_{fb} 측정값

풀이

$$V_{fb} = \psi_g - \psi_s - Q_{ox}T_{ox}/\varepsilon_{ox} \tag{5.24}$$

식 (5.24)로부터 만약 $T_{ox} = 0$이라면 V_{fb}의 값은 $\psi_g - \psi_s$에 해당함을 알 수 있다. 따라서 $\psi_g - \psi_s = -0.15\text{ V}$이고 [그림 5-22]에 나타낸 결과와 같다.

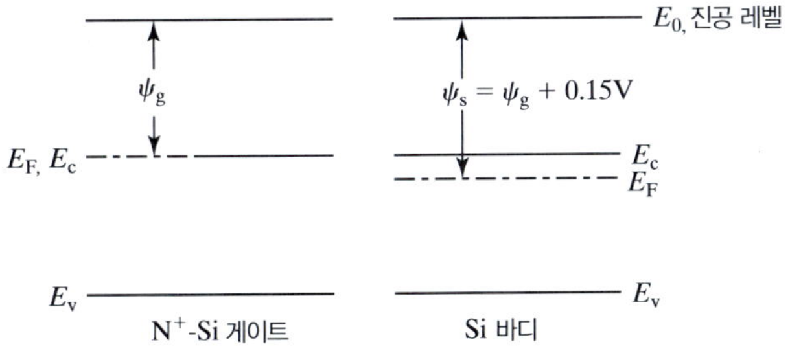

[그림 5-22] ψ_g와 ψ_s 간의 관계

E_F는 E_c보다 0.15 V 아래 있기 때문에, 기판은 N형이며 농도는 다음과 같이 계산된다.

$$N_d = n = N_c e^{-0.15\,\mathrm{eV}/kT} \approx 10^{17}\,\mathrm{cm}^{-3}$$

또한, 식 (5.24)로부터 다음과 같이 산화막 전하 밀도를 계산할 수 있다.

$$Q_{ox} = -\varepsilon_{ox} \times [\text{그림 5-21}]\text{의 직선의 기울기}$$

$$= -\varepsilon_{ox} \times \frac{-0.15\,\mathrm{V}}{30\,\mathrm{nm}} = \frac{3.9 \times 8.85 \times 10^{-14} \times 0.15\ \mathrm{V}}{300 \times 10^{-8}} = 1.7 \times 10^{-8}\ \mathrm{C/cm^2}$$

이 값은 계면의 양전하 밀도 $1.7 \times 10^{-8}\,\mathrm{C/cm^2} \div q = 9 \times 10^{10}\,\mathrm{cm^{-2}}$에 해당한다. 계면 특성이 매우 좋은 MOS의 경우 약 $10^{10}\,\mathrm{cm^{-2}}$의 계면 전하를 갖는다. 이 두 값은 (100) 결정면 상의 실리콘 원자면 밀도인 $7 \times 10^{14}\,\mathrm{cm^{-2}}$에 비해서는 매우 작은 값이다. 이러한 의미에서, 이 SiO_2–Si 계면의 특성은 매우 우수하며 전하가 없는 것으로 간주된다.

5.8 폴리실리콘 게이트 공핍–유효 T_{ox}의 증가

P^+ 폴리실리콘 게이트와 N형 기판을 갖는 MOS 커패시터를 생각해 보자. 커패시터는 바이어스를 인가하여 표면이 반전된 상태이다. [그림 5-23(a)]는 전속electric flux의 연속성을 유지하기 위해 게이트 내의 밴드가 구부러지는 결과를 보여준다. 이 경우 게이트 내에는 얇은 공핍층이 형성됨을 알 수 있다. **폴리실리콘 게이트의 공핍층 두께(W_{dpoly})는 1~2 nm의 값을 가질 수 있으며,** 이는 게이트의 도핑 농도와 산화막 전계의 크기에 의존한다. 가우스의 법칙에 따르면, 다음 관계식을 생각할 수 있다.

$$W_{dpoly} = \varepsilon_{ox}\mathscr{E}_{ox}/qN_{poly} \tag{5.25}$$

공핍층은 게이트 내에 형성되므로 [그림 5-23(b)]와 같이 폴리실리콘 게이트 커패시터가 산화막 커패시터에 직렬로 연결된 것으로 생각할 수 있다. 반전 영역에서의 MOS 커패시턴스는 다음과 같다.

$$C = \left(\frac{1}{C_{ox}} + \frac{1}{C_{poly}}\right)^{-1} = \left(\frac{T_{ox}}{\varepsilon_{ox}} + \frac{W_{dpoly}}{\varepsilon_s}\right)^{-1} = \frac{\varepsilon_{ox}}{T_{ox} + W_{dpoly}/3} \tag{5.26}$$

이러한 **폴리공핍 현상**poly-depletion effect은 T_{ox}의 유효 값을 $W_{dpoly}\varepsilon_{ox}/\varepsilon_s$ 혹은 $W_{dpoly}/3$만큼 증가시키며, T_{ox}가 얇은 상황에서는 C–V 곡선 형태에 상당한 영향을 준다. [그림 5-26]에서 보듯이 커패시터가 더욱 바이어스되어 반전 상태가 심화되면 폴리공핍 현상이 증가하므로 게이트 커패시턴스의 값은 감소하게 된다. 즉 폴리실리콘 게이트 내에 공핍 영역이 형성되면 C 값이 감소하고 그에 따라 Q_{inv}이 줄어들어 결과적으로 트랜지스터의 전류가 감소하게 되므로 폴리공핍 현상은 바람직하지 않다. 이러한 문제의 해결책은 폴리실리콘 게이트를 매우 높게 도핑하는 것이다. 그러나 도핑을 매우 높게 하면 게이트에 머물러야 할 도펀트가 게이트 산화막을 통과하여 기판까지 도달할 수가 있다(**도펀트 침투**). 게이트는 **폴리–실리콘게르마늄**Poly–SiGe으로 고농도의 도핑이 가능하며, 따라서 게이트 공핍 현상을 억제할 수 있다[1].

고급 MOSFET 기술에서는 폴리실리콘 게이트 대신 금속 게이트를 사용함으로써 폴리게이트 공핍 현상을 제거한다(7.4절 참조).

폴리게이트 공핍 현상이 Q_{inv}에 미치는 영향은 다른 방식으로 수식화할 수도 있다.

$$Q_{inv} = -C_{ox}(V_g - \phi_{poly} - V_t) \tag{5.27}$$

폴리게이트 공핍 현상은 V_g를 ϕ_{poly}만큼 줄이는 효과가 있다. ϕ_{poly}의 값이 0.1 V만 된다 하더라도 공급되는 전원전압(V_g의 최댓값)이 1 V 정도밖에 되지 않을 때는 바람직하지 않다.

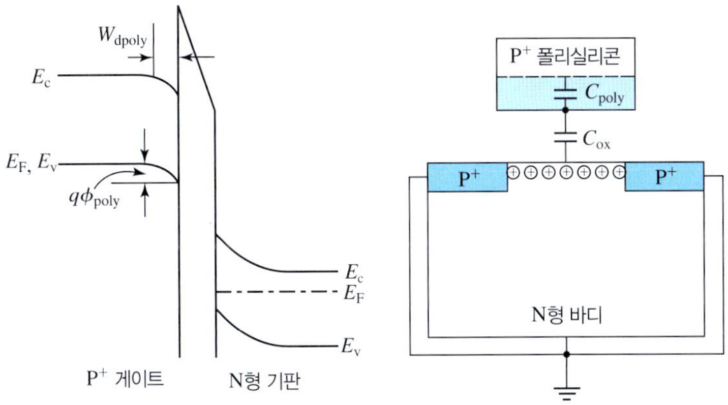

(a) 밴드 다이어그램　　　(b) 직렬 연결된 등가 커패시터로의 표현

[그림 5-23] 폴리게이트 공핍 현상을 나타내는 그림. N+ 폴리실리콘 게이트도 공핍 상태가 될 수 있다.

예제 5-3 폴리실리콘 게이트의 공핍

2 nm 두께의 산화막에 걸리는 전압 강하가 −1 V라고 가정하자. P+ 폴리게이트의 도핑 농도는 $N_{poly} = 8 \times 10^{19} cm^{-3}$이고 기판 농도는 $N_d = 10^{17} cm^{-3}$이다. 이때 다음 값을 계산하라.

(a) W_{dpoly}　(b) ϕ_{poly}　(c) V_g

풀이

(a) 식 (5.25)를 활용하면,

$$\begin{aligned} W_{dpoly} &= \varepsilon_{ox}\mathscr{E}_{ox}/qN_{poly} = \varepsilon_{ox}V_{ox}/T_{ox}qN_{poly} \\ &= \frac{3.9 \times 8.85 \times 10^{-14}(F/cm) \cdot 1V}{2 \times 10^{-7} cm \cdot 1.6 \times 10^{-19} C \cdot 8 \times 10^{19} cm^{-3}} \\ &= \frac{34.5 \times 10^{-14} cm}{256 \times 10^{-8}} = 0.13 \times 10^{-6} cm = 1.3\, nm \end{aligned}$$

(b) 공핍 영역의 폭을 계산하는 수식에 의해 W_{dpoly}는 다음과 같이 ϕ_{poly}와 연관된다.

$$W_{dpoly} = \sqrt{\frac{2\varepsilon_s \phi_{poly}}{qN_{poly}}}$$

$$\phi_{poly} = qN_{poly}W_{dpoly}^2/2\varepsilon_s$$
$$= \frac{1.6\times10^{-19}\text{C}\cdot 8\times10^{19}\text{cm}^{-3}\cdot(1.3\times10^{-7}\text{cm})^2}{2\times12\times8.85\times10^{-14}\text{F/cm}}$$
$$= \frac{2.3\times10^{-13}\text{V}}{2.1\times10^{-12}} = 0.11\text{ V}$$

(c) 식 (5.3)에 ϕ_{poly} 항을 더하여 계산할 수 있다.

$$V_g = V_{fb} + \phi_{st} + V_{ox} + \phi_{poly}$$
$$V_{fb} = \psi_g - \psi_s = \frac{E_g}{q} - \frac{kT}{q}\ln\frac{N_c}{N_d} = 1.1 - 0.15\text{ V} = 0.95\text{ V}$$
$$V_g = 0.95 - 0.8 - 1 - 0.11\text{ V} = -0.96\text{ V}$$

식 (5.15)로부터, $\phi_{st} = -2\phi_B = -2\frac{kT}{q}\ln\frac{N_d}{n_i} = -0.8$이다.

에너지 밴드 다이어그램을 그려 마지막 식의 부호들을 검증하라. 인가된 전압이 0.96 V임을 생각해 보면 폴리게이트 내 공핍으로 인해 손실된 0.11 V는 비교적 큰 값임을 알 수 있다.

5.9 반전 및 축적 전하층 두께와 양자역학적 효과

지금까지 우리는 반전층 전하가 $Si-SiO_2$ 계면에 면 전하 형태로 분포된다고 가정해왔다(즉, 반전층의 두께가 무한히 얇다고 가정함). 하지만 실제로 반전층 전하의 분포는 슈뢰딩거 방정식Schrödinger equation과 포아송 방정식Poisson's equation의 해로부터 결정된다[2]. 이러한 이유 때문에, 지금 다루고자 하는 주제를 MOS 소자에서의 **양자역학적 효과**quantum mechanical effect라고 한다.

전하 분포의 한 예를 [그림 5-24]에 나타내었다. $Si-SiO_2$ 계면 아래의 반전층 전하의 평균 위치 혹은 분포중심centroid까지의 거리를 **반전층의 두께**inversion-layer thickness T_{inv}이라고 한다.

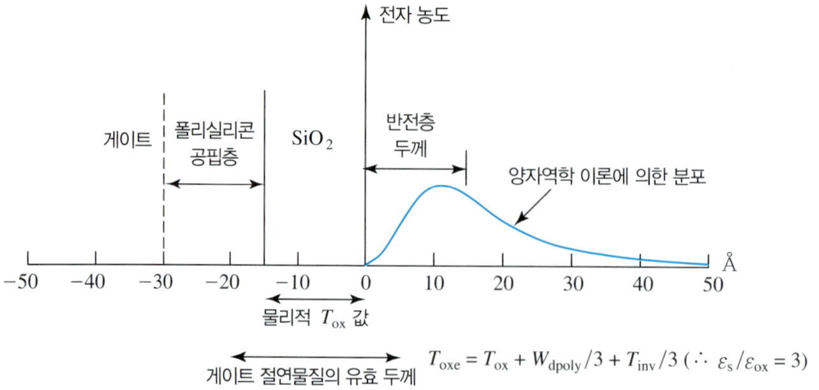

[그림 5-24] 반전층 전자의 평균 위치는 $Si-SiO_2$ 계면으로부터 15Å이다. 폴리실리콘의 공핍 현상도 보인다.

[그림 5-25]는 T_{inv}을 V_g의 함수로 나타낸 결과이다. V_g의 값이 클 때에는 T_{inv}의 값은 1.5nm 정도이다. V_g가 낮을 때 T_{inv}의 값은 3nm 정도가 될 수도 있다. 식 (6.6)에 다음과 같은 식이 유도되어 있다.

$$\text{반전층 내의 평균 전기장} = \frac{V_g + V_t}{6T_{ox}} \tag{5.28}$$

T_{inv}을 평균 전기장의 함수로 이해하는 것이 타당하기 때문에, [그림 5-25]와 같이 $(V_g + V_t)/T_{ox}$의 함수로 나타낼 수 있다.

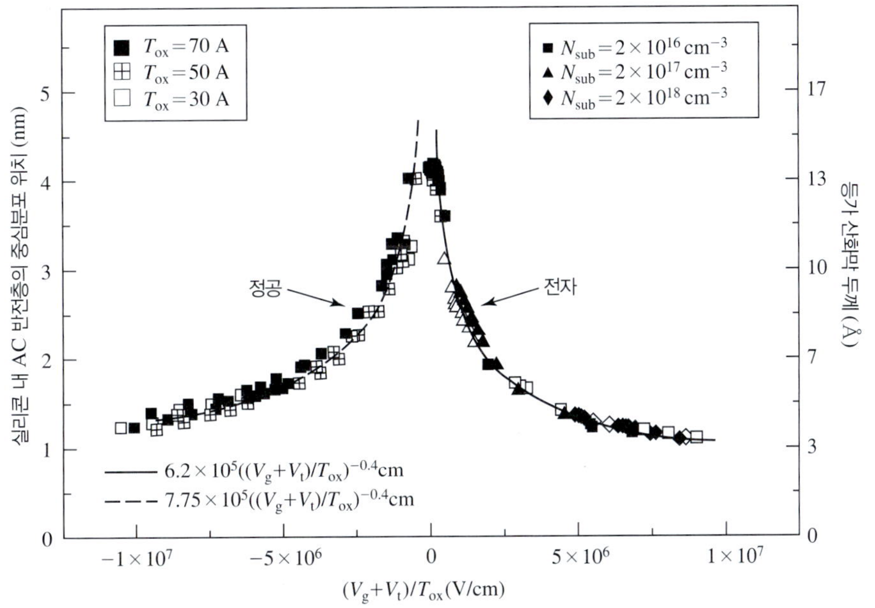

[그림 5-25] (P형 바디에서의) 전자와 (N형 바디에서의) 정공에 대한 평균 반전층 두께(분포중심의 위치) ([3]에서 발췌. © 1999 IEEE.)

전자 반전층은 정공 반전층보다 두께가 얇은데 이는 전자의 유효질량이 더 작기 때문이다. 이러한 결과로부터 MOS 커패시터의 하부 전극은 Si-SiO_2 계면에 정확히 위치하는 것이 아니라 계면에서 T_{inv}에 해당하는 유효 거리만큼 떨어진 지점에 존재한다고 보는 것이 옳다. 다르게 표현하면, T_{ox}가 실제적으로는 $T_{inv}/3$만큼 두꺼워졌다고 할 수 있다. 여기서 3은 $\varepsilon_s/\varepsilon_{ox}$의 비율에서 나온 값이다. 축적층의 두께도 이와 비슷하다. [그림 5-26]에 나타난 바와 같이 C-V 곡선 상에 나타나는 효과는 반전과 축적이 시작되는 지점에서 곡선의 왜곡이 발생한다는 것이다.

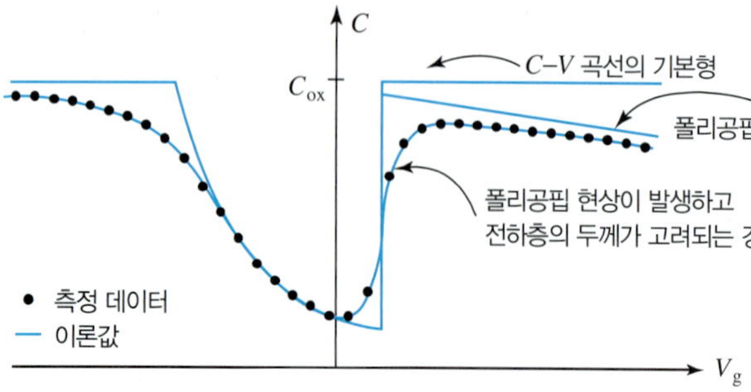

[그림 5-26] N^+ 폴리게이트와 P형 기판을 갖는 커패시터에서 폴리공핍 현상과 전하층의 두께가 $C-V$ 곡선에 미치는 영향

[그림 5-27]은 공핍 상태에서 반전 상태로 전이할 때 [그림 5-26]과 같이 $C-V$ 곡선 상에서 값이 변화하는 이유를 설명한다. [그림 5-27(a)]는 일반적인 경우를 나타낸다. 공핍 상태에서의 C_{inv}은 무시할 수 있을 정도로 작고(반전층을 형성하는 전자가 존재하지 않음), $W_{dpoly} \ll W_{dep}$이므로 C_{poly}는 무시할 수 있다. 따라서 [그림 5-27]의 (a)는 (b))와 같이 간단히 C_{ox}와 C_{dep}의 직렬연결로 간주할 수 있다. V_g가 증가하여 V_t에 접근하면 반전층 전자가 형성되기 시작하면서 C_{inv} 이 증가한다. 결과적으로 전체 커패시턴스는 [그림 5-27(c)]와 [그림 5-26]에서 나타내고 있는 기본 $C-V$ 곡선보다 큰 값으로 증가하게 된다. 반전층 전하가 정확히 실리콘–산화막 계면에 위치하는 것이 아니라 [그림 5-25]에서와 같이 V_g에 따라 변하는 어떤 지점에 위치하므로 커패시턴스는 C_{ox}를 향해 완만히 증가한다. 높은 V_g에서는 C_{poly}가 무한한 값이라고 가정할 수 없으며 (W_{dpoly}가 증가), [그림 5-26]과 같이 C의 값이 감소한다.

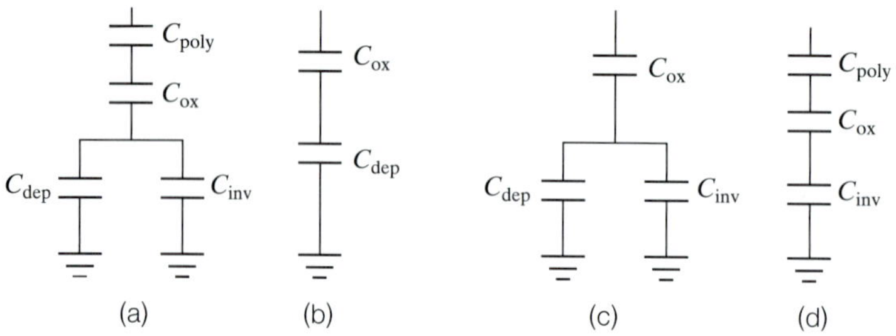

[그림 5-27] 공핍 상태와 반전 상태에서의 $C-V$ 곡선을 이해하기 위한 등가 회로. (a) 공핍층과 반전층이 모두 존재하는 일반적인 경우, (b) 공핍 상태의 경우, (c) $V_g \approx V_t$인 경우, (d) 강반전 상태의 경우

T_{ox}의 값이 클 때에는($>10\,\text{nm}$) T_{inv}과 W_{dpoly}를 무시할 정도로 작은 값이라고 간주했다. 그러나 산화막의 두께가 얇아지면 그렇지 않다. 측정을 통해 T_{inv}과 W_{dpoly}로부터 T_{ox}를 정확히 구분해내는 것은 어렵기 때문에 흔히 **전기적 산화막 두께**electrical oxide thickness T_{oxe}가 전체 유효 산화막 두께를 나타내는 데 사용된다. T_{oxe}는 $V_g = V_{dd}$일 때 측정한 반전 영역의 커패시턴스로부터 도출할 수 있다. T_{oxe}를 **유효 게이트 커패시턴스**effective gate capacitance C_{oxe}에 상응하는 **유효 산화막 두께**effective oxide thickness라고 이해할 수 있다. T_{oxe}는 다음과 같이 세 가지 두께를 합한 값을 나타낸다.

$$T_{oxe} = T_{ox} + W_{dpoly}/3 + T_{inv}/3 \tag{5.29}$$

여기서 3은 $\varepsilon_s/\varepsilon_{ox}$의 비율이고, 이 비율로 W_{dpoly}와 T_{inv}을 등가 산화막 두께로 환산할 수 있다. 단위면적당 총 반전층 전하의 수 Q_{inv}은 식 (5.30)과 같다. 통상적으로 T_{oxe}는 T_{ox}보다 6~10Å 정도 두껍다.

$$\begin{aligned} Q_{inv} &= -C_{oxe}(V_g - V_t) \\ &= \frac{\varepsilon_{ox}}{T_{oxe}}(V_g - V_t) \end{aligned} \tag{5.30}$$

이와 더불어, 문턱전압을 높이는 다른 양자역학적 효과가 있다[4]. 기판의 농도가 매우 높은 상태에서, [그림 5-7]과 같이 산화막 계면에 있는 기판에 높은 전기장이 걸리면 에너지 레벨이 양자화되고 E_g의 값을 실질적으로 증가시키며 식 (5.11)에서 표현된 n_i의 값을 감소시킨다. 이로 인해 문턱 조건에 도달하기 전에 밴드가 아래로 더 휘게 된다. 즉, 식 (5.12)의 ϕ_{st}의 값이 증가하게 된다. 이러한 문턱전압에 대한 양자 효과로 인해 문턱전압이 100 mV 정도 증가하며, 이 값은 도핑 농도에 의해 정해진다.

5.10 CCD 및 CMOS 화상기

화상기image sensor는 광학적인 상을 전기적인 신호로 변환시켜주는 센싱 소자이다. CCD 및 CMOS 화상기는 디지털 카메라나 캠코더에 사용된다. CCD 화상기는 성능이 우수하지만 상대적으로 고가이다. 반면에 CMOS 화상기는 비교적 근래에 개발된 소자이며 가격이 저렴하다. 다음 두 절에서 이들 소자에 대해 설명하도록 한다.

5.10.1 CCD 화상기

CCD는 **전하결합소자**charge-coupled device를 의미한다. CCD 화상기의 핵심은 2차원 어레이에 고집적된 여러 개의 MOS 커패시터이다.

우선 하나의 MOS 커패시터가 어떻게 빛에 반응하는지를 생각해 보자. [그림 5-28(a)]는 MOS 커패시터에 바이어스를 인가하여 **깊은 공핍 상태**deep-depletion를 만드는 것을 나타낸다. 이러한 조건은 게이트에 $V_g > V_t$인 전압을 순간적으로 가하여 얻을 수 있다. 전자들이 열적으로 발생하는 것은 매우 느린 과정이기 때문에, 적어도 최초 수 분의 일 초 정도의 시간 동안은 표면에 전자가 존재하지 않는다(반전층이 존재하지 않는다). 결과적으로 에너지 밴드가 $2\phi_B$보다 크게 휘어지며 공핍 영역의 폭도 W_{dmax}보다 커지게 된다. 이러한 상태를 깊은 공핍 상태라고 한다. 이러한 조건에서 MOS 커패시터에 0.01초 동안 빛을 조사하면, [그림 5-28(b)]와 같이 빛으로 인해 발생된 전자들이 표면에 모여들게 된다. 빛으로 인해 생성된 정공들은 기판쪽으로 이동하고 결국 기판 전극을 통해 빠져나가게 된다. 모여든 전자 수는 빛의 세기에 비례한다. 이러한 작동, 즉 하나의 상(빛의 세기의 이차원적 패턴)을 이차원적으로 배열된 MOS 커패시터에 저장되는 전자들의 패킷으로 변환하는 것이 CCD 어레이의 일차적인 기능이다.

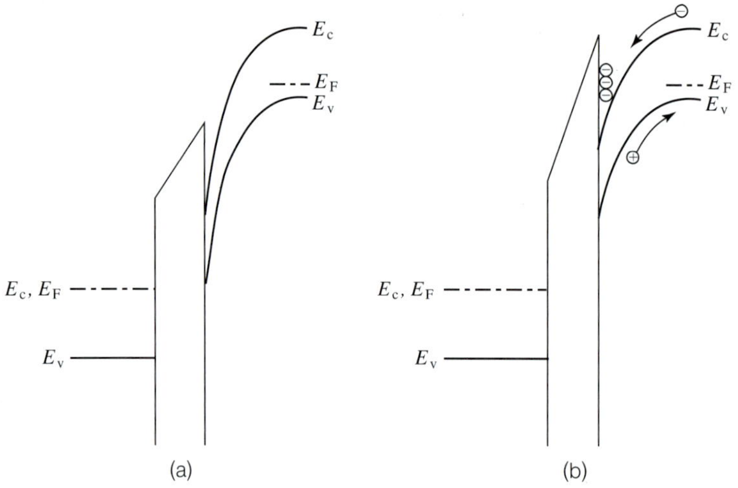

[그림 5-28] 깊은 공핍 현상. (a) $V_g > V_t$인 게이트 전압을 가한 직후. 이 순간 표면에는 전자가 존재하지 않는다. (b) 빛을 쪼인 후. 빛 에너지로 인해 발생한 자유 전자들이 표면으로 모인다. 전자의 수는 빛의 세기에 비례한다.

NOTE 깊은 공핍 상태의 $C-V$

게이트 바이어스를 급속하게 변화시켜 MOS 커패시터를 깊은 공핍 상태로 만들면 W_{dep}의 값은 W_{dmax}를 초과하게 된다. 결과적으로 [그림 5-29]에서 보는 바와 같이 $V_g > V_t$라고 하더라도 커패시턴스가 계속적으로 감소한다. 깊은 공핍 상태에서의 $C-V$ 곡선은 (반전층을 형성할 전자들을 공급할 수 있는 PN 접합이 없는 한) MOS 커패시터 내에서 반전층을 신속하게 형성할 수 없음을 시사한다.

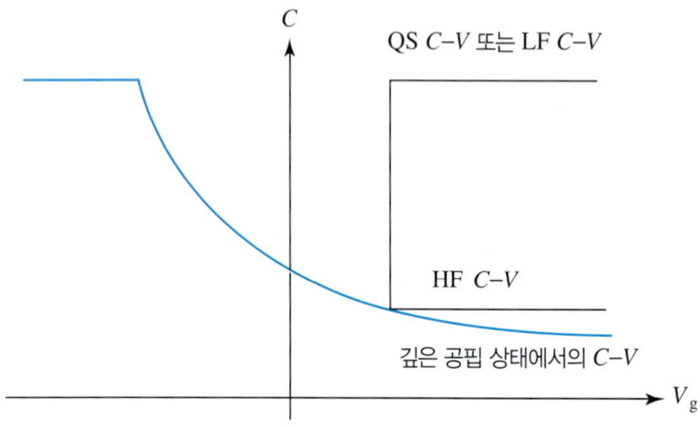

[그림 5-29] 깊은 공핍 상태에서의 $C-V$

CCD 어레이의 두 번째 기능은 이렇게 모은 전하 패킷들을 어레이의 끝으로 전달하여 전하를 센 싱하는 회로에서 직렬 방식으로 읽게 하는 것이다. 이러한 전하 전달 과정을 이해하기 위해 [그림 5-30]과 같은 일차원 어레이를 생각해 보자.

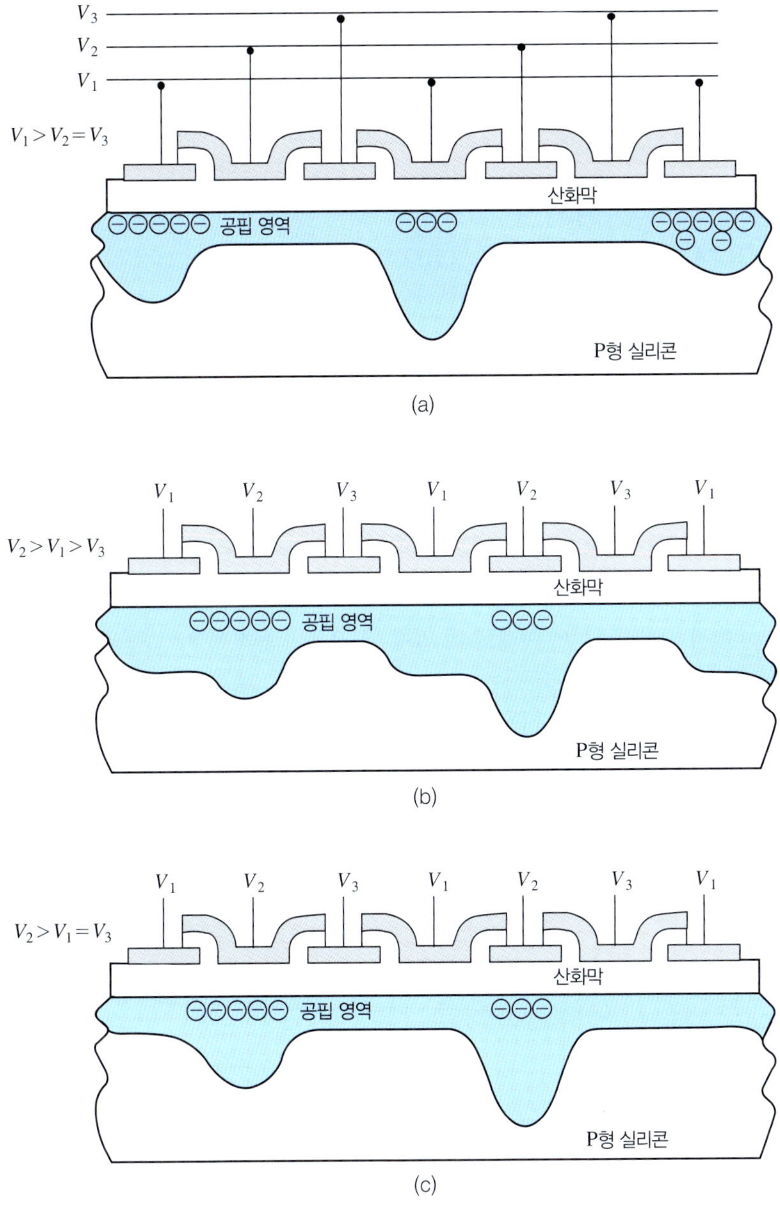

[그림 5-30] CCD가 전하 패킷을 이동시키는 방식. 어레이는 (a), (b), (c), (a), (b), (c), (a), …의 순서로 바이어스된다. (c)는 모든 전하 패킷들이 커패시터 하나만큼 오른쪽으로 이동했다는 점을 제외하곤 (a)와 동일하다.

이것은 본래 이차원적으로 배열되는 어레이의 일부라고 이해할 수 있다. 3개의 MOS 커패시터와 구성 소자들은 하나의 센서 픽셀을 이룬다. 렌즈를 통해 투사된 이미지에 노출을 시키면 [그림 5-30(a)]에서와 같이 오른쪽, 중간, 그리고 왼쪽 구성 소자에 전자가 분포하게 된다. 각 분포 내의 전자 양은 세 소자의 주변 이미지가 나타내는 빛의 세기에 비례한다. 전자들은 이 3개의 소자들 아래에만 모이고 이들과 병렬 연결된 소자 아래에는 존재하지 않는다. 이 세 소자들은 주변의 소자들보다 밴드가 더 깊이 휘게 되므로(더 큰 양의 ϕ_s 값을 갖게 됨을 의미) 주변 소자들 하부에 발생하는 전자들은 더 큰 양의 전위를 갖는 이들 3개의 소자 영역으로 유입되기 때문이다. [그림 5-30(b)]의 조건에서, V_2는 가장 깊은 공핍 영역을 형성하게 된다. 게이트 바이어스가 (a)에서 (b)로 전환되면, 전하 패킷들은 V_2에 연결된 소자로 이동할 것이다(즉, 한 소자만큼 오른쪽으로 이동). $V_1 > V_3$의 조건을 만들어줌으로써 전자들이 왼쪽으로 이동하는 것을 방지한다.

마지막으로 (c)의 과정에서, V_1은 V_3와 같은 전압으로 낮아지고 (c)는 (a)와 같은 상황이 되는데, 전자의 패킷이 오른쪽으로 이동하여 다음 전달 상태를 준비하게 된다는 점이 다르다. 이러한 방식으로 전자 패킷이 한 셀에서 다음 셀로 이동하게 된다. 어레이의 우측 끝에는 이미지 광 패턴을 높은 신뢰도로 재현해낼 수 있는 직렬 전압 신호를 생성하는 전하 센싱 회로가 위치한다. 요컨대, CCD 화상기는 우선적으로 광 패턴을 전자 패킷으로 변환하여 한 번에 한 셀씩 어레이의 끝을 향하여 전달하고, 그곳에서 전하 센싱 회로를 통해 전기적인 직렬 신호로 변환한다. 예를 들어, [그림 5-30]의 3개의 전자 패킷은 소신호 펄스를 생성하고 그에 뒤이어 대신호, 중신호가 생성된다.

[그림 5-31]은 16개의 MOS 커패시터로 구성되는 총 4개의 행과 4개의 열로 이루어진 CCD 화상기의 2차원 어레이 구조를 나타낸다. 최하단부에는 읽기 동작을 하는 행이 존재한다. 읽기 동작 행은 금속 박막으로 처리하여 조사되는 빛으로부터 보호된다. 2차원적으로 배열된 전하 패킷은 행 단위로 정보를 읽는다. 우선 16개의 셀에 머물고 있는 전자 패킷은 한 행만큼 아래로 이동한다. 이러한 동작을 반복하여 전자 패킷들은 최하위 행(그림에서 최상위로부터 아래로 네 번째 행)으로 이동하여 읽기 동작을 수행한다. 그 다음, 읽기 행에 있는 전자 패킷들만이 오른쪽으로 이동하기 시작한다. 행의 우측 단에는 입력되는 전하 패킷을 전압 펄스로 변환하는 회로가 존재한다. 네 번째 행의 전자 패킷이 이러한 방식으로 읽기 동작을 거치면, 나머지 3개의 행도 다시 한 행씩 아래로 이동해 내려온다. 이제 읽기 행은 새로 내려온 행을 우측 단의 변환 회로로 이동시키기 시작한다. 이러한 이동 및 읽기 동작을 수행하는 과정에서 CCD 어레이는 빛으로부터 기계적으로 차단된다. 그렇지 않으면, 화상기에 저장된 정보들이 훼손된다. 예를 들어, 이러한 보호 장치가 없다면 이동 및 읽기 동작을 수행하는 과정에서 최상위 행의 전하 패킷들이 다른 행에 입력되어야 할 광 패턴에 노출될 수 있다.

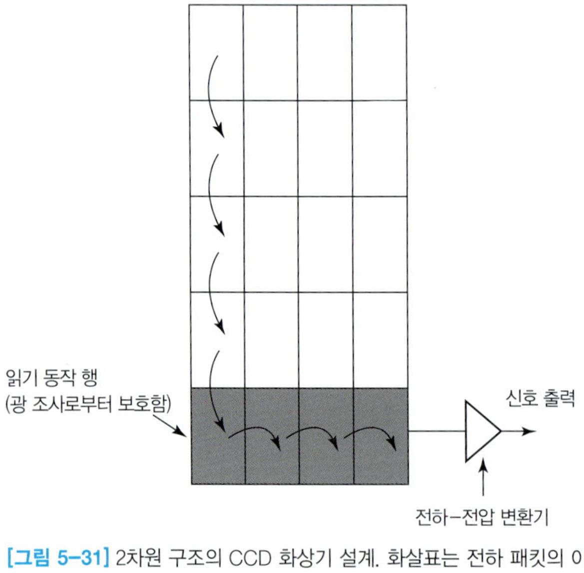

[그림 5-31] 2차원 구조의 CCD 화상기 설계. 화살표는 전하 패킷의 이동 경로를 나타낸다.

5.10.2 CMOS 화상기

CMOS 화상기CMOS imager는 전자 패킷을 행에서 행으로 이동시키지 않는다. 기계적인 광 차단 장치를 필요로 하지도 않고 CCD 화상기보다 전력 소모가 낮으며 저렴하다. 이러한 이유로 CMOS 화상기를 통해 이동식 전화기에 내장되는 카메라가 실용화되었고 저가의 디지털 카메라에서 CMOS 화상기가 널리 사용되고 있다.

CMOS 화상기에서 어레이 구성 요소에 집결된 전하들은 [그림 5-32]와 같이 해당 어레이 요소 내에 집적된 회로에 의해 전압으로 변환된다. 단락된 N^+P 접합은 빛에 의해 생성된 전하들을 모으고 P형 기판은 접지된다. PN 접합 부근에서 빛에 의해 생성된 전자들은 접합 내로 확산되어 들어가 얇은 N^+ 영역에 모여 저장된다. PN 접합은 커패시터이므로 저장된 전자들은 커패시터의 전압, 즉 N^+ 영역의 전압을 바꾸게 된다. 이 전압은 [그림 5-32]에 나타난 바와 같이 픽셀 내에서 증폭된다.

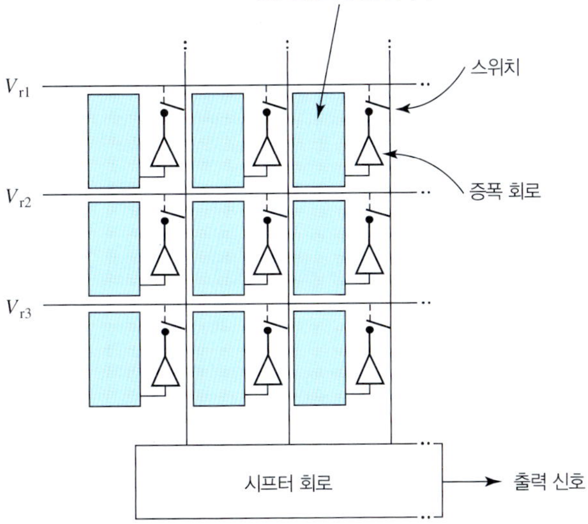

[그림 5-32] CMOS 화상기의 구조. 각 어레이 요소들은 개별적인 전하-전압 변환기(그림에서 삼각형으로 표현됨)를 가지고 있다. 실제 화상기들은 수백 내지 수천 개 이상의 픽셀 행렬을 지원할 수 있다.

각 픽셀은 MOS 트랜지스터로 만들어져 긴 수평 금속선으로 전송되는 V_{r1}, V_{r2}, V_{r3} 전압에 의해 제어되는 스위치도 포함한다. 최상단 행의 픽셀들을 읽기 위해서는 V_{r1}이 상승하여 최상단 행 내 에 있는 모든 스위치들을 켜게 된다(스위치들을 닫게 된다). 이러한 동작을 통해 최상위 픽셀들의 신호는 수직적으로 연결된 금속선을 통해 시프터 회로로 전달된다.

CMOS 화상기는 트랜지스터의 크기가 작아져 각 어레이 기능 단위의 회로가 6개 이상의 트랜지스터를 집적하면서도 기능 단위 영역 전체와 비교했을 때 작은 면적을 차지할 수 있게 된 이후로 각광받기 시작했다. CMOS 화상기라고 부르는 것은 기능 단위 내의 회로 및 N^+P 접합이 CMOS 회로 기술로 제작된다는 사실에 기인한다(6.2절 참조). CMOS IC 기술은 현대 반도체 제조 기술의 주류로서 CMOS IC 기술을 통한 고집적 대량생산에 힘입어 CMOS 화상기 제작을 위한 웨이퍼 비용이 CCD 화상기의 제작 비용보다 저렴해졌다. 동일한 CMOS 기술로 제작이 가능하기 때문에 시스템 구현 비용을 줄이기 위해

CMOS 화상기와 신호처리 및 제어 회로를 같이 집적할 수 있다. 다만 CMOS 화상기는 CCD 화상기만큼 화상 균일성과 명암 대비가 좋지는 않다. 센싱 회로를 구현하는 데 있어 면적상의 제약이 있기 때문에 CMOS 화상기는 매우 간단한 회로로 구성된다는 장점이 있다. 그러나 매우 많은 수의 센싱 회로들 간의 공정상의 차이를 완벽하게 피하기가 어렵다는 한계가 있다. 반면에 CCD 화상기는 센싱 회로 자체는 복잡하지만 필요로 하는 회로의 수는 적다.

NOTE 컬러 화상기

컬러 화상기는 화상 내에서 적색, 녹색, 청색을 구현할 수 있는 세 가지 독립적인 신호를 만들어야 한다. 컬러 픽셀은 흔히 4개의 센서 어레이 구성 요소를 갖는다. 상단 좌측에서는 적색을 감지하고, 상단 우측에서는 녹색, 하단 우측에서는 청색을 감지한다. 하단 좌측은 녹색을 한 번 더 감지하는데 그것은 사람의 눈이 적색이나 청색보다 녹색에 더 민감하기 때문이다. 각 구성 요소들에 적색, 녹색, 혹은 청색 필터 필름을 코팅하여 색상 지시를 한다. 색료들을 포함하고 있는 이러한 필름들은 포토레지스트의 경우와 유사한 방식으로 스핀 코팅한 후 사진 공정을 통해 적층한다(3.3절).

핵심요약

두 가지 대표적인 유형의 MOS 소자에 대해 [그림 5-33]에서는 세 가지 채널 상태 영역(**축적, 공핍, 반전**)과 두 가지 전환점(**평탄 밴드 및 문턱 조건**)을 살펴보았다. 위쪽 방향의 화살표는 음의 값을 갖는 V_g를 나타내며 아래 방향의 화살표는 양의 값을 갖는 V_g를 의미한다. 이 그림을 주의 깊게 복습하기 바란다.

평탄 밴드 전압은 다음과 같은 식으로 나타난다.

$$V_{fb} = \psi_g - \psi_s - Q_{ox}/C_{ox} \tag{5.24}$$

ψ_g와 ψ_s는 각각 게이트와 실리콘 기판의 일함수를 나타낸다. Q_{ox}는 SiO_2–Si 계면에 존재할 수 있는 면 전하를 의미한다. 가해진 V_g와 V_{fb}의 차이에 해당하는 전압은 기판과 실리콘 산화막과 폴리게이트 공핍층에서 나뉘어 강하된다.

$$\begin{aligned} V_g &= V_{fb} + \phi_s + V_{ox} + \phi_{poly} && \text{(5.3 및 5.8절)} \\ &= V_{fb} + \phi_s - Q_{sub}/C_{ox} + \phi_{poly} && \text{(5.7)} \end{aligned}$$

ϕ_s는 실리콘 기판의 표면 전위, 혹은 기판에서 밴드가 휘는 정도를 나타낸다. V_{ox}는 산화막에서 강하되는 전압이다. Q_{sub}(C/cm^2)는 축적 전하, 반전층 전하, 그리고 공핍층 전하를 모두 더한 값이다. 반전 상태의 문턱 조건에서, ϕ_s는 다음과 같은 식으로 나타난다.

$$\phi_{st} = \pm 2\phi_B \qquad \text{(5.12 및 5.15)}$$

$$\phi_B = \frac{kT}{q}\ln\frac{N_{sub}}{n_i} \qquad \text{(5.12 및 5.16)}$$

$$V_t = V_{fb} + \phi_{st} \pm \frac{\sqrt{qN_{sub}2\varepsilon_s|\phi_{st}|}}{C_{ox}} \qquad \text{(5.31 및 5.14)}$$

마지막 3개의 식에서, 양의 부호는 기판이 P형(아래쪽으로 밴드가 휘어짐)이고 음의 부호 기판이 N형(위쪽으로 밴드가 휘어짐)임을 나타낸다.

[그림 5-34]에서 보듯이, $C-V$ 곡선에는 두 가지 종류가 있다. LF $C-V$ 곡선으로도 알려진 준 정적(QS) $C-V$ 곡선은 반전층 전하가 V_g의 변화에 신속하게 반응할 수 있는 경우에 적용할 수 있다. 이 곡선은 모든 주파수에서 MOS 트랜지스터의 $C-V$ 특성과도 같은데 단락된 PN 접합이 Q_{inv}의 제공원이 되기 때문이다. 아래쪽의 $C-V$ 곡선은 커패시터(HF) $C-V$ 곡선이며 Q_{inv}이 AC V_g의 변화를 따라가지 못할 때 적용되는 곡선이다. 세 번째 $C-V$ 곡선은 깊은 공핍 $C-V$([그림 5-29])로서, Q_{inv}이 심지어 매우 급격히 변하는 V_g 바이어스를 따라가지 못할 때 적용된다.

핵심요약

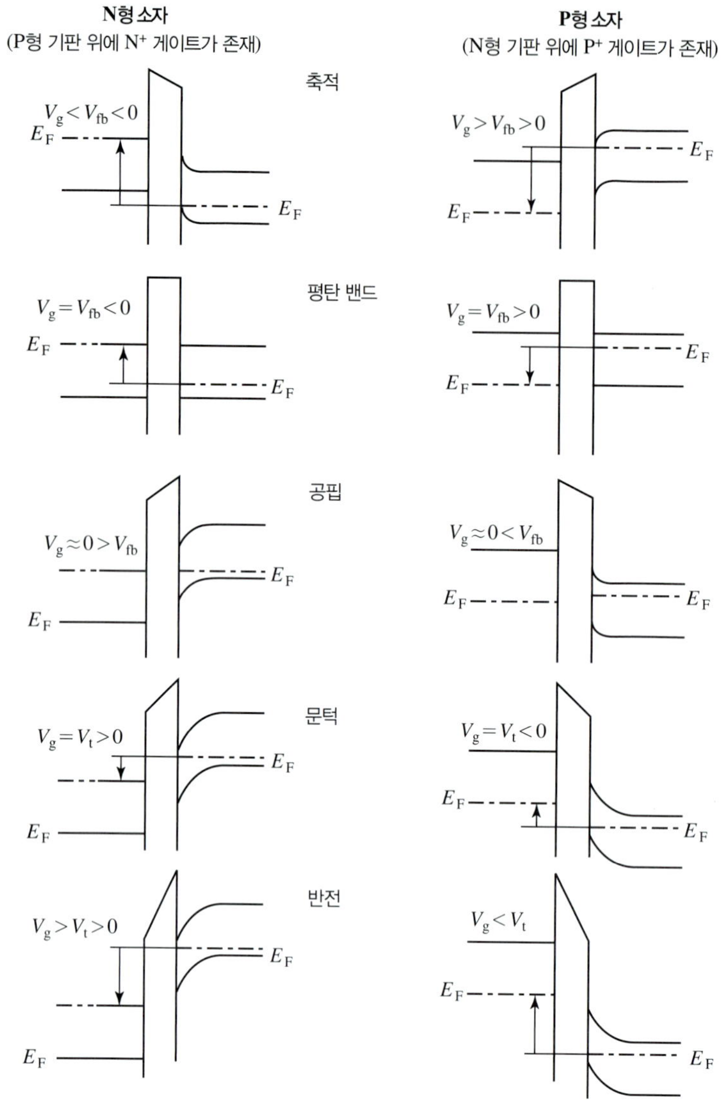

[그림 5-33] 두 가지 대표적인 유형의 MOS 커패시터에 대한 에너지 밴드 다이어그램. 더 큰 양의 전압이 가해짐에 따라 N형 반전층 전하가 증가하는 N형 소자와 더 큰 음의 전압이 가해짐에 따라 P형 반전층 전하가 증가하는 P형 소자로 구분된다.

반전층 및 축적층의 두께인 T_{inv}과 T_{acc}는 각각 T_{ox}의 두께를 물리적으로 $T_{inv}/3$과 $T_{acc}/3$만큼 증가시키는 효과가 있다. 전기적인 산화막 두께는 다음과 같다.

$$T_{oxe} = T_{ox} + W_{dpoly}/3 + T_{ch}/3 \tag{5.29}$$

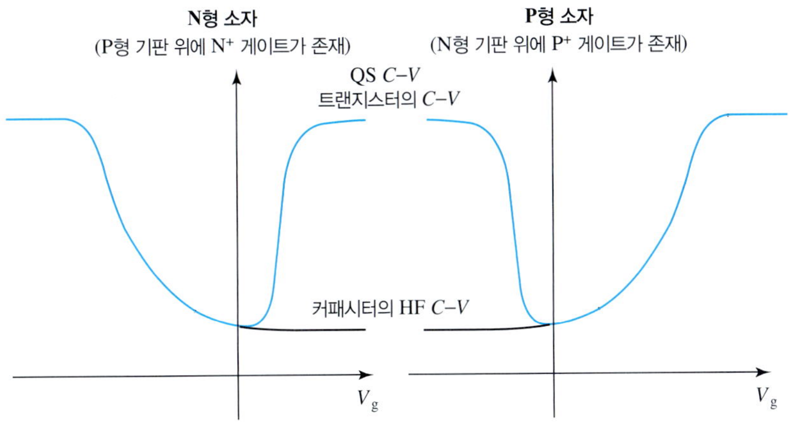

[그림 5-34] N형 및 P형 MOS 커패시터

3이라는 숫자는 실리콘의 비유전율(11.9)과 SiO_2의 비유전율(3.9)의 비율에서 나온 결과이다. T_{oxe}는 일반적으로 $V_g = V_{dd}$에서 측정한 반전 영역에서의 커패시턴스로부터 결정된다. 반전층 내 상태의 양자화로 인하여 실제 문턱전압은 기본적인 문턱전압 이론을 통해 예측한 값보다 크게 나타난다.

CCD^Charge-Coupled Device^(**전하결합소자**)는 반전층 전하가 거의 전무한 깊은 공핍 조건에서 작동하는 MOS 커패시터들로 구성된 어레이 구조에 기반하는 화상 소자이다. 빛에 의해 생성된 캐리어들이 표면 전위 웰에 모이고 집합된 전자 패킷들은 어레이의 끝에 위치하고 있는 전하 센싱 회로로 직렬 방식으로 전달된다. 화상의 질보다 비용, 규격, 전력 소모 등이 더욱 중요한 경우에는 CCD 화상기 대신 **CMOS 화상기**를 구현한다. CMOS 화상기는 각 센싱 어레이 요소 영역에 전하–전압 변환 회로가 집적된다. 두 가지 유형의 화상기의 경우 모두 색깔을 감지하는 것은 개별 픽셀 내에서 적색, 녹색, 청색에 대한 독립적인 감지 기능 단위를 통해 이루어진다.

연습문제

에너지 밴드 다이어그램

5.1 N형 실리콘 기판과 N^+ 폴리실리콘 게이트로 구성된 MOS 커패시터의 평탄 밴드 조건, 축적 상태, 공핍 상태, 문턱전압 상태, 그리고 반전 상태에서의 에너지 밴드 다이어그램을 그려 보라.

5.2 다음의 MOS 시스템에 대하여 (i) 열평형 상태 및 (ii) 평탄 밴드 상태에서의 에너지 밴드 다이어그램을 그려 보라. 일함수는 임의의 자료를 참고하여 대입할 수 있다.

(a) 텅스텐(W) 게이트와 1 Ωcm의 비저항을 갖는 N형 실리콘 기판

(b) 텅스텐(W) 게이트와 1 Ωcm의 비저항을 갖는 P형 실리콘 기판

(c) 고농도 도핑된 P^+ 폴리실리콘 게이트와 1Ωcm의 비저항을 갖는 N형 실리콘 기판

(d) 고농도 도핑된 N^+ 폴리실리콘 게이트와 1Ωcm의 비저항을 갖는 P형 실리콘 기판

MOS 시스템 : 반전, 문턱, 공핍, 축적

5.3 MOS 커패시터의 바디가 N형이다. [그림 5-35]에 나타낸 (1)에서 (5)까지의 "전하" 다이어그램에 해당하는 상태를 (a) 평탄 밴드, (b) 축적, (c) 공핍, (d) 문턱, (e) 반전에서 골라 연결하라.

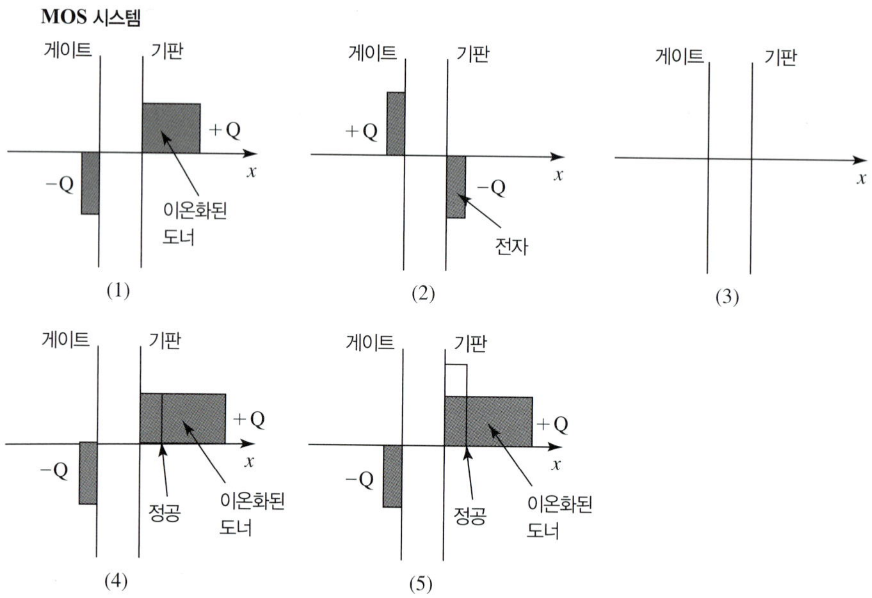

[그림 5-35]

5.4 산화막의 두께가 2 nm이고 N^+ 폴리게이트를 가지며, 도핑 농도가 $N_a = 5 \times 10^{16} cm^{-3}$인 P형 실리콘 기판 상에 제작된 이상적인 MOS 커패시터를 가정하자.

(a) 이 커패시터의 평탄 밴드 전압 V_{fb}의 값은 얼마인가?

(b) 공핍 영역 폭의 최댓값 W_{dmax}의 값을 계산하라.

(c) 이 소자의 문턱전압 V_t의 값을 구하라.

(d) 게이트가 P^+ 폴리게이트로 바뀌면 문턱전압은 어떻게 변하는가?

5.5 [그림 5−36]은 300 K 온도 조건에 있는 MOS 커패시터에 대하여 P형 실리콘 내의 단위면적당 총 전하량을 V_g의 함수로 나타낸 것이다.

(a) 산화막의 두께는 얼마인가?

(b) Si 내의 도핑 농도는 얼마인가?

(c) $V_g - V_{fb} = -1$ V일 때, 산화막 내에서의 전압 강하(V_{ox})를 구하라.

(d) $V_g - V_{fb} = 0.5$ V일 때, 에너지 밴드가 휘는 정도를 구하라.

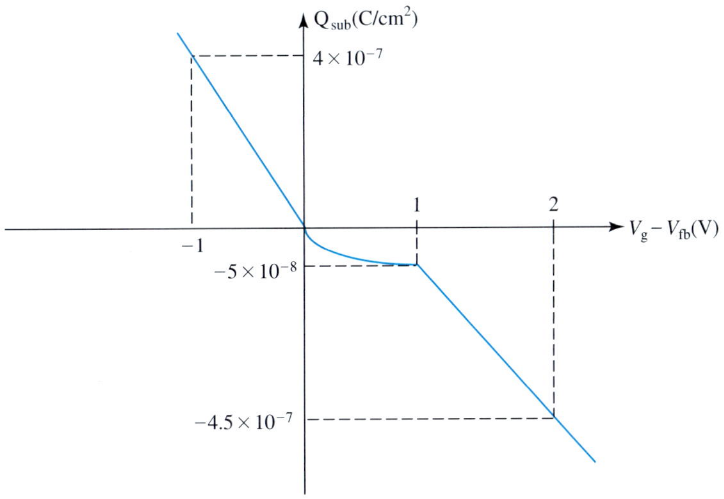

[그림 5−36]

5.6 N형 기판과 P^+ 폴리게이트를 갖는 MOS 커패시터에 대하여 [그림 5−11]에서부터 [그림 5−14]에 해당하는 그림(ϕ_s, W_{dep}, V_g의 함수로 나타낸 전하량 등)을 정성적으로 도시하라.

HINT $V_g = V_t$일 때, ϕ_s는 음의 값을 갖는다. V_t는 음의 값을 갖는다고 가정할 수 있다.

연습문제

5.7 (a) ϕ_s에 관한식 (5.8)을 V_g에 대한 함수로 표현하라.

(b) V_{ox}를 V_g에 대한 함수로 표현하라.

(c) $V_{fb} = -0.9\,V$, $N_a = 10^{17}\,cm^{-3}$, $T_{ox} = 3\,nm$인 조건에 대해, $-3\,V < V_g < 2\,V$의 범위에서 V_g에 대한 ϕ_s, V_g에 대한 V_{ox}의 변화를 대략적으로 그려 보라.

(d) W_{dep}을 V_g에 대한 함수로 표현하라.

5.8 도핑 농도가 $5\times10^{16}\,cm^{-3}$인 P형 실리콘 기판에 제작된 MOS 커패시터를 가정하자. 게이트 산화막의 두께는 10 nm이고 N^+ 폴리게이트를 갖는다.

(a) C_{ox}, V_{fb}, V_t의 값을 구하라.

(b) $V_g = V_{fb} - 1\,V$일 때, 축적 전하 밀도(C/cm^2)를 구하라.

(c) $V_g = 2\,V$일 때 공핍 전하 및 반전 전하 밀도를 구하라.

(d) V_g의 값이 $-2\sim2\,V$의 범위일 때, V_g에 따른 총 기판 전하량의 변화를 그림으로 나타내라.

5.9 기판 도핑 농도를 감소시키면 다음 변수들은 어떻게 변화하는가? (각 항목 중 해당하는 열에 X 자 표시를 하여 답하라.) 관련된 방정식을 적고 그러한 답을 표시한 근거를 몇 단어 또는 한 문장으로 간단히 써 보라. 게이트는 N^+ 폴리실리콘이고 기판은 P형임을 가정한다.

구분	변수	증가	감소	변화 없음
A	축적 영역 커패시턴스			
B	평탄 전압, V_{fb}			
C	공핍 영역 커패시턴스			
D	문턱전압, V_t			
E	반전 영역 커패시턴스			

5.10 300K에서 P형 기판을 갖는 MOS 커패시터에 대하여 측정한 고주파 $C-V$ 곡선으로부터 다음과 같은 요소들을 추출했다.

산화막 두께 = 30nm
기판 농도 = $10^{16}cm^{-3}$
평탄 전압 = $-2V$

C−*V* 곡선을 그리고, 산화막 커패시턴스, 평탄 전압, 문턱전압 등을 포함한 모든 주요 정보들을 표기하라. 일함수work function가 4.1 V인 Al 게이트 구조라고 가정하여 산화막 전하의 유효량을 계산하라.

필드 영역의 문턱전압

5.11 [그림 5−37]은 IC 회로에서 금속 배선이 기생 MOS 커패시터를 형성하는 상황을 나타낸다. 일반적으로 Al 배선의 전압으로 인해 하부에 있는 Si 기판이 반전되는 것을 방지하고자 한다. 그렇지 않으면 기생 트랜지스터가 만들어져 N^+ 확산 영역들 간에 원치 않는 전류 경로를 형성하게 된다.

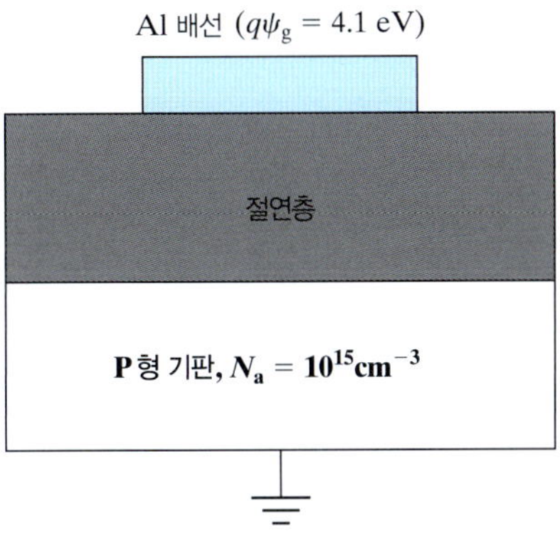

[그림 5−37]

(a) 기생 MOS 커패시터의 V_{fb}를 구하라.

(b) 배선에 인가되는 전압이 최대 5 V일 때, 반전층이 형성되지 않는 상태에서 절연막이 가질 수 있는 최대 커패시턴스(F/cm^2)는 얼마인가?

(c) 공정 조건을 고려했을 때 절연막의 두께가 1 μm가 되어야 한다면 $V_t = 5$ V이기 위해서는 절연막의 비유전율 $K = \varepsilon/\varepsilon_0$의 값은 얼마가 되어야 하는가?

(d) (c)에서 구한 K 값은 반전층을 형성하지 않도록 하는 최솟값인가 아니면 최댓값인가?

(e) $V_g = V_t + 2$ V($V_t = 5$ V)일 때, 반전층 내의 면전하 밀도(C/cm^2)는 얼마인가?

(f) $V_g = V_t = 5$ V일 때, 고주파 MOS 커패시턴스(F/cm^2)의 값은 얼마인가?

(g) $V_g = V_t + 2$ V($V_t = 5$ V)일 때, 절연막을 통한 전압 강하는 얼마인가?

연습문제

산화막 전하

5.12 [그림 5-38]의 MOS 커패시터에 대한 $C-V$ 곡선을 살펴보자(실선). 커패시터의 면적은 $6{,}400\,\mu\text{m}^2$이다. $C_{ox} = 45\,\text{pF}$이고 $C_1 = 5.6\,\text{pF}$이다. 만약 산화막 내의 고정 전하로 인해 $C-V$ 곡선이 그림과 같이 실선에서 점선으로 $\Delta V = 0.05\,\text{V}$만큼 평행이동을 한다면 고정 전하의 극성과 면밀도(C/cm^2)는 얼마인가?

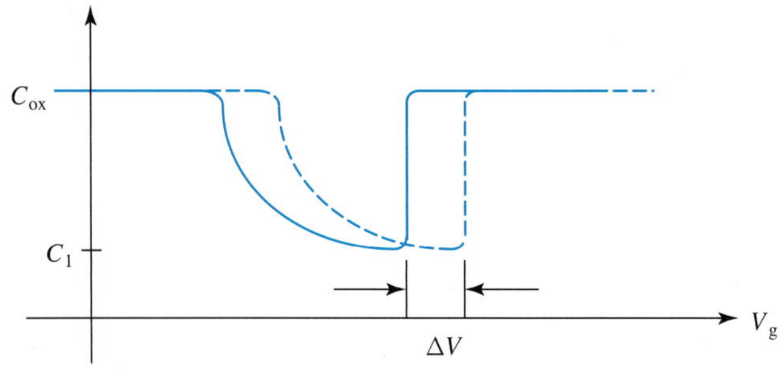

[그림 5-38]

5.13 산화막 전하는 어떤 점에서 바람직하지 않은가? 이동 전하들은 어떤 과정을 통해 산화막에 들어가게 되는가? 이러한 문제는 어떻게 해결할 수 있는가?

$C-V$ 특성

5.14 식 (5.23)의 $C(V_g)$를 유도하라.

HINT 식 (5.10)을 W_{dep}에 대한 식으로 풀어 보라.

5.15 [그림 5-39]에 나타낸 MOS 커패시터의 $C-V$ 곡선을 바탕으로 다음 질문에 답하라. 커패시터의 면적은 $10^4\,\mu\text{m}^2$이다.

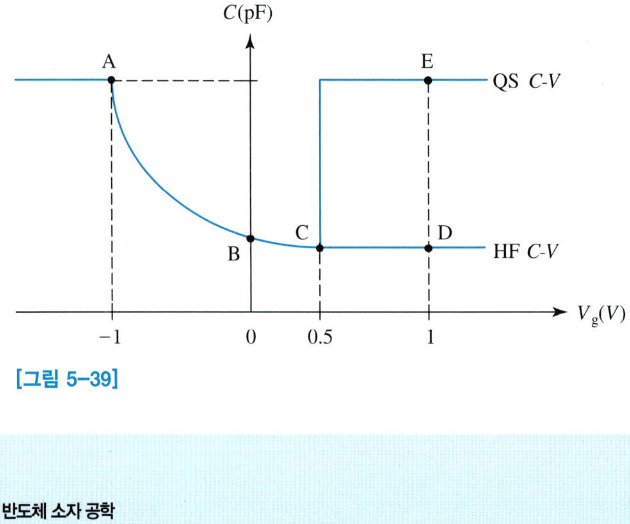

[그림 5-39]

(a) 기판 도핑은 N형인가 P형인가?

(b) MOS 커패시터의 산화막 두께는 얼마인가?

(c) 기판의 도핑 농도 N_{sub}는 얼마인가?

(d) 위 $C-V$ 곡선 상의 점 C에서의 커패시턴스 값은 얼마인가?

(e) $C-V$ 곡선 상의 각 점 A, B, C, D에서의 MOS 구조의 에너지 밴드 다이어그램을 그려 보라.

(f) $C-V$ 곡선 상의 점 B에서, 밴드의 휘는 정도를 나타내는 ϕ_s는 얼마인가?

5.16 [그림 5-40]의 곡선 A(실선)와 곡선 B(점선)는 MOS 커패시터의 $C-V$ 특성을 나타낸다. 두 곡선 아래의 넓이는 동일하다.

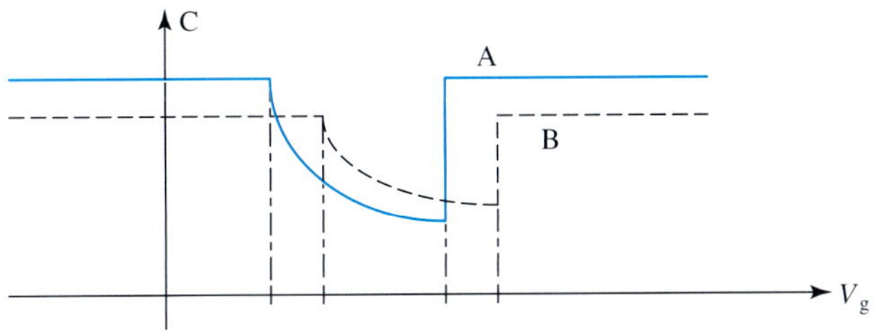

[그림 5-40]

(a) 기판은 P형인가 아니면 N형인가? 그 사실을 어떻게 알 수 있는가?

(b) A와 B 중 다음과 같이 주어진 항목이 더 큰 쪽에 ○표 하라.

X_{ox} : A B

V_{fb} : A B

X_{dmax} : A B

N_{sub} : A B

V_t : A B

5.17 $100 \times 100\,\mu m^2$ 면적에서 MOS 커패시터와 역 바이어스가 걸린 P^+N 접합 다이오드 구조에서 얻을 수 있는 커패시턴스의 최댓값을 비교하라. 산화막 파괴 전기장은 8×10^6 V/cm이고 동작 전압은 5 V, 안전 지수safety factor는 2라고 가정한다(즉, MOS 산화막은 10 V에서 파괴가 일어나도록 설계하라). P^+N 접합은 $10^{16}\,cm^{-3}$의 농도를 갖는 N형 실리콘에 붕소를 확산 주입하여 형성한다.

연습문제

5.18 [그림 5-41]과 같은 실리콘-산화막-실리콘 구조를 고려해 보자. 양쪽의 실리콘 영역은 모두 N형이며 $N_d = 10^{16}\text{cm}^{-3}$으로 균일 도핑되어 있다.

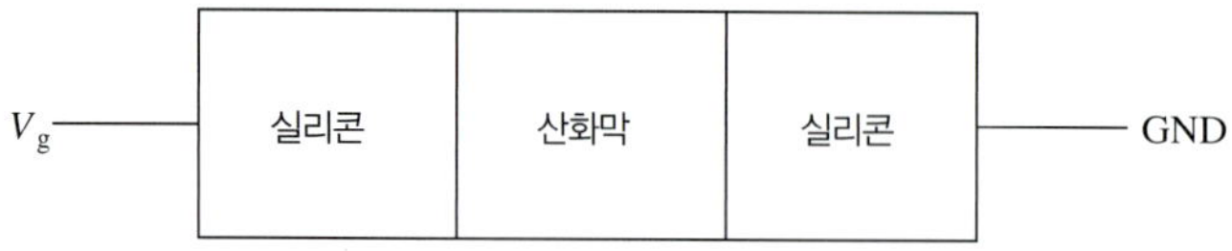

[그림 5-41]

(a) 이 구조에서 평탄 밴드 전압은 얼마인가? 다음 각 경우에 대하여 에너지 밴드 다이어그램을 그려 보라. (i) $V_g = 0$, (ii) $V_g < 0$ (절댓값이 큰 경우), (iii) $V_g > 0$ (절댓값이 큰 경우).

(b) 이 구조에 대하여 예상되는 고주파 $C-V$ 특성 곡선을 그려 보라. 크기가 큰 양의 V_g, 크기가 큰 음의 V_g에 대한 커패시턴스 값들은 얼마인가?

(c) 위 그림에서 왼편의 실리콘이 P형이고 $N_a = 10^{16}\text{cm}^{-3}$의 도핑 농도를 갖는다고 할 때, 이러한 새 구조의 $C-V$ 특성 곡선을 그려 보라.

5.19 기본 MOS $C-V$ 이론에 근거하여 다음 빈 칸에 적절한 수식을 채워 넣어라.

밴드 조건	표면 전위	MOS 커패시턴스(LF)	MOS 커패시턴스(HF)	MOSFET 커패시턴스
축적 상태				
평탄 밴드 상태				
문턱 상태에 약간 못 미침				
반전 상태				

5.20 MOS 구조에 대해 [그림 5-42]와 같이 나타난 고주파 $C-V$ 데이터를 활용하면 산화막 두께 (T_{ox})와 실리콘 기판의 도핑 농도(N_a 또는 N_d)를 구할 수 있다.

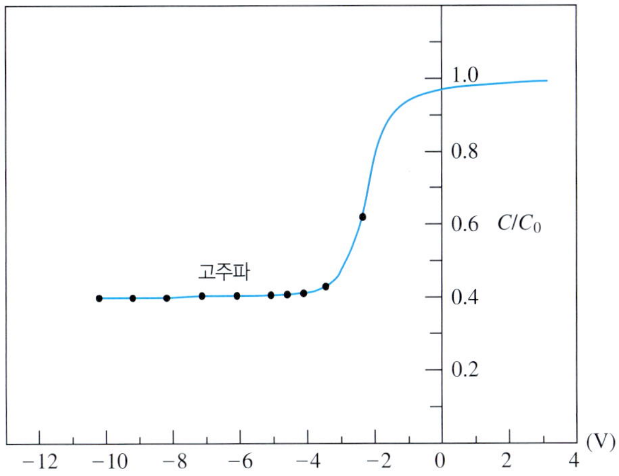

[그림 5-42]

(a) 위 $C-V$ 곡선에서 기판의 축적 상태, 공핍 상태, 반전 상태에 해당하는 영역을 나타내라. 기판의 도핑 타입은 무엇인가?

(b) 주어진 구조의 최대 커패시턴스 C_0(C_{ox}×면적)의 값은 82 pF이고 게이트의 면적이 $4.75 \times 10^{-3}\,cm^2$이라고 할 때, T_{ox}의 값은 얼마인가?

(c) 실리콘 기판의 도핑 농도를 결정하라. 균일 도핑을 가정한다.

(d) 게이트가 P^+형이라고 한다면, Q_{ox}의 값은 얼마인가?

폴리게이트 공핍

5.21 (a) 식 (5.25)를 유도하라.

(b) 폴리공핍 영역에서의 전압 강하, 즉 폴리실리콘 게이트의 밴드 휨(ϕ_s)을 계산하라. 이때, 산화막 내의 전기장($\mathscr{E}_{ox}$)은 주어졌다고 가정한다.

(c) (b)에서 더 나아가 ϕ_{poly}를 $\mathscr{E}_{ox}$가 아닌 V_g의 함수로 나타내라. 표면 반전 상태, 즉 $V_g > V_t$인 상태를 가정하라. V_{fb}, T_{ox}, ϕ_B 등의 일반적인 MOS 매개변수들도 나타날 수 있다.

HINT $V_g = V_{fb} + V_{ox} + 2\phi_B + \phi_{poly}$

(d) (c)의 결과를 활용해 W_{dpoly}를 $\mathscr{E}_{ox}$가 아닌 V_g의 함수로 나타내라. (e)~(g)를 풀기 위해 $T_{ox} = 2\,nm$, $N_a = 10^{17}\,cm^{-3}$, $N_d = 6 \times 10^{19}\,cm^{-3}$($N^+$ 폴리게이트), $V_g = 1.5\,V$라고 가정한다.

(e) ϕ_{poly}와 W_{dpoly}를 계산하라.

(f) 식 (5.13)을 활용하여 V_t를 계산하라. ($V_g = V_t$일 때에는 $\mathscr{E}_{ox}$가 매우 작으므로 폴리공핍 현상을 무시할 수 있다.) 그리고 식 (5.27)과 (e)에서 구한 ϕ_{poly}를 통해 Q_{inv}의 값을 계산하라.

연습문제

(g) 식 (5.26)으로부터 주어진 C_{oxe}로부터 $Q_{inv} = C_{oxe}(V_g - V_t)$를 계산하라.

HINT 식 (5.26)은 소신호 커패시턴스에 적용되는 표현이다.

$$C(V_g) = dQ(V_g)/dV_g \Rightarrow Q(V_g) = \int C(V_g)dV_g$$

여기서 (g)에서는 C_{oxe}를 상수로 간주하므로 정확한 Q_{inv}의 값을 얻지는 못한다. $V_g > V_t$인 범위에서도 폴리공핍 현상으로 인해 C_{oxe}가 V_g에 따라 변화하기 때문이다. (f)의 답이 Q_{inv}의 값이다.

5.22 5.8절의 [예제 5-3]에 대한 에너지 밴드 다이어그램을 그려 보라. V_g와 V_{ox}의 부호가 결정되어야 한다.

HINT 이 문제는 게이트에 공핍 영역에 대한 것이다.

5.23 게이트 공핍 영역에 전압 강하가 존재한다(V_{poly}). V_{poly}, 게이트 도핑 농도 N_{poly}, 산화막 커패시턴스 C_{ox}를 주어진 변수로 간주하여 다음 항목을 이들에 대한 식으로 나타내라.

(a) 게이트 공핍 영역에서의 전하 밀도 Q_{poly}는 얼마인가?

(b) C_{poly}의 값은 얼마인가? ($C_{poly} = \varepsilon_s/W_{dpoly}$)

(c) 폴리공핍을 고려했을 때 반전 상태에서의 총 MOS 커패시턴스는 얼마인가?

문턱전압의 표현

5.24 식 (5.13)의 유도 과정을 공부한 후, 스스로 유도의 각 과정을 써 보라.

CHAPTER
06

MOS 트랜지스터

MOS TRANSISTOR

본 장에서는 켜진 상태(on state)에 있는 현대 MOSFET 소자들을 소개한다(꺼진 상태(off state)에서의 이론은 다음 장의 주제이다). 여기서는 전자의 표면 이동도와 기판 효과, 기본 IV 이론, 그리고 장채널뿐만 아니라 단채널 MOSFET에도 적용할 수 있는 보다 통합적인 이론을 다룬다. 더불어 CMOS 회로 속도와 전력 소모, 전압이득, 고주파 동작 등의 일반적인 개념들과 전압이득과 노이즈 등 아날로그 회로 설계에 있어 중요한 주제들을 살펴볼 것이다. 그리고 DRAM, SRAM, 비휘발성 플래시 메모리 셀에 대해 논의함으로써 본 장을 마무리한다.

현재까지 집적 회로에 있어 **MOSFET**은 가장 범용적인 반도체 소자이다. MOSFET은 디지털, 아날로그, 메모리 회로에 있어 가장 기본적인 구현 단위로, 크기가 작기 때문에 기가비트Gb 수준의 메모리칩과 같은 저비용 고집적 회로를 제작할 수 있다. 또한 MOSFET은 전력 소모가 적고 속도가 빠르므로 기가헤르츠GHz 수준의 처리 속도를 갖는 컴퓨터 프로세서와 고주파RF 대역의 신호를 사용하는 휴대전화 칩에 사용된다.

6.1 MOSFET의 소개

[그림 6-1]은 MOSFET의 기본 구조를 나타낸다. 2개의 PN 접합은 각각 트랜지스터에 전자나 정공을 공급하는 소오스source와 전자나 정공을 빨아내는 **드레인**drain에 해당한다. **전계 효과 트랜지스터**FET, field-effect transistor라는 용어는 게이트가 산화막을 통해 **전기장**을 사용하여 트랜지스터(반전층)를 켜거나 끄는 동작 원리에 기인한다. **트랜지스터**는 신호원에 대하여 높은 입력 저항을 가지고, 소모되는 입력 전력이 극히 낮으며, 출력 회로에 대하여 저항이 낮아 회로 부하를 구동하는 데 필요한 많은 전류를 공급할 수 있는 이점을 가진 소자이다. [그림 6-1(a)]에서 빗금 친 부분은 **얕은 트렌치 절연**shallow-trench-isolation 산화막 영역이라고 한다. 이 산화막 아래의 실리콘 표면은 문턱전압이 매우 높아 IC 칩 내에서 예기치 않게 형성될 수 있는 반전층 경로를 통해 N^+(또는 P^+) 확산 영역들 간에 전류가 누설되지 않도록 한다.

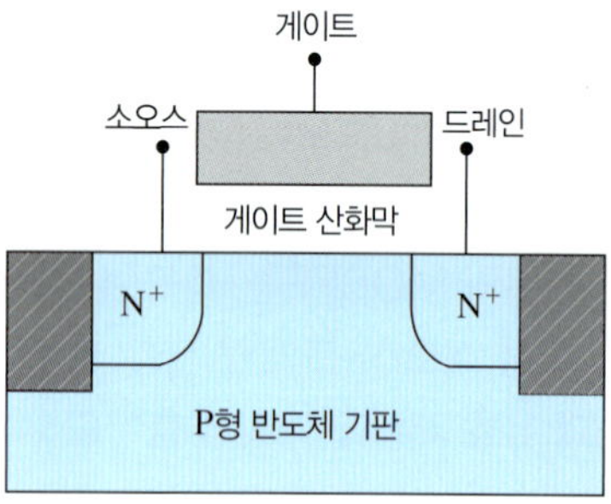

(a) MOSFET의 기본 구조

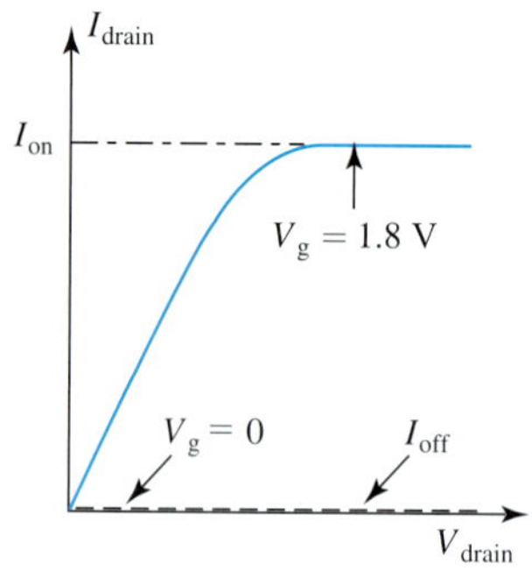

(b) *IV* 특성

[그림 6-1] MOSFET의 기본 구조 및 *IV* 특성

[그림 6-1(b)]에서 MOSFET의 *IV* 특성도 볼 수 있다. 게이트 전압에 따라 MOSFET은 꺼지거나(매우 낮은 양의 꺼진 상태 누설전류, 즉 I_{off}가 흐름) 켜질 수 있다(많은 양의 **켜진 상태 전류**, 즉 I_{on}이 흐름).

가장 기본적인 레벨에서 보면 MOSFET 소자는 [그림 6-2(b)]와 같이 하나의 on-off 스위치로 생각할 수 있다. 게이트 전압이 소오스와 드레인 사이에 전류가 흐를 수 있는지 없는지 여부를 결정한다. [그림 6-2(a)]에 나타난 회로 기호는 훨씬 더 복잡한 MOSFET의 특성들을 함축하고 있다.

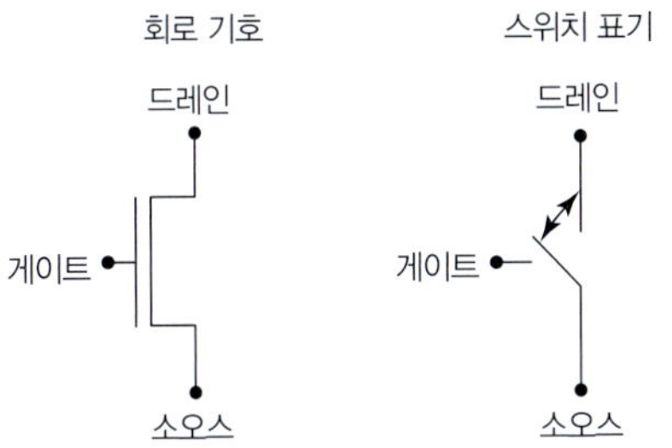

(a) 회로 기호　　(b) on/off 스위치 표기

[그림 6-2] MOSFET을 나타내는 두 가지 방법

NOTE FET에 대한 초기 특허들

트랜지스터와 IC 기술은 1900년대 중반 이후 많은 기술자들의 노력과 창의성에 힘입어 성공했다. 이 시기에 두 가지 초기 MOSFET 특허의 초록이 작성되었다. 이 초기 특허들은 단지 역사적인 가치가 있기 때문에 소개한다. 오늘날의 MOSFET이 만들어지기 위해서는 훨씬 많은 개념 및 공학적 혁신과 노력이 필요했다.

FET은 릴리엔펠트J. E. Lilienfeld가 1930년도에 미국 특허를 내면서 처음 소개된 것으로 알려져 있다. [그림 6-3]에서 10은 유리 기판이고 13은 (오늘날의 용어로) 게이트 전극에 해당하는데, "…알루미늄 호일로 이루어져 있고…"라는 설명이 있다. 11과 12는 소오스와 드레인에 대한 금속 접합을 나타낸다. 15는 반도체(황화구리) 박막을 나타낸다. 릴리엔펠트는 작은(짧은) 게이트를 만들 수 있는 다음과 같은 참신한 방법, 즉 당시에 그가 실현할 수 없었던 현대의 사진 공정 기술을 가르쳤다. 유리 기판은 두 조각으로 쪼개진 후 그 사이에 얇은 알루미늄 호일을 끼워 넣은 상태에서 다시 재결합된다(그림에서 검은색 접합선 지점). Al 호일의 가장자리는 게이트로 사용된다. 유리 기판 상에 반도체 박막을 증착하고 게이트, 소오스 및 드레인 접촉면을 만든다. 게이트 단자와 반도체 사이에는 산화막이 존재하지 않는다. 이러한 FET 구조에서 금속-반도체 접합면에 존재하는 공핍층이 절연막의 기능을 수행하게 된다(6.3.2절 참조).

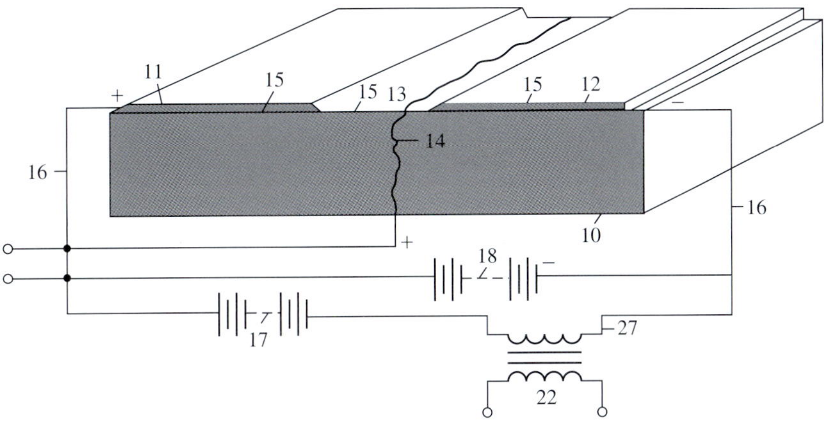

[그림 6-3] "증폭기에서 사용되는 예를 통해 명시한 새로운 장치의 조감도. 일부 중요 영역에 대하여 크게 확대하여 나타냄." ([1]에서 발췌)

1935년 영국의 변리사인 오스카 헤일(Oskar Heil)은 MOSFET을 명료하게 설명했다. [그림 6-4]와 관련된 설명을 옮기자면 다음과 같다. "1과 2는 금속 전극이며 그 사이에는 반도체 박막으로 이루어진 3번 영역이 존재한다. 4번의 전원공급원은 반도체 박막을 통하여 전류를 보내고 이 전류는 5번의 전류계에서 측정된다.

그 후, 3번 층과 물리적으로 직접 연결된 것이 아니라 정전기적으로 연결된 6번 전극이 3번 층 대비 양 또는 음으로 대전이 되면 3번 박막의 전기적 저항이 변화하고 그에 따라 5번 전류계로 측정하는 전류의 세기도 변화되는 것을 관찰할 수 있다."

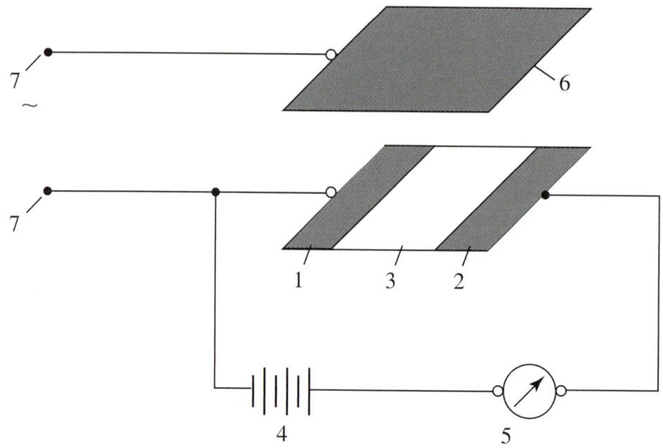

[그림 6-4] 1935년에 그려진 이 그림은 오늘날의 기준에서 보더라도 MOSFET에 대한 훌륭한 설명이 될 수 있다. ([2]에서 발췌)

6.2 상보형 MOS(CMOS) 기술

현대 MOSFET 기술은 1950년대에 시작된 이래 끊임없이 발전해왔다. [그림 6-5]는 MOSFET 일부를 보여주는 투과 전자 현미경 사진이다. 폴리실리콘 게이트와 각각의 Si 원자들이 보이는 단결정 single-crystalline Si 바디와 그 사이에 1.2nm 비정질 amorphous SiO_2 필름이 보인다. 1.2nm는 SiO_2 분자 4개의 크기이다.

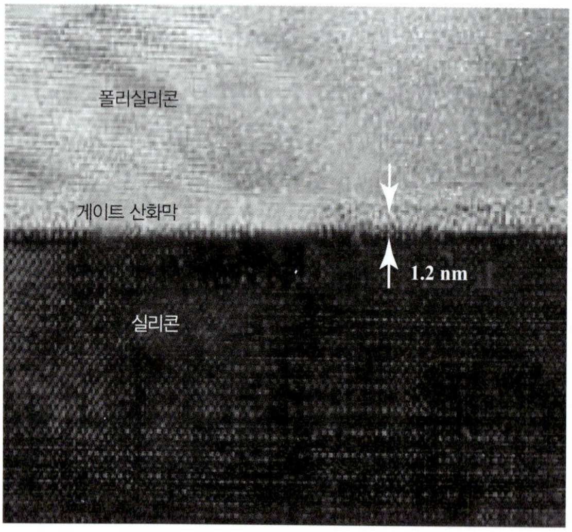

[그림 6-5] 1.2nm의 얇은 게이트 산화막이 재생되어 만들어질 수 있다. 기판과 다결정질 게이트의 개별 원자가 보인다. ([3]에서 발췌. © 1999 IEEE.)

[그림 6-1]과 같은 MOSFET의 기본적인 공정 순서를 설명하면, 먼저 트랜지스터의 경계를 정의하는 트렌치를 에칭하고, 트렌치를 화학 증기 증착[CVD, Chemical Vapor Deposition] 산화막으로 채우는 얕은 트렌치 절연[shallow-trench-isolation]을 만든다(3.7.2절 참조). 다음에 웨이퍼를 CMP로 평탄화하고(3.8절 참조), 노출된 실리콘 표면에 얇은 층의 산화막(게이트 산화막)을 기른 다음, 게이트 물질로서 다결정 실리콘 층을 증착한다(3.7.2절). 그 후에 광학 리소그래피를 사용하여 포토레지스트의 패턴을 만들고, 포토레지스트를 마스크로 사용하여 폴리실리콘을에 칭함으로써 [그림 6-1]에 나오는 게이트를 정의한다(3.4절). 마지막으로, As를 소오스와 드레인에 주입한다(3.5.1절). 이온 주입[implantation]은 한쪽에서는 게이트에 의해 막히고 다른 쪽에서는 트렌치 격리에서 막힌다. 급속 열적 어닐링(3.6절의 [NOTE]에서 "얕은 접합과 급속 열 어닐링" 참조)을 통해 도펀트를 활성화시키고 격자에 대한 주입 손상을 제거한다. 그리고 소오스, 드레인, 게이트에 접촉면을 만든다.

[그림 6-6]에서 (a)는 **N채널 MOSFET**(또는 **N-MOSFET**, 간단히 **NFET**)을 나타낸다. 이는 (b)와 마찬가지로 전도 채널(즉, 반전층)에 전자가 풍부하여 N형이므로 N채널이라 부른다. 이와 달리 (c)와 (d)는 **P채널 MOSFET**(또는 **P-MOSFET**, 간단히 **PFET**)을 보여준다. 두 경우 모두 V_g와 V_d는 0V와 전원 공급 전압인 V_{dd} 사이를 움직인다. (b)에서처럼 NFET의 바디는 회로의 가장 낮은 전압인 0V에 연결된다. 결과적으로, PN 접합은 항상 역방향 전압이 걸리거나 바이어스가 걸리지 않기 때문에 순방향 다이오드 전류가 흐르지 않는다. (b)에서처럼 V_g가 V_{dd}와 같으면 반전층이 생기고 NFET은 켜진다. (d)에 나오는 PFET은 바디와 소오스가 V_{dd}에 연결되고 V_g에 대한 반응이 정확히 반대로 나타난다. **$V_g = V_{dd}$일 때 NFET은 켜지고 PFET은 꺼진다. $V_g = 0$일 때 PFET은 켜지고 NFET은 꺼진다.**

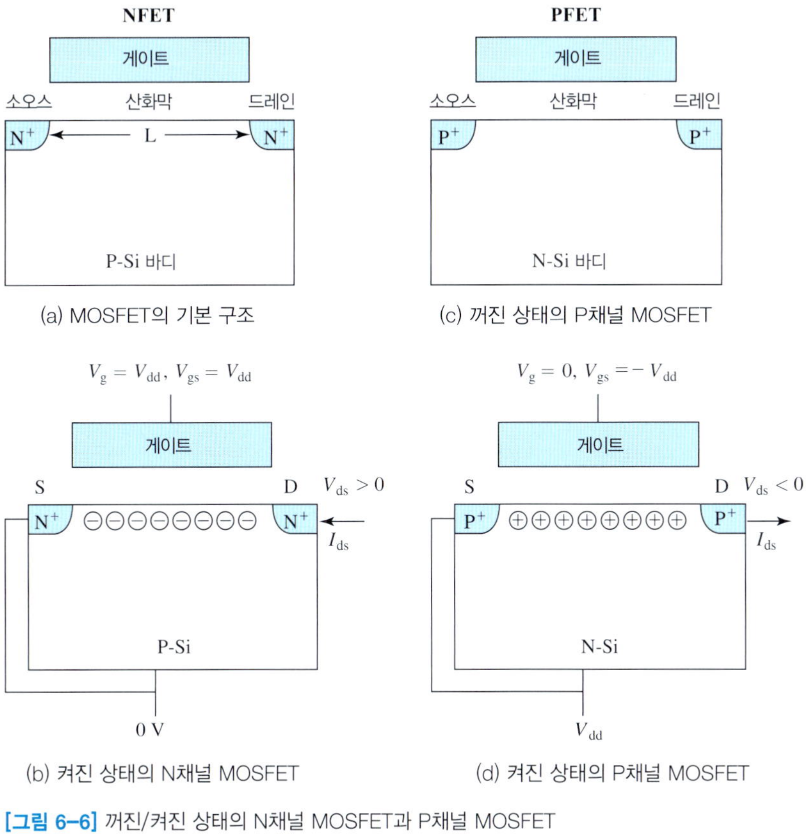

[그림 6-6] 꺼진/켜진 상태의 N채널 MOSFET과 P채널 MOSFET

NFET과 PFET의 상보하는 성질 때문에 [그림 6-7]에 나오는 **CMOS** 또는 **상보형**complementary **MOS** 회로라고 부르는 저전력 회로를 설계할 수 있다. PFET의 회로 기호는 게이트에 붙은 원으로 표현된다. 이것에 대한 예로 인버터inverter를 들 수 있다. 인버터는 V_g의 명령에 따라 부하 커패시턴스 C가 있는 출력단을 충전하거나 방전하여 V_{dd} 또는 0으로 만든다. $V_g = V_{dd}$일 때, NFET은 켜지고 PFET은 꺼져서(그들을 간단한 온-오프 스위치라 생각하라) 출력단은 접지로 끌어내려진다($V_{out} = 0$). 반면에 $V_g = 0$일 때, NFET은 꺼지고 PFET은 켜져서 출력단은 V_{dd}로 끌어 올려진다. 각각의 정적인 경우에 대해서, 두 트랜지스터 중의 하나는 꺼지므로 V_{dd}로부터 두 트랜지스터를 통하여 접지로 직접 흐르는 전류는 없다. 그러므로 CMOS 회로는 다른 종류의 회로들보다 훨씬 적은 전력을 소모한다. [그림 6-7(b)]는 어떻게 NFET과 PFET이 같은칩 상에 제작되는지를 보여준다. P형 기판의 일부분이 도너 주입과 확산으로 N형 웰로 바뀐다. P형 기판과 N형 웰과의 접촉면도 그림에 포함되어 있다. [그림 6-7(c)]는 CMOS 인버터의 기본 **레이아웃**을 보여준다. 이것은 회로를 Si 웨이퍼 위에서 본 모습이며, 인버터를 만들기 위해 사용되는 여러 장의 포토마스크를 겹쳐서 그린 것으로 생각할 수 있다. V_{in}, V_{out}, V_{dd}, 그리고 접지 전압은 금속선으로 연결된다. 폴리실리콘 게이트는 V_{in}에 연결된 수직 막대이다. 여러 가지 크기와 모양의 접촉 구멍을 만드는 것이 어렵기 때문에 금속과 반도체의 접촉면은 보통 여러 개의 동일한 구멍으로 만들어진다.

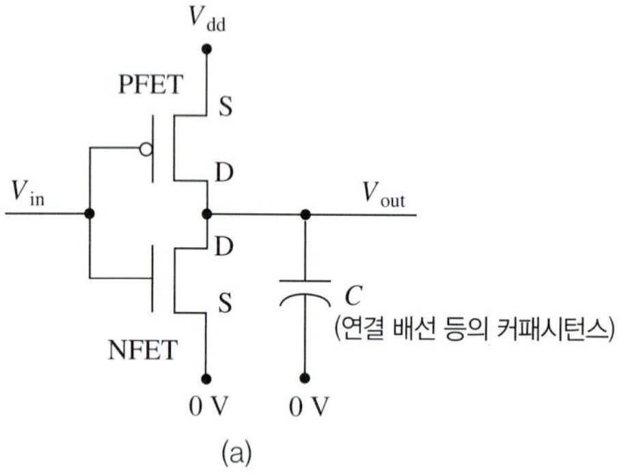

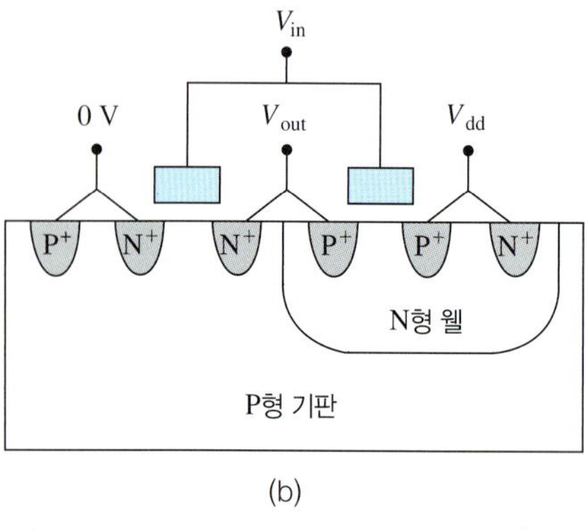

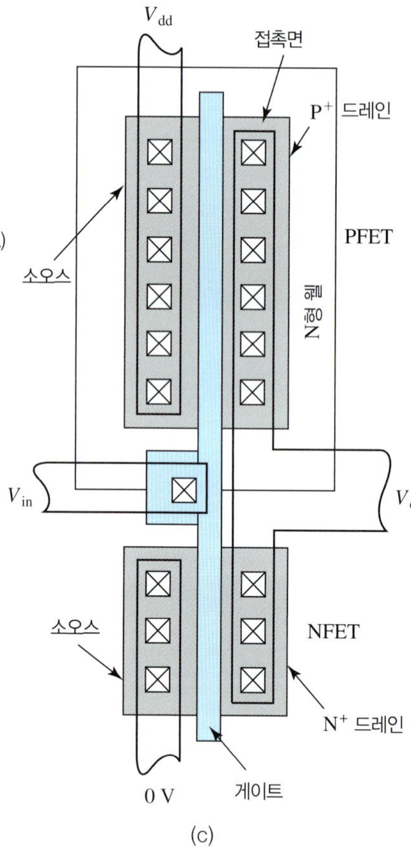

[그림 6-7] CMOS 인버터의 세 가지 관점.[1] (a) CMOS 인버터는 풀업(pull-up) 소자 PFET과 풀다운(pull-down) 소자 NFET으로 이루어져 있다. (b) NFET과 PFET을 같은 칩에 집적한다. (c) CMOS 인버터의 레이아웃

1 그림 (b)는 간단히 나타내기 위해, 확산 영역과 채널 영역을 제외한 모든 표면을 채우는 트렌치 절연([그림 6-1] 참조)을 생략했다.

6.3 표면 이동도와 고이동도 FET

트랜지스터 전류를 크게 함으로써 MOSFET이 회로의 커패시턴스([그림 6-7]의 C)를 빠르게 충전 및 방전하도록 하여 높은 회로 속도를 얻는 것이 매우 바람직하다. MOSFET의 전류를 결정하는 중요한 요인은 표면 반전층 내에서 전자나 정공의 이동도이다.

6.3.1 표면 이동도

작은 V_{ds}가 인가되었을 때, [그림 6-6(b)]의 드레인으로부터 소오스로 흐르는 전류 I_{ds}[2]는 다음과 같다.

$$\begin{aligned} I_{ds} &= W \cdot Q_{inv} \cdot v = WQ_{inv}\mu_{ns}\mathscr{E} = WQ_{inv}\mu_{ns}V_{ds}/L \\ &= WC_{oxe}(V_{gs} - V_t)\mu_{ns}V_{ds}/L \end{aligned} \tag{6.1}$$

여기서 W는 **채널 폭**을 나타내는데, [그림 6-6]의 면과는 직각 방향이고, [그림 6-7(c)]의 수직 방향 채널 크기가 된다. Q_{inv} (C/cm^2)은 반전 전하 밀도이다(식 (5.19) 참조). $\mathscr{E}$은 채널 전계이고, L은 **채널 길이**이다. μ_{ns}는 전자의 **표면 이동도**surface mobility 또는 **유효 이동도**effective mobility이다. MOSFET에서는, μ_{ns}와 μ_{ps}(정공의 표면 이동도)가 2.2절에 나왔던 벌크 이동도보다 몇 배 더 작다. 식 (6.1)에서 μ_{ns}를 제외한 모든 양은 이미 알고 있거나 측정될 수 있고, 따라서 μ_{ns}가 추출될 수 있다.

μ_{ns}는 [그림 6-8]에서 $\mathscr{E}_b$와 $\mathscr{E}_t$로 표현된 반전층 맨 아래와 맨 위 전계의 평균값의 함수이다[4]. 가우스 법칙으로부터, 공핍층을 가우스 상자Gaussian box로 사용하면 다음과 같다.

$$\mathscr{E}_b = -Q_{dep}/\varepsilon_s \tag{6.2}$$

식 (5.14)로부터 다음 식을 끌어낼 수 있고,

$$V_t = V_{fb} + \phi_{st} - Q_{dep}/C_{oxe} \tag{6.3}$$

그러므로 다음과 같다.

$$\mathscr{E}_b = \frac{C_{oxe}}{\varepsilon_s}(V_t - V_{fb} - \phi_{st}) \tag{6.4}$$

가우스 법칙을 공핍층과 반전층을 에워싸는 상자에 대하여 적용하면 다음과 같다.

$$\begin{aligned} \mathscr{E}_t &= -(Q_{dep} + Q_{inv})/\varepsilon_s \\ &= \mathscr{E}_b - Q_{inv}/\varepsilon_s = \mathscr{E}_b + \frac{C_{oxe}}{\varepsilon_s}(V_{gs} - V_t) \\ &= \frac{C_{oxe}}{\varepsilon_s}(V_{gs} - V_{fb} - \phi_{st}) \end{aligned} \tag{6.5}$$

2 양의 I_{ds}는 V_{dd}로부터 접지로 흐르는 통상적인 채널 전류 방향(NFET에서는 드레인으로부터 소오스로, PFET에서는 소오스로부터 드레인으로)을 나타내는 것이다. 그러므로 I_{ds}는 항상 양(positive)의 값을 가진다.

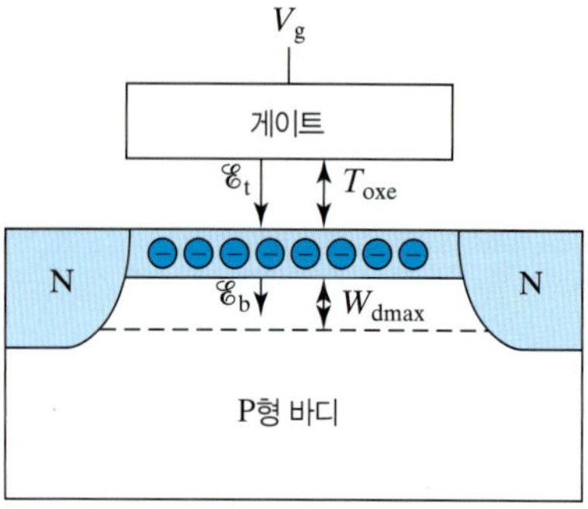

[그림 6-8] 표면 이동도는 $\mathscr{E}_b$와 $\mathscr{E}_t$로 표현된 반전층 맨 아래와 맨 위 전계의 평균값의 함수이다.

$$\begin{aligned}\frac{1}{2}(\mathscr{E}_b+\mathscr{E}_t) &= \frac{C_{oxe}}{2\varepsilon_s}(V_{gs}+V_t-2V_{fb}-2\phi_{st}) \\ &\approx \frac{C_{oxe}}{2\varepsilon_s}(V_{gs}+V_t+0.2\text{ V}) \\ &= \frac{\varepsilon_{ox}}{2\varepsilon_s T_{oxe}}(V_{gs}+V_t+0.2\text{ V}) \\ &= \frac{V_{gs}+V_t+0.2\text{ V}}{6T_{oxe}} \qquad (\text{N}^+\text{ 폴리게이트 NFET에 대해})\end{aligned} \tag{6.6}$$

μ_{ns}는 $\mathscr{E}_b$와 $\mathscr{E}_t$의 평균값의 함수라는 것이 알려져 왔다.(이 결론은 때때로 'μ_{ns}는 $Q_{dep}+Q_{inv}/2$의 함수다.'라는 말과 동일한 의미가 될 수 있다.) 측정된 μ_{ns}는 [그림 6-9]와 같고, 다음 식[3]으로 근사된다[4].

$$\mu_{ns} = \frac{540\text{ cm}^2/\text{Vs}}{1+\left(\dfrac{V_{gs}+V_t+0.2\text{ V}}{5.4T_{oxe}}\right)^{1.85}} \tag{6.7}$$

경험적으로, 정공의 표면 이동도는 $(\mathscr{E}_t + 1.5\,\mathscr{E}_b)/2$의 함수이다[5].

$$\mu_{ps} = \frac{185\text{ cm}^2/\text{Vs}}{1-\left(\dfrac{V_{gs}+1.5V_t-0.25\text{ V}}{3.38T_{oxe}}\right)} \tag{6.8}$$

3 식 (6.7)은 N^+ 폴리실리콘 게이트를 가지는 NMOSFET의 통상적인 경우에 대한 것이다. 일반적으로, 0.2V 항은 $-2(V_{fb}+\phi_{st})$로 대치되어야 한다. 식 (5.12)를 보라. 식 (6.8)은 P^+ 폴리실리콘 게이트를 가지는 PMOSFET의 통상적인 경우에 대한 것이다. 일반적으로 −0.25V 항은 $2.5(V_{fb}+\phi_{st})$로 대치되어야 한다.

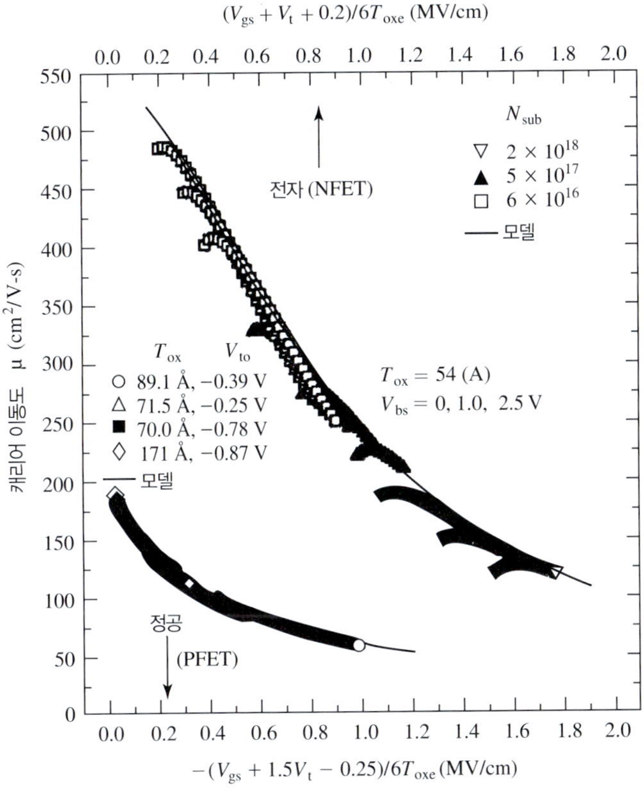

[그림 6-9] 전자와 정공의 표면 이동도는 V_{gs}, V_t, T_{oxe}에 의해 정해진다. T_{oxe}는 SiO_2 두께로 환산된 전기적 산화막 두께이다. ([4]에서 발췌. © 1996 IEEE.)

T_{oxe}는 식 (5.29)에 정의되어 있다. 보통, 식 (6.8) 등과 관련된 PFET에 대해서는 V_{gs}와 V_t가 음수이다. 이 이동도 모델은 표면 이동도에 관한 주요한 변수의 효과를 설명한다. V_{gs}, V_t, T_{oxe} 같은 소자 변수가 알맞게 고려되면, 모든 실리콘 MOSFET은 [그림 6-9]에 나타난 것과 같이 근본적으로 같은 표면 이동도를 가진다. 이것을 Si의 **보편 유효 이동도**universal effective mobility라 한다. 표면 이동도는 **표면 거칠기 산란**surface roughness scattering 때문에 벌크 이동도보다 작다[5]~[6]. 그것은 반전층의 전계($\mathscr{E}_b$, $\mathscr{E}_t$)가 커져서 전하 캐리어가 Si−SiO_2 계면에 가까이 가두어짐에 따라 이동도를 감소시킨다.

NOTE 웨이퍼 표면 방향과 드리프트(drift) 방향

표면 이동도는 표면 방향과 드리프트 방향의 함수이다. 표준 CMOS 기술은 [100] 표면 실리콘 웨이퍼를 사용하고, 트랜지스터는 전자와 정공이 동일한(0±1±1) 방향으로 흐르도록 웨이퍼 표면에 만들어진다(기호법에 대한 설명은 1.1절 참조). 이러한 선택을 하는 한 가지 이유는 이 조합이 가장 높은 μ_{ps}는 아니더라도 가장 높은 μ_{ns}를 제공하기 때문이다. [그림 6-9]의 이동도 데이터는 표준 선택에 관한 것이다. 웨이퍼 방향과 전류 방향은 μ_{ns}와 μ_{ps}가 기계적인 스트레스에 대해 어떻게 반응하는지를 결정한다(7.1.2절 참조). 이러한 방향 효과는 슈뢰딩거 파동 방정식의 해로부터 설명될 수 있다.

μ_{ns}와 μ_{ps}는 여전히 포논 산란의 특성인 대략 $T^{-3/2}$의 온도 의존성을 따른다(식 (2.8) 참조). [그림 6-9]를 보면 특히 도핑이 많이 된($2\times10^{18}\text{cm}^{-3}$) 반도체에서 $V_g \approx V_t$ 근처의 표면 이동도는 보편 이동도보다 작은데, 도펀트 이온 충돌이 그 원인이다. 높은 V_g에서는, 도펀트 이온 충돌이 반전층 캐리어에 의해 차폐된다(2.2.2절 참조).

예제 6-1

$V_t = 0.3\,\text{V}$, $T_{oxe} = 2\,\text{nm}$인 N채널 MOSFET에서 $V_{gs} = 1\,\text{V}$일 때 표면 이동도의 값은 얼마인가?

풀이

$$(V_{gs} + V_t + 0.2)/6T_{oxe} = 1.5\,\text{V}/12\times10^{-7}\,\text{cm} = 1.25\,\text{MV/cm}$$

1 메가볼트는(1 MV)는 10^6 V이다. [그림 6-9]에서 $\mu_{ns} \approx 190\,\text{cm}^2/\text{V}\cdot\text{s}$이다. MOSFET 엔지니어들에게는 실망스럽게도 이 값은 실리콘 벌크에서의 μ_n보다 수 배 낮은 값이다. 비슷한 설계 조건에서 PMOSFET 의 μ_{ps}의 값은 $60\,\text{cm}^2/\text{V}\cdot\text{s}$에 불과하다.

6.3.2 GaAs MESFET

캐리어의 이동도가 크면 캐리어는 더 빠르게 움직이고 트랜지스터는 더 고속으로 동작할 수 있다. 고속 소자는 전자기기의 작업량을 증가시킬 뿐만 아니라 값싼 마이크로웨이브 통신 등의 응용 영역을 만든다. 속도를 증가시킬 수 있는 가장 확실한 방법은 게르마늄([표 2-1] 참조)이나 스트레인 실리콘strained Si(7.1.2절 참조) 같이 실리콘보다 큰 이동도를 가지는 반도체를 사용하는 것이다. 단결정 Ge이나 SiGe 합금 필름은 Si 기판 위에 에피택시epitaxy 방법으로 길러질 수 있다. Si 기술을 확장하여 Ge이나 SiGe 트랜지스터를 포함하는 것은 소자 속도를 향상시키는 유망한 방법이다.

[표 2-1]을 통해 GaAs나 다른 화합물 반도체가 Si보다 훨씬 큰 이동도를 가지고 있다는 것을 알 수 있다. 어떤 응용에서는 N채널 FET만 필요하고 정공 이동도는 중요하지 않다. 그러나 불행하게도 이런 물질로는 양질의 MOS 트랜지스터를 만들기가 어렵다. MOSFET 응용을 하기에는 반도체/유전체 계면에 너무 많은 전하 트랩이 있기 때문이다. 다행히도, MOS 게이트 대신에 쇼트키Schottky 접합을 GaAs FET의 조절 게이트로 쓸 수 있다. [그림 6-10]에는 **금속-반도체 전계 효과 트랜지스터**MESFET, metal-semiconductor field-effect transistor라고 불리는 이 소자를 나타내었다. GaAs는 큰 E_g와 작은 n_i를 가지고 있으며, 도핑되지 않은 GaAs는 매우 큰 비저항을 가지고 있어서 부도체로 생각할 수 있다. 예를 들면 금속 게이트는 Au로 만들 수 있다. 입력 게이트 전류, 즉 쇼트키 다이오드 전류를 최소화하기 위해서는 쇼트키 장벽이 높은 것이 바람직하다.

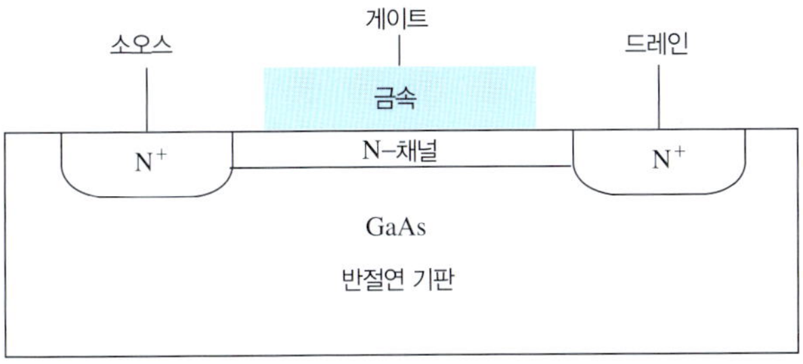

[그림 6-10] MESFET이라 불리는 쇼트키 게이트 FET의 도해

역방향 전압이나 작은 순방향 전압(게이트 다이오드 전류가 허용할 수 있는 범위에 있을 정도로 충분히 작을 때)이 게이트에 인가되었을 때, 게이트 아래의 공핍층이 늘어나거나 줄어든다. 이것이 공핍되지 않은 부분인 전도 채널의 두께를 바꾼다. 이 변화가 결과적으로 채널 전류인 I_{ds}를 바꾼다. I_{ds}가 표면 반전층에서 흐르지 않기 때문에, 전자 이동도는 표면 산란에 의해서 열화되지 않는다. 따라서 GaAs MESFET의 속도를 향상시키게 된다.

만일 $V_g = 0$에서 N채널의 두께가 공핍층의 두께보다 크면, MESFET은 $V_g = 0$에서도 전도력을 가지며 이를 끄기 위해서는 (역방향의) 게이트 전압이 필요하다. 이를 **공핍 모드 트랜지스터**depletion-mode transistor라 한다. 만일 $V_g = 0$에서 N채널의 두께가 공핍층 두께보다 얇으면, 트랜지스터를 켜기 위해 (순방향의) 게이트 전압이 필요하다. 이것을 **증가 모드 트랜지스터**enhancement-mode transistor라 부른다. 현대의 Si MOSFET은 모두 증가 모드이며 이를 통해 회로 설계를 보다 쉽게 할 수 있다. GaAs FET의 경우에는 공핍 모드와 증가 모드를 둘 다 사용하는데 공정 관점에서 볼 때에는 공핍 모드 소자를 제작하는 것이 더 용이하다.

6.3.3 HEMT

[그림 6-10]의 도펀트는 불순물 산란(2.2.2절 참조)을 일으켜서 전자 이동도가 크게 열화된다. 만일 채널에 도핑이 되어 있지 않으면 이동도는 훨씬 더 클 수 있다. MOSFET은 전도 채널을 만들기 위해서 도핑에 의존하지 않는다. GaAS FET도 이같이 할 수 있을까? 대답은 "그렇다"이다.

[그림 6-11]에 보이는 것처럼 도핑되지 않은 GaAs 기판에 얇은 GaAlAs 에피택시 층을 길러서 MOS와 같은 구조를 만들 수 있다. 게이트 아래에 GaAlAs 필름이 공핍된다. GaAlAs는 GaAs보다 더 큰 밴드갭을 가지고 있고, [그림 6-11(b)]는 그것이 에너지 웰과 GaAs-GaAlAs 계면에 얇은 전자층을 만들기 때문에 MOSFET의 산화막 같은 구실을 한다는 걸 보여준다([그림 5-9] 참조). GaAlAs 밴드 다이어그램의 굴곡은 PN 접합 내의 도펀트 이온 때문이다. E_F는 N^+ 소오스의 페르미 준위이고 그것이 (E_c와 함께) 전도 채널의 전자 농도를 결정한다. 채널 전자는 N^+ 소오스로부터 온다. 두 반도체의 에피택시 계면은 Si-SiO$_2$ 계면보다 매끄럽기 때문에, 이 소자는 MOSFET처럼 표면 충돌에 의한 이동도 저하가 없다. 이 소자를 MODFET이라 부르는 데, MODFET은 **높은 전자-이동도 트랜지스터**HEMT, High Electron-Mobility Transistor 또는 **변조 도핑된 FET**modulation-doped FET을 의미한다. 이것은 마이크로웨이브 통신, 위성 TV 수신기 등에 사용된다.

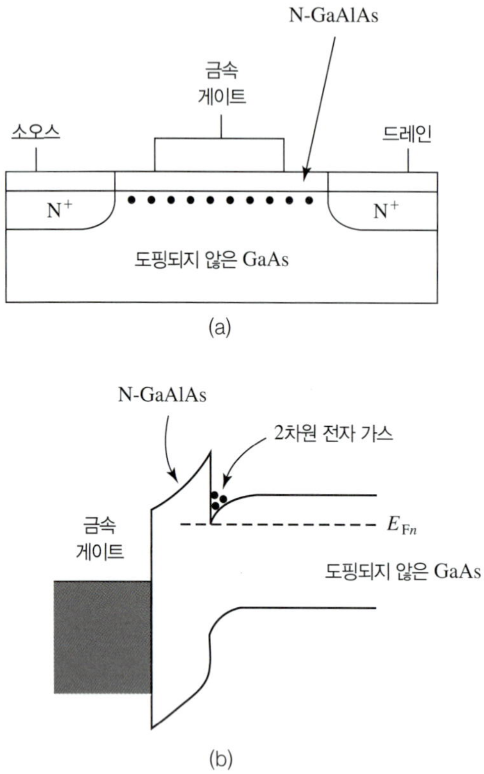

[그림 6-11] 기본적인 HEMT 구조. 큰 밴드 갭을 가지는 GaAlAs는 MOSFET의 SiO_2 같은 역할을 한다. 전도 채널은 도핑이 안 된 GaAs 안에 있다. (b) 에너지 밴드 다이어그램을 통해 MOSFET과의 유사성을 확인할 수 있다.

6.3.4 JFET

만일 [그림 6-10]의 쇼트키 접합이 P^+N 접합으로 대체되면, 이 새 구조는 **접합 전계 효과 트랜지스터**JFET, Junction Field-Effect Transistor라 불린다. P^+ 게이트는 당연히 회로 연결을 위해 금속에 연결된다. MESFET처럼 역방향 전압은 공핍층을 확장하고 전도 채널을 수축시킨다. 이러한 방법으로 JFET 전류는 게이트 전압에 의해 조절된다. MOSFET이 나타나기 전까지는 IC가 바이폴라 트랜지스터로 만들어졌는데, 이것은 입력에 순방향으로 바이어스된 다이오드를 가지고 있고 많은 입력 전류를 소모한다(8장 참조). 이 큰 입력 전류와 커패시턴스는 어떤 회로에는 바람직하지 않다. JFET은 입력이 역방향된 다이오드이므로 작은 입력 전류와 커패시턴스를 제공한다. JFET은 바이폴라 트랜지스터와 같이 만들어질 수 있고 같은 IC 칩에 공존할 수 있다.

NOTE **MOSFET의 V_t를 측정하는 방법**

CV 데이터로부터 V_t를 측정하는 일은 거의 없다. 대신 [그림 6-12]와 같은 $I_{ds} - V_{gs}$ 도식으로부터 더 쉽게 측정할 수 있다.

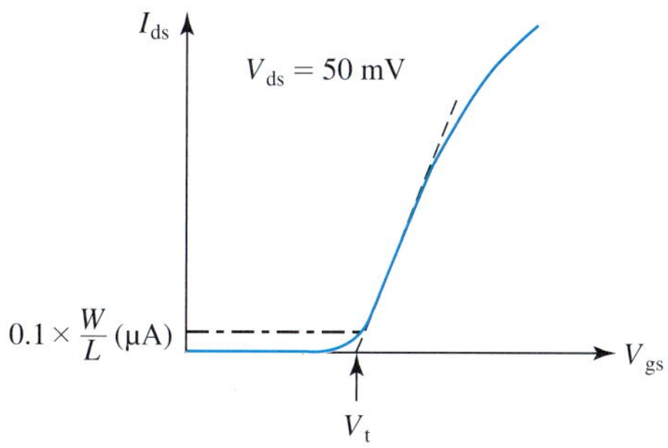

[그림 6-12] I_{ds}와 V_{gs} 관계를 나타내는 곡선의 접선을 $I_{ds} = 0$까지 연장해서 V_t를 구한다. 다른 방법으로, on-off 상태의 기준이 되는 특정한 I를 정한 후 이 전류가 흐르게 되는 V_{gs}를 V_t로 정할 수도 있다.

50mV처럼 작은 V_{ds}에서 측정된 I_{gs}를 V_{ds}에 대해 그릴 수 있다. 만일 μ_{ns}가 상수라면, $V_{gs} > V_t$에서는 식 (6.1)에 따라 I_{ds}가 $(V_{ds} - V_t)$에 대해서 선형적으로 증가한다. μ_{ns}는 V_{gs}가 증가함에 따라 감소하기 때문에(6.3절 참조), 곡선의 기울기는 1보다 작아지게 된다. 통상적으로 곡선의 최대 기울기점에서 접선을 그려서 x축과 만나는 점을 V_t로 한다.

점점 보편적으로 사용되는 대안은 I_{ds}가 아래처럼 어떤 작은 값과 같을 때의 V_{gs}를 V_t로 정의하는 것이 다.

$$I_{ds} = 0.1\ \mu A \times \frac{W}{L}$$

그밖에 [그림 7-2(d)]를 참조해 보라.

6.4 MOSFET V_t, 바디 효과, 가파른 역방향 도핑

MOSFET의 반전층은 [그림 6-13]에서처럼 소오스와 드레인을 연결하는 저항성 N형 필름 (1~2nm의 두께)으로 생각될 수 있다. 전위가 V_s인 이 필름은 게이트와 함께 커패시터를 형성하며, 산화막은 커패시터의 유전체에 해당한다. 이 반전층은 바디와 두 번째 커패시터를 형성하며 이 커패시터 유전체는 공핍층이다. 공핍층 커패시턴스는 다음과 같다.

$$C_{dep} = \frac{\varepsilon_s}{W_{dmax}} \tag{6.9}$$

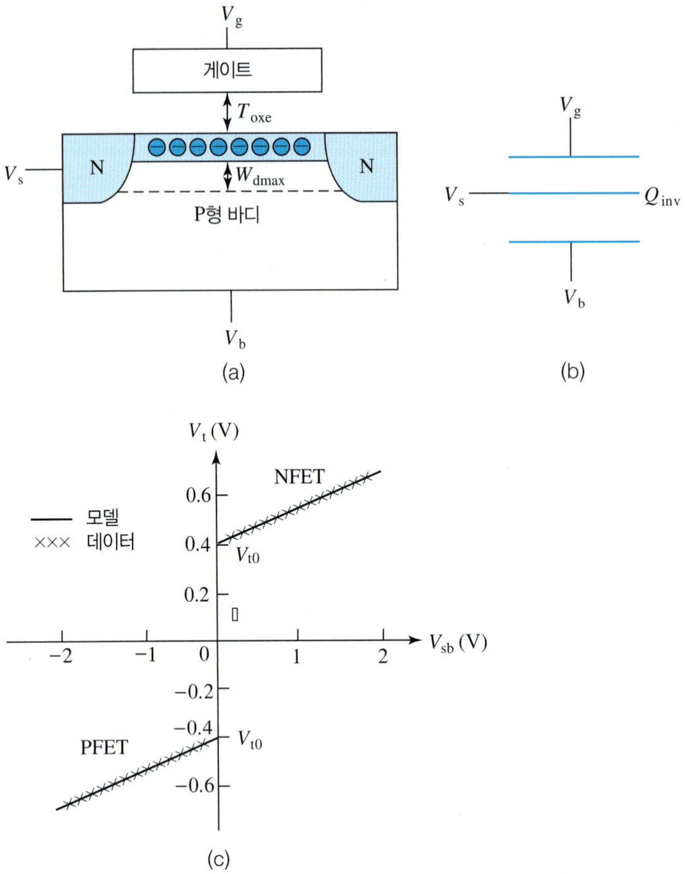

[그림 6-13] (a), (b) 반전층은 산화막 커패시턴스를 통하여 V_g에 연결되고 공핍층 커패시턴스를 통하여 V_b에 연결되는 전도 필름으로 생각할 수 있다. 드레인은 개회로이다. (c) V_t는 대략 바디와 소오스 간 바이어스의 선형 함수이다. 바디 바이어스는 보통 바디-소오스 접합에 역방향의 바이어스가 걸리는 극성이다.

5장에서 $V_b = V_s$일 때 게이트 전압이 반전층에 전하를 유도한다는 결론을 내렸다.

$$Q_{inv} = -C_{oxe}(V_{gs} - V_t) \tag{6.10}$$

이제 소오스와 바디 사이에 전압 V_{sb}가 있다고 가정하자. 바디와 채널이 C_{dep}에 의해 결합되어 있기 때문에, V_{sb}는 반전층에 $C_{dep}V_{sb}$만큼의 전하를 유도한다. 그러므로 이를 수식으로 나타내면 다음과 같다.

$$Q_{inv} = -C_{oxe}(V_{gs} - V_t) + C_{dep}V_{sb} \tag{6.11}$$

$$= -C_{oxe}\left(V_{gs} - \left(V_t + \frac{C_{dep}}{C_{oxe}}V_{sb}\right)\right) \tag{6.12}$$

만일 우리가 V_t의 변환된 형태를 취한다면 식 (6.12)는 식 (6.10)의 간단한 형태로 다시 쓸 수 있다. (지금까지 써왔던 V_t는 지금부터 V_{t0}로 나타낼 것이다.)

$$Q_{inv} = -C_{oxe}(V_{gs} - V_t(V_{sb})) \quad (6.13)$$

$$V_t(V_{sb}) = V_{t0} + \frac{C_{dep}}{C_{oxe}} V_{sb} = V_{t0} + \alpha V_{sb} \quad (6.14)$$

$$\alpha = C_{dep}/C_{oxe} = 3T_{oxe}/W_{dmax} \quad (6.15)$$

식 (6.15)에서 위 식의 계수 3은 실리콘(11.7)과 SiO_2(3.9)의 비유전율의 비율이다. [그림 6-13(c)]는 V_t가 V_{sb}의 함수임을 증명한다. **소오스-바디 접합에 역방향 전압이 걸리면 NFET의 V_t는 양의 방향으로 변하고 PFET의 V_t는 음의 방향으로 변한다.** 일반적으로, 소오스-바디 접합에는 순방향 전압이 걸리지 않게 하여 순방향의 전류가 흐르지 않도록 한다.

V_t가 바디 바이어스의 함수가 되는 현상을 **바디 효과**body effect라고 한다. 여러 개의 NFET(또는 PFET)들이 회로 안에서 직렬로 연결되면 이들은 공통의 바디(실리콘 기판)를 공유하지만 각 소오스들은 다른 전압을 가진다. 따라서 특정 트랜지스터들의 소오스-바디 접합에는 역방향 바이어스가 걸리게 된다. 이것이 소자 V_t를 올리고 I_{ds}를 줄이고 회로 속도를 줄인다. 따라서 V_t가 V_{sb}에 둔감할수록 회로가 최적으로 동작하게 되므로 바디 효과는 최소화되어야 한다. 이것은 T_{ox}/W_{dmax}를 최소화함으로써 달성된다(우리는 얇은 산화막이 바람직하다는 점을 계속해서 깨닫게 될 것이다). 식 (6.14)의 α는 [그림 6-13(c)] 그래프의 기울기로부터 구할 수 있으며, 이를 **바디 효과 계수**body-effect coefficient라 한다.

현대 트랜지스터는 [그림 6-14]에 나타난 것처럼 가파른 **역경사 바디 도핑 프로파일**retrograde body doping profile을 채택한다. 이는 얇은 표면층에는 낮은 도핑을 하고, 그 아래는 아주 높은 도핑을 하는 것을 의미한다. 가파른 역경사 도핑은 원가를 줄이기 위해서 트랜지스터를 더 작은 크기로 줄이는 것을 가능케 하고 불순물 산란을 줄인다. 7.5절에 그 이유가 설명되어 있다. 공핍층의 두께는 기본적으로 낮게 도핑된 영역의 두께와 같다. V_{sb}가 커짐에 따라 공핍층은 많이 변하지 않는다. 그러므로 C_{dep}과 α는 본질적으로 상수이다. 결과적으로, 현대 트랜지스터는 V_t와 V_{sb} 사이에 선형에 가까운 관계를 갖는다. 이 선형 관계는 W_{dmax} 및 C_{dep}/C_{oxe} 비율이 바디 바이어스와 무관하다는 것을 의미한다.

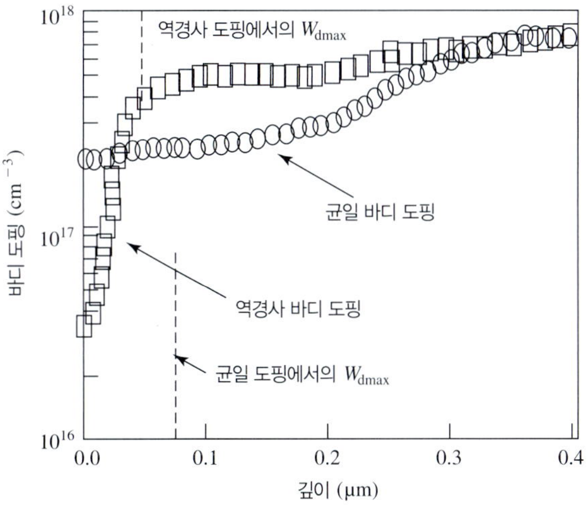

[그림 6-14] 가파른 역경사 도핑과 일정한 도핑 프로파일의 비교

초기 MOSFET에서는 바디 도핑 농도가 거의 균일했고([그림 6-14]의 낮은 선) W_{dmax}는 V_{sb}에 따라 바뀌었다. 그러한 경우, 바디 효과에 대한 이론은 더 복잡하다. V_t는 식 (5.13)의 $2\phi_B$ 항(바디 안에서의 밴드 구부러짐)을 $2\phi_B + V_{sb}$로 대치하여 얻을 수 있다.[4]

$$\begin{aligned} V_t &= V_{t0} + \frac{\sqrt{qN_a 2\varepsilon_s}}{C_{oxe}}(\sqrt{2\phi_B + V_{sb}} - \sqrt{2\phi_B}) \\ &\equiv V_{t0} + \gamma(\sqrt{2\phi_B + V_{sb}} - \sqrt{2\phi_B}) \end{aligned} \tag{6.16}$$

γ를 **바디 효과 매개변수**body-effect parameter라고 한다. 식 (6.16)을 통해 V_t가 V_{sb}의 제곱근에 비례하여 증가하는 함수임을 예측할 수 있다. [그림 6-13(c)]의 데이터에서도 약간의 제곱근 의존성이 관찰된다. 식 (6.16)은 간혹 테일러 전개를 통해 선형화되어 식 (6.14)와 같은 형태의 선형 함수로 표현된다.

6.5 MOSFET의 Q_{inv}

[그림 6-15]에서 $V_d > V_s$인 경우를 생각해 보자. 채널 전압 V_c는 이제 x의 함수가 된다. $x = 0$에서 $V_c = V_s$이고, $x = L$에서 $V_c = V_d$이다. $V_c > V_s$인 채널의 중간 지점과 $V_c = V_s$인 소오스 끝 지점을 비교해 보자. 채널 중간 지점의 전압이 $V_c(x)$로 높으므로, 산화막 커패시터를 가로지르는 전압이 더 작다(공핍층 커패시터를 가로지르는 전압은 더 크다). 그러므로 커패시터 전극(반전층)에 더 작은 수의 전자가 존재한다. 특히, 식 (6.13)의 V_{gs} 항은 $V_{gc}(x)$ 또는 $V_{gs} - V_{cs}(x)$로, V_{sb}는 $V_{sb} + V_{cs}(x)$로 바뀌어야 한다.

$$\begin{aligned} Q_{inv}(x) &= -C_{oxe}(V_{gs} - V_{cs} - V_{t0} - \alpha(V_{sb} + V_{cs})) \\ &= -C_{oxe}(V_{gs} - V_{cs} - (V_{t0} + \alpha V_{sb}) - \alpha V_{cs}) \\ &= -C_{oxe}(V_{gs} - mV_{cs} - V_t) \end{aligned} \tag{6.17}$$

$$m \equiv 1 + \alpha = 1 + C_{dep}/C_{oxe} = 1 + 3T_{oxe}/W_{dmax} \tag{6.18}$$

m은 통상적으로 1.2 정도의 값이다. 처음에는 간단히 $m = 1$로 가정하는 것이 무난하고 쉽다. 그러나 식에 m을 포함하는 것이 훨씬 더 정확한데, 그 이유는 나중에 알게 될 것이다. 바디는 상대적으로 약하지만 채널 전하에 대해서 게이트와 비슷한 효과를 주기 때문에 **후면 게이트**back gate라 불리기도 한다. Q_{inv}에 대한 후면 게이트 효과를 보통 **벌크-전하 효과**bulk-charge effect라고 한다. 그리고 m은 **벌크-전하 계수**bulk-charge factor라고 한다. 벌크-전하 효과는 6.4절의 바디 효과와 밀접하게 연결된다.

---

4 소오스-바디 접합에 역방향 바이어스가 가해졌을 때는, E_{Fn}과 E_{Fp}의 2개의 의사 페르미 준위가 생기는데([그림 4-7(c)]에서 P 영역이 MOSFET의 바디이고 N 영역이 소오스인 형태와 비슷함), 이 둘의 차이는 qV_{sb}이다. 계면에서의 E_c가 E_{Fp}([그림 5-7]의 E_F)에 가까울 때 반전층이 생기지 않고, E_c가 E_{Fn}에 가까울 때([그림 5-7]의 E_F에서 qV_{sb}만큼 아래) 반전층이 생긴다. 이러한 추가적인 차이로 인해 밴드가 구부러진 정도는 $2\phi_B$가 아니라 $2\phi_B+V_{sb}$에 해당하게 된다.

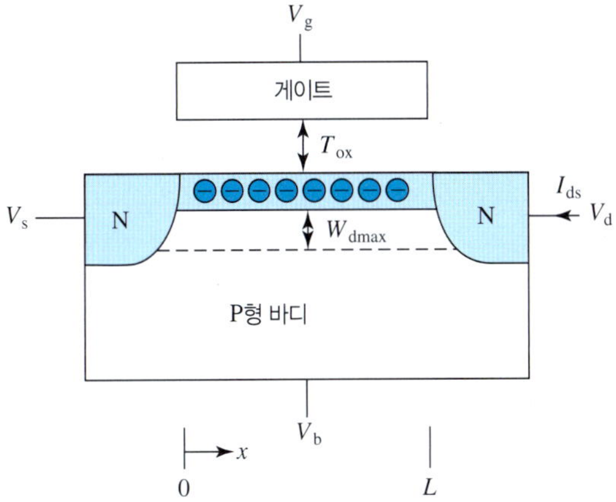

[그림 6-15] $V_d \neq 0$일 때, 채널 전압 V_c는 x의 함수이다.

6.6 기본적인 MOSFET *IV* 모델

식 (6.17)을 사용할 때 간단히 하기 위해 마이너스 부호를 없애면, 즉 [그림 6-15]의 I_{ds}는 높은 전압의 전극으로부터 낮은 전압의 전극으로 흐른다고 이해하면 다음과 같이 나타낼 수 있다.

$$\begin{aligned} I_{ds} &= W \cdot Q_{inv}(x) \cdot v = W \cdot Q_{inv}\mu_{ns}\mathscr{E} \\ &= WC_{oxe}(V_{gs} - mV_{cs} - V_t)\mu_{ns}dV_{cs}/dx \end{aligned} \tag{6.19}$$

$$\int_0^L I_{ds}dx = WC_{oxe}\mu_{ns}\int_0^{V_{ds}}(V_{gs} - mV_{cs} - V_t)dV_{cs} \tag{6.20}$$

$$I_{ds}L = WC_{oxe}\mu_{ns}\left(V_{gs} - V_t - \frac{m}{2}V_{ds}\right)V_{ds} \tag{6.21}$$

$$I_{ds} = \frac{W}{L}C_{oxe}\mu_{ns}\left(V_{gs} - V_t - \frac{m}{2}V_{ds}\right)V_{ds} \tag{6.22}$$

식 (6.22)는 I_{ds}가 W(채널 폭), μ_{ns}, V_{ds}/L(채널의 평균 전계), 그리고 채널의 평균 Q_{inv}이라고 해석될 수 있는 $C_{oxe}(V_{gs} - V_t - mV_{ds}/2)$에 비례한다는 것을 보여준다. V_{ds}가 매우 작으면 $mV_{ds}/2$항은 무시될 수 있고 따라서 $I_{ds} \propto V_{ds}$, 즉 트랜지스터는 저항처럼 동작한다. V_{ds}가 증가함에 따라, 평균 Q_{inv}이 감소하고 dI_{ds}/dV_{ds}가 감소한다. 식 (6.22)를 V_{ds}에 대해서 미분하면, dI_{ds}/dV_{ds}가 특정 V_{ds}에서 0이 된다는 것을 보일 수 있다.

$$V_{ds} = V_{dsat}\text{에서 } \frac{dI_{ds}}{dV_{ds}} = 0 = \frac{W}{L}C_{ox}\mu_{ns}(V_{gs} - V_t - mV_{ds})$$

$$V_{dsat} = \frac{V_{gs} - V_t}{m} \tag{6.23}$$

V_{dsat}은 **드레인 포화 전압**이고, 이를 넘어서면 [그림 6-16]처럼 드레인 전류가 포화된다. 각각의 V_g에 대해서 V_{dsat}이 다르다. IV 특성 곡선에서 $V_{ds} \ll V_{dsat}$은 **선형 영역**이고, $V_{ds} > V_{dsat}$은 **포화 영역**이다. 아날로그 설계자들은 보통 각각의 영역을 **옴 영역**Ohmic region과 **활성 영역**active region이라고 부른다.

포화 전류는 식 (6.22)의 V_{ds} 대신에 식 (6.23)의 V_{dsat}을 넣어서 얻을 수 있다.

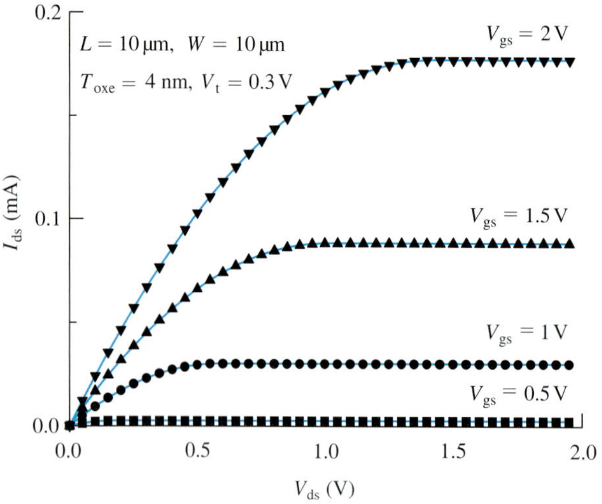

[그림 6-16] MOSFET IV 특성

$$I_{dsat} = \frac{W}{2\,mL} C_{oxe} \mu_{ns} (V_{gs} - V_t)^2 \tag{6.24}$$

$V_d = V_{dsat}$에서 어떤 일이 일어나고, 왜 V_{dsat} 이상에서는 I_{ds}가 변하지 않는가? 첫 번째 의문에 대한 답은 식 (6.17)의 V_{cs} 대신 V_{dsat}(식 (6.23))을 넣어보면 알 수 있다. $V_{ds} = V_{dsat}$이면, 채널의 드레인 끝에 있는 Q_{inv}은 0이 된다! 이 반전층이 없어지는 현상을 **핀치 오프**pinch-off 현상이라 한다. [그림 6-17]에 $V_{ds} = V_{dsat}$ 및 $V_{ds} > V_{dsat}$에서의 V_{cs}, Q_{inv}, I_{ds}를 나타내었다. 이 두 경우에 대해서 $V_{cs}(x)$, $Q_{inv}(x)$가 같고 이에 따라 I_{ds}도 같다. 바로 이 점이 왜 V_{ds}가 V_{dsat}을 넘어서도 I_{ds}가 V_{ds}에 따라서 변하지 않는지를 설명해준다. 유일한 차이점은 $V_{ds} > V_{dsat}$인 경우에 높은 전계가 걸리는 좁은 **핀치 오프 영역**(pinch-off region)이 생기고 이곳에서는 $Q_{inv} = 0$이 되며 $V_{ds} - V_{dsat}$의 전압 강하가 있다는 것이다. 6.9.1절에서 핀치 오프에 대한 개선된 개념이 소개되는데, 이 경우에는 Q_{inv}이 0으로 떨어지지 않는다. 그러나 지금으로서는 이러한 핀치 오프 개념은 전류 포화 현상을 소개하는 데 유용하다.

공핍 영역과 비슷한 영역인 핀치 오프 영역을 통해서 어떻게 전류가 흐를 수 있을까? 실은 적당한 캐리어만 공급된다면 공핍 영역이라 하더라도 전류의 흐름을 막을 수는 없다. 예를 들면, 태양전지나 포토다이오드 내에서도 전류가 PN 접합의 공핍 영역을 통해서 흐를 수 있다. 유사한 개념으로, 전자가 MOSFET의 핀치 오프 영역에 도달하면 [그림 6-17(h)] 같은 가파른 전위 강하를 따라서 빨려 내려간다. 그러므로 핀치 오프 영역은 전류 흐름을 막지 않는다. 또한, [그림 6-17]의 (d)와 (h)에서 보는 바와 같이 두 경우 모두 채널 내에서 같은 드리프트 전계와 Q_{inv}을 가지고 있으므로 전자 흐름 속도(또는 전류)도 같다. 다시 말하면, V_{dsat}을 넘는 경우에 대하여 전류는 V_{ds}에 무관하다. 이 상황은 산골짜기의 시냇물이 폭포로 떨어지는 것과 유사하다. 강바닥의 기울기(dE_c/dx)와 시냇물의 양이 시냇물의 유량을 결정하며, 이것이 결국 폭포를 따라 떨어지는 유량을 결정한다. 따라서 폭포의 높이($V_{ds} - V_{dsat}$)는 1 m 이든 100 m이든 간에 유량에 아무런 영향을 주지 않는다.

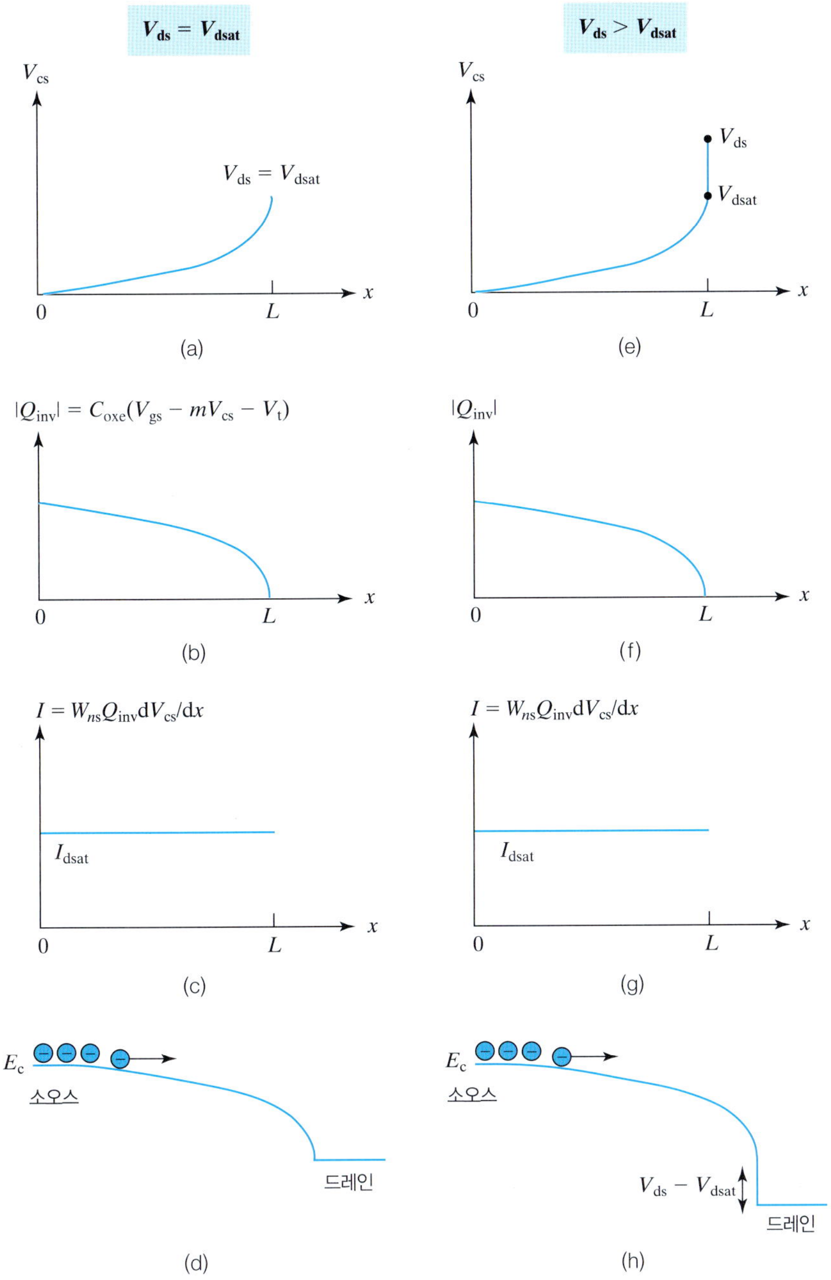

[그림 6-17] (a)~(d) $V_{ds} = V_{dsat}$인 상황. (e)~(h) $V_{ds} > V_{dsat}$인 상황. V_{ds}가 V_{dsat}보다 높을 때에는 전류가 변화하지 않는다. (d)와 (h)는 에너지 밴드 다이어그램에서의 $E_c(x)$를 나타낸다.

NOTE 채널의 전압 프로파일

우선 $V_{ds} = V_{dsat}$의 경우를 생각해 보자. 식 (6.20)의 적분 상한인 L과 V_{ds}를 x와 V_{cs}로 교체하고 $I_{ds} = I_{dsat} =$ 식 (6.24)를 사용하면 다음 식을 보일 수 있다(이 장의 끝에 있는 [연습문제 6.9]를 참조하라).

$$V_{cs} = \frac{V_{gs} - V_t}{m}\left(1 - \sqrt{1 - \frac{x}{L}}\right) \tag{6.25}$$

예상대로, $x = 0$에서 $V_{cs} = 0$이 되고, $x = L$에서 $V_{cs} = V_{dsat} = (V_{gs} - V_t)/m$이 된다. 이 식으로부터 $WQ_{inv}\mu_{ns}\mathscr{E}$ 또는 $WC_{oxe}(V_{gs} - mV_{cs} - V_t)\mu_s dV_{cs}/dx$는 x에 무관하다는 것을 알 수 있고, 식 (6.24)에 나오는 I_{dsat}을 유도할 수 있다. 식 (6.25)를 그래프로 나타내면 [그림 6-17]과 같다.

$V_{ds} > V_{dsat}$에 대한 [그림 6-17(e)]를 살펴보자. V_{cs}는 소오스로부터 핀치 오프 영역이 시작되는 지점까지 여전히 식 (6.25)를 따른다. $V_{ds} - V_{dsat}$은 드레인 바로 옆에 있는 좁은 핀치 오프 영역에서 강하된다.

다음 식에서 정의된 **트랜스컨덕턴스**[transconductance]는 입력 전압에 대한 트랜지스터의 민감도이다.

$$g_m \equiv dI_{ds}/dV_{gs}\big|_{V_{ds}} \tag{6.26}$$

일반적으로, 큰 g_m이 바람직하다. 식 (6.24)를 식 (6.26)에 대입하면, 다음과 같다.

$$g_{msat} = \frac{W}{mL}C_{oxe}\mu_{ns}(V_{gs} - V_t) \tag{6.27}$$

6.7 CMOS 인버터—회로의 예

트랜지스터가 회로에 미치는 영향을 알아보기 위해 6.2절에서 소개한 CMOS 인버터를 이용하여 설명하겠다. 인버터는 전력 소모가 거의 없고 디지털 신호를 재생하거나 깨끗하게 하는 중요한 성질을 가지고 있다. 이에 관해서는 6.7.1절에서 더 자세하게 설명할 것이다. 인버터의 동작 속도에 대해서는 6.7.2절에서 분석한다.

6.7.1 전압 전달 특성(VTC)

[그림 6-18]의 CMOS 인버터를 생각해 보자. NFET의 IV 특성은 [그림 6-16]의 특성과 비슷하며 [그림 6-18(b)]의 오른쪽에 나타내었다. PFET이 그림의 왼쪽 반면에 나타낸 것과 같이 동일한(대칭의) IV를 가지고 있다고 가정하자. (a)에서, PFET과 NFET의 V_{ds}는 $V_{dsN} = V_{out}$과 $V_{dsP} = V_{out} - 2\,V$에 의해서 V_{out}과 관련되어 있다. 그러므로 (b)의 2개의 반쪽 그림은 (c)에 V_{out}을 공통 변수로 하여 다시 그릴 수 있다. 예를 들어 (c)에서 $V_{out} = 2\,V$이면, $V_{dsN} = 2\,V$이고 $V_{dsP} = 0\,V$이다.

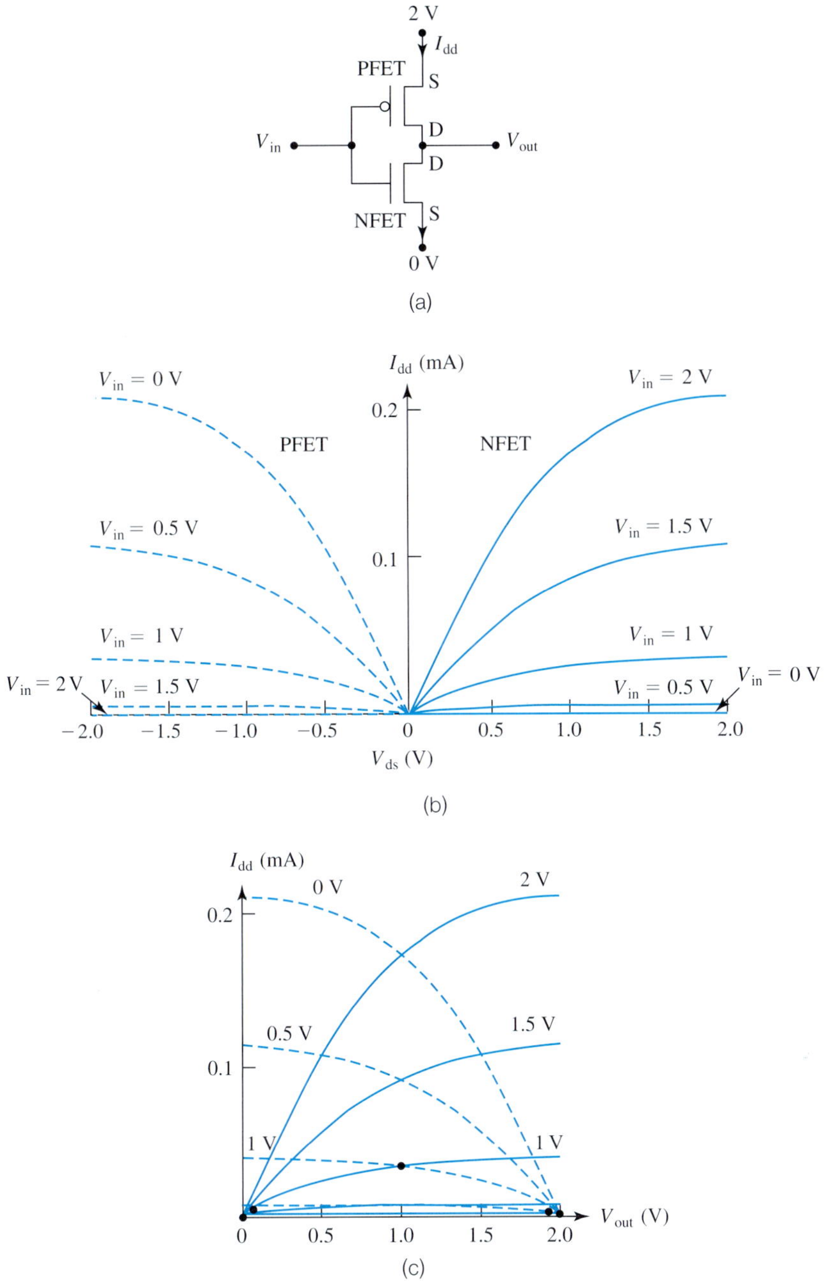

[그림 6-18] (a) CMOS 인버터, (b) NFET과 PFET의 IV 특성, (c) 그림 (a)에 대해 $V_{out} = V_{dsN} = 2\,\text{V} + V_{dsP}$

[그림 6-18(c)]에 나타낸 $V_{in} = 0\,\text{V}$에 해당하는 두 곡선은 $V_{out} = 2\,\text{V}$에서 만난다. 이것은 $V_{in} = 0\,\text{V}$일 때 $V_{out} = 2\,\text{V}$를 의미한다. 이 점은 [그림 6-19]에 기록되어 있다. $V_{in} = 0.5\,\text{V}$에 해당하는 두 곡선은 약 $V_{out} = 1.9\,\text{V}$에서 만난다. $V_{in} = 1\,\text{V}$에 해당하는 두 곡선은 $V_{out} = 1\,\text{V}$에서 만난다. 모든 V_{in}/V_{out} 쌍은 [그림 6-19]와 같은 곡선으로 나타내어지는데, 이것을 인버터의 **전압 전달 특성**voltage transfer characteristic 또는 **전압 전달 곡선**voltage transfer curve이라 하고 간단히 VTC라고 부른다.

VTC는 디지털 회로의 중요한 잡음 여유noise margin를 보여준다. V_{in}이 0 V와 NFET의 V_t 사이의 어떤 값을 가지더라도 완벽한 $V_{out} = V_{dd}$를 만든다. 이와 유사하게, V_{in}이 2 V에서부터 2 V와 PFET의 V_t의 합까지의 아무 값이나 가져도 완벽한 $V_{out} = 0$ V를 만들며, 이와 유사하게 약간 나빠진 입력에 의해서도 완벽한 "0"과 "1" 출력이 만들어질 수 있다. 이 재생 성질 때문에 자기 유도 및 정전 노이즈, 신호 선의 IR 강하 등이 발생함에도 불구하고 복잡한 논리 회로가 제대로 동작할 수 있다. 좁고 가파른 중간 영역을 가지는 VTC가 노이즈 허용 범위를 최대화한다. 바람직한 VTC에 기여하는 소자 특성으로는 큰 g_m, 꺼진 상태에서의 낮은 누설전류, 그리고 포화 영역에서의 작은 $\partial I_{ds}/\partial V_{ds}$ 등을 포함한다. 마지막 두 가지 소자 성질은 다음 장에서 더 자세히 다룰 것이다.

최적의 회로 동작을 위해서는, VTC의 가파른 변화 영역이 $V_{in} = V_{dd}/2$에 있거나 또는 그 가까이에 있어야 한다. 이 대칭성을 얻기 위해서는 [그림 6-18(b)]의 NFET과 PFET의 IV 곡선이 엄밀하게 대등해야(대칭이어야) 한다. 이것은 PFET에 대해 NFET보다 더 큰 W를 선택하여 얻을 수 있다. μ_{ps}가 μ_{ns}보다 작으므로 이를 보완하기 위한 W_P/W_N 비율은 보통 약 2 정도이다.

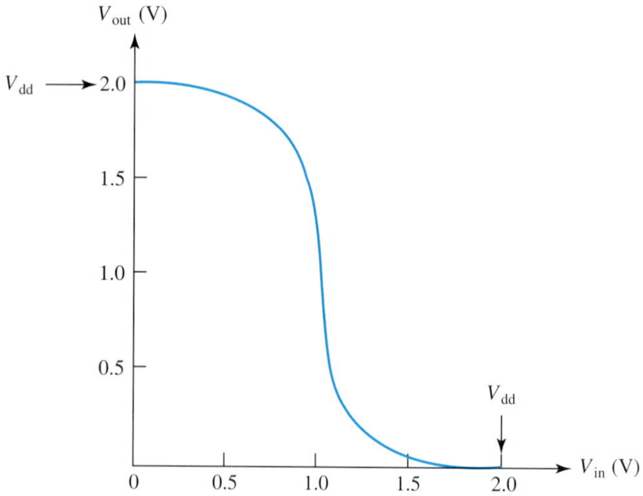

[그림 6-19] CMOS 인버터의 VTC

6.7.2 인버터 속도—I_{on}의 중요성

전달 지연propagation delay이란 [그림 6-20]에 보이는 것처럼 동일한 게이트의 체인에서 신호가 한 게이트로부터 그 다음 게이트로 전달되는 데 걸리는 지연을 말한다.

τ_d는 풀다운(V_1을 올리면 출력 V_2가 끌어내려짐)과 풀업(V_2를 내리면 출력 V_3가 끌어올려짐) 동안 지연되는 평균값이다. 인버터의 전달 지연은 다음 식으로 표현될 수 있다[7].

$$\tau_d \approx \frac{CV_{dd}}{4}\left(\frac{1}{I_{onN}} + \frac{1}{I_{onP}}\right) \tag{6.28}$$

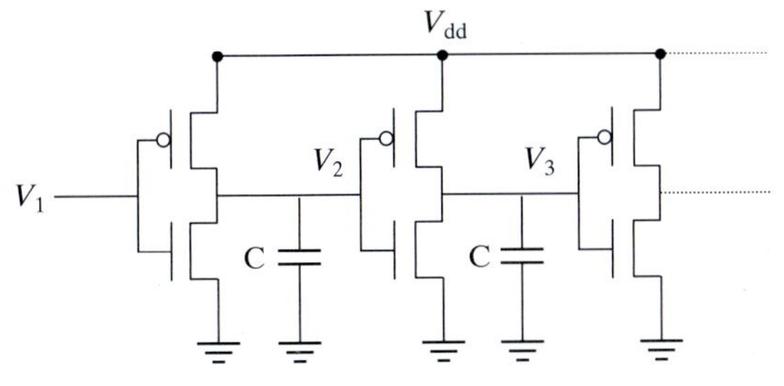

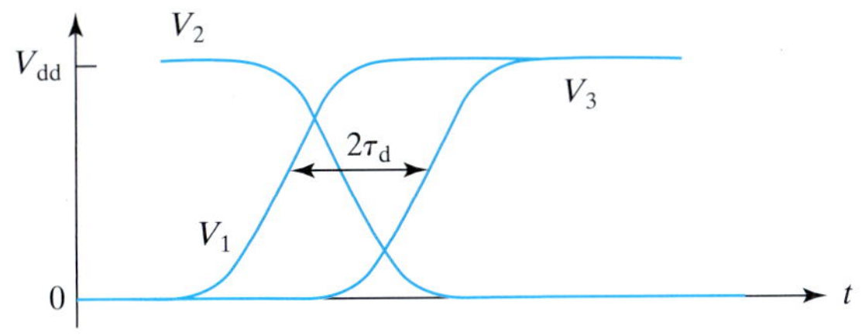

[그림 6-20] (a) CMOS 인버터 체인. 게이트에 있는 원은 PFET을 나타낸다. (b) 정의된 전달 지연 τ_d

여기서 I_{onN}은 $V_{gs} = V_{dd}$에서 얻어지는 값이고 I_{onP}는 $V_{gs} = -V_{dd}$에서 얻어지는 값이다. 이 두 전류를 NFET과 PFET의 **켜진 상태 전류**on-state current라고 한다.

$$I_{on} \equiv I_{dsat}\big|_{\text{maximum}\ |V_{gs}|} \tag{6.29}$$

식 (6.28)은 다음과 같이 간단히 설명할 수 있다.

$$\tau_d = \frac{1}{2}(\text{풀다운 지연} + \text{풀업 지연}) \tag{6.30}$$

$$\text{풀다운 지연} \approx \frac{CV_{dd}}{2I_{onN}}$$

$$\text{풀업 지연} \approx \frac{CV_{dd}}{2I_{onP}} \tag{6.31}$$

지연은 켜진 상태on-state 트랜지스터가 I_{on} 전류를 공급하여 출력을 $V_{dd}/2$ (V_{dd}가 아님)만큼 변화시키는 데 걸리는 시간이다. $V_{dd}/2$는 [그림 6-20]의 관점에서 보면 그럴 듯하다. 지연하는 동안 FET에 의해 C에서 빠져나가는(혹은 C로 공급되는) 전하는 $CV_{dd}/2$이다. 그러므로 지연은 $Q/I = CV_{dd}/2I_{on}$이다. 트랜지스터의 스위칭 저항을 $V_{dd}/2I_{on}$으로 볼 때 지연을 RC라고 해석할 수 있다. 회로 속도를 최대화하기 위해 I_{on}을 최대화하는 것이 중요하다. 다음 두 절에서 우리는 I_{on} 모델을 더 개선시켜나갈 것이다.

커패시턴스 C는 인버터의 출력단에 달려있는 모든 커패시턴스의 합을 나타낸다. 그들은 다음 인버터 체인의 입력 커패시턴스, 드레인의 모든 기생 커패시턴스, 그리고 출력 전압을 다음 인버터로 공급하는 금속 연결선의 커패시턴스이다. 큰 회로에서, 어떤 금속 연결선은 매우 길기 때문에 커패시턴스가 회로의 속도가 많이 느려지기도 한다. 이것은 3.8절에 나온 낮은 k 유전체 기술과 긴 연결선을 구동하기 위한 큰 W(큰 I_{on})를 가지는 트랜지스터를 사용하는 회로 설계 기술 및 중계 장치를 사용함으로써 개선될 수 있다.

인버터는 매우 간단한 회로이지만, 다른 더 복잡한 논리 게이트와 메모리 셀의 기본이 된다. 예를 들면, [그림 6-21]은 2개의 입력을 가지는 NAND 게이트를 보여준다. 이것은 풀다운 경로의 2개의 직렬 트랜지스터와 풀업 경로의 2개의 병렬 트랜지스터를 가지는 인버터 회로이다.

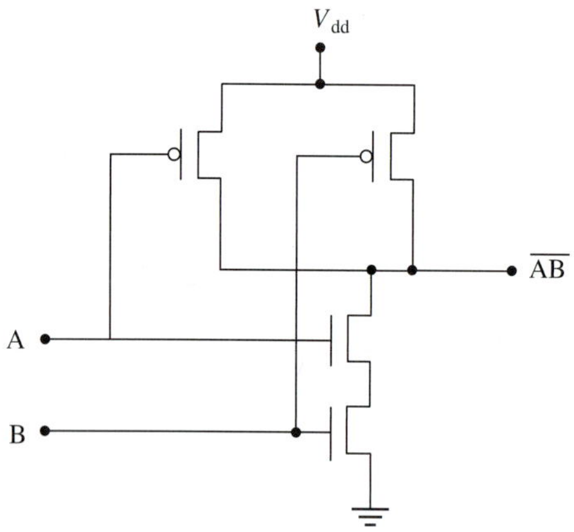

[그림 6-21] 인버터는 이 2개의 입력을 가지는 NAND 게이트처럼 더 복잡한 회로의 기초가 된다.

NOTE 고리 발진기

논리 게이트의 τ_d는 동일한 논리 게이트 체인의 끝을 체인의 시작점에 연결하여(예를 들어, [그림 6-20] 참조) 고리 발진기를 만들어서 편리하게 측정할 수 있다. 고리 발진기의 어떤 드레인 노드라도 τ_d에 고리 안의 게이트 수를 곱한 것과 같은 주기를 가지고 발진한다. 고리 안의 게이트 수를 크게 하면, 발진 주파수는 알맞게 낮아져서 쉽게 측정할 수 있게 된다. 측정된 발진 주기를 게이트 수로 나누면 τ_d를 얻을 수 있다.

고리 발진기의 게이트 수는 91과 같은 홀수이어야 한다. 만일 그 수가 92와 같은 짝수이면 회로는 발진하지 않을 것이며, 대신에 그것은 2개의 안정된 상태 중 하나에서 멈출 것이다.

6.7.3 전력 소모

소자 설계의 중요한 목표는 회로의 전력 소모를 최소화하는 것이다. 각각의 스위칭 사이클에서 전하 CV_{dd}는 전원공급기로부터 부하 C로 전달된다. 초당 전원공급기로부터 나오는 전하인 $kCV_{dd}f$는 전원공급기에 의해 제공되는 평균 전류이다. 여기서 f는 클록 주파수이고 $k(<1)$는 **동적 계수**activity factor로, 주어진 회로에서 특별한 게이트는 항상 각 클록 사이클마다 스위칭이 되지 않는다는 사실을 나타낸다. 그러므로,

$$P_{dynamic} = V_{dd} \times \text{평균 전류} = kCV_{dd}^2 f \qquad (6.32)$$

이 **동적 전력**dynamic power은 인버터가 빈번하게 스위칭 되는 동안에 대부분의 전력 소모가 이루어지게 된다. 전력 소모는 V_{dd}를 낮추고 회로의 모든 커패시턴스를 최소화하고 거기에 k를 줄임으로써 감소시킬 수 있다. L을 줄여 I_{on}을 증가시키거나 캐리어 이동도를 향상시키더라도 $P_{dynamic}$ 값이 증가하지 않는다는 것은 흥미로운 사실이다.

트랜지스터가 큰 I_{on}을 (회로의 전력 소모를 줄이기 위해) 낮은 V_{dd}에서 공급하는 것이 (회로의 스위칭 지연을 감소시키기 위해) 바람직하다. 다른 매개변수가 같을 경우, 트랜지스터의 L과 W를 줄이면 게이트 커패시턴스와 소오스-드레인 접합 커패시턴스가 줄어들기 때문에 C가 낮아진다. 게다가, 작은 트랜지스터는 칩을 더 작게 하며 그렇게 함으로써 연결선의 커패시턴스도 감소시킨다. 소자 크기 감소와 V_{dd} 감소 둘 다 회로 기능마다 전력 소모를 줄이는 강력한 방법으로 사용되어왔다.

다른 전력 소모의 구성 요소는 인버터가 정적인 상태에서 소모되는 정적 전력static power, 또는 **누설 전력**leakage power, 또는 **대기 전력**stand-by power이다.

$$P_{static} = V_{dd}I_{off} \tag{6.33}$$

I_{off}는 트랜지스터가 커진 것으로 간주될 때의 꺼진 상태off-state 누설전류이다. 이상적인 트랜지스터에서 I_{off}는 0이다. 7장에서 자세히 설명하겠지만, 초고속 IC 기술에서 I_{off}를 작게 유지하는 것은 어렵다. 총 전력 소모는 다음과 같다.

$$P_{static} = P_{static} + P_{dynamic} \tag{6.34}$$

6.8 속도 포화

기본 MOSFET IV 모델의 주요한 약점은 $Q_{inv} = 0$인 핀치 오프 영역을 통하여 유한한 전류가 흐른다는 점이다. $Q_{inv} = 0$이면 캐리어의 속도가 무한대가 되어야 하는데, 이것은 물리적으로 불가능하다. 우리는 지금부터 이 결점을 제거하고자 한다.

전계가 작을 때는 캐리어의 드리프트 속도 v는 $\mu\mathscr{E}$이다. $\mathscr{E}$이 커짐에 따라 캐리어의 운동 에너지가 증가한다. 캐리어의 에너지가 광학 포논 에너지optical phonon energy[5]보다 커지면, 광학 포논을 만들면서 속도의 상당 부분을 잃게 된다. 결과적으로, 운동 에너지와 드리프트 속도는 특정한 값을 넘어갈 수 없다. 이 한계 속도를 **포화 속도**saturation velocity라 부른다. $v-\mathscr{E}$ 관계는 [그림 6-22]와 같다.

$v-\mathscr{E}$ 곡선이 평평하게 되는 현상을 **속도 포화**velocity saturation라 하며 다음 식으로 근사화될 수 있다.

5 광학 포논(optical phonon, 높은 주파수를 가지는 진동)은 포논(원자의 떨림)의 한 종류이며, 낮은 전계에서의 이동도를 결정하는 데 부분적으로 기여하는 음향 포논(acoustic phonon, 낮은 주파수를 가지는 진동)보다도 훨씬 큰 에너지를 가진다(2.2.2절 참조). 광학 포논은 주변 원자들의 큰 변위를 동반한다. 이 변위는 전기 쌍극자를 만들어내며 이는 전자나 정공과 아주 강한 상호작용을 한다. 광학 포논을 만들 수 있는 충분한 에너지를 가진 전자나 정공은 쉽게 광학 포논을 만들어내며, 그 과정에서 운동 에너지를 잃는다.

$$v = \frac{\mu_{ns}\mathscr{E}}{1 + \mathscr{E}/\mathscr{E}_{sat}} \tag{6.35}$$

여기서 μ_{ns}는 전자의 표면 이동도이고 $\mathscr{E}_{sat}$은 속도 포화가 중요해지거나 우세해지는 전계이다.

$\mathscr{E} \ll \mathscr{E}_{sat}$이면 식 (6.35)는 $v = \mu_{ns}\mathscr{E}$이 된다. $\mathscr{E} \gg \mathscr{E}_{sat}$이면 $\mathscr{E}$의 크기에 관계없이 v는 상수가 된다. **속도 포화는 MOSFET의 I_{on}에 크고 해로운 영향을 가진다.**

NOTE 속도 오버슛

[그림 6-22(b)]는 85K에서 반전층에 있는 전자들의 $v-\mathscr{E}$ 특성을 나타낸다[8]. 이 그림을 상온의 데이터와 비교해 보면([그림 6-22]) 속도가 더 높은 전계에서 포화된다는 사실을 알 수 있다. 속도 포화 현상이 더욱 명확하기 때문에, 여기서 우리는 중요한 사실을 볼 수 있다. 즉, v_{sat}은 작은 채널 길이를 가지는 트랜지스터에서 더 크다.

기본적인 속도 포화 모델에서 v_{sat}은 채널 길이와 관계없다. 그러나 이 그림에서 알 수 있듯이 L이 매우 작을 때 v_{sat}은 커진다. 채널 길이가 아주 작으면, 전자들이 채널을 통과하는 시간이 너무 짧아서 에너지가 큰 캐리어들이 광학 포논을 발생시키면서 에너지를 잃어버릴 수 없다. 결과적으로, 아주 작은 소자에서는 캐리어들이 높은 속도를 얻을 수 있다. 이러한 현상을 **속도 오버슛**velocity overshoot이라 한다. 속도 오버슛 현상 때문에 극히 짧은 소자는 속도 포화의 한계가 없다. 그러나 불행하게도, 속도 오버슛이 많이 나타나기 전에 다른 종류의 속도 한계(6.12절 참조)가 시작된다.

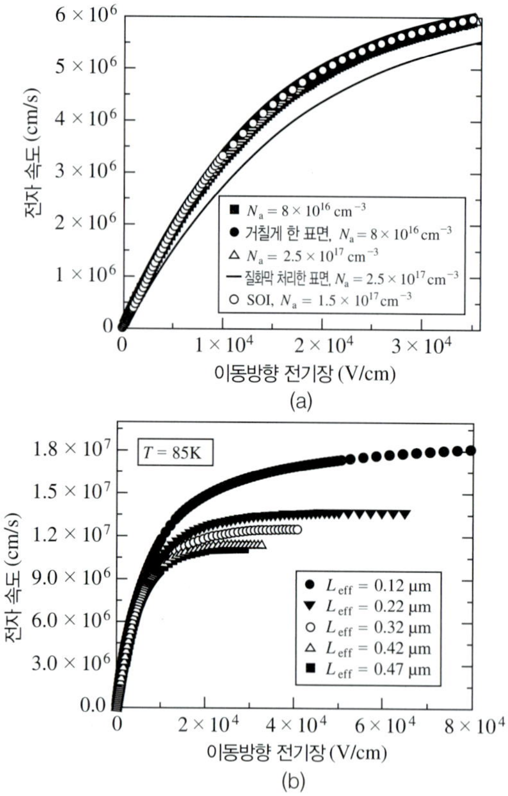

[그림 6-22] (a) 반전층 전자 속도는 바디 도핑이나 표면 처리와 관계없이 높은 전계에서 포화된다. (b) 속도 포화는 낮은 온도에서 더욱 두드러진다. 속도 오버슛 또한 명확하다([8]에서 발췌. © 1997 IEEE.).

6.9 속도 포화 현상이 있을 경우의 MOSFET *IV* 모델

6.6절에서 살펴보았던 기본 MOSFET *IV* 이론은 상수 값을 가지는 이동도를 가정했다. 그 모델은 MOSFET의 이론을 훌륭히 소개한다. 이번 절에서는 중요한 속도 포화 효과를 포함하여 기존 이론을 더 개선할 것이다. 식 (6.35)를 식 (6.19)에 적용하고 NMOSFET의 예를 들면 다음과 같은 식을 얻을 수 있다.

$$I_{ds} = WC_{oxe}(V_{gs} - mV_{cs} - V_t)\frac{\mu_{ns}dV_{cs}/dx}{1 + \frac{dV_{cs}}{dx}/\mathscr{E}_{sat}} \tag{6.36}$$

$$\int_0^L I_{ds}dx = \int_0^{V_{ds}} [WC_{oxe}\mu_{ns}(V_{gs} - mV_{cs} - V_t) - I_{ds}/\mathscr{E}_{sat}]dV_{cs} \tag{6.37}$$

$$I_{ds} = \frac{\frac{W}{L}C_{oxe}\mu_{ns}\left(V_{gs} - V_t - \frac{m}{2}V_{ds}\right)V_{ds}}{1 + \frac{V_{ds}}{\mathscr{E}_{sat}L}} \tag{6.38}$$

L이 크면 식 (6.38)은 식 (6.22)가 된다. 이때 식 (6.22)는 **장채널 *IV* 모델**[long-channel *IV* model]이라고 한다.

$$I_{ds} = \frac{\text{장채널 } I_{ds} \text{ (식 (6.22))}}{1 + V_{ds}/\mathscr{E}_{sat}L} \tag{6.39}$$

속도 포화 효과는 I_{ds}를 $1 + V_{ds}/\mathscr{E}_{sat}L$만큼 줄이는 것이다. V_{ds}가 작거나 L이 크면 이 비율은 1이 된다(즉, 속도 포화를 무시할 수 있다). 이 비율은 $1 + \mathscr{E}_{ave}/\mathscr{E}_{sat}$으로 해석될 수가 있는데, 여기서 $\mathscr{E}_{ave} \equiv V_{ds}/L$은 채널의 평균 전계이다. 포화 전압인 V_{dsat}은 $dI_{ds}/dV_{ds} = 0$을 계산하여 얻을 수 있다.

$$V_{dsat} = \frac{2(V_{gs} - V_t)/m}{1 + \sqrt{1 + 2(V_{gs} - V_t)/m\mathscr{E}_{sat}L}} \tag{6.40}$$

식 (6.40)은 사용하기에 조금 불편하다. 식 (6.35)보다 $v - \mathscr{E}$ 데이터를 잘 맞추는 조각적 연속 모델로부터 더 간단하고 훨씬 더 정확한 V_{dsat} 모델이 유도될 수 있다[9]. 이 모델은 다음과 같이 가정한다.

$$\mathscr{E} \le \mathscr{E}_{sat} \text{일 때 } v = \frac{\mu_{ns}\mathscr{E}}{1 + \mathscr{E}/\mathscr{E}_{sat}} \tag{6.41}$$

$$\mathscr{E} \ge \mathscr{E}_{sat} \text{일 때 } v = v_{sat} \tag{6.42}$$

$\mathscr{E} = \mathscr{E}_{sat}$에서 식 (6.41)과 식 (6.42)를 같다고 두면 다음 식을 얻을 수 있다.

$$\mathscr{E}_{sat} = 2v_{sat}/\mu_{ns} \tag{6.43}$$

식 (6.41)로부터 식 (6.38)을 얻을 수 있으며, 이 식은 캐리어 속도가 v_{sat} 이하일 때, 즉 $V_{ds} \le V_{dsat}$일 때 유효하다. 식 (6.42)로부터 드레인 끝에서 속도 포화가 시작되는 때(즉, $V_d = V_{dsat}$)의 전류인 다음 식을 얻을 수 있다.

$$\begin{aligned} I_{ds} &= WQ_{inv}v \\ &= WC_{oxe}(V_{gs} - V_t - mV_{dsat})v_{sat} \end{aligned} \tag{6.44}$$

식 (6.38)과 식 (6.44)를 같다고 두면 다음 식을 얻을 수 있다.

$$\frac{1}{V_{dsat}} = \frac{m}{V_{gs} - V_t} + \frac{1}{\mathscr{E}_{sat}L} \tag{6.45}$$

식 (6.45)의 V_{dsat}은 $\mathscr{E}_{sat}L$과 장채널 V_{dsat}인 $(V_{gs} - V_t)/m$(식 (6.23))의 평균값이다. V_{dsat}은 $(V_{gs} - V_t)/m$보다 작다. $\mathscr{E}_{sat}$은 식 (6.43)으로 정의됨을 유의하라.[6] 전자의 v_{sat}은 8×10^6 cm/s이고 정공의 v_{sat}은 6×10^6 cm/s이다.

예제 6-2 드레인 포화 전압

$V_{gs} = 1.8$ V에서, $T_{oxe} = 3$ nm, $V_t = 0.25$ V, $W_{dmax} = 45$nm일 때 다음 L에 대하여 NMOSFET의 V_{dsat}은 얼마인가? (a) $L = 10\mu$m, (b) $L = 1\mu$m, (c) $L = 0.1\mu$m, (d) $L = 0.05\mu$m

풀이

[그림 6–9] 또는 식 (6.7)에서, μ_{ns}은 200 cm²/V/s이다. 식 (6.43)을 사용하면,

$$\mathscr{E}_{sat} = 2v_{sat}/\mu_{ns} = 2 \times 8 \times 10^6 \text{cm/s} \div 200 \text{ cm}^2/\text{Vs} = 8 \times 10^4 \text{V/cm}$$

식 (6.18)을 사용하면,

$$m = 1 + 3T_{oxe}/W_{dmax} = 1 + 9\text{ nm}/45\text{ nm} = 1.2$$

식 (6.45)를 사용하면,

$$V_{dsat} = \left(\frac{m}{V_{gs} - V_t} + \frac{1}{\mathscr{E}_{sat}L}\right)^{-1}$$

(a) $L = 10\mu$m

$$V_{dsat} = \left(\frac{1.2}{1.55\text{ V}} + \frac{1}{8 \times 10^4 \text{V/cm} \cdot L}\right)^{-1} = \left(\frac{1}{1.3\text{ V}} + \frac{1}{80\text{ V}}\right)^{-1} = 1.3\text{ V}$$

(b) $L = 1\mu$m

$$V_{dsat} = \left(\frac{1}{1.3\text{ V}} + \frac{1}{8\text{ V}}\right)^{-1} = 1.1\text{ V}$$

6 여러분은 이 $\mathscr{E}_{sat}$의 정의가 식 (6.35)와 모순된다는 것을 알았을 것이다. 식 (6.41)~(6.43)이 식 (6.35)보다 속도-전계 데이터의 가파른 곡률 및 점근 값과 더 일치한다[9].

(c) $L = 0.1\mu\text{m}$

$$V_{\text{dsat}} = \left(\frac{1}{1.3\text{ V}} + \frac{1}{0.8\text{ V}}\right)^{-1} = 0.5\text{ V}$$

(d) $L = 0.05\mu\text{m}$

$$V_{\text{dsat}} = \left(\frac{1}{1.3\text{ V}} + \frac{1}{0.4\text{ V}}\right)^{-1} = 0.3\text{ V}$$

확실히, 단채널 V_{dsat}은 장채널 $V_{\text{dsat}} = (V_g - V_t)/m$보다 훨씬 작다.

식 (6.45)를 식 (6.38)의 V_{ds} 대신 대입하면 다음과 같다.

$$I_{\text{dsat}} = \frac{W}{2mL} C_{\text{oxe}} \mu_{ns} \frac{(V_{gs} - V_t)^2}{1 + \dfrac{V_{gs} - V_t}{m\mathscr{E}_{\text{sat}} L}} = \frac{\text{장채널 } I_{\text{dsat}} \text{ (식 (6.24))}}{1 + \dfrac{V_{gs} - V_t}{m\mathscr{E}_{\text{sat}} L}} \qquad (6.46)$$

식 (6.45)와 식 (6.46)의 두 가지 특수한 경우가 아래에 논의되어 있다.

❶ 장채널 또는 낮은 V_{gs}의 경우, $\mathscr{E}_{\text{sat}} L \gg V_{gs} - V_t$

$$V_{\text{dsat}} = (V_{gs} - V_t)/m \qquad (6.47a)$$

$$I_{\text{dsat}} = \frac{W}{2mL} C_{\text{oxe}} \mu_{ns} (V_{gs} - V_t)^2 \qquad (6.47b)$$

이 식들은 식 (6.23) 및 식 (6.24)와 동일하다. 장채널 모델은 L의 값이 충분히 클 때 유효하다.

NOTE "장채널"이 되기 위해서 L은 어느 정도의 값이 되어야 하는가?

$\mathscr{E}_{\text{sat}} L \gg V_{gs} - V_t$의 조건은 L의 값이 클 때 혹은 V_{gs}가 V_t 근방의 값일 때 적용된다. V_{gs} 가 V_t 근방의 값일 때는 아날로그 회로에서 전력 소모를 줄이기 위해 게이트 전압을 V_t 근처의 값으로 인가할 때 종종 접하게 된다. $\mathscr{E}_{\text{sat}} = 6\times10^4$ V/cm이고 $V_{gs} - V_t = 2$ V(디지털 회로 응용 시)라고 할 때, 0.2μm의 채널길이를 갖는 소자에서는 $\mathscr{E}_{\text{sat}} L \gg V_{gs} - V_t$의 조건을 만족할 수 없다. 따라서 이 경우에는 단채널 소자와 같은 동작 특성을 보이게 된다. 그러나 on 상태의 동작은 할 수 있는 상황이다. 만약 $V_{gs} - V_t = 0.1$ V(저전력 아날로그 회로 응용 시)라면, 채널 길이가 0.1μm에 불과하더라도 위 부등식을 만족시키며 트랜지스터는 **장채널** 소자로서의 특성을 보이게 된다. 즉, $I_{\text{dsat}} \propto (V_{gs} - V_t)^2/L$인 조건과 $V_{\text{dsat}} = (V_{gs} - V_t)/m$의 조건을 만족하게 된다. 이러한 저전력 아날로그 회로에 적용하는 상황이라면 $L = 0.05\mu$m라고 하더라도 식 (6.24)와 같은 "장채널" 소자의 방정식을 사용할 수 있다.

$V_{gs} - V_t$의 값이 작아도 누설전류가 크거나 $V_{ds} > V_{\text{dsat}}$인 영역에서의 $I_d - V_d$ 곡선의 기울기가 크게 나타나는 등의 단채널 소자의 동작 특성을 보게 될 수도 있다. 이러한 다른 현상들은 T_{oxe}와 같은 트랜지스터 설계 파라미터들에 민감한데 다음 장에서 보다 자세히 설명할 것이다.

❷ 상당한 단채널의 경우, $\mathscr{E}_{sat}L \ll V_{gs} - V_t$

$$V_{dsat} \approx \mathscr{E}_{sat}L < \frac{(V_{gs} - V_t)}{m} \tag{6.48}$$

$$I_{dsat} = Wv_{sat}C_{oxe}(V_{gs} - V_t - m\mathscr{E}_{sat}L) \tag{6.49}$$

I_{dsat}은 $(V_{gs} - V_t)^2$보다는 $V_{gs} - V_t$의 값에 비례하고 장채널에서의 $I_{dsat}(\propto 1/L)$에 비하여 L 값에 대해 덜 민감하게 변한다. 식 (6.49)는 식 (6.46)을 테일러 급수 전개하여 얻은 결과이므로 이해하기 쉽다. I_{dsat}은 W의 값에 비례한다. 캐리어들은 $Q_{inv} = C_{oxe}(V_{gs} - V_t - mV_{dsat})$의 조건이 만족되는 채널의 드레인 끝 부근에서 포화 속도로 운동하며, $V_{dsat} = \mathscr{E}_{sat}L$이다.

[그림 6-23]의 (a)와 (b)는 $L = 0.15\mu$m와 $L = 2\mu$m인 두 가지 NFET의 IV 특성 측정 결과를 비교하고 있다. 단채널 소자는 I_{dsat}과 V_{gs}가 근사적으로 선형 관계를 보이는데 이 결과는 식 (6.49)와 일치한다. V_{dsat}은 $(V_{gs} - V_t)/m$보다 상당히 작게 나타난다. ($V_{ds} > V_{dsat}$에서의 동작 특성은 7.9절에서 설명한다.) 2μm 채널 길이를 갖는 소자는 V_{gs}가 증가함에 따라 I_{dsat}의 값이 선형성 이상의 증가를 보이는데 이것은 식 (6.47)로부터 유추할 수 있는 결과와 대략적으로 일치한다.

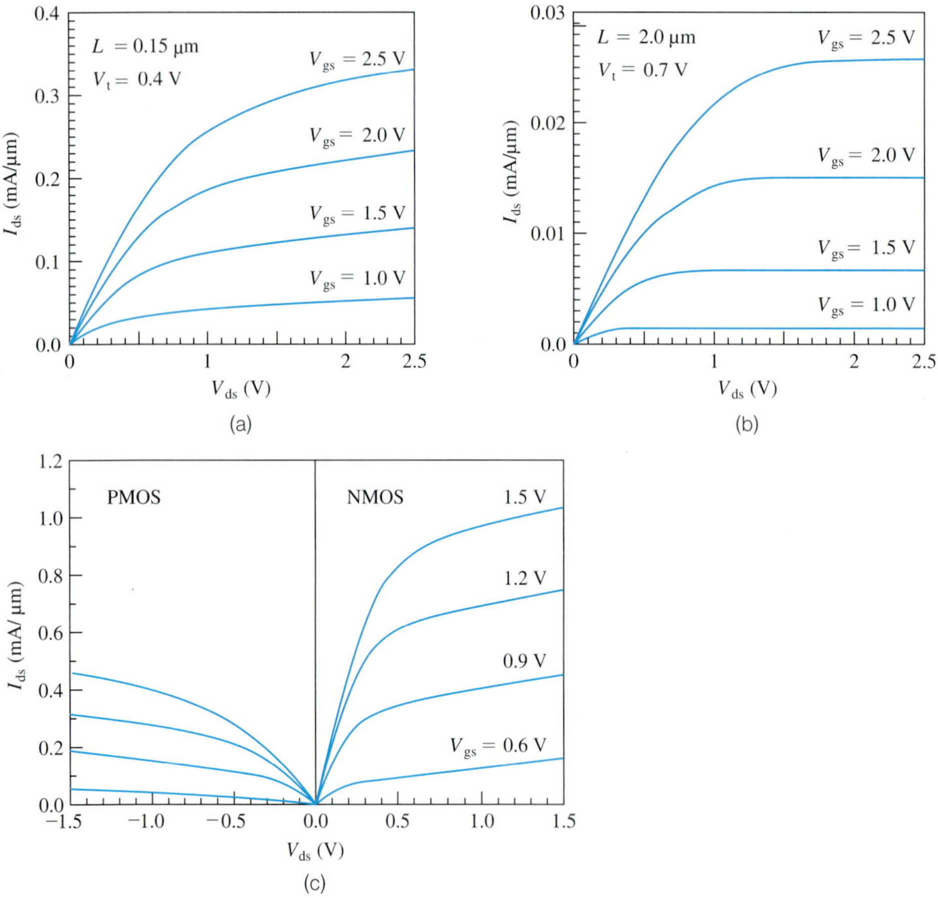

[그림 6-23] 측정된 IV 특성. (a) 0.15μm 채널 소자($V_t = 0.4$ V)는 I_{dsat}과 V_{gs} 사이의 선형 관계를 보여준다. V_{dsat}은 $V_{gs} - V_t$보다 훨씬 작다. (b) 2μm 소자($V_t = 0.7$ V)는 $I_{dsat} \propto (V_{gs} - V_t)^2$의 관계를 보인다. (c) $T_{oxe} = 3$ nm, $L \approx 100$ nm를 가지는 PFET과 NFET의 IV 특성

I_{dsat}을 늘리기 위해서는 T_{oxe}의 값을 줄이거나 V_t의 값을 낮추고 높은 V_{gs} 값을 사용하는 방법을 통해 $C_{oxe}(V_{gs} - V_t)$의 값을 증가시켜야 한다. T_{oxe}의 값은 산화막 터널링 전류의 억제나 신뢰성 확보 등을 고려할 때 축소에 있어 한계를 갖게 된다. V_t의 하한 값은 off 상태에서의 MOSFET에 흐르는 전류량에 의해 결정된다. 이러한 점들은 다음 장에서 보다 자세히 논의할 것이다. V_{gs}가 가질 수 있는 최댓값은 전력 공급 전압인 V_{dd}이며 이 값은 회로의 전력 소모와 소자의 신뢰성 등을 고려하여 결정된다.

[그림 6-23(c)]는 PFET과 NFET이 유사한 IV 특성을 가지고 있음을 나타내는데, 두 가지 모두 $I_{dsat} - V_{gs}$의 관계가 선형성을 가짐을 알 수 있다. I_P의 값은 I_N의 절반 정도에 해당된다. 정공의 이동도는 전자의 이동도보다 약 3배 작고 포화 속도는 전자의 포화 속도보다 30% 가량 작다.

6.9.1 속도 포화와 핀치 오프의 비교

6.6절에서 설명한 핀치 오프에 대한 개념은 Q_{inv}이 채널의 드레인 끝에서 0이 될 때 I_{ds}가 포화된다고 말한다. 전류 포화 현상에 대한 더 정확한 이유는 드레인 끝에서 캐리어 속도가 v_{sat}에 도달했기 때문이라는 것이다. 핀치 오프 영역 대신에, 드레인 옆에 Q_{inv}이 상수(I_{dsat}/Wv_{sat}) 값을 가지는 **속도 포화 영역** velocity saturation region이 존재한다. [그림 6-17]의 여러 가지 그래프들은 한 가지 점만 고치면 아직 유효하다. 그림 (b)와 (f)에서, L에서 $Q_{inv} = I_{dsat}/Wv_{sat}$이다. 물론 (f)에서는 L 바로 옆에 아주 짧은 영역이 있어서 그 영역이 속도 포화 영역이 되고, 이 안에서는 Q_{inv}이 상수이다. 간단하게 하기 위해, [그림 6-17]에서는 이 영역을 나타내지 못했다.

6.10 기생 소오스-드레인 저항

[그림 6-24]에서 확인할 수 있듯이, 기생 저항의 주된 효과는 I_{ds}식의 V_{gs}를 $R_s \cdot I_{ds}$만큼 줄이는 것이다. 예를 들면, 식 (6.49)는 다음 식과 같이 바뀐다.

$$I_{dsat} = \frac{I_{dsat0}}{1 + R_s I_{dsat0}/(V_{gs} - V_t - m\mathscr{E}_{sat}L)} \tag{6.50}$$

I_{dsat0}는 R_s가 없을 때의 전류이다. I_{dsat}은 기생 저항에 의해서 상당히 많이 줄어들 수도 있으며, 그 영향은 차후에 더 커질 것이다. 기생 저항은 주로 유전체 스페이서 아래의 얇은 확산 영역에 의해 발생한다. 이 얇은 영역은 단채널 트랜지스터에서(7.6절 참조) 과도한 꺼진 상태의 누설전류를 방지한다. 실리사이드(즉, $TiSi_2$ 또는 $NiSi_2$)는 N^+(또는 P^+) 소오스-드레인 영역의 **면 비저항**sheet resistivity[7]을 약 10배 정도 감소시키고 실리사이드와 N^+ 또는 P^+ Si 사이의 **접촉 저항**contact resistance도 줄인다. 접촉 저항은 또 다른 저항의 주요한 원인이 되는데, 이에 대해서는 4.21절에서 더 자세히 살펴볼 수 있다. 유전체 스페이서는 [그림 5-1]의 구조를 증착 균일성이 좋은 필름으로 코팅한 후에 이방성 건식 에칭을 통해 수평면에 있는 유전체를 제거하여 만들어진다. 소오스/드레인 확산 영역과 게이트 위에 있는 실리사이드는

7 만약 어떤 필름의 면 비저항이 1Ω이라면, 정사각형 형태로 이루어진 이 필름 조각의 양쪽 끝 사이의 저항은 (정사각형의 크기와 관계없이) 1Ω이다.

고온에서 메탈과 실리콘을 반응시킴으로써 동시에 만들어진다. 유전체 스페이서의 표면에 반응하지 않고 남은 메탈은 산으로 제거된다. 직렬 저항의 두 번째 효과는 V_{dsat} 증가이다.

$$V_{dsat} = V_{dsat0} + I_{dsat}(R_s + R_d) \tag{6.51}$$

여기서 V_{dsat0}는 R_s와 R_d가 없을 때의 V_{dsat}이다.

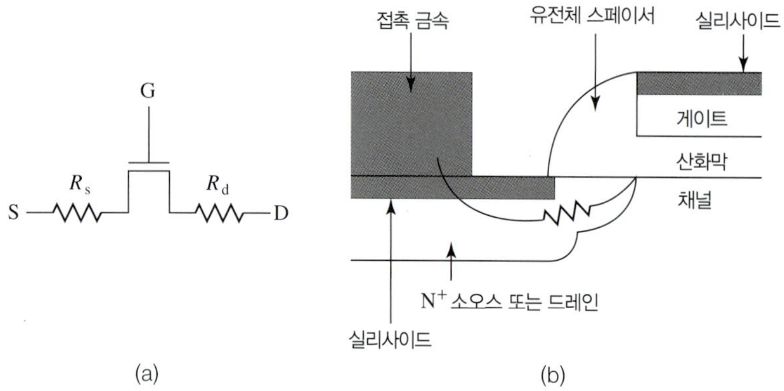

[그림 6-24] 소오스-드레인 직렬 저항

6.11 직렬 저항과 유효 채널 길이의 추출*

[그림 6-25]는 채널 길이와 2개의 관련된 크기를 보여준다. 회로 설계자는 회로 레이아웃에 '그려진 게이트 길이'라고 불리는 채널 길이(L_{drawn})를 지정한다. 이 레이아웃은 포토마스크 photomask 로 전사되며, 이어서 포토레지스트 패턴으로, 그리고 마지막으로 물리적인 게이트로 전사된다. 각각의 패턴 전사 중에 약간의 길이 변화가 있기 때문에, 최종적인 물리적 **게이트** 길이gate length 인 L_g는 L_{drawn}과 같지 않을 수도 있다. 그러나 L_{drawn}과 L_g 사이의 차이를 최소화하기 위해, OPCoptical proximity correction(광학적 근접 교정) 같은 엔지니어들의 엄청난 노력이 있었다. 그 결과, L_{drawn}과 L_g가 같다고 가정할 수 있게 되었다. L_g는 주사전자현미경SEM, Scaning Electron Microscope을 이용하여 측정할 수 있다.

소자의 분석과 모델링을 위해서는 채널 길이 L을 아는 것이 필요한데, L은 L_{drawn}과 L_g와 구별하기 위해 유효 채널 길이(L_{eff}) 또는 전기적 채널 길이(L_e)라고 부른다. 특히 L_{drawn}과 L의 차이 ΔL을 아는 것은 소자 모델링과 분석에 있어 매우 유용하다. ΔL은 L_{drawn}과 관계없이 상수라고 가정한다.

$$L = L_{drawn} - \Delta L \tag{6.52}$$

하지만 짧은 트랜지스터의 ΔL을 측정하는 것은 매우 어렵다. 완벽하지는 않지만 몇 가지 선택할 수 있는 방법이 있다. 다음에 설명하는 방법은 가장 오래되었지만 아직도 많이 사용되는 방법이다. 식 (6.1)로부터 나타내면 다음과 같다.

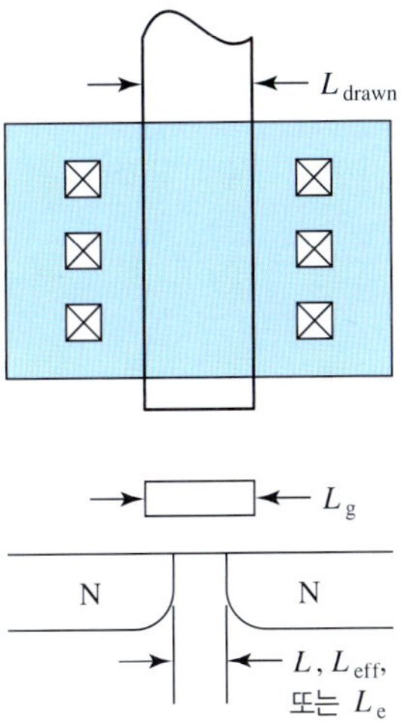

[그림 6-25] 일반적으로 L_{drawn}, L_g, 그리고 L(L_{eff} 또는 L_e)은 다르다.

$$V_{ds} = \frac{I_{ds}(L_{drawn} - \Delta L)}{WC_{oxe}(V_{gs} - V_t)\mu_{ns}} \tag{6.53}$$

[그림 6-24]의 직렬 저항 $R_{ds} \equiv R_d + R_s$가 포함되면, 식 (6.53)은 다음과 같이 된다.

$$V_{ds} = I_{ds}R_{ds} + \frac{I_{ds}(L_{drawn} - \Delta L)}{WC_{oxe}(V_{gs} - V_t)\mu_{ns}} \tag{6.54}$$

$$\frac{V_{ds}}{I_{ds}}(= R_{ds} + \text{채널 저항}) = R_{ds} + \frac{L_{drawn} - \Delta L}{WC_{oxe}(V_{gs} - V_t)\mu_{ns}} \tag{6.55}$$

[그림 6-26]에 L_{drawn}을 제외하고는 동일한(같은 테스트 칩에 제작된) 3개의 MOSFET에서 측정된 V_{ds}/I_{ds}를 L_{drawn}에 대해 나타내었다. I_{ds}는 작은 V_{ds}($\leq$50mV)와 적어도 두 가지 값의 $V_{gs} - V_t$에서 측정된다. V_{ds}/I_{ds}는 L_{drawn}의 선형 함수이다. 두 직선은 식 (6.55)에 의해 V_{ds}/I_{ds}가 $V_{gs} - V_t$와 무관한 점에서 만나게 되는데, 여기서는 $L_{drawn} = \Delta L$이고 $V_{ds}/I_{ds} = R_{ds}$이다. ΔL을 구하면 L은 식 (6.52)를 이용하여 계산할 수 있다.

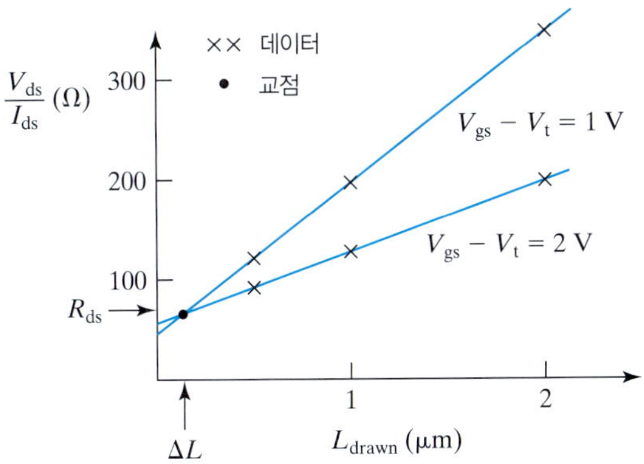

[그림 6-26] R_{ds}와 ΔL을 추출하는 방법

정밀하게 측정해 보면 R_{ds}는 V_g가 커짐에 따라 줄어드는 것을 알 수 있다. 한 가지 이유는 게이트 전압이 더 많은(축적층) 전자를 소오스 드레인 확산 영역에 유기하여 R_{ds}를 줄이기 때문이다. 더욱 헷갈리는 것은 V_g가 증가함에 따라 ΔL이 감소(또는 L이 증가)한다는 점이다. ΔL과 R_{ds}가 V_g에 따라 바뀌는 것은 채널 길이를 [그림 6–27]과 같이 해석해야 한다는 것을 의미한다[10].

[그림 6–27]에 소오스–드레인 영역과 채널 반전층(수평선)의 면 도전율(6.10절에서 소개되었던 면 비저항의 역수)을 나타내었다. 반전층의 면 도전율은 V_g가 커짐에 따라 당연히 증가한다. 채널 길이는 반전층의 면 도전율이 소오스/드레인의 면 도전율보다 큰 부분의 길이로 해석될 수 있다. 바꾸어 말하면, 채널이란 도전율이 소오스/드레인의 도핑 프로파일에 의해서가 아니고, V_g에 의해 정해지는 부분을 말하는 것이다. "채널" 바깥 부분의 저항은 모두 R_{ds}에 기여한다. [그림 6–27]을 보면 V_g가 커짐에 따라 채널이 확장하는 것을 알 수 있다(즉, L은 늘어나고 R_{ds}는 줄어듦).

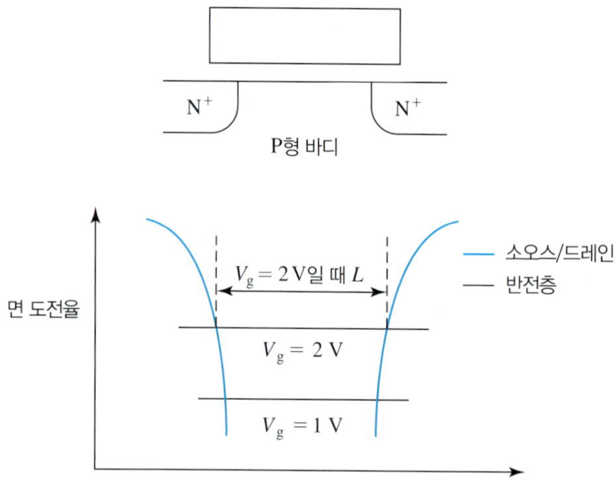

[그림 6–27] 채널 길이와 그것의 V_g 의존성

6.12 속도 오버슛과 소오스 속도 한계*

채널 길이가 평균 자유 진로와 비슷하거나 작으면(2.2.2절 참조) 이동도의 개념이 모호해진다. 이러한 이유로 인해, 식 (6.49)는 이동도를 포함하고 있지 않아 특히 더 흥미롭다. 채널의 드레인 끝에서의 캐리어 속도는 포화 속도에 의해 제한되며, 포화 속도는 I_{dsat}을 결정한다. 그러나 채널 길이가 100 nm보다 훨씬 이하로 줄어들면, 포화 속도는 6.8절에서 설명한 것처럼 속도 오버슛에 의해 훨씬 커진다. 이 경우에는, I_{dsat}에 대한 다른 제한 사항이 생긴다.

소오스에서의 캐리어 속도가 제한 사항이 된다. 소오스로부터의 속도는 열 속도에 의해서 제한되며, 캐리어가 소오스로부터 채널로 들어올 때 열 속도를 가지고 들어오게 된다. 이러한 현상을 **소오스 주입 속도 제한**source injection velocity limit이라고 한다.

소오스는 열 속도로 움직이는 캐리어의 저장소이다. 채널 길이가 0에 가까워지면 소오스로부터 채널로 움직이는 모든 캐리어들은 드레인에 의해 포획된다. [그림 6-28]에 보이는 전압 차이 때문에 (또는 에너지 장벽 때문에) 드레인으로부터 소오스로 흐르는 캐리어는 없다.

$$I_{dsat} = WBv_{thx}Q_{inv} = WBv_{thx}C_{oxe}(V_{gs} - V_t) \tag{6.56}$$

식 (6.56)은 v_{sat}이 열 속도의 x 방향 성분인 v_{thx}로 바뀐 것을 제외하고는 식 (6.49)와 비슷하다. v_{thx}를 철저히 분석해 보면, 실리콘 MOSFET에서 전자의 v_{thx}는 약 1.6×10^7 cm/s이고 정공의 v_{thx}는 1×10^7 cm/s이다[11]. B는 실제 트랜지스터에서 드레인에 의해 포획되는 캐리어의 비율이다. 주입된 캐리어의 나머지는 충돌에 의해서 소오스 방향으로 되돌아간다. 몬테카를로[Monte Carlo] 시뮬레이션이라고 하는 입자 시뮬레이션 기술에 의하면 통상적인 B 값은 0.5 정도로 알려져 있다[11]. 전자의 v_{sat}이 약 8×10^6 cm/s이고 정공의 v_{sat}이 6×10^6 cm/s이므로, 따라서 식 (6.56)이 식 (6.49)와 거의 동일하게 될 수 있다. 드레인 끝의 속도 포화와 소오스 끝의 주입 속도 한계는 둘 다 비슷한 I_{dsat}을 예측한다. 식 (6.56)에서 B는 L이 줄어듦에 따라 약간씩 증가하는데, 식 (6.49)의 v_{sat}도 비슷한 양상을 띨 것으로 예상된다.

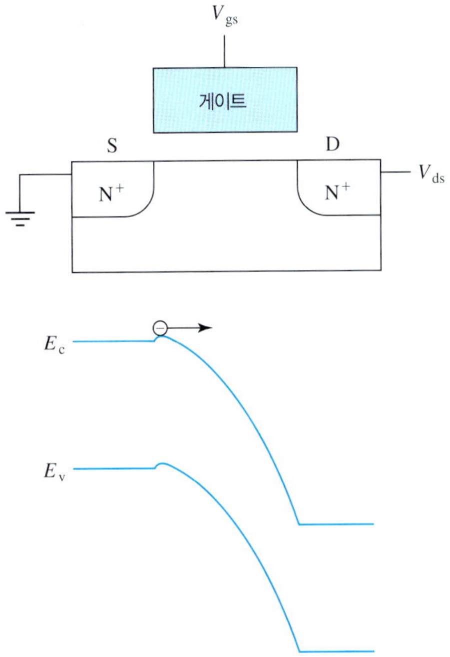

[그림 6-28] 극히 짧은 채널 내의 충돌이 없는 극한에서, 캐리어는 소오스로부터 채널로 열 속도를 가지고 주입되며 드레인으로 탄도 비행을 한다.

6.13 출력 컨덕턴스

[그림 6-23(b)]는 I_{ds}가 ($V_{ds} > V_{dsat}$일 때) 완전히 포화되는 것을 확실히 보여준다. [그림 6-23]에서의 I_{ds} 포화는 점진적이고 불완전하다. 이 차이의 원인은, 첫 번째 경우는 채널 길이가 길고 두 번째 경우는 길이가 짧기 때문이다. I–V 곡선의 기울기를 **출력 컨덕턴스**output conductance라고 부른다.

$$g_{ds} = \frac{dI_{dsat}}{dV_{ds}} \tag{6.57}$$

I_{ds}가 완전히 포화되는 것, 즉 g_{ds}가 작은 것이 바람직하다. 그 이유는 [그림 6-29]에 나오는 간단한 증폭기 회로를 가지고 설명될 수 있다. 바이어스 전압은 트랜지스터가 포화 영역에서 동작하도록 정해진다. 소신호 입력 v_{in}이 인가되면,

$$\begin{aligned} i_{ds} &= g_{msat} \cdot v_{gs} + g_{ds} \cdot v_{ds} \\ &= g_{msat} \cdot v_{in} + g_{ds} \cdot v_{out} \end{aligned} \tag{6.58}$$

$$v_{out} = -R \times i_{ds} \tag{6.59}$$

마지막 두 식에서 i_{ds}를 제거하면 우리는 다음을 얻을 수 있다.

$$v_{out} = \frac{-g_{msat}}{g_{ds} + 1/R} \times v_{in} \tag{6.60}$$

식 (6.60)에 의하면, 출력 전압의 크기는 **이득 계수**인 $\dfrac{g_{msat}}{g_{ds} + 1/R}$에 의해 입력 전압으로부터 증폭된 것이다. R이 커지면 이득은 증가한다. R이 무한대에 접근하더라도 전압이득은 다음 값을 넘을 수 없다.

$$\text{최대 전압이득} = \frac{g_{msat}}{g_{ds}} \tag{6.61}$$

이것은 트랜지스터의 고유 전압이득이다. 만일 g_{ds}가 크면 전압이득은 작을 것이다. 극단적인 예를 들면, g_{ds}가 g_{msat}과 같을 때 최대 이득은 단지 1밖에 안 된다. 아날로그 회로 응용에서는 큰 이득이 확실히 유리하다. 적당히 큰 이득은 VTC에서 가파른 변화를 얻기 위해 필요하다. 즉, 디지털 회로에서 노이즈에 대한 면역성을 높이는 데 필요하다. 그러므로 g_{ds}는 g_{msat}보다 훨씬 작게 유지되어야 한다.

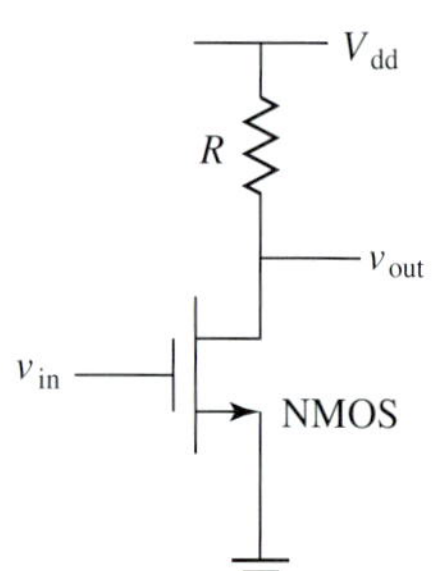

[그림 6-29] 간단한 MOSFET 증폭기

출력 컨덕턴스의 물리적 원인으로는 V_{ds}의 V_t에 대한 영향과 채널 길이 변조라고 불리는 현상이 있다. 이것에 대한 내용은 7.9절에서 설명할 것이다. 결론은 다음과 같이 요약될 수 있다. 작은 g_{ds}와 큰 전압이득을 얻기 위해선 L은 크고 T_{ox}, W_{dep}, X_j는 작아야 한다.

6.14 고주파 성능

[그림 6-30]와 같은 MOSFET의 고주파 성능은 입력단의 RC 시상수에 의해 제한된다. C는 게이트 커패시턴스이며 $C_{ox}WL_g$이다. 고주파에서는 게이트의 전기용량 임피던스인 $1/2\pi fC$는 감소하고 게이트의 AC 전류는 증가한다. 게이트의 신호 전압은 R_{in}의 양단에서 더 많이 강하되며, 출력 전류는 감소한다. 특정한 고주파에 이르면 출력 전류는 입력 전류와 같아진다. 이 전류이득이 1이 되는 주파수를 **컷오프 주파수**cutoff frequency라고 하고, f_T로 나타낸다. 특정한 고주파에서 동작하는 협대역 아날로그 회로에서는, f_T에 의한 제한을 극복하기 위하여 게이트 커패시턴스가 그 주파수에서 온칩 인덕터on-chip inductor에 의해 상쇄된다. 그 경우에도 R_{in}은 여전히 전력을 소모하고, 일반적으로 f_T보다도 더 높은 어떤 주파수에서 전력 이득은 1로 떨어진다. 이 주파수를 **최대 발진 주파수**maximum oscillation frequency라고 하고 f_{max}로 나타낸다. 어느 경우에서나 R_{in}을 최소화하는 것이 중요하다. R_{in}은 **게이트 전극 저항**gate-electrode resistance인 $R_{g\text{-}electrode}$와 **고유 입력 저항**intrinsic input resistance인 R_{ii}의 두 가지 성분으로 이루어진다.

$$R_{in} = R_{g-electrode} + R_{ii} \tag{6.62}$$

[그림 6-30(b)]에 나타난 바와 같이 게이트 전극 저항은 간단하다. 게이트 저항을 줄이기 위한 강력한 방법에는 [그림 6-30(c)]와 같은 **멀티핑거 레이아웃**multi-finger layout이 있는데, 이는 예를 들어 10μm의 넓은 폭을 가지는 MOSFET을 1μm의 폭을 가지는 10개의 MOSFET으로 병렬 설계하는 것을 뜻한다. 이렇게 하면 각 핑거의 저항이 10배로 줄어들고 10개의 핑거 저항이 평행으로 있기 때문에 게이트 저항을 100배 줄일 수 있다.

$$R_{g-electrode} = \rho W/12T_gL_gN_f^2 \tag{6.63}$$

ρ는 게이트 물질의 게이트 비저항이고, W는 채널의 전체 폭이며, T_g는 게이트 두께, L_g는 게이트 길이, N_f는 핑거 개수이다. 계수 12는 2개의 원인으로부터 온다. 계수 3은 게이트 전류가 핑거 폭 전체에 분산되므로 모든 게이트 커패시터 전류가 전체의 핑거 저항을 통하여 흐르지 않기 때문에 발생하고, 나머지 계수 4는 [그림 6-30(c)]처럼 게이트 핑거들을 핑거의 왼쪽과 오른쪽 끝 에서 접촉하기 때문에 생긴다. 이렇게 하면 핑거의 개수는 두 배로 하고, 마치 각각의 핑거를 가운데에서 2개로 나누는 것처럼 핑거의 폭을 반으로 줄이는 효과가 생긴다. 멀티 레이아웃을 사용하고, 게이트 물질이 실리사이드로 이루어진 폴리실리콘이면 게이트 전극의 저항은 매우 낮게 된다. 만일 게이트 물질이 금속이면, R_{in}에서 차지하는 이 성분은 무시할 수 있다.

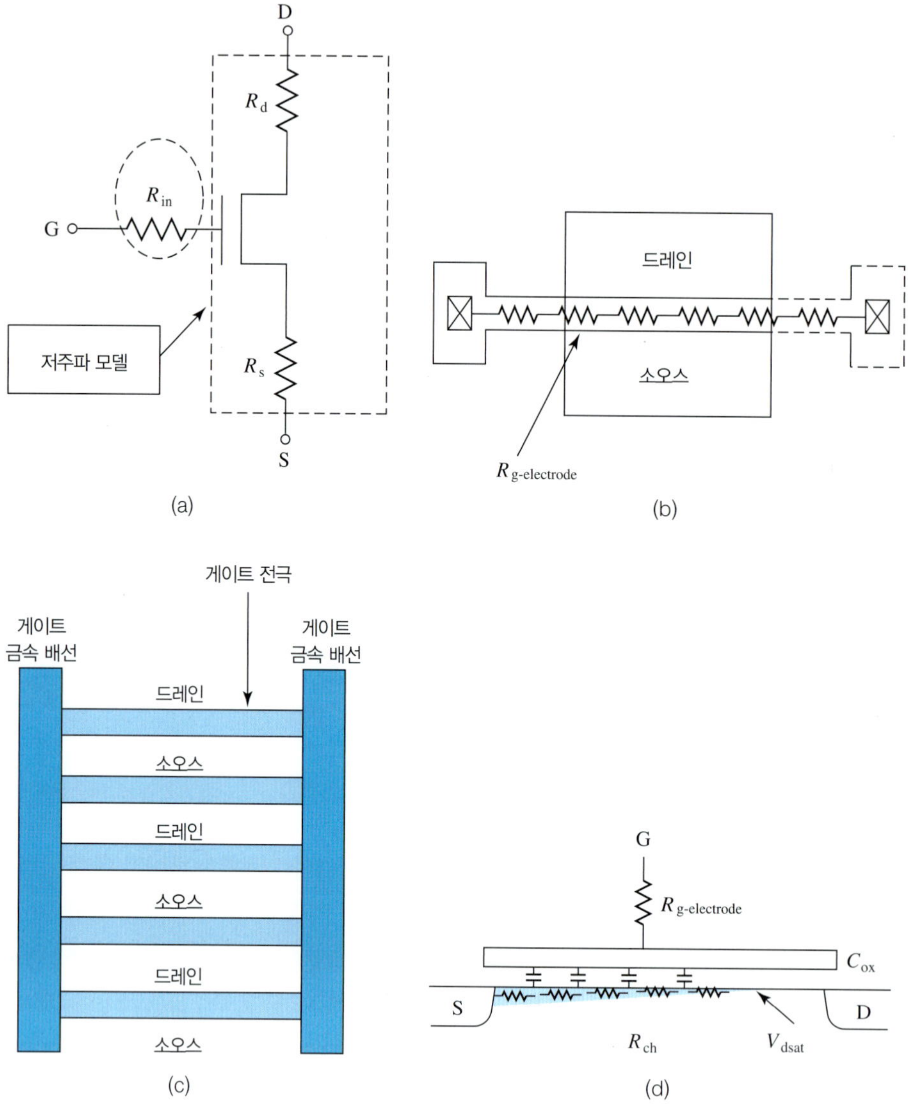

[그림 6-30] 입력 저항은 입력 커패시턴스와 함께 고주파 한계를 결정한다. (b) R_{in}의 한 가지 성분은 게이트-전극 저항이다. (c) 멀티핑거 레이아웃은 게이트-전극 저항을 극적으로 감소시킨다. (d) R_{in}의 더욱 근본적이고 중요한 성분은 채널 저항이고, 또한 이것은 게이트 커패시터와 직렬로 연결되어 있다.

더욱 중요하고 근본적이며 흥미로운 성분은 고유 입력 저항이다. [그림 6-30(d)]에 이에 대한 개념을 나타내었다. $R_{g\text{-electrode}}$가 0이라 하더라도 게이트 커패시터와 직렬로 저항이 존재한다. 게이트 커패시터 전류는 채널 저항 R_{ch}를 통해 흘러, 소오스와 입력 신호 소오스를 지나(그림에는 나타나 있지 않음) 게이트로 흘러들어가서 전류 루프를 이룬다. R_{ii}는 게이트 전류의 진로에 있는 저항이다.

$$R_{ii} = \kappa \int dR_{ch} = \kappa \frac{V_{ds}}{I_{ds}} \tag{6.64}$$

[그림 6-30(d)]에 나타낸 RC 네트워크의 분산 성질 때문에 커패시턴스 전류는 전체의 채널 저항을 통해 흐르지 않으므로 κ는 1보다 작은 수가 된다[12]. 식 (6.64)의 V_{ds}는 $V_{ds} > V_{dsat}$일 때 V_{dsat}으로 수렴한다.

MOSFET 기술의 각각 새로운 세대가 나올 때마다 게이트 길이가 줄어들어, I_{ds}는 늘어나고 V_{dsat}은 줄어들게 되므로 고정된 W에 대한 R_{ii}는 줄어든다. 게다가, L_g가 줄어들면서 C_{ox}가 동시에 늘어난다 하더라도 (T_{oxe}가 줄어서) 입력 커패시턴스 $C_{ox}WL_g$는 약간 줄어든다. 결과적으로 f_T와 f_{max}는 게이트 길이에 따라 선형적으로 향상된다. 45 nm 노드에서 f_T와 f_{max}는 약 200 GHz이고, 이는 넓은 범위의 새로운 응용에 충분하다.

6.15 MOSFET 잡음

잡음noise이란 원하는 신호를 방해하는 모든 것을 말한다. 잡음의 한 가지 종류에는 서로 연결된 네트워크로 인한 인덕티브inductive 및 커패시티브capacitive 간섭 또는 **혼선**cross talk이 있는데, 이것을 외부 잡음external noise이라고 한다. 이러한 종류의 잡음은 회로의 성능에 의미 있는 영향을 미치지만 회로 설계자가 조심스럽게 차폐하거나 격리함으로써 대체로 줄일 수 있다. 다른 잡음의 종류로는 **소자 잡음**device noise이라 하는 전자 소자들 고유의 잡음이 있다. 이 잡음은 소자 내부 전자 캐리어들의 무질서한 움직임 때문에 발생하는데, 소자의 터미널들에서 측정 가능한 전압과 전류의 흔들림을 일으킨다. 이 절에서는 소자 잡음에 대해서 다룰 것이다. **잡음, 전력 소모, 속도, 회로 크기(비용)들은 주요 회로 설계시 고려 대상이 된다.**

6.15.1 저항의 열 잡음

오실로스코프의 입력단에 저항을 연결시키면, 저항에 걸리는 잡음 전압은 [그림 6-31]과 같이 관측된다. 잡음은 전하 캐리어의 임의의 열적 움직임 때문에 발생하고, 이는 [그림 2-1]과 같다. 이러한 잡음을 **열 잡음**thermal noise이라고 한다. 잡음은 많은 주파수 구성 요소를 포함한다. 만약 대역폭 Δf를 가지는 주파수 필터를 삽입 후 이 주파수 대역에서 잡음의 제곱 평균값을 측정하면 결과는 다음과 같다.

$$\overline{v_n^2} = S_{v_n}\Delta f = 4kT\Delta f R \tag{6.65}$$

$$\overline{i_n^2} = S_{i_n}\Delta f = 4kT\Delta f / R \tag{6.66}$$

여기서 R은 저항 값이다. 식 (6.66)은 저항의 터미널들이 단락되었을 때 흐르는 잡음 전류를 나타낸다. 이 잡음은 대역폭 Δf에 확실하게 비례하고 주파수 f와는 독립적이다. 이러한 특성을 **백색 잡음**white noise이라고 하며, **잡음 스펙트럼 밀도**noise spectral density는 [그림 6-31(b)]에 나타내었다. S는 잡음 전력 밀도noise power density라고 한다.

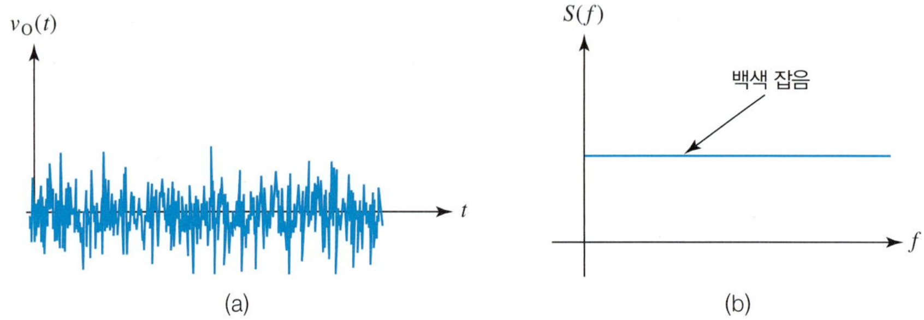

[그림 6-31] 저항 양단에 걸리는 열 잡음 전압, (b) 백색 잡음의 스펙트럼 밀도

6.15.2 MOSFET 열 잡음

MOSFET의 내부 열 잡음은 채널의 저항에 기인한다. 채널은 [그림 6-32]에서 보는 바와 같이 많은 부분으로 나눌 수 있으며, 각 부분들은 잡음에 기여한다. 채널 잡음 전압은 식 (6.65)와 같이 표현된다. 그러나 저항 값 R을 지정하는 데 있어 어떤 값이 되어야 하는지에 대한 몇몇 이론이 있다. 식 (6.67)과 식 (6.68)에서 알 수 있듯이, 고전적이고 널리 사용되는 이론은 채널 저항 값을 V_{ds}가 작은 선형 구간에서 dV_{ds}/dI_{ds} 또는 $1/g_{ds}$로 지정한다. γ는 V_{ds}와 V_{gs}의 함수이다. $V_{ds} > V_{dsat}$에서는 γ가 2/3에 수렴하게 된다. 이 모델은 장채널 소자에서 더 정확하지만, 단채널 MOSFET에서의 잡음은 작게 예측한다. 실제 회로 설계를 할 때에, γ는 잡음 모델의 정확성을 개선하기 위해 잡음 모델을 잡음 측정값에 일치시키기 위한 값으로 선택된다.

$$\overline{v_{ds}^2} = 4\gamma kT\Delta f/g_{ds} \tag{6.67}$$

$$\overline{i_{ds}^2} = 4\gamma kT\Delta f g_{ds} \tag{6.68}$$

저항 안에서 식 (6.68)로 표현되는 백색 잡음은 [그림 6-32(b)]에서와 같이 보통의 MOSFET 전류에 병렬 전류원이 더해진 형태로 표현된다.

채널 잡음 전압은 게이트 커패시턴스를 통해 게이트 전류를 유도한다. 그 결과, 채널 잡음 전류로 인해 게이트에 잡음 전류가 게이트를 따라 흐르게 된다. 이 게이트 잡음 전류는 입력단의 임피던스와 트랜스컨덕턴스와 곱해져서 출력단에 두 번째 잡음 전류를 만든다. 따라서 MOSFET 잡음의 완성된 모델은 게이트 터미널에 보이는 부분 상관 잡음원을 포함하게 된다. 이러한 효과는 대략적으로 소오스에서 채널 잡음 전압을 나타냄으로써 모델링된다. [그림 6-32(b)]에서 θ는 L과 V_{gs}의 함수이고, 잡음 전압이 실제적으로 소오스에서 발생되었다기보다 채널을 통해 배분된 것임을 설명해주고 있다[12]~[13]. 게이트 잡음과 채널 잡음 사이의 부분적인 상관관계로 인해, 채널과 게이트 잡음들은 소자의 출력단에서 부분적으로 서로 상쇄시킨다. 게이트 단에서의 임피던스를 최적화함으로써, 회로 설계자들은 출력단에서의 전압을 줄일 수 있다.

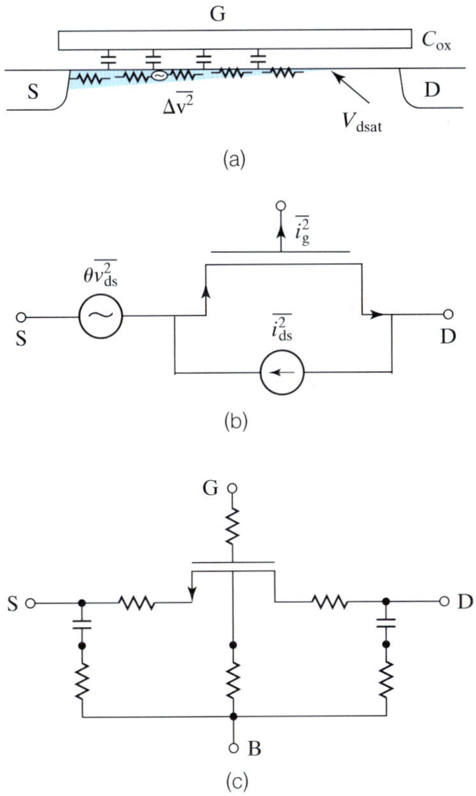

[그림 6-32] (a) 채널의 각 부분은 열 잡음에 기여하는 하나의 저항으로 생각할 수 있다. (b) 잡음 전류는 보통의 MOSFET 전류에 병렬 전류원으로서 더해질 수 있다. 잡음 전류의 다른 성분이 갖는 트랜스컨덕턴스는 잡음 전압에 곱해진다. (c) 기생 저항 또한 열 잡음에 기여한다.

[그림 6-32(c)]에서 보이는 게이트 전극, 소오스, 드레인, 그리고 기판 기생 저항들 또한 열 잡음에 기여하게 된다. 이러한 저항 성분들은 보통 MOSFET 레이아웃을 통해서 줄일 수 있다. 게이트 저항을 줄이는 것이 중요한 이유는 게이트 저항으로부터 나오는 열 잡음이 g_{msat}만큼 증폭되어 I_{ds} 잡음에 나타나기 때문이다. 게이트 저항은 6.14절에서 논의한 것과 같이 **멀티핑거 레이아웃**으로 줄일 수 있다.

6.15.3 MOSFET 플리커 잡음

$1/f$ **잡음**이라고도 하는 **플리커 잡음**flicker noise은 [그림 6-33]에서 보듯이 주파수에 반비례하는 잡음 전력 밀도를 가리킨다. 플리커 잡음의 메커니즘은 전자들이 게이트 유전체 내에 존재하는 트랩들에 임의로 포획되고 방출되는 현상이다. 하나의 트랩이 반전된 채널로부터 전자를 포획하는 경우, 전류의 흐름에 참여하는 전자는 하나 줄게 된다. 또한 트랩은 전하를 띠게 되고, 불순물 이온의 영향(2.2.2절 참조)과 유사한 **쿨롱 산란**Coulombic scattering의 영향으로 채널 캐리어 이동도를 감소시킨다. 바꾸어 말하면, 전하의 포획과 방출로 인한 캐리어 숫자와 이동도 모두 흔들리게 된다. 매우 작은 W와 L을 가지는 MOSFET 내에 주어진 바이어스 조건에서 오직 하나의 활성 트랩만 존재하는 경우가 종종 있는데, 이러한 경우에는 [그림 6-33(b)]에서 보는 것처럼 특정 평균 주기를 가지고 높고 낮은 전류 레벨 사이에서 I_{ds}가 흔들

리게 된다. 이러한 잡음을 **랜덤 텔레그래프 잡음**random telegraph noise이라고 한다. 2개의 전류 상태는 트랩이 채워진 경우와 비워진 경우의 두 상태를 나타낸다. 넓은 면적($W \times L$)의 MOSFET에는 많은 트랩들이 있다. 산화막–반도체 계면에 위치하거나 또는 근처에 있는 트랩들은 짧은 시간상수를 가지고 전 자를 포획하거나 방출하게 된다. 그리고 이러한 트랩들은 대부분 고주파 잡음에 기여하게 된다. 계면에서부터 멀리 떨어진 곳에 위치한 트랩들은 긴 시간상수를 가지고, 대부분 저주파 잡음에 기여한다. 산화막 내에서 트랩들이 균일하게 분포한다는 가정을 하고 이러한 트랩들의 기여를 고려하여 $1/f$ 잡음 스펙트럼을 얻을 수 있다[14].

$$\overline{i_{ds}^2} = \frac{KF \cdot W}{fL^2 C_{ox}} \left(\frac{I_{ds}}{W}\right)^{AF} \cdot kT\Delta f \tag{6.69}$$

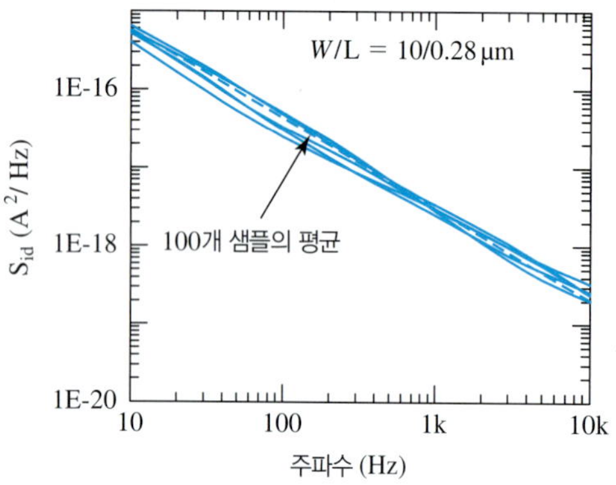

(a)

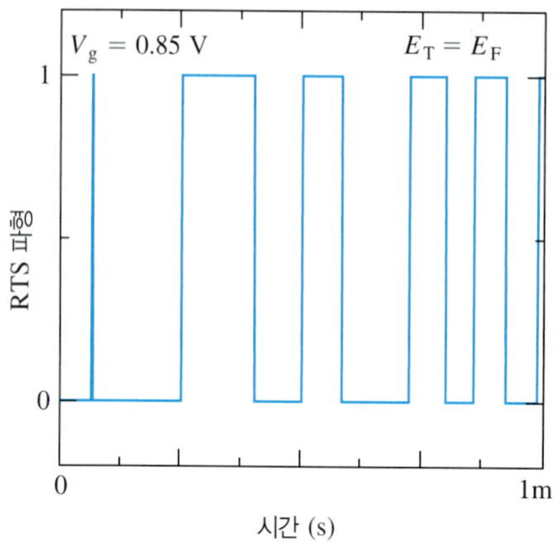

(b)

[그림 6–33] (a) 플리커 잡음은 $1/f$ 잡음이라고도 하는데, 이는 잡음 전력 밀도가 주파수에 반비례하기 때문이다. (b) 매우 작은 W와 L을 가진 MOSFET에 오직 하나의 활성 트랩이 있을 수가 있고, 이때 I_{ds}는 2개의 상태에서 흔들리게 된다. 이것을 랜덤 텔레그래프 잡음이라고 한다.

상수 KF는 산화막 트랩 밀도에 비례하는데, 공정 기술에 따라 다른 값을 가진다. AF는 쿨롱 산란이 캐리어 이동도에 미치는 중요성에 비례하며 1과 2 사이의 값을 가진다. 그리고 W, L, C_{ox}는 각각

MOSFET의 폭, 길이, 단위면적당 산화막 커패시턴스를 나타낸다. 플리커 잡음은 저주파 대역에서는 MOSFET의 가장 주요한 잡음이다. 100 MHz 이상의 주파수 대역에서, 플리커 잡음은 열 잡음에 비해서 무시할 수 있을 정도가 되어 고려하지 않아도 된다. 발진기oscillator나 믹서와 같이 큰 크기의 고주파 신호를 가지고 주기적으로 동작하는 비선형 또는 시변수 회로에서, 플리커 잡음은 주파수가 커지거나 줄어들어서 신호와 잡음의 합 또는 차이만큼의 주파수 대역으로 옮겨지게 된다. 예를 들어, 이러한 잡음의 주파수 대역 변경은 발진기 출력단에서 잡음을 만들어낸다. 6.3.3절의 HEMT나 8장의 바이폴라 트랜지스터에서는 MOSFET에 비해서 플리커 잡음이 훨씬 작은데, 이는 MOS 구조를 채택하지 않기 때문이다.

6.15.4 신호대 잡음비, 잡음 인수, 잡음 지수

소자 또는 회로의 입력단은 일반적으로 원하는 신호와 잡음의 합으로 이뤄진다. 신호 전력대 잡음 전력의 비는 **신호대 잡음비**SNR, Signal to Noise Ratio라고 불린다. SNR은 잡음이 존재하는 상황에서 신호 검출력detectability의 측정값이다. 소자나 회로는 또한 증폭된 입력 잡음에 더하여 내부 잡음을 가지게 되는데, 이는 출력단에서 합해진다. 그 결과, 선형 소자 또는 회로에서 출력단에서의 SNR은 입력단에서의 SNR에 비해 작아진다. 입력단 SNR과 출력단 SNR의 비를 **잡음 인수**noise factor라고 한다.

$$F = \frac{S_i/N_i}{S_0/N_0} \tag{6.70}$$

잡음 지수noise figure는 잡음 인수의 밑수가 10인 로그의 열 배로 정의된다.

$$N_F = 10 \times \log F \tag{6.71}$$

잡음 지수의 단위는 데시벨(dB)이다. 6.15.2절에서 논의한 것처럼 잡음은 게이트쪽의 임피던스를 최적화함으로써 줄일 수 있다. 이러한 $N_{F\text{-min}}$을 얻는 것이 저잡음 회로 설계의 중요한 목적이 된다.

NOTE 잡음과 디지털 회로들

위에서 다룬 MOSFET 잡음은 디지털 회로보다 아날로그 회로와 더 밀접한 관계가 있다. 선형 증폭기와 같이 크기는 증폭되면서도 입력 파형은 보존하는 선형 회로에서 출력단의 SNR은 입력단의 SNR과 같거나 작아진다. 인버터와 같은 디지털 회로는 입력이 V_{dd}보다 다소 낮거나 또는 0보다 다소 크더라도 0 또는 V_{dd}와 같은 출력을 만들어낼 수 있다. 이는 비선형 전압 전달 특성을 가지는 입력단에서의 작은 잡음을 없앨 수 있다. 다른 말로 하면, 디지털 회로는 입력단에서의 작은 크기의 잡음에 대해서는 이득을 가지지 않고, 더 큰 실제 디지털 신호에 대해서만 이득을 가진다.

여러분은 복사할 때 원본보다 더욱 선명하게 보이는 흑백의 복사물을 얻는 기분 좋은 경험을 할 때가 있을 것이다. 원본 위에 쓰인 흐릿하거나 지워진 연필 필기는 복사 과정에서 사라진다. 복사기는 디지털 회로와 같은 비선형 시스템이다. 만약에 복사기가 선형 시스템과 같이 회색 톤의 사진을 만들 수 있도록 요구된다면, 복사기는 원본의 잡음을 줄일 수 없다. 이는 복사기가 원본에서의 흐릿한 얼룩이 잡음인지 실제 사진의 일부인지 알 수가 없기 때문이다.

이와 같이 신호를 더욱 세심하게 가다듬는 디지털 회로는 집적 회로 간의 거리를 가깝게 하여 긴 신호 배송선을 가지고 밀집된 디지털 회로들을 묶을 수 있게 한다. 밀집된 배송선은 큰 혼선 잡음을 발생시킬 수 있는데, 이는 대개 열 잡음과 플리커 잡음에 비해 훨씬 크다. 엔지니어는 민감한 배선들 간에 커패시티브 결합을 줄이기 위해 낮은 k 유전체를 사용하여 전기적으로 차폐시키거나 배선 길이를 제한함으로써 혼선을 줄인다.

MOSFET이 개선된 플래쉬 메모리 셀 정도로 매우 작아지게 되었을 때(6.16.3절 참조), 단 하나의 트랩만이 소자 산화막 내에 존재하게 되어 [그림 6-33(b)]와 같이 RTN^random telegraph noise^을 만들 정도로 충분해진다. 그 결과 이 RTN은 하나의 셀 내에 저장된 1과 0을 읽는 것을 어렵게 만든다. 비록 이러한 현상은 많은 메모리 셀들 중에 극히 일부에만 발생하겠지만, 이는 고집적 메모리 회로 설계에 있어서 고려 대상이 된다[15].

6.16 SRAM, DRAM, 비휘발성 (플래시) 메모리 소자들

매년 생산되는 대부분의 트랜지스터들은 반도체 메모리에 사용된다. 메모리 소자들은 디지털 집적 회로에 내장된다. 예를 들면, 컴퓨터 프로세서 칩의 대부분의 영역을 메모리가 차지할 수 있다. 메모리 소자들은 또한 메모리 기능만 수행하는 독립형 메모리 칩의 형태로 이용될 수 있다. 메모리 소자는 휘발성 메모리인 **SRAM**^static RAM^, **DRAM**^dynamic RAM^과 가장 일반적으로 사용되는 비휘발성 메모리인 **플래시 메모리**^flash memory^와 같이 크게 세 가지로 나눌 수 있다. 새 데이터를 추출하기 위해서 판독 헤더와 디스크를 움직이는 데 상당한 지연시간이 있는 하드디스크와 달리 **RAM**^random access memory^은 모든 데이터 바이트들이 언제든지 접근이 가능하다. "비휘발성^nonvolatile^"은 메모리가 전원으로부터 연결이 끊어져도 데이터들을 잃어 버리지 않는 것을 의미한다. 이렇게 세 종류의 메모리가 공존하는 이유는 각각의 메모리가 그 고유의 장점과 한계를 가지기 때문이다. [표 6-1]에 각 메모리의 주요 차이점을 요약해 놓았다.

[표 6-1] 세 가지 메모리의 차이점

	전원 없이 데이터를 유지할 수 있는가?	셀 크기 및 비트당 원가	되쓰기 사이클	한 바이트 쓰기 속도	기본 CMOS 제조 및 호환성	주 용도
SPAM	불가	크다	무제한	빠름	완전 동일	논리 칩에 내장
DRAM	불가	작다	무제한	빠름	변경 필요	독립된 칩 또는 내장
플래시 메모리	가능	가장 작다	제한됨	느림	대규모 변경 필요	독립된 비휘발성 저장장치

SRAM은 기본적인 CMOS 기술과 같은 트랜지스터와 제조 공정만을 필요로 한다. 그러므로 집적을 하거나 CMOS 회로에 내장하는 것이 가장 쉽다. DRAM 셀은 SRAM 셀에 비해 몇 배 작지만 몇 가지 특별한 공정 단계를 필요로 한다. 고집적의 독립형 DRAM 칩들을 특화된 DRAM 제조 공장에서 생산한다. DRAM의 단가가 낮아짐으로써 PC 보급률이 증가되었다. 플래시 메모리 셀은 비휘발성의 저장을 수행하기 위해 다양한 물리적인 메커니즘 중 하나를 사용하며 DRAM보다 크기는 더 작다. 플래시 메모리는 그 자체의 느린 쓰기 속도와 제한된 쓰기 사이클 때문에 DRAM이나 SRAM을 대체하지 못해 왔다. 하지만 플래시 메모리는 경제적이며 소형이기 때문에 휴대전화, 미디어플레이어, 디지털카메라와 같은 휴대

용 어플리케이션으로 진화가 가능했다. 덜 공격적인(셀 사이즈가 큰) 버전의 DRAM이나 플래시 메모리는 CMOS 논리 칩에 일부 CMOS 공정 기술의 변경으로 내장될 수 있다. 요구되는 메모리의 비트 수가 매우 큰 경우, **내장형 DRAM**embedded DRAM이 내장형 SRAM보다 더 경제적일 수 있다.

6.16.1 SRAM

기본적인 SRAM 셀은 한 비트의 데이터를 저장하기 위해서 6개의 트랜지스터를 사용한다. [그림 6-34]와 같이 그 코어는 2개의 교차 결합된 인버터들로 구성된다. M_1과 M_3는 왼쪽 인버터를 구성하고, M_2와 M_4는 오른쪽 인버터를 구성한다. 왼쪽 인버터의 출력은 오른쪽 인버터의 입력에 연결되고, 오른쪽 인버터의 출력은 왼쪽 인버터의 입력에 연결된다. 왼쪽 인버터의 출력(이것은 오른쪽 인버터의 입력과 같다)이 high(hi) 상태이면, 오른쪽의 인버터의 출력은 low가 된다. 이 low 출력이 이번에는 왼쪽 인버터의 출력을 high로 만든다. 이 양성 피드백은 이러한 상태가 저장되고 안정적이게 해준다. 왼쪽 인버터의 출력을 low로 바꾸고 오른쪽 인버터의 출력을 high로 바꾸면 두 번째 안정한 상태가 된다. 그러므로 이 셀은 "0"과 "1"로 나타낼 수 있는 두 가지 상태를 가지며, 한 비트의 데이터를 저장할 수 있다. 많은 동일한 SRAM 셀들은 XY 배열로 정렬되어 있다. 각 셀들의 횡은 1개의 워드라인(WL)에 연결되어 있고, 각 셀들의 열은 비트라인(BL 및 BLC)의 쌍에 연결되어 있다.

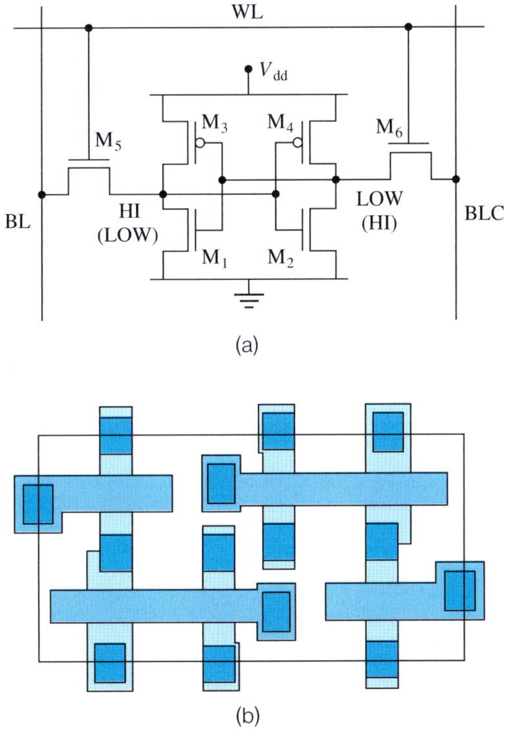

[그림 6-34] (a) SRAM 셀의 개략도, (b) 32nm 기술 SRAM의 배치도([16]에서 발췌. © 2007 IEEE). 여기서 어두운 사각형들은 접촉면이다. 4개의 수평 방향 조각은 게이트 전극이고, 2개의 PFET은 4개의 NFET보다 큰 W를 가진다. 금속이 2개의 인버터를 교차 연결하고 있다(여기서는 나타내지 않음).

두 패스 트랜지스터 M_5와 M_6는 인버터의 출력을 비트라인에 연결한다. 저장된 데이터(인버터의 상태를 결정한다)를 읽기 위해서는 선택된 셀의 WL 전압이 상승하여 패스 트랜지스터들을 켜준다. 민감한 **감지 증폭기**sense amplifier 회로는 저장된 상태를 결정하기 위해 BL과 BLC의 전압을 비교한다.

셀에 왼쪽 low 상태를 쓰기 위해서는, 예를 들면 BL을 low 상태로 설정하고 BLC를 high 상태로 설정한다. 그 다음, 워드라인 전압이 상승하면 인버터들은 이 새로운 상태로 강제로 바뀌게 된다.

SRAM 셀은 모든 메모리 중에 가장 빨리 동작되도록 한다. 그러나 한 비트의 데이터를 저장하기 위해 6개의 트랜지스터를 필요로 하기 때문에 비트당 원가가 가장 높다. SRAM 셀들은 종종 속도가 중요한 연산 장치에 내장되어 캐시 메모리cache memory로 사용된다. 프로세서의 클록 속도가 지속적으로 증가하면 캐시 크기도 그만큼 증가되어야 한다. SRAM 및 다른 종류의 메모리에 대해, **스케일링**scaling이라고 하는 크기 축소에 많은 노력을 들이고 있다. [그림 6-34(b)]는 32 nm 기술 SRAM 셀의 6개의 트랜지스터의 배치도를 나타낸다[16].

6.16.2 DRAM

DRAM 셀은 [그림 6-35]와 같이 오직 1개의 트랜지스터와 1개의 커패시터를 포함한다. 그러므로 단위 면적당 비트 수가 크며 비트당 원가는 낮다. [그림 6-35]는 개략적인 DRAM 셀 배열의 일부를 나타낸다. 셀 커패시터의 한쪽 끝은 접지되어 있다. "1"과 "0" 상태는 셀 커패시터를 V_{dd} 또는 0으로 충전시키는 것을 나타낸다. 좌측 상단 셀에 데이터를 쓰기 위해서는 WL 1을 높은 전압으로 올려서 트랜지스터를 켜주고(커패시터를 비트라인 1에 연결시키고), 비트라인 1에 "1"을 쓰기 위해 V_{dd}를 설정하거나 "0"을 쓰기 위해 0 V를 설정하면 된다. 하단 셀도 비트라인 2에 적절한 값(V_{dd} 또는 0)을 설정해서 동시에 쓸 수 있다.

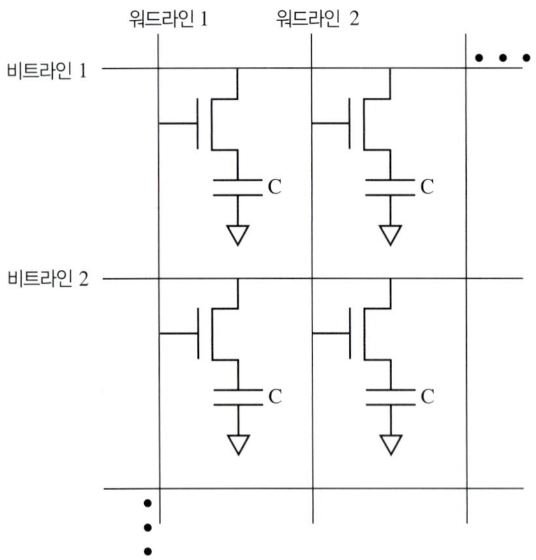

[그림 6-35] DRAM 셀 배열의 개략도. 각 셀은 1개의 트랜지스터와 1개의 커패시터로 구성된다.

각 비트라인은 고유한(피할 수 없는) 커패시턴스인 $C_{\text{bit line}}$을 가진다. 좌측 상단의 셀로부터 저장된 데이터를 읽기 위해서는 비트라인 1을 $V_{dd}/2$로 예비충전시킨 다음 부동[floating] 상태로 두고 WL 1 전압을 올려서 셀 커패시터를 더 큰 $C_{\text{bit line}}$과 병렬 연결시킨다. 셀 커패시터의 전압(V_{dd} 또는 0)에 따라 셀 커패시터는 비트라인의 전압을 $C \cdot V_{dd}/2\,(C + C_{\text{bit line}})$만큼 올리거나 내려주는데 이 전압은 대개 수십 밀리볼트 정도이다. 비트라인에 연결된 감지 증폭기 회로가 저장된 데이터를 결정하기 위해 이 전압의 변화를 감시한다. 하나의 WL에 연결된 모든 셀들은 동시에 읽힌다. 각 읽기 동작 후에는 읽기 동작에 의해 커패시터의 전하가 파괴되므로 동일한 데이터가 자동적으로 셀에 다시 쓰인다.

DRAM 커패시터는 제한된 시간 동안만 데이터를 유지할 수 있다. 그 이유는 전하가 커패시터의 유전물질, PN 접합(트랜지스터 S/D), 트랜지스터의 문턱전압 이하 누설전류(7.2절 참조)에 의해 지속적으로 누설되기 때문이다. 데이터의 손실을 막기 위해서는 1초에 여러 번 리프레시(읽고 되쓰기)가 되어야 한다. DRAM의 D는 이러한 동적인 **리프레시**[refresh] 동작을 나타낸다. 리프레시는 대기 전력을 소모하므로, 전력 소모를 최소화하기 위해 더 많은 전하를 저장할 수 있도록 셀 커패시터를 크게 하여 리프레시 간격을 증가시켜야 한다.

($C_{\text{bit line}}$보다 너무 작지는 않은) 큰 셀 정전용량은 또한 빠르고 믿을 만한 큰 읽기 신호를 만드는 데 중요하다. 그러나 셀 영역이 계속 감소하여 1 μm^2의 수 퍼센트로 줄어들고 있기 때문에 큰 정전용량을 제공하기는 점점 더 어려워지고 있다. 매우 얇은 커패시터 유전물질을 적용하는 것 외에, 엔지니어들은 셀 면적보다 더 큰 커패시터 면적을 제공하기 위해 복잡한 3차원 커패시터 구조를 강구해 왔다. [그림 6-36]은 컵 모양의 커패시터를 나타내고, [그림 6-36(b)]는 몇 가지 DRAM 셀 단면 전자현미경 사진을 나타낸다. 4개의 깊은 컵 모양의 물체는 4개의 커패시터를 나타낸다. 각 커패시터는 2개의 전극을 가진다. 한쪽 전극은 컵 모양으로, 폴리실리콘 혹은 금속이다. 그것은 바닥에 폴리실리콘 기둥에 의해 하부 트랜지스터에 연결되어 있다. 컵 전극의 안쪽 면과 바깥 면 모두 얇은 유전 필름으로 코팅되어 있다. 다른 전극 또한 폴리실리콘으로 만들어지며, 그 다른 전극이 컵의 안쪽과 컵 사이의 공간을 채우고 있다. 이 두 번째 전극은 [그림 6-35]처럼 접지되어 있다. 이러한 복잡한 구조를 통해 큰 커패시터 면적을 확보할 수 있다.

훨씬 단순한 DRAM 공정 기술은 셀 면적을 상당히 희생하지만 논리 CMOS 기술에 집적될 수 있다. 이러한 내장 DRAM 기술은 필요한 비트 수가 큰 경우 내장 SRAM의 매력적인 대안책이 될 수 있다.

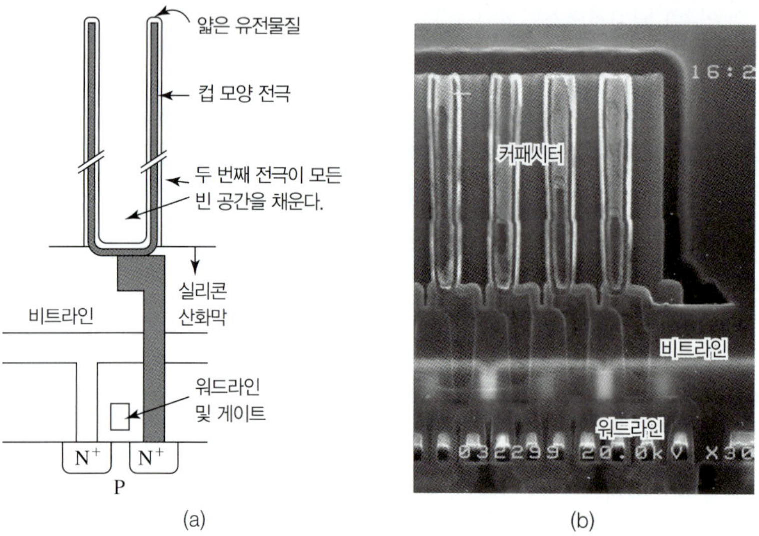

[그림 6-36] (a) 컵 모양의 커패시터를 가진 DRAM 셀의 개략도, (b) DRAM 셀의 단면도. 커패시터는 상부에, 트랜지스터는 하부에 있다([17]에서 발췌. © 2002 IEEE.).

6.16.3 비휘발성 (플래시) 메모리

SRAM과 DRAM은 전원에 연결되지 않으면 저장된 내용을 잃어버린다. 반면에 **비휘발성 메모리**^NVM, nonvolatile memory^는 전원 공급 없이도 많은 해 동안 그 내용을 저장할 수 있으며, 휴대전화나 대부분의 연산장치에 기반을 둔 시스템에서 프로그램 **코드 저장장치**^code storage^로 사용된다. 또한 비휘발성 메모리는 크기가 작고, 전력 소모가 적으며, 움직이는 부분이 없기 때문에 문서, 사진, 음악 그리고 영화를 저장하는 하드디스크나 CD를 뛰어넘는 **데이터 저장** 미디어로 선호되고 있다. 많은 형태의 비휘발성 메모리 소자가 있으나[18], [그림 6-37]에는 널리 사용되는 형태만 도시하였다.

이 구조는 MOSFET에서 한 가지를 변경하여 얻을 수 있다. 즉, MOSFET의 게이트 절연막을 그 사이에 전하-저장층이 끼워진 두 절연막으로 교체하였다. 예를 들면, 전하-저장층은 실리콘 질화막이나 다른 고농도의 전자트랩을 가진 절연막이 될 수 있다. 전자가 절연막에 트랩되면 트랜지스터는 높은 V_t(5.7절 및 [그림 6-37(b)] 참조)를 가진다. 낮은 V_t와 높은 V_t 상태는 각각 "0"과 "1" 상태를 나타내고, V_t를 확인하는 감지 회로로 쉽게 읽힐 수 있다. 전하-저장층은 도체일 수도 있으나, 실제로 가장 중요하고 널리 사용되는 전하-저장층 물질은 잘 알려진 대로 폴리실리콘이다. 비휘발성 메모리는 폴리실리콘 전하-저장층을 채택하므로 플로팅 게이트 메모리^floating-gate memory^라고 불린다. 그 이유는 폴리실리콘 층이 전기적으로 플로팅 상태인 트랜지스터의 게이트이기 때문이다.

[그림 6-37(c)]는 전자를 전하-저장층에 어떻게 주입하는지를 보여준다. 즉, 비휘발성 메모리에 "1"을 쓰는 방법을 보여준다. 약 20 V를 게이트에 가해주면 높은 전기장이 전자들을 반전층에서 전하-저장층으로 터널링시켜준다(4.20절). [그림 6-37(d)]에는 저장된 전자들이 기판(P형 축적층)으로 터널링하여 셀이 "0"으로 소거된다.

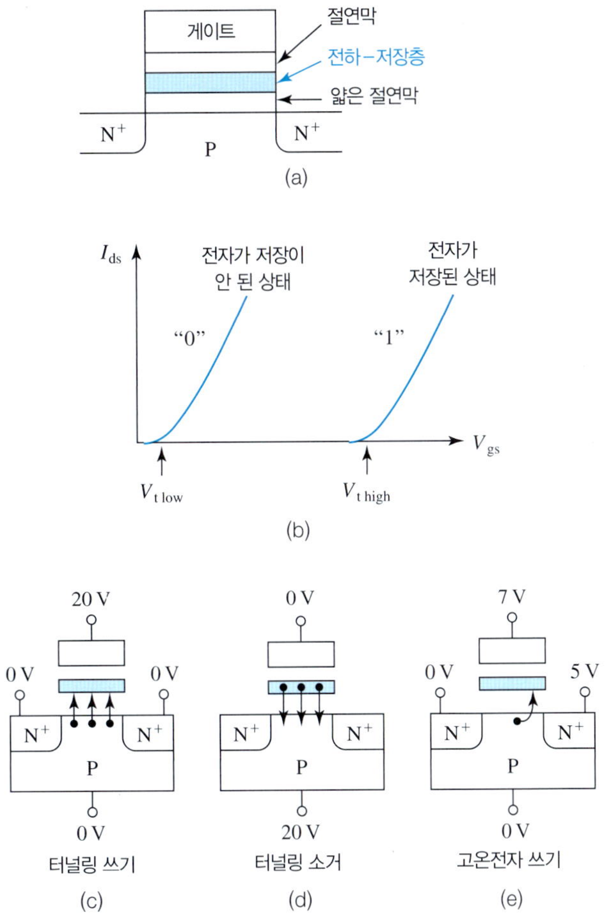

[그림 6-37] (a) 전하-저장 비휘발성 메모리(charge-storage NVM)는 게이트 유전물질 적층에 전하-저장층을 가지고 있다. (b) V_t는 트랩된 전자에 의해 변화한다. (c) 터널링에 의한 전자 주입, (d) 터널링에 의한 전자 소거, (e) 고온 전자 주입에 의한 전자 주입

이 터널링에 의한 소거 동작 속도는 느리므로(SRAM 및 DRAM의 나노 초에 비해 늦은 밀리초 소요), 이러한 비휘발성 메모리는 바이트 단위보다는 킬로바이트 단위로 소거한다. 큰 메모리 블록 단위의 전기적인 소거를 **플래시 소거**[flash erase]라 하고, 이러한 형태의 메모리를 **플래시 메모리**[flash-memory]라고 부른다. 플래시 메모리는 비휘발성 메모리[NVM] 유명한 제품 종류이므로 두 용어가 종종 혼용된다. 터널링에 의한 쓰기 또한 매우 느려서 동시에 수백 바이트씩 수행된다.

또 다른 방식으로 셀에 데이터를 쓰는 방법을 [그림 6-37]의 (a)와 (e)에 나타내었다. 소오스가 접지되어 있고 게이트와 드레인에 정상적인 전압보다 높은 전압을 걸어주면, 드레인 근처의 핀치 오프(또는 속도 포화) 영역에 높은 전기장이 생긴다. 이 영역을 지나가는 전자들의 일부가 절연막의 에너지 벽을 뛰어 넘어서 전하-저장층으로 갈 수 있는 충분한 에너지를 얻게 된다. 이러한 방법은 터널링보다 더 빠르지만, 더 많은 전류와 전력이 들어간다. 이 에너지가 큰 전자들을 고온 전자[hot electron]라고 하고, 이러한 쓰기 방법을 **고온 캐리어 주입**[HCI, Hot Carrier Injection]이라고 한다.

NOTE MOSFET의 고온 캐리어 주입 신뢰성

CMOS 트랜지스터의 양질의 게이트 산화막 역시 전하 트랩을 포함하고 있다. 정상적인 CMOS 회로 동작 중에도 적은 수의 고온 캐리어들이 산화막 내에 주입될 수 있고 트랩될 수 있다. 다년간에 걸쳐 트랩된 전하들은 V_t와 I–V 특성을 바꿀 수 있다. CMOS 기술을 양산으로 보내기 전에 엔지니어는 고온 캐리어 신뢰성hot-carrier reliability의 가속 평가를 수행해야 하고, 회로 성능이 제품 수명 동안 바뀌지 않는 것을 감지할 수 있도록[19] 데이터를 주의 깊게 분석해야 한다.

플래시 메모리의 한계는 높은 전기장 상태에서 반복되는 쓰기 및 소거 사이클이 절연막 내의 화학적 결합을 깨고 임의의 위치에 몇 개의 원자 지름 정도의 누설경로를 만들 수 있다는 것이다. 한 누설경로는 플로팅 게이트를 방전시키고 데이터 손실을 유발할 수 있다. 이것은 비휘발성 메모리의 내구성 한계를 10^6회의 쓰기/읽기 사이클보다 작게 제한한다. 만약 플로팅 게이트가 많은 양의 고립된 전자 트랩 혹은 고립된 메탈이나 반도체로 된 나노결정을 포함한 유전막으로 교체되면, 한 누설경로로는 셀에 저장된 전자들의 일부만이 방전될 수 있어 내구성이 향상될 수 있다. 이러한 것들을 **전하트랩 비휘발성 메모리**charge-trap NVM 및 **나노결정 비휘발성 메모리**nano-crystal NVM라고 부른다.

많은 이유 때문에 NVM은 DRAM과 SRAM보다 단위 제곱센티미터당 더 많은 수의 비트를 저장할 수 있다. 첫 번째 이유는 NVM 셀([그림 6–37] 참조)은 DRAM 셀보다도 단순하며 크기가 작다는 것이다. 두 번째는, 플래시 메모리 셀 내에서 저장된 전자의 개수를 조절하여 두 가지 V_t 값 이상([그림 6–37(b)] 참조)을 쓰고 저장할 수 있다는 것이다. 두 V_t는 한 비트의 데이터를 코드화할 수 있다. 4개의 V_t는 두 비트의 데이터(00, 01, 10, 11)를 코드화할 수 있다. 이 기술을 **멀티레벨 셀**multilevel cell 기술이라고 한다. **NAND 플래시**NAND flash는 수십 개의 메모리 셀을 직렬로 해서 일렬 배열함으로써 더욱 더 높은 집적도(bits/cm^2로 측정되는)를 얻을 수 있다. 게이트 유전층으로 덮이고 오른쪽과 왼쪽 측면에 STIshallow trench isolation가 위치한 길고 좁은 실리콘 띠를 상상해 보자. 최소 간격으로 분리된 32개의 평행한 폴리실리콘 선들은 실리콘 띠를 교차한다. 폴리실리콘 게이트 사이의 공간들은 이온 주입에 의해 N^+ 영역으로 도핑된다. 이것은 직렬로 연결된 32개의 NFET(비휘발성 메모리 셀)을 생성한다. 그렇게 함으로써 모든 셀에 대한 금속 접촉면을 만드는 과정을 생략할 수 있다. 왜냐하면 한 셀의 N^+ 소오스는 다음 셀의 드레인 역할을 겸하기 때문이다. 동작을 설명하기 위해, 직렬 연결된 2개의 셀을 고려해 보자. 위 쪽 셀에 저장된 데이터를 읽기 위해 아래쪽 셀의 게이트 전압을 $V_{t\text{-high}}$보다 올린다. 비슷하게, 해당 셀들을 쓰고 소거시키는 것뿐 아니라 다른 셀을 읽는 동작은 제어 전압을 현명하게 선택하여 수행되어야 한다. 트랜지스터의 줄이 NAND 논리 게이트와 닮았기 때문에 NAND 플래시라고 부른다.

전하–저장은 가장 일반적이나 데이터 저장의 유일한 메커니즘은 아니다. [그림 6–38]은 프로그램 가능한 저항을 적용한 **저항 변화 NVM**RRAM, resistance-change NVM를 보여준다. 이 저항은 금속 산화물 또는 다른 무기질이나 유기질로 만들어지고, 전기장이나 전류에 의해 프로그램되며 면적을 절약하기 위해 트랜지스터 위에 위치한다. 이 중 한 종류는 열 펄스에 의해 프로그램되고 Ge, Sb, Te 합금으로 만들어진다. [그림 6–38(b)]처럼 물질을 녹는점 이상으로 가열하는 전류 펄스를 가하면, 그 후 빠르게 고체화되어 그 물질의 비정질 상을 만들어 높은 저항이 되게 한다([그림 3–15] 참조). [그림 6–38(c)]에는 또 다른 전류 펄스가 저항을 녹는점 이하로 가열한다. 이 온도에서는 비정질 물질이 몇 십 배 저항이 낮은 폴리 결정상으로 된다. R_{low}와 R_{high} 상태들은 "0"과 "1"을 표현한다. 이 메모리를 **상변이 메모리**PCM, Phase Change Memory라고 한다. PCM은 SRAM 속도로 쓰기 및 소거가 가능하고 전하-저장 메모리보다 훨씬 우수한 내구성을 가진다.

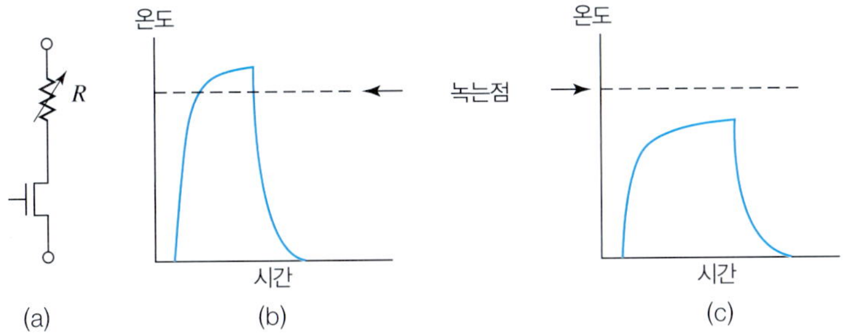

[그림 6-38] (a) PCM과 같은 저항 변화 메모리의 개념, (b) PCM을 고저항 비정질 상을 만드는 빠른 고체화에 의해 고저항 상태로 프로그램한다. (c) PCM을 비정질 물질을 전도성 결정상으로 바꾸는 열처리에 의해 저저항 상태로 프로그램한다.

또 다른 기술에서는 [그림 6-38]의 저항이 극히 얇은 금속 이온의 필라멘트로 되어 있다. 이 필라멘트는 전기 펄스에 의해 몇 개의 금속 이온을 움직임으로써 부서져서 R_{high} 상태가 된다. 이것은 반대 극성의 전기 펄스에 의해 복귀된다. 이러한 메모리 개념을 **금속 마이그레이션 메모리**metal migration memory라고 한다.

핵심요약

[그림 6-7]에 기본적인 CMOS 기술을 나타내었다. 대표적인 디지털 게이트인 CMOS 인버터의 분석은 6.7절에서 설명했다. PFET 풀업 소자와 NFET 풀다운 소자는 매우 비선형적인 VTC를 만들어낸다. 이 비선형성 때문에 인버터는 디지털 신호를 가공하여 새롭게 할 수 있고, 잡음이 많은 디지털 회로에서 매우 필요한 잡음 여유가 생긴다. 인버터의 전달 지연은 다음과 같다.

$$\tau_{\mathrm{d}} \approx \frac{CV_{\mathrm{dd}}}{4}\left(\frac{1}{I_{\mathrm{onN}}} + \frac{1}{I_{\mathrm{onP}}}\right) \qquad (6.28)$$

CMOS 회로의 전력 소모는 다음과 같다.

$$P = kCV_{\mathrm{dd}}^2 f + V_{\mathrm{dd}} I_{\mathrm{off}} \qquad (6.32 \text{ 및 } 6.33)$$

$k<1$는 **회로의 활동도**를 나타낸다. 첫 번째 항은 **동적인 전력**이고, 두 번째 항은 **정적인 전력**이다.

큰 전력 공급 전압인 V_{dd}를 사용하지 않고도 큰 I_{on}을 가지는 것이 바람직하다. 또한 전체 부하 커패시턴스 C(추진하는 소자의 접합 커패시턴스, 추진되는 소자의 게이트 커패시턴스, 연결선의 커패시턴스 포함)를 줄이는 것이 바람직하다. 커패시턴스를 축소하고 원가를 낮춤으로써 트랜지스터의 크기와 칩의 크기를 줄일 수 있다. 또한 L을 축소하고, T_{ox}를 낮추고, V_{t}를 낮추는 등의 끊임없는 노력 덕분에 속도는 향상된다. 그리고 V_{dd}를 감소시킴으로써 전력 소모를 크게 감소시킬 수 있다.

전자와 정공의 **표면 이동도**인 μ_{ns}와 μ_{ps}는 반전층 내 평균 전계의 잘 알려진 함수로 나타낼 수 있다. 여기서 평균 전계는 대략 $(V_{\mathrm{gs}} + V_{\mathrm{t}})/6T_{\mathrm{ox}}$로 표현된다. 이 **유효 수직 전계**가 증가함에 따라 표면 이동도는 감소한다. 통상적인 동작 전계에서 표면 이동도는 벌크 이동도의 몇 분의 1밖에 안된다. 이 모든 것들을 [그림 6-9]에 나타내었다.

GaAs는 높은 전자 이동도를 가지고 있으나 유전체-반도체 계면의 질이 좋지 않다. GaAs MESFET은 MOS 구조를 필요로 하지 않는 FET 구조이다. 그 대신에, 채널 컨덕턴스는 쇼트키 접촉 게이트로 조절된다. HEMT는 에피택시로 길러진 밴드 갭이 큰 반도체를 MOSFET의 부도체로 사용한다. 에피택시가 자라는 계면은 매끄럽다. 전자의 이동도는 매우 크고 소자의 속도는 매우 빠르다.

MOSFET의 V_{t}는 I_{ds}와 V_{g}의 관계를 그린 그래프를 보고 쉽게 측정할 수 있다. V_{t}는 바디와 소오스 간의 전압인 V_{sb}가 커짐에 따라 증가한다. 이 **바디 효과**는 회로 속도에 악영향을 끼친다.

가파른 역방향 바디 도핑에 대해 $V_{\mathrm{t}}(V_{\mathrm{sb}}) = V_{\mathrm{t0}} + \alpha V_{\mathrm{sb}}$ (6.14)

$$\alpha = 3\mathrm{T}_{\mathrm{oxe}}/W_{\mathrm{dmax}} \qquad (6.15)$$

균일한 바디 도핑에 대해 $V_{\mathrm{t}} = V_{\mathrm{t0}} + \dfrac{\sqrt{qN_{\mathrm{a}}2\varepsilon_{\mathrm{s}}}}{C_{\mathrm{oxe}}}\left(\sqrt{2\phi_{\mathrm{B}} + V_{\mathrm{sb}}} - \sqrt{2\phi_{\mathrm{B}}}\right)$ (6.16)

여기서 V_{t0}는 바디 바이어스가 없을 때의 문턱전압이다.

기본적인 I_{ds} 모델은 다음과 같다.

$$I_{ds} = \frac{W}{L} C_{oxe}\mu_{ns}\left(V_{gs} - V_t - \frac{m}{2}V_{ds}\right)V_{ds} \quad (6.22)$$

$$m = 1 + 3T_{oxe}/W_{dmax} \approx 1.2 \quad (6.18)$$

IV 특성은 **선형 영역**과 **포화 영역**으로 나눌 수 있다. I_{ds}는 다음 전압에서 포화된다.

$$V_{dsat} = \frac{V_{gs} - V_t}{m} \quad (6.23)$$

$$I_{dsat} = \frac{W}{2mL} C_{oxe}\mu_{ns}(V_{gs} - V_t)^2 \quad (6.24)$$

포화 영역에서 MOSFET의 **트랜스컨덕턴스**는

$$g_{msat} \equiv dI_{dsat}/dV_{gs} = \frac{W}{mL} C_{oxe}\mu_{ns}(V_{gs} - V_t) \quad (6.26 \text{ 및 } 6.27)$$

위의 기본적인 I_{ds} 모델은 속도 포화 현상을 고려함으로써 많이 개선될 수 있다. 그 결과는,

$$V_{dsat} = \left(\frac{m}{V_{gs} - V_t} + \frac{1}{\mathscr{E}_{sat}L}\right)^{-1} \quad (6.45)$$

$$\text{전자에 대해 } \mathscr{E}_{sat} = 1.6 \times 10^7 \text{ cm/s} \div \mu_{ns}$$

$$\text{정공에 대해 } \mathscr{E}_{sat} = 1.2 \times 10^7 \text{ cm/s} \div \mu_{ps}$$

$$I_{dsat} = \frac{\text{장채널 } I_{dsat} \text{ (식 (6.6.6))}}{1 + \dfrac{V_{gs} - V_t}{m\mathscr{E}_{sat}L}} \quad (6.46)$$

$\mathscr{E}_{sat}L \gg V_{gs} - V_t$일 때 식 (6.45)와 식 (6.46)은 장채널 모델인 식 (6.23)와 식 (6.24)로 돌아간다. $\mathscr{E}_{sat}L \ll V_{gs} - V_t$일 때는,

$$V_{dsat} \approx \mathscr{E}_{sat}L < \text{장채널 } V_{dsat} \quad (6.48)$$

$$I_{dsat} = Wv_{sat}C_{oxe}(V_{gs} - V_t - m\mathscr{E}_{sat}L) \quad (6.49)$$

L이 수십 nm로 줄어들면, **속도 오버슛**이 위 식의 $\mathscr{E}_{sat}$과 v_{sat}을 어느 정도 증가시킨다. 궁극적으로 소오스에서의 **캐리어 주입 속도**가 I_{dsat}의 한계를 결정한다. 흥미로운 것은, 이 한계에 대한 현재의 예상치가 식 (6.49)에 의해 예측되는 값과 크게 다르지 않다는 것이다.

핵심요약

MOSFET의 **고유 전압이득**은 g_{msat}/g_{ds}이다. $g_{ds} = dI_{dsat}/dV_{ds}$는 출력 컨덕턴스이다. 작은 g_{ds}를 얻기 위해서는 큰 L 및/또는 작은 T_{ox}와 W_{dep}, X_j가 필요하다(7.9절 참조).

고주파 응용을 위해서는 (폴리실리콘) 게이트의 전극 저항을 줄이는 것이 중요한데, 이는 넓은 W를 가지는 트랜지스터를 작은 W 트랜지스터로 쪼개서 얻을 수 있다. 식 (6.64)에 나타낸 것과 같이 채널 길이를 줄이면 입력 저항이 줄어든다.

MOSFET의 잡음은 채널, 게이트, 기판의 열 잡음과 플리커 잡음 등으로 이루어져 있다. 열 잡음은 백색 잡음인데 반해, 단위 밴드 폭당 플리커 잡음은 $1/f$에 비례한다. 게이트 유전체 안이나 산 화막–반도체 계면의 트랩 밀도를 줄이면 플리커($1/f$) 잡음이 줄어든다.

기본적인 SRAM 셀은 6개의 MOSFET으로 이루어져 있다. SRAM은 보통 논리 칩에 내장된다. DRAM 셀은 트랜지스터 하나와 커패시터 하나로 구성되며, 그 크기는 매우 작다. DRAM은 리프레시가 필요하고, 넓은 면적을 가지는 복잡한 커패시터 구조 때문에 특별한 공정이 필요하다. 주요한 NVM은 플래시 메모리이다. 이것은 비트당 Si 면적이 DRAM보다 작고, 전력 없이도 수년 동안 데이터를 저장할 수 있다. 플로팅 게이트 NAND가 주된 NVM이지만, 몇 가지 새로운 NVM 개념에 대해서도 연구가 활발히 진행되고 있다.

연습문제

MOSFET과 MESFET V_t

6.1 N^+ 폴리실리콘 게이트를 가지는 N채널 MOSFET을 15 Ωcm P형 Si 웨이퍼 위에 만들었다. 산화막의 고정 전하 밀도는 $q\times8\times10^{10}\,\text{cm}^{-2}$이고, $W=50\,\mu\text{m}$, $L=2\,\mu\text{m}$, $T_{ox}=5\,\text{nm}$이다.

(a) 평탄-밴드 전압 V_{fb}를 정하라.

(b) 문턱전압 V_t는 얼마인가?

(c) 회로 설계자가 $V_t=0.5\,\text{V}$인 N-MOSFET을 소자 엔지니어에게 요구하였다. 게이트 산화막의 두께는 바꿀 수가 없다. 만일 여러분이 소자 엔지니어라면 어떻게 할 것인가? 어떠한 종류의 장비를 사용할 것인지를 포함하여 구체적으로 답하라.

6.2 GaAs MESFET이 $N_d=10^{17}\,\text{cm}^{-3}$으로 도핑된 0.2 μm 두께의 N 채널을 가지고 있다. Au-GaAs의 ϕ_{Bn}이 1 V라고 가정하자. GaAs의 ε_s는 진공 유전상수의 13배이고, $V_d=V_s=0$이다.

(a) $V_g=0$에서 W_{dep}은 얼마인가?

HINT 상온에서 GaAs의 N_c 값은 [표 1-4]를 참조하라.

(b) 어떤 V_g(부호를 포함해서)에서 W_{dep}이 채널의 두께와 같아지겠는가? 이것은 MESFET의 컷-오프 게이트 전압이다. 이 V_g에서 채널이 차단된다.

(c) 큰 게이트 전류를 만들지 않으면서 (b)와는 다른 부호를 가지는 게이트 전압이 인가될 수 있겠는가? 그것이 W_{dep}이나 I_{ds}에 미치는 영향은 무엇인가?

(d) $V_g=0$에서는 꺼지고 V_g가 문턱전압보다 큰 경우에만 채널이 전도되도록 이 MESFET을 다시 설계하려면 무엇을 수행해야 하는가?

HINT (d)의 소자를 증가 모드 트랜지스터(enhancement-mode transistor)라고 부르고, (b)의 소자를 공핍 모드 트랜지스터(depletion mode transistor)라고 부른다.

6.3 $6\times10^{17}\,\text{cm}^{-3}$의 도핑 농도를 가진 기판에 N-MOSFET과 P-MOSFET을 만들었다(N-MOSFET은 P형 기판, P-MOSFET은 N형 기판). 게이트 산화막의 두께는 5 nm이다. [그림 6-39]를 참조하라.

(a) N^+ 폴리실리콘을 이용하여 게이트 전극을 만들었을 경우 N-MOSFET의 V_t를 계산하라.

(b) N^+ 폴리실리콘을 이용하여 게이트 전극을 만들었을 경우 P-MOSFET의 V_t를 계산하라.

(c) P^+ 폴리실리콘을 이용하여 게이트 전극을 만들었을 경우 P-MOSFET의 V_t를 계산하라.

(d) 칩에서 이용할 수 있는 전압이 공급 전압인 $V_{dd}=2.5\,\text{V}$와 접지 전압인 0 V의 두 가지밖에 없다고 가정하자. N-MOSFET에 소오스로부터 드레인으로 흐르는 전류를 최대화하기 위해서는 각각의 전극(바디, 소오스, 드레인, 게이트)에 어떤 전압을 인가해야 하는가?

(e) (d)를 P-MOSFET에 대해서도 답해 보라.

(f) (b)와 (c)의 두 트랜지스터 중에서 더 큰 포화 전류를 가지는 트랜지스터는 무엇인가? 공급 전압이 2.5 V라고 가정할 때, 트랜지스터 (c)와 트랜지스터 (b)의 포화 전류 비를 계산하라.

(g) 트랜지스터 (c)와 트랜지스터 (a)의 포화 전류 비는 얼마인가? [그림 6-9]의 이동도 값을 이용하라.

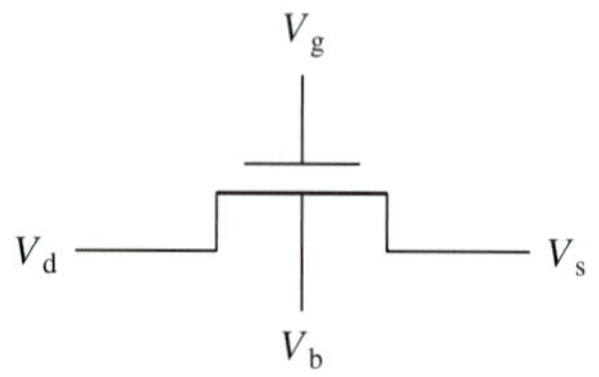

[그림 6-39]

기본 MOSFET *IV* 특성

6.4 채널 길이가 $L = 1\,\mu$m인 가상의 MOSFET의 CV 및 I_d–V_g 특성이 [그림 6-40]과 같다.

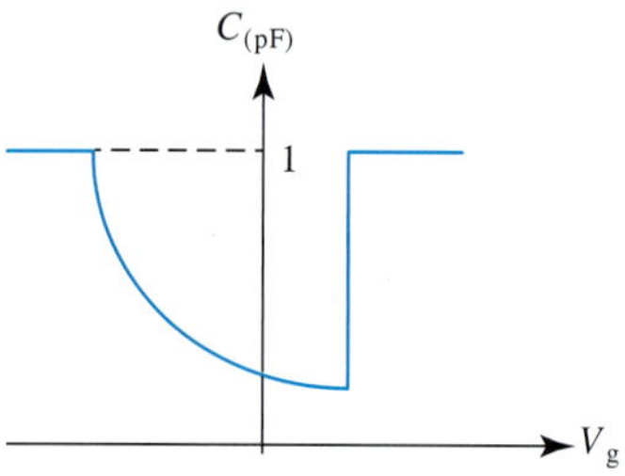

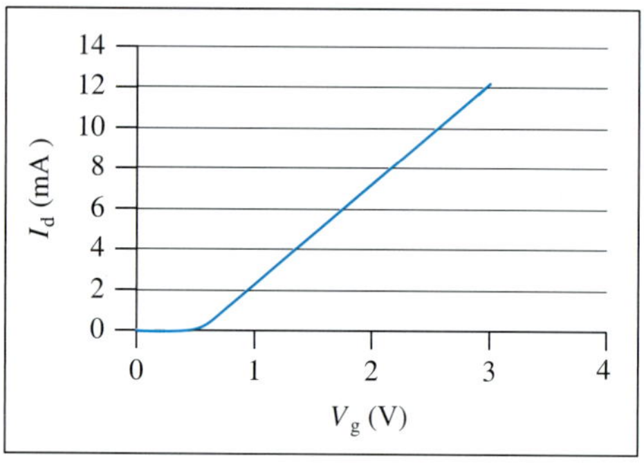

[그림 6-40]

(a) 이 CV 특성은 고주파나 저주파 중 어떤 주파수에서 얻어진 것인가? 또는, 이에 대한 답을 하는 것이 불가능한가를 설명하라.

(b) 이 소자는 P-MOSFET인가 또는 N-MOSFET인가?

(c) 이 트랜지스터의 문턱전압을 구하라.

(d) 이 트랜지스터의 채널에 있는 캐리어의 이동도를 구하라.

(e) $V_g = 1$ V와 $V_g = 2.5$ V에서 I_d–V_d 곡선을 그려 보라.

6.5 [그림 6-41]은 $T_{ox} = 10\,\mathrm{nm}$, $W = 10\,\mu\mathrm{m}$, $L = 2\,\mu\mathrm{m}$인 N-MOSFET의 IV 특성이다($m = 1$로 가정하고 속도 포화는 고려하지 않는다).

(a) 그림으로부터 V_t를 어림잡아 구하라.

(b) 반전층의 μ_{ns}를 어림잡아 구하라.

(c) 그림에 $V_{gs} = 3\,\mathrm{V}$에 해당하는 $I-V$ 곡선을 추가하라.

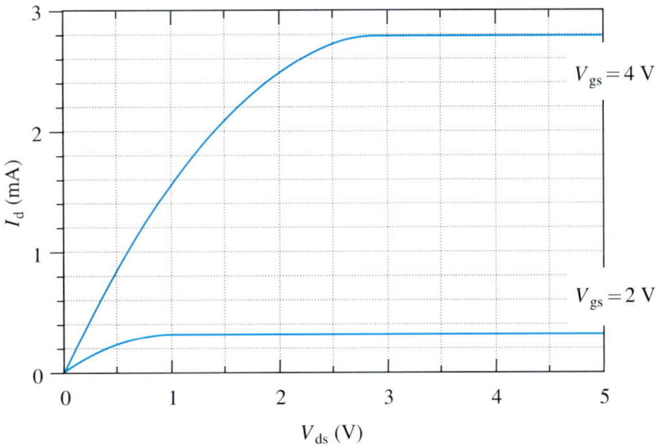

[그림 6-41]

6.6 [그림 6-42]에 보이는 MOSFET을 아래와 같은 식으로 표현할 수 있다.

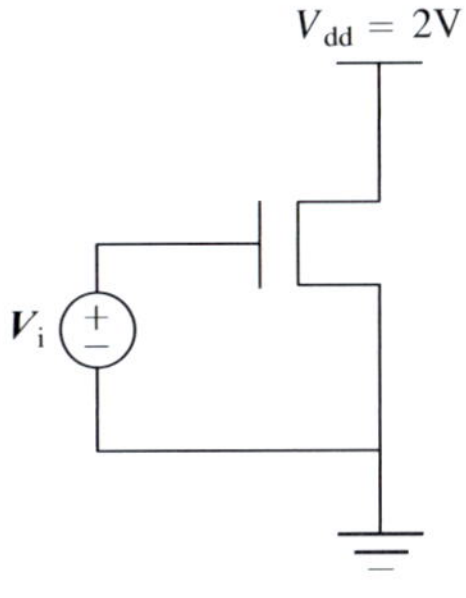

$$I_{dsat} = \frac{k'W}{2L}(V_{gs} - V_t)^2, \quad V_{ds} > V_{dsat}$$

$$I_{ds} = \frac{k'W}{L}\left[(V_{gs} - V_t)V_{ds} - \frac{V_{ds}^2}{2}\right], \quad V_{ds} < V_{dsat}$$

[그림 6-42]

여기서 k'은 $\mu_{ns}C_{ox}$이고, 실제의 경우 주어진 게이트 바이어스에서 I_{dsat}을 측정하여 구할 수 있다. $k' = 25\,\mu\mathrm{A/V^2}$, $V_t = 0.5\,\mathrm{V}$, $W = 10\,\mu\mathrm{m}$, $L = 1\,\mu\mathrm{m}$이고, V_i는 0부터 3 V까지 변한다.

(a) 주의 깊게 I_{dsat}을 V_i의 함수로 그려 보라. 곡선에 구분점을 표시한다.

(b) 실선을 이용하여 MOSFET의 트랜스컨덕턴스를 그려 보라.

(c) (b)의 그림에 점선을 이용하여 출력 컨덕턴스 dI_{ds}/dV_{ds}를 표시하라.

연습문제

6.7 [그림 6-43]에 이상적인 MOSFET에 대한 $I_{ds}-V_{ds}$ 곡선을 나타내었다. 주어진 특성에 의하면 $I_{dsat} = 10^{-3}$ A이고 $V_{dsat} = 2$ V이다.

HINT 문제 풀이를 위해 다음 정보가 필요할 수도, 혹은 필요하지 않을 수도 있다. $m = 1$, $L = 0.5\mu$m, $W = 2.5\mu$m, $T_{ox} = 10$ nm. 속도 포화는 고려하지 않는다.

(a) V_t가 0.5 V로 주어졌을 때, 아래 $I-V$ 곡선을 얻기 위하여 얼마의 게이트 전압 V_{gs}를 인가해야 하는가?

(b) MOSFET에 곡선의 (1)로 표시된 점에 해당하는 바이어스가 걸렸을 때, 채널의 드레인 끝에서의 단위면적당 반전층 전하는 얼마인가?

(c) 게이트 전압이 $V_{gs} - V_t = 3$ V가 되도록 바뀌었다고 가정하자. 이 새로운 조건에 대하여 $V_{ds} = 4$ V일 때 I_{ds}를 구하라.

(d) 만일 $V_d = V_s = V_b = 0$ V이면, 1 MHz로 측정했을 때 이 MOSFET으로부터 예측되는 게이트 커패시턴스 C와 V_g 관계의 일반적인 모양을 그려 보라. 커패시턴스 값은 계산하지 않아도 되지만, $C-V$ 곡선에 $V_g = V_t$ 점은 표시하라.

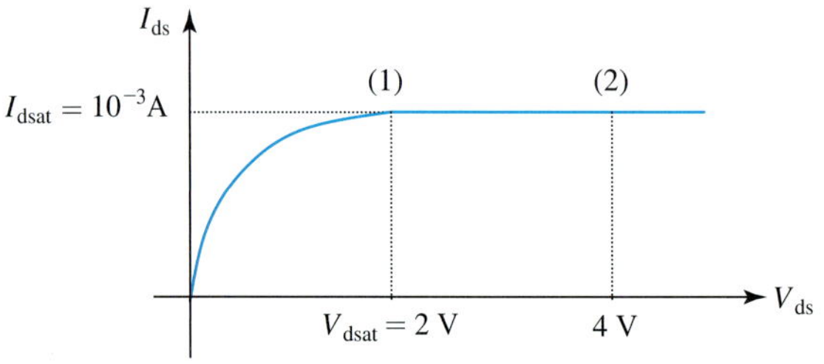

[그림 6-43]

6.8 이상적인 N채널 MOSFET이 다음과 같은 매개변수를 가지고 있다 : $W = 50\mu$m, $L = 5\mu$m, $T_{ox} = 0.05\mu$m, $N_a = 10^{15}$ cm^{-3}, N^+ 폴리실리콘 게이트 $\mu_{ns} = 800$ cm^2/V/s(V_g에 무관함). 벌크 전하 효과와 속도 포화는 무시한다. 다음을 구하라.

(a) V_t

(b) $V_g = 2$ V일 때의 I_{dsat}

(c) $V_g = 2$ V, $V_d = 0$일 때의 dI_{ds}/dV_{ds}

(d) $V_g = 2$ V, $V_d = 2$ V일 때의 dI_{ds}/dV_{gs}

MOSFET 채널에서의 전위 및 캐리어 속도

6.9 6.6절의 다음 식 $V_c(x) = (V_g - V_t)\,[1\sqrt{1-x/L}\,]$을 유도하라. 단, $m = 1$로 가정한다(속도 포화는 고려하지 않는다).

6.10 이 문제는 [연습문제 6.9]의 확장된 문제이다.

(a) 식 (6.25)를 유도하라.

(b) $Q_{\text{inv}}(x)$에 대한 표현식을 찾아내라.

(c) $v(x) = \mu_{ns} dV_{cs}/dx$에 대한 표현식을 찾아내라.

(d) $WQ_{\text{inv}}(x)v(x) = I_{\text{dsat}}$(식 (6.24))임을 보여라.

(e) $V_{cs}(x)$를 정성적으로 그려 보라.

새로운 MOSFET의 IV 특성

6.11 채널 중간의 T_{ox}는 얇고 소오스나 드레인 가까이에서는 T_{ox}가 두꺼운 N-MOSFET이 있다([그림 6-44]). 이것은 대략 $T_{\text{ox}} = Ax^2 + B$로 나타낼 수 있다. V_t가 x에 무관하고 $m = 1$이라고 가정한다(속도 포화 현상도 고려하지 않는다).

(a) I_d에 관한 표현식을 유도하라.

(b) V_{dsat}에 관한 표현식을 유도하라.

(c) V_t가 상수라고 가정할 때 W_{dmax}는 크겠는가, 또는 작겠는가?

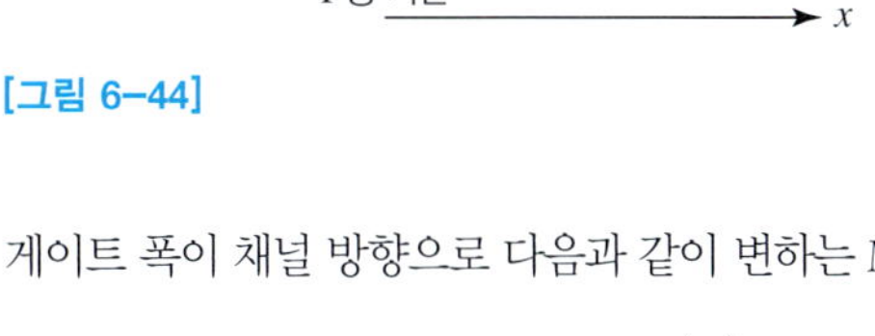

[그림 6-44]

6.12 게이트 폭이 채널 방향으로 다음과 같이 변하는 MOSFET이 있다고 가정하자.

$$W(x) = W_0 + x$$

게이트 폭을 제외하면, 이 MOSFET은 6장에서 배운 전형적인 MOSFET과 같다고 가정하라(속도 포화는 없다고 가정한다).

(a) 이 소자의 I_d에 대한 표현식을 유도하라. 벌크 전하 효과를 무시하라($m = 1$).

(b) I_{dsat}에 대한 표현식을 유도하라.

연습문제

CMOS

6.13 MOS 회로는 NMOS의 V_t와 PMOS의 V_t의 크기가 거의 같고 부호가 다를 때 가장 잘 작동한다. 이 V_t의 대칭성을 얻기 위해 PFET과 NFET은 같은 $N_{substrate}$를 가지고, $V_{fb,\ PMOS} = -V_{fb,\ NMOS}$의 대칭적인 평탄 밴드 전압을 가진다.

(a) 기판 도핑이 $5\times10^{16}\text{cm}^{-3}$이고 게이트가 N^+일 때 NMOS와 PMOS의 V_{fb}를 계산하라. 2개의 평탄 밴드 전압은 대칭인가?

(b) 이번에는 NMOS와 PMOS가 P^+ 게이트를 가진다고 가정하고, (a)에 대한 질문에 답하라.

(c) 만일 한 가지 종류의 게이트 물질만 이용해야 한다고 할 때, 같은 $|V_t|$를 얻기 위해서는 어떤 값의 게이트 일함수 값을 선택해야 하는가?

(d) 만일 N^+와 P^+ 게이트 둘 다 사용할 수 있다면, 어떤 종류의 게이트를 NMOS에 사용하고 어떤 종류의 게이트를 PMOS에 사용할 것인가?

HINT (a)와 (b)의 결과를 이용하라. 대칭적인 V_t를 얻어야 한다는 것과 큰 $|V_t|$는 회로 속도에 나쁜 영향을 끼친다는 것을 고려하라.

6.14 (a) 같은 칩에 만들어진 NMOS와 PMOS 커패시터의 평탄 밴드 전압을 계산하라. (소자는 [그림 6-45]와 같다)

(b) 두 소자의 문턱전압을 계산하라.

(c) NMOS와 PMOS의 문턱전압의 절댓값을 같게 하는 것이 바람직하다($V_{tPMOS} = -V_{tNMOS}$). 기본적으로 $Si-SiO_2$ 계면에 이온화된 전하 $Q_{impl}(\text{C/cm}^2)$을 가지는 도펀트를 주입하여 문턱전압을 바꿀 수 있다. 그러한 주입이 PMOS에 대해서만 행해졌다고 가정한다. $V_{tPMOS} = -V_{tNMOS}$를 얻기 위해 필요한 Q_{impl}의 값을 구하라.

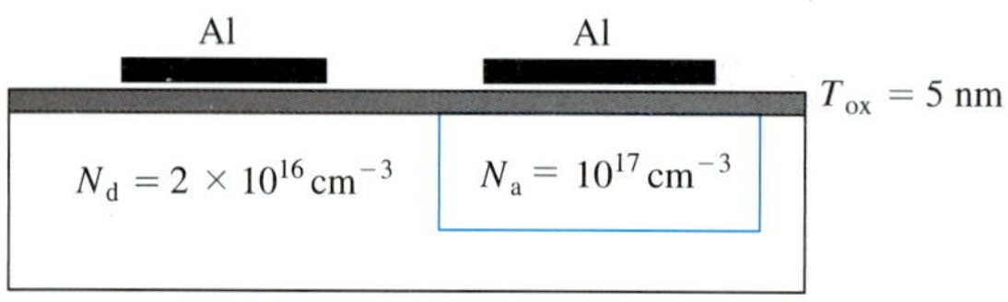

[그림 6-45]

6.15 (a) 식 (6.28)과 식 (6.30) 사이의 빠진 단계를 써 보라.

(b) 식 (6.30)과 식 (6.31) 사이의 빠진 단계를 써 보라.

6.16 [그림 6-46]에 인버터의 전압 전달 곡선이 주어졌다. NFET과 PFET의 문턱전압이 각각 +0.4 V와 −0.4 V이다. 각 점 A, B, C, D에서 두 트랜지스터의 상태(컷오프, 선형, 포화)를 결정하라. (트랜지스터의 출력 컨덕턴스가 매우 크며 두 트랜지스터가 동일한 $\mu C_{ox}(W/L)$, $m =$ 1.333을 가진다고 가정하라.)

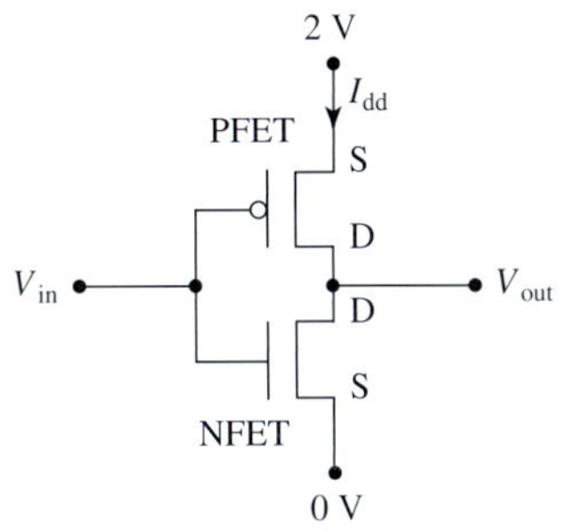

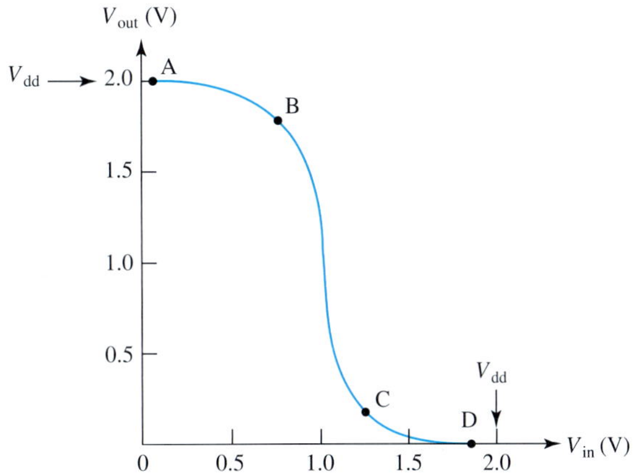

[그림 6-46]

	NFET 동작 모드	PFET 동작 모드
A		
B		
C		
D		

연습문제

6.17 [그림 6–47]에 나오는 CMOS 인버터를 생각해 보자.

(a) 만약 N채널과 P채널 MOSFET의 문턱전압이 V_{tn}과 V_{tp}라고 할 때, 전압 전달 특성(VTC), 즉 이 인버터의 V_0와 V_i와의 관계를 나타내는 그림을 그려 보라. V_i가 0부터 V_{dd}까지 변할 때, 각 트랜지스터의 상태(오프, 선형, 포화)를 표시하라. MOSFET의 전도 특성이 바뀌는 모든 점을 나타내라.

(b) 만약 두 MOSFET의 $I_d - V_d$가 아래의 매개변수를 가지는 제곱 법칙 이론에 의해 특징지어진다고 할 때, (a)에서 표시한 모든 점에서의 전압을 계산하라.

N채널 MOSFET : $\mu_{ns} C_{ox}(W/L) = 40\,\text{mA/V}^{-2}$, $V_{tn} = 1\,\text{V}$

P채널 MOSFET : $\mu_{ns} C_{ox}(W/L) = 5\,\text{mA/V}^{-2}$, $V_{tp} = -1\,\text{V}$ 공급 전압 $V_{dd} = 5\,\text{V}$

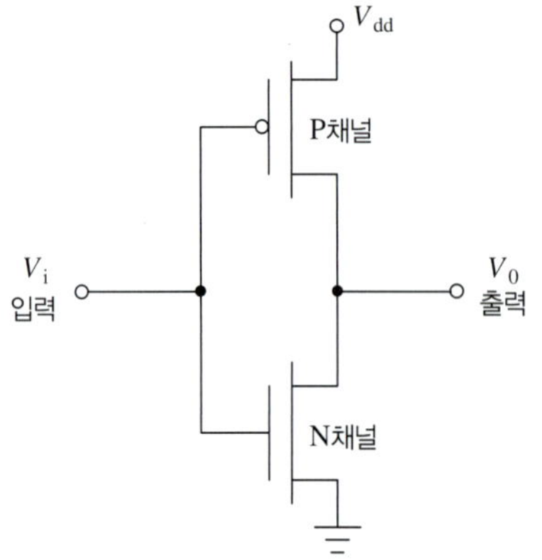

[그림 6–47]

바디 효과

6.18 많이 도핑된 P형 폴리실리콘 게이트를 가지는 P채널 MOSFET이 $V_{sb} = 0\,\text{V}$일 때 $-1.5\,\text{V}$의 문턱전압을 가지고 있다. 5 V의 역방향 바이어스가 기판에 인가되었을 때, 문턱전압은 $-2.3\,\text{V}$로 바뀐다.

(a) 산화막의 두께가 100 nm이면 기판의 도펀트 농도는 얼마인가?

(b) V_{sb}가 $-2.5\,\text{V}$이면 문턱전압은 얼마인가?

속도 포화 효과

6.19 [그림 6-48]은 N-MOSFET의 $I_d - V_d$ 특성을 나타낸 것이다.

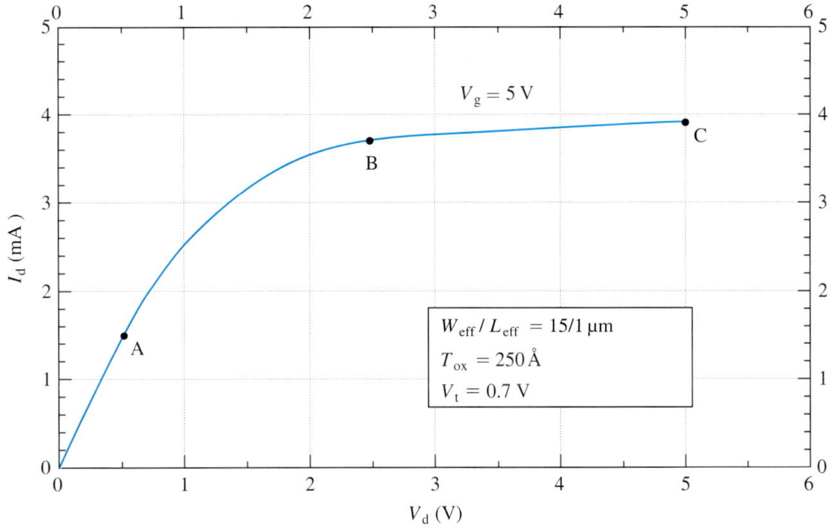

[그림 6-48]

드레인 근처와 소오스 근처의 전자 속도는 점 A, B, C에서 각각 얼마인가? 계산할 때 다음 값을 이용하라.

A : $I_{ds} = 1.5\,\text{mA}$, $V_{ds} = 0.5\,\text{V}$

B : $I_{ds} = 3.75\,\text{mA}$, $V_{ds} = 2.5\,\text{V}$

C : $I_{ds} = 4.0\,\text{mA}$, $V_{ds} = 5.0\,\text{V}$

HINT $I_d = W \times Q_{inv} \times v$

6.20 속도 포화 현상이 있는 N-MOSFET에 대하여 다음 소자 매개변수들이 감소할 경우에 V_{dsat}과 I_{dsat}이 증가하는지, 감소하는지, 또는 변하지 않는지를 나타내라.

	T_{ox}	W	L	V_t	V_g
V_{dsat}					
I_{dsat}					

6.21 식 (6.38)과 식 (6.44)를 같다고 하여 식 (6.45)을 증명하라.

연습문제

6.22 식 (6.45)를 식 (6.38)에 대입하여 식 (6.46)을 증명하라.

6.23 $\varepsilon_{sat} = 10^4\ \text{Vcm}^{-1}$인 MOSFET을 생각해 보자. $V_g - V_t = 2\,\text{V}$에 대해서 V_{dast}을 다음의 경우에 대하여 계산하라.

(a) $L = 0.1\,\mu\text{m}$

(b) $L = 10\,\mu\text{m}$

(c) $I_{dsat} = 7\,\text{mA}$인 (a) 소자에 대하여, 게이트 커패시턴스가 10 fF이라면 낮은 전계에서의 전자 이동도를 계산하라.

6.24 문턱전압이 0.5 V이고 산화막 두께가 6 nm인 N-MOSFET이 $V_{gs} = 2.5\,\text{V}$로 바이어스되어 있을 때 V_{dsat}은 0.75 V이다. 이 소자의 채널 길이와 단위 폭당 포화 전류는 얼마인가?

HINT 보편 이동도 곡선을 이용하여 μ_{ns}를 구하라. μ_{ns}로부터 다음을 구할 수 있다.

$$\varepsilon_{sat} = 2v_{sat}/\mu_{ns} = \frac{8\times 10^6 \text{cm/s}}{2\mu_{ns}}$$

6.25 속도 포화 현상이 나타날 경우의 MOSFET의 드레인 전류는 다음과 같다.

$$\text{선형 영역에서, } I_{dlin}(\text{속도 포화}) = \frac{I_{dlin}(\text{속도 포화가 없는 경우})}{1+\dfrac{V_{ds}}{E_{sat}L}}$$

$$\text{포화 영역에서, } I_{dsat}(\text{속도 포화}) = \frac{I_{dsat}(\text{속도 포화가 없는 경우})}{1+\dfrac{V_{gs}-V_t}{mE_{sat}L}}$$

벌크 전하 계수가 $m = 1.2$이고, 포화 속도는 $v_{sat} = 8\times 10^6\,\text{cm/s}$, 표면 이동도는 $\mu_{ns} = 300\,\text{cm}^2/\text{V}\cdot\text{s}$인 MOSFET을 생각해 보자. 속도 포화 현상에 의해서 드레인 전류가 반으로 줄어드는 조건은 무엇인가? $mV_{ds} > V_{gs} - V_t$를 가정하라.

(a) $L = 100\,\text{nm}$인 경우, $V_{gs} - V_t$는 얼마인가?

(b) $V_{gs} - V_t = 0.2\,\text{V}$인 경우, L은 얼마인가?

유효 채널 길이

6.26 MOSFET의 소오스와 드레인 접촉면 사이의 총 저항은 $(R_s + R_d + R_{Channel})$이다. 여기서 R_s와 R_d는 소오스와 드레인의 직렬 저항이고, $R_{Channel}$은 채널 저항이다. 이 문제에서는 V_{ds}가 매우 작다고 가정한다.

(a) V_{gs}에 의해 변하는 $R_{Channel}$의 표현식을 써보라.

HINT $R_{Channel} = V_{ds}/I_{ds}$

(b) $L_{effective} = L_{gate} - \Delta L$을 생각해 보자. 여기서 L_{gate}는 게이트 길이이고, ΔL은 게이트 아래로 확장된 소오스와 드레인 확산에 의한 부분을 나타낸다. R_{sd}를 $(R_s + R_d)$로 정의하라. R_{sd}와 ΔL을 어떻게 구할 수 있는지 설명하라.

HINT (a)의 표현식을 검토해 보라. ΔL은 모든 게이트 길이를 가지는 소자에 대해서 같다는 것에 유의하라. 여러분은 어떤 범위의 게이트 전압과 길이를 사용하여 측정하는 것을 원할 것이다.

(c) 다음 식을 증명하라. 단, 여기서 I_{dsat0}는 R_s가 없는 경우의 포화 전류이다.

$$I_{dsat} = \frac{I_{dsat0}}{1 + \dfrac{I_{dsat0}R_s}{(V_{gs} - V_t)}}$$

(d) $T_{ox} = 3\,\text{nm}$, $W/L = 1/0.1\,\mu\text{m}$, $V_{gs} = 1.5\,\text{V}$, $V_t = 0.4\,\text{V}$일 때 $R_s = 0,\ 100,\ 1000\Omega$ 각각에 대한 I_{dsat}을 구하라.

6.27 설계 시 레이아웃 상에서 그린 트랜지스터의 채널 길이는 일반적으로 전기적 채널 길이와 다르다. 우리는 전기적 채널 길이를 L_{eff}라 하고 그려진 채널 길이를 L_{drawn}이라 부른다. 그러므로 트랜지스터의 I_d–V_d 곡선은 다음 식으로 나타내야 한다.

$$V_d > V_{dsat}\text{에 대해 } I_{dsat} = \frac{\mu_n C_{ox} W}{2L_{eff}}(V_g - V_t)^2$$

$$V_d < V_{dsat}\text{에 대해 } I_{dsat} = \frac{\mu_n C_{ox} W}{L_{eff}}\left[(V_g - V_t)V_{ds} - \frac{V_{ds}^2}{2}\right]$$

(a) L_{eff}를 어떻게 구할 수 있겠는가? 절차를 설명하라.

HINT 1, 3, 5μm 등의 다른 L_{drawn}을 가지는 여러 개의 MOSFET이 있다고 가정할 수 있다. W와 V_t는 알려져 있다.

연습문제

(b) 같은 V_g에 대해 아래와 같이 3개의 I_{dsat} 데이터가 측정되었을 때, $\Delta L = L_{drawn} - L_{eff}$와 게이트 산화막 두께를 구하라.

L (그려진 채널 길이)	1(μm)	3(μm)	5(μm)
I_{dsat} (mA)	2.59	0.8	0.476

채널 폭 W는 $10\,\mu$m이고, 이동도는 $300\,\text{cm}^2/\text{V/s}$이다.

(c) I_{dsat}이 $V_g = 2\,\text{V}$에서 측정되었다면, $L_{drawn} = 1\,\mu$m인 트랜지스터의 문턱전압은 얼마인가?

메모리 소자

6.28 (a) 기본적인 CMOS 제조 기술과의 근사점, 쓰기 속도, 휘발성, 그리고 셀 크기 관점에서 SRAM, DRAM, 플래시 메모리의 차이점을 정성적으로 설명하라.

(b) SRAM, DRAM, 플래시 메모리의 주 응용분야는 무엇인가? 그리고 이 각각이 그 응용에 적합한 이유는 무엇인가?

HINT (a)의 답을 생각해 보라.

6.29 (a) [그림 6-34(b)]에 나타낸 6개의 트랜지스터를 [그림 6-34(a)]의 트랜지스터에 대응시켜 보라.

HINT 보통 M_5와 M_6는 인버터에 있는 트랜지스터보다 큰 W를 가진다.

(b) 비트라인과 워드라인의 가능한 레이아웃을 [그림 6-34(b)]에 추가하라.

(c) (b)의 답부터 시작하여 또 다른 셀을 오른쪽에, 그리고 세 번째 셀을 원래 셀의 위쪽에 추가하라.

(d) 6개의 트랜지스터와 워드/비트라인을 꽉 채워서 더욱 작은 셀 면적에 배치할 수 있는 (새로운 레이아웃) 다른 방법을 생각해 보라.

HINT 10분 정도 시간을 들여서 노력해 보는 것이 재미있겠지만, 그것들을 더 작은 면적에 꽉 채우는 것이 안 될 것이다. 게다가, 레이아웃에 있는 모든 형태의 크기와 간격을 통제하는 법칙인 자세한 "설계"를 모르면 이 문제를 풀 수 없다.

CHAPTER 07

집적 회로에서의 MOSFET

MOSFETS IN ICS

본 장에서는 MOS 소자(MOSFET)의 게이트 길이가 어떻게 계속해서 줄어들 것인가를 다룬다. 한 가지 중요한 토픽은 off 상태의 전류 또는 MOSFET의 누설전류이다. 이 토픽은 이전 장에서 다룬 on 상태의 전류에 대한 논의를 보충한다. 여기서 다루는 주된 토픽은 문턱전압 이하 영역에서의 누설전류 및 소자 축소화에 대한 이 누설전류의 영향, I_{on}과 I_{off} 전류 사이의 관계 및 회로 설계에서 이것의 영향이다. 특히, 이동도 증가, 높은 유전상수(high-k) 절연막, 금속게이트, SOI, 다중게이트 MOSFET, 금속 소오스/드레인 등을 포함하는 미래 MOSFET의 축소화에 대한 기회를 이해하는 데 중점을 둘 것이다. 또한 소자 시뮬레이션 및 회로 시뮬레이션을 위한 MOSFET의 콤팩트 모델도 소개한다.

금속-산화물-반도체MOS 집적 회로는 가격, 속도, 전력 소모 면에서 계속적으로 개선되어 왔으며, 이를 통해 세계적으로 증가하고 있는 계산, 통신, 오락, 자동차 및 다른 응용을 위한 전자 소자의 수요를 충족시켜왔다. 이와 같은 개선은 시장을 자극하여 새로운 응용을 가능하게 했으며, 세계적으로 삶의 질과 생산성을 크게 향상시켰다.

7.1 소자 축소화 — 가격, 속도 및 전력 소모

1965년 이후 45년 동안에 반도체 메모리의 1비트당 가격은 1억 배 감소했다. 논리 게이트의 가격도 유사하게 급락하였다. 이와 같은 급격한 가격 감소로 새로운 응용이 생성되고, 반도체 기술은 모든 인간의 일에 대해 사람들이 수행하는 방식을 개선했다. 전자공학이 번성하는 데 힘이 되었던 원동력은 "축소화miniaturization"이다. 트랜지스터와 배선을 작게 만듦으로써 더 많은 회로가 하나의 반도체 웨이퍼에 만들어질 수 있었고, 결과적으로 각 회로의 가격은 더 저렴해졌다. 다시 말해 축소화는 집적 회로의 속도와 전력 소모를 개선하는 수단이 되어 왔다.

고든 무어Gordon Moore는 1965년 하나의 칩 위에 있는 소자 수는 매 18개월에서 24개월 남짓마다 2배씩 된다는 사실을 실험을 통해 알게 되었다. 이 **무어의 법칙**Moore's Law은 빠르면서도 지속적인 축소화의 경향을 간명하게 기술한다. 최소 선폭이 줄어들 때마다 그 시기를 우리는 새로운 **기술 세대**technology generation 또는 **기술 노드**technology node라고 한다. 기술 세대에는 $0.18\,\mu$m, $0.13\,\mu$m, 90 nm, 65 nm, 45 nm, ⋯ 등의 세대가 있다. 위에서 열거한 숫자는 최소로 구현할 수 있는 금속선의 선폭을 나타낸다. 폴리실리콘 게이트 길이는 더 작을 수도 있다. 각 새로운 기술 노드에서 회로 레이아웃의 콘택트 홀contact hole과 같은 모든 최소 패턴 크기 feature는 이전 기술 노드에 비해 크기가 70% 감소한다. 이와 같이 주기적으로 패턴 크기가 감소하는 것을 **스케일링**scaling(비례 축소)이라고 한다. 역사적으로, 새로운 기술 노드는 매 2년에서 3년마다 도입되었다.

새로운 기술 노드를 도입함으로써 회로의 크기를 반으로 줄일 수 있다. 즉, 이전 기술 노드에서 패턴의 한 변을 70% 줄이면 면적은 ~50%로 줄어든다$(0.7 \times 0.7 = 0.49)$. 새로운 기술 노드를 이용하면 하나의 웨이퍼에 거의 2배 많은 회로를 제작할 수 있기 때문에 회로 하나당 가격은 크게 줄어든다. 이렇게 하여 집적 회로의 가격이 하락하게 되었다.

NOTE 집적 회로 개념에 대한 초기 반응

1991년 1월 22일 잭 킬비 박사가 기고한 일화

"오늘날 집적 회로의 개념을 보편적으로 받아들이고 있다. 그러나 항상 그랬던 것은 아니었다. 1959년 집적 회로가 처음 발표되었을 때, 몇몇 반대가 제기되었다. 다음은 그에 대한 내용이다.

(1) 저항이나 커패시터 같은 다른 부품을 포함하도록 절충함으로써 트랜지스터의 성능이 떨어질 수 있다.
(2) 이러한 형태의 회로는 양산할 수 없다. 수율은 매우 낮을 것이다.
(3) 설계를 하는 데 많은 비용이 들고, 변화시키기도 어려울 것이다.

이후 5~6년 동안 몇 차례 기술 회의에서 상기 이슈에 대한 논의는 재밋거리를 제공했다."

1959년 텍사스 인스트루먼츠 Texas Instruments 사의 잭 킬비 Jack Kilby 와 페어차일드 반도체 Fairchild Semiconductor 사의 로버트 노이스 Robert Noyce 는 어떤 전자회로를 구현하기 위해 하나의 반도체 칩 위에 여러 개의 소자를 서로 연결하는 기술을 독립적으로 발명했다. 그 후 10년간의 법정 싸움에서 두 회사의 특허는 확정되었고, 노이스와 킬비는 집적 회로의 공동 발명자로 인정받았다. 노이스 박사가 개발한 평탄 기술은 평탄한 반도체 기판에 수동/능동 부품과 배선을 층으로 형성하는 기법으로, 집적 회로를 제작하는 방법이다. 이 기술로 인정받았던 노이스 박사는 1990년에 사망했다. 그리고 2000년에 킬비 박사는 집적 회로를 발명한 공로로 노벨 물리학상을 받았다.

선폭과 더불어, MOSFET의 게이트 산화막 두께와 전원 공급 전압과 같은 어떤 다른 변수들도 소자 스케일링에 따라 줄어든다. 이와 같은 축소화는 트랜지스터 전류 밀도(I_{on}/W)가 각 새로운 기술 노드마다 증가하는 형태로 진행된다. 또한 더 작은 트랜지스터와 더 짧은 상호 연결선을 구현함으로써 커패시턴스가 감소한다. 이들 변화는 회로의 지연시간을 감소시킨다(식 6.28). 역사적으로 IC 속도는 각 새로운 기술 노드마다 약 30% 정도 증가해왔다. 더 높은 속도는 RF 이동전화를 통해 광대역 데이터 통신과 같은 응용을 가능케 한다.

스케일링은 또 다른 이로움을 준다. 식 (6.32)에 따르면, 커패시턴스(C)와 특히 전원 공급 전압(V_{dd})의 감소는 전력 소모를 줄이는 데 유용하다. C와 V_{dd}가 감소한 덕분에, 칩당 전력 소모는 각 기술 노드에서 스위칭 주파수(f)가 증가하고 칩당 트랜지스터 수가 2배로 증가했음에도 조금 증가했을 뿐이다. 만약 스케일링이 없었다면, 10억 개의 트랜지스터가 2GHz로 동작하는 하나의 PC 마이크로프로세서가 하는 일을 처리하는 데 1970년대 기술로는 발전소 하나의 출력이 필요할 것이다.

요약하면, 스케일링은 각 새로운 기술 세대에서 하나의 기능을 수행하는 데 필요한 가격, 속도, 전력 소모를 개선한다. 이러한 모든 특징들은 40년 동안에 천만 배에서 1억 배만큼 개선되었다. 이는 인류 역사상 비길 데 없는 공학 업적이다. IC에 관해서는 작은 것이 아름답다.

7.1.1 스케일링을 가능하게 하는 혁신

미래에 예상되는 시장 수요를 만족하기 위해 필요한 트랜지스터와 회로 성능에 대한 의견을 일치시키기 위해 반도체를 연구하는 사람들은 일 년에 몇 번씩 회의를 해왔다. 이들은 회의를 통해 해마다 갱신된 자료인 ITRS[International Technology Roadmap for Semiconductor]를 발간한다. ITRS는 단지 목표를 설정하고 도전적인 문제를 제시할 뿐, 해결 방법은 제공하지 않는다[1]. 즉, 제조 장비 및 재료 판매자와 연구계에 예상되는 어려움을 알려준다. 이 어려움을 해결하는 것은 만만치 않으나, 함께 일하거나 개별적으로 일하는 혁신적인 엔지니어들은 도전해야 하는 문제에 대처해왔고 불가능해 보이는 것을 해결해왔다.

[표 7-1]은 스케일링 역사와 ITRS 기술 예측의 일부를 편집한 것이다. 고성능[HP, High-Performance]은 고성능 컴퓨터 프로세서를 위한 반도체 기술을 나타낸다. LSTP는 휴대용 전화기와 같이 낮은 대기 상태 전력 소모를 필요로 하는 제품에 대한 반도체 기술을 나타낸다. 물리적인 게이트 길이인 L_g는 실제로 해당 기술 노드의 최소 선폭보다 더 작다. 예를 들어, 90 nm 노드를 살펴보자. 비록 90 nm 노드에서 리소그래피 기술은 90 nm 선폭의 포토레지스트 라인을 구현할 수 있지만, 엔지니어들은 포토레지스트에 형성된 패턴을 그 아래에 있는 산화막으로 전사하고, 등방성 건식 에칭 장비(3.4절 참조)로 산화막을 등방성 에칭하여 산화막 라인의 폭(및 두께)을 줄인다. 폭이 좁게 형성된 산화막 라인을 새로운 에칭 마스크로 사용하여, 에칭을 통해 그 아래에 있는 게이트 패턴을 형성한다. 각 기술 노드에서 엔지니어에 의해 이루어진 수많은 기술혁신이 이뤄졌고, 이로 인해 IC 기술의 스케일링이 가능해졌다.

[표 7-1] 90 nm에서 22 nm로의 스케일링 및 그 스케일링을 가능하게 한 기술혁신

출하 연도	2003	2005	2007	2010	2013
기술 노드 (nm)	90	65	45	32	22
L_g(nm) (HP/LSTP)	37/65	26/45	22/37	16/25	13/20
EOT_e(nm) (HP/LSTP)	1.9/2.8	1.8/2.5	1.2/1.9	0.9/1.6	0.9/1.4
V_{DD}(V) (HP/LSTP)	1.2/1.2	1.1/1.1	1.0/1.1	1.0/1.0	0.9/0.9
I_{on}, HP (μA/μm)	1100	1210	1500	1820	2200
I_{off}, HP (μA/μm)	0.15	0.34	0.61	0.84	0.37
I_{on}, LSTP (μA/μm)	440	465	540	540	540
I_{off}, LSTP (μA/μm)	1E-5	1E-5	3E-5	3E-5	2E-5
기술혁신	├→ 스트레인(strain) 실리콘		├→ 높은 유전상수(k)/금속 게이트	├→ 습식 리소그래피	├→ 새로운 소자 구조

HP : 고성능 기술, LSTP : 휴대용 기기를 위해 낮은 대기 상태 전력 소모를 갖는 기술
EOT_e : 전기적으로 등가인 산화막 두께, 즉 등가 T_{oxe}, T_{on} : NFET T_{on}

7.1.2 스트레인 실리콘과 또 다른 혁신

[표 7-1]에서 I_{on}은 급격하게 증가한다. 이것은 90 nm 기술 노드 근처에서 도입된 **스트레인 실리콘**strained silicon 기술 덕분에 가능했다[2]. 반도체에 조심스럽게 기계적인 스트레인이 생기게 함으로써 전자와 정공의 이동도는 증가하거나 감소할 수 있다. 스트레인은 실리콘 결정의 격자상수를 바꾸고 결과적으로 슈뢰딩거의 파동 방정식에 의해 주어진 $E-k$ 관계를 바꾼다. $E-k$ 관계는 캐리어의 유효질량과 이동도를 결정한다.

예를 들어, 어떤 P형 FET^{PFET}의 채널 표면에서의 정공 이동도는 채널에 압축하는 형태의 스트레인이 주어질 때 증가할 수 있다. 압축하는 형태의 스트레인은 몇 가지 방식으로 생성되는데, [그림 7-1]에서 이 중 한 가지 방법을 설명한다. 게이트가 정의되고, 상기 게이트에 인접한 실리콘에 소오스/드레인을 형성하기 전에 얕은 트렌치가 실리콘 에칭을 통해 형성된다. 그 트렌치는 SiGe 에피 층을 성장시켜 메운다(3.7.3절 참조). Ge 원자는 Si 원자보다 크지만, 트렌치에 형성되는 에피 층의 Ge과 Si의 원자수는 Si의 원래 원자수와 같기 때문에, 그 상황은 마치 큰 손을 작은 장갑에 강제로 밀어 넣는 것과 같다. [그림 7-1]과 같이 채널 영역을 미는 힘이 생기고 이는 정공의 이동도를 증가시킨다. Ge이 Si보다 높은 캐리어 이동도를 갖기 때문에, 채널 그 자체에 Ge 재료로 된 얇은 필름을 형성하는 것도 매력적인 방법이 될 수 있다[3].

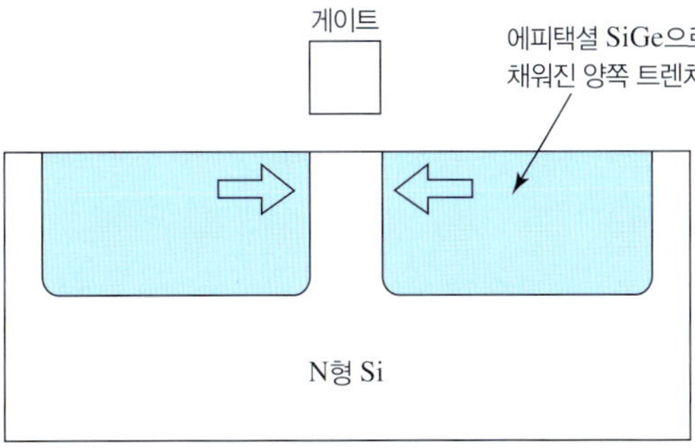

[그림 7-1] 스트레인이 형성된 Si MOSFET의 예. 화살표는 채널 영역을 미는 것을 나타내고, 이러한 압축력을 가진 기계적인 스트레인에 의해 정공 이동도는 증가한다.

[표 7-1]에서 **전기적 등가 산화막 두께**EOTe, Electrical equivalent Oxide Thickness는 게이트 절연막, 폴리실리콘 게이트 공핍(있는 경우), 그리고 반전층을 모두 합한 것을 등가 SiO_2 두께로 나타낸 것이다. 45nm 기술 노드에서 EOT_e는 이전 기술 노드에 비해 더 크게 줄어든다(또는 개선된다). 이는 금속게이트와 높은 유전상수high-k 절연막(높은 유전상수를 갖는 게이트 절연막)덕분에 가능하며, 이는 7.4절에서 논의할 것이다.

32nm 기술 노드에서는 습식 리소그래피(3.3.1절 참조)가 사용되어 미세한 패턴을 형성할 수 있다. 그리고 22nm 기술 노드에서는 새로운 트랜지스터 구조가 사용되어, 심각한 전력 소모 문제를 일으키는 I_{off} 증가를 반전시킴으로써 I_{off}가 감소되도록 한다. 몇 가지 새로운 소자 구조는 7.8절에서 소개할 것이다.

7.2 문턱전압 이하 전류—"OFF"는 완전한 "OFF"가 아니다

I_{on}을 증가시키면 회로의 동작 속도가 개선된다. 이런 측면에서 작은 문턱전압 V_t를 사용하는 것이 바람직할 것이다. 문턱전압을 임의로 작은 값, 말하자면 10 mV로 할 수 있을까? 이에 대한 대답은 "아니다"이다.

$V_{gs} < V_t$에서 N형 MOSFET은 off 상태에 있다. 그러나 누설전류는 소오스와 드레인 사이에 여전히 흐른다. $V_{gs} < V_t$에서 관찰된 MOSFET 전류를 **문턱전압 이하 전류**[subthreshold current]라고 한다. MOSFET의 **off 상태 전류**인 I_{off}가 대부분 이것에 의해 결정된다. I_{off}는 $V_{gs} = 0$과 $V_{ds} = V_{dd}$에서 측정된 드레인 전류(I_d)이다. 회로가 대기모드 상태에 있을 때의 전력(정적상태 전력이라 함) 소모를 최소화하기 위해 I_{off}를 아주 작게 유지하는 것이 중요하다. 예를 들어, I_{off}가 트랜지스터당 100 nA라 하더라도, 1억 개 트랜지스터를 포함하는 휴대전화 칩은 대기모드에서 10 A까지도 소모할 수 있다. 배터리는 전화를 걸거나 받는 것 없이 수 분 이내에 방전할 것이다. 탁상용 PC의 프로세서는 더 많은 트랜지스터를 포함하기 때문에 더 많은 전력을 소모할 수 있고, 칩과 시스템을 냉각하는 데 높은 비용이 든다.

[그림 7-2(a)]는 문턱전압 이하 전류 그림을 보여준다. 이 그림은 semi-log I_d 대 V_{gs} 관계를 나타낸다. 즉, y축은 로그 스케일이고 x축은 선형 스케일 형태의 관계를 보인다. V_{gs}가 V_t 이하일 때, I_d는 분명한 직선을 보인다. 즉, 말하자면 V_{gs}의 지수함수로 변한다.

[그림 7-2]의 (b)~(d)는 문턱전압 이하 전류를 설명한다. V_{gs}가 V_t보다 낮은 경우, 반전층 전자 농도(n_s)는 작지만 그럼에도 불구하고 작은 누설전류가 소오스와 드레인 사이에 흐르도록 한다. [그림 7-2(b)]에서 증가하는 V_{gs}는 반도체 표면에서 E_c를 E_F에 가까워지도록 하고, n_s와 I_d가 증가하도록 한다. [그림 7-2(c)]의 등가 회로로부터 다음 관계를 알 수 있다.

$$\frac{d\varphi_s}{dV_{gs}} = \frac{C_{oxe}}{C_{oxe} + C_{dep}} \equiv \frac{1}{\eta} \tag{7.1}$$

$$\eta = 1 + \frac{C_{dep}}{C_{oxe}} \tag{7.2}$$

식 (7.1)을 적분하면 다음 식을 얻을 수 있다.

$$\varphi_s = \text{constant} + V_g/\eta \tag{7.3}$$

I_d는 n_s에 비례하고, 따라서 다음과 같이 된다.

$$I_{ds} \propto n_s \propto e^{q\varphi_s/kT} \propto e^{q(\text{constant}+V_g/\eta)/kT} \propto e^{qV_g/\eta kT} \tag{7.4}$$

V_t에 대한 실질적이고 일반적인 정의는 [그림 6-12]에서와 같이 $I_d = 100\,\text{nA} \times W/L$인 V_{gs}이다(어떤 회사는 100 nA 대신 200 nA를 사용한다). 식 (7.4)는 다음과 같이 다시 쓸 수 있다.

$$I_{ds}(nA) = 100 \cdot \frac{W}{L} \cdot e^{q(V_{gs} - V_t)/\eta kT} \tag{7.5}$$

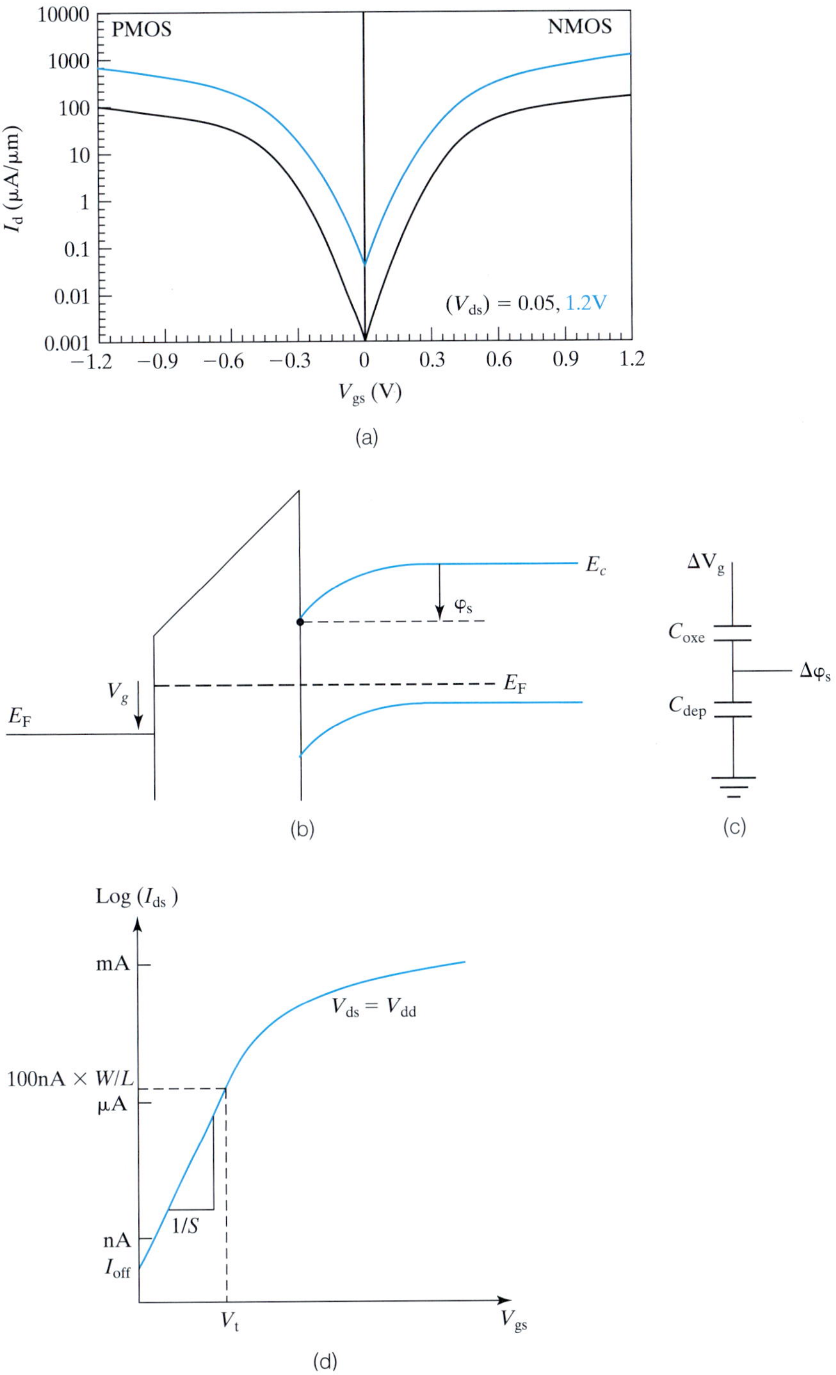

[그림 7-2] $V_{gs}<V_t$ 이하에서 흐르는 전류는 문턱전압 이하 전류라 불린다. $V_t = 0.2$ V이다. (a) N형 및 P형 MOSFET의 각 $I-V$ 특성 곡선. 아래 곡선은 $V_{ds} = 50$ mV일 때, 위 곡선은 $V_{ds} = 1.2$ V일 때 얻어진 것이다([2]를 따름). (b) V_{gs}가 증가하면, 표면에서 E_c는 E_F에 가까워지도록 아래로 내려가고 n_s와 I_d는 증가하게 된다. (c) 등가 커패시턴스 네트워크. (d) V_t와 I_{off}가 표시된 문턱전압 이하 $I-V$. 문턱전압 이하 스윙(S)은 문턱전압 이 하 영역에서의 기울기의 역수이다.

식 (7.5)는 V_t 및 식 (7.4)의 정의와 명확하게 일치한다. 식 (7.5)의 단순성은 새로운 V_t 정의를 좋아하게 하는 또 다른 이유가 된다. 실온에서 함수 $\exp(qV_{gs}/kT)$는 V_{gs}가 60 mV 변할 때마다 10배씩 변하므로, $\exp(qV_{gs}/\eta kT)$는 V_{gs}가 $\eta \times 60$ mV 변할 때마다 10배씩 변한다. 예를 들어 $\eta = 1.5$라고 하면, 식 (7.5)에 따라 실온에서 V_{gs}가 V_t 이하로 90 mV 감소할 때마다 I_d는 10배씩 감소한다. $\eta \times 60$ mV는 **문턱전압 이하 스윙**subthreshold swing이라 하며, 기호 S로 표시한다.

$$S(\mathrm{mV/decade}) = \eta \cdot 60\ \mathrm{mV} \cdot \frac{T}{300\mathrm{K}} \tag{7.6}$$

$$I_{ds}(\mathrm{nA}) = 100 \cdot \frac{W}{L} \cdot e^{q(V_{gs}-V_t)/\eta kT} = 100 \cdot \frac{W}{L} \cdot 10^{(V_{gs}-V_t)/S} \tag{7.7}$$

$$I_{off}(\mathrm{nA}) = 100 \cdot \frac{W}{L} \cdot e^{-qV_t/\eta kT} = 100 \cdot \frac{W}{L} \cdot 10^{-V_t/S} \tag{7.8}$$

주어진 W와 L에 대해 I_{off}를 줄이는 두 가지 방법이 있는데, 이를 [그림 7-2(d)]에 나타내었다. 첫 번째는 큰 V_t를 선택하는 것이다. 큰 V_t는 I_{on}을 줄이고 그에 따라 회로 속도를 저하시키기 때문에 바람직하지 않다(식 (6.28) 참조). 더 바람직한 방법은 문턱전압 이하 스윙을 줄이는 것이다. S는 η를 줄임으로써 감소될 수 있다. 이것은 더 얇은 T_{ox}를 적용하여 C_{oxe}을 증가시키거나(식 (7.2) 참조), W_{dep}을 늘려 C_{dep}을 감소시킴으로써 해결할 수 있다.[1] S를 줄이는 부가적인 방법(그에 따라 I_{off}가 감소함)은 트랜지스터를 실온보다 매우 낮은 온도에서 동작시키는 것이다. 이 방법은 원칙적으로는 유효하지만, 냉각하는 것은 상당한 비용을 초래하므로 거의 사용되지 않는다.

NOTE 계면 상태의 효과

계면 상태interface state가 존재할 때 문턱전압 이하 스윙은 저하된다(5.7절 참조). [그림 7-3]은 ϕ_S가 변할 때 일부 계면 트랩은 페르미 준위 위부터 아래로 움직이거나 그 반대로 움직이는 것을 보여준다. 그 결과, 이들 계면 트랩은 전자가 채워지지 않은 것에서 채워진 것으로 변한다. 전압 ϕ_S의 변화에 따른 전하의 변화는 커패시터의 효과를 갖는다. 이와 같이 계면 상태 효과는 [그림 7-2(c)]에서 C_{dep}에 병렬로 커패시터를 하나 더하는 결과를 가져온다.

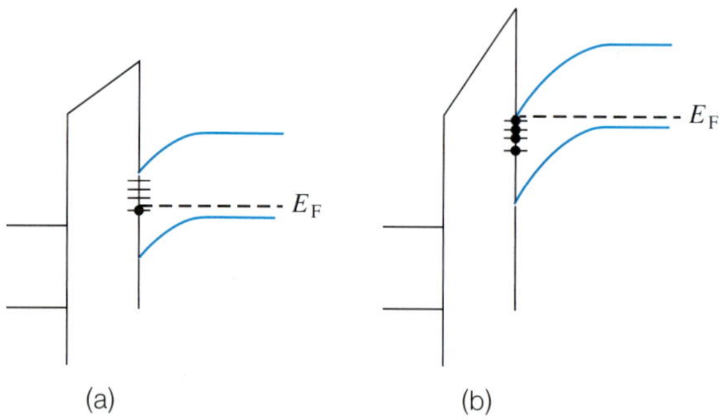

[그림 7-3] (a) 계면 상태가 E_F 위에 있기 때문에 계면 상태의 대부분은 비어있다. (b) 또 다른 V_{gs}에서 대다수의 계면 상태는 전자로 채워진다. 그 결과, 계면 상태 밀도는 V_{gs}에 따라 변한다.

1 식 (6.18)과 식 (7.2)에 따르면, η는 m과 같아야 한다. [그림 5-25]에서와 같이 더 큰 T_{inv}에 의해 반전층이 형성된 경우보다 낮은 V_{gs}(문턱전압 이하 조건)에서 C_{oxe}가 더 작기 때문에 실제 η는 m보다 더 크다. 그럼에도 불구하고 η는 m과 밀접하게 관련되어 있다.

만약 주의를 기울여 형성된 Si–SiO_2 계면과 같이 반도체–절연막 계면에서 계면 상태 밀도가 낮지 않으면 문턱전압 이하 스윙은 나빠진다. MOSFET이 전기적인 스트레스를 받으면 문턱전압 이하 스윙은 종종 열화되고(5.7절의 [NOTE]에서 "신뢰성" 참조), 새로운 계면 상태가 발생한다.

문턱전압 이하 누설subthreshold leakage과 더불어 중요한 다른 누설전류 성분이 있다. 이것은 7.4절에서 소개되는 얇은 게이트 산화막을 통한 터널링에 의한 누설전류이다. 드레인과 바디(또는 기판) 접합에서의 누설전류는 세 번째 누설전류 성분이다.

예제 7-1 문턱전압 이하 누설전류

어떤 N채널 트랜지스터가 $V_t = 0.34\,\text{V}$, $S = 85\,\text{mV/dec}$, $W = 10\,\mu\text{m}$, $L = 50\,\text{nm}$를 갖는다. 이때 각 질문에 답하라.

(a) I_{off}를 계산하라.

(b) V_{gs}가 0.17 V인 경우 I_d를 계산하라.

풀이

(a) 식 (7.6)을 사용한다.

$$I_{\text{off}}(\text{nA}) = 100 \cdot \frac{W}{L} \cdot 10^{-V_t/S}$$

$$= 100 \cdot \frac{10}{0.05} \cdot 10^{-0.34/0.085} = 2\ \text{nA}$$

(b) 식 (7.7)을 사용한다.

$$I_{ds} = 100 \cdot \frac{W}{L} \cdot 10^{(V_{gs}-V_t)/S}$$

$$= 100 \cdot \frac{10}{0.05} \cdot 10^{(0.17-0.34)/0.085} = 200\ \text{nA}$$

7.3 V_t 감소(롤 오프)—단채널 MOSFET이 심한 누설전류를 갖는다

이전 절에서 V_t는 너무 낮으면 안 된다고 지적하였다. V_t가 너무 낮으면 I_{off}가 지나치게 증가할 것이다. 본 절에서는 그러한 해석을 확장하여 채널 길이는 너무 짧으면 안 된다는 것을 보인다. 그 이유는 [그림 7–4]에 설명된 것과 같이 감소하는 L에 따라 V_t가 떨어지기 때문이다. V_t가 너무 많이 떨어지면 I_{off}는 지나치게 커지고, 이 경우의 채널 길이는 적합하지 않게 된다.

NOTE 게이트 길이(L_g) 대 전기적 채널 길이(L)

게이트 길이gate length는 게이트의 물리적인 길이이고 실제로 주사전자현미경SEM을 이용하여 정확히 측정할 수 있다. 게이트 길이(L_g)는 제조공장에서 정확히 제어되어 형성된다. 이에 비해 전기적 채널 길이(L)를 알아내는 것은 쉽지 않고 정확성도 떨어지는데, 그 이유는 소오스 및 드레인 접합이 채널 길이 방향인 측면으로 확산하여 형성되기 때문이다. L은 L_g를 따라가지만 6.11절에 언급한 것과 같은 노력에도 불구하고 L과 L_g 사이의 차이는 정확히 정량화될 수 없다. 결과적으로 [그림 7-4]와 같이 데이터를 표시하는 경우 L 대신에 L_g를 더 보편적으로 사용한다. L이 작은 트랜지스터에서 정확히 측정될 수 없지만, 여전히 유용한 개념이고 이론적인 식에서 사용되고 있다.

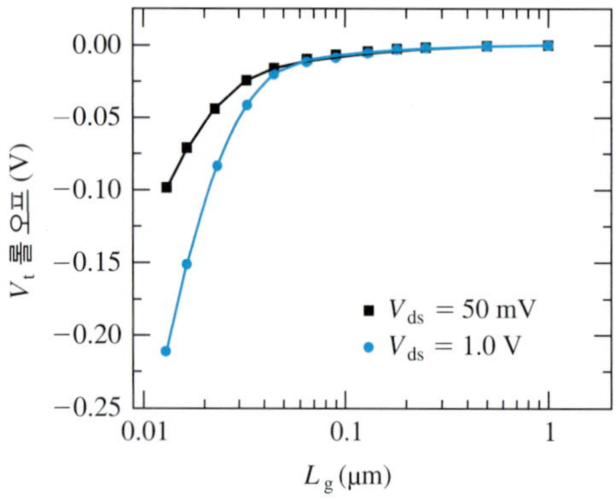

[그림 7-4] 채널 길이에 따른 $|V_t|$ 관계. 아주 작은 L_g에서 $|V_t|$는 감소한다. 이 현상을 V_t 롤 오프라 한다. V_t가 너무 낮거나 L_g에 너무 민감할 때 I_{off}가 상당히 증가하므로 이 관계를 고려하여 최소 L_g를 결정한다.

어떤 L_g에서 V_t는 너무 낮아 I_{off}가 받아들일 수 없을 정도로 크게 된다(식 (7.8) 참조). 단채널 소자의 바디 도핑doping을 장채널의 바디 도핑에 비해 더 높게 도핑하여 V_t를 높일 수 있다. 여전히 어떤 L_g에서는, V_t가 제조 공정에서 L의 변화에 너무 민감하여 최악의 조건으로 I_{off}를 받아들일 수 없을 정도로 된다. 소자를 개발하는 엔지니어는 소자를 설계하되 [표 7-1]의 두 번째 열에 나열된 각 기술 노드에서의 최소 게이트 길이 L_g에서 V_t 롤 오프roll-off가 문제되지 않도록 소자를 설계해야만 한다.

왜 V_t가 L이 감소함에 따라 감소하는가? [그림 7-5]는 이 효과를 이해할 수 있도록 한 모델을 설명한다. [그림 7-5(a)]는 $V_{gs} = 0$에서 장채널 소자의 반도체-절연막 계면을 따른 에너지 밴드 다이어그램을 보여준다. [그림 7-5(b)]는 $V_{gs} = V_t$의 경우를 보여준다. (b)의 경우, 채널에서 E_c는 (a)의 경우에 비해 아래로 끌려 내려가고, 따라서 소오스에서의 E_c에 가까워진다. 채널에서 E_c가 소오스에서 E_c(거의 $\sim E_{Fn}$)보다 단지 ~0.2eV 더 높을 때, 채널에서 n_s는 거의 $\sim 10^{17}\text{cm}^{-3}$에 도달하고 반전이 일어나는 문턱전압 조건($I_d = 100\text{nA} \times W/L$)에 도달한다. 0.2 eV 정도의 전위 장벽은 충분히 낮아서 N^+ 소오스에 있는 전자가 쉽게 채널로 흘러들어가 반전층을 형성한다고 할 수 있다. 소오스는 물 저장소가 되고, 전위 장벽은 댐이 되며, V_{gs}는 댐의 높이를 조절한다고 생각하면 에너지 장벽 높이에 대한 개념을 더 쉽게 이해할 수 있다. V_{gs}가 충분히 높을 때 댐이 충분히 낮아져 물이 채널로 흘러 들어가서 드레인으로 흐른다. 이것이 V_t를 정의한다.

[그림 7–5(c)]는 V_{gs} = 0에서 단채널 소자에 대한 밴드 다이어그램을 보인다. 채널이 충분히 짧으면, E_c는 [그림 7–5(a)]의 E_c의 최대 높이에 도달하지 못할 것이다. 결과적으로 E_c 차이가 0.2 eV가 되도록 채널 E_c를 끌어내릴 때, [그림 7–5(b)]에서보다 [그림 7–5(d)]에서 더 작은 V_{gs}가 필요하다. 다른 말로, V_t는 장채널 소자에 비해 단채널 소자에서 더 낮다. 이는 [그림 7–4]에서 본 V_t 롤 오프를 설명한다.

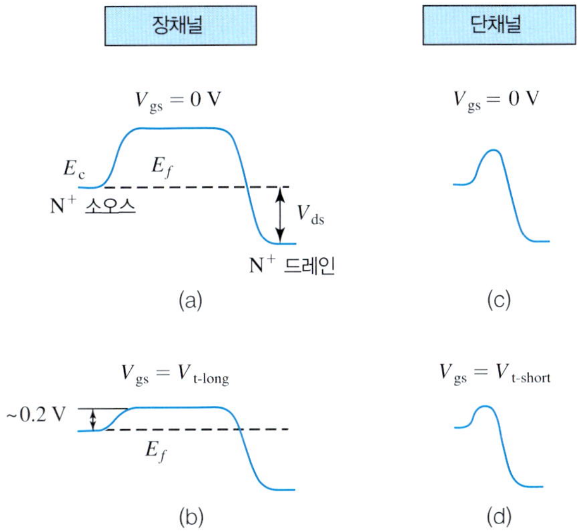

[그림 7–5] V_{gs} = 0V, V_{gs} = V_t일 때 소오스와 드레인 사이의 채널 표면에서 에너지 밴드 다이어그램. (a)와 (b)는 장채널에 대한 것이고, (c)와 (d)는 단채널에 대한 것이다.

다른 접근방법을 통해 V_t 롤 오프를 이해할 수 있다. [그림 7–6]은 게이트와 채널 사이에 있는 커패시터를 보여준다. 또한 [그림 7–5(d)]는 E_c가 최대가 되는 채널의 중간 정도 위치에서 드레인과 채널 사이에 두 번째 커패시터 C_d를 보여준다. 채널 길이가 줄어들면서 드레인에서 소오스까지 그리고 드레인에서 채널까지의 거리가 줄어들고, 따라서 C_d가 증가한다. 이때 C_d의 정확한 정의나 값에 대해서는 걱정하지 않아도 된다. 대신 C_d가 드레인과 채널 장벽 사이의 커패시터를 통한 커플링을 나타낸다는 것에 집중하도록 하자.

이 2개의 커패시터 등가 회로로부터, 드레인 전압은 채널 전위에 대해 게이트 전압과 비슷한 영향을 준다는 것은 분명해 보인다. V_{gs}와 V_{ds} 모두 [그림 7–5]와 같이 채널 전위의 장벽 높이를 결정한다. V_{ds}가 존재할 때, 앞서 언급한 E_c 차이가 0.2 eV가 되도록 하는 V_{gs}는 줄어든다. 따라서 V_t는 낮아진다. 이러한 이해를 통해 다음과 같이 V_t 롤 오프에 대한 간단한 방정식을 쓸 수 있다.

$$V_t = V_{t\text{-long}} - V_{ds} \cdot \frac{C_d}{C_{oxe}} \tag{7.9}$$

여기서 $V_{t\text{-long}}$은 장채널 트랜지스터의 문턱전압이고, 이 경우 C_d = 0이다. 문턱전압 조건에서 N^- 반전층과 두 N^+ 소오스/드레인 사이의 0.2 V 전위 효과를 나타내는 상수와 더해지는 형태로 V_{ds}는 문턱전압식에 고려되어야 한다[4].

$$V_t = V_{t\text{-long}} - (V_{ds} + 0.4\ \text{V}) \cdot \frac{C_d}{C_{oxe}} \tag{7.10}$$

[그림 7-6]을 사용하여, L이 감소함에 따라 C_d가 증가한다는 것은 누구나 직관적으로 알 수 있다. 두 전극이 가까워질 때 커패시턴스가 증가한다는 것을 상기하라. 이와 같은 직관적인 사실은 [그림 7-6]에 보인 2차원 구조에 대해 명확하게 들어맞는다. 그러나 포아송 방정식Poisson's equation(4.1.3절)의 해에 의거하면 C_d는 이 2차원 구조에서 L의 지수함수이다[5]. 따라서 다음과 같이 표현할 수 있다.

$$V_t = V_{t\text{-long}} - (V_{ds} + 0.4\ \text{V}) \cdot e^{-L/l_d} \tag{7.11}$$

여기서 l_d는 다음과 같으며, X_j는 드레인 접합 깊이이다.

$$l_d \propto \sqrt[3]{T_{oxe} W_{dep} X_j} \tag{7.12}$$

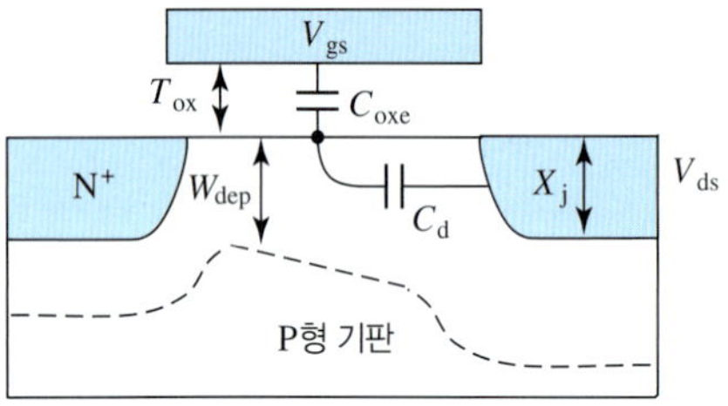

[그림 7-6] MOSFET 단면의 2개의 커패시터 회로망 도식. C_d는 채널과 드레인 사이의 정전 커패시터를 나타낸다. 채널 길이가 줄어들면서 드레인과 "채널"거리가 줄어들고, 그에 따라 C_d가 증가한다.

식 (7.11)은 L과 V_{ds}의 함수로 표시된 V_t의 롤 오프에 대한 반 정량화 모델semi-quantitative model을 제공한다. 이 모델은 새로운 MOS 구조를 이해하거나 작은 MOSFET을 설계하는 데 지침이 될 수 있다. 아주 긴 L에서 V_t는 예상한 대로 $V_{t\text{-long}}$과 같다. V_t 롤 오프는 L에 대해 지수함수로 변한다. V_{dd}만큼 큰 V_{ds}에서 롤 오프는 더 커지게 된다. 받아들일 수 있는 I_{off} 기준은 식 (7.8)을 통해 최소 가능한 V_t를 결정하고, 이는 다시 식 (7.11)을 통해 받아들일 수 있는 최소 L을 결정한다. 받아들일 수 있는 최소 L은 l_d의 몇 배 정도이다. 드레인은 소오스-채널 장벽을 낮출 수 있고 V_t를 낮춘다는 개념은 DIBLDrain-Induced Barrier Lowering이라 불린다. l_d를 DIBL 특성 길이DIBL characteristic length라 한다. 각 새로운 기술 노드에서 L의 감소를 유지하기 위해서는 l_d가 L에 비례하여 감소해야만 한다. 이것은 T_{ox}, W_{dep}, 및/또는 X_j를 낮추어야 함을 의미한다. 실제 각 기술 노드에서 원하는 l_d를 얻기 위해서 이들 세 가지 변수는 줄어들게 된다. X_j를 줄이는 것은 드레인 전극의 크기를 줄이는 것이므로 C_d가 줄어들게 된다. 또한 W_{dep}을 줄이는 것은 드레인으로부터 채널을 정전적으로 차폐하는 경향이 있는 어떤 그라운드 면(기판의 중성 영역 또는 공핍 영역의 바닥)이 도입되는 것이므로 C_d가 줄어들게 된다.

식 (7.12)에서 알 수 있는 기본적인 사항은 MOSFET에서 수직 크기(T_{ox}, W_{dep}, X_j)는 게이트 길이를 줄이기 위해 반드시 감소되어야 한다는 것이다. 그 예로, [그림 7-7]은 선폭(게이트 길이) 감소에 대략 비례하여 게이트 산화막 두께가 감소되어 왔음을 보여준다.

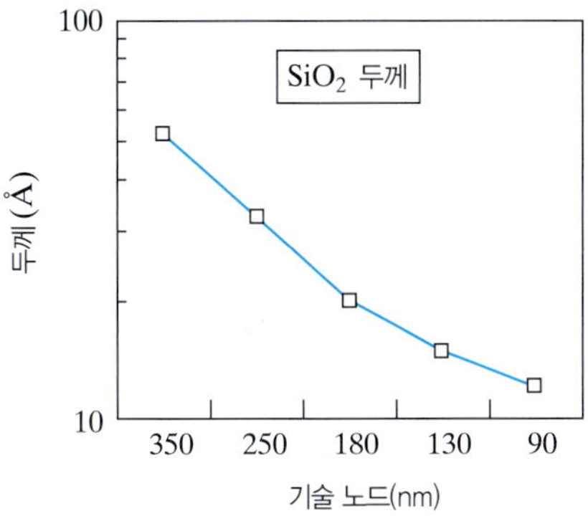

[그림 7-7] 게이트 산화막 두께는 선폭에 대략 비례하여 감소되어 왔다.

7.4 게이트 절연막의 전기적 두께 감소 및 터널링 누설전류

SiO_2는 실리콘 MOSFET이 시작되었을 때부터 선호되어온 절연 물질이다. 게이트 산화막 두께는 300 nm(10 μm 기술에서)에서부터 1.2 nm(65 nm 기술에서)로 감소되어 왔다. 게이트 산화막의 두께를 무모하게 줄이게 된 데는 두 가지 이유가 있는데, 첫 번째 이유는 더 얇은 산화막은 C_{ox}를 더 크게 증가시켜 I_{on} 전류를 높이고 큰 I_{on}은 회로의 속도를 높이기 때문이다(식 (6.28) 참조). 두 번째 이유는 식 (7.11)과 (7.12)에 따라 L을 축소하는 데 있어 V_t 롤 오프(및 결과적으로 문턱전압 이하 누설전류)를 제어하기 위한 것이다. 여기서 두 번째 이유의 중요성을 과소평가해서는 안 된다. [그림 7-7]은 게이트 산화막 두께가 선폭 감소에 대략 비례하여 감소함을 보여준다.

게이트 산화막은 더 얇을수록 바람직하다. 그러면 엔지니어로 하여금 더 얇은 게이트 산화막을 사용하지 못하게 하는 요인은 무엇이겠는가? 얇은 산화막을 제조하는 것은 쉽지 않다. 그러나 [그림 6-5]에 나타낸 것과 같이 아주 얇고 균일한 두께의 게이트 산화막을 높은 수율로 생산할 수 있다. 산화막의 항복 breakdown (과전압에 의한 절연파괴)은 또 다른 제한 요소이다. 만약 산화막이 너무 얇으면 산화막에서의 전계가 매우 커질 수 있어 파괴적인 항복(7.4절의 [NOTE]에서 "SiO_2 항복 전계" 참조)이 일어난다. 이밖에 또 다른 제한 요소는 높은 전계에서 장시간 동안 동작하는 것이다. 특히 높은 칩 동작 온도에서의 동작은 Si-SiO_2 계면에서 더 약한 화학적인 결합을 깨고, 결국 산화막 전하를 만들어내어 문턱전압을 이동시킨다(5.7절 참조).

1.5 nm보다 더 얇은 SiO_2 막에 대해 터널링 누설전류는 가장 심각한 제한 요소가 된다. [그림 7-8(a)]는 터널링에 의한 게이트 누설 현상을 설명한다(4.20절 참조). 전자는 열적 속도로 게이트 산화막 장벽에 도달하고 식 (4.89)에 의해 주어진 확률로 게이트 전극 측에 나타난다. 이것이 게이트 누설전류의 원인이다. [그림 7-8(b)]는 SiO_2 두께의 감소에 따라 지수함수적으로 증가하는 누설전류는 터널링 모델로 예측한 것과 일치하는 양상을 보인다[6]. 1.2 nm에서 SiO_2 누설전류는 10^3 A/cm^{2}이다. 만약 IC 칩이 1 mm^2 면적의 얇은 게이트 절연막을 포함하면 게이트 절연막을 통한 누설전류는 10 A가 될 것이다. 이렇게 큰 누설전류는 휴대용 전화기의 배터리를 수 분 내에 방전시킬 것이다. SiO_2 게이트 절연막에 질소를 첨가하면 약 10배 정도 게이트 누설전류를 감소시킬 수 있다.

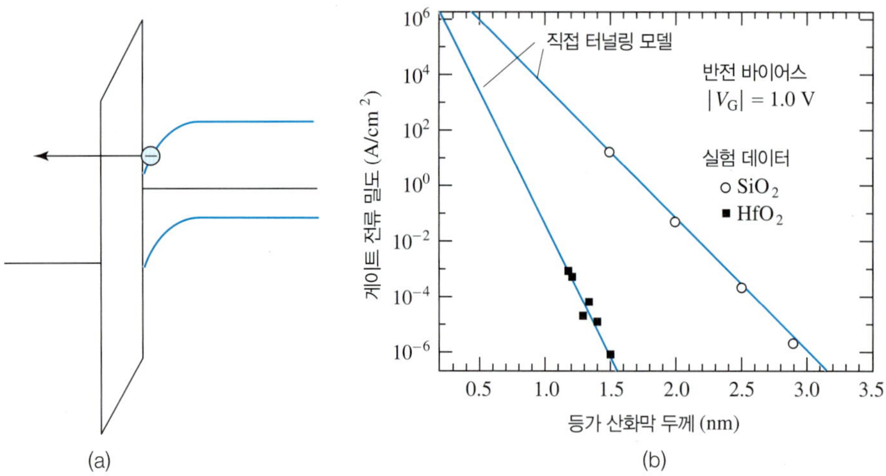

[그림 7-8] (a) 게이트 산화막을 통한 전자의 터널링 경로를 도식적으로 보여주는 에너지 밴드 다이어그램. (b) 1.2 nm SiO_2는 $10^3 A/cm^2$의 게이트 누설전류를 흐르게 한다. HfO_2와 같은 높은 유전상수를 갖는 소위 높은 유전상수(high-*k*) 유전체는 10의 몇 승 배만큼 게이트 누설전류를 낮춘다([6]에 따름. © 2003 IEEE.).

엔지니어들은 SiO_2를 대체하기 위해 높은 유전상수high-*k* 절연막 기술을 개발해왔다. 예를 들어, HfO_2는 ~24의 상대 유전상수(*k*)를 가지고 있어 SiO_2의 유전상수보다 6배 더 크다. HfO_2와 SiO_2가 같은 C_{ox}를 갖는다는 측면에서, 6 nm 두께의 HfO_2 막은 1 nm 두께의 SiO_2 막과 등가이다. 이러한 경우 이 HfO_2 막은 1 nm의 등가 산화막 두께EOT, Equivalent Oxide Thickness를 갖는다고 할 수 있다. 그러나 HfO_2 막은 전자와 정공에 대해 훨씬 더 두꺼운 터널링 장벽을 보인다.

결과적으로 HfO_2를 통한 누설전류는 [그림 7-8(b)]와 같이 SiO_2의 누설전류에 비해 10의 몇 승 정도 더 작다. 그밖에 다른 흥미로운 높은 *k* 유전체에는 ZrO_2와 Al_2O_3가 있다. IC 제조에서 높은 *k* 유전체를 받아들일 때에 실리콘 기판과 높은 *k* 유전체 사이의 화학적 반응과 Si−SiO_2 시스템에 비해 낮은 이동도, 그리고 더 많은 산화막 전하에 의해 어려움을 겪는다. 이러한 어려움은 얇은 SiO_2 계면층을 실리콘 기판과 높은 *k* 유전체 사이에 삽입함으로써 최소화할 수 있다.

식 (7.12)는 식 (5.29)에 정의된 전기적 산화막 두께인 T_{oxe}를 포함하고 있음에 유의할 필요가 있다. 게다가 T_{ox} 또는 EOT, 폴리실리콘 게이트에서의 공핍층 두께 감소는 최소화될 필요가 있다. 폴리실리콘 게이트에서의 공핍을 줄인다는 측면에서 금속게이트는 훨씬 좋은 게이트 물질이 된다. N형 및 P형 FET 게이트는 각 소자의 최적 V_t를 얻기 위해 두 가지 다른 금속(N^+ 및 P^+ 폴리실리콘의 일함수에 가까운 일함수를 갖는 금속)을 필요로 할 수 있다.

게다가 T_{inv}은 또한 T_{oxe}의 한 부분이며 최소화될 필요가 있다. T_{inv}을 결정하는 물질변수는 전자 또는 정공의 유효질량이다. 더 큰 유효질량은 더 얇은 T_{inv}을 가져오며, 불행히도 더 큰 유효질량은 낮은 이동도를 가져온다(식 (2.7) 참조). 다행히도 유효질량은 결정 내에서 공간적 방향의 함수가 된다. 게이트 절연막 계면에 수직인 방향에서 유효질량은 T_{inv}을 결정하고, 반면에 전류가 흐르는 방향에서 유효질량은 표면 이동도를 결정한다. 게이트 산화막에 수직인 방향에서 더 큰 m_n과 m_p를 제공하나, 전류 흐름 방향에서 더 작은 m_n과 m_p를 제공하는 웨이퍼 방향([그림 1-2] 참조)을 고려하여 트랜지스터를 만들 수 있다.

NOTE **SiO_2 항복 전계**

SiO_2의 항복 전계(breakdown field)는 얼마인가? 항복 전계는 테스트 시간의 함수이기 때문에 간단히 대답할 수 없다. 만약 10nm 두께 SiO_2 막에 1초 동안 전압 펄스가 인가된다면, 항복 전계가 15MV/cm인 경우 박막을 항복시키기 위해 15V가 필요하다. 같은 산화막이 한 시간 동안 테스트된다면 항복 전계는 크게 낮아진다. 만약 같은 산화막이 한 달 동안 테스트된다면 항복 전계는 여전히 더 낮을 것이다. 이 현상을 시간 의존성 유전 파괴time-dependent dielectric breakdown라 한다. 대부분의 IC 응용은 몇 년에서 10년 이상의 소자 수명을 필요로 한다. 분명히 제조자는 새로운 절연막 기술에 대해 실제로 10년 항복전압을 측정할 시간적 여유를 갖지 못한다. 대신에 엔지니어들은 절연막 항복에 대한 물리 모델을 감안하여 수 시간에서 수개월 테스트를 근거로 하여 10년 항복전압을 예측한다. 여러 모델을 SiO_2에 적용하여 넓은 범위의 항복 전계를 예측하였다. 돌이켜 볼 때, 가장 최적의 예측인 10년 동작에 대해 7MV/cm가 기본적으로 적합하다.

이 항복 모델은 일련의 일을 고려한다[8]. 높은 전계에서 산화막을 통한 캐리어 터널링은 SiO_2에 있는 더 약한 Si–O 결합을 깨어 산화막 결함을 만들어낸다. 이 과정은 더 약한 Si–O 결합의 밀도가 통계적으로 높은 산화막 샘플의 한 부위에서 더 급속하게 진행된다. 어떤 한 부위에서 발생된 결함밀도가 임계밀도에 도달할 때 항복이 발생한다. 장시간 스트레스 테스트에서, 낮은 결함 발생비는 더 긴 테스트 시간상에서 임계 결함밀도를 만들어내기에 충분하므로 항복 전계는 더 낮다. 아주 얇은 산화막에서 항복 전계가 증가한다는 것은 뜻밖의 사실이다. 전하 캐리어는 주어진 전계에서 두꺼운 산화막보다 아주 얇은 산화막을 통해 지나가는 동안 더 적은 에너지를 얻고 더 적은 산화막 결함을 만들어낸다.

7.5 W_{dep}을 줄이는 방법

식 (7.12)를 통해 작은 W_{dep}이 V_t 롤 오프를 제어하는 데 도움을 주고 더 짧은 L을 사용할 수 있게 한다는 것을 알 수 있다. W_{dep}은 $1/\sqrt{N_{sub}}$에 비례하기 때문에 기판 도핑 농도를 높여서 W_{dep}을 줄일 수 있다. 그러나 식 (5.13)은 여기서 반복한다면 다음과 같다.

$$V_t = V_{fb} + \phi_{st} + \frac{\sqrt{qN_{sub}2\varepsilon_s\phi_{st}}}{C_{ox}} \tag{7.13}$$

이는 만약 V_t가 증가되지 않으려면, C_{ox}가 증가되지 않는 한 N_{sub}는 증가되지 말아야 함을 설명한다. 식 (7.13)은 식 (5.17)을 이용해 N_{sub}를 제거하여 식 (7.14)로 다시 쓸 수 있다. V_t가 증가하지 않도록 하기 위해서 W_{dep}은 분명하게 T_{ox}에 비례하도록 줄어들 수 있다.

$$V_t = V_{fb} + \phi_{st}\left(1 + \frac{2\varepsilon_s T_{ox}}{\varepsilon_{ox} W_{dep}}\right) \tag{7.14}$$

이 사실로 미루어 볼 때, 식 (7.12)에서 L의 감소를 가능하게 하는 주된 요소는 T_{ox}이다.

W_{dep}을 줄이는 다른 방법이 있는데, 이는 [그림 6-14]에 나타낸 가파른 역경사 채널 도핑 프로파일을 도입하는 것이다. 이 경우, W_{dep}은 낮게 도핑된 표면층의 두께에 의해 결정된다. 이상적인 역경사 도핑을 가진 MOSFET의 V_t는 다음과 같이 주어지는 것을 알 수 있다.

$$V_t = V_{fb} + \phi_{st}\left(1 + \frac{\varepsilon_s T_{ox}}{\varepsilon_{ox} T_{rg}}\right) \tag{7.15}$$

여기서 T_{rg}는 낮게 도핑된 얇은 표면층의 두께이다. 만약 V_t가 일정하게 유지되어야 한다면 식 (7.15)에서 T_{rg}는 T_{ox}에 비례하여 줄어들 수 있다. 그러나 이상적인 역경사[retrograde] 소자의 W_{dep}인 T_{rg}는 균일하게 도핑된 소자에서 W_{dep}의 절반 정도로 될 수 있고(식 (7.14) 참조), 같은 V_t를 야기한다. 이것이 역경사 도핑의 장점이다. 역경사 채널 도핑 프로파일의 다른 장점은 반전층 에서 이온화된 불순물에 의한 산란(2.2.2절 참조)이 감소하고 표면 이동도가 높아질 수 있다는 것이다. 아주 얇고 낮게 도핑된 층(즉, 아주 작은 W_{dep})을 갖는 경사가 큰 역경사 프로파일을 만들기 위해서는 도펀트의 확산을 막도록 주의해야 한다.

NOTE 식 (7.15)의 유도

문턱전압 조건에서 에너지 다이어그램은 [그림 7-9]와 같다.

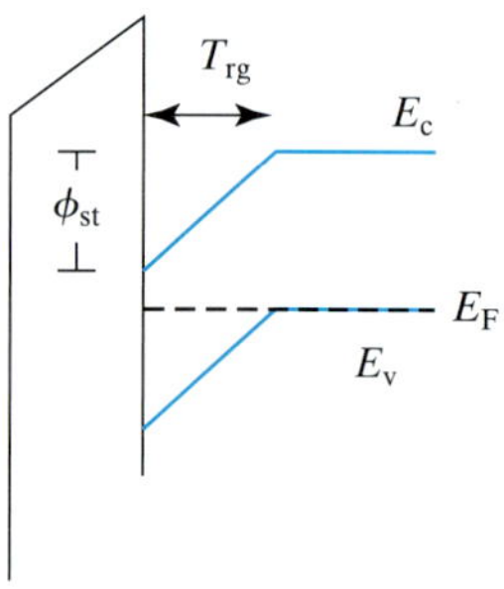

[그림 7-9] 문턱전압 조건에서 가파른 역경사 채널 도핑을 갖는 MOSFET에 대한 에너지 다이어그램

밴드 휘어짐[band bending]을 나타내는 ϕ_{st}는 낮게 도핑된 공핍층의 두께인 T_{rg} 상에서 표면으로 갈수록 균일하게 감소하고, 결과적으로 전계 $\mathscr{E}_s = \phi_{st}/T_{rg}$를 만들어낸다. 전속밀도의 법선 성분이라는 연속성에 의해 산화막에서의 전계는 $\mathscr{E}_{ox} = \mathscr{E}_s \cdot \varepsilon_s/\varepsilon_{ox}$가 된다. 따라서 다음과 같이 나타낼 수 있다.

$$V_{ox} = T_{ox}\mathscr{E}_{ox} = \phi_{st}\frac{\varepsilon_s T_{ox}}{\varepsilon_{ox} T_{rg}} \tag{7.16}$$

식 (5.3)으로부터, 식 (7.16)은 다음과 같이 된다.

$$V_t = V_{fb} + \phi_{st}\left(1 + \frac{\varepsilon_s T_{ox}}{\varepsilon_{ox} T_{rg}}\right) \tag{7.17}$$

여기에 W_{dep}을 더 줄이는 것에 관한 재미있는 내용이 있다. 비록 더 높은 N_{sub}나 더 작은 T_{rg}가 원하는 값보다 더 큰 V_t를 만들더라도 — 만약 더 큰 V_t가 바디(또는 웰)와 소오스 전압인 V_{bs}에 따라 낮아질 수 있다면(6.4절 참조), 식 (7.13)에서 더 높은 N_{sub}(그리고 그에 따라 더 작은 W_{dep}) 혹은 식 (7.15)에서 더 작은 T_{rg}가 사용될 수 있다. 필요한 V_{bs}는 바디와 소오스 접합에 걸린 정방향 바이어스이다. 만약 V_{bs}가 0.6 V 이하로 유지된다면 정방향 전류가 작기 때문에 정방향 바이어스를 받아들일 수 있다.

NOTE 채널 길이의 최종 하한 예측하기-회고

채널 길이가 너무 작을 때 MOSFET은 매우 큰 I_{off}를 가질 것이고, 이는 트랜지스터가 실질적인 목적으로 사용되지 못하게 한다. 리소그래피 및 에칭기술이 원하는 만큼의 작은 패턴을 만들 수 있다고 가정할 경우, MOSFET의 채널 길이에 대한 최종 하한은 얼마일까?

1970년대 반도체 산업체에서의 일치된 의견에 따르면 채널 길이의 궁극적인 하한은 500nm였다.

1980년대 일치된 의견에 따르면 상기 하한은 250nm였다. 1990년대에 그 하한은 100nm였으며, 지금 그 하한은 훨씬 더 작다. 무엇 때문에 전문가들이 채널 길이 축소화의 가능성을 그토록 과소평가했던 것일까?

과거의 문헌을 검토해 보면, 엔지니어가 대량생산을 통해 얼마나 얇게 게이트 산화막을 만들 수 있을까에 대한 평가에서 연구자들이 실수를 한 것으로 드러났다. 1970년대에는 ~15nm의 게이트 산화막 두께가 한계일 것으로 생각했다. 1980년대에 그 하한은 8nm였다. T_{ox} 추정이 틀렸기 때문에, 식 (7.12)에 따라 최소로 받아들일 수 있는 W_{dep}과 결과적인 최소 채널 길이 L에 대한 추정이 틀리게 되었을 것이다.

7.6 얕은 접합과 금속 소오스/드레인 MOSFET

[그림 6-24(b)]에서 처음 도입된 [그림 7-10]은 전형적인 드레인(및 소오스) 접합의 도식적인 단면을 보여준다. 깊은 N^+ 접합과 채널 사이에 **얕은 접합 연장부분**shallow junction extension을 만들기 위해 여분의 공정단계가 수행된다. 식 (7.12)에 따라 드레인 접합 깊이가 작게 유지되어야 하기 때문에 얕은 접합이 필요하다. 접합을 얕게 유지하기 위해 필요한 가장 낮은 온도에서 아주 짧은 어닐링annealing이 0.1 ns(플래시 어닐링) 혹은 1 μs(레이저 어닐링) 내에서 수행되어 도펀트를 전기적으로 활성화시키고 이온 주입 과정에서 결정에 생성된 손상을 제거한다(3.6절 참조). 도펀트의 확산을 줄이기 위해, 얕은 접합 확장부분에서의 도핑 농도는 N^+도핑 농도보다 훨씬 더 낮게 유지된다. 얕은 접합과 낮은 도핑이 함께 어우러져 원치 않는 기생 저항을 생기게 하고 이는 소중한 I_{on}을 감소시킨다. 이것은 V_t 롤 오프와 문턱전압 이하 누설전류를 억제하는 데 지불해야 하는 대가이다. [그림 7-10]에서와 같이 채널에서 더 먼 곳에 더 깊은 N^+ 영역이 형성되어 전체 기생 저항을 줄인다. [그림 7-10]에서 유전체 스페이서dielectric spacer의 폭은 기생 저항을 최소화하기 위해 가능한 한 작아야 한다.

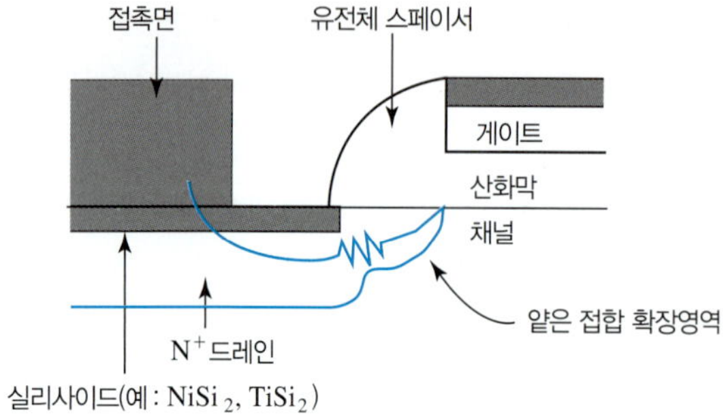

[그림 7-10] MOSFET에서 드레인 접합 단면도. 채널 바로 옆에 형성된 얕은 접합 확장부분은 V_t 롤 오프를 억제하는 데 도움을 준다.

7.6.1 금속 소오스/드레인을 가진 MOSFET

[그림 7-11(a)]에 보인 **금속 소오스/드레인 MOSFET**metal source/drain MOSFET 또는 **쇼트키 소오스/드레인 MOSFET**Schottky source/drain MOSFET은 아주 얕은 접합(단채널 효과 억제에 유용함)을 가질 수 있고, 실리사이드 영역이 N^+ 또는 P^+ 실리콘보다 10배에 달하는 도전성이 있기 때문에 낮은 소오스/드레인 저항을 가질 수 있다. 만약 쇼트키 MOSFET에서 ϕ_B(전위 장벽)가 너무 커서 캐리어(NFET에서 전자)가 소오스에서 채널로 쉽게 흘러가지 못한다면 통상적인 MOSFET보다 더 낮은 I_d를 가지게 되는데, 이것이 유일한 문제가 된다.

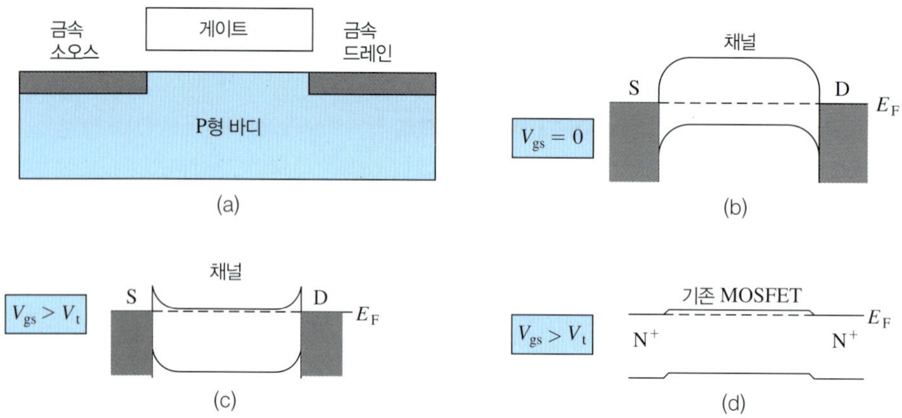

[그림 7-11] (a) 금속 소오스/드레인은 점차 중요하게 고려되는 기생 저항을 줄이는 궁극적인 방법이다. (b) off 상태에서 에너지 밴드 다이어그램. (c) on 상태에서 전류 흐름을 방해하는 에너지 장벽이 존재할 수 있다. 이들 장벽은 기존의 MOSFET에서는 존재하지 않고 반드시 최소화되어야 한다(d).

[그림 7-11(b)]는 소오스에서 드레인까지 채널 계면을 따라 그려진 에너지 밴드 다이어그램이다. 단순히 나타내기 위해 V_{ds}는 0V로 고정했다. V_{gs}가 0V일 때 에너지 밴드 다이어그램에 따르면 소오스에 있는 전자는 전위 장벽 때문에 소오스에서 채널로 가지 못하고 트랜지스터가 off 되고, 이는 기존의 MOSFET의 경우와 유사하다. [그림 7-11(c)]에 나타낸 on 상태에서의 밴드 다이어그램에 의하면 채널 E_c가 게이트 전압에 의해 아래로 끌려 내려간다. 그러나 소오스/드레인 가장자리에서는 채널 E_c가 아

래로 끌려 내려가지 못하고 장벽 높이가 ϕ_B로 고정된다(4.16절 참조). 이 장벽은 [그림 7-11(d)]에 나타낸 기존의 MOSFET에서는 보이지 않으며, 그 장벽은 금속 소오스/드레인 MOSFET의 I_d를 떨어뜨린다.

쇼트키 소오스/드레인 MOSFET에서 상기 문제를 해결하기 위해, NFET에 대해 아주 낮은 ϕ_B 쇼트키 접합 기술이 사용되어야 한다. 얇은 N^+ 영역이 금속과 채널 사이에 추가될 수 있다. 이것은 [그림 4-46]과 같이 전류 흐름에 있어 상기 장벽의 효과를 최소화한다. NFET에서 낮은 ϕB_n 쇼트키 드레인과 바디 접합 사이의 큰 역방향 누설전류를 줄이기 위해서는 반드시 주의해야 한다[9].

7.7 I_{on}과 I_{off}의 절충 및 제조를 위한 설계

만약 V_t가 큰 값으로 고정되면 문턱전압 이하 I_{off}는 문제가 되지 않을 것이다. 높은 V_t는 I_{on}을 줄이고 그에 따라 회로 속도를 줄이기 때문에 받아들일 수 없다. 더 큰 V_{dd}를 사용하여 I_{on}을 올릴 수 있으나, 더 높은 V_{dd}는 전력 소모를 너무 증가시키기 때문에 받아들일 수 없다. L을 감소시켜 I_{on}을 증가시킬 수 있으나 이는 V_t를 줄이고 I_{off}를 증가시킨다.

Question 다음 변화 중에서 어느 것이 문턱전압 이하 누설전류 감소와 I_{on} 증가를 가져올 수 있겠는가? 더 큰 V_t, 더 큰 L, 더 작은 V_{dd}.

[그림 7-12]는 다수의 트랜지스터에 대해 log I_{off} 대 I_{on} 좌표를 보인다[2]. I_{off}와 I_{on} 사이의 절충trade-off은 명확하다. 더 높은 I_{on}은 더 큰 I_{off}를 초래한다. I_{on}(및 I_{off})에서의 데이터 퍼짐은 의도하지 않은 L_g 및 V_t에서의 제조상의 변화와 게이트 길이에서의 의도적인 변화에 의한 것이다.

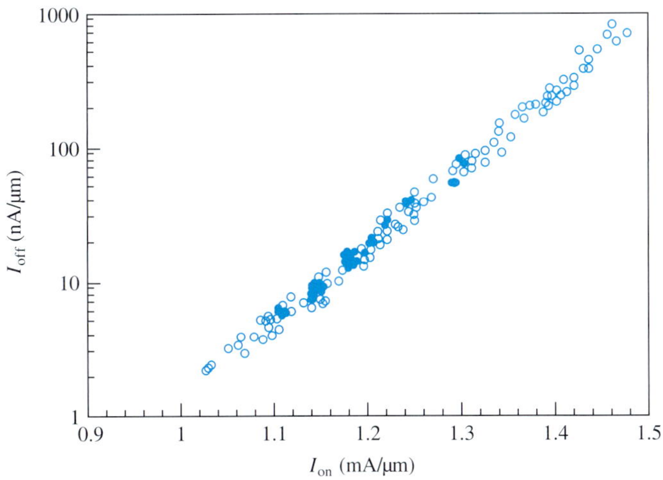

[그림 7-12] logI_{off} 대 선형 I_{on} 관계. I_{on}(및 I_{off})에서의 퍼짐은 몇 가지 다른 L_g와 의도하지 않은 L_g 및 V_t에서의 제조상의 변화에 의한 것이다([2]에 따름. © 2003 IEEE.).

몇 가지 기술이 개발되어 속도와 대기모드 전력 소모를 나타내는 I_{on}과 I_{off} 사이의 절충을 설명할 수 있다.

한 가지 기술은 회로 설계자로 하여금 2개 혹은 3개(심지어 더 많이)의 V_t를 선택할 수 있도록 하는 것이다. 어떤 대규모 회로는 먼저 높은 V_t 소자만으로 설계될 수 있다. 회로 타이밍 시뮬레이션이 수행되어 속도가 조절되어야 하는 회로 및 신호의 경로를 식별할 수 있다. 이 경우 중간 정도의 V_t를 가진 소자가 높은 V_t를 가진 소자를 대체한다. 마지막으로 속도를 필요로 하는 몇몇 회로에는 낮은 V_t 소자로 대체된다. 다수의 V_{dd}를 제공하는 유사한 방법이 있다. 속도를 필요로 하는 적은 수의 회로에 더 높은 V_{dd}가 공급되고 반면에 다른 회로에는 낮은 V_{dd}가 사용된다. 더 큰 V_{dd}는 더 높은 속도를 가능하게 하고 또는 더 큰 V_t가 사용되도록 하여 누설전류를 억제할 수 있도록 한다. 대부분의 회로는 더 낮은 V_{dd}에서 동작하기 때문에 동적 전력 소모(식 (6.32) 참조)는 낮게 유지될 수 있다.

마이크로프로세서와 같은 큰 규모의 회로에서, 어떤 주어진 시간에 단지 일부의 회로 블록만 고속으로 동작하는 것이 필요하고 다른 회로 블록은 낮은 속도로 동작하거나 정지 상태에 있다. 큰 I_{on}을 얻기 위해 V_t는 낮게 설정될 수 있고 그래서 고속 동작이 필요한 회로는 그렇게 동작할 수 있게 된다. 식 (6.14)에서 보인 것과 같은 웰 바이어스 전압 V_{sb}가 다른 회로 블록에 인가되어 V_t를 올리고 문턱전압 이하 누설전류를 억제한다. 이러한 기술은 V_{sb}를 필요로 하는 회로 블록이나 적정 시기에 인가하기 위해 지적인 제어 회로를 필요로 한다.

제조 장비나 공정에 있어 피할 수 없는 변화가 발생하여 이 때문에 소자들 사이에 불균일성이 나타나고, 이 불균일성 때문에 칩과 칩 사이, 회로 블록과 블록 사이에 V_t 변화가 일어난다. 이러한 V_t 변화를 보상하는 방법 하나를 위의 웰 바이어스 기술로부터 얻을 수 있다. 이들 기술을 총체적으로 **제조를 위한 설계**DFM, Design For Manufacturing라 한다. 소자 특성 변화의 주된 원인은 리소그래피 공정에서 L_g를 완전하게 제어할 수 없기 때문이다. 변화의 일부분은 어느 정도 자연에서의 **임의의 변화**random variation에 의한 것이다. 변화의 다른 부분은 다소 예측 가능하며, 이를 **체계적 변화**systematic variation라 부른다. 체계적 변화의 일례는 광을 이용한 리소그래피에서 이웃하는 패턴 사이의 간섭에 의한 패턴의 변화이다. 정밀한 수학적 광학 근접 보정OPC, Optical Proximity Correction(3.3절 참조)은 포토 마스크에 있는 각 패턴의 모양을 바꾸어 이웃하는 패턴 사이의 간섭을 보상한다. 다른 예로, 캐리어 이동도와 그에 따른 MOSFET의 전류는 해당 소자 주변에 있는 얕은 트렌치 절연STI, Shallow Trench Isolation이나 다른 MOSFET과 같은 구조물에 의해 생겨나는 기계적인 **스트레스 효과**stress effect(7.1.1절 참조)에 의해 변하게 된다. 복잡한 시뮬레이션 툴을 이용하여 기계적인 변형을 해석할 수 있고, 이웃하는 구조물을 근거로 해서 I_{on}을 예측할 수 있으며, 더 정확한 시뮬레이션 결과를 얻기 위해서는 회로 시뮬레이터에 상기 I_{on} 정보를 입력하면 된다. 임의의 변화에 대한 일례는 **게이트 전극 가장자리 거칠기**gate edge roughness 또는 폴리실리콘과 포토레지스트 입상성(粒狀性)graininess에 의한 가장자리 기복이다. 결국 채널 길이 방향으로 게이트 전극의 가장자리가 균일하지 않아 채널 폭 방향으로 본 채널 길이가 달라질 수 있다. 임의 변화에 대한 다른 일례는 **임의의 도펀트 변동**random dopant fluctuation 현상이다. 작은 크기의 MOSFET에서 도펀트 원자수와 그것들의 위치에 대한 통계적 변화는 문턱전압에 큰 변화를 야기한다. 회로 설계에서 칩 내부와 칩 사이 임의의 변화를 포함하는 것은 복잡한 설계 방법론을 필요로 한다.

7.8 극도로 얇은 바디 SOI 및 멀티게이트 MOSFET

기존의 MOSFET을 대체할 수 있는 MOSFET 구조가 있는데, 이들은 V_t 롤 오프에 덜 민감하고 기존 소자의 한계를 넘은 축소화가 가능하다. [그림 7-6]은 [그림 7-5]의 채널 장벽 높이를 제어하려 할 때 게이트와 드레인 중 어느 것이 채널에 대한 더 큰 지배력을 갖는가에 대한 간단한 예를 나타낸다. 보통 게이트와 채널 사이의 커패시턴스를 최대화하고 드레인과 채널 사이의 커패시턴스를 최소화하기를 원한다. 따라서 게이트와 채널 사이의 커패시턴스를 높이기 위해 T_{ox}를 가능한 한 얇게 한다. 드레인과 채널 사이의 커패시턴스를 줄이기 위해서는 W_{dep}과 X_j를 될 수 있는 대로 많이 줄이는데, 이들의 크기를 줄이는 것은 점차 어려워지고 있다. 실제 상황은 더 나쁘다. 문턱전압 이하 영역에서 반전층 두께 T_{inv}(5.9절 참조)이 크기 때문에 T_{ox}는 식 (7.12)에서 T_{oxe}의 작은 부분을 차지한다. T_{ox}를 아주 얇게 만들 수 있다고 가정해 보자. 그러면 게이트가 채널 전위 장벽 높이를 완벽하게 제어할 수 있게 될 것이다. 그러나 이는 단지 Si 표면에서만 맞는 말이다. [그림 7-13]과 같이 실리콘 표면에서 어느 정도 떨어진 아래에 다른 누설전류 경로가 있는데, 여기서는 게이트보다 드레인이 여전히 더 큰 통제력을 가질 수 있다. 이 누설전류 경로가 있는 위치에서 보면 게이트는 멀리 떨어져 있고 게이트 통제력은 약하다. 이 위치에서 드레인 전압은 전위 장벽을 아래로 끌어내릴 수 있고 그 위치를 따라 누설전류가 흐르도록 한다. 게이트 전극에서 멀리 떨어진 누설경로를 제거할 수 있는 두 가지 트랜지스터 구조가 있다[10]. 하나는 **극도로 얇은 바디 MOSFET**Ultra-Thin-Body MOSFET이라고도 한다. 다른 하나는 **멀티게이트 MOSFET**multigate MOSFET이다. 이들에 대해서는 다음 절에서 설명한다.

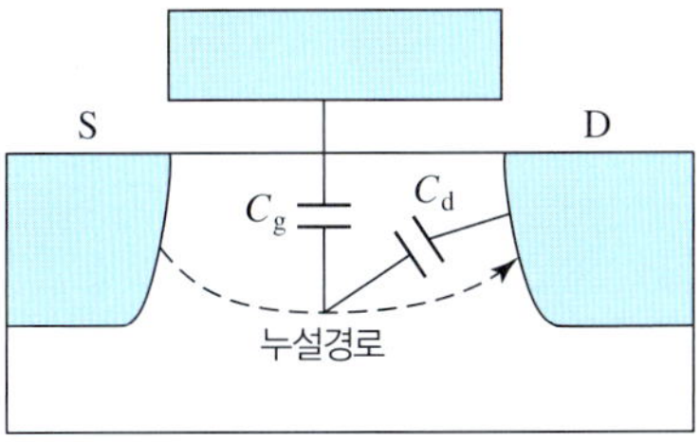

[그림 7-13] 채널 실리콘 표면에서 어느 정도 아래에 위치한 누설전류 경로에 대해서는 게이트보다 드레인이 여전히 통제력을 가질 수 있다.

7.8.1 UTB MOSFET과 SOI

채널 표면에서 어느 정도 떨어진 곳에 있는 누설경로를 제거하기 위한 방법에는 두 가지가 있는데, 그 중 하나는 [그림 7-14]와 같은 극도로 얇은 바디UTB, Ultra-Thin-Body 구조를 사용하는 것이다 [11]. 이 MOSFET은 절연체(SiO_2) 위에 있는 얇은 Si 박막에 형성된다. 이 실리콘 박막은 10 nm 보다 얇을 정도로 아주 얇기 때문에 게이트에서 멀리 떨어진 누설경로가 없다(최악의 누설경로는 Si 박막의 바닥을 따라 형성된다). 따라서 게이트 전극은 누설을 효과적으로 억제할 수 있다. [그림 7-15]는 문턱전압 이하 누설이 Si 박막의 두께 감소에 따라 감소하는 것을 보여준다. 얇은 실리콘 두께는 식 (7.12)에서 W_{dep}과 X_j를 대체하여 L_g가 실리콘 박막 두께 T_{Si}에 비례하여 대략 축소화될 수 있음이 보여진다. 스케일링을 유지하기 위한 UTB MOSFET의 개념에 대한 이점을 갖기 위해서는 T_{Si}가 게이트 길이의 절반 정도보다 얇아야 한다. UTB MOSFET은 다음 절에 언급될 멀티게이트 MOSFET과 같이 부가적인 이점을 제공한다. 작은 I_d(식 (7.12) 참조)를 높은 채널 도핑 없이 얻을 수 있기 때문에 캐리어의 이동도를 개선할 수 있다. 바디가 완전히 공핍되고 플로팅되어 고정된 전압을 갖지 않기 때문에 회로 속도에 해로운 바디 효과(6.4절 참조)가 제거될 수 있다.

UTB MOSFET에서 한 가지 문제점은 얇은 바디 두께에 의한 큰 소오스/드레인 저항이다. 해결책은 선택적으로 에피 층을 소오스/드레인 영역에 성장시켜 바디 두께를 두껍게 하는 것이다. 이것을 **돌출형 소오스/드레인** raised source/drain 이라 하고, 이는 [그림 7-14] 및 [그림 7-15]에 나타내었다.

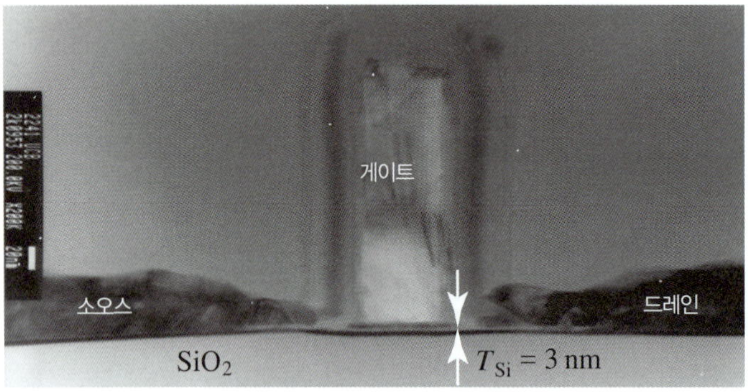

[그림 7-14] UTB 소자의 전자현미경 단면 사진([11]에 따름. © 2000 IEEE.)

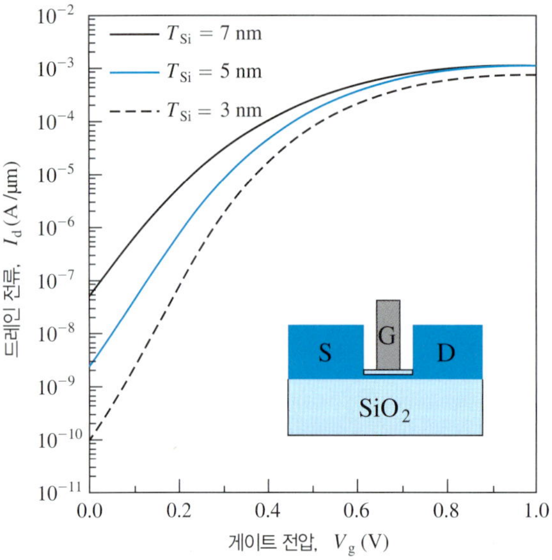

[그림 7-15] 실리콘 박막(트랜지스터 바디)이 얇아지면서 문턱전압 이하 누설이 줄어든다. L_g = 15nm ([11]에 따름. © 2000 IEEE.)

NOTE SOI(Silicon On Insulator, 절연체 위에 형성된 실리콘)

[그림 7-16]은 SOI 웨이퍼를 만드는 단계를 보여준다[12]. 단계 1은 실리콘 표면에 얇은 SiO_2 막을 가진 실리콘 웨이퍼에 수소를 이온 주입한다. 표면 아래의 거리 D 위치에서 수소 농도가 최대이다. 단계 2는 첫 번째 웨이퍼를 뒤집어서 두 번째 웨이퍼에 놓는다. 두 웨이퍼는 원자 간의 결합력에 의해 서로 붙는다. 저온 어닐링은 두 웨이퍼가 단단히 붙도록 한다. 단계 3은 다른 어닐링 단계를 적용하여 이온 주입된 수소가 합체되도록 하고 깊이 D에 다수의 작은 수소 기포(또는 작은 결함)가 생기도록 한다. 이것은 충분한 기계적인 스트레스를 발생시켜 깊이 D의 면을 중심으로 웨이퍼가 갈라지도록 한다. 최종 단계인 단계 4는 웨이퍼를 연마하는 것이다. 이제 SOI 웨이퍼가 사용될 준비가 되었다.

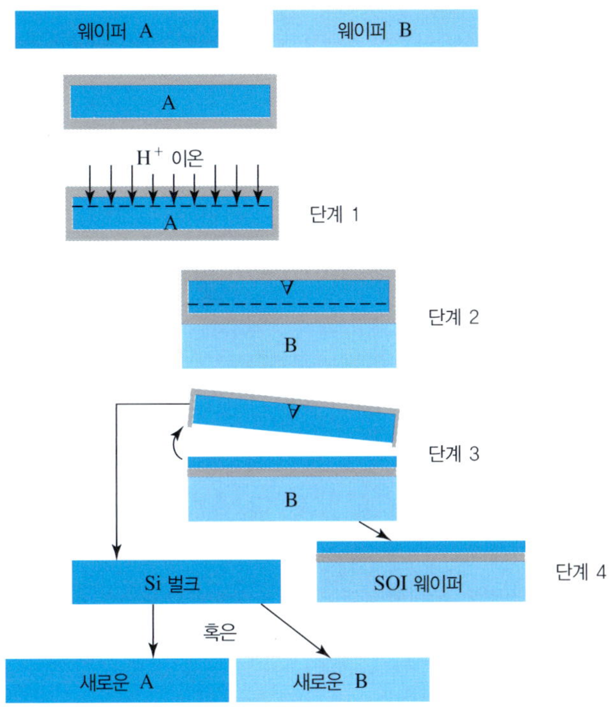

[그림 7-16] SOI 웨이퍼를 만드는 단계([12]에 따름)

Si 박막은 막질이 우수하고 IC 제조에 적합하다. 심지어 UTB를 사용하지 않았는데도 SOI는 속도에 이점을 준다. 이는 소오스와 드레인 확산 영역이 매몰 절연막까지 수직으로 확장하여 형성됨으로써 소오스/드레인과 바디 접합 커패시턴스가 실질적으로 제거되기 때문이다. SOI 웨이퍼의 가격은 통상의 Si 웨이퍼보다 높고 IC 칩의 가격을 상승시킨다. 이러한 이유로 높은 가격에도 불구하고 빠른 속도를 요하는 몇몇 마이크로프로세서에서만 이 기술을 지금까지 적용해 오고 있다. [그림 7-17]은 SOI 제품의 전자현미경 단면이다. SOI는 또한 원천적으로 다른 응용 분야를 갖는다. 왜냐하면 SOI는 벌크 실리콘 MOSFET의 축소화를 뛰어넘어 더 짧은 게이트 길이로 축소화될 수 있는 UTB MOSFET과 멀티게이트 MOSFET 같은 새로운 구조를 만드는 데 있어 융통성을 갖기 때문이다.

[그림 7-17] SOI 집적 회로의 전자현미경 단면 사진. Si라 표시된 영역에 트랜지스터와 접촉면이 있다. 트랜지스터 층 위에 금속 층 사이의 연결을 위한 비어(via)와 상호 연결을 위한 금속 배선이 있다.

7.8.2 FinFET-멀티게이트 MOSFET

앞서 언급한 채널 표면 아래의 누설경로를 제거하는 두 번째 방법은 [그림 7-18]과 같이 채널이 형성되는 바디의 양쪽에 게이트를 형성하는 것이다. 실리콘 바디는 매우 얇아서 게이트로부터 먼 곳에서 누설이 생길 수 없다(여기서 최악의 경로는 실리콘 박막의 가운데를 따라서 형성되는 것이다). 따라서 게이트는 기존의 MOSFET보다 더 효과적으로 누설전류를 억제할 수 있다. 하나 이상의 게이트가 있기 때문에 이 구조를 **멀티게이트 MOSFET**multigate MOSFET이라고 할 수 있다. [그림 7-18]의 구조는 **이중 게이트 MOSFET**double-gate MOSFET이다. 줄어드는 T_{Si}는 자동적으로 식 (7.12)에서 W_{dep}과 X_j를 줄이고, V_t 롤 오프가 억제될 수 있어 L_g가 수 nm까지 작게 줄어들 수 있다. [그림 7-18]에서 위아래 게이트에 같은 전압이 인가되고 바디가 완전히 공핍되기 때문에, 문턱전압 이하 영역에서 V_{gs}의 변화에 따라 채널 표면 전위가 같은 변화량을 가지고 움직인다. [그림 7-2(c)]에 설명된 전압분할 효과가 없기 때문에 식 (7.4)에서 η는 원하는 단위(1에 가까워짐)이며, I_{off}는 아주 작다. W_{dep}을 줄이기 위해 채널 도핑을 높일 필요가 없다. 이것에 의해 채널에서의 수직 전계가 낮아지고 불순물 산란이 줄어든다. 그 결과 캐리어 이동도가 높아진다(6.3절 참조). 그리고 트랜지스터 전류를 흘리는 2개의 채널(위와 아래 채널)이 있다. 이러한 이유로, 멀티게이트 MOSFET은 단일 게이트 MOSFET보다 더 짧은 L_g와 더 낮은 I_{off}, 그리고 더 큰 I_{on}을 갖는다. 그러나 어떻게 멀티게이트 MOSFET 구조를 만들까에 대한 한 가지 문제가 있다.

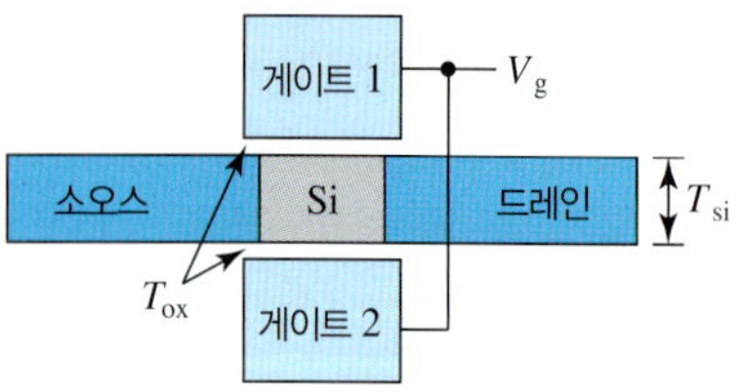

[그림 7-18] 2개의 게이트가 연결된 이중 게이트 MOSFET에 대한 도식적인 단면도

간단하게 제작할 수 있다는 이점을 가진 한 멀티게이트 구조가 있는데, 이를 [그림 7-19]에 나타내었다. [그림 7-19]에서 가운데 구조를 살펴보자. 제조 공정은 SOI 웨이퍼 또는 벌크 웨이퍼를 가지고 시작한다. 리소그래피와 에칭에 의해 얇은 Si 핀fin이 형성된다. 핀의 노출된 표면에 게이트 산화막을 성장시킨다. 폴리실리콘 게이트 물질이 핀 위에 형성되고 게이트 전극은 리소그래피와 에칭에 의해 패턴이 형성된다. 마지막으로 소오스/드레인 이온 주입implantation이 수행된다. 결국 [그림 7-19]의 구조는 기본적으로 [그림 7-18]의 멀티게이트 구조가 된다. Si 바디가 물고기의 등지느러미를 닮았다 하여 FinFET라 한다[13]. 핀 바디의 2개의 수직 측면과 상부 표면에 채널이 형성된다. 채널 폭 W는 핀 바디 높이의 두 배에 핀 바디의 폭을 합한 것이다.

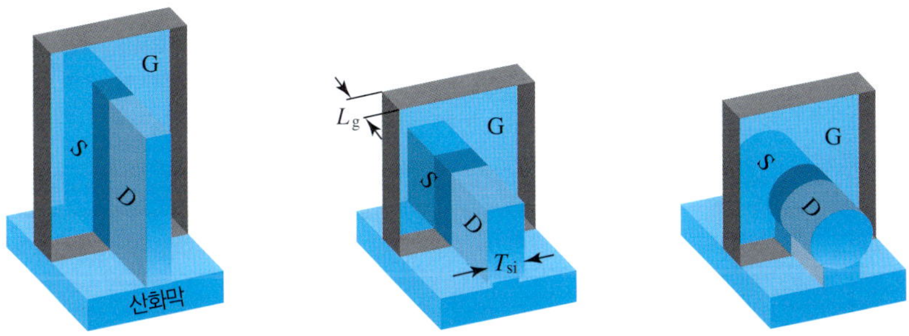

(a) 높은 핀 구조의 FinFET (b) 낮은 핀 구조의 FinFET (c) 나노와이어 FET

[그림 7-19] 몇 가지 FinFET. 높은 핀 구조의 FinFET은 큰 채널 폭(W)을 가진다는 이점이 있으며 따라서 작은 면적을 점유하면서 큰 I_{on}을 갖는다. 낮은 핀 구조의 FinFET은 리소그래피와 에칭에 대한 제조 공정상의 문제를 줄일 수 있다는 이점을 가진다. 나노와이어 FET는 트랜지스터 바디를 둘러싸는 구조로, 게이트가 더 큰 통제력을 갖는다. 또한 FinFET은 벌크 실리콘 기판에도 제작될 수 있다.

FinFET의 변화된 몇 가지 구조를 [그림 7-19]에 나타내었다[14]~[15]. 높은 핀 바디의 FinFET은 작은 면적을 차지하면서 큰 W와 그에 따른 큰 I_{on}을 제공한다는 이점을 가진다. 낮은 높이의 핀 바디를 갖는 FinFET은 제조 시 에칭공정을 쉽게 할 수 있다는 이점이 있다. 이 경우, 핀 바디의 상부 표면에 의해 V_t를 오프가 크게 억제될 수 있고 누설을 효과적으로 제어할 수 있다. 이러한 구조를 **삼중 게이트 MOSFET**triple-gate MOSFET이라고 한다. 바디를 둘러싸는 형태로 게이트를 형성하여 채널에 대한 통제력을 높일 수 있도록 구조를 변화시킬 수 있는데, 이 구조는 [그림 7-19(c)]와 같다. 이것을 나노와이어nanowire FET라고 한다. [그림 7-20]에 보인 그 특성은 기본적인 MOSFET을 모델링하기 위해 사용한 동일한 방법과 개념으로 모델링 될 수 있다. 3nm만큼 작은 L_g를 가진 FinFET이 실험적으로 증명되었다. 이는 기존의 평탄 구조를 갖는 MOSFET의 한계를 능가하는 특성을 보일 것이다.

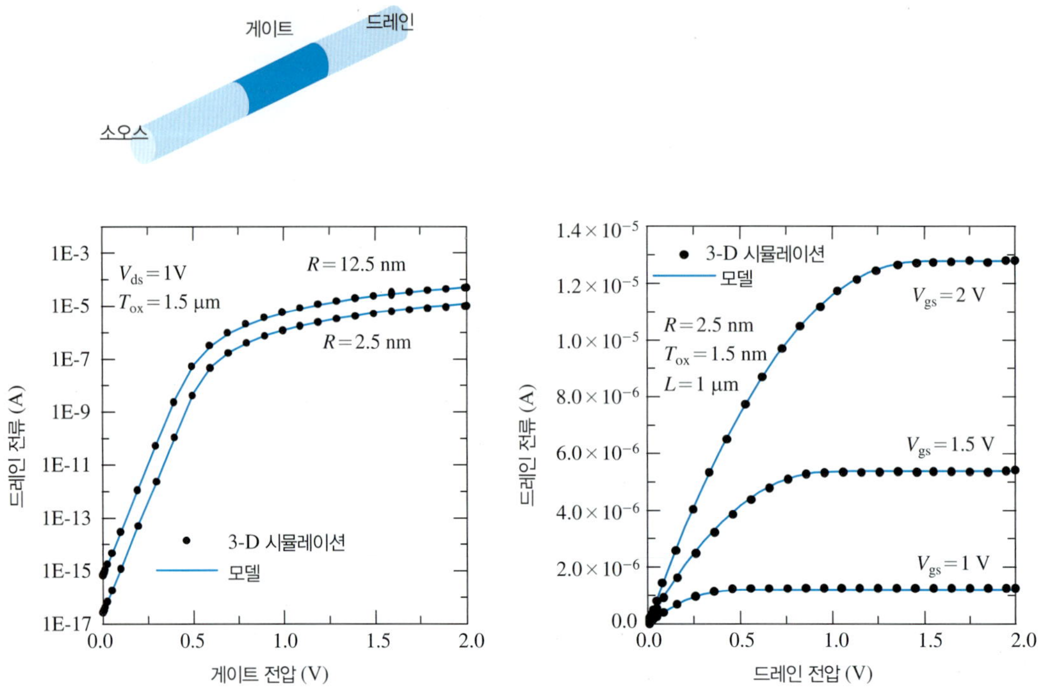

[그림 7-20] 나노와이어 MOSFET을 시뮬레이션한 I–V 곡선. R은 나노와이어 반경이다([16]에 따름).

7.9 출력 컨덕턴스

출력 컨덕턴스output conductance는 트랜지스터 전압이득을 제한한다. 이 내용은 6.13절에서 언급되었다. 그러나 출력 컨덕턴스의 원인과 이론은 V_t 롤 오프와 밀접하게 관계되어 있으므로 이 장에서 그것에 대해 설명하고자 한다.

어떤 소자 매개변수가 출력 컨덕턴스를 결정하겠는가? 식 (6.57)을 가지고 시작해 보자.

$$g_{ds} \equiv \frac{dI_{dsat}}{dV_{ds}} = \frac{dI_{dsat}}{dV_t} \cdot \frac{dV_t}{dV_{ds}} \tag{7.18}$$

I_d는 $V_{gs} - V_t$의 함수이기 때문에(식 (6.46) 참조), 다음 관계는 분명하다.

$$\frac{dI_{dsat}}{dV_t} = \frac{-dI_{dsat}}{dV_{gs}} = -g_{msat} \tag{7.19}$$

마지막 단계는 식 (6.26)에 주어진 g_{msat}의 정의이다. 이제 식 (7.18)은 식 (7.20)을 이용하여 주어질 수 있다.

$$g_{ds} = g_{msat} \times e^{-L/l_d} \tag{7.20}$$

$$\text{진성 전압이득} = \frac{g_{\text{msat}}}{g_{\text{ds}}} = e^{L/l_{\text{d}}} \tag{7.21}$$

진성 전압이득은 식 (6.61)에서 소개되었다. 식 (7.11)에 따르면 증가하는 V_{ds}는 V_{t}를 낮춘다. 이는 l_{ds}가 포화 영역에서도 계속 증가하는 이유가 된다. **출력 컨덕턴스는 드레인/채널 커패시턴스 커플링에 의해 생겨나고, 같은 메커니즘이 V_{t} 롤 오프를 초래한다.** 이것은 더 짧은 L을 가진 MOSFET에서 g_{ds}가 더 큰 이유가 된다. g_{ds}를 줄이거나 진성 전압이득을 올리기 위해 큰 L을 사용하거나 l_{d}를 줄일 수 있다. 회로에서 높은 전압이득이 필요할 때 회로를 설계하는 사람들은 일상적으로 주어진 기술 노드에서 허용되는 최소 L보다 훨씬 더 큰 L을 사용한다. l_{d}를 줄이는 것은 소자 엔지니어의 일이고 식 (7.12)는 그러한 일을 하는 안내 역할을 한다. V_{t} 롤 오프를 억제하기 위한 모든 설계 변화는 g_{ds}를 줄이고 전압이득을 개선한다.

매우 짧은 MOSFET에서 V_{ds}에 대한 V_{t}의 의존성은 크고, 그에 따라 출력 컨덕턴스가 나빠진다. 더 큰 L과 V_{dsat}에 가까운 V_{ds}에 대해, g_{ds}에 큰 영향을 주는 또 다른 메커니즘은 **채널 길이 변조**channel length modulation이다. 전압 $V_{\text{ds}}-V_{\text{dsat}}$은 드레인 가까이의 채널 영역에서 유한한 거리상에 걸린다. 이 거리는 V_{ds}가 증가하면 함께 증가한다. 결과적으로 증가하는 V_{ds}에 따라 유효 채널 길이는 감소하고, 채널 길이에 반비례하는 I_{d}는 포화 영역 내에서도 계속 증가한다. 채널 길이 변조에 의한 g_{ds}는 근사적으로 다음과 같이 주어질 수 있다.

$$g_{\text{ds}} = \frac{l_{\text{d}} \cdot I_{\text{dsat}}}{L(V_{\text{ds}} - V_{\text{dsat}})} \tag{7.22}$$

여기서 l_{d}는 식 (7.12)에 주어진다. g_{ds}에서 이 성분 또한 더 큰 L과 더 작은 T_{oxe}, X_j, W_{dep}에 따라 억제될 수 있다.

7.10 소자 및 공정 시뮬레이션

이 책에 소개된 식들을 풀 수 있는 상업적으로 구매 가능한 컴퓨터 시뮬레이션 툴이 있는데[17], 이는 근사를 조금 사용하거나 근사를 아예 사용하지 않는다(예를 들어, 볼츠만 근사보다는 페르미-디락 통계를 사용한다). 이러한 페르미-디락 통계, 도펀트의 불완전한 이온화, 드리프트 및 확산 전류, 전류 연속 방정식, 포아송 방정식과 같은 대부분의 식들을 일제히 풀 수 있다. 소자 시뮬레이션은 소자 동작에 대한 빠른 피드백을 엔지니어에게 제공하는 중요한 툴이다. 시뮬레이션을 수행하면 비용 부담이 크고 시간이 많이 소요되는 실험에서 밝혀져야 하는 여러 가지 변수를 줄이는 효과를 가진다는 장점이 있다. 시뮬레이션 결과에 대한 예는 [그림 7-15]와 [그림 7-20]과 같다. 각각의 그림은 수 분에서 수 시간의 시뮬레이션을 통해 얻어진 것이다.

소자 시뮬레이션에 관계되는 것이 공정 시뮬레이션process simulation이다. 공정 시뮬레이션 프로그램에 사용자가 제공하는 입력 내용은 리소그래피 마스크 패턴, 임플란테이션 도즈dose 및 에너지, 산화막 성장과 어닐링 단계에서의 온도와 시간 등이다. 공정 시뮬레이터는 2차원 또는 3차원 구조를 만드는데, 이 구조는 증착되거나 성장되고 에칭된 박막과 도핑된 영역을 가진다. 공정 시뮬레이션의 출력은 소자 시뮬레이션에 공급될 수 있고, 추가로 소자 시뮬레이션에 필요한 전압이나 온도를 입력한다.

7.11 회로 시뮬레이션을 위한 MOSFET 콤팩트 모델

회로를 설계하는 사람은 수십만 개 혹은 그 이상의 MOSFET을 포함하는 회로의 동작을 정확하고 효과적이며 확실하게 시뮬레이션할 수 있다. 정확성은 DC뿐만 아니라 RF 동작에도, 아날로그뿐만 아니라 디지털 회로에도, 그리고 메모리뿐만 아니라 프로세서 IC에 대해서도 반드시 제공되어야만 한다. 회로 시뮬레이션에서, MOSFET은 본 장과 이전 두 장에서 소개된 식과 매우 유사한 해석적인 식으로 모델링된다. 이 책에서 소개하는 것보다 더 자세한 사항들이 모델 식에 포함된다. 이들 모델 식들을 **콤팩트 모델**compact model이라 부르는데, 이 모델은 7.10절에 언급된 소자 시뮬레이터에 비해 계산 효율에 있어 두드러진 특성을 보인다.

상기 콤팩트 모델(및 레이아웃 설계 규칙)은 반도체 산업의 양쪽 측면(기술/제조 측면과 설계/제품 측면) 사이의 고리라고 할 수 있다. 콤팩트 모델은 넓은 범위의 전압, L, W, 그리고 온도의 변화에 대해 MOSFET의 미세한 동작을 나타낼 수 있어야만 하고, 식의 형태로 회로를 설계하는 사람들에게 이들 동작을 제공해야만 한다. 아날로그 회로 설계와 같은 어떤 회로 설계 방법들은 회로 시뮬레이션을 바로 사용한다. 다른 시뮬레이션 방법은 **셀 라이브러리**cell library 사용하는 것이다. 셀 라이브러리는 회로 시뮬레이션이 사용되기 전에 조심스럽게 설계되고 특성분석이 된 수백 개의 작은 회로 빌딩 블록을 모아놓은 것이다.

한때는 거의 모든 회사가 자신들만의 콤팩트 모델을 개발했다. 1997년에 기업 표준을 결정하는 그룹이 첫 번째 기업 표준 모델로 BSIM[18]을 선택했다. I_d에 대한 BSIM 식을 종이에 출력하면 이는 몇 페이지를 채울 것이다.

[그림 7-21]은 콤팩트 모델의 정확성을 보이기 위해 콤팩트 모델과 소자에서 측정된 결과를 비교하고 있다[19]. 회로를 설계하는 사람들이 지정하는 임의의 L과 W에 대해 트랜지스터의 동작을 정확히 모델링하는 것은 콤팩트 모델에 있어서 중요하다. [그림 7-22]는 이러한 콤팩트 모델의 능력을 보여준다. 마지막으로 훌륭한 콤팩트 모델은 간단한 모델 식을 사용하여 빠른 시뮬레이션 시간을 제공해야 한다. n 및 p형 MOSFET의 I–V와 더불어, 콤팩트 모델은 커패시턴스 모델, 게이트 절연막을 통한 누설전류 모델, 그리고 소오스/드레인 접합의 다이오드 모델을 포함한다. 대개 잡음과 고주파 모델도 함께 제공된다.

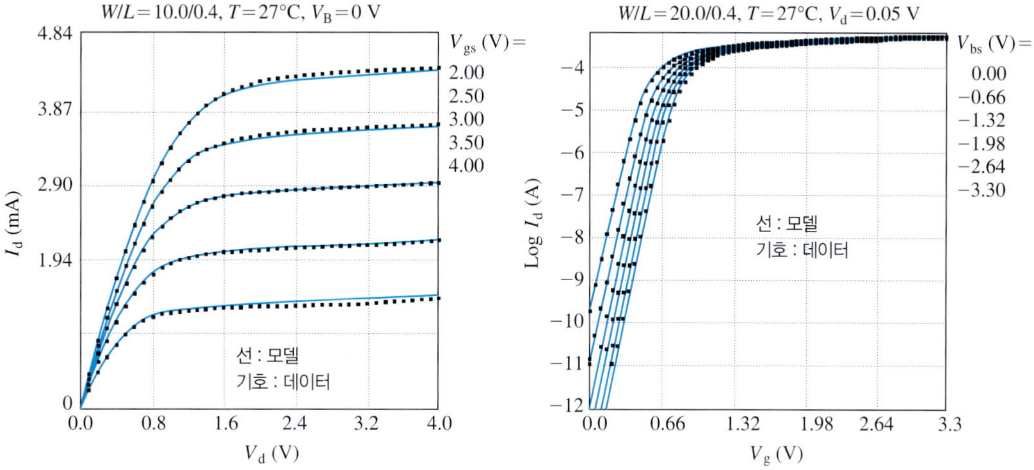

[그림 7-21] 콤팩트 모델의 정확성을 설명하기 위해 선택한 BSIM과 측정된 소자 데이터와의 비교 ([18]에 따름)

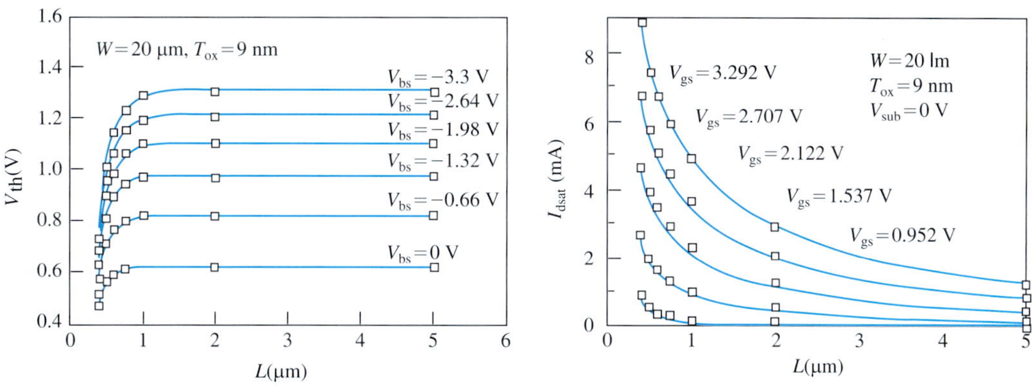

[그림 7-22] 회로를 설계하는 사람이 지정한 임의의 L과 W에 대한 트랜지스터의 동작을 정확히 모델링하기 위해 콤팩트 모델이 필요하다([19]에 따름. © 1997 IEEE.).

핵심요약

새로운 응용분야를 창출할 목적으로 비용을 줄이고 속도를 개선하기 위해, 트랜지스터와 상호 연결선은 기술 노드마다 줄어들고 있다. 아주 작은 MOSFET은 I_{off}라 불리는 과도한 누설전류를 흘리기 쉽다. I_{off}의 기본적인 성분은 **문턱전압 이하 전류**이다.

$$I_{off}(nA) = 100 \cdot \frac{W}{L} \cdot e^{-qV_t/\eta kT} = 100 \cdot \frac{W}{L} \cdot 10^{-V_t/S} \tag{7.8}$$

S는 문턱전압 이하 스윙이다. I_{off}를 어떤 주어진 수준 이하로 유지하기 위해 허용할 수 있는 V_t의 최솟값이 존재한다. 불행히도 더 큰 V_t는 I_{on}과 속도에 좋지 않다. 따라서 T_{oxe}/W_{dep}의 비를 줄여서 S를 줄이는 것이 중요하다. 더욱이 V_t는 L의 감소에 따라 감소하는데, DIBL에 의해 발생하는 V_t 롤 오프라고 알려진 것에 따라 감소한다.

$$V_t = V_{t\text{-long}} - (V_{ds} + 0.4V) \cdot e^{-L/l_d} \tag{7.11}$$

여기서,

$$l_d \propto \sqrt[3]{T_{oxe} W_{dep} X_j} \tag{7.12}$$

V_t는 L에 민감한 함수이기 때문에, 제조 공정에서 작은 변화(수 nm) 조차도 V_t, I_{off}, I_{on}에 문제가 될 만한 변화를 일으킬 수 있다. L이 줄어들도록 하기 위해 식 (7.11)을 참고하면, l_d는 반드시 줄어들어야 한다. 즉, T_{oxe}, W_{dep}, 및/또는 X_j는 반드시 줄어들어야 한다.

T_{ox} 감소는 **게이트 터널링 누설전류**에 의해 제한되는데, 이 누설전류는 SiO_2를 HfO_2와 같은 **높은 유전상수 절연체**high-k dielectric로 대체하면 억제될 수 있다. 금속게이트를 사용하면 폴리 실리콘 게이트에서의 폴리실리콘 공핍과 같은 문제를 제거하여 T_{oxe}를 줄일 수 있다.

W_{dep}은 역경사 바디 도핑을 도입하여 줄일 수 있다. X_j는 ms 플래시 어닐링 혹은 금속 소오스/드레인 MOSFET 구조를 사용하여 줄일 수 있다. X_j와 W_{dep}은 또한 극도로 얇은 바디 SOI 소자 구조나 멀티게이트 MOSFET 구조를 적용하여 줄일 수 있다. 더 중요하게는, 이들 새로운 소자 구조는 게이트에서 가장 멀리 있는 누설경로를 제거할 수 있다.

또한 식 (7.11)은 단채널 트랜지스터의 출력 컨덕턴스에 대한 이론을 제공한다.

$$g_{ds} = g_{msat} \times e^{-L/l_d} \tag{7.20}$$

연습문제

문턱전압 이하 누설전류

7.1 N^+ 폴리실리콘 게이트와 P형 기판 사이에 있는 게이트 산화막의 두께는 11Å이고, 기판 농도 $N_a = 1\times10^{18}\text{cm}^{-3}$이라고 가정하라.

(a) 이 소자의 V_t는 얼마인가?

(b) 문턱전압 이하 스윙 S는 얼마인가?

(c) $W = 1\mu\text{m}$, $L = 18\text{nm}$라면, 최대 누설전류는 얼마인가?
($V_{gs} = V_t$에서 $I_d = 100W/L(\text{nA})$이라 가정한다.)

소자격리용 필드 산화막 누설전류

7.2 N^+ 폴리실리콘 게이트와 P형 기판 사이에 있는 필드 산화막의 두께는 $0.3\mu\text{m}$이고, 기판 농도 $N_a = 5\times10^{17}\text{cm}^{-3}$이라고 가정하라.

(a) 이 필드 산화막 소자의 V_t는 얼마인가?

(b) 문턱전압 이하 스윙 S는 얼마인가?

(c) $W = 10\mu\text{m}$, $L = 0.3\mu\text{m}$, $V_{dd} = 2.0\,\text{V}$라면, 최대 필드 산화막 누설전류는 얼마인가?

V_t 롤 오프

7.3 다음 경우에 대해 $\log(I_{ds})$ 대 V_{gs}를 정성적으로 스케치하라($V_{ds} = V_{dd}$라 가정한다).

(a) $L = 0.2\mu\text{m}$, $N_a = 1\times10^{15}\text{cm}^{-3}$

(b) $L = 0.2\mu\text{m}$, $N_a = 1\times10^{17}\text{cm}^{-3}$

(c) $L = 1\mu\text{m}$, $N_a = 1\times10^{15}\text{cm}^{-3}$

(d) $L = 1\mu\text{m}$, $N_a = 1\times10^{17}\text{cm}^{-3}$

각 곡선의 상대적인 위치에 유의하고, 모든 곡선을 표시하라.

I_{off}와 I_{on} 사이의 절충

7.4 다음과 같은 각각의 변화는 I_{off}와 I_{on}을 증가시키는가, 또는 감소시키는가?

더 큰 V_t, 더 큰 L, 더 얕은 접합 깊이, 더 작은 V_{dd}, 더 얇은 T_{ox}

이들 변화 중 어느 것이 I_{on}을 감소시키지 않고 누설전류를 줄일 수 있는가?

연습문제

7.5 곧 무어의 법칙[Moore's Law]을 더 이상 확장할 수 없을 것이라는 염려스런 주장이 나오고 있다. 여러분 자신의 생각을 근거로 이러한 염려와 큰 I_{on} 및 작은 I_{off}를 달성하는 데 생기는 어려움에 대해 설명하라.

(a) 50단어 이내 또는 한 문장으로 이 질문에 답하라.

(b) 여러분이 직접 3개의 스케치를 그려 (a)에서 서술한 내용을 보충하라.

(c) 적절한 T_{ox}, X_j, W_{dep} 값을 단순하게 선택함으로써 I_{on}을 최대로 하고 I_{off}를 최소로 하는 것이 불가능한 이유는 무엇일까? 여러분 자신의 생각을 근거로 설명하라.

(d) (c)에 논의된 이슈를 정량화하는 데 도움이 되는 3개의 식을 써 보라.

7.6 (a) 식 (7.12)를 다시 쓰되, W_{dep}을 포함하지 말고 V_t를 포함하는 형태로 써 보라. V_t가 주어졌다고 가정하고, 식 (5.17)과 (5.13)을 이용하라.

(b) (a)에서의 답을 근거로, 수용 가능한 최소 채널 길이를 줄이기 위해 어떻게 해야 하는지 설명하라.

7.7 (a) 작은 W_{dep}을 가지는 것에 대한 장점은 무엇인가?

(b) 주어진 L과 V_t에 대해, 감소하는 W_{dep}이 I_{dsat} 및 게이트에 어떤 영향을 주는가?

HINT 6장의 "m"을 고려하라.

논의 전반적으로 작은 W_{dep}은 V_t 롤 오프를 억제하여 L이 축소화되도록 하는 것이 더 중요하기 때문에 더 작은 W_{dep}이 바람직하다.

이상적인 역경사 도핑 프로파일을 가진 MOSFET

7.8 [그림 7-23]에 보인 것과 같은 이상적인 역경사 기판 도핑 프로파일을 가진 기판과 N^+ 폴리 실리콘 게이트를 가진 N채널 MOSFET을 가정하라.

(a) 게이트가 문턱전압에 바이어스될 때 게이트에서 산화막을 통해 기판까지 x 방향을 따라서 MOSFET의 에너지 밴드 다이어그램을 그려 보라.

HINT 표면 가까이의 P 영역은 아주 얇게 도핑되어 있기 때문에 이 영역에서의 전계는 일정하다고 ($d\varepsilon/dx = 0$) 가정할 수 있다.

기판에서 P^+ 영역의 페르미 준위는 E_v와 같고 N^+ 게이트에서 페르미 준위는 E_c와 같다고 가정하라. E_c, E_v, E_F를 표시해야 한다.

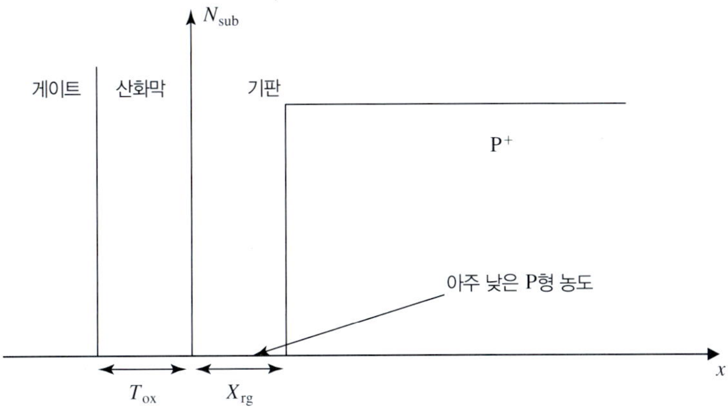

[그림 7-23]

(b) V_{ox}의 관점에서 이상적인 역경사 도핑 프로파일을 가진 소자의 V_t에 대한 표현식을 구하라. 단, V_{ox}는 이미 알고 있다고 가정한다.

HINT (a)에서의 다이어그램을 이용하고, V_t는 기판과 게이트에서 페르미 준위 사이의 차이라는 것을 기억하라. 문턱전압 조건에서 Si의 E_c는 Si-SiO_2 계면에서 페르미 준위와 일치한다.

(c) V_t에 대한 표현식을 쓰되 V_{ox}의 관점에서 쓰지 말고 X_{rg}, T_{ox}, ε_{ox}, ε_{si}와 다른 일반적인 매개변수 관점에서 써라.

HINT X_{rg} 영역의 기판 농도 N_{sub}는 거의 0이라는 것을 기억하라. 따라서 만약 여러분의 답이 N_{sub}의 관점이면 여러분의 풀이 방법을 다시 생각할 수 있다. 아마 $\varepsilon_{ox}\mathcal{E}_{ox} = \varepsilon_{si}\mathcal{E}_{si}$가 첫 수식이 될 수 있을 것이다.

(d) 이상적인 역경사 채널 프로파일을 갖는 MOSFET에서 공핍층 폭 W_{dep}은 균일하게 기판이 도핑된 소자의 X_{dep}의 절반이면서 같은 V_t를 줄 수 있음을 보여라.

(e) 작은 W_{dep}을 가지는 것의 이점은 무엇인가?

(f) 주어진 L과 V_t에 대해, 감소하는 W_{dep}이 I_{dsat} 및 인버터 지연시간에 어떤 영향을 주는가?

CHAPTER 08

바이폴라 트랜지스터

BIPOLAR TRANSISTOR

본 장에서는 바이폴라 접합 트랜지스터(BJT)의 동작을 소개하고 바이폴라 트랜지스터 $I-V$ 특성, 전류이득, 그리고 출력 컨덕턴스에 대한 이론을 설명한다. 고준위 주입과 높은 도핑 농도에 의한 밴드 갭 감소를 소개하며, SiGe 트랜지스터, 천이 시간, 컷오프 주파수도 설명할 것이다. 또한 에버스–몰(Ebers–Moll) 모델, 소신호 모델, 전하 제어 모델과 같은 몇 가지 바이폴라 트랜지스터 모델을 소개하는데, 각 모델은 그에 맞는 응용 분야를 가진다.

바이폴라 접합 트랜지스터[BJT, Bipolar Junction Transistor]는 1948년에 미국 뉴저지에 있는 벨 전화 연구소에서 발명되었다. 이 트랜지스터는 MOSFET[MOS field-effect transistor]보다 10여 년 먼저 양산된 첫 번째 트랜지스터이다. 1968년경에 금속 산화물 반도체[MOS, Metal-Oxide-Semiconductor] IC가 소개된 후, MOS 기술은 고집적과 저전력이라는 장점에 힘입어 바이폴라 소자가 지배하던 초기 시장을 조금씩 잠식하기 시작했다. BJT는 이동 전화기의 증폭 회로 같은 분야에서 고속, 저잡음, 그리고 고출력 전력의 장점을 갖기 때문에 여전히 고주파나 아날로그 응용에서 선호되고 있다. BJT가 사용될 때, 적은 수의 BJT가 고집적의 상보형 MOS[CMOS, Complementary MOS] 칩에 같이 집적될 수 있다. BJT 및 CMOS가 같이 집적된 기술을 **BiCMOS 기술**[BiCMOS technology]이라고 한다.

바이폴라(쌍극성)[bipolar]라는 용어는 BJT의 동작에서 전자와 정공이 둘 다 관여하기 때문에 붙여졌다. 사실 여기서 소수 캐리어의 확산은 PN 접합 다이오드에서와 같이 중요한 역할을 한다. 접합[junction]이라는 용어는 PN 접합이 BJT의 동작에 중요하다는 사실에 근거한다. 대개 BJT를 단순히 **바이폴라 트랜지스터**라고도 한다.

8.1 BJT 입문

BJT는 높은 농도로 도핑된 이미터[emitter] ([그림 8-1(a)] 참조), P형 **베이스**[base], 그리고 N형 **컬렉터**[collector]로 구성된다. 이러한 소자를 NPN BJT라 한다(PNP BJT는 P^+ 이미터, N형 베이스, P형 컬렉터를 갖는다). NPN 트랜지스터는 PNP 트랜지스터보다 더 높은 트랜스컨덕턴스와 속도를 보이는데, 그 이유는 전자의 이동도가 정공의 이동도보다 더 크기 때문이다. NPN형 BJT가 지배적으로 사용되는 이유는 이 BJT의 높은 성능이 MOSFET의 성능과 비교하여 경쟁력을 갖췄기 때문이다.

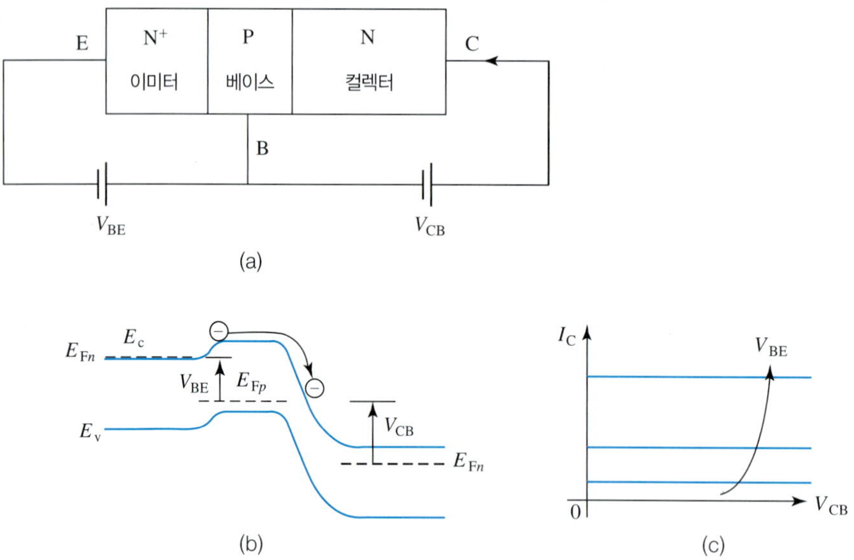

[그림 8-1] (a) 도식적인 NPN BJT와 통상적으로 인가된 전압의 극성, (b) 이미터에서 베이스로 전자 주입이 일어나고 이는 I_C를 결정한다. (c) I_C는 기본적으로 V_{BE}에 의해 결정되고 V_{CB}에는 둔감하다.

[그림 8-1(b)]는 베이스-이미터 접합에 정방향 바이어스가 인가되었을 때 전자가 더 낮은 농도로 도핑된 베이스로 주입되는 것을 나타낸다. 주입된 전자는 베이스 영역에서 확산되어 역방향 바이어스가 인가된 베이스-컬렉터 접합(공핍층의 가장자리)에 도달하고 결국 컬렉터로 끌려간다. 이것에 의해 **컬렉터 전류**collector current인 I_C가 만들어진다. I_C는 컬렉터-베이스 전압(V_{CB})이 역방향 바이어스(또는 8.6절에서 살펴볼 작은 정방향 전압)인 경우 기본적으로 V_{CB}에 영향을 받지 않는다. 오히려 I_C는 이미터에서 베이스로 전자가 주입되는 비에 의해 결정되는데, 다시 말하면 베이스-이미터 전압(V_{BE})에 의해 결정된다. 주입 비가 $e^{qV_{BE}/kT}$에 비례하는 PN 다이오드 이론을 상기해 볼 수도 있다. 이 사실은 [그림 8-1(c)]에서 분명히 나타난다.

[그림 8-2(a)]는 이미터가 종종 그라운드에 연결되는 상황을 보여준다(이미터와 컬렉터는 MOSFET에서 소오스 및 드레인과 등가이며, 베이스는 게이트와 등가이다). 따라서 I_C 곡선은 대개 [그림 8-2(b)]에서와 같이 V_{CE}에 대해 그려진다. 0.3 V보다 큰 V_{CE}에 대해, [그림 8-2(b)]는 [그림 8-1(c)]와 동일하다. 상기 0.3 V를 고려하지 않고 비교하면 $V_{CE} = V_{CB} + V_{BE}$이므로 [그림 8-2(b)]에서 곡선이 오른쪽으로 이동한다. $V_{CE} \approx 0.3$ V 이하에서 베이스-컬렉터 접합에 강하게 정방향 전압이 인가되고 I_C는 8.6절에서 설명한 것과 같이 감소한다. 기생 저항에서의 전압 강하 때문에 베이스-이미터 접합에 걸린 전압을 정확히 알아내는 것은 어렵다. 이런 이유로 쉽게 측정할 수 있는 베이스 전류 I_B는 [그림 8-2(c)]와 같이 V_{BE} 대신에 변수 매개변수로서 흔히 사용된다. 이후에 우리는 I_C는 I_B에 비례한다는 것을 알게 될 것이다.

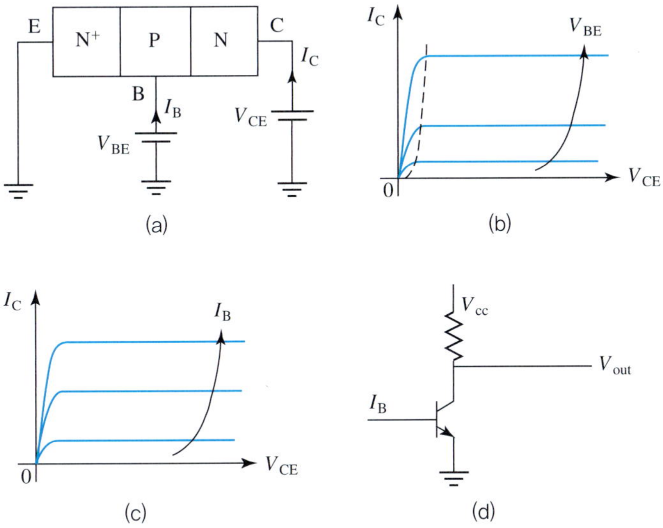

[그림 8-2] (a) 이미터 공통 구성, (b) I_C 대 V_{CE}, (c) I_B는 V_{BE} 대신 매개변수로 사용될 수 있다. (d) NPN BJT의 회로 기호 및 인버터 회로

8.2 컬렉터 전류

컬렉터 전류는 BJT의 출력 전류이다. [그림 8-3]에 보인 도식적인 NPN BJT에 대해 컬렉터 전류를 구한다. 전자 확산 방정식인 식 (4.36)을 베이스 영역에 적용하여 다음 식을 구할 수 있다.

$$\frac{d^2 n'}{dx^2} = \frac{n'}{L_B^2} \tag{8.1}$$

$$L_B \equiv \sqrt{\tau_B D_B} \tag{8.2}$$

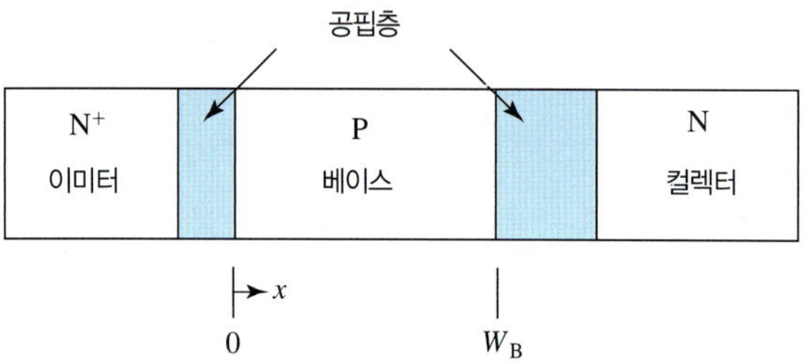

[그림 8-3] $x = 0$은 BE 접합 공핍층 가장자리이고, W_B는 베이스 중성 영역의 폭이다.

τ_B와 D_B는 각각 베이스에서 재결합 수명 시간과 소수 캐리어(전자) 확산상수를 나타낸다. 경계 조건은 다음과 같다(식 (4.29) 참조).

$$n'(0) = n_{B0}(e^{qV_{BE}/kT} - 1) \tag{8.3}$$

$$n'(W_B) = n_{B0}(e^{qV_{BC}/kT} - 1) \approx -n_{B0} \approx 0 \tag{8.4}$$

여기서 $n_{B0} = n_i^2/N_B$이고, N_B는 베이스 도핑 농도를 나타낸다. V_{BE}는 보통 정방향 바이어스(양의 값)이고 V_{BC}는 역방향 바이어스(음의 값)이다. 식 (8.1)의 해는 다음과 같다.

$$n'(x) = n_{B0}(e^{qV_{BE}/kT} - 1)\frac{\sinh\left(\frac{W_B - x}{L_B}\right)}{\sinh(W_B/L_B)} \tag{8.5}$$

[그림 8-4]는 식 (8.5)를 나타낸 것이다.

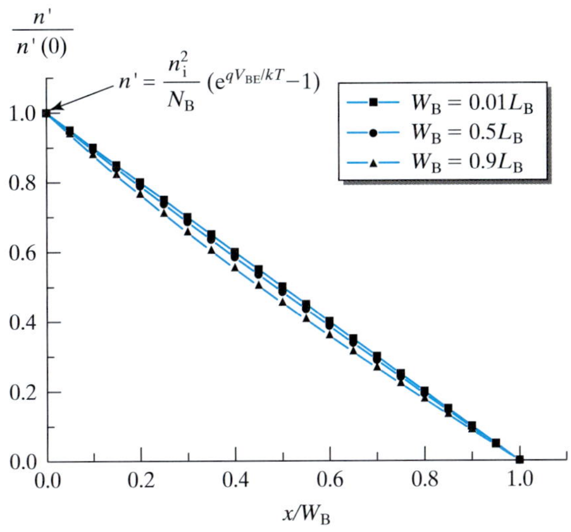

[그림 8-4] $W_B \ll L_B$일 때, 베이스에서 과도 소수 캐리어 농도는 근사적으로 x의 선형함수이다.

현대의 BJT는 베이스 폭이 약 0.1μm이다. 이 폭은 수십 μm의 전형적인 확산 거리보다 훨씬 작다(4.8절의 [예제 4-4] 참조). $W_B \ll L_B$인 경우, 식 (8.5)는 [그림 8-4]에 보인 것과 같이 직선이 된다.

$$
\begin{aligned}
n'(x) &= n'(0)(1 - x/W_B) \\
&= \frac{n_{iB}^2}{N_B}(e^{qV_{BE}/kT} - 1)\left(1 - \frac{x}{W_B}\right)
\end{aligned} \tag{8.6}
$$

n_{iB}는 베이스에서 진성 캐리어 농도이다. n_i에 첨자 B를 더한 이유는, 베이스는 다른 반도체 물질로 구현될 수 있기 때문이다. 다른 반도체의 일례로서 SiGe을 베이스 물질로 사용할 수 있으며, 이 경우 베이스는 이미터와 컬렉터에 비해 밴드 갭이 더 작기 때문에 더 큰 n_i를 갖는다.

PN 접합 다이오드 해석에서 설명한 것과 같이, 소수 캐리어 전류는 확산 전류가 지배적이다. I_C의 부호는 [그림 8-2(a)]에 정의되어 있으며 양(+)의 값을 갖는다.

$$
\begin{aligned}
I_C &= \left|A_E q D_B \frac{dn}{dx}\right| = A_E q D_B \frac{n'(0)}{W_B} \\
&= A_E q \frac{D_B}{W_B}\frac{n_{iB}^2}{N_B}(e^{qV_{BE}/kT} - 1)
\end{aligned} \tag{8.7}
$$

A_E는 BJT의 면적 중에서도 특히 이미터 면적을 나타낸다. 식 (8.7)과 PN 다이오드 $I-V$ 관계(식 (4.44)) 사이의 유사성에 주목하라. 두 경우는 $(e^{qV/kT}-1)$과 Dn_i^2/N에 비례한다. 사실 유일한 차이점은 dn'/dx가 선형적인 n' 프로파일(식 (8.6) 참조)로부터 식 (8.7)에 $1/W_B$항을 만들어냈다는 것이다. 식 (8.7)은 다음과 같이 압축될 수 있다.

$$
I_C = I_S(e^{qV_{BE}/kT} - 1) \tag{8.8}
$$

여기서 I_S는 포화 전류이다. 식 (8.7)은 다음과 같이 다시 쓸 수 있다.

$$I_C = A_E \frac{qn_i^2}{G_B}(e^{qV_{BE}/kT} - 1) \tag{8.9}$$

식 (8.7)의 특별한 경우는 다음과 같다.

$$G_B = \frac{n_i^2}{n_{iB}^2}\frac{N_B}{D_B}W_B = \frac{n_i^2}{n_{iB}^2}\frac{p}{D_B}W_B \tag{8.10}$$

여기서 p는 베이스에서 다수 캐리어 농도이다. 만약 G_B가 다음과 같이 일반화된다면 식 (8.9)는 균일하지 않은 베이스 도핑이나 고준위 주입 조건에 대해서도 유효하다는 사실을 보일 수 있다[1].

$$G_B \equiv \int_0^{W_B} \frac{n_i^2}{n_{iB}^2}\frac{p}{D_B}dx \tag{8.11}$$

G_B는 s/cm^{4}의 단위를 가지는데, 이를 **베이스 굼멜 수**base Gummel number라고 한다. $n_{iB} = n_i$이고, D_B는 상수, 그리고 $p(x) = N_B(x)$(저준위 주입)인 특별한 조건에서 굼멜 수는 다음과 같다.

$$G_B = \frac{1}{D_B}\int_0^{W_B} N_B(x)dx$$

$$= \frac{1}{D_B} \times \text{단위면적당 베이스 도펀트 원자수} \tag{8.12}$$

식 (8.12)는 베이스 굼멜 수가 기본적으로 면적당 베이스 도펀트 밀도에 비례한다는 것을 보인다. 식 (8.9)에서와 같이 지정된 V_{BE}에 대해 베이스 도펀트 밀도가 더 크면 클수록, I_C는 더 작아진다.

굼멜 수의 개념은 식 (8.11)의 굼멜 수가 I_C에 영향을 주는 소자 설계에 있어 모든 자세한 것까지 포함하기 때문에 I_C 모델을 단순화시킨다. $n_{iB}(x)$를 통한 베이스 물질 변화, 일정하지 않는 D_B, 불균일한 베이스 도펀트 농도($p(x) = N_B(x)$), 그리고 심지어 $p > N_B$인 고준위 주입 조건(8.2.1절 참조)을 포함할 수 있다. 비록 많은 요인이 G_B에 영향을 주지만, G_B는 [그림 8-5]와 같은 굼멜 도면Gummel plot으로부터 결정될 수 있다. [그림 8-5]에서 직선의 (역)기울기는 10배 전류 변화당 60mV로 기술될 수 있다. 직선의 외삽된 절편과 $V_{BE} = 0$ V를 이용하여 식 (8.8)의 I_S를 얻을 수 있다. $A_E q n_i^2$을 절편으로 나누면 G_B가 된다.

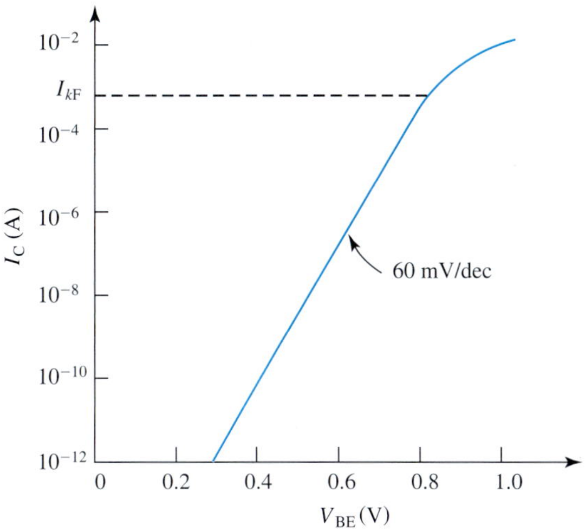

[그림 8-5] I_C는 V_{BE}의 지수함수이다.

8.2.1 고준위 주입 효과

[그림 8-5]의 높은 I_C에서 곡선의 기울기 감소는 **고준위 주입 효과**high-level injection effect에 의한 것이다. 큰 V_{BE}에서 식 (8.3)의 n'은 베이스 도핑 농도 N_B보다 더 커지며 다음과 같이 나타낼 수 있다.

$$n' = p' \gg N_B \tag{8.13}$$

식 (8.13)의 첫 번째 부분은 단순히 식 (2.33) 혹은 전하 중성을 나타낸다. 식 (8.13)의 조건을 고준위 주입high-level injection이라고 한다. 식 (8.13)의 결과는 베이스에서 다음과 같다.

$$n \approx p \tag{8.14}$$

식 (8.14)와 식 (4.46)으로부터,

$$n \approx p \approx n_i e^{qV_{BE}/2kT} \tag{8.15}$$

식 (8.15)와 식 (8.11)은 다음과 같은 결과를 가져온다.

$$G_B \propto n_i e^{qV_{BE}/2kT} \tag{8.16}$$

식 (8.16)과 식 (8.9)는 다음 결과를 가져온다.

$$I_C \propto n_i e^{qV_{BE}/2kT} \tag{8.17}$$

따라서 높은 V_{BE} 또는 높은 I_C에서 $I_C \propto e^{qV_{BE}/2kT}$이고, [그림 8-5]에서 (역)기울기는 120 mV/dec(전류 10배 변화당 120 mV)이다. I_{kF}는 **무릎 전류**knee current로 곡선의 기울기가 변하는 위치에서의 전류를 나타낸다. I_{kF}는 회로 시뮬레이션을 위한 BJT 모델에서 유용한 변수이다. 기생 저항에서의 전압 강하는 아주 높은 I_C에서 V_{BE}를 크게 증가시키고 곡선의 기울기를 더 줄어들게 한다.

8.3 베이스 전류

베이스–이미터 접합에 정방향 전압이 인가될 때마다 소수의 정공이 P형 베이스에서 N^+ 이미터로 주입된다. 이들 정공에 의해 베이스 전류 I_B가 생겨난다.[1] 정방향 BE 바이어스 하에서 I_B는 I_C 흐름에 있어 필수적이지만 작은 것이 바람직하다. 베이스–이미터 주입 전류인 I_B에 대한 해석은 I_C 해석과 정확하게 유사하다. [그림 8–6(b)]는 이 유사성을 설명한다. 이상적인 저항성 접촉에서 전압과 같은 외부 자극이 없으면 평형 상태 조건이 유지되고 식 (8.4)와 유사하게 p'은 0다. 식 (8.9)와 유사하게 베이스 전류는 다음과 같이 표시될 수 있다.

$$I_B = A_E \frac{qn_i^2}{G_E}(e^{qV_{BE}/kT} - 1) \tag{8.18}$$

$$G_E = \int_0^{W_E} \frac{n_i^2}{n_{iE}^2} \frac{n}{D_E} dx \tag{8.19}$$

G_E는 이미터 굼멜 수이다. n_{iE}, N_E(이미터 도핑 농도), D_E가 x의 함수가 아닌 균일하게 도핑된 이미터의 경우 I_B는 다음과 같다. 이는 연습문제를 통해 직접 증명해 보기 바란다.

$$I_B = A_E q \frac{D_E}{W_E} \frac{n_{iE}^2}{N_E}(e^{qV_{BE}/kT} - 1) \tag{8.20}$$

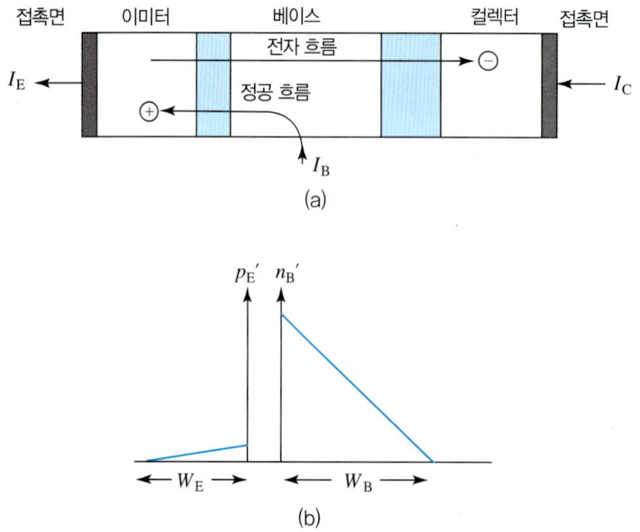

[그림 8–6] (a) BJT에서 도식적으로 표시된 전자와 정공 흐름 경로, (b) 이미터로의 정공 주입은 베이스로의 전자 주입과 아주 유사하다.[2]

---

1 아주 긴 베이스를 가진 오래된 트랜지스터에서 I_B는 베이스에 정공을 제공한다. 제공된 전공은 베이스에서 상당한 비로 재결합된다.

2 훌륭한 금속–반도체 저항성 접촉(이미터의 끝에서)은 아주 쉽게 캐리어를 공급하거나 제거할 수 있다. 따라서 우수한 저항성 접촉에서 과잉 캐리어 농도는 0이다.

8.4 전류이득

BJT에서 가장 중요한 DC 변수는 **공통-이미터 전류이득**common-emitter current gain β_F이다.

$$\beta_F \equiv \frac{I_C}{I_B} \tag{8.21}$$

다른 전류비인 **공통-베이스 전류이득**common-base current gain은 다음과 같이 정의된다.

$$I_C = \alpha_F I_E \tag{8.22}$$

$$\alpha_F \equiv \frac{I_C}{I_E} = \frac{I_C}{I_B + I_C} = \frac{I_C/I_B}{1 + I_C/I_B} = \frac{\beta_F}{1 + \beta_F} \tag{8.23}$$

α_F는 β_F가 크기 때문에 0.99와 같이 전형적으로 1에 아주 가깝다. 식 (8.23)으로부터 β_F는 다음과 같이 쓸 수 있다.

$$\beta_F = \frac{\alpha_F}{1 - \alpha_F} \tag{8.24}$$

I_B는 최소화되어야 한다(다시 말해 β_F가 최대화되어야 한다). 식 (8.9)를 식 (8.18)로 나누면, 다음 식을 얻을 수 있다.

$$\beta_F = \frac{G_E}{G_B} = \frac{D_B W_E N_E n_{iB}^2}{D_E W_B N_B n_{iE}^2} \tag{8.25}$$

전형적으로 좋은 β_F는 100이다. 식 (8.25)에서 D와 W는 아주 많이 변화될 수는 없다. 식 (8.25)에 따르면, 높은 β_F를 얻기 위한 가장 분명한 방법은 큰 N_E와 작은 N_B를 사용하는 것이다. 그러나 작은 N_B는 큰 베이스 저항을 생기게 할 것이고 이것은 BJT가 높은 전류와 높은 주파수에서 동작하는 것을 방해한다. 전형적으로 N_B는 약 10^{18}cm^{-3}이다.

만약 이미터 전류가 베이스에서 이미터로 주입되는 아주 작은 정공 전류와 대부분 이미터에서 베이스로 주입되는 전자 전류로 구성된다면 이미터는 효율적이라고 할 수 있다. **이미터 효율성**emitter efficiency은 다음과 같이 정의된다.

$$\gamma_E = \frac{I_E - I_B}{I_E} = \frac{I_C}{I_C + I_B} = \frac{1}{1 + G_B/G_E} \tag{8.26}$$

예제 8-1 **전류이득**

어떤 BJT가 1 mA의 I_C와 10μA의 I_B를 갖는다. I_E, β_F, α_F는 얼마인가?

풀이

$$I_E = I_C + I_B = 1\text{mA} + 10\,\mu\text{A} = 1.01\text{mA}$$

$$\beta_F = \frac{I_C}{I_B} = \frac{1\text{mA}}{10\,\mu\text{A}} = 100$$

$$\alpha_F = \frac{I_C}{I_E} = \frac{1\text{mA}}{1.01\text{mA}} = 0.9901$$

이 예제를 이용하여 식 (8.23)과 식 (8.24)를 확인할 수 있다.

$$\frac{\beta_F}{1+\beta_F} = \frac{100}{101} = 0.9901 = \alpha_F$$

$$\frac{\alpha_F}{1-\alpha_F} = \frac{0.9901}{0.0099} = 100 = \beta_F$$

8.4.1 이미터 밴드 갭 축소

β_F를 높이기 위해서는, N_E는 일반적으로 10^{20}cm^{-3}보다 높아야 한다. 불행히도 N_E가 아주 크면, $n_{iE}{}^2$는 $n_{iE}{}^2$보다 더 커진다. 이것을 **고농도 도핑 효과**heavy doping effect라 한다. 식 (1.27)을 상기해 보자.

$$n_i^2 = N_c N_v e^{-E_g/kT} \tag{8.27}$$

고농도 도핑은 실리콘 결정을 충분히 변화시킬 수 있어 E_g를 줄이고, $n_i{}^2$을 크게 증가시킨다.[3] 따라서 고농도 도핑 효과를 **밴드 갭 감소**band gap narrowing라고도 한다.

$$n_{iE}^2 = n_i^2 e^{\Delta E_{gE}/kT} \tag{8.28}$$

ΔE_{gE}는 낮게 도핑된 실리콘의 밴드 갭에 비해 높게 도핑된 이미터의 밴드 갭 감소를 나타낸다. $N_E < 10^{18}\text{cm}^{-3}$에 대해 무시할 만하고, 10^{19}cm^{-3}에 대해 50 meV, 10^{20}cm^{-3}에 대해 95 meV, 그리고 10^{21}cm^{-3}에 대해 140 meV이다[2].

3 고농도 도핑은 N_c와 N_v를 복잡한 형태로 바꾸어 n_i에 영향을 준다. 이들 모든 효과를 묶어서 유효 밴드 갭 감소로 하는 것이 일반적이다.

8.4.2 작은 밴드 갭 베이스 및 이종접합 BJT

β_F를 더 상승시키기 위해서는, 이미터 물질보다 밴드 갭이 더 작은 베이스 물질을 사용하여 n_{iB}를 올릴 수 있다. $Si_{1-\eta}Ge_{\eta}$는 주어진 실리콘 이미터에 대해 아주 우수한 베이스 물질 후보이다. $\gamma = 0.2$를 적용하면 E_{gB}는 0.1 eV만큼 감소한다. SiGe BJT에서 베이스는 고농도를 갖도록 에피 층으로 성장한 P형 SiGe으로 만들어진다. 실제 베이스 영역을 에피 층으로 성장시켜 형성할 때, 컬렉터 쪽 베이스에서 γ는 0.2로 되고 이미터 쪽 베이스에서의 γ는 0이 되도록 구배를 주어 BJT의 속도를 개선할 수 있다(8.7.2절 참조).

이미터와 베이스 접합은 서로 다른 두 가지 반도체 물질로 만들어지므로, 이러한 소자를 이종접합 바이폴라 트랜지스터^HBT, Heterojunction Bipolar Transistor^라고 한다. HBT는 InP 이미터($E_g = 1.35\,\text{eV}$)와 InGaAs 베이스($E_g = 0.68\,\text{eV}$)로 만들어진다. GaAs 베이스와 GaAlAs 이미터를 가진 HBT도 잘 알려진 HBT의 예이다. 3원소 반도체를 이종접합에서 격자상수 정합을 이루기 위해 사용할 수 있다(4.13.1절 참조).

예제 8-2 이미터 밴드 갭 감소 및 SiGe 베이스

$D_B = 3D_E$, $W_E = 3W_B$, $N_B = 10^{18}\text{cm}^{-3}$, 그리고 $n_{iB}^2 = n_i^2$이라고 가정하라. 다음 각 경우에 대해 β_F를 구하라. 베이스는 60 meV의 밴드 갭 감소(ΔE_{gB})를 가진 SiGe으로 대체되어 있다.

(a) $N_E = 10^{19}\text{cm}^{-3}$ (b) $N_E = 10^{20}\text{cm}^{-3}$ (c) $N_E = 10^{20}\text{cm}^{-3}$

풀이

(a) $N_E = 10^{19}\text{cm}^{-3}$, $\Delta E_{gE} \approx 50\,\text{meV}$인 경우

$$n_{iE}^2 = n_i^2 e^{\Delta E_{gE}/kT} = n_i^2 e^{50/26\,\text{meV}} = n_i^2 e^{1.92} = 6.8 n_i^2$$

식 (8.25)로부터,

$$\beta_F = \frac{D_B W_E}{D_E W_B} \times \frac{N_E n_i^2}{N_B n_{iE}^2} = \frac{9 \cdot 10^{19} \cdot n_i^2}{10^{18} \cdot 6.8 n_i^2} = 13$$

(b) $N_E = 10^{20}\text{cm}^{-3}$, $\Delta E_{gE} \approx 95\,\text{meV}$인 경우

$$n_{iE}^2 = n_i^2 e^{\Delta E_{gE}/kT} = n_i^2 e^{95/26\,\text{meV}} = n_i^2 e^{3.65} = 38 n_i^2$$

$$\beta_F = \frac{D_B W_E}{D_E W_B} \times \frac{N_E n_i^2}{N_B n_{iE}^2} = \frac{9 \cdot 10^{20} \cdot n_i^2}{10^{18} \cdot 38 n_i^2} = 24$$

N_E를 10^{19}cm^{-3}에서 10^{20}cm^{-3}으로 높여도 밴드 갭 감소 때문에 β_F를 10배 정도도 증가시키지 못한다. 물론 β_F는 베이스 저항 증가의 손실을 감수하고 베이스 농도를 더 낮추어 증가될 수 있으나, 소자 속도에 나쁜 영향을 주게 된다(식 (8.54) 참조).

(c) $N_E = 10^{20}\text{cm}^{-3}$, $\Delta E_{gE} \approx 60\,\text{meV}$인 경우

$$n_{iB}^2 = n_i^2 e^{\Delta E_{gB}/kT} = n_i^2 e^{60/26\text{meV}} = 10 n_i^2$$

$$\therefore \quad \beta_F = \frac{D_B W_E}{D_E W_B} = 9 \times \frac{N_E n_{iB}^2}{N_B n_{iE}^2} = \frac{9 \cdot 10^{20} \cdot 10 n_{iB}^2}{10^{18} \cdot 39 n_i^2} = 237$$

8.4.3 폴리실리콘 이미터

베이스 물질이 SiGe이거나 통상의 Si이더라도 고성능 BJT에는 [그림 8-7]에 보인 것과 같이 이미터에 비교적 두꺼운(>100 nm) 층의 비소(As)가 도핑된 N^+ 폴리실리콘 박막이 형성되어 있다. 비소 원자는 열 공정에 의해 약 20 nm 정도 "베이스"로 확산하여, 단결정 실리콘에 N^+ 이미터의 한 부분이 형성된다. 이러한 방식으로 β_F는 대부분 N^+ 폴리실리콘으로 만들어진 큰 W_E에 의해 더 커지게 된다. 이것이 **폴리실리콘 이미터**poly-Silicon emitter 기술이다. 더 간단한 대안으로 폴리실리콘 박막 없이 더 깊이 이온 주입되거나 더 깊게 확산된 N^+ 이미터는 베이스에 더 높은 농도의 결정 결함을 만들어낸다(과도한 이미터에서 컬렉터로의 누설전류를 일으키거나 일부의 BJT에서는 단선을 일으킨다).

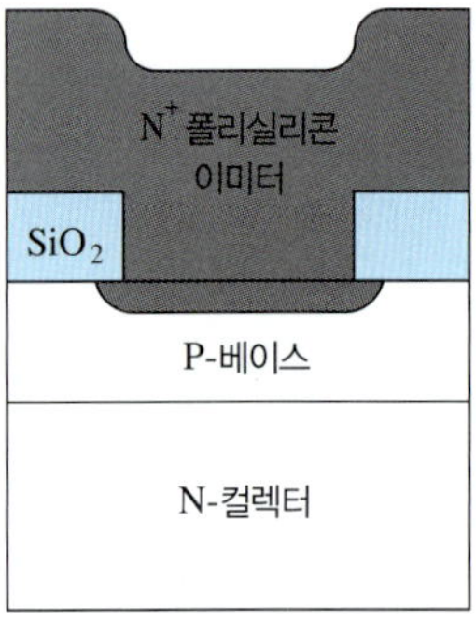

[그림 8-7] 고성능 BJT의 일반적인 특징인 폴리실리콘 이미터를 갖는 BJT의 도식적인 단면

8.4.4 굼멜 도면과 낮은 전류 및 높은 I_C에서의 β_F 감소

고속 회로는 높은 I_C에서 동작하고, 저전력 회로는 낮은 I_C에서 동작할 수 있다. 전류이득 β는 낮은 I_C 및 높은 I_C에서 모두 떨어진다. 원인을 알아보도록 하자.

베이스에서 고준위 주입 효과에 의해 높은 V_{BE}에서 I_C의 기울기가 떨어지는 굼멜 도면을 [그림 8-5]에서 살펴보았다. 그 I_C 곡선을 [그림 8-8]에 다시 나타내었다. 정공이 이미터로 주입되면서 생겨나는 I_B는 고준위 주입에 의해 기울기가 줄어들지 않는데, 이 이유는 이미터가 아주 고농도로 도핑되고 이미터에서 N_E보다 더 높은 농도의 정공을 주입하는 것은 불가능하기 때문이다.

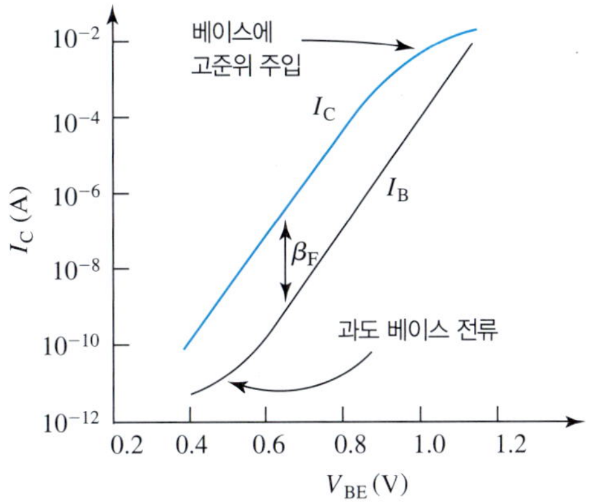

[그림 8–8] I_C와 I_B의 굼멜 도면은 $\beta_F(= I_C/I_B)$가 낮은 I_C와 높은 I_C에서 감소함을 보인다.

[그림 8–8]에서 넓은 영역의 중간 정도의 I_C 상에서 I_C와 I_B는 나란한데, 이는 I_C/I_B의 비가 일정하다는 것을 의미한다. 다시 말해 β_F가 일정하다는 것이다. 이 사실은 [그림 8–9]에서 분명해진다. 1mA보다 큰 전류에서 [그림 8–8]의 I_C의 기울기는 고준위 주입에 의해 떨어진다. 결과적으로, I_C/I_B 비 또는 β_F는 [그림 8–9]에 보인 것과 같이 급속하게 떨어진다. 불행히도 이런 전류이득의 감소는 BJT 속도가 최고인 (8.9절 참조) 높은 전류 영역에서 BJT의 성능을 저하시킨다. [그림 8–8]에서 I_B는 정 바이어스가 걸린 베이스–이미터 접합에서의 베이스 전류이다. [그림 4–22]에서와 같이, 정 바이어스 전류의 기울기는 공간–전하 영역 전류SCR current (4.9.1절 참조)에 의해 낮은 V_{BE} 또는 아주 낮은 전류에서 감소한다. 비슷한 기울기 변화가 [그림 8–8]에 도시되어 있다. 결과적으로 I_C/I_B 비 또는 β_F는 아주 낮은 I_C에서 감소한다. [그림 8–9]에서 β_F가 V_{BC}에 크게 의존하지 않는 것은 다음 절에서 설명할 것이다.

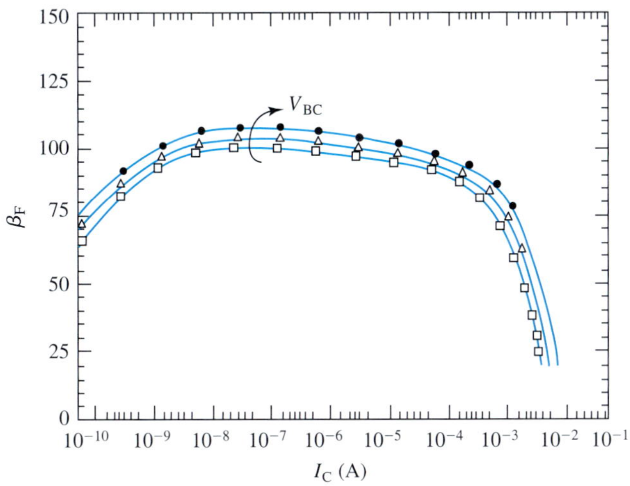

[그림 8–9] 낮은 I_C와 높은 I_C 영역에서의 전류이득 감소[4]([3]에서 발췌)

4 $A_E = 0.6 \times 4.8\mu m^2$, 아래에서 위로 V_{BC}는 각각 0V, 1V, 2V이다. 심볼은 측정 데이터를 나타내고, 실선은 BJT 모델을 이용한 회로 시뮬레이션으로부터 얻어진 값이다.

8.5 컬렉터 전압에 의한 베이스 폭 변조

[그림 8-2(c)]에 보인 평탄한 $I_C - V_{CE}$ 특성 대신에 [그림 8-10(a)](실제 I_C-V_{CE} 데이터)는 유한한 기울기가 있음을 분명히 보이고 있다. MOSFET에서와 같이 BJT의 큰 **출력 컨덕턴스** $\partial I_C/\partial V_{CE}$는 회로의 전압이득에 나쁜 영향을 끼친다. 출력 컨덕턴스의 원인은 **베이스 폭 변조**이고 [그림 8-11]에서 설명된다. 진한 수직선은 베이스-컬렉터 접합의 위치를 나타낸다. 증가하는 V_{CE}에 따라 베이스-컬렉터 공핍 영역은 넓어지고 중성 베이스 폭은 감소한다. 이것에 의해 [그림 8-11]에 보인 것과 같이 I_C가 증가하게 된다.

[그림 8-10(b)]와 같이 만약 $I_C - V_{CE}$ 곡선이 외삽되면, 각 I_B에 대한 외삽된 직선은 $I_C = 0$A인 축의 거의 같은 한 점에서 만난다. [그림 8-10(b)]는 **얼리 전압**Early voltage V_A를 정의한다. V_A는 $I_C - V_{CE}$ 관계에서 I_C의 평탄함을 기술하는 하나의 매개변수이다. 특히 출력 저항은 V_A/I_C로 표현할 수 있다.

$$r_0 \equiv \left(\frac{\partial I_C}{\partial V_{CE}}\right)^{-1} = \frac{V_A}{I_C} \tag{8.29}$$

큰 V_A(즉, 큰 r_0)는 높은 전압이득을 위해 바람직하다. 전형적인 V_A는 50V이다. V_A는 트랜지스터 설계에 민감하다. 정량적으로 다음과 같은 상황이 주어진다면 V_A와 r_0가 증가할 것이다(즉, 베이스 폭 변조가 전체 베이스 폭의 일부에 지나지 않을 것으로 예측된다).

❶ 베이스 폭을 증가시킨다.
❷ 베이스 도핑 농도 N_B를 증가시킨다.
❸ 컬렉터 도핑 농도 N_C를 감소시킨다.

분명히, ❶은 어떤 주어진 ΔW_B에 대한 감도를 줄일 것이다([그림 8-11] 참조). ❷를 통해서는 베이스 영역에서 공핍 영역 두께를 줄일 수 있을 것인데, 그 이유는 공핍 영역이 PN 접합에서 도핑 농도가 높은 영역으로 더 작게 침투하기 때문이다(식 (4.11) 참조). 같은 이유로, ❸은 공핍 영역이 주로 컬렉터 쪽으로 확장하게 할 것이고 이와 같이 베이스 영역에서의 공핍 영역 폭을 줄인다. ❶과 ❷ 둘 다 β_F를 떨어뜨릴 것이다(식 (8.25) 참조). 여기서 ❸이 가장 적합한 조치이다. ❸은 또한 베이스-컬렉터 접합 커패시턴스를 줄이며, 이것은 바람직한 현상이다. 따라서 컬렉터 도핑 농도는 대개 베이스 도핑 농도보다 10배 정도 더 낮다. [그림 8-10]에서 $V_{CE}>3$ V일 때 기울기가 크게 증가하는 것은 충돌 이온화(4.5.3절 참조) 때문이다. 베이스 폭 변조에 의한 I_C의 증가는 발명자의 이름을 따서 얼리 효과Early effect라고 한다.

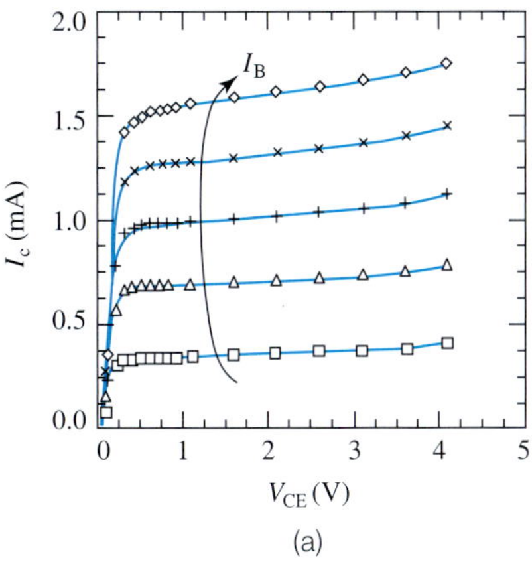

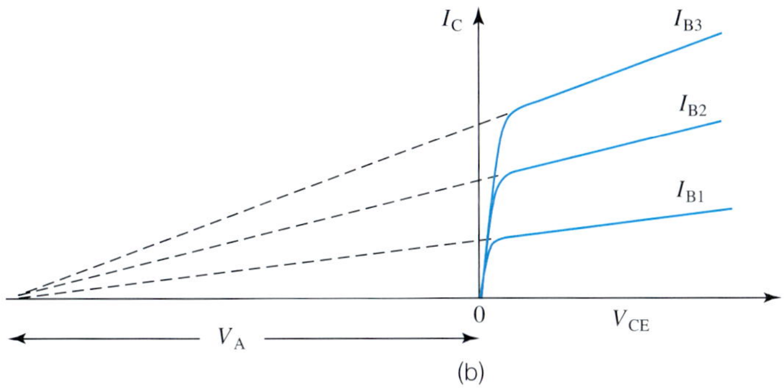

[그림 8-10] BJT 출력 컨덕턴스. (a) 측정된 BJT 특성. $I_B = 4, 8, 12, 16, 20\mu A$ ([3]에서 발췌), (b) 얼리 전압 V_A의 정의를 설명하는 도식적인 그림

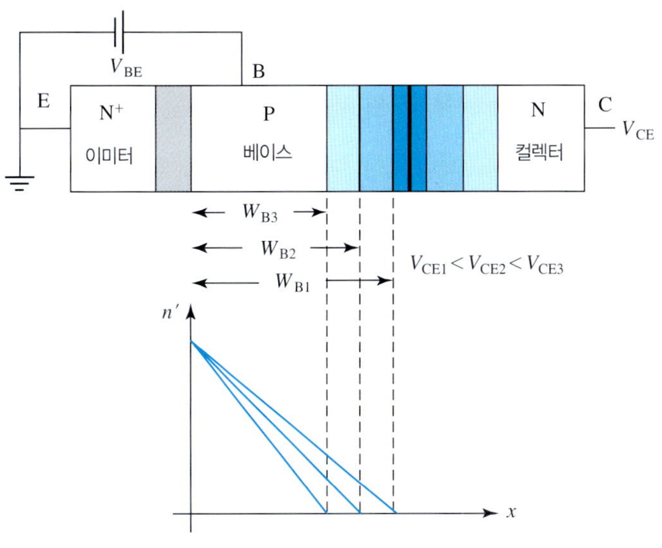

[그림 8-11] V_C가 증가함으로써 BC 공핍층 폭은 증가하고 W_B는 감소하며, 그 결과 dn'/dx 및 I_C가 증가한다. 실제 컬렉터에서 공핍층 폭은 대개 베이스 영역의 공핍층 폭에 비해 훨씬 넓다.

NOTE 얼리 전압의 초기

1990년 11월 10일 제임스 얼리(James Early) 박사가 밝힌 일화

"1952년 1월, 내부 미팅을 위해 머레이 힐 벨 연구소Murray Hill Bell Labs로 가는 길에 나는 컬렉터 전압의 함수로서 컬렉터 전류를 어떻게 모델링할 것인가에 대해 생각하기 시작했다. 미팅을 하는 동안 지루한 마음에 나는 컬렉터 전류에 대한 표현식 $I_C = \beta_F I_B$를 적었다. I_B가 일정하게 유지되도록 하고 I_C를 V_C에 대해 미분하면 다음과 같이 쓸 수 있었다.

$$\frac{\partial I_C}{\partial V_C} = I_B \frac{\partial \beta_F}{\partial V_C}$$

β_F가 V_C에 따라 어떻게 변하는가? 물론 컬렉터 공핍 영역이 컬렉터 전압 증가에 따라 넓어진다. 베이스 폭은 줄어들고 전류이득은 올라간다. 이는 필연적으로 사실이다.

그렇다면 이 사실이 왜 좀 더 일찍 발견되지 않았을까? 이전에 그에 관해 조금이라도 생각했던 사람들 중에는 전자 소자에 대한 공학적 해석을 교육받고, 새로운 모델을 제시하는 게 익숙하면서, 회의 시간에 지루해 한 사람은 아무도 없었던 것이다."

8.6 에버스-몰 모델

지금까지 [그림 8-12]에서의 $V_{CE} = 0$에 가까운 $I-V$ 곡선 영역에 대해 언급하지 않았다. $I-V$ 곡선의 이 부분을 **포화 영역**saturation region이라 하는데, 이는 베이스가 이미터와 컬렉터에서 주입된 소수 캐리어로 포화되어 있기 때문이다(불행히도 MOSFET에서 포화 영역은 BJT의 활성 바이어스(액티브) 영역에 대비되어 이름이 붙여졌다). BJT 동작 영역의 나머지 부분을 **활성 영역**active region 또는 선형 영역이라고 하는데, 이는 BJT가 선형 증폭기와 같은 활성 회로에서 동작하기 때문이다.

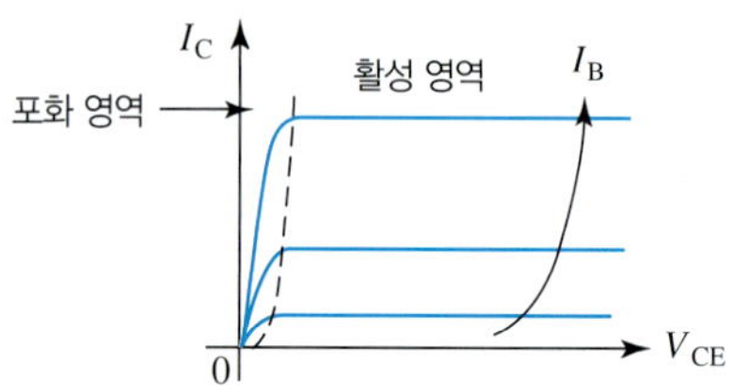

[그림 8-12] 포화 영역에서 I_C는 컬렉터-베이스 접합이 강하게 정방향 바이어스되어 있기 때문에 떨어진다.

에버스-몰 모델Ebers-Moll model은 BJT 동작에서 활성 영역과 포화 영역 둘 다 설명할 수 있고 수학적으로 기술할 수 있는 방법이다. 그것은 또한 회로 시뮬레이션을 위한 BJT SPICE 모델의 근간이 된다. [그림 8-13]에 보인 것과 같이 I_C는 두 가지 전압원 V_{BE}와 V_{BC}에 의해 구동되는 것이 이 모델의 기본 아이디어이다.

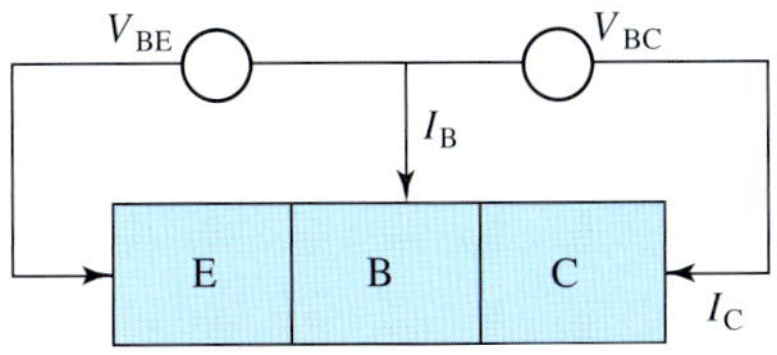

[그림 8-13] I_C는 두 가지 전압원 V_{BE}와 V_{BC}에 의해 구동된다.

먼저 V_{BE} 값은 주어지고 V_{BC}는 0V라 가정하자. 식 (8.8)을 이용하여 다음과 같이 쓸 수 있다.

$$I_C = I_S(e^{qV_{BE}/kT} - 1) \tag{8.30}$$

$$I_B = \frac{I_S}{\beta_F}(e^{qV_{BE}/kT} - 1) \tag{8.31}$$

이제 컬렉터와 이미터의 역할이 서로 바뀌었다고 가정하자. 즉, V_{BC}는 정방향 바이어스이고 V_{BE}는 0V 이다. 전자는 컬렉터에서 베이스로 주입되고 이미터로 흘러갈 것이다. 이제 컬렉터는 이미터처럼 동작하고 이미터는 컬렉터처럼 동작한다.[5]

$$I_E = I_S(e^{qV_{BC}/kT} - 1) \tag{8.32}$$

$$I_B = \frac{I_S}{\beta_R}(e^{qV_{BC}/kT} - 1) \tag{8.33}$$

$$I_C = -I_E - I_B = -I_S\left(1 + \frac{1}{\beta_R}\right)(e^{qV_{BC}/kT} - 1) \tag{8.34}$$

β_R은 **역방향 전류이득**reverse current gain이다. 이로써 β_F에 첨자 F가 붙는 이유를 알았을 것이다. β_F는 **정방향 전류이득**forward current gain이다. 대개 β_F는 아주 큰 것에 반해 β_R은 작은데, 그 이유는 역 활성 모드에서 이미터로 동작하는 컬렉터의 도핑 농도가 낮기 때문이다. 두 V_{BE}와 V_{BC}가 주어질 때, 식 (8.30)과 (8.34)가 더해져서 이 조건에서 I_C가 되고 식 (8.31)과 식 (8.33)이 더해져서 I_B가 된다.

$$I_C = I_S(e^{qV_{BE}/kT} - 1) - I_S\left(1 + \frac{1}{\beta_R}\right)(e^{qV_{BC}/kT} - 1) \tag{8.35}$$

$$I_B = \frac{I_S}{\beta_F}(e^{qV_{BE}/kT} - 1) + \frac{I_S}{\beta_R}(e^{qV_{BC}/kT} - 1) \tag{8.36}$$

식 (8.35)와 식 (8.36)은 통상적으로 SPICE 모델에 사용되는 에버스-몰 모델을 구성한다. 이 두 식은 [그림 8-14]에 보인 것과 같이 실험치와 아주 정확히 일치하는 $I_C - V_{CE}$ 특성을 제공한다.

5 이미터와 컬렉터의 역할이 서로 바뀔 때, 식 (8.11)에서 적분의 상한과 하한은 G_B 또는 I_S에 영향을 주지 않고 서로 바뀐다.

낮은 V_{CE}에서 무엇이 I_C를 감소시키는가? 이 영역에서는 BE와 BC 접합 둘 다 정방향 바이어스된다(가령 $V_{BE} = 0.8\,V$, $V_{BC} = 0.6\,V$이고, 그에 따라 $V_{CE} = 0.2\,V$). [그림 8-4]에서 정방향 바이어스된 V_{BC}는 $x = W_B$에서 n'을 증가시킨다. 이것에 의해 기울기 dn'/dx가 감소하고 따라서 I_C가 감소한다.

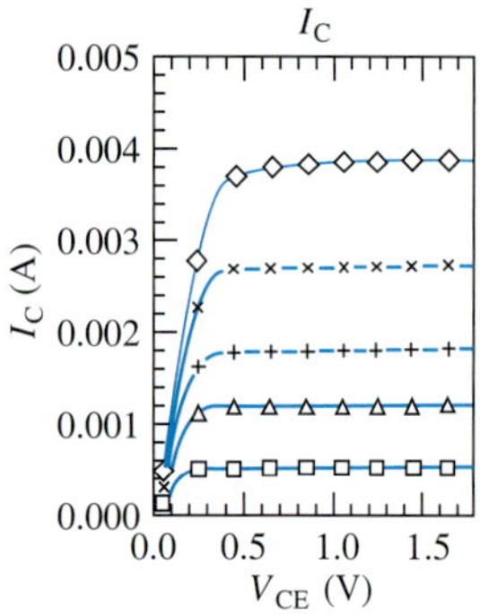

[그림 8-14] 선으로 표시된 에버스-몰 모델은 기호로 표시된 측정치와 포화 및 선형 영역에서 일치한다. $I_B = 4.3,\ 11\mu A,\ 17\mu A,\ 28\mu A,\ 43\mu A$이다. 이는 고속 SiGe 베이스 BJT이고, $A_E = 0.25 \times 5.75\mu m^2$이다([3]에서 발췌).

8.7 천이 시간과 전하 저장

정적인 DC 상태에서 $I-V$ 특성은 BJT 이야기의 단편일 뿐이다. 또 다른 부분은 동적인 특성 또는 BJT의 속도이다. BE 접합이 정 바이어스될 때, 과잉 정공이 이미터, 베이스, 심지어 공핍층에까지 저장된다. 이들 영역에 저장된 과잉 정공 전하를 모두 합해 Q_F라 부른다. Q_F는 저장된 과잉 캐리어 전하excess carrier charge이다. 만약 Q_F가 1 pCpico coulomb이면, BJT에는 +1 pC의 과잉 정공 전하와 −1 pC의 과잉 전자 전하가 저장되어 있다.[6] I_C에 대한 Q_F의 비를 **정방향 천이 시간**forward transit time τ_F라 한다.

$$\tau_F \equiv \frac{Q_F}{I_C} \tag{8.37}$$

식 (8.37)은 간단하지만 중요하며, Q_F는 상수비 τ_F에 의해 I_C와 관계를 갖는다. 어떤 사람은 τ_F를 저장 시간storage time으로 보는 것이 더 직관적이라고 하기도 한다. 일반적으로 Q_F와 그에 따른 τ_F는 어떤 복잡한 소자 구조에 대해 정확히 예측하기가 매우 어렵다. 그러나 τ_F는 실험적으로 측정될 수 있고(8.9절 참조), 그리고 일단 주어진 BJT에 대해 τ_F가 결정되면 식 (8.37)은 I_C의 함수로서 Q_F를 제공하는 아주 좋은 개념적이고 수학적인 틀이 되며, 또한 그 역도 성립한다. τ_F는 **BJT 동작의 고주파 한계를 결정한다.**

6 식 (2.33)으로부터 $n' = p'$이다.

8.7.1 베이스 전하 저장과 베이스 천이 시간

소자 설계가 어떻게 천이 시간에 영향을 주는가를 감각적으로 알기 위해, 베이스에서 과잉 정공 전하 Q_{FB}를 해석하고, 이것으로부터 베이스 천이 시간 τ_{FB}를 얻을 것이다.

Q_{FB}는 qA_E에 [그림 8-15]의 선 아래 면적(색칠한 부분)만큼을 곱한 것이다.

$$Q_{FB} = qA_E n'(0)W_B/2 \tag{8.38}$$

Q_{FB}를 I_C로 나누고 식 (8.7)을 사용하여 다음을 구할 수 있다.

$$\frac{Q_{FB}}{I_C} \equiv \tau_{FB} = \frac{W_B^2}{2D_B} \tag{8.39}$$

τ_{FB}를 줄이기 위해(즉, BJT를 더 빠르게 만들기 위해), W_B를 줄이는 것이 중요하다.

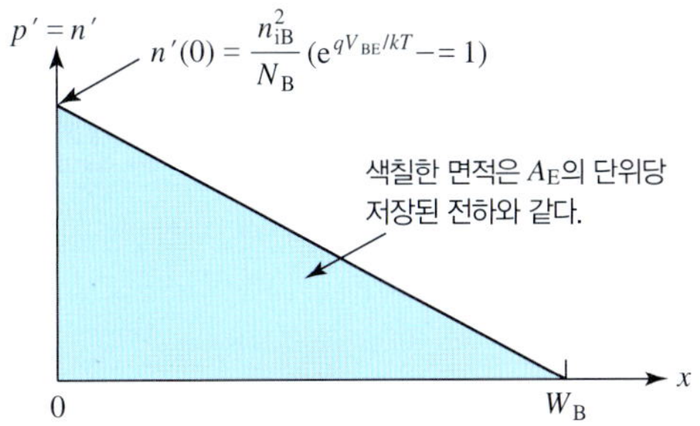

[그림 8-15] 베이스에서 과잉 정공 및 전자의 농도. 두 농도는 전하 중성 조건인 식 (2.33)에 의해 동일하다.

예제 8-3 **베이스 천이 시간**

$W_B = 70\,\text{nm}$이고, $D_B = 10\,\text{cm}^2/\text{s}$라고 한다. τ_{FB}는 얼마인가?

풀이

$$\tau_{FB} = \frac{W_B^2}{2D_B} = \frac{(7\times10^{-6}\text{cm})^2}{2\times10\ \text{cm}^2/\text{s}} = 2.5\times10^{-12}\text{s} = 2.5\ \text{ps}$$

2.5 ps는 아주 짧은 시간이다. 광속이 $3\times10^8\,\text{m/s}$이므로 빛은 2.5 ps 내에 1 mm보다 적게 이동한다.

8.7.2 드리프트 트랜지스터 – 베이스 내부 전계

이미터에서 컬렉터로의 전자 흐름을 돕는 베이스에서의 드리프트 전계[drift field]를 만들어 베이스 천이 시간을 더 줄일 수 있다. 이것을 달성하기 위한 두 가지 방법이 있다. 고전적인 방법은 베이스 도핑에 구배를 주는 것이다. 즉, [그림 8-16(a)]와 같이 EB 접합 근처에서 NB를 높이고 CB 접합으로 갈수록 점차 감소하도록 한다.

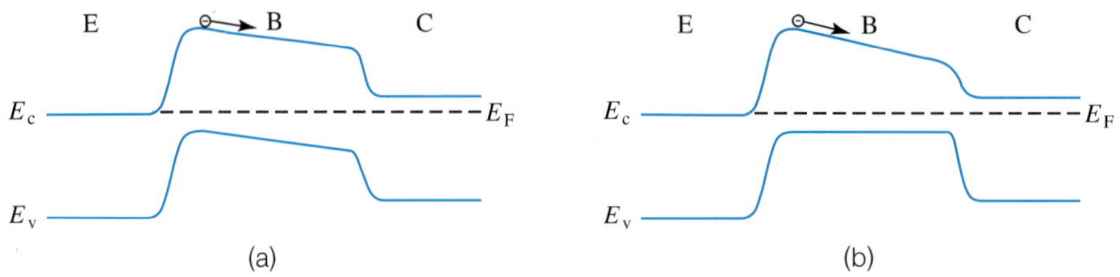

[그림 8-16] 베이스에서 dE_C/dx를 구현하는 두 가지 방법. (a) E_{gB}는 고정되고, 베이스 농도 N_B가 이미터에서 컬렉터 쪽으로 가면서 감소한다. (b) N_B가 고정되고, E_{gB}가 이미터에서 컬렉터 쪽으로 가면서 감소한다.

베이스를 형성할 때 도펀트 확산dopant diffusion을 수행하면 자연스럽게 이런 도핑 기울기가 얻어진다. N_B의 변화는 dE_v/dx와 dE_C/dx를 만들어내고, 이것은 결국 드리프트 전계(식 (2.25))가 된다. 베이스로 주입된 전자는 컬렉터 방향으로 흘려보내(드리프트) 베이스 천이 시간base transit time은 **확산 천이 시간**diffusion transit time $W_B{}^2/2D_B$보다 더 짧아진다.

[그림 8-16(b)]는 더 효과적인 방법을 보여준다. SiGe BJT에서 P형 에피 층 $Si_{1-\eta}Ge_\eta$이 Si 컬렉터 위에 균일한 농도 N_B로 성장되도록 하고, η는 컬렉터 쪽에서 약 0.2부터 시작하여 이미터 쪽에서 0으로 끝나도록 선형적으로 변화시킨다[4]. E_{gB}에 구배를 줌으로써 큰 dE_C/dx가 생길 수 있다. 이들 고속 BJT는 고주파 통신 회로에 사용된다. 베이스에서 드리프트 현상을 이용하는 트랜지스터는 베이스 천이 시간을 $W_B{}^2/2D_B$보다 몇 배 더 짧게 줄일 수 있고, 1 ps만큼 짧은 천이 시간을 가질 수 있다.

8.7.3 이미터-컬렉터 천이 시간과 커크 효과*

전체 정방향 천이 시간 τ_F를 **이미터에서 컬렉터로의 천이 시간**emitter-to-collector transit time이라고도 한다. τ_{FB}는 τ_F의 한 부분일 뿐이다. 베이스 천이 시간은 τ_F에서 약 절반 정도를 차지한다. 이미터와 컬렉터에서 천이(또는 저장) 시간을 줄이기 위해 이미터와 공핍층은 얇게 유지되어야 한다. τ_F는 측정될 수 있는데, 그 τ_F의 일례를 [그림 8-17]에 나타내었다. τ_F는 전자 농도가 컬렉터 도핑 농도와 가까워지는 전류 밀도에서 증가하기 시작한다($n = N_C$). 이 전류 밀도에서 컬렉터 도핑 농도는 심지어 불순물로 유기된 전자가 포화 속도로 움직인다고(6.8절 참조) 하더라도 그런 큰 전류를 흐르게 하는 데는 불충분하다. 너무 낮은 컬렉터 도펀트 농도와 너무 높은 컬렉터 전류와 같은 흥미로운 조건에 의해 BC 접합의 "공핍 영역"에서 전하 밀도의 부호가 바뀐다.

$$I_C = A_E q n v_{sat} \tag{8.40}$$

$$\rho = qN_C - qn = qN_C - \frac{I_C}{A_E v_{sat}} \tag{8.41}$$

$$\frac{d\mathscr{E}}{dx} = \rho/\varepsilon_s \tag{4.5}$$

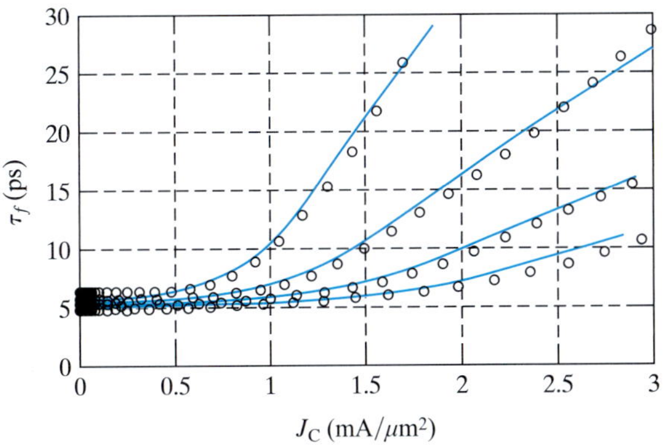

[그림 8-17] I_C/A_E에 대한 천이 시간[7]([3]에서 발췌)

I_C가 작을 때, PN 접합 해석으로부터 예상할 수 있듯이 $\rho = qN_C$(4.3절 참조)이고, 공핍층의 전계는 [그림 8-18(a)]와 같이 나타낼 수 있다. 음영으로 표시된 영역의 면적은 접합에 걸린 전위 $V_{CB} + \phi_{bi}$이다. N^+ 컬렉터는 직렬 저항을 줄이기 위해 존재한다([그림 8-22] 참조). 베이스는 컬렉터보다 훨씬 높게 도핑되었기 때문에 베이스에서의 공핍층은 그림을 단순하게 나타내기 위해 생략했다. I_C가 증가하면 ρ는 감소하고(식 (8.41)), $d\mathscr{E}/dx$는 [그림 8-18(b)]에서와 같이 감소한다. 전계는 아주 높게 도핑된 N^+ 컬렉터에서 0으로 떨어진다. $\mathscr{E}(x)$ 선 아래의 음영 처리가 된 면적은 [그림 8-18(a)]의 면적과 기본적으로 같은데, 그 이유는 V_{CB}가 일정하게 유지되기 때문이다.

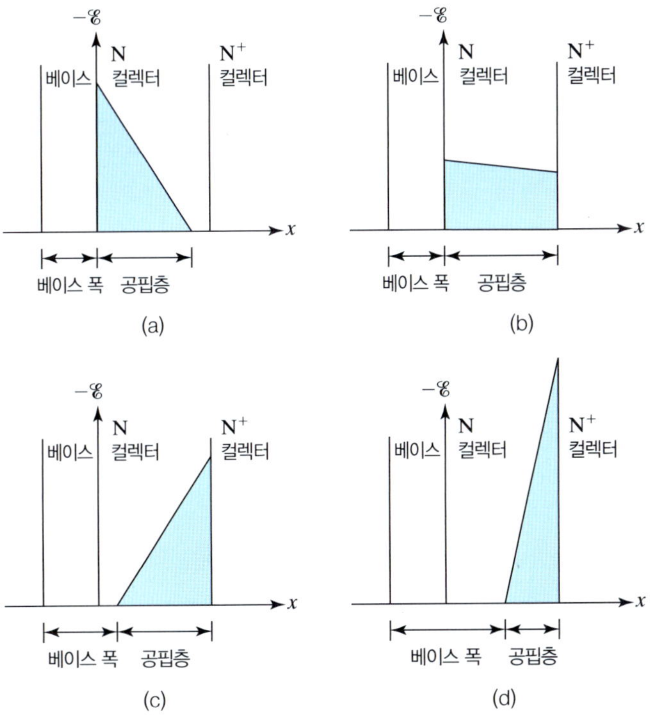

[그림 8-18] (a) [그림 8-17]에서 0.1mA/μm²만큼 낮은 I_C에서의 전계 $\mathscr{E}(x)$, 공핍층 위치, 베이스 폭, (b) 더 큰 I_C에서의 전계 $\mathscr{E}(x)$, 공핍층 위치, 베이스 폭, (c) 더 큰 I_C(가령 1mA/μm²)와 베이스 폭 증가가 분명한 상태에서의 전계 $\mathscr{E}(x)$, 공핍층 위치, 베이스 폭, (d) 심각한 베이스 폭 증가가 있는 아주 큰 I_C에서의 전계 $\mathscr{E}(x)$, 공핍층 위치, 베이스 폭

7 위에서 아래로 V_{CE}는 각각 0.5 V, 0.8 V, 1.5 V, 3 V이다. 높은 I_C $(=J_C/A_E)$에서의 천이 시간 증가는 베이스 폭 증가(커크 효과)에 의한 것이다.

[그림 8-18(c)]에서는 I_C가 심지어 더 커져서, 식 (8.41)에서 ρ의 부호가 바뀌고 따라서 $d\mathscr{E}/dx$의 부호가 바뀐다. 음영 처리된 면적의 크기는 다시 변하지 않는다. 이 경우, 높은 전계 영역은 N 컬렉터의 오른쪽으로 움직인다. 그 결과 베이스 폭은 효과적으로 넓어진다. [그림 8-18(d)]에서 I_C는 여전히 더 크고 베이스 폭은 여전히 더 넓어진다. **베이스 폭 증가**[base widening] 때문에 τ_F는 결과적으로 증가한다(식 (8.39) 참조). 이것을 **커크 효과**[Kirk effect]라 한다. 베이스 폭 증가는 N_C와 V_{CE}를 증가시켜 줄일 수 있다. **커크 효과는 BJT의 최대 동작 속도를 제한한다**([그림 8-21] 참조).

8.8 소신호 모델

[그림 8-19]는 DC 바이어스에 중첩된 작은 입력 신호(10 mV 정현파 신호)의 응답에 대한 BJT 동작을 설명하는 등가 회로이다. BJT는 **아날로그 회로**에서 종종 이런 방식으로 동작한다.

만약 V_{BE}가 0에 가깝지 않다면, 식 (8.8)에서 "1"은 무시할 수 있다. 이 경우 I_C는 다음과 같다.

$$I_C = I_S e^{qV_{BE}/kT} \tag{8.42}$$

신호 v_{BE}가 BE 접합에 인가될 때 컬렉터 전류 $g_m v_{BE}$가 흐른다. **트랜스컨덕턴스**인 g_m은 다음과 같이 주어진다.

$$\begin{aligned} g_m \equiv \frac{dI_C}{dV_{BE}} &= \frac{d}{dV_{BE}}(I_S e^{qV_{BE}/kT}) \\ &= \frac{q}{kT} I_S e^{qV_{BE}/kT} = I_C / \frac{kT}{q} \end{aligned} \tag{8.43}$$

$$g_m = I_C / \frac{kT}{q} \tag{8.44}$$

예를 들어, 상온에서 $g_m = I_C/26\,\mathrm{mV}$이다. 트랜스컨덕턴스는 컬렉터 바이어스 전류 I_C에 의해 결정된다. 입력 노드인 베이스는 [그림 8-19]와 같이 병렬 RC 회로로서 입력 드라이브 회로에 나타난다.

$$\frac{1}{r_\pi} = \frac{dI_B}{dV_{BE}} = \frac{1}{\beta_F}\frac{dI_C}{dV_{BE}} = \frac{g_m}{\beta_F} \tag{8.45}$$

$$r_\pi = \beta_F / g_m \tag{8.46}$$

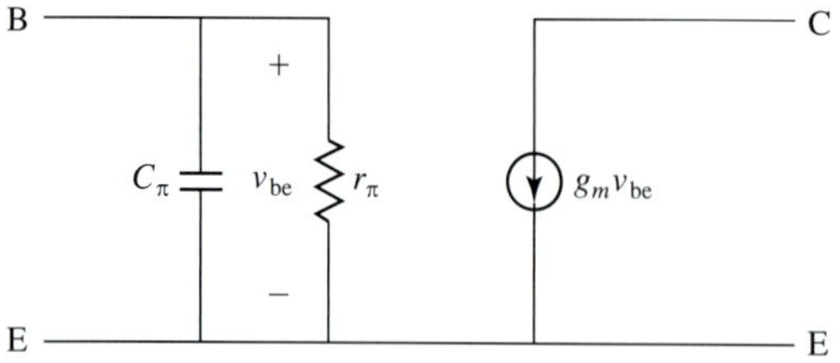

[그림 8-19] BJT의 기본적인 소신호 등가모델

식 (8.37)에서 Q_F는 BJT에 저장된 과잉 캐리어 전하이다. 만약 $Q_F = 1\,pC$이라면, BJT에는 +1 pC의 과잉 정공과 −1 pC의 정공이 있다. 모든 과잉 정공 전하 Q_F는 베이스 전류 I_B에 의해 공급된다. 따라서 베이스는 입력 드라이브 회로에 대해 커패시턴스를 보인다.

$$C_\pi = \frac{dQ_F}{dV_{BE}} = \frac{d}{dV_{BE}}\tau_F I_C = \tau_F g_m \tag{8.47}$$

식 (8.47)의 커패시턴스는 **확산 커패시턴스**diffusion capacitance라고 더 잘 알려진 **전하 저장 커패시턴스**charge-storage capacitance이다. 게다가 I_C에 비례하지 않는 하나의 전하 성분이 있으며 따라서 Q_F에 포함되지 않는다(식 (8.37) 참조). 이처럼 Q_F에 포함되지 않는 것은 접합 공핍층 전하이다. 따라서 C_p에 대한 완전한 모델은 BE 접합 공핍층 커패시턴스 C_{dBE}를 포함해야 한다.

$$C_\pi = \tau_F g_m + C_{dBE} \tag{8.48}$$

예제 8-4 소신호 모델 매개변수

[그림 8-9]와 [그림 8-17]에 보인 BJT에서 $I_C = 1\,mA$이고 $V_{CE} = 3\,V$이다.
또한 $T = 300\,K$, $A_E = 5.6\mu m^2$이다. 이때 (a) g_m, (b) r_π, (c) C_π를 각각 구하라.

풀이

(a) $g_m \equiv I_C/\frac{kT}{q} = \frac{1\text{ mA}}{26\text{ mV}} = 39\frac{\text{mA}}{\text{V}} = 39\text{ mS}$

(b) [그림 8-9]로부터, $I_C = 1\,mA$와 $V_{CB} = 2\,V$에서 β_F는 90이다.
($V_{CB} = V_{CE} + V_{EB} = 3\,V + V_{EB} \approx 3\,V - 1\,V = 2\,V$)

$$r_\pi = \beta_F/g_m = \frac{90}{39\text{ mS}} = 2.3\text{ k}\Omega$$

(c) [그림 8-17]로부터, $J_C = I_C/A_E = 1\,mA/5.6\mu m^2 = 0.18\,mA/\mu m^2$, $V_{CE} = 3\,V$에서 $\tau_F = 5\,ps$이다.

$$C_\pi = \tau_F g_m = 5\times10^{-12}\times0.039 \approx 2.0\times10^{-13}\text{ F} = 200\text{ fF}$$

일단 [그림 8-19]에서 매개변수들이 결정되면, 임의의 소신호 임피던스 네트워크(저항, 커패시터, 인덕터로 구성되는)와 [그림 8-20(a)]에서 설명된 부하 임피던스 네트워크를 가진 회로를 분석하기 위해 소신호 모델을 사용할 수 있다. 컷오프 주파수에 대한 다음 절에서 소신호 모델을 사용하는 일례를 살펴본다.

[그림 8-20(a)]는 수동 분석하는 데 편리한 반면, SPICE 회로 시뮬레이션은 [그림 8-20(b)]와 같은 더 정확한 소신호 등가모델을 쉽게 사용할 수 있다.

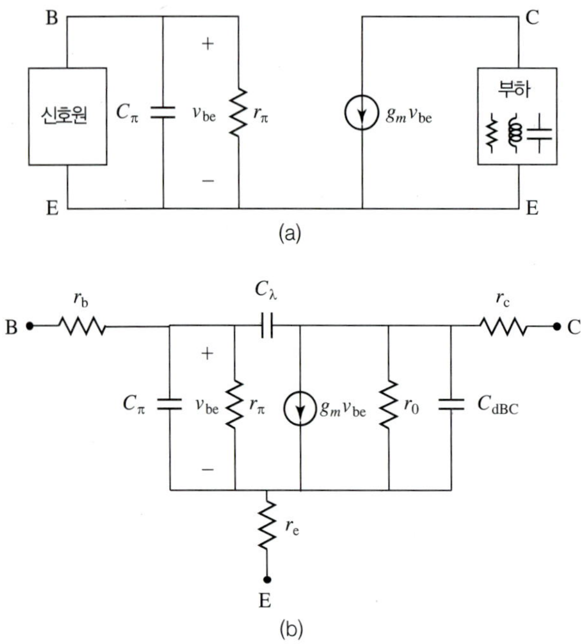

[그림 8-20] (a) 수동 계산으로 BJT 회로를 해석하기 위해 사용될 수 있는 소신호 모델, (b) 컴퓨터에 의한 회로 시뮬레이션을 위한 소신호 모델

[그림 8-20(b)]에서 새로운 매개변수 중 몇 개는 유사한 근원을 갖는다. 예를 들어, r_0는 진성 출력 저항 V_A/I_C(8.5절 참조)이다. C_μ 또한 베이스 폭 변조로부터 생겨난다. 즉, V_{BC}가 변할 때 베이스 폭은 변하고, 그에 따라 베이스에 저장된 전하([그림 8-11]에서 삼각형의 면적)가 변하면서 이와 같이 $C_\mu = dQ_{FB}/dV_{CB}$를 발생시킨다. C_{dBC}는 CB 접합에서 공핍층 커패시턴스이다. 상업적인 회로 설계를 위해 요구되는 정확도로 이론만으로 모델 매개변수를 예측하는 것은 어렵다. 따라서 모델 매개변수는 BJT의 AC 및 DC 특성을 포괄적으로 측정함으로써 결정된다.

8.9 컷오프 주파수

[그림 8-20(a)]의 특별한 경우를 고찰해 보자. 부하는 단락 회로이다. 즉, 단락되어 있다. 신호원은 주파수가 f인 전류원 i_b이다. 어떤 주파수에서 AC 전류이득 $\beta\,(\equiv i_c/i_b)$가 1로 떨어지겠는가?

$$v_{be} = \frac{i_b}{\text{입력 어드미턴스}} = \frac{i_b}{1/r_\pi + j\omega C_\pi} \tag{8.49}$$

$$i_c = g_m v_{be} \tag{8.50}$$

식 (8.49) ~ (8.50)과 식 (8.48), 식 (8.44)를 이용하여 다음을 구할 수 있다.

$$\begin{aligned}\beta(\omega) \equiv \left|\frac{i_c}{i_b}\right| &= \frac{g_m}{|1/r_\pi + j\omega C_\pi|} = \frac{1}{|1/g_m r_\pi + j\omega\tau_F + j\omega C_{dBE}/g_m|} \\ &= \frac{1}{|1/\beta_F + j\omega\tau_F + j\omega C_{dBE} kT/qI_C|}\end{aligned} \tag{8.51}$$

$\omega = 0$인 DC에서 식 (8.51)은 예측한 대로 β_F가 된다. ω가 증가함으로써 β가 감소한다. $\beta(\omega)$데이터를 조심스럽게 분석하여 τ_F를 결정할 수 있다. $1/\beta_F$가 무시할 수 있을 정도로 $\beta_F \gg 1$이라면, 식 (8.51)에 따라 다음 주파수에서 $\beta(\omega) \propto 1/\omega$이고 β는 1이다.

$$f_T = \frac{1}{2\pi(\tau_F + C_{dBE}kT/qI_C)} \tag{8.52}$$

[그림 8-20(b)]와 비슷한 더 완전한 소신호 등가모델을 사용하여, 다음과 같이 나타낼 수 있다.

$$f_T = \frac{1}{2\pi[\tau_F + (C_{dBE} + C_{dBC})kT/(qI_C) + C_{dBC}(r_e + r_c)]} \tag{8.53}$$

f_T는 컷오프 주파수이고 일반적으로 트랜지스터의 속도를 비교하기 위해 사용된다. 식 (8.52)와 식 (8.53)의 예측에 따르면 f_T는 g_m이 증가함으로써 함께 증가하는 I_C에 따라 증가하고, [그림 8-21]에 보인 것과 같이 측정된 f_T와 일치한다. 아주 높은 I_C에서 베이스 폭이 증가함에 따라 τ_F가 증가하고(커크 효과, [그림 8-17] 참조), 따라서 f_T는 떨어진다. **BJT는 최고의 고주파 성능을 얻기 위해 f_T가 최고가 되는 I_C 근처에서 종종 동작한다.**

f_T는 전류이득이 1이 되는 주파수이다. 전력이득이 1이 되는 주파수는 최대 진동 주파수maximum oscillation frequency로 불리고 다음과 같이 주어진다[5].

$$f_{max} = \left(\frac{f_T}{8\pi r_b C_{dBC}}\right)^{1/2} \tag{8.54}$$

따라서 베이스 저항 r_b를 줄이는 것은 중요하다.

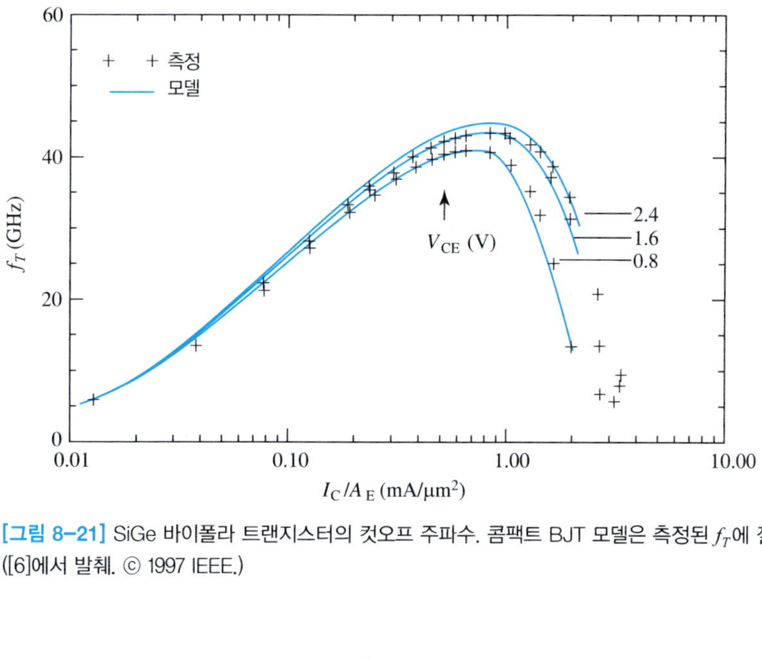

[그림 8-21] SiGe 바이폴라 트랜지스터의 컷오프 주파수. 콤팩트 BJT 모델은 측정된 f_T에 잘 부합된다.
([6]에서 발췌. © 1997 IEEE.)

NOTE 최저 기생 성분과 높은 속도를 위한 BJT 구조

MOSFET 축소화는 높은 집적도와 큰 I_{dsat}에 대한 필요성에 의해 추진되었다. 반면에 BJT 축소화는 높은 f_T와 f_{max}에 대한 필요성에 의해 종종 추진된다. 이것은 τ_F의 감소(얇은 베이스 등)와 기생 성분(C_{dBE}, C_{dBC}, r_b, r_e, r_c)의 감소를 수반한다. [그림 8-22]는 고속 BJT의 도식적인 단면도이다.

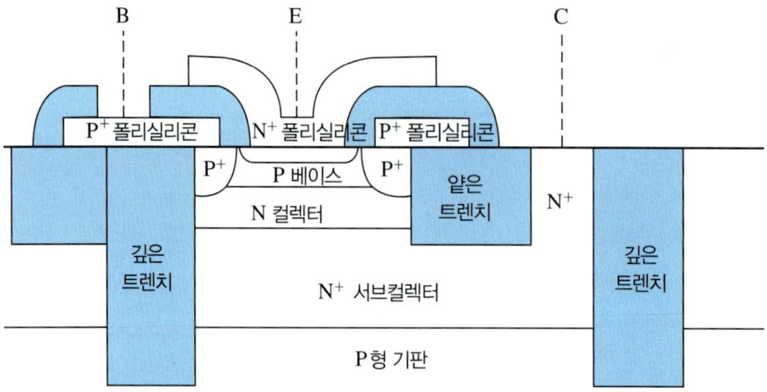

[그림 8-22] 폴리실리콘 이미터 및 자기정렬(self-aligned) 베이스, 깊은 트렌치 절연을 갖는 BJT의 도식적인 단면도. 채색된 영역은 전기적인 격리 영역을 나타낸다.

[그림 8-22]에 N^+ 폴리실리콘 이미터와 얇은 베이스가 분명하게 보인다. 베이스는 P^+ 폴리실리콘 박막으로부터 붕소 확산에 의해 생겨난 두 개의 작은 P^+ 영역을 통해 전기적인 접촉이 이루어진다. P^+ 폴리실리콘 박막은 큰 P^+ 접합 영역과 접합 커패시턴스를 도입하지 않고 베이스에 전기적인 접촉을 하되 작은 저항으로 할 수 있게 한다. 베이스 직렬 저항을 최소화하기 위해 [그림 8-22]에서 이미터는 아주 좁게 열어준다. 낮게 도핑된 에피 층(3.7.3절 참조) N형 컬렉터는 아주 높게 도핑된 N^+ 서브컬렉터에 연결되어 컬렉터 직렬 저항을 줄인다. 기판은 낮게 도핑되어 컬렉터 커패시턴스를 최소화한다. **얇은 트렌치**shallow trench와 **깊은 트렌치**deep trench 둘 다 절연막(SiO_2)으로 채워져 전기적인 절연을 위해 활용된다. 깊은 트렌치는 BJT를 완전히 둘러싸서 절연되도록 하고, 이웃하는 트랜지스터의 컬렉터로부터 해당 BJT의 컬렉터를 절연시킨다. [그림 8-22]의 구조는 많은 개선점을 포함하고 있는데, 이는 지난 수십 년간 개발되어 왔으며 과거 BJT에 비해 소자 크기를 크게 줄였다. 그러나 여전히 BJT는 MOSFET보다 더 큰 트랜지스터이다.

8.10 전하 제어 모델*

소신호 등가모델은 작은 정현파 신호에 대한 회로 응답을 분석하는 데 이상적이다. 입력 신호가 크면 어떻게 될까? 예를 들어, 0μA에서 20μA로 스위칭하는 계단함수 형태의 I_B 또는 임의의 $I_B(t)$에 의해 생겨나는 $I_C(t)$는 얼마인가? 이 응답은 전하 제어 모델charge control model[8]로 편리하게 해석될 수 있다. 전하 제어 모델은 전하 저장 개념(식 (8.37))을 단순히 확장한 것이다.

$$I_C = Q_F/\tau_F \tag{8.55}$$

8 전하 제어 모델은 디지털 스위칭 동작의 해석을 위해 사용된다.

심지어 Q_F가 시간에 따라 변하더라도 식 (8.55)는 정확성을 유지한다고 가정한다.

$$I_C(t) = Q_F(t)/\tau_F \tag{8.56}$$

만약 $Q_F(t)$에 대해 풀 수 있다면 $I_C(t)$를 알게 된다(τ_F는 사용되는 BJT에 대해 미리 특성분석이 이루어져야 한다). 식 (8.56)은 I_C가 Q_F에 의해 제어된다는 개념을 제시하고, 따라서 전하 제어 모델이라는 이름이 붙게 되었다. 식 (8.55)로부터 DC 조건에서 다음 식이 성립한다.

$$I_B = I_C/\beta_F = Q_F/\tau_F\beta_F \tag{8.57}$$

식 (8.57)은 직접적으로 물리적인 의미를 갖는다. 트랜지스터에서 일정한 과잉 정공 전하를 유지하기 위해, 정공은 재결합에 의해 없어지는 정공을 보충하려고 I_B를 통해 트랜지스터에 공급되어야만 한다. 따라서 DC I_B는 Q_F에 비례한다. 정공이 $Q_F/\tau_F\beta_F$의 비로 I_B에 의해 공급된다면, 정공의 공급비는 재결합에 의한 정공의 손실 비와 정확히 같고, Q_F는 일정한 값으로 남아있다. 만약 I_B가 $Q_F/\tau_F\beta_F$보다 더 크면 어떻게 될까? 이 경우, 정공의 손실비보다 좀 더 높은 비로 정공이 BJT로 흘러들어 간다. 결과적으로 저장된 정공 전하(Q_F)는 시간에 따라 증가한다.

$$\frac{dQ_F}{dt} = I_B(t) - \frac{Q_F}{\tau_F\beta_F} \tag{8.58}$$

식 (8.58)과 식 (8.56)은 기본적인 전하 제어 모델이다. 임의의 주어진 $I_B(t)$에 대해, 식 (8.58)은 $Q_F(t)$에 대한 수치해석적 적분으로 풀 수 있다. 일단 $Q_F(t)$를 구하면, $I_C(t)$는 식 (8.56)으로부터 구할 수 있다. [그림 8-23]의 수도꼭지 물로 누설이 매우 심한 양동이를 채우는 것과 유사한 개념으로 식 (8.58)을 해석할 수 있다. Q_F는 양동이에 있는 물의 양이고, $Q_F/\tau_F\beta_F$는 물이 누설되는 비이다. 그리고 I_B는 물이 수도꼭지에서 양동이로 흘러들어 가는 비이다. 만약 수도꼭지가 완전히 열리면 양동이에 있는 물의 수위는 높아지고, 수도꼭지가 닫히면 물 수위는 낮아진다.

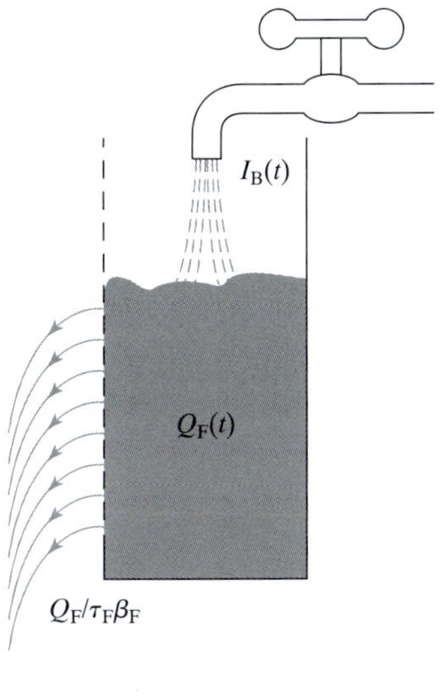

[그림 8-23] 전하 제어 모델을 물의 흐름에 비유한 그림. 과잉 정공 전하(Q_F)는 공급(I_B)에 손실($\propto Q_F$)을 뺀 비로 올라가거나 떨어진다.

본 절에서 우리가 공부한 것은 전하 제어 모델의 기본적인 내용이다. 더 정확한 해석을 위해 접합 공핍층 커패시턴스를 식 (8.58)에 도입할 수 있다. I_B를 전하로 전환시킴으로써 접합 커패시턴스는 $I_C(t)$에 부가적인 지연시간을 발생시킨다.

예제 8-5 **계단 형태의 $I_B(t)$ 입력에 대해 $I_C(t)$ 구하기**

BJT의 τ_F와 β_F 값이 주어졌다. $I_B(t)$는 [그림 8-24]에서 보듯이 $t = 0$일 때 0에서 I_{B0}로 상승하는 계단 함수이다. $I_C(t)$를 구하라.

풀이

$t \geq 0$에서 $I_B(t) = I_{B0}$이고, 식 (8.58)의 해는 다음과 같다.

$$\frac{dQ_F}{dt} = I_B(t) - \frac{Q_F}{\tau_F \beta_F} \quad (8.58)$$

$$Q_F(t) = \tau_F \beta_F I_{B0}(1 - e^{-t/\tau_F \beta_F}) \quad (8.59)$$

식 (8.59)를 식 (8.58)에 대입하여 식 (8.59)가 정확한 해임을 증명한다. 또한 식 (8.59)가 초기 조건 $Q_F(0) = 0$을 만족함을 증명한다. $I_C(t)$는 식 (8.56)을 따른다.

$$I_C(t) = Q_F(t)/\tau_F = \beta_F I_{B0}(1 - e^{-t/\tau_F \beta_F}) \quad (8.60)$$

$I_C(t)$를 [그림 8-24]에 나타내었다. $t \to \infty$에서 예상한 바와 같이 $I_C = \beta_F I_{B0}$이다. 임의의 주어진 $I_B(t)$에 대해 식 (8.58)을 수치해석적으로 풀어 $I_C(t)$를 결정할 수 있다.

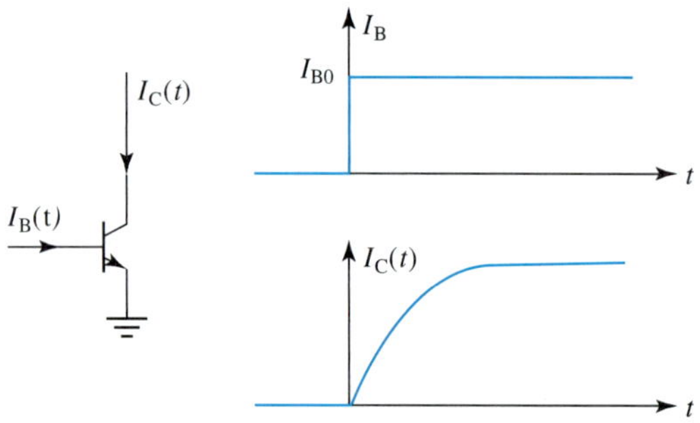

[그림 8-24] 주어진 계단함수 $I_B(t)$에 대해, 전하 제어 모델로 $I_C(t)$를 예측할 수 있다.

8.11 대신호 회로 시뮬레이션을 위한 모델

SPICE와 같은 회로 시뮬레이터에 사용된 BJT 모델은 주어진 $V_{BE}(t)$와 $V_{CE}(t)$에 대한 응답으로 트랜지스터의 DC 및 동적 전류를 정확히 나타낼 수 있다. 전형적인 회로 시뮬레이션 모델^circuit simulation model^ 또는 **콤팩트 모델**^compact model^은 에버스-몰 모델(I_C와 I_B를 생기게 하는 두 가지 구동전압 V_{BE}와 V_{BC}를 적용)에 부가적으로 몇 가지 효과를 고려할 수 있는 향상된 모델로 구성된다. 이들 몇 가지 모델은 고준위 주입과 트랜지스터에서 전하 저장을 정확히 나타내는 전압-의존성 커패시턴스, 그리고 [그림 8-25]와 같은 기생 저항이다. 이러한 BJT 모델을 **굼멜-푼 모델**Gummel-Poon model이라 한다.

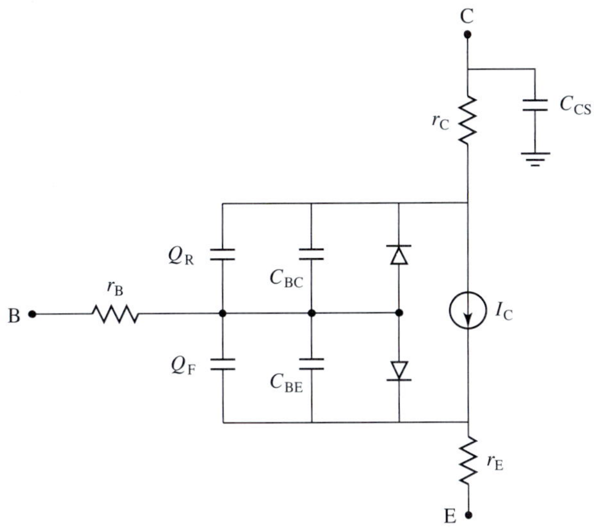

[그림 8-25] 회로 시뮬레이션을 위해 사용된 BJT 모델의 설명

두 개의 다이오드는 식 (8.36)과 유사한 V_{BE}와 V_{BC}에 의한 두 개의 I_B 항을 나타낸다. Q_F라고 하는 이 커패시터에 저장된 전하는 8.7절에서 기술된 Q_F와 같은 형태로 전압에 의존한다. Q_R은 BC 접합에 정방향 바이어스를 인가하여 생성되는 것으로 Q_F와 대응된다. Q_R을 포함하는 것은 V_{BC}가 가끔씩 정방향 바이어스될 때조차도 모델의 동적 응답을 정확하게 만든다. C_{BE}와 C_{BC}는 해당 접합의 공핍층 커패시턴스이다. C_{CS}는 컬렉터와 기판 사이의 커패시턴스이다([그림 8-22] 참조).

$$I_C = I_S'(e^{qV_{BE}/kT} - e^{qV_{BC}/kT})\left(1 + \frac{V_{CB}}{V_A}\right) - \frac{I_S}{\beta_R}(e^{qV_{BC}/kT} - 1) \qquad (8.61)$$

식 (8.61)과 식 (8.35) 사이의 유사성은 분명하다. $1 + V_{CB}/V_A$ 인자가 얼리 효과를 나타내기 위해 더해지고, 그 결과 V_{CB}가 증가함에 따라 I_C가 증가한다. I_S'은 다음과 같은 점에서 I_S와 다르다. 식 (8.11)과 [그림 8-5]에 따라 고준위 주입 효과에 의해 높은 V_{BE}에서 I_S'은 감소한다.

$$I_B = \frac{I_S}{\beta_F}(e^{qV_{BE}/kT} - 1) + \frac{I_S}{\beta_R}(e^{qV_{BC}/kT} - 1) + I_{SE}(e^{qV_{BE}/n_E kT} - 1) \qquad (8.62)$$

[그림 8-8]에서 과잉 베이스 접합 전류를 나타내는 부가적인 세 번째 항을 제외하고 식 (8.62)는 식 (8.36)과 동일하다. I_{SE}와 n_E 매개변수는 수십 개의 모델 매개변수 모두와 같이 측정된 BJT 데이터로부터 결정된다. [그림 8-9], [그림 8-10(a)], 그리고 [그림 8-17]에서 연속적인 곡선은 콤팩트 모델의 예를 나타낸다. 동일 그림에서 모델과 이산적 기호로 표시된 측정값이 정확하게 일치하는 것은 회로 시뮬레이션에서 모델을 신뢰할 수 있는 필요 조건이 된다. 다른 필요한 조건은 [그림 8-24]에서 커패시턴스들이 정확하게 모델링되는 것이다.

핵심요약

([그림 8-1(b)]에 보인 것과 같이) 베이스-컬렉터 접합은 역방향 바이어스가 인가되는 데 반해 베이스-이미터 접합은 대개 정방향 바이어스가 인가된다. V_{BE}는 이미터에서 베이스로 주입되는 전자의 주입 비를 결정하고, 이와 같이 V_{CB}에 관계없이 유일하게 컬렉터 전류 I_C를 결정한다.

$$I_C = A_E \frac{qn_i^2}{G_B}(e^{qV_{BE}/kT} - 1) \tag{8.9}$$

$$G_B \equiv \int_0^{W_B} \frac{n_i^2}{n_{iB}^2} \frac{p}{D_B} dx \tag{8.11}$$

G_B는 베이스 굼멜 수이고, 이것은 BJT 설계에 있어서 I_C에 영향을 주는 모든 세부 사항을 포함한다. 이들 세부 사항은 베이스 물질, 불균일한 베이스 도핑, 불균일한 베이스 재료 조성, 그리고 고준위 주입 효과이다.

V_{BE} 인가에 따른 바람직하지는 않지만 피할 수 없는 부작용은 베이스로부터 대부분 이미터로 흘러들어 오는 정공 전류이다. 이 베이스(입력) 전류 I_B는 공통-이미터 전류이득 β_F에 의해 I_C에 관계된다.

$$\beta_F = \frac{I_C}{I_B} \approx \frac{G_E}{G_B} \tag{8.21 및 8.25}$$

여기서 G_E는 이미터 굼멜 수이다. 공통-베이스 전류이득은 다음과 같다.

$$\alpha_F \equiv \frac{I_C}{I_E} = \frac{\beta_F}{1 + \beta_F} \tag{8.23}$$

[그림 8-8]의 굼멜 도면은, 높은 I_C 영역에서는 고준위 주입에 의해 베이스에서 β_F가 감소하고 또한 낮은 I_C 영역에서는 과도 베이스 전류에 의해 β_F가 감소함을 보인다.

V_{CB}에 의한 베이스 폭 변조는 I_C-V_{CE} 곡선의 활성 영역에서 I_C가 V_{CE}에 따라 증가하는 결과를 가져온다. 이것이 얼리 효과이다. 출력 컨덕턴스라고 하는 이 기울기는 BJT에서 얻을 수 있는 전압이득을 제한한다. 얼리 효과는 컬렉터 도핑을 낮춤으로써 억제될 수 있다. 높게 도핑된 서브컬렉터([그림 8-22] 참조)는 컬렉터 저항을 줄이기 위해 일상적으로 사용한다.

정방향 바이어스 V_{BE}에 의해 BJT는 어떤 양만큼 과잉 정공을 저장하는데, 이 정공 전하는 과잉 전자 전하와 부호는 반대이지만 양은 같다. 저장된 전하의 크기는 과잉 캐리어 전하 Q_F라 불린다. Q_F는 I_C에 선형적으로 비례한다.

$$Q_F \equiv I_C \tau_F \tag{8.37}$$

τ_F는 정방향 천이 시간이다. 만약 베이스 바깥에 저장된 과잉 캐리어가 없다면 τ_F는 다음과 같이 주어진다.

$$\tau_F = \tau_{FB} = \frac{W_B^2}{2D_B} \tag{8.39}$$

τ_{FB}는 베이스 천이 시간이다. 일반적으로 이미터와 공핍층에서 과잉 캐리어가 저장되는 양이 또한 아주 크기 때문에 $\tau_F > \tau_{FB}$이다. τ_F를 최소화하기 위해 모든 영역은 작게 만들어져야 한다. 베이스 폭 W_B를 최소화하는 것 이외에, 베이스 도핑에 구배를 주어 베이스 영역에 드리프트 전계가 생기도록 해서 τ_{FB}를 줄일 수 있다(또는 더 좋은 방법으로, SiGe 베이스에서 Ge 함량에 구배를 줄 수 있다). 커크 효과로 알려진 베이스 폭 증가에 의해 높은 I_C에서 τ_{FB}는 크게 증가한다.

컴퓨터를 이용한 회로 시뮬레이션을 위해 [그림 8-25]와 같은 굼멜-푼 모델이 널리 사용된다. DC와 동적(전하 저장) 전류 둘 다 잘 모델링된다. 여기에 얼리 효과와 고준위 주입 효과가 포함된다. R, C 그리고 전류원으로 구성된 더 간단한 모델을 회로의 수동 계산을 통한 해석을 위해 사용할 수 있다. 소신호 모델([그림 8-19] 및 [그림 8-20(b)])은 트랜스컨덕턴스와 같은 매개변수를 적용한다.

$$g_m \equiv \frac{dI_C}{dV_{BE}} = I_C / \frac{kT}{q} \tag{8.43}$$

입력 커패시턴스는 다음과 같다.

$$C_\pi = \frac{dQ_F}{dV_{BE}} = \tau_F g_m \tag{8.47}$$

그리고 입력 저항은 다음과 같다.

$$r_\pi = \frac{dV_{BE}}{dI_B} = \beta_F / g_m \tag{8.46}$$

BJT에서 전류이득이 1이 되는 컷오프 주파수는 f_T이다. 소자의 속도, 소자 밀도, 또는 전류이득을 높이기 위해, 현대의 고성능 BJT는 대개 폴리실리콘 이미터, 자기정렬 폴리실리콘 베이스 접촉, Ge 구배가 주어진 Si-Ge 베이스, 얕은 산화막 트렌치, 그리고 깊은 산화막 트렌치를 적용한다([그림 8-22] 참조). 가장 큰 g_m과 속도를 반드시 필요로 하는 회로에서 고성능 BJT는 MOSFET보다 우수하다.

연습문제

BJT의 에너지 밴드 다이어그램

8.1 상온의 평형 상태에서 실리콘 PNP BJT가 $N_{aE} = 5\times10^{18}\text{cm}^{-3}$, $N_{dB} = 10^{17}\text{cm}^{-3}$, $N_{aC} = 10^{15}\text{cm}^{-3}$, 그리고 $W_B = 3\mu\text{m}$를 갖는다.

(a) 상기 소자에 대해 에너지 밴드 다이어그램을 스케치하되, 세 영역에서 페르미 준위의 위치를 적절히 고려하여 스케치하라.

(b) BJT 내에서 위치의 함수로 (i) 이미터 영역에서 $V = 0$으로 해서 정전 전위[electrostatic potential], (ii) 전계, 그리고 (iii) 전하 밀도를 스케치하라.

(c) 컬렉터와 이미터 사이의 알짜 내부[built-in] 전위를 계산하라.

(d) 베이스의 준 중성 영역의 폭을 결정하라. 현재 0.6 V의 V_{EB}와 −2 V의 V_{CB}가 BJT에 인가되어 있다.

(e) 상기 조건에서 에너지 밴드 다이어그램을 스케치하되 세 영역에서 페르미 준위의 위치를 적절히 고려하여 스케치하라.

(f) (b)에서 완성된 스케치 상에, BJT 내에서 위치의 함수로 (i)정전 전위, (ii) 전계, 그리고 (iii) 전하 밀도를 스케치하라.

IV 특성과 전류이득

8.2 β_F(식 (8.21))와 α_F(식 (8.22))의 정의로부터 식 (8.24)를 유도하라.

8.3 균일한 도핑을 가진 기존의 NPN BJT를 고려해 보자. 베이스–이미터 접합은 정방향 바이어스되고 베이스–컬렉터 접합은 역방향 바이어스된다.

(a) 에너지 밴드 다이어그램을 정성적으로 스케치하라.

(b) 베이스, 이미터, 컬렉터 영역에서 소수 캐리어 농도를 스케치하라.

(c) 베이스와 컬렉터 전류에 기여하는 모든 원인을 나열하라. 공핍층에서 열적 생성–재결합 전류는 무시할 수 있다.

8.4 모든 공핍 영역 폭은 무시하라. NPN 트랜지스터의 이미터, 베이스, 컬렉터는 각각 10^{19}, 10^{17}, 10^{15}cm^{-3}의 농도를 갖는다. [그림 8-26]에서와 같이 $W_E = 0.8\mu\text{m}$, $W_B = 0.5\mu\text{m}$, $W_C = 2.2\mu\text{m}$이다. $\exp(qV_{BE}/kT) = 10^{10}\text{cm}^{-3}$이고 베이스-컬렉터 접합은 역방향 바이어스되어 있다고 가정한다. 소자에서 모든 영역의 크기는 캐리어의 확산 거리보다 훨씬 작다고 가정한다.

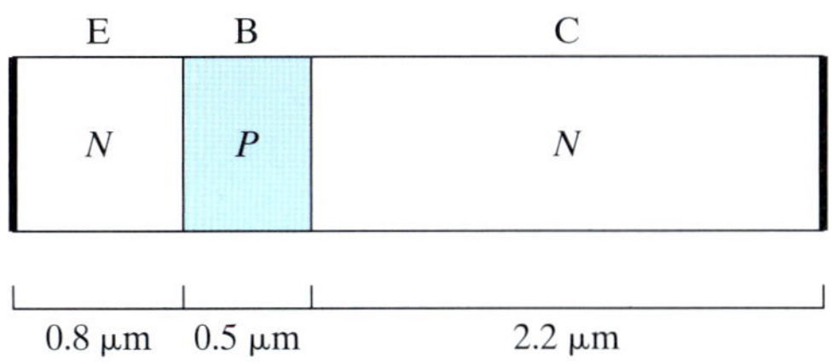

[그림 8-26]

(a) 각 영역에서 전자 전류 밀도 $J_n(x)$와 정공 전류 밀도 $J_p(x)$를 구하고 그려 보라. (베이스에서 J_p는 별로 의미 없다)

(b) $L_B = 10\mu\text{m}$라고 가정했을 때 γ_E와 β_F는 얼마인가?

8.5 다음 질문에 대해 한두 문장으로 대답하라.

(a) 왜 이미터가 베이스보다 더 높게 도핑되어야 하는가?

(b) "베이스 폭은 작다"라는 말이 소자 해석에서 종종 언급된다.
무엇에 비교해서 작다는 것인가?

(c) 만약 베이스 폭 W_B가 더 작게 만들어지면 베이스 폭 변조는 어떤 영향을 받을지 설명하라.

(d) 작은 컬렉터 전류에서 증가하는 I_C에 따라 β_F가 증가하는 이유는 무엇인가?

(e) 큰 컬렉터 전류 영역에서 β_F가 떨어지는 이유를 설명하라.

(f) PNP 소자에 대해, 다음 영역에서 대해 전압 극성(+ 또는 −)을 표시하라.

	V_{EB}	V_{CB}
활성 영역		
포화 영역		

연습문제

쇼트키 이미터와 컬렉터

8.6 높은 β_F BJT의 이미터는 높은 농도로 도핑되어야 한다.

(a) BJT에서 이미터를 금속으로 대체하는 것이 바람직한가?

(b) N−Si 위에 금속을 갖는 접합을 고려한다. 소수 캐리어 주입 비는 소자에 정방향 바이어스가 인가될 때 초당 반도체로 주입되는 소수 캐리어의 수를 초당 반도체에서 금속으로 주입되는 다수 캐리어의 수로 나눈 것이다. 그 비는 I_{diff}/I_{te}이고 여기서 I_{diff}와 I_{te}는 각각 반도체로 흘러들어 가는 정공 확산 전류와 금속으로 흘러들어 가는 전자의 열전자 방출 전류이다. $K = 140\,\text{Acm}^{-2}\text{K}^{-2}$, $\phi_B = 0.72\,\text{eV}$, $N_d = 10^{16}\,\text{cm}^{-3}$, $\tau_p = 10^{-6}\,\text{s}$, $T = 300\,\text{K}$일 때, 실리콘 쇼트키 다이오드에서 소수 캐리어 주입 비를 산정하라. 주어진 다이오드에서 I_{diff}는 같은 N_d와 τ_p를 갖는 P^+−N 스텝 접합 다이오드의 N 영역으로 흐르는 정공 확산 전류와 같다.

(c) 만약 BJT에서 컬렉터가 금속이라면, 여전히 BJT로 동작하겠는가?

HINT 두 가지 경우에 대해 에너지 밴드 다이어그램을 비교하라.

굼멜 도면

8.7 $W_E = 0.5\,\mu\text{m}$, $W_B = 0.2\,\mu\text{m}$, $W_C = 2\,\mu\text{m}$, $D_B = 10\,\text{cm}^2/\text{s}$를 갖는 NPN 트랜지스터를 고려해 보자.

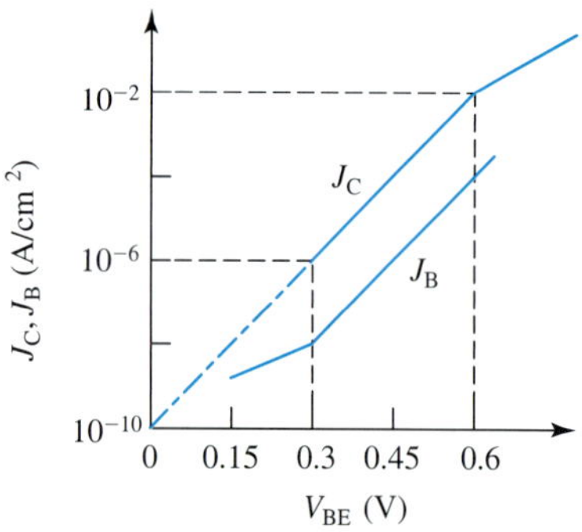

[그림 8-27]

(a) [그림 8-27]을 참고하여 최대 β_F를 구하라.

(b) 베이스 도핑 농도 N_B를 산정하라.

(c) 베이스에서 최대 소수 캐리어 농도가 $N_B = 10^{17}\,\text{cm}^{-3}$에 이르는 V_{BE}를 구하라.

(d) 베이스 천이 시간을 구하라.

에버스-몰 모델

8.8 [그림 8-28]에 보인 것과 같은 과도 소수 캐리어 분포를 고려하자. (접합에서 공핍 영역을 나타내지 않았다.) 모든 생성-재결합 전류 성분은 무시할 만하고 각 영역은 균일하게 도핑되어 있다고 가정하라. 상수 $D_n = 30\,\mathrm{cm^2/s}$이고 $D_p = 10\,\mathrm{cm^2/s}$이다. 이 소자는 $10^{-5}\,\mathrm{cm^2}$의 단면적과 $N_E = 10^{18}\,\mathrm{cm^{-3}}$을 갖는다.

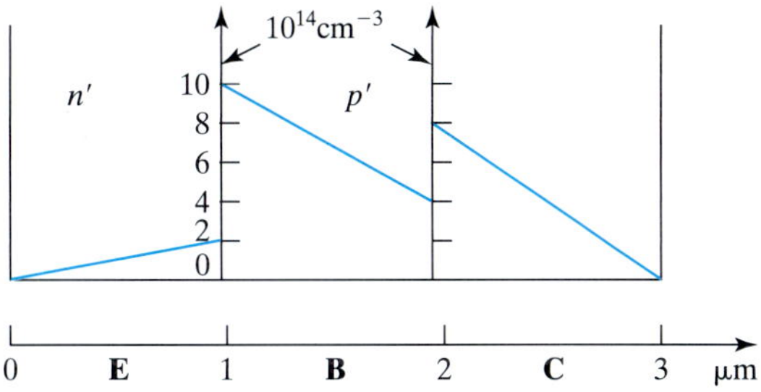

[그림 8-28]

(a) 컬렉터에서 도핑 농도인 N_C를 구하라.

(b) I-V 특성 영역에서 이 BJT가 동작하고 있는가? 본인의 답을 설명하라.
BE 및 BE 접합은 정방향 바이어스되어 있는가, 역방향 바이어스되어 있는가?

(c) 베이스에 저장된 전체 과잉 캐리어 전하를 쿨롱 단위로 계산하라.

(d) 이미터 전류 I_E를 구하라.

(e) BJT가 비포화 영역에서 동작할 때 공통 이미터 전류이득 β_F를 구하라.
(즉, $V_{EB} > 0.7\,\mathrm{V}$, $V_{CE} > 0.3\,\mathrm{V}$. 베이스 폭 변조는 무시한다.)

8.9 NPN BJT가 활성 모드와 포화 모드 사이의 경계에서 동작하도록 바이어스가 인가된다.

(a) NPN 트랜지스터의 에버스-몰 모델을 고려하여, 주어진 동작점에서 트랜지스터에 대한 단순화된 등가 회로를 그려 보라.

(b) (a)의 단순화된 등가 회로를 적용하거나 에버스-몰 방정식으로 바로 푼 다음, 상기 동작점에서 V_{CE}에 대한 표현을 구하라. 답은 I_B와 에버스-몰 매개변수 관점에서 주어져야 한다.

연습문제

드리프트-베이스 트랜지스터

8.10 $Si_{0.8}Ge_{0.2}$ 베이스를 갖는 NPN BJT는 실리콘 베이스 NPN BJT보다 0.1 eV 작은 E_{gB}를 갖는다고 할 때 다음 질문에 답하라.

(a) 주어진 V_{BE}에서 SiGe 베이스가 Si 베이스 대신 사용될 때 I_B와 I_C가 어떻게 변하는가? 만약 변화가 있다면, 그 전류가 큰지 작은지 표시하라.

(b) 베이스 천이 시간을 줄이고 β를 증가시키기 위해, $Si_{1-y}Ge_y$ 베이스에서 Ge의 함량은 위치에 따라 변하도록 하여 전자가 베이스를 지날 때 도움이 되는 드리프트 전계를 만들어낸다. 베이스에서 E_g는 위치에 따라 선형적으로 변하며, 이미터-베이스 접합에서 $y = 0$이고 베이스-컬렉터 접합에서 $y = 0.2$라고 가정하라. $\beta(\text{SiGe})/\beta(\text{Si})$은 얼마인가?

HINT $n_{iB}^2 = n_{i,Si}^2 \exp[(\Delta E_{g,\ Si0.8Ge0.2}/kT)(x/W_B)]$이고, 여기서 W_B는 베이스 폭이다.

8.11 NPN 트랜지스터가 $5\times10^{15}\text{cm}^{-3}$의 균일한 컬렉터 농도를 갖도록 제작되었다. 이미터와 베이스 도핑 프로파일은 각각 $N_{dE} = 10^{20}\exp(-x/0.106)\text{cm}^{-3}$, $N_{aB} = 4\times10^{18}\exp(-x/0.19)\ \text{cm}^{-3}$이고, 여기서 x는 μm의 단위를 갖는다.

(a) N_{dE}와 N_{aB}의 절편 및 N_{aB}와 N_C의 절편을 구하라. 여기서 절편은 두 농도가 같아지는 위치를 의미한다. 두 절편 사이의 차이는 무엇인가? **금속학적인 베이스 폭**metallurgical base width 이라고 하는 공핍 영역을 무시한 베이스 폭은 얼마인가?

(b) 베이스와 이미터의 굼멜 수를 구하라. 단순화를 위해 공핍층의 폭은 무시하라.

(c) 이미터 주입 효율 γ_E를 구하라.

(d) 베이스에서 N_{aB} 도핑만을 고려하여(다른 도핑은 무시) 베이스에서 에너지 밴드 다이어그램을 스케치하고, $\mathscr{E}_i = (1/q)(dE_c/dx)$로 정의된 내부built-in 전계를 계산하라. 여기서 E_c는 전도대 밴드 에너지 준위conduction band level이다.

커크 효과

8.12 [그림 8-18(c)] 또는 [그림 8-18(d)]에서 I_C, V_{CB}, 그리고 N 컬렉터 폭(W_C)의 함수로서 베이스 폭에 대한 표현식을 유도하라. 모든 통상적인 BJT 매개변수는 이미 알고 있다고 가정한다.

전하 제어 모델

8.13 해답을 보지 말고, 8.10절의 [예제 8-5]에서 계단함수 I_B에 대한 문제를 스스로 풀어 보라.

8.14 베이스 전류에서 계단함수 형태가 [그림 8-29]와 같이 변화한다. 정방향 활성 동작을 가정하고, 전하 제어 모델과 적절한 근사를 적용하여 모든 시간에 대해 컬렉터 전류 $i_C(t)$를 추정하라. 공핍 영역 커패시턴스는 무시될 수 있다. $\alpha_F = 0.9901$, $\tau_F = 10\,\text{ps}$, $i_{B1} = 100\,\mu\text{A}$, $i_{B2} = 10\,\mu\text{A}$이다.

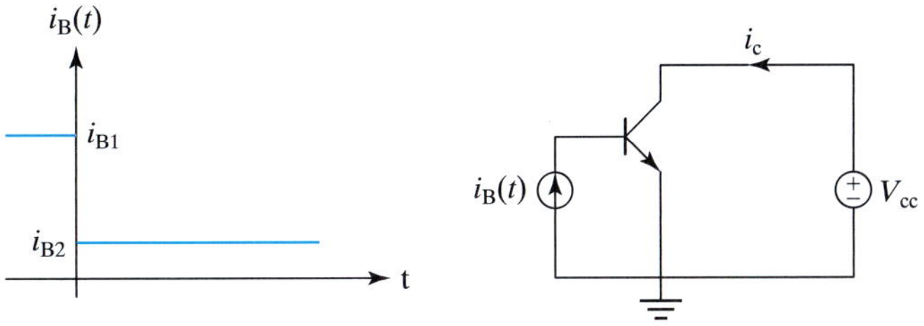

[그림 8-29]

컷오프 주파수

8.15 8.9절을 공부한 후, $\beta(\omega)$와 f_T에 대한 표현식을 유도하라.

A. 상태 밀도의 유도

본 장에서는 상태 밀도(식 1.11)을 유도한다. 각 변의 길이가 L인 반도체 단결정 정육면체를 고려해 보자. 그 결정에서 전자의 파동은 정상파standing wave 이다. x 방향에서 파장은 다음과 같다.

$$\lambda_x = \frac{L}{n_x} \tag{A.1}$$

n_x는 1, 2, 3, …과 같다. 파장은 드 브로이 관계de Broglie relationship 를 통해 x 방향에서 전자의 운동량 p_x와 연관된다.

$$p_x = \pm\frac{h}{\lambda_x} \tag{A.2}$$

h는 플랭크Planck 상수이고, +와 −는 각각 x와 $-x$ 방향에서의 운동량을 나타낸다. λ_x는 한 세트의 이산 값만 취하고, 따라서 p_x도 그렇다.

$$p_x = \pm\frac{n_x h}{L} \tag{A.3}$$

p_x 값 사이의 증가량은 h/L까지 허용 가능하다. 유사하게 p_y와 p_z도 h/L로 증가하는 이산적 값만을 취할 수 있다. [그림 A−1]은 세 개의 운동량 축 p_x, p_y, p_z로 구성된 3차원 공간을 나타낸다. 허용된 에너지 상태는 p_x, p_y, p_z축에서 h/L만큼 떨어진 점들을 차지한다.

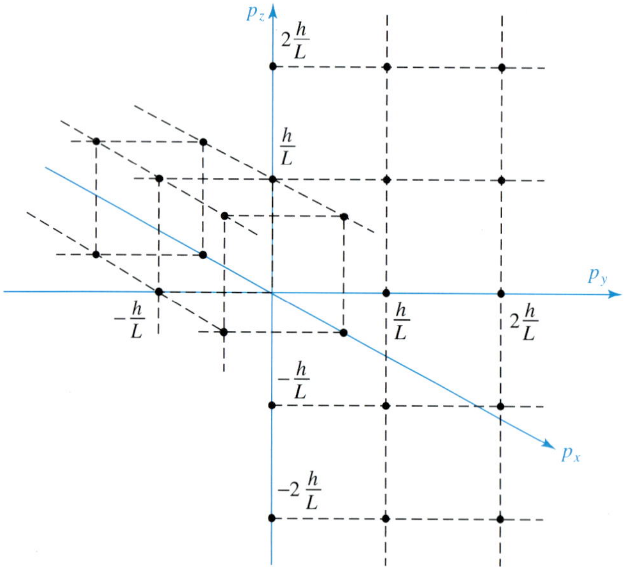

[그림 A−1] 크고 균일한 3차원 격자로 표시된 운동량 공간에서의 허용 가능한 상태. 간단하게 나타내기 위해 작은 수의 격자점만 표시 하였다.

운동량 공간에는 h^3/L^3 체적의 모든 정육면체에 대해 두 개의 허용된 상태(두 개의 스핀 방향을 설명하는 인수 2)가 있다. 따라서 각 상태는 $h^3/2L^3$의 체적을 점유한다.

[그림 A–2]는 [그림 A–1]과 같은 운동량 공간을 나타내는데, 비율을 매우 축소하여 표현한 것이다. 허용 가능한 상태는 현재 반연속적이다. 그럼에도 불구하고 각 허용된 상태는 여전히 $h^3/2L^3$의 체적을 차지한다. 이 공간에서 구는 일정한 전체 운동량 p를 나타내고, 따라서 일정한 운동 에너지 E를 나타낸다.

$$E = \frac{p^2}{2m_n} \tag{A.4}$$

여기서 m_n은 전자의 유효질량이다.

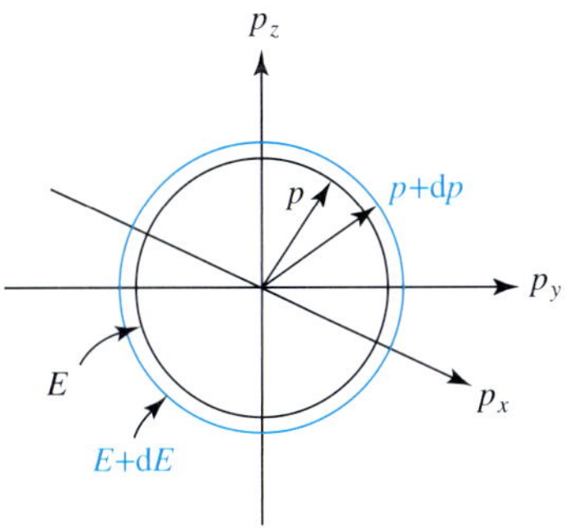

[그림 A–2] 운동량 공간에서의 각 원은 일정한 에너지 표면을 나타낸다.

식 (A.4)를 두 번 사용하면 다음과 같이 된다.

$$\frac{dE}{dp} = \frac{p}{m_n} = \frac{\sqrt{2m_nE}}{m_n} = \sqrt{\frac{2E}{m_n}} \tag{A.5}$$

식 (A.5)에 따르면, 에너지 dE만큼 차이가 나는 두 개의 구는 다음의 운동량만큼 다른 두 반경을 갖는다.

$$dp = \sqrt{\frac{m_n}{2E}}\, dE \tag{A.6}$$

이들 두 구 사이의 껍질shell 체적은 표면 면적에 dp를 곱한 값이 된다.

$$\begin{aligned} \text{체적} &= 4\pi p^2\, dp = 4\pi\, 2\, m_n\, E\, dp \\ &= 8\pi\, m_n \sqrt{\frac{m_nE}{2}}\, dE \end{aligned} \tag{A.7}$$

여기서 식 (A.4)가 먼저 사용되었고 그 후에 식 (A.6)이 사용되었다. E와 $E + \mathrm{d}E$ 사이의 껍질에 포함된 상태 수는 껍질의 체적을 $h^3/2L^3$으로 나눈 것이다.

$$8\pi m_n \sqrt{\frac{m_n E}{2}} \times \frac{2L^3}{h^3}\,\mathrm{d}E \tag{A.8}$$

따라서 단위 에너지당 단위 체적당 상태의 수(샘플의 체적은 L^3)는 다음과 같다. 식 (1.10)에 따르면 이는 상태 밀도에 대한 정의이다.

$$D_c(E) = \frac{8\pi m_n \sqrt{2 m_n E}}{h^3} \tag{A.9}$$

식 (A.9)에서 E는 운동 에너지를 나타내고, 이것은 식 (1.11a)에서 $E - E_c$이다.

B. 페르미-디락 분포 함수의 유도

여기서는 식 (1.12)의 페르미-디락 분포 함수Fermi-Dirac distribution를 유도한다. 먼저, 각 칸막이에는 하나의 공을 채우거나 비울 수 있는 g개의 칸막이에 n개의 똑같은 공을 배열하는 방법의 수를 유도한다. 즉, $g \geq n$. 이 문제는 [그림 B-1]에서 설명한다.

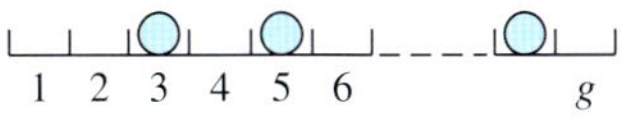

[그림 B-1] g개의 칸막이에 n개의 똑같은 공을 배열

첫 번째 공을 g개의 칸막이 어느 곳에나 놓을 수 있는 방법(위치)은 g가지이다. 두 번째 공을 놓을 때는 $(g-1)$ 개의 칸막이만 있기 때문에 두 번째 공을 놓는 방법은 $(g-1)$ 가지이다. 그리고 세 번째 공을 놓은 방법은 $(g-2)$ 가지이다.

$$\vdots$$

마지막 n번째 공을 놓는 방법은 $\{g-(n-1)\}$ 가지이다. 공을 배열하는 전체 방법의 수는 다음과 같다.

$$\begin{aligned} W &= \frac{g(g-1)(g-2)\ ....\ [g-(n-1)]}{n!} \\ &= \frac{g!}{(g-n)!\ n!} \end{aligned} \tag{B.1}$$

여기서 계승 함수factorial function $x!$은 다음과 같다.

$$x! \equiv x\,(x-1)\,(x-2)\ ....\ 2\cdot 1 \tag{B.2}$$

위 연산에 따르면 n개의 공을 최종으로 놓는 방법은 $n!$가지이므로 식 (B.1)의 분모에 $n!$을 나타내었다. 모든 $n!$ 방법은 하나와 또한 같은 세트의 n개의 채워진 칸막이를 만들어낸다. 공이 서로 같기 때문에 어느 공이 n개의 칸막이 중 어느 곳을 차지하는 것은 중요치 않다.

다음으로, [그림 1-5(a)]에서 전도대에 있는 것과 같은 전자 상태 시스템을 고찰해 보자. 쉽게 해석하기 위해 그 상태는 k(k는 아주 큼)개의 이산적 에너지 값, E_1, E_2, E_3, ⋯, E_k로 묶어 본다. E_1에는 g_1 전자 상태가 있고, E_2에는 g_2 상태가 있다. 즉, E_i에는 g_i 상태가 있다. 각 전자 상태는 [그림 B-1]의 칸막이에서처럼 하나의 전자가 채워지거나 비어 있을 수 있다.

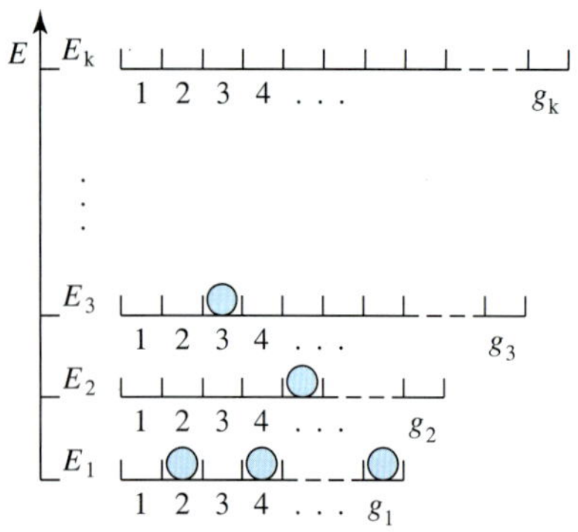

[그림 B-2] 전자 에너지 시스템. E_i에는 g_i 상태가 있다.

E_1에는 n_1개의 똑같은 전자가 있고, E_2에는 n_2개의 똑같은 전자가 있으며, 그 이상에 대해서 같은 규칙이 적용된다고 가정하자. E_1, ⋯, E_k에 있는 상태들 중에 전자를 배치하는 방법의 수는 다음과 같다.

$$W_1 = \frac{g_1!}{(g_1 - n_1)!\ n_1!} \tag{B.3}$$

$$\vdots$$

$$W_k = \frac{g_k!}{(g_k - n_k)!\ n_k!} \tag{B.4}$$

상태들 중에 전자를 배치하는 전체 방법의 수는 단순히 위의 급수를 곱한 값이다.

$$W = W_1 \times \mathrm{W}_2 \times .... \times \mathrm{W}_\mathrm{k} \tag{B.5}$$

n_i / g_i 비는 E_i에 있는 어떤 상태가 채워질 확률이다. 우리의 목표는 E의 함수로 이 비를 발견하는 것이다. 어떻게 전자가 n_1, n_2, ⋯, n_k 중에 할당될 수 있는가에 대해 두 가지 제한을 받는다. 시스템에 있는 전체 전자 수는 보존되고, 그 전자들의 전체 에너지 또한 보존된다.

$$\Sigma_k\, n_i = \text{일정} \tag{B.6}$$

$$\Sigma_k\, n_i\, E_i = \text{일정} \tag{B.7}$$

식 (B.6)과 식 (B.7)의 제한 내에서, n_1, n_2, ⋯, n_k 사이에 전자를 배치하는 많은 방법의 수가 있다. 평형 상태 분포는 가장 발생하기 쉬운 분포이다. 즉, 식 (B.5)에서 W를 최대화하는 분포이다. 다른 말로, 그 것은 가장 무질서한 배치이고 엔트로피를 최대화한다. W를 최대화하는 것은 $\ln W$를 최대화하거나 $\mathrm{d}(\ln W)/\mathrm{d}n_i$를 0으로 하는 것과 등가이다.

$$\ln W = \Sigma_k \ln W_i = \Sigma_k\, [\ln g_i! - \ln(\mathrm{g_i} - n_i)! - \ln n!] \tag{B.8}$$

식 (B.8)은 큰 수의 계승^factorial^에 대한 스털링의 근사^Stirling's approximation^를 이용하여 단순화할 수 있다.

$$\ln x! \approx x \ln x - x \tag{B.9}$$

$$\ln W = \Sigma_k \,[g_i \ln g_i - (g_i - n_i) \ln (g_i - n_i) - n_i \ln n_i] \tag{B.10}$$

$$\begin{aligned} \mathrm{d} \ln W &= \Sigma_k \left[\frac{g_i - n_i}{g_i - n_i} + \ln (g_i - n_i) - \frac{n_i}{n_i} - \ln n_i\right] \mathrm{d}\, n_i \\ &= 0 \end{aligned} \tag{B.11}$$

$$\Sigma_k \,[\ln (g_i - n_i) - \ln n_i]\, \mathrm{d}\, n_i = 0 \tag{B.12}$$

식 (B.6)과 (B.7)은 다음과 같이 다시 쓸 수 있다.

$$\Sigma_k \,\mathrm{d}\, n_i = 0 \tag{B.13}$$

$$\Sigma_k \,E_i \,\mathrm{d}\, n_i = 0 \tag{B.14}$$

마지막 세 방정식은 만족되어야 할 모든 조건을 나타내고, 이 식들은 라그랑주^Lagrange^ 미결의 승수 방법을 이용하여 사실 하나의 조건으로 더해질 수 있다.

$$\Sigma_k \left[\ln \frac{g_i - n_i}{n_i} + \alpha - \beta E_i\right] \mathrm{d}\, n_i = 0 \tag{B.15}$$

여기서 α와 β는 결정되어야 할 상수이다. 식 (B.15)에 대한 해는 간단히 다음과 같이 나타낼 수 있다.

$$\ln \frac{g_i - n_i}{n_i} = -\,\alpha + \beta E_i \tag{B.16}$$

$$\frac{g_i - n_i}{n_i} = \mathrm{e}^{-\,\alpha + \beta E_i} \tag{B.17}$$

$$\frac{g_i}{n_i} = 1 + \mathrm{e}^{-\,\alpha + \beta E_i} \tag{B.18}$$

n_i/g_i 비는 페르미-디락 분포 함수, $f(E_i)$이다.

$$\mathrm{f}\,(E_i) \equiv \frac{n_i}{g_i} = \frac{1}{1 + \mathrm{e}^{(E_i - \alpha/\beta)\,\beta}} \tag{B.19}$$

식 (B.19)를 통해 농도가 높지 않은 전자 기체의 평균 에너지는 3/2 β라는 것을 알 수 있다(연습문제 1.10(d) 참조). 평균 에너지는 $3kT/2$라는 것을 열역학을 통해 알 수 있으므로 $\beta = 1/kT$가 된다. 더욱이 α/β를 나타내기 위해 E_F가 도입되는데, 이것은 단순히 상수이다. 마지막으로 E_i는 단순히 여러 에너지 상태의 에너지를 나타내고 연속적인 변수 E로 대치될 수 있다.

$$f(E) = \frac{1}{1 + e^{(E - E_F)/kT}} \tag{B.20}$$

식 (B.20)은 식 (1.12)이다. 두 가지 중요한 결론을 페르미 에너지 E_F로부터 이끌어낼 수 있다. 첫 번째 유도된 식에서 α/β가 상수이므로 (평형 상태에서) E_F는 상수이다. 두 번째, E_F는 (가령, 도너 밀도에 의해 결정될 수 있는) 시스템의 전자 수에 따라 변한다. 왜냐하면 시스템에 있는 전자 수의 불변성을 나타내는 식 (B.13)을 통해 α가 도입되었기 때문이다.

C. 소수 캐리어 가정의 일관성

4장에서는 소수 캐리어 드리프트 전류를 무시하고 PN 접합 전류를 분석하였다. 그 전류 성분을 무시함으로써 소수 캐리어 전류 연속 방정식을 쉽게 풀 수 있었다. 여기서는 수치해석적 예를 사용하여 그 가정의 일관성을 설명한다. 이 방법에 따라 다수 캐리어 드리프트 및 확산 전류뿐만 아니라 소수 캐리어 드리프트 및 확산 전류도 구할 것이다.

간단히 하기 위해 P와 N 영역의 길이가 길고, N 영역의 농도는 10^{16}cm^{-3}으로 균일하며, 단면적은 균일한 P^+N 접합 다이오드를 가정한다. N 영역에서 정공의 소수 캐리어 수명 시간[lifetime]은 $\tau_p = 10^{-8}\text{s}$이다.

다음 과정을 따라 N 영역에서 전류 해석을 수행한다.

(a) 인가된 전압이 $23 \times kT/q$(이는 상온에서 0.589V임)일 때, (접합으로부터 거리) x의 함수로서 과잉 소수 캐리어의 밀도를 계산한다. 소수 캐리어 드리프트 전류는 무시한다.
(b) x의 함수로서 소수 캐리어 (확산) 전류, 전체 전류, 다수 캐리어 전류를 구한다.
(c) x의 함수로서 다수 캐리어 확산 전류를 구한다.
(d) 다수 캐리어 확산 전류, $J_{n\text{drift}}$를 구하기 위해 (b)와 (c)의 결과를 이용한다.
(e) $J_{n\text{drift}}$로부터 전계 $\mathscr{E}(x)$를 구한다.
(f) 소수 캐리어 드리프트 전류 $J_{p\text{drift}}$를 구하고 $J_{p\text{drift}} \ll J_{p\text{diff}}$임을 보인다.
(g) 가정 $n' = p'$을 증명한다.

각 계산 과정을 자세히 설명하면 다음과 같다.

(a) $N_\text{d} = 10^{16}\ \text{cm}^{-3}$, $D_n = 30\ \text{cm}^2\ \text{sec}^{-1}$, $L_n = 5.5\ \mu\text{m}$, $D_p = 10\ \text{cm}^2\ \text{sec}^{-1}$, $L_p = 3.2\ \mu\text{m}$

$$p'(x) = \frac{n_i^2}{N_\text{d}}\left(e^{qV_a/kT} - 1\right) e^{-x/L_p} = 10^{14}\ e^{-x/L_p}\ \text{cm}^{-3} \tag{C.1}$$

(b) 소수 캐리어(확산) 전류 :

$$J_p(x) = -qD_p\frac{dp'(x)}{dx} = q\frac{n_i^2}{N_d L_p} D_p \left(e^{qV_a/kT} - 1\right) e^{-x/L_p} = 0.5e^{-x/L_p}\ \text{A/cm}^2 \tag{C.2}$$

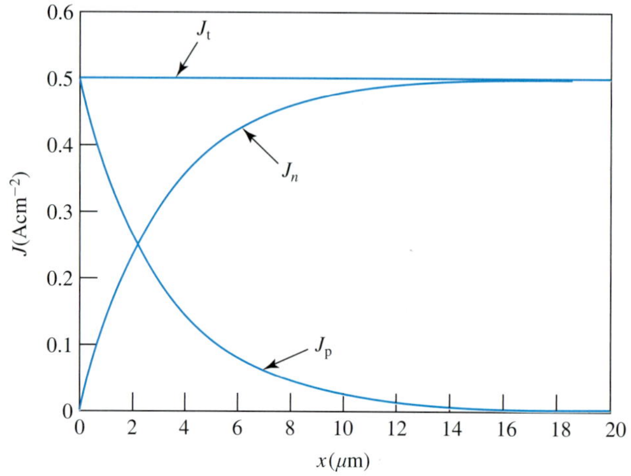

[그림 C-1] 소수 캐리어 전류 밀도, 다수 캐리어 전류 밀도, 전체 전류 밀도

전체 전류 J_t는 $x = 0$에서 소수 캐리어 전류와 같다. $x = 0$에서 P^+ 영역으로의 전자 주입은 무시할 만한 정도이므로 다수 캐리어(전자) 전류는 0이다. 전체 전류의 연속성 때문에 J_t는 x의 함수가 아니다.

다수 캐리어 전류 :

$$J_n(x) = J_t - J_p(x) = J_p(0) - J_p(x) = 0.5\,(1 - e^{-x/L_p})\ \mathrm{A/cm^2} \tag{C.3}$$

(c) x의 함수로서 다수 캐리어 확산 전류 :

$$J_{n\mathrm{diff}}(x) = qD_n \frac{dn'(x)}{dx} = -J_p(x)\frac{D_n}{D_p} = 3J_p(x) = -1.5e^{-x/L_p} \tag{C.4}$$

여기서 전하 중성 조건인 $n' = p'$이 사용되었다. 이를 증명하기 위해 (g)를 참조하라.

(d) 다수 캐리어 확산 전류 :

$$J_{n\mathrm{drift}}(x) = J_n(x) - J_{n\mathrm{diff}}(x) = 0.5 + 1 \times e^{-x/L_p}\ \mathrm{A/cm^2} \tag{C.5}$$

이 다수 캐리어 드리프트 전류는 (c)에서 다수 캐리어 확산 전류와 비교할 수 있다. 분명히 어느 것도 무시할 수 없다. 이러한 사실은 다수 캐리어 전류의 연속 방정식을 푸는 것을 어렵게 한다.

(e) 전계 :

$$\mathscr{E}(x) = \frac{J_{n\mathrm{drift}}}{nq\mu_n} = 0.25 + 0.5 \times e^{-x/L_p}\ V/\mathrm{cm} \tag{C.6}$$

(f) 소수 캐리어 전류 밀도 :

$$J_{p\text{drift}}(x) = pq\mu_p \mathscr{E}(x) \approx p' q\mu_p \mathscr{E}(x) = 1.6 \times 10^{-3}\,\mathrm{e}^{-x/L_p}\,(1 + 2\mathrm{e}^{-x/L_p})\ \mathrm{A/cm^2} \quad \text{(C.7)}$$

이 소수 캐리어 드리프트 전류를 (b)에서 소수 캐리어 확산 전류와 비교하면, 다음과 같이 분명해진다.

$$J_{p\text{drift}} << J_{p\text{diff}} \Rightarrow J_p \approx J_{p\text{diff}} \quad \text{(C.8)}$$

소수 캐리어 드리프트 전류와 소수 캐리어 확산 전류를 [그림 C-2]에서 비교했다.

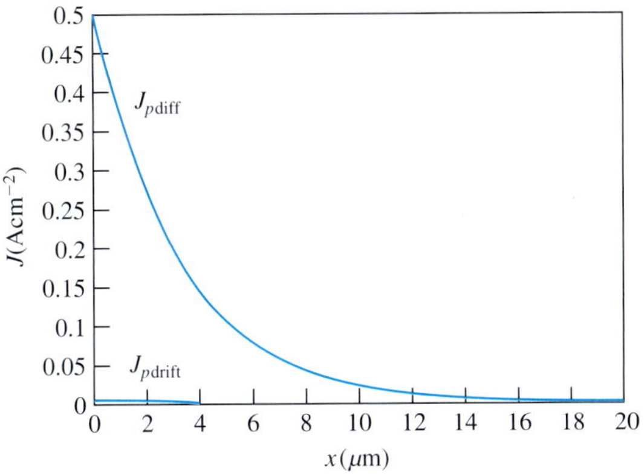

[그림 C-2] 소수 캐리어 드리프트 및 확산 전류. 드리프트 전류는 확산 전류에 비해 무시할 정도로 작다.

(g) 식 (C.5)와 포아송 방정식, 식 (4.5)로부터, 전하 밀도 ρ는 $1.7\times10^{-9}\mathrm{e}^{-x/L_p}$ $\mathrm{C/cm^{-3}}$이라는 것을 알 수 있다. 이것은 (a)에서 과도 정공 전하 밀도, $qp' = 1.6\times10^{-5}\mathrm{e}^{-x/L_p}$ $\mathrm{C/cm^{-3}}$에 비해 무시할 정도로 작다. $\rho = qp' - qn'$이기 때문에, $p' = n'$은 적절한 근삿값이라는 것을 알 수 있다.

1장

[01] Shockley, W. *Electrons and Holes in Semiconductors*. Princeton, NJ : Van Nostrand, 1950

[02] Shur, M. Physics *of Semiconductor Devices*. Englewood Cliffs, NJ : Prentice-Hall, Inc., 1990

[03] Neamen, D. *Semiconductor Physics and Devices*, 3rd ed. New York : McGraw-Hill, 2003

[04] Smith, R. A. *Semiconductors*, 2nd ed. London: Cambridge University Press, 1979

[05] Streetman, B. G. *Solid State Electronic Devices*, 6th ed. Upper Saddle River, NJ : Prentice-Hall, Inc., 2006

[06] Pierret, R. F. *Modular Series on Solid State Devices*, Vol. I. Reading, MA : Addison-Wesley Publishing Co., 1983

[07] Sze, S. M. *Physics of Semiconductor Devices*, 2nd ed. New York : John Wiley & Sons, 1981

[08] Taur, Y., and T. H. Ning. *Fundamentals of Modern VLSI Devices*. Cambridge, UK : Cambridge University Press, 1998

2장

[01] Baccarani, G., and P. Ostoja. "Electron Mobility Empirically Related to the Phosphorus Concentration in Silicon." *Solid State Electronics*, 18, 1975, 579

[02] Antoniadis, D. A., A. G. Gonzalez, and R. W. Dutton. "Boron in Near-Intrinsic 〈100〉 and 〈111〉 Silicon Under Inert and Oxidizing Ambients—1Diffusion and Segregation," *J. Electrochem. Soc.: Solid-State Science and Technology*, 5, 1978, 813

[03] Beadle, W. E., J. C. C. Tsai, and R. D. Plummer. *Quick Reference Manual for Silicon Integrated Circuit Technology*. New York : John Wiley & Sons, 1985. =2-22, 2-23, 2-27

[04] Sze, S. M. *Semiconductor Devices*. New York : Wiley, 1985, 33

3장

[01] Dance, B. "Europe Prepares Its Future Technology," *Semiconductor International*, 1995, 125

[02] Jaeger, R. C. *Introduction to Microelectronic Fabrication*, Vol. 5, in *The Modular Series on Solid State Devices*, 2nd ed., G. W. Neudeck and R. F. Pierret. Reading, MA: Addison-Wesley, 2002, pp. 49, 24

[03] Warren, J. "Leaping into the Unknown with 0.18 mm," *Semiconductor International*, 1998, 111

[04] Runyan, W. R., and K. E. Bean. *Semiconductor Integrated Circuit Processing Technology*, Reading, MA : Addison-Wesley, 1990.

[05] Sze, S. M. *VLSI Technology*, 2nd ed. New York : McGraw-Hill Book Company, 1988

[06] Pierret, R. F. *Semiconductor Device Fundamentals*. Reading MA : Addison-Wesley Publishing Company Inc., 1996, 158 and 167.

[07] Herman, M. A., W. Richter, and H. Sitter. *Epitaxy : Physical Foundation and Technical Implementation*. New York : Springer-Verlag, 2004

[08] Wolf, S., and R. N. Tauker. *Silicon Processing for the VLSI Era*, 2nd ed. Sunset Beach, CA : Lattice Press, 2000

[09] Burggraaf, P. : "Stepping to Mix-and-Match I-line Lithography," *Semiconductor International*, 1995, 47

4장

[01] Sze, S. M. *Physics of Semiconductor Devices*, 2nd ed. New York : John Wiley & Sons, 1981, Ch. 2

[02] Muller, R. S., and T. I. Kamins. *Device Electronics for Integrated Circuits*, 2nd ed. New York : John Wiley & Sons, 1986, 194

[03] Kuwano, Y., S. Okamoto, and S. Tsuda. "Semiconductor Devices Save the Earth," *Technical Digest of International Electron Devices Meeting*, 1992, 3-10

[04] Hu, C., and R. M. White. *Solar Cells*. New York : McGraw Hill, 1983

[05] Kalinowski, J. *Organic Light-Emitting Diodes : Principles, Characteristics & Processes*. New York : Marcel Dekker, 2005

[06] Schneider, R. P., and J. A. Lott. "Cavity Design for Improved Electrical Injection in AlGaInP/ AlGaAs Visible(639-661 nm) VCSEL Diodes," *Applied Physics Letter* 63, 1993, 917-919

[07] Beadle, W. E., J. C. Tsai, and R. D. Plummer. *Quick Reference Manual for Silicon Integrated Circuit Technology*. New York : Wiley-Interscience, 1985

[08] Monch, W. "Role of Virtual Gap States and Defects in Metal-semiconductor Contacts," *Physics Review Letter*, 58(12), 1987, 1260

[09] Kagen, R., M. Chi, and C. Hu. Improving Switching Power Supply Efficiency by Using MOSFET Synchronous Rectifiers. *Proceedings of Powercon*, 9, 1982, 5

[10] Choi, Y.-K., et al. "Ultrathin-body SOI MOSFET for deep-sub-tenth micron era," *IEEE Electron Device Letters*, 21(5), 2000, 254-255

[11] Banerjee, K., A. Amerasekera, G. Dixit, and C. Hu. "Temperature and Current Effect on Small- Geometry-Contact Resistance," *Technical Digest of International Electron Devices Meeting*, 1999, 115

[12] Ozturk, M. C. "Advanced Contact Formation," *Review of SRC Center for Front End Processes* 1999

5장

[01] Lee, W. C., T-J. King, and C. Hu. "Observation of Reduced Boron Penetration and Gate Depletion for Poly-SiGe Gated PMOS Devices," *IEEE Electron Device Letters*, 20(1), 1999, 9-11

[02] Stern, F. "Quantum Properties of Surface Space−Charge Layers." *CDC Critical Review Solid State Science*. 4, 1974, 499

[03] Yang, K., Y−C. King, and C. Hu. "Quantum Effect in Oxide Thickness Determination from Capacitance Measurement." *Technical Digest of Symposium on VLSI Technology*, 1999, 77−78

[04] Taur, Y., and T. H. Ning. *Fundamentals of Modern VLSI Devices*. Cambridge, UK : Cambridge University Press, 1998

[05] Tompsett, M.F. Video Signal Generation, in *Electronic Imaging*, T. P. McLean, ed. New York : Academic, 1979, 55

6장

[01] Lilienfeld, J. E. "Method and Apparatus for Controlling Electronic Current." U.S. Patent 1,745,175, 1930

[02] Heil, O. "Improvements in or Relating to Electrical Amplifiers and Other Control Arrangements and Devices." British Patent 439, 457, 1935

[03] Timp, G., et al."The Ballistic Nano−transistor." *International Electron Devices Meeting Technical Digest* 1999, 55−58.

[04] Chen, K., H. C. Wann, et al."The Impact of Device Scaling and Power Supply Change on CMOS Gate Performance," *IEEE Electron Device Letters* 17 (5) 1996, 202−204

[05] Takagi, S., M. Iwase, and A. Toriumi. "On Universality of Inversion−Layer Mobility in Nand−P− channel MOSFETs." *International Electron Devices Meeting Technical Digest*, 1988, 398−401

[06] Komohara, S., et al. MOSFET Carrier Mobility Model Based on the Density of States at the DC Centroid in the Quantized Inversion Layer. 5th International Conference on VLSI and CAD, 1997, 398−401

[07] Chen, K., C. Hu, et al. "Optimizing Sub−Quarter Micron CMOS Circuit Speed Considering Interconnect Loading Effects." *IEEE Transactions on Electron Devices* 44 (9), 1997, 1556

[08] Assaderaghi, F., et al. "High−Field Transport of Inversion−Layer Electrons and Holes Including Velocity Overshoot." *IEEE Transactions on Electron Devices* 44 (4), 1997, 664−671

[09] Toh, K. Y., P. K. Ko, and R. G. Meyer. "An Engineering Model for Short−Channel MOS Devices." *IEEE Journal of Solid State Circuits* (1988), 23 (4), 950

[10] Hu, G. J., C. Chang, and Y. T. Chia. "Gate−Voltage Dependent Channel Length and Series Resistance of LDD MOSFETs." *IEEE Transactions on Electron Devices* 34, 1985, 2469

[11] Assad, F., et al. "Performance Limits of Silicon MOSFETs." *International Electron Devices Meeting Technical Digest* , 1999, 547−550

[12] Hu, C. "A Compact Model for Rapidly Shrinking MOSFETs." *Electron Devices Meeting Technical Digest*, 2001, 13.1.1–3.1.4

[13] Hu, C. "BSIM Model for Circuit Design Using Advanced Technologies." *VLSI Circuits Symposium Digest of Technical Papers*, 2001, 5–10

[14] Hung, K. K., et al. "A Physics–Based MOSFET Noise Model for Circuit Simulations." *IEEE Transactions on Electron Devices Technical Digest*, 1990, 1323–1333

[15] Fukuda, K., et al. "Random Telegraph Noise in Flash Memories–odel and Technology Scaling." *Electron Devices Meeting Technical Digest*, 2007, 169–172

[16] Wu, S–Y., et al. "A 32 nm CMOS Low Power SoC Platform Technology for Foundry Applications with Functional High Density SRAM." *IEDM Technical Digest*, 2007, 263–266

[17] Park, Y. K., et al. "Highly Manufacturable 90 nm DRAM Technology." *International Electron Devices Meeting Technical Digest*, 2002, 819–822

[18] Brewer, J. E., and M. Gill, eds. *Nonvolatile Memory Technologies with Emphasis on Flash*. Hoboken, NJ : John Wiley & Sons, Inc., 2008

[19] Quader, K., et al. "Hot–Carrier Reliability Design Rules for Translating Device Degradation to CMOS Digital Circuit Degradation." *IEEE Transactions on Electron Devices* 41, 1994, 681–691

7장

[01] International Technology Roadmap for Semiconductors (http://public.itrs.net/)

[02] Ghani, T., et al. "A 90 Nm High Volume Manufacturing Logic Technology Featuring Novel 45 nm Gate Length Strained Silicon CMOS Transistors," *IEDM Technical Digest*. 2003, 978–980

[03] Yeo, Y–C., et al. "Enhanced Performance in Sub–100nm CMOSFETs Using Strained Epitaxial Si– Ge." *IEDM Technical Digest.*, 2000, 753–756

[04] Liu, Z. H., et al. "Threshold Voltage Model for Deep–Submicrometer MOSFETs." *IEEE Trans. on Electron Devices*, 40, 1 , 1993, 86–95

[05] Wann, C. H., et al. "A Comparative Study of Advanced MOSFET Concepts." *IEEE Transactions on Electron Devices*, 43, 10, 1996, 1742–1753

[06] Yeo, Yee–Chia, et al. "MOSFET Gate Leakage Modeling and Selection Guide for Alternative Gate Dielectrics Based on Leakage Considerations." *IEEE Transactions on Electron Devices*, 50, 4, 2003, 1027–1035

[07] Lu, Q., et al. "Dual–Metal Gate Technology for Deep–Submicron CMOS Transistor," Symp. on VLSI Technology Digest of Technical Papers, 2000, 72–73

[08] Chen, I. C., et al. "Electrical Breakdown in Thin Gate and Tunneling Oxides." *IEEE Trans. on Electron Devices*, ED–32, 1985, 413–422

[09] Kedzierski, J., et al. "Complementary Silicide Source/Drain Thin-Body MOSFETs for the 20 nm Gate Length Regime." *IEDM Technical Digest*, 2000, 57-60

[10] Hu, C. "Scaling CMOS Devices Through Alternative Structures," *Science in China (Series F)*. February 2001, 44 (1) 1-7.

[11] Choi, Y-K., et al. "Ultrathin-body SOI MOSFET for Deep-sub-tenth Micron Era," *IEEE Electron Device Letters*. 21, 5, 2000, 254-255

[12] Celler, George, and Michael Wolf. "Smart CutTM A Guide to the Technology, the Process, the Products," *SOITEC.*, 2003

[13] Huang, X., et al. "Sub 50-nm FinFET: PMOS." *IEDM Technical Digest*, 1999, 67-70

[14] Yang, F-L, et al. "25 nm CMOS Omega FETs." *IEDM Technical Digest*, 1999, 255-258

[15] Yang, F-L, et al. "5 nm-Gate Nanowire Fin3FET." VLSI Technology, 2004. Digest of Technical Papers, 196-197

[16] Lin, C-H., et al. "Corner Effect Model for Compact Modeling of Multi-Gate MOSFETs.", 2005, SRC TECHCON

[17] Taurus Process, Synoposys TCAD Manual, Synoposys Inc., Mountain View, CA

[18] http://www-device.eecs.berkeley.edu/~bsim3/bsim4.html

[19] Cheng, Y., et al. "A Physical and Scalable I-V Model in BSIM3v3 for Analog/Digital Circuit Simulation." *IEEE Trans. on Electron Devices*. 44, 2, 1997, 277-287

8장

[01] Taur, Y., and T. Ning. *Fundamentals of VLSI Devices*. Cambridge, UK : Cambridge University Press, 1998, Ch. 6.

[02] Alamo, J., S. Swirhum, and R. M. Swanson. "Simultaneous Measurement of Hole Lifetime, Mobility, and Bandgap Narrowing in Heavily Doped N-type Silicon." *International Electron Devices Meeting Technical Digest.*, 1985, 290-293

[03] Paasschens, J., W. Kloosterman, and D.B.M. Klaassen. "Mextram 504." Presentation at Compact Model Council, September 29, 1999. http://www.eigroup.org/cmc/minutes/wk092999.pdf

[04] Harame, D. L., et al. "Si/SiGe Epitaxial-Base Transistors." *IEEE Transactions on Electron Devices*, 42, 3, 1995, 455-482

[05] Roulston, D. J. *Bipolar Semiconductor Devices*. New York : McGraw Hill, 1990

[06] Tran, H. Q., et al. "Simultaneous Extraction of Thermal and Emitter Series-Resistances in Bipolar Transistors." Proceedings of the IEEE Bipolar/BiCMOS Circuits and Technology Meeting, Minneapolis, MN, 1997

일반 참고문헌

[01] Neamen, D. Semiconductor Physics and Devices, 3rd ed. New York : McGraw-Hill, 2003

[02] Streetman, B. G. Solid State Electronic Devices, 6th ed. Upper Saddle River, NJ : Prentice-Hall, Inc., 2006

[03] Neamen, D. A. Semiconductor Physics and Devices, 3rd ed. New York : McGraw-Hill, 2003

[04] Pierret, R. F. Semiconductor Device Fundamentals. Reading, MA : Addison-Wesley, 1996

[05] Sze, S. M. Semiconductor Devices. New York : Wiley, 1985

[06] Sze, S. M. Semiconductor Devices : Physics and Technology, 2nd ed. New York : John Wiley & Sons, 2002

[07] Wolf, S., and R. N. Tauker. Silicon Processing for the VLSI Era, 2nd ed. Sunset Beach, CA : Lattice Press, 2000

[08] Muller, R. S., T. I. Kamins, and M. Chen. Device Electronics for Integrated Circuits, 3rd ed. New York : John Wiley & Sons, 2003

[09] Streetman, B., and S. K. Banerjee. Solid State Electronic Devices, 6th ed. Upper Saddle River, NJ : Prentice Hall, 2006

[10] Sze, S. M. Semiconductor Devices : Physics and Technology, 2nd ed. New York : John Wiley & Sons, 2002

[11] Muller, R. S., T. I. Kamins, and M. Chen. Device Electronics for Integrated Circuits, 3rd ed. New York : John Wiley & Sons, 2003

[12] Pierret, R. F. Semiconductor Device Fundamentals. Reading, MA : Addison-Wesley, 1996

[13] Taur, Y., and T. H. Ning. Fundamentals of Modern VLSI Devices. Cambridge, UK : Cambridge University Press, 1998

[14] Pierret, R. F. Semiconductor Device Fundamentals. Reading, MA : Addison-Wesley, 1996

[15] Taur, Y., and T. H. Ning. Fundamentals of Modern VLSI Devices. Cambridge, UK : Cambridge University Press, 1998

[16] Wolf, S. VLSI Devices. Sunset Beach, CA : Lattice Press, 1999

[17] Roulston, D. J. Bipolar Semiconductor Devices. New York : McGraw-Hill, 1990

[18] Taur, Y., and T. Ning. Fundamentals of VLSI Devices. Cambridge, UK : Cambridge University Press, 1998

찾아보기

ㄱ

찾아보기

ㅅ

찾아보기

찾아보기

B

C

D

G

H

I

J ~ K

O

P

V

W

Z

숫자